智能变电站运行维护与检修实用技术

宫运刚　主编

中国水利水电出版社
www.waterpub.com.cn
·北京·

内 容 提 要

本书共分为3篇：智能变电站技术、智能变电站运行与维护、智能变电站检修。第一篇分4章，主要内容包括智能变电站概述、新建智能变电站设计、常规变电站的智能化改造、智能变电站模块化建设。第二篇分7章，主要内容包括智能变电站运行监控系统、智能变电站运行管理、设备巡视和设备维护、智能变电站继电保护装置运行管理、全光纤电流互感器在智能变电站中的应用、智能变电站异常运行及故障处理、智能变电站一次设备带电红外测试和避雷器在线检测仪更换。第三篇分5章，主要内容包括智能变电站设备状态在线监测、智能变电站缺陷管理和检修管理、智能变电站继电保护装置检修、智能变电站现场检修安全措施、智能变电站监控系统检修。

本书可供智能变电站设计、运行维护、检修、调试、试验、设计、施工安装人员阅读，也可作为变电运行、变电检修等工种岗位培训和职业技能鉴定的培训教材，还可供高等院校相关专业师生参考。

图书在版编目（CIP）数据

智能变电站运行维护与检修实用技术 / 宫运刚主编
. -- 北京 : 中国水利水电出版社, 2019.1
ISBN 978-7-5170-7360-4

Ⅰ. ①智… Ⅱ. ①宫… Ⅲ. ①智能系统－变电所－电力系统运行－维护②智能系统－变电所－电力系统运行－检修 Ⅳ. ①TM63

中国版本图书馆CIP数据核字(2019)第009682号

书　名	**智能变电站运行维护与检修实用技术** ZHINENG BIANDIANZHAN YUNXING WEIHU YU JIANXIU SHIYONG JISHU
作　者	宫运刚　主编
出版发行	中国水利水电出版社 （北京市海淀区玉渊潭南路1号D座　100038） 网址：www.waterpub.com.cn E-mail：sales@waterpub.com.cn 电话：（010）68367658（营销中心）
经　售	北京科水图书销售中心（零售） 电话：（010）88383994、63202643、68545874 全国各地新华书店和相关出版物销售网点
排　版	中国水利水电出版社微机排版中心
印　刷	北京合众伟业印刷有限公司
规　格	184mm×260mm　16开本　37印张　877千字
版　次	2019年1月第1版　2019年1月第1次印刷
定　价	**198.00**元

《智能变电站运行维护与检修实用技术》
编 写 人 员 名 单

主　　编　宫运刚

副 主 编　关　明　苏　红　曲　妍

编写人员　洪　鹤　田庆阳　宫向东　金宝清　王晓丽　李兆祺
李松涛　郭哲强　郎小毅　王　凯　李立刚　孙广辉
刘志宇　徐博宇　王　强　韩汝军　李　林　邢　云
丁　力　回嵩杉　刘　平　王　超　孟　镇　张大陆
于　皓　谭　睿　范广良　贺添铭　战宝华　张文广
张　炬　王宇鹏　包伟川　张志强　高　航　翟　兴
夏春勇　刘文娟　付　博　乔　石　野梦航　王　明
郑　楠　王　哲　江霁原　祁世海　胡　强　盛　飞
曲永鹏　杨国峰　周贵勇　刘骁眸　田艳芳　朱兴鹏
丁爱华　吴　勇　刘焕然　邱　盟　刘惠雅　汪　海
窦　丽　谢田利　张艳萍　刘　鹏　王　兴　蔡　海
杨　鉴　何洪利　贾明磊　赵　星　孙英楷　孙晓宇
李天辉　赵梓淋　孙秉政　李万源　马　骉　钟元辰
姚　晖　张　宁

前言
FOREWORD

智能化是当今社会发展的必然方向，电力行业也不例外，近年来出现了世界范围的智能电网建设高潮。国家电网公司顺应发展潮流，早在2009年5月于北京召开的“2009特高压输电技术国际会议”上正式向外界公布了我国“坚强智能电网”发展战略。与此同时大规模地展开了坚强智能电网相关课题的研究和实践，取得了一个又一个的丰硕成果。

智能变电站是坚强智能电网的重要基础和支撑，是电网运行数据的采集源头和命令执行单元，是统一坚强智能电网安全、优质、经济运行的重要保障。与常规变电站相比，智能变电站有了质的变化。IEC 61850标准体系、电子式互感器、智能化二次设备、光纤物理回路、逻辑虚拟回路、一体化监控系统等大量新技术和新设备的应用使得以往的经验和方法不再适用，给智能变电站一线员工带来了新的挑战，急需大批掌握智能变电站相关技术和技能的优秀人才充实到建设“坚强智能电网”的行列中来。

为实现国家电网公司“坚强智能电网”发展战略，建设好和运行好作为坚强智能电网重要基础和支撑的智能变电站，本书主编依据国家及行业标准，特别是国家电网公司的企业标准，组织众多专家学者和智能变电站一线运行维护、检修人员编写了本书。本书共分为3篇：智能变电站技术、智能变电站运行与维护、智能变电站检修。第一篇分4章，主要内容包括智能变电站概述、新建智能变电站设计、常规变电站的智能化改造、智能变电站模块化建设。第二篇分7章，主要内容包括智能变电站运行监控系统、智能变电站运行管理、设备巡视和设备维护、智能变电站继电保护装置运行管理、全光纤电流互感器在智能变电站中的应用、智能变电站异常运行及故障处理、智能变电站一次设备带电红外测试和避雷器在线检测仪更换。第三篇分5章，主要内容包括智能变电站设备状态在线监测、智能变电站缺陷管理和检修管理、智能变电站继电保护装置检修、智能变电站现场检修安全措施、智能变电站监控系统检修。

参加本书编写的还有王晋生、胡中流、李军华、张帆、李禹萱、王娜、杜松岩、王雪、王源、赵琼、周小云、孟山。

在本书编写过程中，得到了国网辽宁省电力有限公司、盘锦供电公司、辽宁电力科学研究院的高度重视和大力支持，同时得到了南瑞继保、北京四方、广东昂立等公司的大力支持和帮助，参考了近年来最新的技术标准、相关论文和资料等文献，在此谨向以上单位和相关标准、文献作者表示衷心的感谢。

本书可供智能变电站运行维护、检修、调试、试验设计、施工安装人员阅读，也可作为变电运行、变电检修等工种岗位培训和职业技能鉴定的培训教材，还可供高等院校相关专业师生参考。

由于智能变电站在我国还处在刚刚起步、推广阶段，加上作者水平有限，书中难免有疏漏和不足之处，恳请读者批评指正。

作者

2018年10月

目录
CONTENTS

第二篇 智能变电站运行与维护 2

第三篇　智能变电站检修 3

第一篇

智能变电站技术

第一章　智能变电站概述

第一节　智　能　电　网

一、坚强智能电网计划、内涵和特征

1. 坚强智能电网计划

电网智能化是世界电力发展的趋势，发展智能电网已在世界范围内达成共识。智能变电站作为智能电网运行数据的采集源头和命令执行单元，是建设坚强智能电网的重要组成部分，国家电网公司为此专门提出了建设智能变电站的目标和规划。坚强智能电网能够友好兼容各类电源和用户接入与退出，最大限度地提高电网的资源优化配置能力，提升电网的服务能力，保证安全、可靠、清洁、高效、经济的电力供应；推动电力行业及其他产业的技术升级，满足我国经济社会全面、协调、可持续发展要求。其发展的总体目标是：以特高压电网为骨干网架，各级电网协调发展的坚强电网为基础，利用先进的通信、信息和控制等技术，构建以信息化、数字化、自动化、互动化为特征的自主创新、国际领先的坚强智能电网。

2. 坚强智能电网内涵

坚强可靠、经济高效、清洁环保、透明开放、友好互动是坚强智能电网的基本内涵。坚强可靠是指拥有坚强的网架和强大的电力输送能力，可提供安全可靠的电力供应，是我国坚强智能电网发展的物质基础；经济高效是指提高电网运行和输送效率，降低运营成本，促进能源资源的高效利用，是对我国坚强智能电网发展的基本要求；清洁环保是指促进可再生能源发展与利用，减少化石能源消耗，提高清洁电能在终端能源消费中的比重，降低能耗并减少排放，是经济社会对中国坚强智能电网的基本诉求；透明开放是指为电力市场化建设提供透明、开放的实施平台，提供高品质的附加增值服务，是我国坚强智能电网的发展理念；友好互动是指灵活调整电网运行方式，友好兼容各类电源和用户接入与退出，促进发电企业和用户主动参与电网运行调节。

3. 坚强智能电网特征

信息化、数字化、自动化、互动化是坚强智能电网的基本技术特征。信息化是坚强智能电网的基本途径，体现为对实时和非实时信息的高度集成和挖掘利用能力；数字化是坚强智能电网的实现基础，以数字化形式清晰表述电网对象、结构、特性及状态，实现各类信息的精确高效采集与传输；自动化是坚强智能电网发展水平的直观体现，依靠高效的信息采集传输和集成应用，实现电网自动运行控制与管理水平提升；互动化是坚强智能电网的内在要求，通过信息的实时沟通及分析，实现电力系统各个环节的良性互动与高效协调，提升用户体验，促进电网的安全、高效、环保应用。

二、坚强智能电网体系构成

坚强智能电网由四大体系构成，如图 1－1－1－1 所示。电网基础体系是电网系统的物质载体，是实现“坚强”的重要基础；技术支撑体系是指先进的通信、信息、控制等应用技术，是实现“智能”的基础；智能应用体系是保障电网安全、经济、高效运行，最大效率地利用能源和社会资源，提供用户增值服务的具体体现；标准规范体系是指技术、管理方面的标准、规范体系，以及试验、认证、评估体系，是建设坚强智能电网的制度保障。

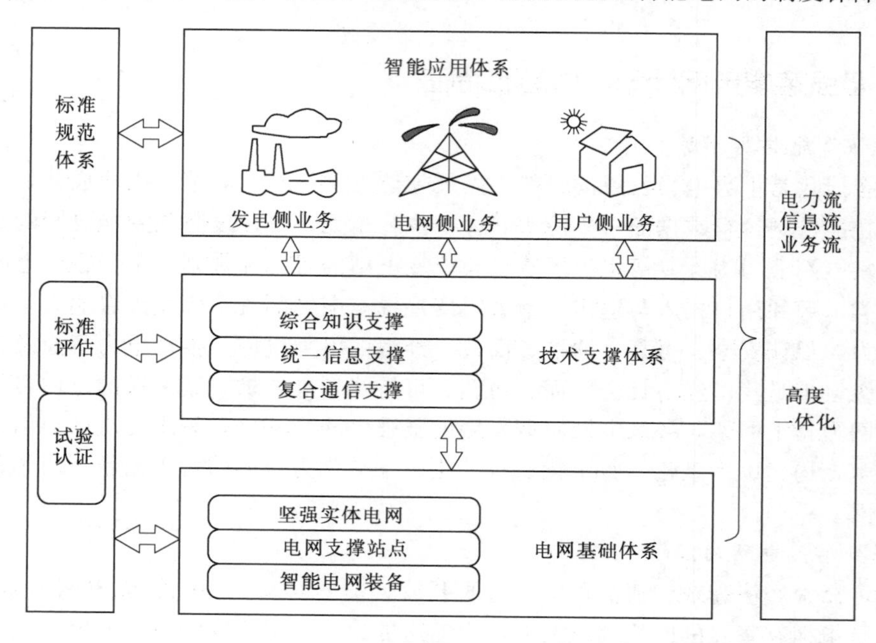

图 1－1－1－1　我国坚强智能电网体系构成示意图

三、智能电网重要组成部分

作为智能电网的重要组成部分的智能变电站是采用先进、可靠、集成和环保的智能设备，以全站信息数字化、通信平台网络化、信息共享标准化为基本要求，自动完成信息采集、测量、控制、保护、计量和检测等基本功能，同时，具备支持电网实时自动控制、智能调节、在线分析决策和协同互动等高级功能的变电站。

智能变电站主要包括智能高压设备和变电站统一信息平台两部分。智能高压设备主要包括智能变压器、智能高压开关设备、电子式互感器等。智能变压器与控制系统依靠通信光纤相连，可及时掌握变压器状态参数和运行数据。当运行方式发生改变时，设备根据系统的电压、功率情况，决定是否调节分接头；当设备出现问题时，会发出预警并提供状态参数等，在一定程度上降低运行管理成本，减少隐患，提高变压器运行可靠性。

我国变电站的发展先后经历了传统变电站综合自动化变电站、数字化变电站、智能变

电站、新一代智能变电站等阶段，如图 1－1－1－2 所示。

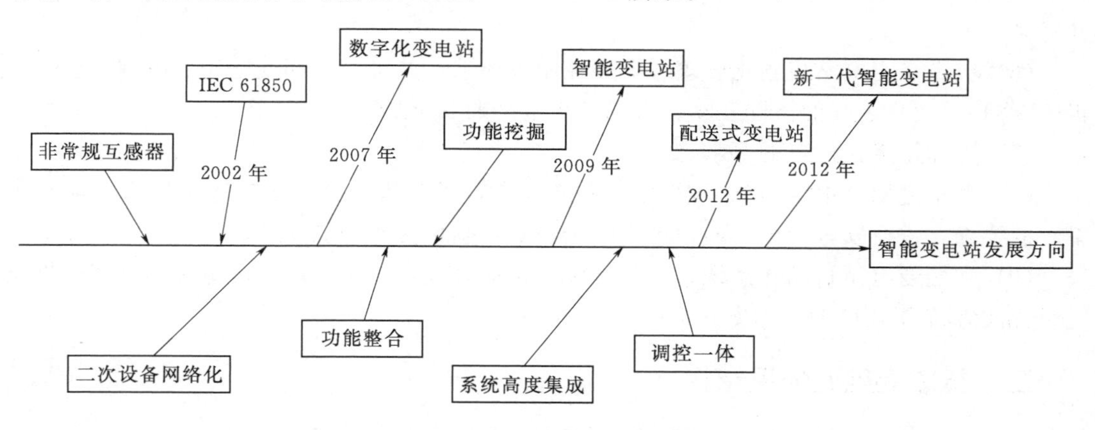

图 1－1－1－2　我国变电站发展阶段

智能变电站经历了综合自动化站、数字化变电站到智能变电站的发展过程。数字化变电站使用了电子互感器，模拟量通过通信方式上送间隔层保护、测控装置；通过为传统开关配备智能操作箱实现状态量采集与控制的数字化；在间隔层的设备通过网络通信方式从过程层获得模拟量、状态量并进行控制；间隔层的不同厂家的装置都遵循 IEC 61850 标准，通信上实现了互联互通，取消了保护管理机制；间隔层保护、测控等装置支持 IEC 61850，直接通过网络与变电站层监控等相连。智能变电站与数字化变电站的差别主要体现在智能一次设备、变电站高级应用功能，以及可再生能源的接入等几个方面。

第二节　智能变电站技术要求

一、智能变电站技术原则

（1）智能变电站应以高度可靠的智能设备为基础，智能变电站设备应具有信息数字化、功能集成化、结构紧凑化、状态可视化等主要技术特征，符合易扩展、易升级、易改造、易维护的工业化应用要求。智能设备之间应实现进一步的互联互通，支持采用系统级的运行控制策略。

（2）智能变电站的设计及建设应按照 DL/T 1092 三道防线要求，满足 DL 755 三级安全稳定标准；满足 GB/T 14285 继电保护选择性、速动性、灵敏性、可靠性的要求。

（3）智能变电站的测量、控制、保护等装置应满足 GB/T 14285、DL/T 769、DL/T 478、GB/T 13729 的相关要求，后台监控功能应参考 DL/T 5149 的相关要求。

（4）智能变电站的通信网络与系统应符合 DL/T 860 标准，应建立包含电网实时同步信息、保护信息、设备状态、电能质量等各类数据的标准化信息模型，满足基础数据的完整性及一致性的要求。

（5）宜建立站内全景数据的统一信息平台，供各子系统统一数据标准化、规范化存取访问

以及和调度等其他系统进行标准化数据交互，智能变电站数据源应统一标准化，实现网络共享。

（6）应满足变电站集约化管理、顺序控制等要求，并可与相邻变电站、电源（包括可再生能源）、用户之间的协同互动，支撑各级电网的安全稳定经济运行。

（7）应满足无人值班的要求。

（8）严格遵照《电力二次系统安全防护总体方案》和《变电站二次系统安全防护方案》的要求，进行安全分区、通信边界安全防护，确保控制功能安全。

（9）智能变电站自动化系统采用的网络架构应合理，可采用以太网、环形网络，网络冗余方式宜符合 IEC 61499 及 IEC 62439 的要求。

二、智能变电站体系结构

智能变电站体系结构分为三层，即过程层、间隔层和站控层，见表1-1-2-1。

表1-1-2-1　智能变电站体系结构分层

分层	内　　容
过程层	包括变压器、断路器、隔离开关、电流/电压互感器等一次设备及其所属的智能组件以及独立的智能电子装置
间隔层	间隔层设备一般指继电保护装置、系统测控装置、监测功能组主智能电子设备（IED）等二次设备，实现使用一个间隔的数据并且作用于该间隔一次设备的功能，即与各种远方输入/输出、传感器和控制器通信
站控层	站控层包括自动化站级监视控制系统、站域控制、通信系统、对时系统等，实现面向全站设备的监视、控制、告警及信息交互功能，完成数据采集和监视控制（SCADA）、操作闭锁以及同步相量采集、电能量采集、保护信息管理等相关功能。 站控层功能宜高度集成，可在一台计算机或嵌入式装置实现，也可分布在多台计算机或嵌入式装置中

智能变电站与传统变电站体系结构的比较如图1-1-2-1所示。与传统变电站相比，智能变电站在网络结构上采用了三层两网的结构，增加了过程层网络，增加了合并单元、智能终端等过程层设备，采用光纤取代传统的电缆硬接线。全站采用统一的通

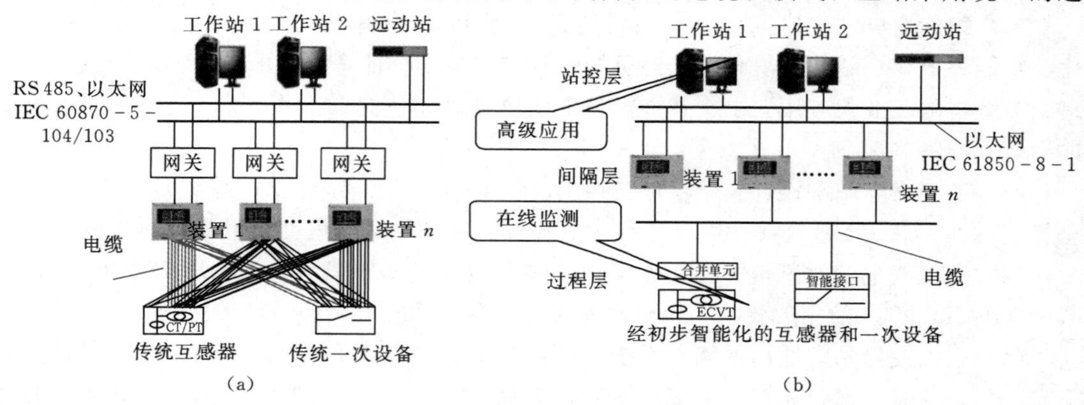

图1-1-2-1　智能变电站与传统变电站体系结构的比较
（a）传统变电站；（b）智能变电站

信规约 IEC 61850 实现信息交互。同时增加了一次设备状态监测和自动化系统高级应用。

三、智能变电站设备功能要求

智能变电站设备功能要求见表 1-1-2-2。

表 1-1-2-2　智能变电站设备功能要求

项目	功能要求
一次设备	(1) 一次设备应具备高可靠性，外绝缘宜采用复合材料，并与运行环境相适应。 (2) 智能化所需各型传感器或/和执行器与一次设备本体可采用集成化设计。 (3) 根据需要，电子式互感器可集成到其他一次设备中
智能组件	(1) 结构要求： 1) 智能组件是可灵活配置的智能电子装置，测量数字化、控制网络化和状态可视化为其基本功能。 2) 根据实际需要，在满足相关标准要求的前提下，智能组件可集成计量、保护等功能。 3) 智能组件宜就地安置在宿主设备旁。 4) 智能组件采用双电源供电。 5) 智能组件内各智能电子设备凡需要与站控层设备交互的，接入站控层网络。 6) 根据交际情况，可以由一个以上智能电子装置实现智能组件的功能。 (2) 通用技术要求： 1) 应适应现场电磁、温度、湿度、沙尘、降雨（雪）、振动等恶劣运行环境。 2) 相关智能电子设备应具备异常时钟信息的识别防误功能，同时具备一定的守时功能。 3) 应具备就地综合评估、实时状态预报的功能，满足设备状态可视化要求。 4) 宜有标准化的物理接口及结构，具备即插即用功能。 5) 应优化网络配置方案，确保实时性、可靠性要求高的智能电子设备的功能及性能要求。 6) 应支持顺序控制。 7) 应支持在线调试功能
信息采集和测量	(1) 应实现对全站遥测信息和遥信信息（包括刀闸、变压器分接头等信息）的采集。 (2) 对测量精度要求高的模拟量，宜采用高精度数据采集技术。 (3) 对有精确绝对时标和同步要求的电网数据，应实现统一断面实时数据的同步采集。 (4) 宜采用基于三态数据（稳态数据、暂态数据、动态数据）综合测控技术，进行全站数据的统一采集及标准方式输出。 (5) 测量系统应具有良好的频谱响应特性。 (6) 宜具备电能质量的数据测量功能
控制	(1) 应支持全站防止电气误操作闭锁功能。 (2) 应支持本间隔顺序控制功能。 (3) 遥控回路宜采用两级开放方式抗干扰措施。 (4) 应支持紧急操作模式功能。 (5) 应支持网络化控制功能
状态监测	(1) 宜具备通过传感器自动采集设备状态信息（可采集部分）的能力。 (2) 宜具备从相关系统自动复制宿主设备其他状态信息的能力。 (3) 宜将传感器外置，在不影响测量和可靠性的前提下，确需内置的传感器，可将最必要部分内置。 (4) 应具备综合分析设备状态的功能，具备将分析结果与其他相关系统进行信息交互的功能。 (5) 应逐步扩展设备的自诊断范围，提高自诊断的准确性和快速性。 (6) 应具备远方调阅原始数据的能力

续表

项目	功　能　要　求
保护	（1）应遵循继电保护基本原则，满足 GB/T 14285、DL/T 769 等相关继电保护的标准要求。 （2）保护装置宜独立分散、就地安装。 （3）保护应直接采样，对于单间隔的保护应直接跳闸，涉及多间隔的保护（母线保护）宜直接跳闸。对于涉及多间隔的保护（母线保护），如确有必要采用其他跳闸方式，相关设备应满足保护对可靠性和快速性的要求。 （4）保护装置应不依赖于外部对时系统实现其保护功能。 （5）双重化配置的两套保护，其信息输入、输出环节应完全独立。 （6）当采用电子式互感器，应针对电子式互感器特点优化相关保护算法、提高保护性能。 （7）纵联保护应支持一端为电子式互感器，另一端为常规互感器或两端均为电子式互感器的配置形式
计量	（1）应能准确的计算电能量，计算数据完整、可靠、及时、保密，满足电能量信息的唯一性和可信度的要求。 （2）应具备分时段电能量自动采集、处理、传输、存储等功能，并能可靠的接入网络。 （3）应根据重要性对某些部件采用冗余配置。 （4）计量用互感器的选择配置及准确度要求应符合 DL/T 448 的规定。 （5）计量智能电子设备应具备可靠的数字量或模拟量输入接口，用于接收合并单元输出的信号。合并单元应具备参数设置的硬件防护功能，其准确度要求应能满足计量要求。 （6）宜针对不同计量智能电子设备特点制定各方认可的检定和溯源规程
通信	（1）宜采用完全自描述的方法实现站内信息与模型的交换。 （2）应具备对报文丢包及数据完整性甄别功能。 （3）网络上的数据应分级，具备优先传送功能，并计算和控制流量，满足全站设备正常运行的需求。 （4）宜按照 IEC 62351 要求，采用信息加密、数字签名、身份认证等安全技术，满足信息通信安全的要求

四、智能变电站系统功能要求

智能变电站系统功能要求见表 1-1-2-3。

表 1-1-2-3　　智能变电站系统功能要求

项　目		功　能　要　求
基本功能	顺序控制	（1）满足无人值班及区域监控中心站管理模式的要求。 （2）可接收和执行监控中心、调度中心和本地自动化系统发出的控制指令，经安全校核正确后，自动完成符合相关运行方式变化要求的设备控制。 （3）应具备自动生成不同主接线和不同运行方式下典型操作流程的功能。 （4）应具备投、退保护软压板功能。 （5）应具备急停功能。 （6）可配备直观图形图像界面，在站内和远端实现可视化操作
	站内状态估计	实现数据辨识与处理，保证基础数据的正确性，支持智能电网调度技术支持系统对电网状态估计的应用需求
	与主站系统通信	宜采用基于统一模型的通信协议与主站进行通信
	同步对时	（1）应建立统一的同步对时系统。全站应采用基于卫星时钟（优先采用北斗）与地面时钟互备方式获取精确时间。 （2）地面时钟系统应支持通信光传输设备提供的时钟信号。 （3）用于数据采样的同步脉冲源应全站唯一，可采用不同接口方式将同步脉冲传递到相应装置。 （4）同步脉冲源应同步于正确的精确时间秒脉冲，应不受错误的秒脉冲的影响。 （5）支持网络、IRIG-B 等同步对时方式

续表

项　目		功　能　要　求
基本功能	通信系统	（1）应具备网络风暴抑制功能，网络设备局部故障不应导致系统性问题。 （2）应具备方便的配置向导进行网络配置、监视、维护。 （3）应具备对网络所有节点的工况监视与报警功能。 （4）宜具备拒绝服务防御能力和防止病毒传播的能力
	电能质量评估与决策	宜实现包含谐波、电压闪变、三相不平衡等监测在内的电能质量监测、分析与决策的功能，为电能质量的评估和治理提供依据
	区域集控功能	当智能变电站在系统中承担区域集中控制功能时，除本站功能外，应支持区域智能控制防误闭锁，同时应满足集控站相关技术标准及规范的要求
	防误操作	具备全站防止电气误操作闭锁功能。根据变电站高压设备的网络拓扑结构，对开关、刀闸操作前后不同的分合状态，进行高压设备的有电、停电、接地三种状态的拓扑变化计算，自动实现防止电气误操作逻辑判断
	配置工具	应采用标准化的配置工具，实现对全站设备和数据建模及通信配置
	源端维护	（1）变电站作为调度/集控系统数据采集的源端，应提供各种可自描述的配置参量，维护时仅需在变电站利用统一配置工具进行配置，生成标准配置文件，包括变电站主接线图、网络拓扑等参数及数据模型。 （2）变电站自动化系统与调度/集控系统可自动获得变电站的标准配置文件，并自动导入到自身系统数据库中。同时，变电站自动化系统的主接线图和分画面图形文件，应以标准图形格式提供给调度/集控系统
	网络记录分析	（1）可配置独立的网络报文记录分析系统，实现对全站各种网络报文的实时监视、捕捉、存储、分析和统计功能。 （2）网络报文记录分析系统宜具备变电站网络通信状态的在线监视和状态评估功能
高级功能	设备状态可视化	应采集主要一次设备（变压器、断路器等）状态信息，进行状态可视化展示并发送到上级系统，为实现优化电网运行和设备运行管理提供基础数据支撑
	智能告警及分析决策	（1）应建立变电站故障信息的逻辑和推理模型，实现对故障告警信息的分类和过滤，对变电站的运行状态进行在线实时分析和推理，自动报告变电站异常并提出故障处理指导意见。 （2）可根据主站需求，为主站提供分层分类的故障告警信息
	故障信息综合分析决策	宜在故障情况下对包括事件顺序记录信号及保护装置、相量测量、故障录波等数据进行数据挖掘、多专业综合分析，并将变电站故障分析结果以简洁明了的可视化界面综合展示
	支撑经济运行与优化控制	应综合利用变压器自动调压、无功补偿设备自动调节等手段，支持变电站及智能电网调度技术支持系统安全经济运行及优化控制
	站域控制	利用对站内信息的集中处理、判断，实现站内自动控制装置的协调工作，适应系统运行方式的要求
	与外部系统交互信息	宜具备与大用户及各类电源等外部系统进行信息交换的功能

五、智能变电站辅助设施功能要求

智能变电站辅助设施功能要求见表1－1－2－4。

表 1-1-2-4　　智能变电站辅助设施功能要求

项目	功　能　要　求
视频监控	站内宜配置视频监控系统并可远传视频信息，在设备操控、事故处理时与站内监控系统协同联动，并具备设备就地和远程视频巡检及远程视频工作指导的功能
安防系统	（1）应配置灾害防范、安全防范子系统，告警信号、量测数据宜通过站内监控设备转换为标准模型数据后，接入当地后台和控制中心，留有与应急指挥信息系统的通信接口。 （2）宜配备语音广播系统，实现设备区内流动人员与集控中心语音交流，非法入侵时能广播告警
照明系统	应采用高效节能光源以降低能耗，应有应急照明设施。有条件时，可采用太阳能、地热、风能等清洁能源供电
站用电源系统	全站直流、交流、逆变、不间断电源、通信等电源一体化设计、一体化配置、一体化监控，其运行工况和信息数据能通过一体化监控单元展示并转换为标准模型数据，以标准格式接入当地自动化系统，并上传至远方控制中心
辅助系统优化控制	宜具备变电站设备运行温度、湿度等环境定时检测功能，实现空调、风机、加热器的远程控制或与温度、湿度控制器的智能联动

六、智能变电站设计要求

智能变电站设计要求见表 1-1-2-5。

表 1-1-2-5　　智能变电站设计要求

项目	要　　求
设计原则	（1）变电站设计选型应遵循安全可靠的原则，采用符合智能变电站高效运行维护要求的结构紧凑型设备，减少设备重复配置，实现功能整合、资源和信息共享。设备宜采用新材料。 （2）系统设计内容包括但不限于如下方面：全站的网络图、虚拟局域网划分、IP 配置、虚端子设计接线图、同步系统图等
总平面布置	在安全可靠、技术先进、经济合理的前提下，智能变电站设计应符合资源节约、环境友好的技术原则和设计要求。宜结合智能设备的集成，简化智能变电站总平面布置（包括电气主接线、配电装置、构支架等），节约占地，节能环保
土建与建筑物	（1）结合智能变电站设备的融合，宜减少占地和建筑面积，合并相同功能的房间；合理减少机房、主控楼等建筑的面积，节约投资。 （2）结合智能变电站电缆减少、光缆增加的情况，采用合理的电缆沟截面
网络架构	（1）局域网络设备可灵活配置，合理配置交换机数量，降低设备投资。 （2）网络系统应易扩展、易配置。 （3）应计算和控制信息流量，设立最大接入节点数和最大信息流量，在变电站新设备接入引起网络性能下降时，也应满足自动化功能及性能指标的要求。 （4）网络通信架构设计应确保在运行维护时试验部分的网络不影响运行系统

七、智能变电站调试、验收与运行维护要求

智能变电站调试、验收与运行维护要求见表 1-1-2-6。

表 1-1-2-6　　智能变电站调试、验收与运行维护要求

项目	要　　求
调试	（1）应提供面向各项功能要求的方便、可靠的调试工具与手段，满足调试简便、分析准确、结构清晰的要求。 （2）调试工具通过连接智能组件导入智能组件模型配置文件，自动产生智能组件所需的信息文件，自动检测智能组件的输出信息流。调试工具具备电力系统动态过程的仿真功能，可输出信息流，实现对智能组件的自动化调试。 （3）合并单元调试专用工具，可向电子互感器提供输入信号，监测合并单元的输出，测试合并单元的同步、测量误差等性能指标。 （4）智能组件或各功能的调试工具，可向合并单元提供输入信号，监测智能组件或各功能的输出，测试智能组件或各功能的数字采样的正确性、同步、测量误差等性能指标
验收	（1）工程启动及竣工验收应参照 DL/T 782、DL/T 995 及相关调试验收规范。工程启动调试组织应在实施启动前编制启动调试方案，相关调度部门负责编写调度方案。 （2）电力设备的现场交接试验和预防性试验应满足 GB 50150 以及 Q/GDW 157、Q/GDW 168 等标准的要求。智能设备的特殊验收办法应由相关部门共同制定。 （3）工厂验收流程应按 Q/GDW 213 开展；现场验收流程应按 Q/GDW 214 开展。 （4）工厂验收时对于不易搬动的设备，应具备设备模拟功能，以便完成完整功能验收。 （5）具备状态监测功能组的设备验收应包括：对自检测功能逐一进行检验，要求测量值正确、单一测量评价结论合理；故障模式及几率预报功能正常，预报结果合理
运行维护	（1）应配套一体化检验装置或系统，满足整间隔检修及移动检修的要求。 （2）智能变电站设备检修，应能依托顺序控制及工作票自动管理系统，自动生成设备和网络的安全措施卡，指导对检修设备进行可靠、有效的安全隔离。 （3）工作票自动管理系统应能根据系统方式的安排和调度员的指令，自动生成相关内容和步骤，并能与顺序控制步骤进行校核和监控

八、智能变电站的检测评估

智能变电站的检测评估要求见表 1-1-2-7。

表 1-1-2-7　　智能变电站的检测评估要求

项目	内　　容
基本要求	（1）智能变电站的设备和系统应进行统一标准的应用功能测试与整体性能评估。 （2）智能电子设备和交换机等设备，变电站自动化系统及子系统，应满足对应的标准要求及工程应用需求，并通过国家电网公司认可的检验机构检验。 （3）批量生产的设备应由国家电网公司认可的检验机构做定期抽样检验。 （4）通信规约应通过国家电网公司认可的检验机构的一致性测试，再进行工程应用。 （5）智能电子设备与系统应在仿真运行环境中进行测试与评估，在变电站典型故障的仿真环境下进行设备、网络、系统的测试与评估，验证功能与性能。 （6）应用创新技术的设备，相关单位应组织制定试验方法、评价工具及可靠性指标，进行综合评估，保证应用的质量和水平
电能计量装置的检验	（1）实验室检验。电能计量装置使用前应先在实验室进行全面检测，量值应溯源到上一级的电能计量基准；电子式互感器量值应能溯源到电压和电流比例基准，其有关功能和技术指标的检定和现场检验，宜由当地供电企业在具备资质的电能计量技术机构进行，也可委托上级电力部门具备资质的电能计量技术机构进行。 （2）现场检验。新投运的电能计量装置，应在一个月内进行首次检验，其后的检验周期应参照 DL/T 448 的相关规定执行。 （3）远程检验。宜适时实现电能表站内集中选择校验功能

九、智能变电站相关术语

智能变电站 smart substation

采用先进、可靠、集成、低碳、环保的智能设备，以全站信息数字化、通信平台网络化、信息共享标准化为基本要求，自动完成信息采集、测量、控制、保护、计量和监测等基本功能，并可根据需要支持电网实时自动控制、智能调节、在线分析决策、协同互动等高级功能的变电站。

智能组件 intelligent component

由若干智能电子装置集合组成，承担宿主设备的测量、控制和监测等基本功能；在满足相关标准要求时，智能组件还可承担相关计量、保护等功能。可包括测量、控制、状态监测、计量、保护等全部或部分装置。

智能设备 intelligent equipment

一次设备和智能组件的有机结合体，其有测量数字化、控制网络化、状态可视化、功能一体化和信息互动化特征的高压设备，是高压设备智能化的简称。

智能终端 smart terminal

一种智能组件。与二次设备采用电缆连接，与保护、测控等二次设备采用光纤连接，实现对一次设备（如断路器、刀闸、主变等）的测量、控制等功能。

智能电子装置 intelligent electronic device，IED

一种带有处理器、只有以下全部或部分功能的一种电子装置：

(1) 采集或处理数据。

(2) 接收或发送数据。

(3) 接收或发送控制指令。

(4) 执行控制指令。

如具有智能特征的变压器有载分接开关的控制器、具有自诊断功能的现场局部放电监测仪等。

电子式互感器 electronic instrument transformer

一种装置，由连接到传输系统和二次转换器的一个或多个电流或电压传感器组成，用于传输正比于被测量的量，供测量仪器、仪表和继电保护或控制装置。

电子式电流互感器 electronic current transformer，ECT

一种电子式互感器，在正常适用条件下，其二次转换器的输出实质上正比于一次电流，且相位差在联结方向正确时接近于已知相位角。

电子式电压互感器 electronic voltage transformer，EVT

一种电子式互感器，在正常适用条件下，其二次电压实质上正比于一次电压，且相位差在联结方向正确时接近于已知相位角。

合并单元 merging unit

用以对来自二次转换器的电流和/或电压数据进行时间相关组合的物理单元。合并单元可以是互感器的一个组成件，也可以是一个分立单元。

设备状态监测 on－line monitoring of equipment

设备状态监测通过传感器、计算机、通信网络等技术，获取设备的各种特征参量并结合专家系统分析，及早发现设备潜在故障。

状态检修　condition - based maintenance

状态检修是企业以安全、可靠性、环境、成本为基础，通过设备状态评价、风险评估，检修决策，达到运行安全可靠，检修成本合理的一种检修策略。

制造报文规范　manufacturing message specification，MMS

制造报文规范是 ISO/JEC 9506 标准所定义的一套用于工业控制系统的通信协议。MMS 规范了工业领域具有通信能力的智能传感器、智能电子设备（IED）、智能控制设备的通信行为，使出自不同制造商的设备之间具有互操作性（interoperation）。

面向变电站事件通用对象服务　generic object oriented substation event，GOOSE

面向变电站事件通用对象服务支持由数据集组织的公共数据的交换。主要用于实现在多个具有保护功能的 IED 之间实现保护功能的闭锁和跳闸。

互操作性　interoperability

来自同一或不同制造商的两个以上智能电子设备交换信息、使用信息以正确执行规定功能的能力。

一致性测试　conformance test

检验通信信道上数据流与标准条件的一致性，涉及访问组织、格式、位序列、时间同步、定时、信号格式和电平、对错误的反应等。执行一致性测试，证明与标准或标准特定描述部分相一致。一致性测试应由通过 ISO 9001 验证的组织或系统集成者进行。

顺序控制　sequence control

发出整批指令，由系统根据设备状态信息变化情况判断每步操作是否到位，确认到位后自动执行下指令，直至执行完所有指令。

变电站自动化系统　substation automation system，SAS

变电站自动化系统是指运行、保护和监视控制变电站一次系统的系统，实现变电站内自动化，包括智能电子设备和通信网络设施。

交换机　switch

一种有源的网络元件。交换机连接两个或多个子网，子网本身可由数个网段通过转发器连接而成。

站域控制　substation area control

通过对变电站内信息的分布协同利用或集中处理判断，实现站内自动控制功能的装置或系统。

全景数据　panoramic data

反映变电站电力系统运行能稳态、暂态、动态数据以及变电站设备运行状态、图像等的数据的集合。

在线监测　on - line monitoring

在不停电的情况下，对电力设备状况进行连续或周期性地自动监视检测。

在线监测装置　on - line monitoring device

通常安装在被监测设备上或附近，用以自动采集、处理和发送被监测设备状态信息的监测装置（含传感器）。监测装置能通过现场总线、以太网、无线等通信方式与综合监测单元或直接与站端监测单元通信。

综合监测单元 comprehensive monitoring unit

以被监测设备为对象，接收与被监测设备相关的在线监测装置发送的数据，并对数据进行加工处理，实现与站端监测单元进行标准化数据通信的装置。

站端监测单元 substation side monitoring unit

以变电站为对象，承担站内全部监测数据的分析和对监测装置、综合监测单元的管理。实现对监测数据的综合分析、预警功能，以及对监测装置和综合监测单元设置参数、数据召唤、对时、强制重启等控制功能，并能与主站进行标准化通信。

在线监测系统 on - line monitoring system

在线监测系统主要由监测装置、综合监测单元和站端监测单元组成，实现在线监测状态数据的采集、传输、后台处理及存储转发功能。

电容型设备 capacitive equipment

采用电容屏绝缘结构的设备，如电容型电流互感器、电容式电压互感器、耦合电容器、电容型套管等。

全电流 total current

在正常运行电压下，流过变电设备主绝缘的电流。全电流由阻性电流和容性电流组成。

面向服务的体系结构 service - oriented architecture，SOA

面向服务的体系结构是一个组件模型，它将应用程序的不同功能单元（称为服务）通过这些服务之间定义良好的接口和契约联系起来。接口是采用中立的方式进行定义的，它应该独立于实现服务的硬件平台、操作系统和编程语言。

服务器 server

在通信网中，服务器是一个功能节点，向其他功能节点提供数据，或允许其他功能节点访问其资源。在软件算法（和/或硬件）结构中，服务器也可以是逻辑上的一个子部分，独立控制其运行。

客户端 client

请求服务器提供服务，或接受服务器主动传输数据的实体，如变电站监控系统等。

智能变电站自动化体系 smart substation automation system

依据变电站在智能电网中的定位与功能，涵盖智能变电站的设计、调试验收、运行维护、检测评估各个环节，将网络通信自动化、数据采集与控制自动化、分析应用功能自动化、调试检修自动化、运行管理自动化互相关联而构成的整体。

一体化信息平台 integrated information platform

集SCADA、操作闭锁、同步相量采集、电能量采集、故障录波、保护信息管理、状态在线检测等相关功能于一体，实现统一通信接口，统一数据来源，满足系统级网络共享，面向全站设备数据于一体的信息平台。在一体化信息平台的基础上，能构建实现面向全站设备的监控系统，实现顺序控制、设备状态可视化、智能告警及分析决策等高级

应用。

智能变电站一体化监控系统　integrated supervision and control system of smart substation

按照全站信息数字化、通信平台网络化、信息共享标准化的基本要求，通过系统集成优化，实现全站信息的统一接入、统一存储和统一展示，实现运行监视、操作与控制、信息综合分析与智能告警、运行管理和辅助应用等功能。

数据通信网关机　data communication gateway

一种通信装置。实现智能变电站与调度、生产等主站系统之间的通信，为主站系统实现智能变电站监视控制、信息查询和远程浏览等功能提供数据、模型和图形的传输服务。

综合应用服务器　comprehensive application server

实现与状态监测、计量、电源、消防、安防和环境监测等设备（子系统）的信息通信，通过综合分析和统一展示，实现一次设备在线监测和辅助设备的运行监视与控制。

数据服务器　data server

实现智能变电站全景数据的集中存储，为各类应用提供统一的数据查询和访问服务。

可视化展示　visualization display

一种信息图形化显示技术。通过可视化建模和渲染技术，将数据和图形相结合，实现变电站设备运行状态、设备故障等信息图形化显示功能，为运行监视人员提供直观、形象和逼真的展示。

计划管理终端　scheduled manage terminal

配备安全文件网关的人机终端，实现调度计划、检修工作票、保护定值单等管理功能。

计划检修终端　scheduled maintenance terminal

配备安全文件网关的人机终端，实现调度计划、检修工作票、保护定值单等管理功能。

远程巡视　remote inspection

利用主站端监控系统、状态监测系统和视频监控等系统在远方对变电站设备运行状态和运行环境进行的巡视。

监测功能组　monitoring group

实现对一次设备的状态监测，是智能组件的组成部分。监测功能组设一个主 IED，承担全部监测结果的综合分析，并与相关系统进行信息互动。

在线监测装置　on - line monitoring device

通常安装在被监测设备上或附近，用以自动采集、处理和发送被监测设备状态信息的监测装置（含传感器）。监测装置能通过现场总线、以太网、无线等通信方式与综合监测单元或直接与站端监测单元通信。

传感器　sensor

变电设备的状态感知元件，用于将设备某一状态参量转变为可采集的信号。如变压器油中溶解气体传感器、电容型设备监测装置的电流传感器等。

平均无故障工作时间　mean time between failures，MTBF

装置相邻两次故障间的工作时间的平均值。

预制舱体　prefabricated cabin

预制舱式二次组合设备舱体（也可简称“舱体”）采用钢结构箱房，舱内根据需要配置消防、安防、暖通、照明、通信、智能辅助控制系统、集中配线架（舱）等辅助设施，其环境应满足变电站二次设备运行条件及变电站运行调试人员现场作业要求。

预制舱式二次组合设备　secondary combination device in prefabricated cabin

预制舱式二次组台设备由预制舱体、二次设备屏柜（或机架）、舱体辅助设施等组成，在工厂内完成制作、组装、配线、调试等工作，以箱房形式整体运输至工程现场，就位安装于基础上。

预制光缆　prefabricated optic cable

满足防护等级的两端头带光纤插头（光纤连接器）的光缆。在光缆的一端或两端根据需要连接各种类型的光纤连接器，可实现预制端在施上现场的无熔接接续点的连接或直连。

预制电缆　prefabricated cable

电缆端头进行处理后，与电连接器进行组合从而达到满足要求的防护等级。通常为插座端尾部接导线或电缆，插头尾部接电缆。

单端预制电缆　single side prefabricated cable

单端预制是指电缆的一端预制插头，另一端甩线用于现场连接插头或端子排。

双端预制电缆　double sides prefabricated cable

双端预制是指电缆的两端均预制插头。

电连接器　electrical connector

电连接器是用于电气设备间电气连接和信号传递的基础元件，由固定端电连接器（也可称“插座”）和自由端电连接器（也可称“插头”）组成。

接触件　contact

接触件是插针和插孔的总称，是电连接器的主要组成元件，用来进行电气连接和信号传递。

单端预制光缆　single end prefabricated optic cable

单端预制光缆是指光缆的一端预制光纤连接器，另一端保持开放状态，开放端现场以熔接方式连接。

双端预制光缆　double end prefabricated optic cable

双端预制光缆是指光缆的两端均预制光纤连接器。

光纤连接器　optic connector

用以稳定地，但不是永久连接两根或多根光纤的无源组件。将光纤的两个端面精密对接起来，使发射光纤（设备）的光能量最大限度地耦合到接收光纤（设备）中，最小化对系统造成的影响。

光缆分支器　divider

光缆中的多根纤芯，经分支器无断点地分成多根尾纤，并在分支器中对分支点加以固定和保护。

网络异常事件　network abnormal events

网络异常事件包含网络风暴、通信中断及不符合设计或相关标准的通信报文和时序过程等网络事件。

报文记录透明性　messages recorder transparency

报文记录透明性指网络报文记录及分析装置本身的记录端口不向外发出任何形式的报文，并对所监视的网络通信不产生任何的影响。

网络性能测试仪　network performance tester

采用专门硬件能够模拟及分析 TCP/IP 协议族并能对网络性能进行评估的测试仪器。

网络损伤模拟器　network impairments emulator

能够模拟与网络性能相关的时延、时延抖动、丢包、数据包错序等可能会对网络质量造成不利影响的网络损伤参数的仪器。

虚端子连线配置　virtual terminator connection configuration

描述 IED 设备之间虚端子连接的配置关系，配置 SCL 模型中的数据集＜DataSet＞下的＜FCDA＞的属性值可指定发送的虚端子、配置 SCL 模型中＜inputs＞下的＜ExtRef＞的属性值可指定虚端子的接收来源。

互操作性　interoperability

来自同一或不同制造商的两个及以上智能电子设备交换信息、使用信息以正确执行规定功能的能力。

一致性测试　conformance test

检验通信信道上数据流与标准条件的一致性，涉及访问组织、格式、位序列、时间同步、定时、信号格式和电平、对错误的反应等。执行一致性测试，证明与标准或标准特定描述部分相一致。一致性测试应由通过 ISO 9001 验证的组织或系统集成者进行。

交换机　switch

一种有源的网络元件。交换机连接两个或多个子网，子网本身可由数个网段通过转发器连接而成。

分布式保护　distributed protection

分布式保护面向间隔，由若干单元装置组成，功能分布实现。

就地安装保护　locally installed protection

在一次配电装置场地内紧邻被保护设备安装的继电保护设备。

IED 能力描述文件　IED capability description

由装置厂商提供给系统集成厂商，该文件描述 IED 提供的基本数据模型及服务，但不包含 IED 实例名称和通信参数。

系统规格文件　system specification description

应全站唯一，该文件描述变电站一次系统结构以及相关联的逻辑节点，最终包含在 SCD 文件中。

全站系统配置文件　substation configuration description，SCD

应全站唯一，该文件描述所有 IED 的实例配置和通信参数、IED 之间的通信配置以及变电站一次系统结构，由系统集成厂商完成。SCD 文件应包含版本修改信息，明确描述修改时间、修改版本号等内容。

IED 实例配置文件　configured IED description

每个装置有一个，由装置厂商根据 SCD 文件中本 IED 相关配置生成。

系统配置调试　system configuration debugging

根据系统的物理组网结构设计与变电站功能设计，检查设备的组态、配置以及设备之间的信息关联。

虚回路　virtual circuit

表述了某功能输入至输出之间，由设备组态以及设备之间信息关联链接所构成的逻辑回路。

间隔整组调试　bay function commissioning

分系统调试的一种基础类别，主要针对一次设备的保护、安自、测控、计量、PMU 等功能，整体调试由间隔层、过程层设备构成的间隔功能设备组。

系统接口试验　system I/O channel function testing

主要指系统连接现场的输入/输出信号虚回路，检测由站控层、间隔层、过程层设备链接而成的交流信号测量、开关状态采集、控制指令执行等功能。

同步采样试验　synchronous sampling test

交流测量通道之间实时采样断面一致性检测，多应用于检验功率、潮流、差流等测量计算功能。

系统联调　system integration commissioning

按照一体化监控功能的设备组成以及工程实现逻辑，通过数据共享、综合应用的方式整合各分系统能力而进行的站域关联设备联合调试。

电力系统二次设备　secondary devices of power system

对一次设备的运行状态进行监视、测量、控制和保护的设备，称为电力系统的二次设备。包括电力系统继电保护及安全自动装置、调度自动化系统、变电站自动化系统、通信系统，以及为二次设备提供电源的交直流电源系统。

电涌　surge

因雷电或开火操作在线路和电气设备上产生的过电压，其特性是快速上升后缓慢下降的冲击过程。

电涌保护器　surge protective device，SPD

用于限制瞬态过电压和泄放电涌电流来保护设备的一种装置，它至少包含有一个非线性元件，也称浪涌保护器或过电压保护器或防雷保安器。

电压限制型 SPD　voltage limiting type SPD

无电涌时呈现高阻抗，但是随着冲击电压的上升并达到或超过箝位动作电压值时，其阻抗迅速下降的 SPD。常用的非线性元件是：压敏电阻和瞬态电压抑制二极管。这类 SPD 有时也称作“箝位型 SPD”。

电压开关型 SPD　voltage switching type SPD

无电涌时呈现高阻抗，电涌电压超过其动作电压时能立即转变成低限抗的 SPD。电压开关型 SPD 常用的元件有：放电间隙、气体放电管、闸流管和三端双向可控硅开关元件。这类 SPD 有时也称作“短路型 SPD”。

保护模式　modes of protection

交流 SPD 保护元件可以连接在相对相、相对地、相对中性线、中性线对地及其组合；直流和信号 SPD 保护元件可以连接在正负极、正极对地、负极对地及其组合；相同或正负极间的保护元件抑制差模过电压，相对地或正负极对地的保护元件抑制共模过电压。这些连接方式称作保护模式。

退耦元件　decoupling elements

在被保护线路中并联接入多级 SPD 时，如果开关型 SPD 与限压型 SPD 之间的线路长度小于 10m、限压型 SPD 之间的线路长度小于 5m 时，为实现多级 SPD 之间的能量配合，应在 SPD 之间的线路上串接适当的电阻或电感，这些电阻或电感元件称为退耦元件。

标称放电电流　nominal discharge current

SPD 通过 8/20μs 波形的规定试验次数而不发生实质性破坏的放电电流峰值，又称冲击通流容量。

残压　residual voltage

放电电流流过 SPD 时，在其规定端子间的电压峰值。

防雷接地　lightning protective grounding

为泄放雷电荷而设的接地。

等电位连接　equipotential bounding，EB

将分开的电气装置外壳、接地极用导体或不同地网间用放电间隙进行电气连接，以减少雷电流在它们之间产生的电位差。

最大放电电流　maximum discharge current

SPD 不发生实质性破坏，每线或单模块对地或对中性线，通过规定次数、规定波形的最大限度的电流峰值。最大放电电流一般不小于标称放电电流的 2 倍。

响应时间　responding time

SPD 遇超过其动作电压的电冲击时，由高阻抗转变为低阻抗的时间（考虑实际测试的困难，此条未在标准中给出）。

插入损耗　insertion loss

在信号传输系统中插入一个 SPD 所引起的信号能量损耗。它是在 SPD 插入后传递到后面的系统部分的功率与 SPD 插入前传递到同一部分的功率之比。插入损耗通常用分贝（dB）表示。

接地线　grounding conductor

电气装置、设施的接地端子与接地极连接用的金属导电部分。

接地极　grounding electrode

埋入地中并直接与大地接触的金属导体，称为接地极。兼作接地极用的直接与大地接触的各种金属构件、金属井管、钢筋混凝土建（构）筑物的基础、金属管道和设备等称为自然接地极。

接地装置　grounding connection

接地线和接地极的总和。

共用接地系统　common earthing system

将各部分防雷装置、建筑物金属构件、低压配电保护线（PE）、等电位连接带、设备保护地、屏蔽体接地、防静电接地及接地装置等连接在一起的接地系统。

等电位连接网络　bonding network

由一个系统的诸多外露导电部分（正常不带电）作等电位连接的导体所组成的网络。

等电位隔离　equivalent potential isolation

用非线性器件将不宜直接接地的设备或另一地网与主地网进行等电位连接，需要泄流时设备和地网间处于最小电位差，无电涌时设备或另一地网与主地网隔离。

数据传输速率　bps data transmission rate

信号 SPD 接入传输数字信号的被保护的系统传输线后，插入损耗不大于规定值的上限数据传输速率。

传输频率　transmission frequency

信号 SPD 接入传输模拟信号的被保护系统传输线后，插入损耗不大于规定的上限模拟信号频率。

最大持续工作电压　maximum continuous operating voltage

允许持久地施加在 SPD 上最大交流电压有效值或直流电压。其值等于额定电压。

续流　following current

冲击放电电流后，由电源系统流入 SPD 的电流。SPD 恢复正常阻抗后，流过 SPD 的为泄漏电流。

额定负载电流　rated load current

能对 SPD 保护的输出端连接负载提供的最大持续额定交流电流有效值或直流电流值。

电压保护水平　voltage protection level

表征 SPD 限制接线端子间过电压的性能参数，该值不小于残压电压的最大值。

十、智能变电站相关缩略语

IED　Intelligent Electronic Device（智能电子设备）

ICD　IED Capability Description（IED 能力描述文件）

SCD　Substation Configuration Description（全站系统配置文件、变电站配置描述）

SSD　System Specification Description（系统规范文件）

CID　Configured IED Description（IED 实例配置文件）

SCL　Substation Configuration Language（变电站配置语言）

CIM　Common Information Model（公共信息模型）

SVG　Scalable Vector Graphics（可缩放矢量图形）

XML　Extensible Markup Language（可扩展标示语言）

PMU　Phasor Measurement Unit（同步相量测量装置）

SNMP　Simple Network Management Protocol（简单网络管理协议）

GOOSE　Generic Object Oriented Substation Event（面向通用对象的变电站事件、面向变电站事件的通用对象）

PMS　Production Management System（生产管理系统）

SOE　Sequence Of Event（事件顺序记录）

MICS　Model Implementation Conformance Statement（模型实现一致性陈述）

PICS　Protocol Implementation Conformance Statement（协议实现一致性陈述）

PIXIT　Protocol Implementation Extra Information for Testing（用于测试的协议实现额外信息）

BRCB　Buffered Report Control Block（有缓存报告控制块）

URCB　Unbuffered Report Control Block（无缓存报告控制块）

SCSM　Specific Communication Service Mapping（特殊服务映射）

FCD　Functional Constrained Data（功能约束数据）

FCDA　Functional Constrained Data Attribute（功能约束数据属性）

SGCB　Setting Group Control Block（定值组控制块）

IntgPd　Integrity Period（完整性周期）

GI　General-Interrogation（总召唤）

ACSI　Abstract Communication Service Interface（抽象通信服务接口）

A/D　Analog/Digital（模拟量/数字量转换）

IP　Internet Protocol（网际协议）

MMS　Manufacturing Message Specification（制造报文规范）

SV　Sampled Value（采样值）

GARP　Generic Attribute Registration Protocol（通用属性注册协议）

GMRP　GARP Multicast Registration Protocol（GARP组播注册管理协议）

ICMP　Internet Control Message Protocol（互联网控制消息协议）

TCP　Transmission Control Protocol（传输控制协议）

CRC　Circle Redundancy Check（循环冗余校验）

DUT　Device Under Test（被测设备）

PTP　Peer to Peer（对等互联网络）

ASDU　Application Service Data Unit（应用服务数据单元）

APDU　Application Protocol Data Unit（应用协议数据单元）

ECT　Electronic Current Transformer（电子式电流互感器）

EVT　Electronic Voltage Transformer（电子式电压互感器）

MU　Merging Unit（合并单元）

1PPS　1Pulse Per Second（秒脉冲）

BDA　Basic Data Attribute（基本数据属性）

CDC　Common Data Class（公用数据类）

DA　Data Attribute（数据属性）

DAI　Instantiated Data Attribute（实例化数据属性）

DAType　Data Attribute Type（数据属性类型）

DO　Data Object（数据对象）

DOI　Instantiated Data Object（实例化数据对象）
DOType　Data Object Type（数据对象类型）
EnumType　Enumerated Type（枚举类型）
ExtRef　External Reference（外部索引）
FCDA　Functional Constrained Data Attribute（功能约束数据属性）
GSE　General Substation Event（通用变电站事件）
ICD　IED Configuration Description（智能电子设备配置描述）
LD　Logical Device（逻辑设备）
LN　Logical Node（逻辑节点）
LNodeType　Logical Node Type（逻辑节点类型）
MMS　Manufacture Message Specification（制造报文规范）
SCD　Substation Configuration Description（变电站配置描述）
SCL　Substation Configuration Description Language（变电站配置描述语言）
SDO　Sub Data Object（子数据对象）
SMV　Sampled Measurement Value（采样测量值）
SSD　System Specification Description（系统规范描述）
SV　Sampled Value（采样值）
XML　Extensible Markup Language（可扩展标记语言）

第三节　我国智能变电站发展方向

一、组网技术进一步快速发展

随着 IEC 61850 Ed. 2 版本的发布，IEC 61850 的实施进一步规范化，基于 IEC 61850 的智能变电站的集成和维护过程将变得越来越简单高效。在 IEC 61850 Ed. 2 中推荐网络冗余的方案为：高可靠性无缝环网（HSR）技术和并行冗余网络（PRP）技术。这些技术将使网络的冗余处理更标准化，网络可靠性也将得到保证。

国内提出的集成报文延时标签的交换机技术，由交换机将报文进交换机和出交换机的延时测量出来并标记到网络报文中，保护装置将报文接收时间减去该延时和合并单元延时就可以得到合并单元采样的时间，然后应用与点对点同样的插值算法就可以得到同步后的采样值。该技术具有点对点模式不依赖于同步时钟的优点，又具有组网模式数据共享的特点，是有良好应用前景的一种组网模式。

二、可视化设计技术成为发展趋势

通过可视化的设计技术，使工程设计人员不再直接面对其不熟悉的装置 ICD 文件和变电站 SCD 文件开展工作，而是提供一整套变电站的设计工具。设计人员采用其熟悉的方法在图纸上进行一次设备和二次设备的布置、连线，工具将自动形成描述一次设备配置的系统规格描述（system specification description，SSD）文件、全站设备配置的 SCD 文

件及相关信号连线与关联关系。

可视化设计方法可以消除设计工作与配置工作中的重复部分，提高智能变电站工程实施的效率，同时降低智能变电站维护的难度，是智能变电站设计技术的发展方向。

三、模块化与可装配式变电站成为可能

智能变电站的发展大大促进了一次设备的智能化水平，拥有自身数字化接口的智能变压器、智能开关等一次设备得到应用。一次、二次设备的界限变得模糊，二次设备的一些技术在一次设备中得到大量体现，一次设备的在线检测技术与本体保护在一次设备侧得到更好的集成。一次设备的智能化，使变电站中二次设备的数量大大减少，简化了运维管理的同时提高了系统的整体可靠性。目前变电站的过程层设备，如智能终端等，将进一步集成到一次设备中。由于一次设备直接提供网络数据接口，现场设备间的组装连接将变得非常简单。

一次设备智能化程度的提高与二次设备的简化，有助于实现设备、系统的模块化设计，为可组装式智能变电站的发展提供了可能。

四、海量信息与高度集成的自动化系统高度融合

通信技术与通信标准的进一步结合，为智能变电站提供了前所未有的海量信息，这些信息能够得到很好的集成并实现共享，为智能变电站的更多智能应用提供了信息基础。统一的应用平台与模型建设，可实现电网的源端、远端的图模一体化设计和维护。结合自动发布等技术，会大大降低智能站和调度监控系统的设计、实施工作量。

智能变电站的通信带宽进一步提高，千兆网络得到广泛的应用。借助物联网通信，变电站的各种信息以更方便的方式集成到自动化系统中，包括监控影像、智能机器人自动控制信息链等，为变电站的无人值班提供了大部分技术手段。无人值班的超高压变电站将更安全、可靠。

变电站的各种海量信息的存储由传统硬盘过渡到“电力云”的云端存储。通过云端充足的实时信息和历史信息，设备的状态检修变得可能。事故的分析、故障的定位甚至故障后的恢复，将变得更为准确和可靠。

五、变电站的高度智能化可实现绿色环保能源供应

高度智能化的变电站，结合变电站间通信协议标准，以及海量信息的云端存储，为分布式局域性智能变电站与智能变电站的集群提供了技术支撑，可形成分布式微电网、互动型局域性电网；结合实时大数据的智能分析系统，这种分布式、集群式的智能变电站通过协作，具有局域性故障可自愈等功能，且为风、光等分布式能源接入电网提供了方便。在这种分布式智能变电站，接入的风、光等分布式能源，可根据其特点进行能量的自动调配、负荷的自动均衡，在保障电网运行可靠、电力供应正常的基础上，最大限度地实现绿色环保能源供应方式。

六、电网层面的在线监测与评估实现变电站运行风险预警

现代通信标准体系以及网络技术为变电站及电力系统的运行、设计、评估提供了丰富的信息资源。通过对故障原因、故障影响范围及经济影响等方面大量数据的统计分析，结合各种变电站配置方案（如星形、环形、双星形等各种网络）实际可靠性的信息统计，可以为智能变电站的设计方案，进行经济性、可靠性的进一步评估，为电网用户提供更多设计选择方面的信息。

通过更大规模的故障信息统计分析，可以实现系统层面的在线评估。如根据大量统计的某厂家产品的平均运行无故障时间，结合目前运行设备的无故障运行时间，以及运行环境温度、湿度等统计信息，构建电力系统评估模型，实现对运行系统的可靠性、可用性、安全性的分析与评估，可实现变电站运行风险预警、检修智能提醒等功能。

七、智能化诊断与一键式运维检修管理实现电网自愈

智能变电站技术为变电站的运行、维护、检修提供了进一步的创新发展空间。结合云端大数据统计结果、智能神经网络分析方法、变电站运行现状，可实现智能化的故障分析诊断。通过智能的思维模式，根据统计结果与实际运行信息，进行分析推理，实现设备故障、网络故障的提前预警、自动诊断与故障排除。模块化、可组装式变电站的出现，简化了整个变电站的检修逻辑，为程序化检修提供了一种可能。在变电站设计阶段，编制出一些常规检修方案与实施办法，并将该方法以检修操作票的方式进行程序式固化，结合顺序控制功能以及在线分析通信报文，可通过一个远端命令的方式，使智能变电站的一键式进入检修状态。一键式检修使操作更加简单，系统的运维管理更加智能。

未来变电站的一次设备可靠性、智能化水平将大大提高，一次、二次设备技术将充分融合，模块化、装配式的变电站将会出现，结合高级应用的发展，变电站的建设、运行、维护变得越来越简单。相应地，与电网的互动能力将显著增强，从而提升电网可靠性，实现电网的自愈。

第二章　新建智能变电站设计

第一节　智能变电站设计应遵循的原则

智能变电站应体现设备智能化、连接网络化、信息共享化等特征，并实现高级功能应用。智能变电站宜采用新设备、新技术，可采用模块化设计，实现资源节约、环境友好。

智能变电站的设计遵循如下原则：

(1) 在安全可靠的基础上，采用智能设备，提高变电站智能化水平。

(2) 互感器的配置原则应兼顾技术先进性与经济性。

(3) 宜建立全站的数据通信网络，数据的采集、传输、处理应数字化、共享化。

(4) 在现有技术条件下，全站设备的状态监测功能宜利用统一的信息平台，应综合状态监测技术的成熟度和经济性，对关键设备实现状态检修，减少停电次数、提高检修效率。

(5) 应严格遵照《电力监控系统安全防护规定》(国家发改委 2014 年第 14 号令) 的要求，进行安全分区、通信边界安全防护，确保控制功能安全。

(6) 优化设备配置，实现功能的集成整合。

(7) 提高变电站运行的自动化水平和管理效率，优化变电站设备的全寿命周期成本。

(8) 技术符合未来发展趋势，对于现阶段不具备条件实现的高级功能应用，应预留其远景功能接口。

(9) 智能变电站采用模块化建设时，应遵循 Q/GDW 11152 的相关规定，一次、二次集成设备宜采用工厂内规模生产、集成调试、模块化配送，有效减少现场安装、接线、调试工作，提高建设质量、效率。

(10) 建、构筑物可采用装配结构，结构件宜采用工厂预制，实现标准化。建、构筑物宜采用工厂化预制、机械化现场装配，减少现场“湿作业”，提高成品工艺水平，提高工程建设质量。

(11) 宜采用预制线缆实现一次设备与二次设备，以及二次设备室的光缆、电缆标准化连接，提高二次线缆施工的工艺质量和建设效率。

第二节　智能变电站总体布置要求

一、变电站布置

智能变电站设计应安全可靠、技术先进、符合资源节约、环境友好的技术原则，结合新设备、新技术的使用条件，优化配电装置场地和建筑物布置。

(1) 智能变电站总布置应根据工艺要求，充分利用自然地形紧凑布置，应遵循 DL/T 5218 和 DL/T 5056 的相关要求。

(2) 变电站大门及道路的设置应满足主变压器、大型装配式预制件、预制舱式二次组合设备等的整体运输，同时还应满足消防要求。

(3) 户外变电站宜利用配电装置空余场地，就近布置预制舱式二次组合设备。

(4) 宜结合设备整合，优化建筑设计方案，减少占地面积和建筑面积。

二、土建

(1) 变电站建筑应按工业建筑标准建设，宜统一标准、统一模数，具备条件时，宜优先采用装配式建筑物。

(2) 变电站建筑屋面防水应遵循 GB 50345 的相关要求，屋面防水等级应为Ⅰ级。

(3) 装配式建筑物结构体系须安全可靠、经济合理。柱距、跨度、层高宜采用标准尺寸。

(4) 装配式建筑物围护结构应就地取材，经济适用，尺寸应采用标准模数。

(5) 设备基础及构支架基础宜采用通用设备基础尺寸，标准化设计，采用标准钢模浇制混凝土基础。

(6) 光缆敷设可采取电缆沟敷设、穿管敷设、槽盒敷设等方式。严寒地区宜采取防冻措施，防止光缆损伤。

(7) 应优化电缆沟设计。智能变电站内连接介质减少，宜缩小电缆沟截面，减少敷设材料。

(8) 电缆沟盖板宜采用经久耐用、经济合理的预制盖板或成品盖板。

三、辅助设施

(1) 积极采用效率高的绿色节能照明灯具，宜实现灯光自动控制功能；根据站址条件，优先采用绿色清洁能源，再利用其他供电实时匹配需要的容量，清洁能源与其他供电方式宜能自动切换。

(2) 采暖、通风和空气调节系统应具备自动控制功能；SF_6 气体绝缘电气设备房间应设置 SF_6 气体超限报警系统，并应与正常运行时使用的下部排风机连锁；可实现散热设备的运行温度检测，超温自动启动散热排风系统，并设烟感闭锁，火灾报警后自动切断电源。

(3) 宜采用 DL/T 860 标准与站控层通信，实现对采暖、通风系统的智能控制，以及图像监视及安全警卫系统的联动。

(4) 排水系统应设置水位监测和传感控制，实现排水系统自动或远程控制。

第三节　智能变电站电气一次部分

一、智能设备

智能变电站宜采用智能设备。

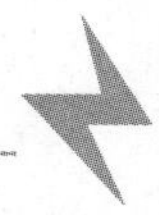

（一）电气设备选择原则

（1）主要一次设备选择应符合 DL/T 5222 的有关规定，应采用智能变电站通用设备，技术参数、电气一次接口、二次接口、土建接口应符合规范要求。

（2）一次设备宜高度集成测量、控制、状态监测等智能化功能。智能终端、合并单元与一次设备本体宜采用一体化设计，取消冗余回路，简化元器件配置等。设备本体与智能控制柜之间宜采用预制电缆连接。

（二）智能终端配置原则

1. 750kV 变电站

（1）330(220)～750kV 除母线、主变本体、高抗本体外，智能终端宜冗余配置。

（2）66kV 宜配置单套智能终端。

（3）主变压器高中低压侧智能终端宜冗余配置，主变压器本体、高抗本体智能终端宜单套配置。

（4）每段母线智能终端宜单套配置。

（5）智能终端宜分散布置于配电装置场地。

（6）66kV 电压等级宜采用合并单元智能终端集成装置。

2. 500kV 变电站

（1）220～500kV 除母线、主变本体、高抗本体外智能终端宜冗余配置。

（2）66kV 宜配置单套智能终端；35kV 及以下配电装置采用户内开关柜布置时不宜配置智能终端；采用户外敞开式布置时宜配置单套智能终端。

（3）主变压器高中低压侧智能终端宜冗余配置，主变压器本体、高抗本体智能终端宜单套配置。

（4）每段母线智能终端宜单套配置，35kV 及以下配电装置采用户内开关柜布置时母线不宜配置智能终端。

（5）智能终端宜分散布置于配电装置场地。

（6）35～66kV 电压等级宜采用合并单元智能终端集成装置。

3. 330kV 变电站

（1）330kV 除母线、主变本体、高抗本体外智能终端宜冗余配置。

（2）110kV 智能终端宜单套配置。

（3）35kV 及以下配电装置若采用户内开关柜布置，不宜配置智能终端，若采用户外敞开式布置，宜配置单套智能终端。

（4）主变压器高中低压侧智能终端宜冗余配置，主变压器本体、高抗本体智能终端宜单套配置。

（5）每段母线智能终端宜单套配置，35kV 及以下配电装置采用户内开关柜布置时母线不宜配置智能终端。

（6）智能终端宜分散布置于配电装置场地。

（7）35～110kV 电压等级宜采用合并单元智能终端集成装置。

4. 220kV 变电站

（1）220kV（除母线外）智能终端宜冗余配置，220kV 母线智能终端宜按母线段单套

配置。

（2）110(66)kV智能终端宜单套配置，110kV母线智能终端宜按母线段单套配置。

（3）35kV及以下（主变间隔除外）若采用户内开关柜保护测控下放布置时，可不配置智能终端，母线不宜配置智能终端；若采用户外敞开式配电装置保护测控集中布置时，宜配置单套智能终端。

（4）主变高中低压侧智能终端宜冗余配置，主变本体智能终端宜单套配置。

（5）智能终端宜分散布置于配电装置场地。

（6）110(66)kV电压等级及主变低压侧宜采用合并单元智能终端集成装置。

5. 110kV及以下变电站

（1）110(66)kV智能终端宜单套配置。

（2）35kV及以下（主变间隔除外）若采用户内开关柜保护测控下放布置时，可不配置智能终端，母线不宜配置智能终端；若采用户外敞开式配电装置保护测控集中布置时，宜配置单套智能终端。

（3）主变高中低压侧智能终端宜冗余配置、主变本体智能终端宜单套配置。

（4）智能终端宜分散布置于配电装置场地。

（5）110(66)kV电压等级及主变中、低压侧宜采用合并单元智能终端集成装置。

（三）技术要求

1. 智能设备

（1）一次设备应具备高可靠性，与当地环境相适应。

（2）智能化所需各型传感器或/和执行器与一次设备本体可采用集成化设计。

（3）智能组件应满足测量数字化、控制网络化和状态可视化的基本功能。

（4）智能组件宜就地安置在宿主设备旁。

（5）凡需要与站控层设备交互的智能组件内各智能电子装置，应接入站控层网络。

（6）应适应现场电磁、温度、湿度、沙尘、降雨（雪）、振动等恶劣运行环境。

（7）相关IED应具备异常时钟信息的识别防误功能，同时具备一定的守时功能。

（8）宜具备实时状态监测功能，满足设备状态可视化要求。

（9）宜有标准化的物理接口及结构，具备即插即用功能。

（10）应支持顺序控制功能。

（11）电子式互感器、断路器和隔离开关可采用组合型设备。

2. 智能终端

（1）应支持以GOOSE方式进行信息传输。

（2）宜能接入站内时间同步网络，通过光纤接收站内时间同步信号。

（3）应具备GOOSE命令记录功能，记录收到GOOSE命令时刻、GOOSE命令来源及出口动作时刻等内容，并能提供查看方法。

（4）宜有完善的闭锁告警功能，包括电源中断、通信中断、通信异常、GOOSE断链、装置内部异常等，满足Q/GDW 11398标准要求。

（5）智能终端安装处应保留检修压板、断路器操作回路出口压板。

（6）应能接收传感器的输出信号，应具备接入温度、湿度等模拟量输入信号，并上传

至自动化系统。

(7) 主变本体智能单元应具有主变本体/有载开关非电量保护、上传本体各种非电量信号等功能；非电量保护跳闸通过电缆直跳方式实现。

(8) 双重化配置的智能终端，第一套智能终端应采集关联一次设备所有位置信息、告警信息，相应过程层设备告警信息，第二套智能终端应采集关联一次设备所有位置信息(或者仅采集断路器及保护需要的母线侧刀闸位置信息)、相应过程层设备告警信息，可不采集一次设备告警信息。

二、互感器与合并单元

(一) 配置原则

1. 互感器

互感器的配置应兼顾技术先进性与经济性。

(1) 750kV 变电站互感器配置原则如下：

1) 66～750kV 电压等级宜采用常规互感器；经过技术经济比较后可采用电子式互感器。

2) 当采用电子式互感器时，线路、主变压器间隔设置三相电压互感器时，可采用电流电压组合型互感器。

3) 电子式互感器可与隔离开关、断路器组合。

(2) 500kV 变电站互感器配置原则如下：

1) 220～500kV 电压等级宜采用常规互感器；经过技术经济比较后可采用电子式互感器。

2) 66 (35) kV 及以下配电装置若采用户内开关柜布置宜采用常规互感器；若采用户外敞开式布置，可采用电子式互感器。

3) 当采用电子式互感器时，线路、主变压器间隔若设置三相电压互感器，可采用电流电压组合型互感器。

4) 电子式互感器可与隔离开关、断路器组合。

(3) 330kV 变电站互感器配置原则如下：

1) 110～330kV 电压等级宜采用常规互感器；经过经济技术比较后可采用电子式互感器。

2) 35kV 及以下配电装置采用户内开关柜布置时宜采用常规互感器；采用户外敞开式布置时，可采用电子式互感器。

3) 当采用电子式互感器时，线路、主变压器间隔若设置三相电压互感器，可采用电流电压组合型互感器。

4) 电子式互感器可与隔离开关、断路器组合。

(4) 220kV 变电站互感器配置原则如下：

1) 110(66)～220kV 电压等级宜采用常规互感器；技术经济比较后可采用电子式互感器。

2) 35kV 及以下电压等级宜采用常规互感器。

3）当采用电子互感器时，线路、主变间隔若设置三相电压互感器，可采用电流电压组合型互感器。

4）电子式互感器可与隔离开关、断路器组合。

（5）110kV及以下变电站互感器配置原则如下：

1）110(66)kV电压等级宜采用常规互感器；经过技术经济比较后可采用电子式互感器。

2）35kV及以下电压等级宜采用常规互感器。

3）线路、主变间隔若设置三相电压互感器，可采用电流电压组合型互感器。

4）电子式互感器可与隔离开关、断路器组合。

2. 合并单元

（1）750kV变电站合并单元配置如下：

1）330～750kV各间隔可配置合并单元，宜冗余配置。

2）220kV各间隔合并单元宜冗余配置。

3）66kV各间隔合并单元宜单套配置。

4）主变压器各侧、中性点（或公共绕组）合并单元宜冗余配置。

5）各电压等级母线电压互感器合并单元宜冗余配置。

（2）500kV变电站合并单元配置如下：

1）500kV各间隔可配置合并单元，宜冗余配置。

2）220kV各间隔合并单元宜冗余配置。

3）66(35)kV各间隔合并单元宜单套配置。

4）主变压器中低压侧合并单元宜冗余配置。

5）各电压等级母线电压互感器合并单元宜冗余配置。

（3）330kV变电站合并单元配置如下：

1）330kV各间隔可配置合并单元，宜冗余配置。

2）35～110kV各间隔合并单元宜单套配置。

3）主变压器中低压侧合并单元宜冗余配置。

4）各电压等级母线电压互感器合并单元宜冗余配置。

（4）220kV变电站合并单元配置如下：

1）220kV合并单元宜冗余配置。

2）110kV及以下各间隔合并单元宜单套配置。

3）主变各侧、中性点（或公共绕组）合并单元宜冗余配置；各电压等级母线电压互感器合并单元宜冗余配置。

4）110(66)kV电压等级及主变低压侧宜采用合并单元智能终端集成装置。

5）对于涉及系统稳定问题的220kV变电站，当采用常规互感器时，站内220kV及以下电压等级保护、测控等二次设备可采用模拟量采样。

（5）110kV及以下变电站合并单元配置如下：

1）主变各侧合并单元宜冗余配置。

2）其余各间隔合并单元宜单套配置。

（6）对于站内220kV及以下电压等级涉及系统稳定问题的，保护、测控等二次设备可采用模拟量采样。

（二）技术要求

1. 互感器

（1）常规互感器应符合GB 20840.3、GB 20840.2的有关规定。

（2）电子式互感器应符合GB/T 20840.7、GB/T 20840.8的有关规定。

（3）电子式互感器与合并单元间的接口、传输协议宜统一。

（4）测量用电流准确度应不低于0.2S，保护用电流准确度应不低于5P或5TPE。

（5）测量用电压准确级应不低于0.2，保护用电压准确级应不低于3P。

（6）电子式互感器工作电源宜采用直流。

（7）220kV变电站主变各侧及中性点（或公共绕组）电子式电流互感器宜带两路独立输出；110kV及以下变电站主变各侧及中性点（或公共绕组）电子式电流互感器宜带一路独立输出。

（8）对于220kV变电站，220kV出线、主变进线电子式电压互感器，全站母线电子式电压互感器宜带两路独立输出，110kV及以下出线电子式电压互感器宜带一路独立输出。

（9）对于110kV及以下变电站，电子式电压互感器宜带一路独立采样系统。

（10）互感器二次绕组数量、准确等级应满足电能计量、测量、保护和安全自动装置的要求，并应符合GB/T 14285和DL/T 866的相关规定。

2. 合并单元

（1）宜具备多个光纤接口，满足保护直接采样要求。整站输出采样速率宜统一，额定数据速率宜采用DL/T 860推荐标准。

（2）宜具有完善的告警功能，能保证在电源中断、电压异常、采集单元异常、通信中断、通信异常、装置内部异常等情况下不误输出。

（3）宜具备合理的时间同步机制和采样时延补偿机制，确保在各类电子互感器信号或常规互感器信号在经合并单元输出后的相差保持一致。

（4）宜具备电压切换或电压并列功能，宜支持以GOOSE方式开入断路器或刀闸位置状态。

（5）宜具备光纤通道光强监视功能，实时监视光纤通道接收到的光信号的强度，并根据检测到的光强度信息，提前预警。

（6）合并单元应设置检修压板。

三、设备状态监测

（一）监测范围与参量

状态监测设备主要包括变压器、高压并联电抗器、GIS、断路器、避雷器，可根据实际工程需要经过技术经济比较后增加状态监测设备与监测的参量。

1. 750kV变电站

（1）监测范围：主变压器、高压并联电抗器、避雷器。

（2）监测参量：主变压器——油中溶解气体分析；高压并联电抗器——油中溶解气体分析；220～750kV避雷器——泄漏电流、动作次数。

2. 500kV变电站

（1）监测范围：主变压器、高压并联电抗器、避雷器。

（2）监测参量：主变压器——油中溶解气体分析；高压并联电抗器——油中溶解气体分析；220～500kV避雷器——泄漏电流、动作次数。

3. 330kV变电站

（1）监测范围：主变压器、高压并联电抗器、避雷器。

（2）监测参量：主变压器——油中溶解气体分析；高压并联电抗器——油中溶解气体分析；330kV避雷器——泄漏电流、动作次数。

4. 220kV变电站

（1）监测范围：220kV主变、220kV避雷器。

（2）监测参量：220kV主变——油中溶解气体；220kV避雷器——泄漏电流、动作次数。

主变压器可配置局部放电传感器及测试接口。

（二）技术要求

（1）设备状态监测应遵循Q/GDW 534的相关技术要求。

（2）各类设备状态监测宜统一后台机、后台分析软件、接口类型和传输规约，实现全站设备状态监测数据的传输、汇总和诊断分析。设备状态监测后台机宜预留数据远传通信接口。

（3）设备本体宜集成状态监测功能，宜采用一体化设计。

第四节　智能变电站二次部分

一、一般规定

（1）变电站自动化系统宜采用开放式分层分布式系统，由站控层、间隔层和过程层构成。

（2）变电站自动化系统宜统一组网，采用DL/T 860通信标准；变电站内信息宜具有共享性，保护故障信息、远动信息、微机防误系统不重复采集。

（3）变电站监控系统应符合Q/GDW 678、Q/GDW 679的有关规定。

（4）保护及故障信息管理系统应由监控系统实现，通过站控层网络收集各保护装置的信息，并通过数据网上传调度端。

（5）故障录波记录系统宜支持DL/T 860标准。

（6）非贸易结算的电能表宜采用支持DL/T 860标准接口的数字式电能表。

（7）变电站宜配置统一的时间同步系统。

（8）变电站自动化系统应实现全站的防误操作闭锁功能。

（9）应按照无人值守变电站要求设计。

（10）与保护装置相关采样值传输，应满足Q/GDW 441对保护装置采样要求。

（11）与保护装置相关过程层 GOOSE 传输报文，应满足 Q/GDW 441 对保护装置跳闸要求。

（12）二次设备宜提供完整、准确、一致、及时的基础数据，实现在线监测功能。

（13）变电站二次设备宜采用模块化设计。

二、变电站自动化系统

（一）系统构成

（1）变电站自动化系统在功能逻辑上宜由站控层、间隔层、过程层组成。

（2）站控层包含主机兼操作员站、数据通信网关机、数据服务器、综合应用服务器和其他各种功能站构成，提供站内运行的人机联系界面，实现管理控制间隔层、过程层设备等功能，形成全站监控、管理中心，并远方监控/调度中心通信。

（3）间隔层包括测控、保护、录波、电量等装置。在站控层及网络失效的情况下，仍能独立完成间隔层设备的就地监控功能。

（4）过程层包含电子式互感器、合并单元、智能终端，完成与一次设备相关的功能，完成实时运行电气量的采集、设备运行状态的监测、控制命令的执行等。

（二）网络结构设计原则

1. 网络结构设计基本原则

（1）全站网络宜采用高速以太网组成，通信规约宜采用 DL/T 860 标准，传输速率不低于 100Mbit/s。

（2）全站网络在逻辑功能上可由站控层网络、过程层网络组成。

（3）变电站站控层网络、过程层网络结构应符合 DL/T 860 定义的变电站自动化系统接口模型，以及逻辑接口与物理接口映射模型。

（4）站控层网络、过程层网络应相对独立，减少相互影响。

（5）应采用双重化以太网络。

2. 750kV 变电站网络结构设计原则

（1）站控层网络设计原则如下：

1）通过相关网络设备与站控层其他设备通信，与间隔层网络通信。逻辑功能上，覆盖站控层的数据交换接口、站控层与间隔层之间数据交换接口。

2）可传输 MMS 报文和 GOOSE 报文。

（2）过程层网络（含采样值和 GOOSE）设计原则如下：

1）通过相关网络设备与间隔层设备通信；逻辑功能上，覆盖间隔层与过程层数据交换接口；可传输采样值和 GOOSE 报文。

2）按照 Q/GDW 383 对保护装置跳闸要求，对于单间隔的保护应直接跳闸，涉及多间隔的保护（母线保护）宜直接跳闸。对于涉及多间隔的保护（母线保护），如确有必要采用其他跳闸方式，相关设备应满足保护对可靠性和快速性的要求；其余 GOOSE 报文采用网络方式传输。

3）网络方式传输时，330kV、750kV 电压等级 GOOSE 网络宜配置双套物理独立的单网，也可配置采样值网，GOOSE 和采样值网宜独立配置；220kV 电压等级 GOOSE 和采样值网络宜共配置双套物理独立的单网；66kV电压等级采用户外敞开式布置时宜采用点对点传输，也可配置独立的过程层网络。

4）按照Q/GDW 383对保护装置采样要求，向保护装置传输的采样值信号应直接采样；其余过程层采样值报文采用网络方式传输时，通信协议宜采用DL/T 860标准。

3. 500kV变电站网络结构设计原则

（1）站控层网络设计原则如下：

1）通过相关网络设备与站控层其他设备通信，与间隔层网络通信。逻辑功能上，覆盖站控层之间数据交换接口、站控层与间隔层之间数据交换接口。

2）可传输MMS报文和GOOSE报文。

（2）过程层网络（含采样值和GOOSE）设计原则如下：

1）通过相关网络设备与间隔层设备通信；逻辑功能上，覆盖间隔层与过程层数据交换接口，可传输采样值和GOOSE报文。

2）按照Q/GDW 383对保护装置跳闸要求，对于单间隔的保护应直接跳闸，涉及多间隔的保护（母线保护）宜直接跳闸。对于涉及多间隔的保护（母线保护），如确有必要采用其他跳闸方式，相关设备应满足保护对可靠性和快速性的要求；其余GOOSE报文采用网络方式传输。

3）网络方式传输时，500kV电压等级GOOSE网络宜配置双套物理独立的单网，也可配置采样值网，GOOSE和采样值网宜独立配置；220kV电压等级GOOSE和采样值网络宜共配置双套物理独立的单网；66kV（35kV）电压等级采用户外敞开式布置时宜采用点对点传输，也可配置独立的过程层网络。

4）按照Q/GDW 383对保护装置采样要求，向保护装置传输的采样值信号应直接采样；其余过程层采样值报文采用网络方式传输时，通信协议宜采用DL/T 860。

4. 330kV变电站网络结构设计原则

（1）站控层网络设计原则如下：

1）通过相关网络设备与站控层其他设备通信，与间隔层网络通信。逻辑功能上，覆盖站控层之间数据交换接口、站控层与间隔层之间数据交换接口。

2）可传输MMS报文和GOOSE报文。

（2）过程层网络（含采样值和GOOSE）设计原则如下：

1）通过相关网络设备与间隔层设备通信。逻辑功能上，覆盖间隔层与过程层数据交换接口。可传输采样值和GOOSE报文。

2）按照Q/GDW 383对保护装置跳闸要求，对于单间隔的保护应直接跳闸，涉及多间隔的保护（母线保护）宜直接跳闸。对于涉及多间隔的保护（母线保护），如确有必要采用其他跳闸方式，相关设备应满足保护对可靠性和快速性的要求；其余GOOSE报文采用网络方式传输。

3）网络方式传输时，330kV电压等级GOOSE网络宜配置双套物理独立的单网，也可配置采样值网，GOOSE和采样值网宜独立配置；110kV电压等级GOOSE和采样值网络宜共配置单网；35kV电压等级采用户外敞开式布置时GOOSE和采样值网络宜采用点对点传输，也可配置独立的过程层网络。

4）按照 Q/GDW 383 对保护装置采样要求，向保护装置传输的采样值信号应直接采样；其余过程层采样值报文采用网络方式传输时，通信协议宜采用 DL/T 860。

5. 220kV 变电站网络结构设计原则

（1）站控层网络设计原则如下：

1）站控层设备通过网络与站控层其他设备通信，与间隔层设备通信。间隔层设备通过网络与本间隔其他设备通信、与其他间隔层设备通信、与站控层设备通信。逻辑功能上，覆盖站控层内数据交换、间隔层内数据交换、站控层与间隔层之间数据交换。

2）可传输 MMS 报文和 GOOSE 报文。

3）宜采用冗余网络，网络结构拓扑宜采用双星形或单环形结构。

（2）过程层网络（含采样值和 GOOSE）设计原则如下：

1）通过相关网络设备完成过程层与间隔层设备、间隔层设备之间以及过程层设备之间的通信。逻辑功能上，覆盖间隔层与过程层数据交换接口。

2）对于单间隔的保护应直接跳闸，涉及多间隔的保护（母线保护）宜直接跳闸。对于涉及多间隔的保护（母线保护），如确有必要采用其他跳闸方式，相关设备应满足保护对可靠性和快速性的要求；其余 GOOSE 报文采用网络方式传输。

3）向保护装置传输的采样值信号应直接采样；其余采样值报文采用网络方式传输时，通信协议宜采用 DL/T 860。

4）当采用网络方式传输时，采样值和 GOOSE 宜共网传输；220kV 宜配置双套物理独立的单网，110(66)kV 除主变间隔外宜配置单网；主变 220kV 侧宜配置双套物理独立的单网，主变 110(66)kV 和 35kV 侧宜共配置双网。

5）35kV 及以下若采用户内开关柜保护测控下放布置时，宜不设置独立的过程层网络，GOOSE 报文可通过站控层网络传输；若采用户外敞开式配电装置保护测控集中布置时，可设置独立的过程层网络。

6. 110kV 及以下变电站网络结构设计原则

（1）站控层网络设计原则如下：

1）站控层设备通过相关网络设备与站控层其他设备通信，与间隔层设备通信。间隔层设备通过网络与本间隔其他设备通信、与其他间隔层设备通信、与站控层设备通信。逻辑功能上，覆盖站控层内数据交换、间隔层内数据交换、站控层与间隔层之间数据交换。

2）网络结构拓扑宜采用单星形结构。

3）可传输 MMS 报文和 GOOSE 报文。

（2）过程层网络（含采样值和 GOOSE）设计原则如下：

1）通过相关网络设备完成过程层与间隔层设备、间隔层设备之间以及过程层设备之间的通信。逻辑功能上，覆盖间隔层与过程层数据交换接口。

2）对于单间隔的保护应直接跳闸，涉及多间隔的保护（母线保护）宜直接跳闸。对于涉及多间隔的保护（母线保护），如确有必要采用其他跳闸方式，相关设备应满足保护对可靠性和快速性的要求；其余 GOOSE 报文采用网络方式传输时，网络结构拓扑宜采用星形。

3）向保护装置传输的采样值信号应直接采样；其余采样值报文采用网络方式传输时，

通信协议宜采用DL/T 860。

4）当采用网络方式传输时，采样值和GOOSE宜共网传输，110(66)kV、主变各侧宜配置单网。

5）35kV及以下若采用户内开关柜保护测控下放布置时，宜不设置独立的GOOSE网络，GOOSE报文可通过站控层网络传输；若采用户外敞开式配电装置保护测控集中布置时，可设置独立的GOOSE网络。

（三）220kV及以上变电站设备配置

1. 站控层设备

站控层设备一般包括监控主机兼操作员及工程师工作站、数据通信网关机、图形网关机、综合应用服务器等设备以及其他智能接口设备。

（1）监控主机兼操作员及工程师工作站功能及配置要求如下：

1）监控主机兼操作员及工程师工作站是变电站自动化系统的主要人机界面，应满足运行人员操作时直观、便捷、安全、可靠的要求。主机兼操作员工作站配置应能满足整个系统的功能要求及性能指标要求，容量应与变电站的规划容量相适应。

2）监控主机兼操作员及工程师工作站宜双套配置。

（2）数据通信网关机功能及配置要求如下：

1）数据通信网关机要求直接采集来自间隔层或过程层的实时数据，数据通信网关机应满足DL 5002、DL 5003的要求，其容量及性能指标应能满足变电所远动功能及规范转换要求。

2）Ⅰ区、Ⅱ区数据通信网关机应双套配置，Ⅲ区、Ⅳ区数据通信网关机应单套配置。

（3）图形网关机功能及配置要求如下（可选）：

1）图形网关机应满足实时数据上传、远程浏览、告警直传等多种功能要求。

2）图形网关机可单套配置。

（4）综合应用服务器功能及配置要求如下：

1）综合应用服务器配置应能实现与状态监测、计量、电源、消防安防和环境监测（子系统）的信息通信，通过综合分析和统一展示，实现一次设备在线监测和辅助设备的运行监视、控制与管理。

2）综合应用服务器还应能实现保护及故障信息管理功能，应能在电网正常和故障时，采集、处理各种所需信息，能够与调度中心进行通信。

3）综合应用服务器宜单套配置。

（5）变电站可配置一套网络通信记录分析系统。系统应能实时监视、记录网络通信报文，周期性保存为文件，并进行各种分析。信息记录保存不少于6个月。

2. 间隔层设备

间隔层设备包括测控装置、保护装置、故障录波装置、同步相量装置、电能计量装置等设备以及其他智能接口设备。

（1）测控装置功能及配置要求如下：

1）测控装置应按照DL/T 860建模，具备完善的自描述功能，与站控层设备直接通信。测控装置应支持通过GOOSE报文实现间隔层防误联闭锁和下发控制命令功能。

2）测控装置宜设置检修压板，其余功能投退和出口压板宜采用软压板。

（2）保护装置功能及配置要求如下：

1）保护装置采样和跳闸满足 Q/GDW 383 相关要求。

2）保护装置应按照 DL/T 860 建模，具备完善的自描述功能，与变电站层设备直接通信。

3）保护装置应支持通过 GOOSE 报文实现装置之间状态和跳合闸命令信息传递。

4）保护装置设置远方操作、保护检修状态硬压板，其余功能投退和出口压板宜采用软压板。

5）保护双重化配置时，任一套保护装置不应跨接双重化配置的两个过程层网络。

6）保护装置应不依赖于外部对时系统实现其保护功能。

7）保护配置应满足继电保护相关标准。

（3）故障录波装置功能及配置要求如下：

1）站内 110kV 及以上电压等级主变压器宜配置故障录波装置。

2）故障录波装置应按照 DL/T 860 建模，具备完善的自描述功能，与变电站层设备直接通信。

3）装置应支持通过 GOOSE 网络接收 GOOSE 报文录波，以网络方式或点对点方式接收采样值数据录波。

4）使用网络方式时，规约采用 DL/T 860。

（4）同步相量装置配置要求如下：

1）330～750kV 变电站应配置同步相量测量装置。

2）以下 220kV 变电站宜配置同步相量测量装置：有分布式能源集中上网的 220kV 变电站、在重要电力外送通道上的 220kV 变电站或配置解列装置的 220kV 地区联络变电站。

3）同步相量测量装置应符合 Q/GDW 1131 有关规定。

（5）电能计量装置功能及配置要求如下：

1）电能计量装置配置应符合 DL/T 5202 的相关要求。

2）电能计量装置宜支持 DL/T 860，以网络方式或点对点方式采集电流电压信息。

（6）备自投装置、安全稳定控制装置、低周减载装置等应按照 DL/T 860 建模。

（7）变电站有载调压和无功投切不宜设置独立的控制装置，宜由变电站自动化系统和调度/集控主站系统共同实现集成应用。

（8）宜取消装置柜内的打印机，设置网络打印机。

3．过程层设备

过程层设备配置应满足以下要求：

（1）电子式互感器和合并单元配置应满足有关标准的要求。

（2）智能终端配置应满足有关标准的要求。

（四）110kV 及以下变电站设备配置

1．站控层设备

站控层设备一般包括监控主机兼操作员及工程师工作站、数据通信网关机、图形网关机、综合应用服务器等设备以及其他智能接口设备。

（1）监控主机兼操作员及工程师工作站功能及配置要求如下：

1）监控主机兼操作员、工程师工作站及数据服务器是变电站自动化系统的主要人机界面，应满足运行人员操作时直观、便捷、安全、可靠的要求。主机兼操作员工作站配置应能满足整个系统的功能要求及性能指标要求，容量应与变电站的规划容量相适应。

2）监控主机兼操作员、工程师工作站及数据服务器宜双套配置。

（2）数据通信网关机功能及配置要求如下：

1）数据通信网关机要求直接采集来自间隔层或过程层的实时数据，远动通信装置应满足 DL 5002、DL 5003 的要求，其容量及性能指标应能满足变电所远动功能及规范转换要求。

2）Ⅰ区数据通信网关机应双套配置，Ⅱ区数据通信网关机应单套配置，Ⅲ/Ⅳ区数据通信网关机（可选）单套配置。

（3）图形网关机功能及配置要求如下（可选）：

1）图形网关机应满足实时数据上传、远程浏览、告警直传等多种功能要求。

2）图形网关机可单套配置。

（4）综合应用服务器功能及配置要求如下：

1）综合应用服务器配置应能实现与状态监测、计量、电源、消防安防和环境监测（子系统）的信息通信，通过综合分析和统一展示，实现一次设备在线监测和辅助设备的运行监视、控制与管理。

2）综合应用服务器应能实现保护及故障信息管理功能，应能在电网正常和故障时，采集、处理各种所需信息，能够与调度中心进行通信。

3）综合应用服务器宜单套配置。

（5）变电站可配置一套网络通信记录分析系统。系统应能实时监视、记录网络通信报文，周期性保存为文件，并进行各种分析。信息记录保存不少于 6 个月。

2. 间隔层设备

间隔层设备包括测控装置、保护装置、故障录波装置、电能计量装置等设备以及其他智能接口设备。

（1）测控装置功能及配置要求如下：

1）测控装置应按照 DL/T 860 建模，具备完善的自描述功能，与站控层设备直接通信。测控装置应支持通过 GOOSE 报文实现间隔层防误联闭锁功能。

2）测控装置宜设置检修压板，其余功能投退和出口压板宜采用软压板。

（2）保护装置功能及配置要求如下：

1）保护装置应按照 DL/T 860 建模，具备完善的自描述功能，与站控层设备直接通信。

2）保护装置应支持通过 GOOSE 报文实现装置之间状态和跳合闸信息传递。

3）保护装置设置远方操作、保护检修状态硬压板，其余功能投退和出口压板宜采用软压板。

4）保护装置采样和跳闸满足 Q/GDW 441 相关要求。

5）保护双重化配置时，任一套保护装置不应跨接双重化配置的两个网络。

6）保护装置应不依赖于外部对时系统实现其保护功能。

7）保护配置应满足继电保护规程规范要求。

（3）故障录波装置功能及配置要求如下：

1）站内 110(66)kV、主变压器宜配置故障录波装置。

2）故障录波装置应支持通过 GOOSE 网络接收 GOOSE 报文录波，以网络方式或点对点方式接收采样值数据录波。

（4）电能计量装置功能及配置要求如下：

1）电能计量装置配置应符合 DL/T 5202 的相关要求。

2）电能计量装置宜支持 DL/T 860，以网络方式或点对点方式采集电流电压信息。

（5）备自投装置、低周低压减载装置等应按照 DL/T 860 建模。

（6）站域控制保护（可选）应通过对站内信息的集中处理、判断，实现站内自动控制装置（如备自投、低周低压减载等）的协调工作，适应系统运行方式的要求。

（7）变电站有载调压和无功投切不宜设置独立的控制装置，宜由变电站自动化系统和调度/集控主站系统共同实现集成应用。

（8）宜取消装置柜内的打印机，设置网络打印机。

3. 过程层设备

过程层设备配置应满足以下要求：

（1）电子式互感器和合并单元配置应满足有关标准的要求。

（2）智能终端配置应满足有关标准的要求。

（五）网络通信设备

交换机应选用满足现场运行环境要求的工业交换机，并通过电力工业自动化检测机构的测试，满足 DL/T 860。

1. 750kV 变电站交换机配置原则

（1）站控层网络（含 MMS、GOOSE）交换机配置原则如下：

1）站控层宜冗余配置中心交换机，每台交换机端口数量应满足站控层设备接入要求。

2）根据继电器室所包含一次设备规模，配置继电器室内间隔层侧交换机，每台交换机端口数量满足应用需求。宜按照设备室或按电压等级配置，每台交换机端口数量满足应用需求。

（2）过程层网络（含 GOOSE、采样值）交换机配置原则如下：

1）330kV、750kV 电压等级 GOOSE 网络交换机宜按串冗余配置，采样值网络交换机可按串冗余配置。

2）220kV 电压等级 GOOSE 和采样值网络交换机采用 3/2 接线时宜按串冗余配置，采用双母线接线时按间隔冗余配置。

3）66kV 电压等级 GOOSE 和采样值报文采用点对点方式传输；主变低压侧过程层设备可接入中压侧过程层网络。

4）220/330kV、750kV 电压等级应根据规模配置过程层中心交换机。

2．500kV 变电站交换机配置原则

（1）站控层网络交换机配置原则如下：

1）站控层宜冗余配置中心交换机，每台交换机端口数量应满足站控层设备接入要求。

2）根据继电器室所包含一次设备规模，配置继电器室内间隔层侧交换机和端口数量，每台交换机端口数量满足应用需求。宜按照设备室或按电压等级配置，每台交换机端口数量满足应用需求。

（2）过程层网络（含 GOOSE、采样值）交换机配置原则如下：

1）500kV 电压等级 GOOSE 网络交换机采用 3/2 接线时宜按串冗余配置，采样值网络交换机可按串冗余配置。

2）220kV 电压等级 GOOSE 和采样值网络交换机采用双母线接线时按间隔冗余配置。

3）66(35)kV 电压等级 GOOSE 和采样值报文采用点对点方式传输；主变低压侧过程层设备可接入中压侧过程层网络。

4）220kV、500kV 电压等级应根据规模配置过程层中心交换机。

3．330kV 变电站交换机配置原则

（1）站控层网络（含 MMS、GOOSE）交换机配置原则如下：

1）站控层宜冗余配置中心交换机，每台交换机端口数量应满足站控层设备接入要求。

2）根据继电器室所包含一次设备规模，配置继电器室内间隔层侧交换机和端口数量，每台交换机端口数量满足应用需求。宜按照设备室或按电压等级配置，每台交换机端口数量满足应用需求。

（2）过程层网络（含 GOOSE、采样值）交换机配置原则如下：

1）330kV 电压等级采样值网络交换机采用 3/2 接线时宜按串冗余配置，采用双母线接线时按间隔冗余配置。

2）110kV 电压等级 GOOSE 和采样值网络交换机采用双母线接线时按间隔单套配置。

3）35kV 电压等级 GOOSE 和采样值报文采用点对点方式传输；主变低压侧过程层设备可接入中压侧过程层网络。

4）110kV、330kV 电压等级应根据规模配置过程层中心交换机。

4．220kV 变电站交换机配置原则

（1）站控层网络（含 MMS、GOOSE）交换机配置原则如下：

1）站控层直冗余配置中心交换机，交换机端口数量应满足站控层设备接入要求，端口数量宜满足应用需求。

2）二次设备室站控层网络交换机宜按照设备室或按电压等级配置，交换机端口数量宜满足应用需求。

（2）过程层网络（含采样值、GOOSE）交换机配置原则如下：

1）当保护、测控装置集中布置时，220kV 宜按间隔冗余配置过程层交换机，110(66)kV 宜每两个间隔配置过程层交换机。

2）当间隔层保护、测控装置下放布置时，220kV 及主变 110(66)kV 侧宜按间隔冗余配置过程层交换机，110(66)kV 线路、母联间隔宜按间隔单套配置过程层交换机。

3）当间隔层保护、测控装置下放布置，110(66)kV 间隔数量较多时，经技术经济比

较后 110(66)kV 可不设置间隔内过程层交换机，间隔内同一智能控制柜中的过程层、间隔层设备间 SV、GOOSE 报文采用点对点方式连接，跨间隔间 GOOSE 通信通过过程层中心交换机完成。

4）220kV、110(66)kV 电压等级应根据规模配置过程层中心交换机。

5. 110kV 及以下变电站交换机配置原则

（1）站控层网络（含 MMS、GOOSE）交换机配置原则：站控层宜按网络配置中心交换机，交换机端口数量应满足站控层设备接入要求。

（2）过程层网络（含采样值、GOOSE）交换机配置原则：110kV 宜设置中心交换机，交换机端口数量应满足间隔层、过程层设备接入要求。

6. 网络通信介质配置原则

（1）二次设备室内网络通信介质宜采用屏蔽双绞线，通向户外的通信介质应采用光缆。

（2）采样值和保护 GOOSE 等可靠性要求较高的信息传输宜采用光纤。

（六）系统功能

变电站自动化系统应满足以下功能要求：

（1）实现数据采集和处理功能。

（2）建立实时数据库，存储并不断更新来自间隔层或过程层设备的全部实时数据。

（3）具有顺序控制功能。

（4）满足无人值班相关功能要求。

（5）具有防误闭锁功能。

（6）具有报警处理功能，报警信息来源应包括自动化系统自身采集和通过数据通信接口获取的各种数据。

（7）具有事件顺序记录及事故追忆功能。

（8）具有画面生成及显示功能。

（9）具有在线计算及制表功能。

（10）具备对数字或模拟电能量的处理功能。

（11）具备远动通信功能。

（12）具备人-机联系功能。

（13）具备系统自诊断和自恢复功能。

（14）具备与其他智能设备的接口功能。

（15）具备保护及故障信息管理功能。

（16）具备网络报文记录分析功能。

（17）具备对基本数据信息模型进行配置管理，并自动生成数据记录功能。

（18）根据运行要求，实现其他需要的高级应用功能。

（七）高级功能要求

1. 设备状态可视化

应采集主要一次设备（变压器、断路器等）状态信息，进行可视化展示并发送到上级系统，为电网实现基于状态检测的设备全寿命周期综合优化管理提供基础数据支撑。

2. 智能告警及分析决策

应建立变电站故障信息的逻辑和推理模型，实现对故障告警信息的分类和信号过滤，对变电站的运行状态进行在线实时分析和推理，自动报告变电站异常并提出故障处理指导意见。

告警信息宜主要在厂站端处理，以减少主站端信息流量，厂站可根据主站需求，为主站提供分层分类的故障告警信息。

3. 故障信息综合分析决策

宜在故障情况下对事件顺序记录信号及保护装置、相量测量、故障录波等数据进行数据挖掘、多专业综合分析，并将变电站故障分析结果以简洁明了的可视化界面综合展示。

4. 支撑经济运行与优化控制

应综合利用FACTS（柔性交流输电技术）、变压器自动调压、无功补偿设备自动调节等手段，支持变电站系统层及智能调度技术支持系统安全经济运行及优化控制。

（八）与其他智能设备的接口

变电站一体化电源系统和智能辅助控制系统等宜采用DL/T 860与变电站自动化系统通信。

三、其他二次系统

1. 全站时间同步系统

时间同步系统的设计应符合DL/T 5149的有关规定，并满足以下要求：

（1）变电站应配置1套全站公用的时间同步系统，主时钟应双重化配置，支持北斗系统和GPS系统单向标准授时信号，优先采用北斗系统，时钟同步精度和守时精度满足站内所有设备的对时精度要求。

（2）站控层设备宜采用SNTP网络对时方式。

（3）间隔层和过程层设备宜采用IRIG-B（DC）、1PPS对时方式，条件具备时也可采用IEC 61588对时方式。

2. 调度数据网接入设备

具备网络信息传输通道条件时，智能变电站应配置两套调度数据网络接入设备，实现双平面接入。

3. 二次系统安全防护

应按照电力二次系统安全防护的有关要求，配置相关二次安全防护设备。

4. 直流系统及不间断电源

直流系统及不间断电源设计要求如下：

（1）宜采用由直流电源、不间断电源（UPS）、直流变换电源（DC/DC）等装置组成的一体化电源系统，其运行工况和信息数据应能统一监视控制。

（2）直流系统设计应符合DL/T 5044的有关规定。

（3）通信电源宜与站内直流电源整合，也可独立配置。

（4）智能控制柜宜以柜为单位配置直流供电回路，当智能控制柜内同时布置有双重化配置的保护测控、合并单元、智能终端、过程层交换机等装置时，双重化配置的装置应采

用不同段直流电源，且各智能装置应采用独立直流空开单独引接。

（5）不间断电源设计应符合 DL/T 5491 的有关规定。

5. 智能辅助控制系统

智能辅助控制系统设计要求如下：

（1）变电站应设置辅助控制系统，实现全站图像监视及安全警卫、火灾报警、消防、照明、采暖通风、环境监测等系统的智能联动控制。

（2）辅助控制系统宜采用符合 DL/T 860 规定的通信标准。

四、二次设备组柜

（1）站控层设备宜组柜安装，间隔层设备宜按串或按间隔统筹组柜，过程层设备宜安装布置于所在间隔的智能控制柜。

（2）站控层交换机宜集中组柜或与其他站控层设备共同组柜。过程层交换机宜分散安装于所在间隔或对象的保护、测控柜内。集中组柜时，每面屏柜宜布置 4～6 台交换机。

（3）当采用预制舱式二次组合设备时，也可按串或多间隔组屏。

五、二次设备布置

（1）智能变电站宜集中设置公用二次设备室，不分散设置继电器小室。

（2）站控层设备宜集中布置于公用二次设备室。

（3）对于户外配电装置，间隔层设备宜集中布置于二次设备室或预制舱内，合并单元、智能终端宜分散布置于配电装置场地。

（4）对于户内配电装置，间隔层设备可分散布置于配电装置场地，智能终端和合并单元宜分散布置于配电装置场地。

（5）间隔层二次设备宜结合建设规模、总平面及配电装置布置等模块化设置。户外站宜按电压等级设置预制舱式二次组合设备，布置于配电装置场地；户内站宜按间隔配置预制式智能控制柜，布置于配电装置室。

（6）预制舱内二次设备宜采用“前接线、前显示”装置，双列靠墙布置，宜设置集中的光纤配线架。舱体宜采用单舱结构，避免现场拼接。

（7）二次设备防雷、接地和抗干扰应符合 GB/T 50065、DL/T 5136 和 DL/T 5149 的相关规定。

六、光/电缆选择

1. 基本要求

（1）二次设备室内网络通信连接宜采用屏蔽双绞线，不同房间之间的网络连接宜采用光缆，采样值和保护 GOOSE 等可靠性要求较高的信息传输宜采用光缆。

（2）站内可采用预制光缆、电缆实现设备之间的标准化连接。

（3）双重化保护的电流、电压，以及 GOOSE 跳闸控制回路应采用相互独立的电缆或光缆。起点、终点为同一对象的多根光缆宜整合。

2. 电缆选择应遵循的原则

（1）电缆选择及敷设的设计应符合 GB 50217 的规定。

（2）主变压器、GIS/HGIS 本体与智能控制柜之间二次控制电缆宜采用预制电缆连接。

（3）对于 AIS 变电站，断路器、隔离开关与智能控制柜之间二次控制电缆可采用预制电缆。

3. 光缆选择应遵循的原则

（1）光缆的选用根据其传输性能、使用的环境条件决定。

（2）除线路保护专用光纤外，宜采用缓变型多模光纤。

（3）室内不同屏柜间二次装置连接宜采用尾缆或软装光缆。

（4）室外光缆宜采用铠装非金属加强芯阻燃光缆，当采用槽盒或穿管敷设时，宜采用非金属加强芯阻燃光缆。

（5）每根光缆宜备用 2～4 芯，光缆芯数宜选取 4 芯、8 芯、12 芯或 24 芯。

（6）跨房间、跨场地二次装置连接宜采用预制光缆。

七、智能变电站智能装置 GOOSE 虚端子配置

数字化变电站智能装置 GOOSE 虚端子配置通过提出智能装置虚端子、虚端子逻辑连线以及 GOOSE 配置表等来实现，具体包括：

（1）虚端子。智能装置 GOOSE“虚端子”的概念，将智能装置的开入逻辑 $1\sim i$ 分别定义为虚端子 IN1～INi，开出逻辑 $1\sim j$ 分别定义为虚端子 OUT1～OUTj。

虚端子除了标注该虚端子信号的中文名称外，还需标注信号在智能装置中的内部数据属性。

智能装置的虚端子设计需要结合变电站的主接线形式，应能完整体现与其他装置联系的全部信息，并留适量的备用虚端子。

（2）逻辑连线。虚端子逻辑连线以智能装置的虚端子为基础，根据继电保护原理，将各智能装置 GOOSE 配置以连线的方式加以表示，虚端子逻辑连线 $1\sim k$ 分别定义为 LL1～LLk。

虚端子逻辑连线可以直观地反映不同智能装置之间 GOOSE 联系的全貌，供保护专业人员参阅。

（3）配置表。GOOSE 配置表以虚端子逻辑连线为基础，根据逻辑连线，将智能装置间 GOOSE 配置以列表的方式加以整理再现。

GOOSE 配置表由虚端子逻辑连线及其对应的起点、终点组成，其中逻辑连线由逻辑连线编号 LLk 和逻辑连线名称 2 列项组成，逻辑连线起点包括起点的智能装置名称、虚端子 OUTj 以及虚端子的内部数据属性 3 列项，逻辑连线终点包括终点的智能装置名称、虚端子 INi 以及虚端子的内部属性 3 列项。

GOOSE 配置表对所有虚端子逻辑连线的相关信息系统化地加以整理，作为图纸依据。

在具体工程设计中，首先根据智能装置的开发原理，设计智能装置的虚端子；其次，

结合继电保护原理，在虚端子的基础上设计完成虚端子逻辑连线；最后，按照逻辑连线，设计完成GOOSE配置表。逻辑连线与GOOSE配置表共同组成了数字化变电站GOOSE配置虚端子设计图。

八、防雷、接地和抗干扰

防雷、接地和抗干扰宜满足DL/T 620、DL/T 621、DL/T 5136、DL/T 5149的要求。

第三章　常规变电站的智能化改造

第一节　变电站智能化改造的原则和要求

一、变电站智能化改造的基本原则

1. 安全可靠原则

变电站智能化改造应严格遵循公司安全生产运行相关规程规定的基本原则，有助于提高变电站安全可靠水平。满足变电站二次系统安全防护规定要求。

2. 经济实用原则

变电站智能化改造应以提高生产管理效率和电网运营效益为目标，充分发挥资产使用效率和效益，务求经济、实用。

3. 统一标准原则

变电站智能化改造应依据本规范，根据不同电压等级变电站智能化改造工程标准化设计规定，统一标准实施。

4. 因地制宜原则

变电站智能化改造应综合考虑变电站重要程度、设备寿命、运行环境等实际情况，因地制宜，制定切实可行的实施方案。

二、变电站智能化改造的选择条件

综合自动化系统或远方终端单元（RTU）经评估需要进行改造的，方可实施变电站智能化改造。在确立综合自动化系统实施智能化改造的前提下，针对各电压等级，按下列顺序优先选择实施智能化改造。

1. 110(66)kV 变电站

（1）继电保护整体更换。

（2）110(66)kV 配电装置整体更换。

（3）主变更换。

2. 220kV 变电站

（1）继电保护整体或大部分更换。

（2）高压侧（H）GIS 整体更换。

（3）高压侧 AIS 断路器整体更换。

（4）主变更换。

3. 330kV 及以上变电站

(1) 继电保护整体或大部分更换。

(2) 全部或局部 (H) GIS 整体更换。

(3) 高压侧或中压侧 AIS 断路器整体更换。

(4) 主变更换。

三、智能化改造变电站的技术要求

(一) 总体要求

1. 改造后的智能变电站应具备的特征

变电站智能化改造应遵循 Q/GDW 383，实现全站信息数字化、通信平台网络化、信息共享标准化，满足无人值班和集中监控技术要求。改造后的智能化变电站应具备以下基本特征：

(1) 通信规约及信息模型符合 DL/T 860 标准。

(2) 信息一体化平台。

(3) 支持顺序控制。

(4) 智能组件。

(5) 状态监测。

(6) 智能告警及故障综合分析。

(7) 图模一体化源端维护。

(8) 支持电网经济运行与优化控制。

2. 一次设备要求

(1) 一次设备本体更换时，宜采用智能设备。220kV 及以上主变压器、GIS 等一次设备应随设备更换预置传感器及标准测试接口。

(2) 一次设备本体不更换时，不同电压等级变电站的智能化改造技术要求见表 1-3-1-1。安装状态监测传感器不宜拆卸本体结构，传感器应用不应影响一次设备安全可靠运行。

表 1-3-1-1　　主要在运高压设备智能化改造技术要求

高压设备	技术要求	330kV 及以上	220kV	110(66) kV
变压器（含油浸式电抗器）	冷却器智能化控制	应用	应用	应用
	顶层油温监测	应用	应用	应用
	油中溶解气体监测	应用	应用	可用
	铁芯电流监测	应用	应用	可用
	本体油中含水量监测	应用	可用	不宜
	OLTC 数字化测控	可用	可用	可用

续表

高压设备	技术要求	330kV及以上	220kV	110(66) kV
变压器（含油浸式电抗器）	本体局部放电监测	可用	可用	不宜
	气体继电器压力测量	可用	可用	不宜
	套管状态监测	可用	可用	不宜
开关设备（AIS）	断路器、隔离开关数字化测控	可用	可用	可用
	SF_6 气体状态监测（密度、压力）	可用	可用	可用
	分合闸线圈电流测量	可用	可用	不宜
	储能电机电流监测	可用	可用	不宜
（H）GIS	断路器、隔离开关数字化测控	可用	可用	可用
	SF_6 气体状态监测（密度、压力）	可用	可用	可用
	局部放电监测	可用	可用	不宜
	SF_6 气体微水监测	可用	可用	不宜
	分合闸线圈电流测量	可用	可用	不宜
	储能电机电流监测	可用	可用	不宜
互感器	数字化采样	可用	可用	可用

（3）状态监测功能应在智能组件中实现设备状态信息数据的存储和预诊断，诊断结果按DL/T 860标准上传信息一体化平台，存储数据支持远方调取。

3. 智能组件要求

（1）智能组件应结构紧凑、功能集成，宜就地布置。现场就地安装时应满足电磁环境、温度、湿度、灰尘、振动等现场运行环境要求。

（2）室内主设备和室外110kV及以下电压等级主设备就地智能组件宜包含保护、测控、计量、智能终端和状态监测等功能。室外220kV及以上电压等级主设备就地智能组件宜包含本间隔内的测控、智能终端、非电量保护和状态监测等功能。不同电压等级变电站智能组件技术要求见表1-3-1-2。

表1-3-1-2　　智能组件主要功能技术要求

功能	技术要求	应用策略	备注
测量	测量结果标准化建模	应用	采用DL/T 860标准定义的MMXU、MMXN、MMDC逻辑节点建模
	测量结果标准化上传	应用	应采用非缓存报告（URCB）上传模拟量测量结果，其数据集宜支持功能约束数据（FCD）方式上传测量结果、品质（q）及时标（t），应支持数据死区（db）变化（dchg）、周期上传（IntgPd）、总召唤（GI）等触发条件上传测量结果；应采用缓存报告（BRCB）上传开关量测量结果，其数据集应支持FCD方式上传测量结果、q及t，应支持dchg、IntgPd、GI等触发条件上传测量结果。触发条件等报告控制块参数应支持在线设置
	数字化采样	可用	互感器进行数字化采样改造时应用
	GMRP协议动态组播分配	可用	

续表

功能	技术要求	应用策略	备注
控制	控制及反馈信息标准化建模	应用	采用DL/T 860标准定义的CSWI、CSYN、CILO逻辑节点建模
	支持间隔层全站防误闭锁	应用	
	支持网络化控制	可用	开关设备进行网络化控制和数字化测量改造时应用
	支持同期电压选择的同期和无压合闸功能	可用	
保护	保护信息标准化建模	应用	采用DL/T 860标准定义的PDIF、PTRC、RREC等逻辑节点建模
	网络化控制	可用	按Q/GDW 441执行
	数字化采样	可用	按Q/GDW 441执行
	GMRP协议动态组播分配	可用	
状态监测	监测信息标准化建模	应用	采用DL/T 860标准定义的SCBR、SIMG、SIML、SLTC、SOPM、SPDC、SPTR、SSWI、STMP逻辑节点建模
	监测结果标准化上传	应用	宜采用BRCB上传状态监测量，其数据集应支持FCD方式上传测量结果、q及t，应支持dchg、数据更新（dupd）、IntgPd、GI等触发条件上传测量结果。对于变化较慢的检测量，如温度、DGA监测，可以采用dupd触发上送监测结果，触发条件等报告控制块参数应支持在线设置。宜支持日志服务（LCB）记录状态监测量，供站控层设备读取
计量	计量结果标准化建模	应用	采用DL/T 860标准定义的MMTR、MMTN逻辑节点建模
	数字化采样	可用	互感器进行数字化采样改造时应用
	GMRP协议动态组播分配	可用	

（3）智能组件应支持基于DL/T 860标准服务，输出基于DL/T 860标准模型的数据信息，并支持模型自描述；可支持组播注册协议（GMRP），实现GOOSE和采样值（SV）传输组播报文的网络自动分配；应具备GOOSF和SV传输通信中断告警功能。

（4）110(66)kV电压等级宜采用保护测控一体化装置。当变电站过程层实施数字化改造时，故障录波、网络记录分析仪宜采用一体化设计。

4. 网络结构要求

（1）过程层网络应按电压等级分别组网。双重化配置的保护及安全自动装置应分别接入不同的过程层网络。

（2）过程层网络（含GOOSE网络）传输GOOSE报文：220kV及以上变电站宜按电压等级配置GOOSE网络，双重化网络宜采用单星形网络；110(66)kV变电站过程层GOOSE报文采用网络方式传输时，GOOSE网络宜采用单星形结构。

（3）站控层网络（含MMS、GOOSE）传输MMS报文和GOOSE报文：220kV及以上变电站宜采用双以太网，110(66)kV变电站宜采用单星形或单环形结构。

5. 站控层设备要求

（1）站控层信息一体化平台应为变电站内统一的信息平台，应采用开放分层分布式结构，集成操作员站、工程师站、保护及故障信息子站等功能，实现信息共享与功能整合，满足无人值班、调控一体化技术等要求。

（2）站控层应实现全站的防误操作闭锁功能。

（3）支持顺序控制、设备状态可视化、智能告警、故障综合分析、图模一体化源端维护、电网经济运行与优化控制等高级功能。

（4）不同电压等级变电站的站控层智能化改造技术要求见表1-3-1-3。

表1-3-1-3　不同站控层智能化改造技术要求

功　能	技术要求	330kV及以上	220kV	110（66）kV
信息一体化	SCADA、状态监测、继电保护、电能量、故障录波、辅助系统等数据一体化集成	应用	应用	应用
顺序控制	自动生成典型操作流程与自动安全校核	应用	应用	应用
	二次软压板远方遥控	应用	应用	应用
	AIS隔离开关位置识别	应用	可用	不宜
对时系统	统一同步对时	应用	应用	应用
	支持SNTP、IRIG-B、秒脉冲等多种方式	应用	应用	应用
	卫星与地面时钟互备用	可用	可用	可用
系统配置工具	全站系统统一配置	应用	应用	应用
网络记录分析	监视、捕捉、存储、分析、统计网络报文	应用	应用	可用
设备状态可视化	主要一次设备状态信息可视化	应用	应用	可用
智能告警及分析	分层分类故障告警	应用	应用	应用
	自动报告异常并提出故障处理建议	应用	应用	应用
故障信息综合分析	自动生成故障初步分析报告	应用	应用	可用
源端维护	主接线图、网络拓扑和数据模型变电站端配置	应用	应用	应用
站域控制	实现站控层安全自动装置协调工作	可用	可用	可用
与外部系统交互	与生产管理系统进行信息通信	应用	应用	应用
	与大用户、各类电源进行信息通信	可用	可用	可用

6. 间隔层设备要求

（1）间隔层由保护、测控、计量、录波、相量测量等功能组成，在站控层及其网络失效的情况下，间隔层设备仍能独立工作。

（2）保护装置应遵循Q/GDW 441相关要求，就地安装，直采直跳。

（3）除检修压板外，间隔层装置应采用软压板，并实现远方遥控。

（4）当保护、测控装置下放布置于户内组合电器汇控柜时，宜取消汇控柜模拟控制面板，利用测控装置液晶面板实现其功能。

7. 过程层设备要求

（1）基于智能化需求应用的各型传感器不应影响主设备的安全运行。

（2）智能组件柜宜与同一主设备的汇控柜合并，与主设备相关的测量、控制、监测通过网络实现信息共享。

（二）一次设备智能化改造

1. 油浸式变压器（含并联电抗器）

（1）油浸式变压器本体不更换的智能化改造后，应具备冷却器智能化控制和顶层油温监测等基本功能。330kV 及以上变压器还应具备油中溶解气体、铁芯电流和本体油中含水量等在线监测功能；220kV 变压器还应具备油中溶解气体、铁芯接地电流等在线监测功能。

（2）变压器智能组件通信应采用光纤以太网接口，宜采用基于 DL/T 860 服务实现在线监测信息传输及设置。

2. AIS 开关设备、（H）GIS

（1）AIS 开关设备、（H）GIS 应按间隔实施改造，本体不更换的改造可根据实际情况加装在线监测功能。

（2）开关设备智能组件通信应采用光纤以太网接口，采用基于 DL/T 860 服务实现在线监测信息传输及设置，可应用 GOOSE 服务接收保护和控制单元的分合闸信号，传输断路器、隔离开关位置及压力低压闭锁重合闸等信号。

3. 互感器

（1）当继电保护整体或大部分更换时，互感器可进行数字化采样改造。

（2）当采用电子式互感器进行数字化采样时，其性能和可靠性应满足相关技术要求，宜按间隔配置电压互感器。

（3）当一个间隔同时配置电流互感器和电压互感器时，电流、电压宜采用组合型合并单元装置进行采样值合并。

（三）智能组件

1. 测量功能

（1）测量结果应按 DL/T 860 标准建模，应支持 DL/T 860 标准取代服务。

（2）如互感器进行了数字化采样改造。测量功能应支持采样值传输标准；合并单元应支持稳态、动态、暂态数据的分别输出。

2. 控制功能

（1）应按 DL/T 860 标准控制模型（控制对象与位置信息组合）建模，具备紧急操作、全站间隔层防误闭锁功能。可具备断路器同期和无压合闸功能，支持双母线同期电压自动选择。

（2）如开关设备进行了网络化控制和数字化测量改造，控制单元应支持 DL/T 860 GOOSE 服务网络开关控制。

3. 保护功能

（1）应按 DL/T 860 标准保护模型及相关功能模型建模，支持 DL/T 860 标准取代服务。

（2）如互感器进行了数字化采样改造，保护应按 Q/GDW 441 执行。

（3）如开关设备进行了数字化测控改造，保护应按 Q/GDW 441 执行。

（4）保护应具备远方投退保护软压板、定值切换等功能。

4. 状态监测功能

（1）宜具备状态监测功能，实现设备状态信息数字化采集、网络化传输、状态综合分析及可视化展示。

（2）状态监测量应按 DL/T 860 标准监测模型建模。

5. 计量功能

应按 DL/T 860 标准计量模型建模。

（四）监控一体化系统功能

1. 监控一体化系统

（1）站内应实现信息数据一体化集成，可通过站控层网络直接获取 SCADA、继电保护、状态监测、电能量、故障录波、辅助系统等数据。

（2）监控一体化系统宜整合变电站自动化系统、一次设备状态监测系统及智能辅助系统，实现全景数据监测与高级应用功能。

（3）监控一体化系统应具备根据站内冗余数据对变电站模型和实时数据进行辨识与修正的功能，为调度主站提供准确可靠的数据。

2. 顺序控制

（1）顺序控制应具备自动生成典型操作流程和自动安全校核功能，在站控层和监控中心均可实现。

（2）顺序控制应包含二次软压板远方遥控操作功能。

（3）330kV 及以上 AIS 变电站顺序控制宜具备隔离开关位置自动识别功能。

3. 对时系统

（1）应具备全站统一的同步对时系统，可采用北斗系统或 GPS 单向标准授时信号进行时钟校正，优先采用北斗系统，支持卫星时钟与地面时钟互为备用方式。

（2）对时系统宜支持 SNTP 协议，IRIG－B 码、秒脉冲输出，并支持各种接口。

4. 系统配置工具

系统配置工具应独立于智能电子装置（IED），支持导入系统规范描述文件（SSD）和智能电子设备能力描述文件（ICD），对一次系统和 IED 关联关系、全站 IED 实例，以及 IED 之间的交换信息进行配置，完成系统实例化配置，导出全站配置描述文件（SCD）。

5. 网络记录分析

（1）过程层进行数字化、网络化改造时，220kV 及以上变电站应在故障录波单元中集成网络报文记录分析功能，具备对各种网络报文的实时监视、捕捉、存储、分析和统计功能。

（2）网络报文记录分析系统应具备变电站网络通信状态的在线监视和状态评估功能。

6. 设备状态可视化

基于状态监测功能，实现主要一次设备状态的综合分析，分析结果在站控层实现可视化展示，并可发送到上级系统。

7. 智能告警及分析

(1) 应实现对告警信息进行分类分层、过滤与筛选，为主站提供分层分类的故障告警信息。

(2) 建立变电站故障信息的逻辑和推理模型，对变电站的运行状态进行在线实时分析和推理，自动报告设备异常并提出故障处理建议。

8. 故障信息综合分析

在故障情况下可对事件顺序记录信号及保护装置、相量测量、故障录波等数据进行数据挖掘和综合分析，自动生成故障初步分析报告。

9. 源端维护

(1) 在变电站利用统一系统配置工具进行配置，生成标准配置文件，包括变电站网络拓扑、IED数据模型及两者之间的联系。

(2) 变电站主接线、分画面图形，以及图元与模型关联，宜以可升级矢量图形(CIM/G或SVG)格式提供给调度/集控系统。

10. 站域控制

(1) 可利用对站内信息的集中处理、判断，实现站内安全自动控制(如备自投)的协调工作。

(2) 220kV及以下变电站可采用变电站监控系统实现小电流接地选线功能。

11. 与外部系统交互

(1) 可与生产管理系统进行信息通信，将变电站内各种数据提供相关系统使用。

(2) 可与相邻的变电站、发电厂、用户建立信息交互；为变电站接入绿色能源和可控用户提供技术基础。

(3) 在与外部系统进行信息交互时应满足变电站二次安全防护要求。

(五) 辅助系统智能化

1. 视频监视

应配置图像监视设备，可与安全警卫、火灾报警、消防、环境监测、设备操控、事故处理等协同联动，且满足远传功能。

2. 智能巡检

可通过固定式或移动式智能巡检系统，定时自动对变电站主设备进行图像与红外测温巡检。

3. 安防系统

(1) 可配置灾害防范、安全防范子系统，应具备变电站重要部位入侵监测、门禁管理、现场视频监控、全站火警监测以及自动告警等功能。

(2) 告警信号、量测数据宜通过站内监控设备转换为标准模型数据后，接入信息一体化平台，留有与应急指挥信息系统的通信接口。

4. 照明系统

应采用高效光源和高效率节能灯具。

5. 交直流一体化电源系统

变电站直流电源需要改造时，站用电源宜一体化设计、一体化配置、一体化监控，采用 DL/T 860 通信标准实现就地和远方监控功能。

6. 辅助系统优化控制

宜定时检测变电站一次、二次设备运行温湿度，可具备远程控制空调、风机、加热器等功能。

7. 环境监测

环境监测应包括保护室、控制室、智能组件柜等设备设施的温度、湿度监测、告警及空调自动控制功能，具备站内降雨、积水自动监测、告警与自动排水控制等功能。

8. 辅助系统智能化改造技术要求

辅助系统智能化改造技术要求见表 1-3-1-4。

表 1-3-1-4　　辅助系统智能化改造技术要求

功　能	技　术　要　求	应用策略	备　注
视频监视	配置视频监控系统	应用	
	与站内监控系统在设备操作时协同联动	可用	
智能巡检	包含图像、红外检测	可用	330kV 及以上变电站 AIS 站可配 1～2 台智能机器人
安防系统	变电站重要部位入侵监测、门禁管理、现场视频监控、全站火警监测与自动告警等	应用	
	监测数据和告警信号通过监控设备转换后接入站控层网络	应用	
照明系统	采用高效光源和节能灯具	应用	
站用电源系统	站用电源一体化设计、配置、监控，监控信息无缝接入信息一体化平台	可用	如直流电源改造，应改为一体化电源
辅助系统优化控制	定时监测设备运行温湿度	可用	
	远程控制空调、风机、加热器	可用	
环境智能化监测	保护室、控制室、智能组件等设备设施温度、湿度监测、告警及空调自动控制	应用	
	站内降雨、积水自动监测、告警与自动排水控制	可用	

第二节　变电站智能化改造标准化设计

一、基本要求

(1) 变电站智能化改造应遵循 Q/GDW 414《变电站智能化改造技术规范》，在安全可靠、经济实用、统一标准、因地制宜四项原则的基础上；以变电站自动化系统智能化改造为前提，实施变电站智能化改造。

(2) 变电站改造不同于新建，必须保证改造期间在运设备的安全运行，减少施工停电，同时兼顾经济实用，综合考虑技术先进性、成熟性以及设备全寿命周期成本等。在改

造过程中要强调标准先行原则，按统一部署的要求实施，还要因地制宜，结合各地具体情况、不同改造内容和不同改造阶段，制定相应的工程设计方案。

(3) 对分阶段进行的变电站智能化改造，可按变电站后期改造需求预留相关接口和位置。对后期需扩建的，应对以后的改造留有余地。

(4) 智能化改造涉及的站区布置、土建等参照新建工程进行设计。

二、变电站自动化系统改造

(一) 设计原则

(1) 变电站自动化系统实施智能化改造，其设备配置和功能应满足无人值班技术要求。实现对全站设备的监控、防误操作闭锁和顺序控制等高级应用功能。

(2) 建立变电站一体化监控系统，通信规约及信息模型应符合 DL/T 860 标准，信息采集应完整且不重复采集。

(3) 变电站自动化系统应满足未进行智能化改造的设备以其他规约形式接入的要求。

(4) 站控层设备按变电站远景规模配置，间隔层和过程层设备按工程实际规模配置。交换机数量按本期设置并根据情况适当考虑满足以后的扩建；网络 VLAN 划分应考虑变电站最终规模，为变电站扩建留有余地。

(5) 测控装置改造应随变电站综合自动化系统改造同步进行。220kV 电压及以上等级测控装置宜单套独立配置；110kV 及以下电压等级宜采用保护测控一体化装置；主变测控装置宜各侧独立配置，本体测控宜独立配置。

(6) 变电站应按照《电力二次系统安全防护总体方案》的有关要求，配置相关二次安全防护设备。状态监测信息接入生产非控制区（Ⅱ区），结果信息可根据运行需要接入生产控制区（Ⅰ区）。

(二) 保护装置要求

(1) 当变电站自动化系统实施智能化改造时，应对在役保护装置进行升级改造，使其通信接口符合 DL/T 860 标准，保护采样、跳闸等接线可不改变。

(2) 当在役保护装置无法通过升级改造实现具备 DL/T 860 标准通信接口时，或保护装置达到更换周期时，应更换为支持 DL/T 860 标准的保护装置。

(三) 网络结构要求

1. 总体要求

变电站自动化系统由站控层、间隔层、过程层组成。过程层网络与站控层网络应完全独立。各层设备应按工程实际需求配置符合网络结构要求的接口。

2. 站控层网络

站控层网络宜采用双重化星形以太网络传输 MMS 报文和 GOOSE 报文。在站控层网络失效的情况下，间隔层设备应能独立完成就地数据采集和控制功能。

3. 过程层网络

(1) 过程层网络宜按电压等级分别组网，可传输 GOOSE 报文和 SV 报文。

(2) 双重化配置的保护及安全自动装置应分别接入不同的两套过程层网络；单套配置

的测控装置接入其中一套过程层网络。

(3) 220kV 及以上宜按电压等级分别设置 GOOSE 和 SV 网络，均采用双重化星形以太网；双重化配置的两个过程层网络应遵循完全独立的原则。双重化配置的保护及安全自动装置应分别接入不同的过程层网络；单套配置的测控装置接入其中一套过程层网络。

(4) 110(66)kV 过程层 GOOSE 报文采用网络方式传输，GOOSE 网络可采用星形单网结构。110(66)kV 每个间隔除应直采的保护及安全自动装置外有 3 个及以上装置需接收 SV 报文时，配置 SV 网络，SV 网络宜采用星形单网结构。

(5) 当 110kV 采用双母线、单母线（分段）接线或间隔层设备室内组屏时，宜采用过程层组网方式，过程层网络交换机按星形单网配置。GOOSE 报文采用网络传输，SV 报文可采用网络方式传输或采用点对点传输。当 GOOSE 报文和 SV 均采用网络方式传输时，为节约交换机数，GOOSE 和 SV 也可共网传输。

(6) 当 110kV 采用桥接线或间隔层设备采用就地分散布置时，可不配置过程层网络。此时，间隔层、过程层设备集成于就地的一体化智能控制柜中，GOOSE 报文通过站控层网络传输，继电保护设备采用直采直跳。

(7) 35(10)kV 电压等级不宜配置独立的过程层网络，GOOSE 报文可通过站控层网络传输，间隔层、过程层设备宜采用保护、测控、计量、合并器、智能终端多功能一体化装置。

（四）网络通信设备

1. 站控层交换机

(1) 变电站站控层中心交换机宜冗余配置，每台交换机端口数量应满足站控层设备和级联接入要求。

(2) 当交换机处于同一建筑物内且距离较短（<100m）时宜采用电口连接，否则应采用光口互联。

2. 过程层交换机

(1) 330kV 电压等级及以上 3/2 接线，过程层 GOOSE、SV 交换机宜按双重化星形网络配置，每个网络宜按串配置 1～2 台交换机。

(2) 220kV 电压等级及以上单母或双母线接线，过程层 GOOSE、SV 交换机宜按双重化星形网络配置，接入同一网络的 4 个间隔可合用 1 台交换机。

(3) 110kV 电压等级单母或双母线接线，过程层 GOOSE、SV 交换机宜按星形单网配置，4～6 个间隔可合用 1 台交换机。

(4) 66(35)kV 电压等级组网时宜按母线段配置交换机。

(5) 每台交换机的光纤接入数量不宜超过 16 对，并配备适量的备用端口，备用端口的预留应考虑虚拟网的划分。

(6) 任意两台 IED 之间的网络传输路径不应超过 4 台交换机；任意两台主变 IED 不宜接入同一台交换机。

(7) 过程层交换机与 IED 之间的连接及交换机级联端口均宜采用 100Mbit/s 光口。

3. 网络通信介质

（1）主控制室和继电器室内网络通信介质宜采用超五类屏蔽双绞线；通向户外的通信介质应采用光缆。

（2）采样值和保护GOOSE报文的传输介质采用光缆，光纤连接宜采用多模ST光纤接口。

4. 网络记录分析装置

（1）过程层进行数字化、网络化改造时，应在故障录波单元中集成网络报文记录分析功能，实现对变电站网络通信状态的存线监视和状态评估，以及对各种网络报文的实时监视、捕捉、存储、分析和统计。

（2）故障录波、网络记录分析仪宜采用一体化设计。

（五）站控层设备

（1）变电站主机宜双套配置，有人值班变电站可按主机配置操作员站，无人值班变电站主机可兼操作员站和工程师站。

（2）远动通信装置应双套配置。

（3）保护及故障信息子站改造时宜并入一体化监控系统。

（4）110(66)kV变电站主机宜单套配置，无人值班变电站主机可兼操作员工作站和工程师站；一体化监控系统宜与监控主机整合；高级应用功能宜在监控主机中实现。远动装置宜单套配置。

（六）一体化监控系统和高级功能

1. 一体化监控系统

（1）站内应实现一体化监控系统，可通过站控层网络直接获取SCADA、继电保护、状态监测、电能量、故障录波、辅助系统等数据。

（2）一体化监控系统宜整合变电站自动化系统、一次设备状态监测系统及智能辅助系统，实现全景数据监测与高级应用功能。

2. 信息传输和通道

（1）远动信息传输应满足DL/T 5003《电力系统调度自动化设计技术规程》、DL/T 5002《地区电网调度自动化设计技术规程》的要求，远动通道宜优先采用调度数据网络通道。

（2）电能量采集信息可通过电力调度数据网、电话拨号方式或利用专线通道将电能量数据传送上传。

（3）相量测量、行波测距信息、继电保护故障信息宜通过调度数据网络上传。

（4）一次设备状态监测、辅助系统等信息经横向隔离装置后上传。

3. 高级功能

（1）顺序控制、智能告警及故障信息综合分析、设备状态可视化等功能应作为变电站自动化系统高级功能的基本配置。

（2）支撑电网经济运行与优化控制、源端维护、站域控制等其他高级功能可结合变电站工程实际情况尽可能采用。

（七）对时系统

（1）应具备全站统一的同步对时系统，可采用北斗系统或GPS单向标准授时信号进行时钟校准，优先采用北斗系统，支持卫星时钟与地面时钟互为备用方式。

（2）站控层设备宜采用 SNTP 对时方式。

（3）间隔层和过程层设备宜采用 IRTG－B、1PPS 对时方式。

三、变电站继电保护改造

（一）设计原则

（1）保护装置采样和跳闸应满足 Q/GDW 441《智能变电站继电保护技术规范》的要求，保护测控一体化装置还应满足 Q/GDW 427《智能变电站测控单元技术规范》的要求。

（2）保护装置应按照 DL/T 860 标准建模，具备完善的自描述功能，与自动化系统站控层设备直接通信。

（3）保护装置不更换时，根据情况应对装置进行升级改造，使其满足以 DL/T 860 标准通信接入自动化系统的要求，否则应更换保护装置。

（4）110(66)kV 线路、母联（分段）间隔宜配置单套保护测控一体化装置；110kV 母线根据需要可配置单套母线保护装置。

（5）主变压器可配置单套主后分开的保护装置，后备保护集成测控功能；也可配置双套冗余的主后一体化保护测控装置。当采用双套冗余的主后一体化保护测控装置时，过程层网络、合并器、智能终端口可不采用双套配置。

（6）110(66)kV 及以下保护装置更换时，除检修压板外宜采用软压板，并实现远方投退、定值切换等功能。

（7）采用纵联保护原理的保护装置的硬件配置及软件算法应支持一端为电子式互感器，另一端为常规互感器或两端均为电子式互感器的配置形式。

（二）不同改造模式下的设计要求

1．模拟采样、电缆跳闸模式

（1）采用常规互感器，相关电流电压信号采用电缆方式直接接入继电保护装置；继电保护装置采用接点输出，通过电缆直接出口跳闸。

（2）相关设计要求参见有关标准。

2．模拟采样、光纤跳闸模式

（1）采用常规互感器，相关电流电压信号采用电线方式直接接入继电保护装置；一次设备通过增加智能终端或更换为智能一次设备具备接受 GOOSE 报文实现跳闸功能，继电保护装置采用 GOOSE 报文通过光纤出口跳闸。

（2）保护采样电缆接线不改变，跳闸等开关量信号改造为光缆接线，保护装置可采用更换装置或插件的方式进行改造，使其按照 DL/T 860 标准建模，具备完善的自描述功能，与站控层、过程层设备通信。

（3）保护装置应支持通过 GOOSE 报文实现装置之间状态和跳合闸信息传递。

（4）间隔内的跳闸报文应通过光纤点对点方式传输，如有跨间隔应用，跨间隔跳闸报文宜通过网络传输。

（5）保护装置、智能终端等 IED 间的交互信息可通过 GOOSE 网络传输。

(6) 双母线电压切换功能由保护装置实现。两套保护的跳闸回路应与两个智能终端分别一一对应；两个智能终端应与断路器的两个跳闸线圈分别一一对应。

(7) 保护装置的光口规格、数量应满足过程层智能终端的接入要求。

3. 数字采样，光纤跳闸模式

(1) 采用常规互感器或电子式互感器，增加合并单元，实现就地数字化。一次设备通过增加智能终端或更换为智能一次设备具备接受GOOSE报文实现跳闸功能。相关电流电压信号采用光纤以SV报文方式接入继电保护装置，继电保护装置采用GOOSE报文通过光纤出口跳闸。

(2) 保护采样、跳闸等模拟量和开关量信号改造为光缆接线，宜更换继电保护装置，使其按照DL/T 860标准建模，具备完善的自描述功能，与站控层、过程层设备通信。

(3) 保护装置应支持通过GOOSE报文实现装置之间状态和跳合闸信息传递，通过SV报文实现电流、电压采样。

(4) 保护装置、智能终端等IED间的相互启动、相互闭锁、位置状态等交换信息可通过GOOSE网络传输，双重化配置的保护之间不直接交换信息。跳闸报文宜通过光纤直接传输。

(5) 双重化保护的电压（电流）采样值应分别取自相互独立的合并单元。

(6) 继电保护装置接入不同网络时，应采用相互独立的数据接口控制器。

(7) 经合并单元采样的保护装置应不依赖于外部对时系统实现其保护功能。

(8) 双母线电压切换功能可由保护装置分别实现，也可由合并单元实现。

(9) 保护装置的光口规格、数量应满足过程层合并单元、智能终端的接入要求。

四、变电站一次设备改造

（一）设计原则

(1) 一次设备智能化改造宜采用“一次设备本体+传感器+智能组件”的方式。

(2) 一次设备更换时，应采用智能设备，具有标准的数据接口，支持智能化控制要求。传感器、互感器和智能组件宜与设备本体采用一体化设计，优化安装结构。220kV主变压器、220kV高压组合电器（GIS/HGIS）应预置局部放电传感器及测试接口。

(3) 一次设备不更换时，可仅改造其外部接线部分以满足智能化改造需要，不应对现有一次设备本体进行解体、开孔、拆装。

(4) 智能组件包括智能终端、合并单元、状态监测IED等，其具体配置应通过工程方案技术经济比较后确定。当合并单元、智能终端布置于同一控制柜内时可进行整合。

（二）主变压器

1. 变压器不更换改造方案

(1) 变压器智能化改造内容包括冷却器、有载调压智能化控制、主变本体/有载开关非电量保护、顶层油温和油中溶解气体状态监测等功能。

(2) 变压器智能化改造通过设置外置式传感器和智能组件实现。智能组件主要包括智能终端、状态监测IED、通信接口。

(3) 主变压器本体智能终端应单套配置；智能终端宜分散布置于就地智能组件柜

内。主变压器本体智能终端宜具有主变本体非电量保护、对有载开关进行智能调控等功能，并可上传本体各种非电量信号等。主变本体智能终端含非电量保护且采用直跳方式时，应独立配置。

（4）变压器状态监测应满足 Q/GDW 534《变电设备在线监测系统技术导则》的要求。

（5）传感器宜按照设备参量对象进行配置，变压器各状态参量共用状态监测 IED。状态监测 IED 满足全部监测结果的数据采集和综合分析功能，并可与上级相关系统进行互动。

（6）通信接口应基于 MMS 的 DL/T 860 服务，采用光纤以太网接口，实现信息传输及设置。

（7）油中溶解气体导油管宜利用主变原有放油口进行安装，保证油样无死区。

（8）传感器安装不应拆卸本体结构，不应影响变压器安全可靠运行。外置式传感器应安装于地电位处，若需安装于高压部位，其绝缘水平应符合或高于高压设备的相应要求。

（9）与高压设备内部绝缘介质相通的外部传感器，其密封性能、杂质含量控制等应符合或高于高压设备的相应要求。

2. 变压器更换方案

更换变压器时应优先采用智能变压器，出厂前应预置传感器，传感器与设备本体一体化设计。

各智能组件配置要求参见上述相关条款。

变压器智能组件配置如图 1-3-2-1 所示。

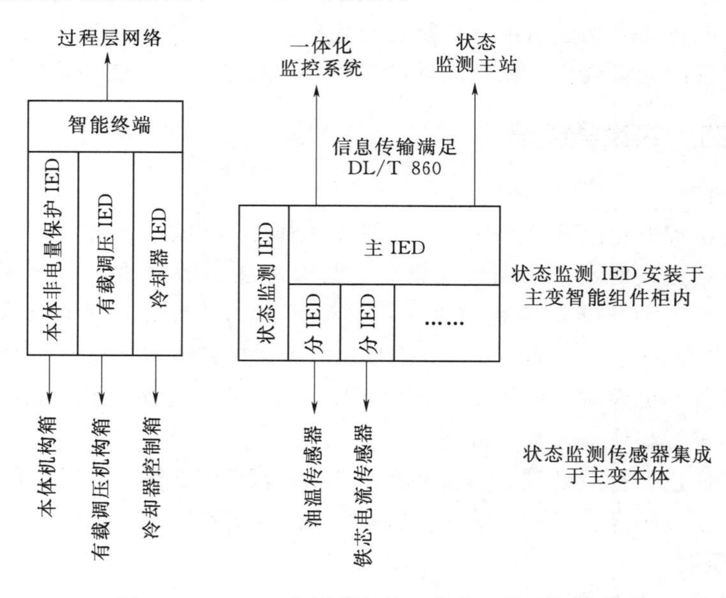

图 1-3-2-1　变压器智能组件典型配置示意图

（三）高压开关设备智能化改造

1. 隔离开关、接地开关改造

参与顺序控制的各电压等级隔离开关和接地开关操作机构应采用电动机构，并能实现远方控制。

2. 不更换断路器、增加智能终端

增加智能终端，通过GOOSE服务接收保护和控制单元的分合闸信号，传输断路器、隔离开关位置及压力低压闭锁重合闸等信号，实现智能化改造。

(1) 智能终端配置要求：

1) 220～750kV除母线外，智能终端宜冗余配置。

2) 110kV除主变外，智能终端宜单套配置。

3) 66(35)kV配电装置采用户内开关柜布置时不宜配置智能终端；采用户外敞开式布置时宜配置单套智能终端。

4) 主变压器各侧智能终端宜冗余配置。

5) 每段母线智能终端宜单套配置，若66(35)kV配电装置采用户内开关柜布置时母线不宜配置智能终端。

6) 智能终端宜分散布置于配电装置场地智能组件柜内。

(2) 智能终端技术要求：

1) 智能终端应具备断路器操作箱功能，包含分合闸回路、合后监视、重合闸、操作电源监视和控制回路断线监视等功能。

2) 智能终端支持以GOOSE方式上传一次设备的状态信息，同时接收来自二次设备的GOOSE下行控制命令，实现对一次设备的控制。

3) 宜接入站内对时系统，通过光纤接收站内对时信号。

4) 应具备GOOSE命令记录功能，记录GOOSE命令收到时刻、GOOSE命令来源及出口动作时刻等内容，并能提供查看方法。

5) 宜具备闭锁告警功能，包括电源中断、通信中断、通信异常、GOOSE断链、装置内部异常等。

6) 智能终端安装处宜保留检修压板、断路器操作回路出口压板。

7) 宜具备传感器的输出信号、温（湿）度等模拟量接入和上传功能。

8) 防跳和压力闭锁功能宜由断路器本体实现。

3. 不更换断路器、增加智能终端和状态监测单元

增加智能终端和相应状态监测功能单元，采用GOOSE服务接收保护和控制单元的分合闸信号，传输断路器、隔离开关位置及压力低压闭锁重合闸等信号，实现一次设备状态就地预诊断。

(1) 智能终端配置原则和技术要求参见Q/GDW 642—2011《330～750kV变电站智能化改造工程标准化设计规范》的7.3.2条。

(2) 状态监测范围见Q/GDW 414《变电站智能化改造技术规范》。

(3) 状态监测传感器配置要求：

1) 安装状态监测传感器不宜拆卸本体结构，传感器的安装不应影响一次设备安全可靠运行。

2) 传感器宜采用外置方式安装，按设备参量对象进行配置。

3) SF_6气体密度宜以气室为单位进行配置，SF_6气体密度传感器宜利用GIS/HGIS或高压断路器原有自封阀进行安装。

4）GIS/HGIS局部放电宜以断路器为单位进行配置，在确保传感器监测灵敏度与覆盖面的前提下，应减少传感器配置数量。

5）传感器还应满足Q/GDW Z 410—2010《高压设备智能化技术导则》的相关技术要求。

（4）状态监测IED配置要求：

1）状态监测IED应满足全部监测结果的数据采集和综合分析功能，并可与相关系统进行互动。

2）宜按电压等级和设备种类进行配置。在装置硬件处理能力允许情况下，同一电压等级的同一类设备宜共用状态监测IED。

3）通信接口应采用基于MMS的DL/T 860服务实现在线监测信息传输及设置，采用光纤以太网接口。

4. 更换断路器

（1）更换断路器时应采用智能开关设备，减少断路器辅助接点、辅助继电器数量。当设备具备条件时，断路器操作箱控制回路可与本体分合闸控制回路一体化融合设计，取消冗余二次回路，提高断路器控制机构工作可靠性。

（2）智能终端的配置原则和技术要求按Q/GDW 642—2011中7.3.2条实施。

（3）当采用GIS/HGIS设备时，可通过预置传感器、增设智能组件实现状态监测功能。内置传感器设计寿命应与GIS本体寿命相匹配，与外部的联络通道（接口）应符合高压设备的密封要求。开关设备智能组件典型配置如图1-3-2-2所示。

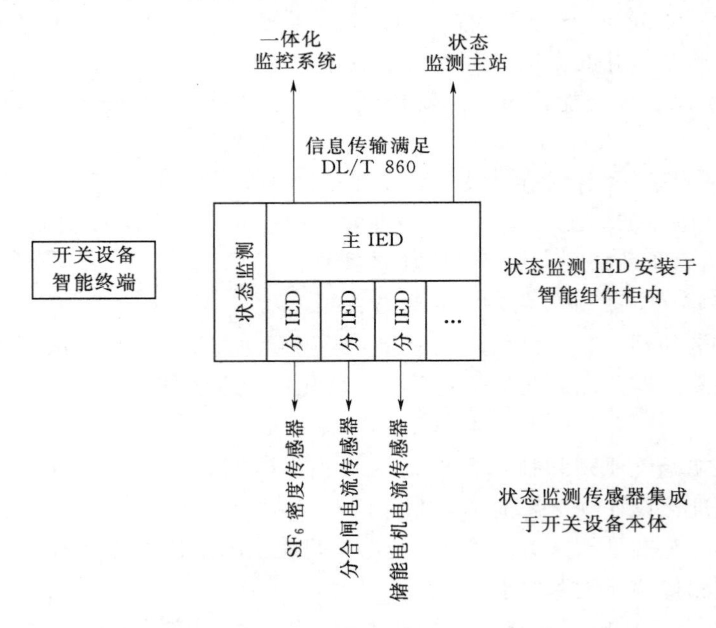

图1-3-2-2　开关设备智能组件典型配置图

（四）互感器

1. 电磁式互感器不进行数字化采样

继电保护装置仍采用常规电缆方式输入电流电压。

2. 电磁式互感器增设就地采集合并单元

增加合并单元进行就地数字化采样改造，合并单元宜下放布置在智能控制柜内。

（1）合并单元配置要求：

1）220kV 及以上电压等级各间隔合并单元宜冗余配置。

2）110kV 及以下电压等级各间隔合并单元宜单套配置。

3）对于保护双重化配置的主变压器，主变压器各侧、中性点（或公共绕组）合并单元冗余配置。

4）高压并联电抗器首末端电流合并单元、中性点电流合并单元宜冗余配置。

5）220kV 及以上电压等级双母线接线，两段母线 TV 按双重化配置两台合并单元，同一合并单元同时接入两段母线 TV。

6）同一间隔内的电流互感器和电压互感器宜合用一个合并单元。

7）关口计量点和故障测距采用模拟采样，不经合并单元转换。

（2）合并单元技术要求：

1）合并单元应具备接入常规互感器的模拟信号的功能，宜具备电压切换功能，宜支持以 GOOSE 方式开入断路器或刀闸位置状态。

2）宜具有闭锁告警功能，能保证在电源中断、电压异常、采集单元异常、通信中断、通信异常、装置内部异常等情况下不误输出。

3）合并单元宜设置检修压板。

3. 电磁式互感器更换为电子式互感器

采用电子式互感器加合并单元方式实现数字化采集，合并单元宜下放布置在智能控制柜内。按间隔设置时，可采用电流电压组合型互感器。

（1）互感器配置要求：

1）主变压器各侧互感器类型及相关特性宜一致。

2）当 GIS/HGIS 配电装置更换时，电子式互感器宜与一次设备一体化设计。

3）在具备条件时，电子式互感器可与隔离开关、断路器进行组合安装。

4）对于有关口计量点、有故障测距要求的间隔，应配置满足其特性要求的互感器。

（2）互感器技术要求：

1）电子式互感器应符合 GB/T 20840.7、GB/T 20840.8 的有关规定。

2）电子式互感器及合并单元工作电源应采用直流。

3）用于双重化保护的带两路独立采样系统的电子式互感器，其传感部分、采集单元、合并单元宜冗余配置；对于带一路独立采样系统的电子式互感器，其传感部分、采集单元、合并单元宜单套配置；每路采样系统应采用双 A/D 接入合并单元，每个合并单元输出两路数字采样值，且由同一路通道接入一套保护装置。

4）双重化（或双套）配置保护所采用的电子式电流互感器应带两路独立采样系统，单套配置保护所采用的电子式电流互感器带一路独立采样系统。

（3）合并单元配置参见 Q/GDW 642—2011 中 7.4.2 条（电磁式互感器增设就地采集合并单元）。

（4）合并单元技术要求：

1）宜具备合理的时间同步机制，包括前端采样和采样传输时延补偿机制；各类电子互感器信号或常规互感器信号在经合并单元输出后的相差应保持一致。

2）其他要求参见 Q/GDW 642—2011 中 7.4.2 条（电磁式互感器增设就地采集合并单元）。

五、变电站二次设备组屏

（一）设计原则

（1）当采用组合电器时，智能控制柜宜与汇控柜一体化设计。

（2）智能控制柜户外就地安装时，柜内应配置温度、湿度等环境监控装置，具备自动调控和远方监测功能，并满足智能设备的防护等级及运行环境要求。

（二）站控层设备

（1）主机、操作员站和工程师站，宜组 2 面屏，显示器根据运行需要进行组屏安装或布置在控制台上。

（2）2 套远动通信装置宜组 1 面屏。

（3）保护及故障信息子站主机宜组 1 面保护故障信息子站屏，显示器可组屏布置。

（4）网络记录分析仪宜组 1 面屏。

（5）调度数据网接入设备和一次安全防护设备组 2 面屏。

（6）公用接口设备和 2 台站控层网络交换机组 1 面屏（柜）。

（三）间隔层设备

1. 集中布置组屏原则

间隔层设备采用集中布置时，保护、测控、计量等宜按电气单元间隔组屏，也可按下列原则组屏。

（1）750kV 电压等级：

1）测控装置每串可组 1～2 面屏，每面屏上宜布置 3～4 个测控装置。

2）750kV 每回线路保护宜配置 2 面保护屏。

3）每台断路器保护、合并单元组 1 面断路器保护屏。

4）750kV 每组母线保护宜配置 1 面保护屏。

（2）500kV 电压等级：

1）测控装置每串可组 1～2 面测控屏，每面屏上宜布置 3～4 个测控装置。

2）500kV 每回线路保护宜配置 2 面保护屏。

3）每台断路器保护、合并单元组 1 面断路器保护屏。

4）500kV 每组母线保护宜配置 1 面保护屏。

（3）330kV 电压等级：

1）测控装置每串可组 1～2 面测控屏，每面屏上宜布置 3～4 个测控装置。

2）330kV 每回线路保护宜配置 2 面保护屏。

3）每台断路器保护、合并单元组 1 面断路器保护屏。

4）可按 1 个间隔内的保护、测控、合并单元组 2 面屏。

5）330kV 每组母线保护宜配置 1 面保护屏。

（4）220kV 电压等级：

1）采用保护测控合一装置时，1 个间隔内的保护测控装置、合并单元可组 1 面屏。

2）采用保护、测控独立装置时，1 个间隔内的保护、测控、合并单元可组 2 面屏，双重化配置的保护分开组屏。

3）220kV 每组母线保护宜配置 1 面保护屏。

（5）110kV 电压等级：

1）采用保护测控合一装置时，2 个间隔内的保护测控、合并单元可组 1 面屏。

2）采用保护、测控独立装置时，1 个间隔内的保护、测控、合并单元可组 1 面屏。

3）110kV 每组母线保护宜配置 1 面保护屏。

（6）66kV 电压等级：采用保护测控合一装置，2 个间隔内的保护测控、合并单元可组 1 面屏。

（7）35kV 电压等级：

1）采用保护测控合一装置，2 个间隔内的保护测控、合并单元可组 1 面屏。

2）户内开关柜布置时，保护测控合一装置宜就地布置于开关柜内。

（8）主变压器：保护、测控、合并单元可组 2～3 面屏。

（9）宜按电压等级配置故障录波装置，主变压器故障录波装置宜独立配置。2 台主变压器故障录波装置可组 1 面屏。

（10）全站配置 1 面公用测控屏，屏上布置 2～4 个测控装置，用于站内其他公用设备接入。

（11）110kV 及以上电能表宜集中组屏；66(35)kV 采用户内开关柜布置时电能表宜就地安装在开关柜上，采用敞开式设备时宜集中组屏。

2. 间隔层设备就地布置组屏原则

间隔层设备采用就地下放布置时，可按下列原则组屏：

（1）110kV 及以上线路、母联（分段）保护测控装置、电能表按间隔布置，与合并单元和智能终端共同布置在就地智能控制柜。

（2）母线保护、主变保护、故障录波系统可分别集中组屏，布置在继电器室。

（3）当一次设备采用 CIS、HGIS 组合电器时，按间隔设置的智能控制柜应与汇控柜一体化设计。

（4）跨间隔保护根据现场实际情况可采用就地布置或室内组屏。

（5）110(66)kV 二次设备分散就地布置时，电能表安装于各间隔的一体化智能控制柜上。

（四）过程层设备

（1）智能终端宜安装在所在间隔的智能控制柜或 GIS/HGTS 汇控柜内。

（2）合并单元宜就地下放。

（五）网络设备

（1）站控层交换机可与其他站控层设备共同组屏，也可单独组屏。

（2）过程层交换机可采用分散式安装，按照光缆和电缆连接数量最少原则安装在保护、测控屏上。单独组屏安装时，也可按电压等级分别组屏，每面屏布置 4～8 台交换机，

应配置相应的光纤接续盒、ODU（光纤分配单元）及光纤盘线架。

六、变电站辅助系统改造

（一）设计要求

宜通过增加智能辅助系统平台和环境监测设备实现辅助系统的智能化改造，接入并改造原有的安全监视、火灾报警、消防、照明、采暖通风等子系统。改造后应具备图像监视、安全警卫、火灾自动报警、环境监控，智能巡检等功能。

（二）技术要求

（1）改造后辅助系统采用DL/T 860标准通信，实现分类存储各类信息并进行分析、判断，并上传重要信息。

（2）辅助系统与其他系统的通信应严格按照《变电站二次系统安全防护方案》（电监安全〔2006〕34号）的要求，通过MPLS-VPN实现网络和业务以及不同安全分区的安全防护隔离。

（3）智能辅助系统主要监控范围：

1）监视变电站区域内场景情况。

2）监视变电站内主要室内（主控室、二次设备室、高压室、电缆层、电容器室、独立通信室等）场景情况。

3）监视变电站内主要室内（主控室、二次设备室、蓄电池室、独立通信室等）温度、湿度、SF_6浓度以及水池水位情况。

4）实现变电站防盗自动监控，可进行周界、室内、门禁的报警及安全布（撤）防。

5）实现站内消防子系统报警联动、并对消防子系统运行状态进行监视。

6）能与摄像机的辅助灯光系统进行联动。在夜间或照明不良的情况下，当需要启动摄像头摄像时，带有辅助灯光的摄像机应能与摄像机的灯光联动，自动开启照明灯。

7）实现对风机、抽水泵等设备的状态监视和控制。

8）应预留与现场设备操作的联动功能。

（三）图像监视及安全警卫

（1）图像监视及安全警卫设备包括视频服务器、多画面分割器、录像设备、摄像机、编码器及沿变电站围墙四周设置的电子栅栏等。其中视频服务器等后台设备按全站最终规模配置，并留有远方监视的接口，就地摄像头按本期建设规模配置。

（2）500kV及以上变电站及重要的330kV变电站应加装电子围栏。通过目标区域的被动高压脉冲电子围栏，对变电站围墙、大门进行全方位布防监视，不留死角和盲区。

（3）宜通过将视频服务器接入辅助系统平台实现改造。

（4）摄像头、电子围栏配置和技术要求参见《国家电网公司输变电工程通用设计》。

（5）技术要求：

1）图像监视系统宜通过视频服务器接入辅助系统平台。当有智能巡检要求时，可适当增加摄像机数量。

2）图像监视设备与安全警卫、火灾报警、消防等相关设备能实现联动控制。

3）对敞开式配电装置，宜将视频监视系统的图像识别作为顺序控制的辅助实现手段。

4）变电站视频安全监视系统配置原则可参见通用设计。

（四）火灾报警

（1）火灾报警设备包括火灾报警控制器、探测器、控制模块、信号模块、手动报警按钮等。火灾报警系统应满足无人值守站要求。

（2）改造宜通过将火灾报警控制器接入辅助系统平台实现。

（五）环境监测

（1）环境监测应包括保护室、控制室、智能组件柜等设备设施的温度、湿度监测、告警及空调自动控制功能，具备站内降雨，积水自动监测，告警与自动排水控制等功能。

（2）环境信息采集设备包括环境数据处理单元、温度传感器、湿度传感器、风速传感器（可选）、水浸探头（可选）、SF_6 探测器等根据环境测点的实际需求配置。数据处理单元安装于二次设备室，传感器安装于设备现场。

（3）环境监测的温湿度、水位等信息接入辅助系统，实现和采暖通风、给排水设备的联动。

（六）智能巡检

（1）智能巡检通过在线式可见光摄像机、红外热像仪等，定时自动获取设备的视频、图像、红外热图进行分析，辅助或代替人工进行设备巡检作业；配合顺序控制，通过图像自动识别断路器和隔离开关的分合状态。

（2）智能巡检设备包括由固定式、移动式巡检装置。变电站主设备应根据场地布置配置适量的固定式视频和红外监测装置，330kV 及以上 AIS 变电站或无人值守变电站可配置 1～2 台移动式巡检装置，满足顺序控制操作的需要。

（3）技术要求：

1）与站内监控系统协同联动，在设备操控时能够实时显示被操作对象的图像信息；AIS 设备可通过图像自动识别断路器和隔离开关分合状态，与顺序控制系统进行配合。

2）实现对设备本体及连接部位发热的监测和告警。红外测温方法与内容应满足 DL/T 664 规范的要求。

3）支持全自主和远方遥控巡检模式。在全自主模式下，巡检任务能够根据预设的巡检时间、路线等自动完成。

4）与其他系统接口要求参见 Q/GDW 642—2011 中 9.2.2 条。

（七）其他

（1）照明系统、采暖通风系统、给排水系统通过加装控制模块接入辅助系统，实现智能联动和远方控制。

（2）采暖通风设备可根据环境监测数据自动启停。

（3）变电站内照明应采用高效光源和高效率节能灯具，照明灯光可远程开启及关闭，并与图像监控设备实现联动操作。

（4）空调、给排水等可自动完成启停功能，并可实现联动控制。

七、变电站电源系统改造

（1）变电站直流电源需要改造时方可进行一体化电源改造，交流、直流、UPS 等站

用电源宜一体化设计、一体化配置、一体化监控，采用DL/T 860通信标准实现就地和远方监控功能。通信电源宜单独配置。

（2）一体化电源监控应实现各电源模块开关状态、运行工况等信息的采集，实现一体化电源各子单元分散测控和集中管理。

（3）运行工况和信息能够上传总监控装置，采用DL/T 860通信标准与变电站自动化后台通信，实现对一体化电源系统的远程监控维护管理。

（4）蓄电池容量宜按2h事故放电时间计算；对地理位置偏远的变电站，电气负荷宜按2h事故放电时间计算，通信负荷宜按4h事故放电时间计算。

第三节　变电站智能化改造设计典型方案

无论何种电压等级的变电站智能化改造，均有4种典型设计示意图，适用于不同目的的改造工程。

一、220kV变电站智能化改造工程典型设计方案

220kV变电站智能化改造典型方案根据变电站自动化系统、继电保护和一次设备改造需求组合成4种方案，见表1-3-3-1。

表1-3-3-1　　220kV变电站智能化改造工程典型方案

方案	变电站自动化系统改造	继电保护改造	一次设备改造	典型设计示意图
方案1	√			图1-3-3-1
方案2	√	√		图1-3-3-1
方案3	√		√	图1-3-3-2～图1-3-3-4
方案4	√	√	√	图1-3-3-2～图1-3-3-4

（1）方案1：改造变电站自动化系统，工程设计要求见Q/GDW 641—2011《220kV变电站智能化改造工程标准化设计规范》第5节，典型设计示意图如图1-3-3-1所示。

（2）方案2：改造变电站自动化系统和继电保护，工程设计要求见Q/GDW 641—2011《220kV变电站智能化改造工程标准化设计规范》第5、第6节，典型设计示意图如图1-3-3-1所示。

（3）方案3：改造变电站自动化系统和一次设备，工程设计要求见Q/GDW 641—2011《220kV变电站智能化改造工程标准化设计规范》第5、第7节，典型设计示意图如图1-3-3-2～图1-3-3-4所示。

（4）方案4：改造变电站自动化系统、继电保护和一次设备，工程设计要求见Q/GDW 641—2011《220kV变电站智能化改造工程标准化设计规范》第5～7节，典型设计示意图如图1-3-3-2～图1-3-3-4所示。

二、330～750kV变电站智能化改造工程典型设计方案

330～750kV变电站智能化改造典型方案根据变电站自动化系统、继电保护和一次设

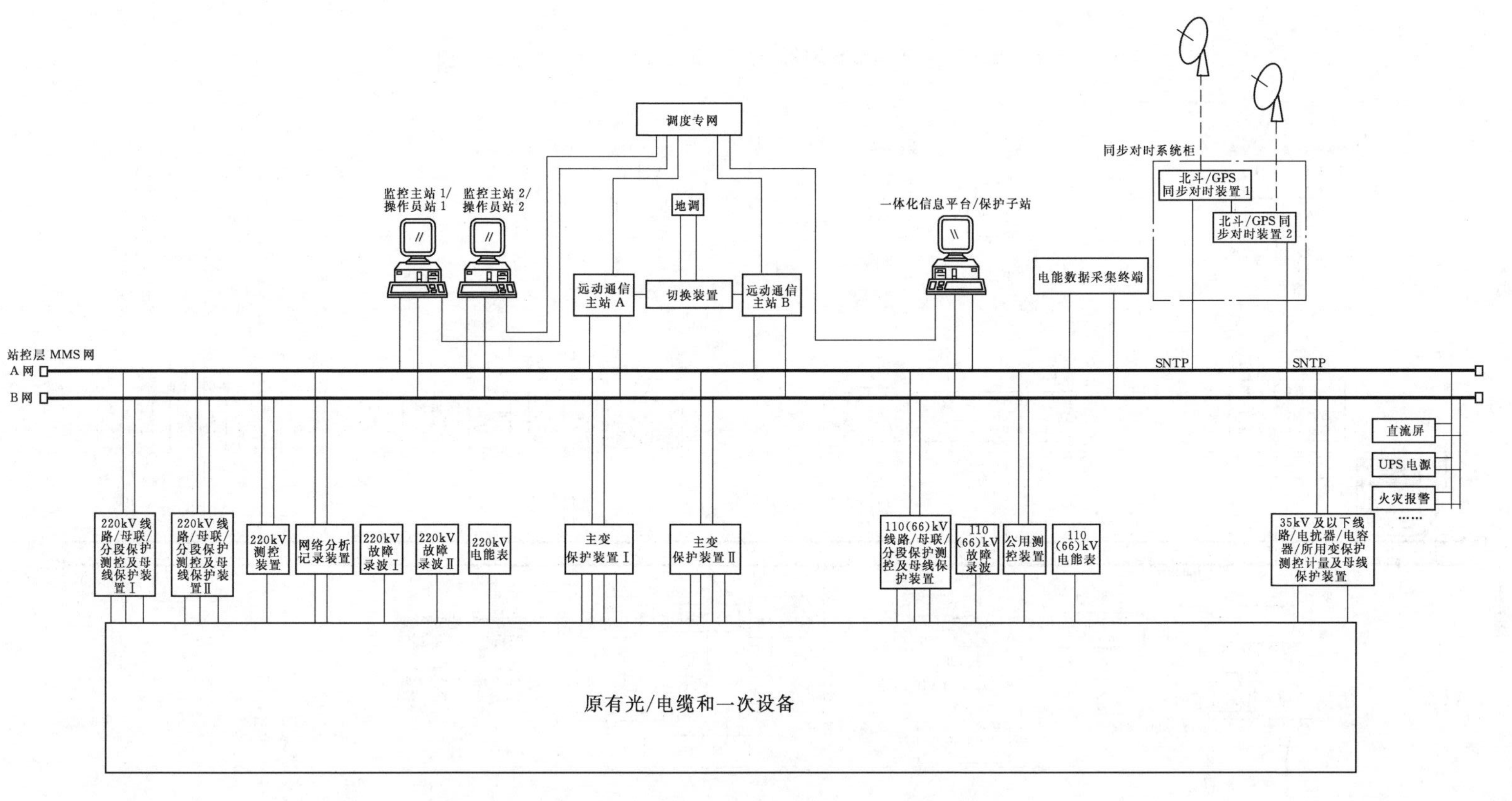

图1-3-3-1　220kV变电站智能化改造典型设计示意图（一）

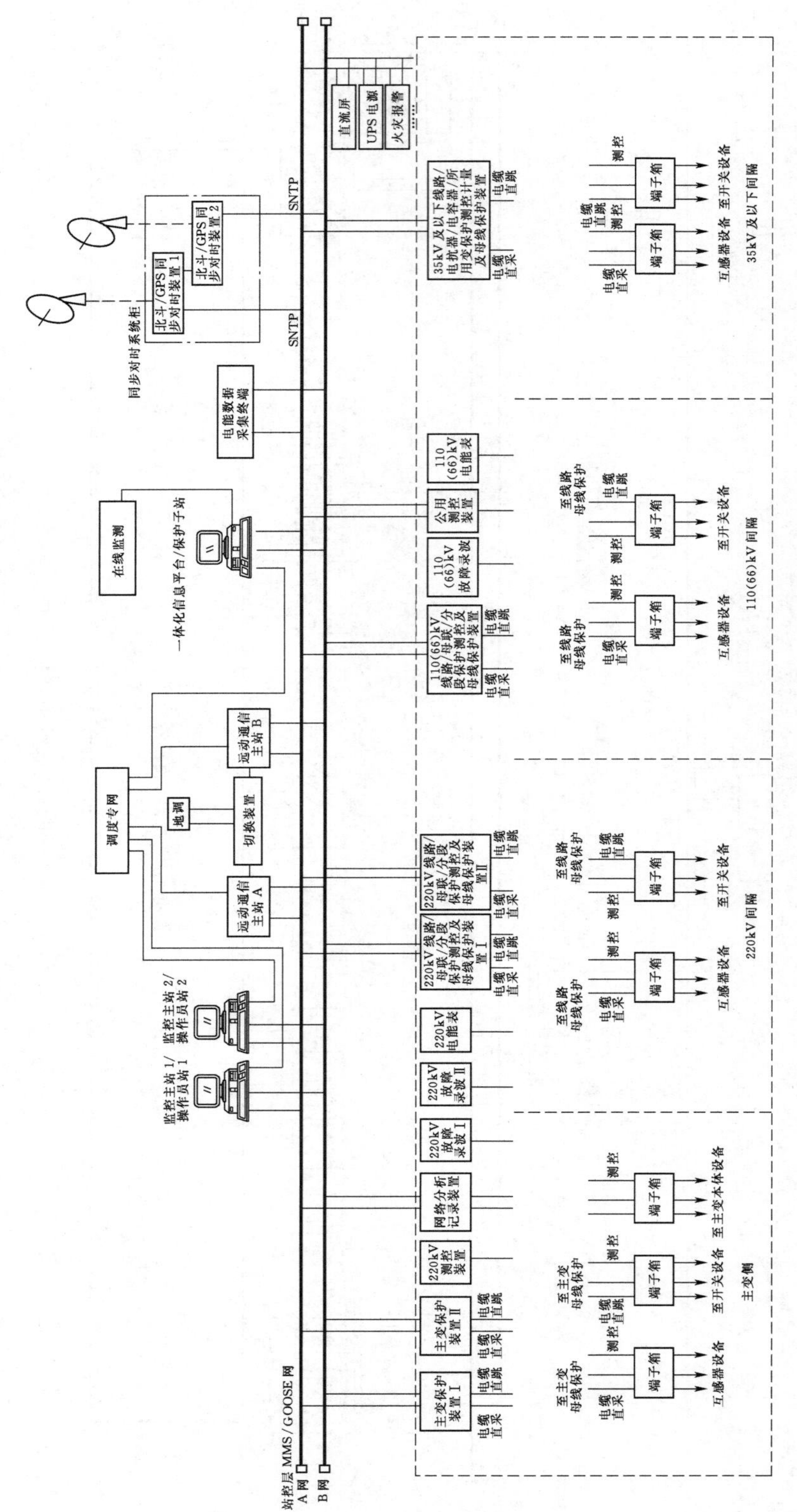

图 1－3－3－2　220kV 变电站智能化改造典型设计示意图（二）

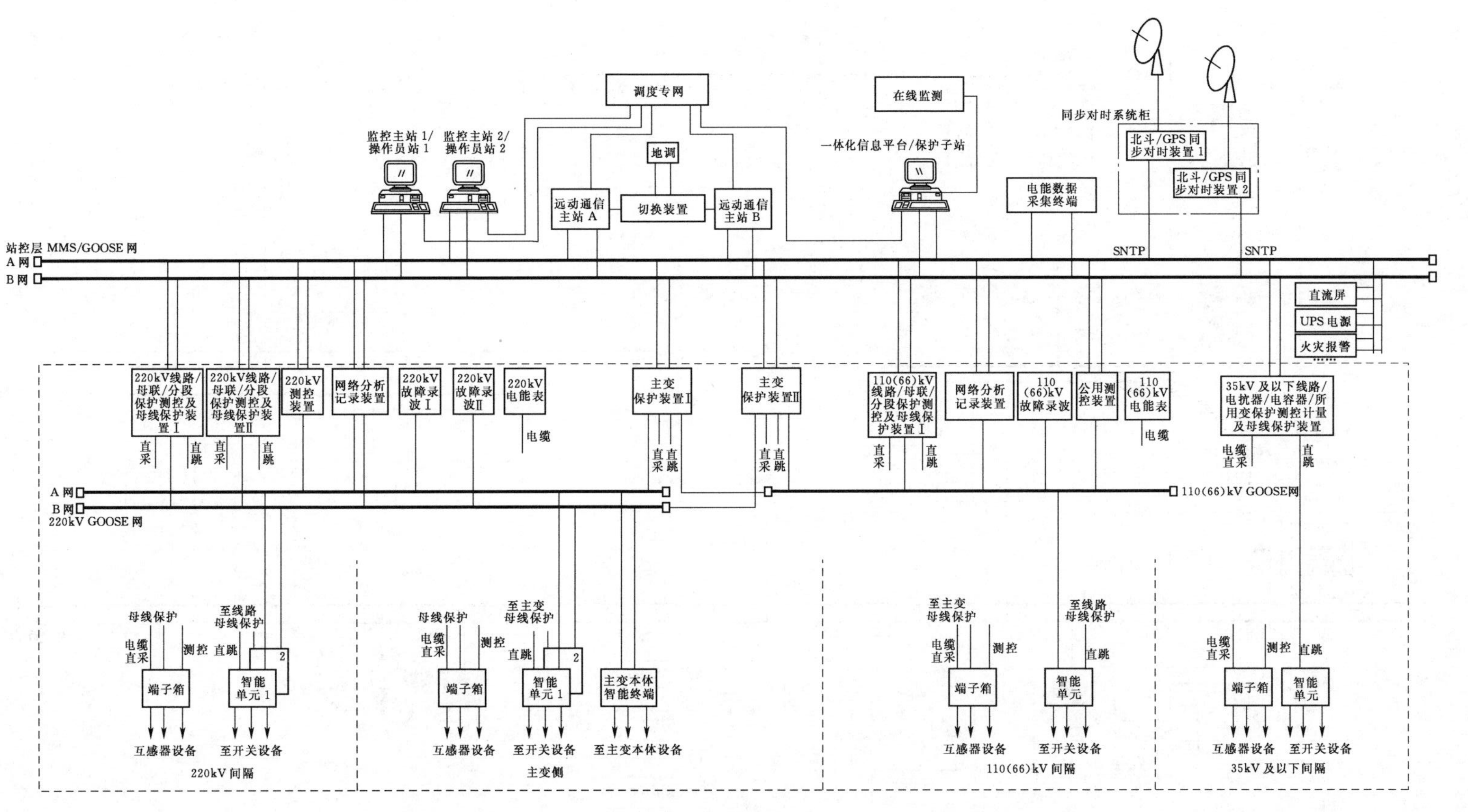

图1－3－3－3　220kV 变电站智能化改造典型设计示意图（三）

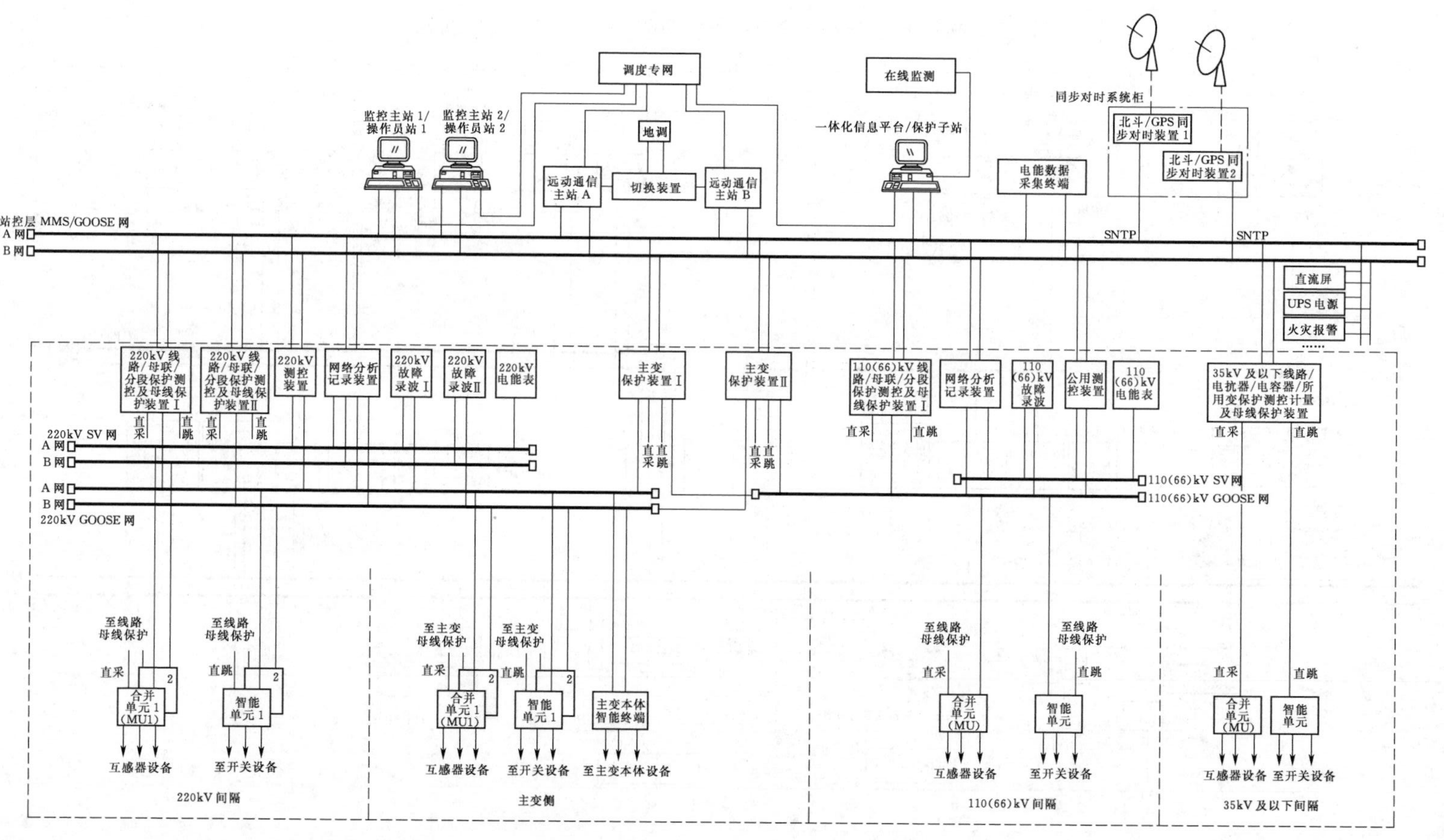

图 1-3-3-4 220kV 变电站智能化改造典型设计示意图（四）

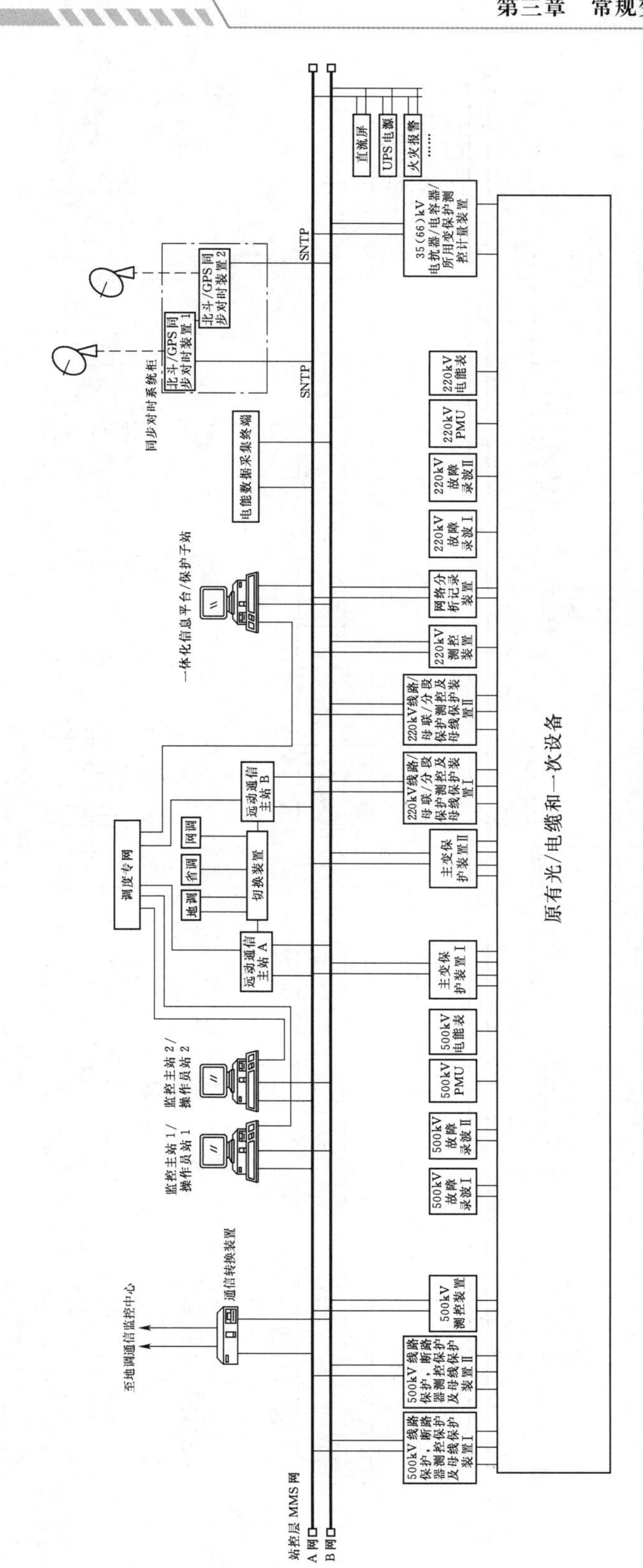

图1-3-3-5 330～750kV变电站智能化改造典型设计示意图（一）

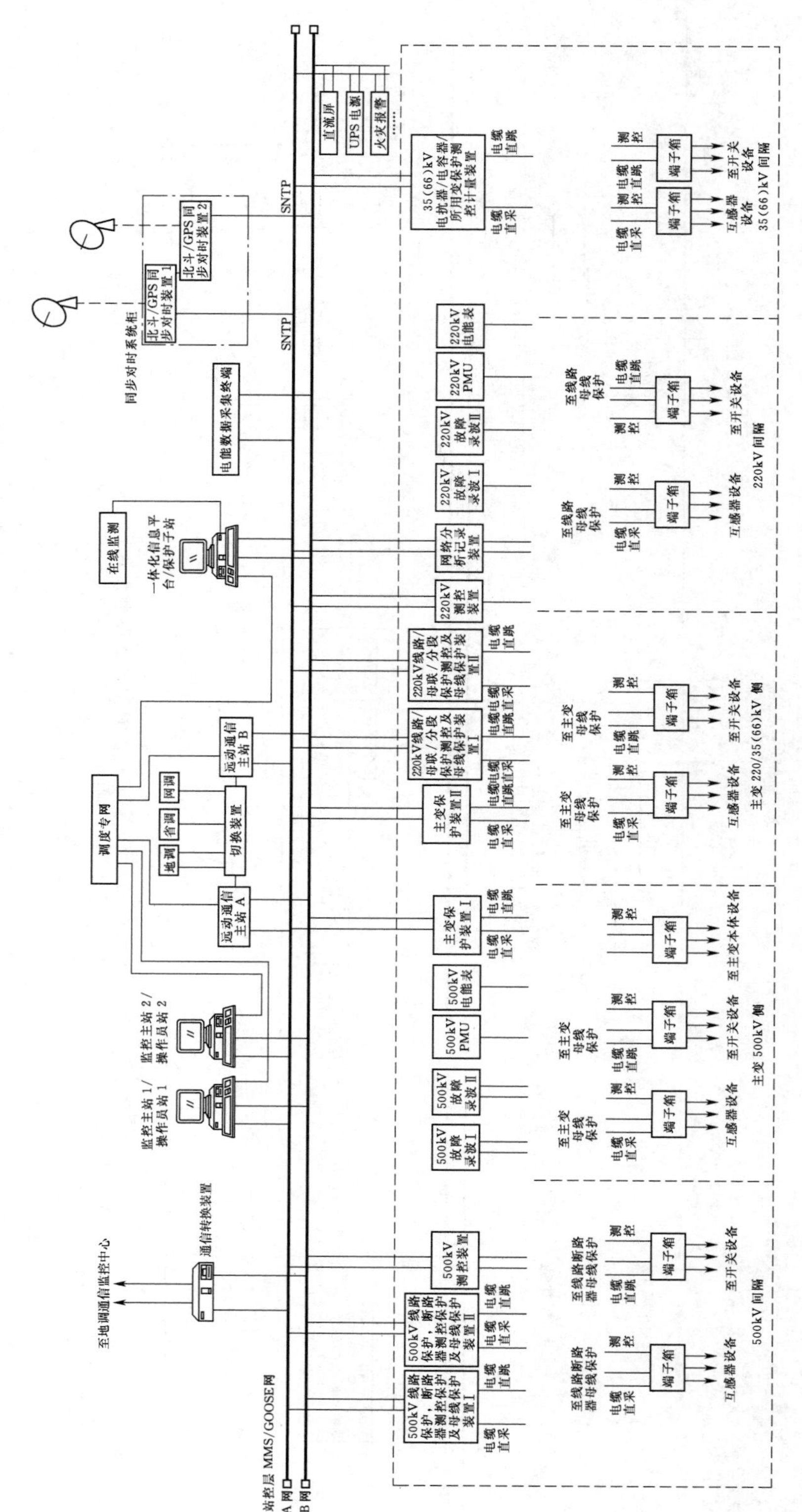

图1-3-3-6 330～750kV变电站智能化改造典型设计示意图（二）

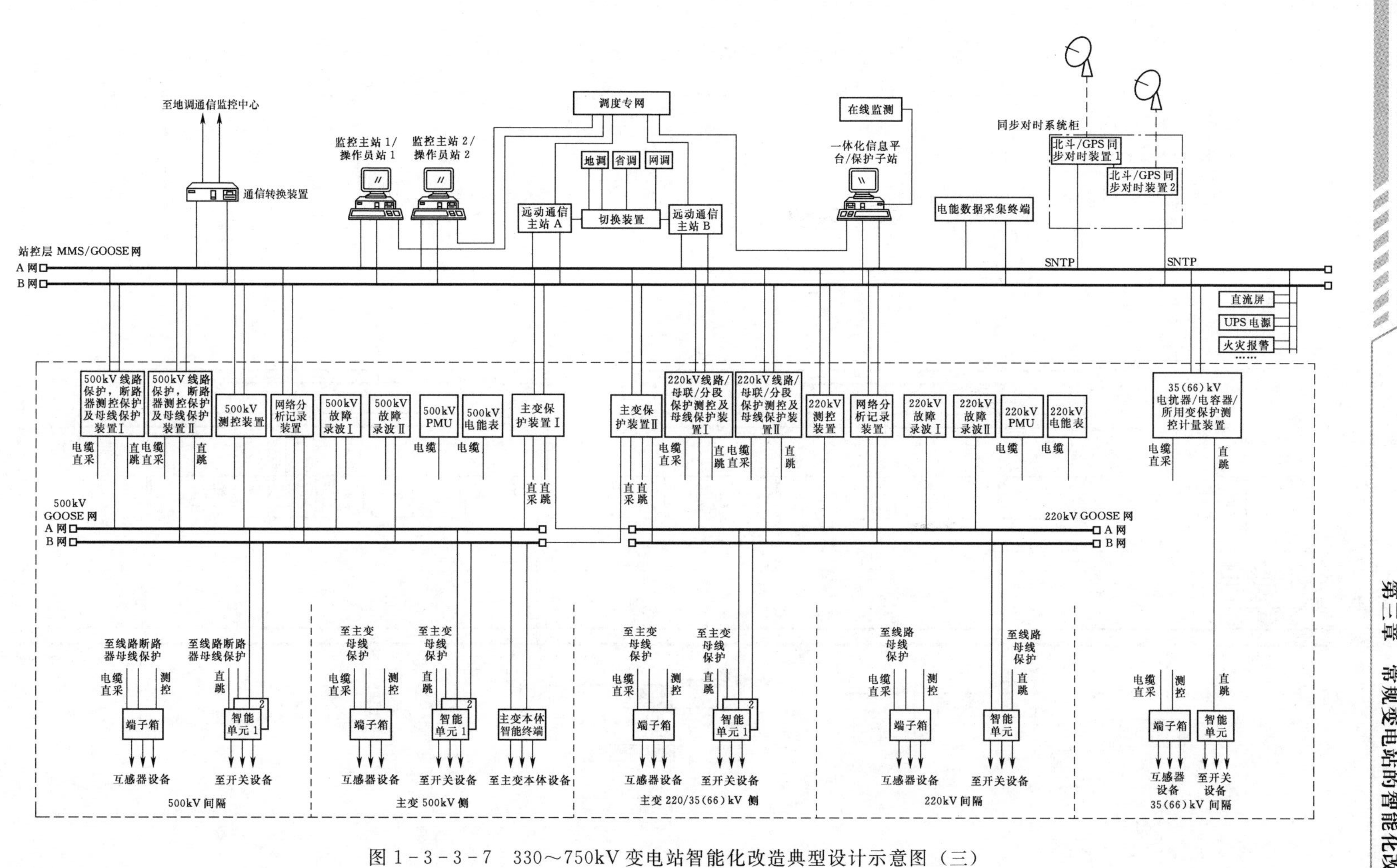

图 1-3-3-7　330～750kV 变电站智能化改造典型设计示意图（三）

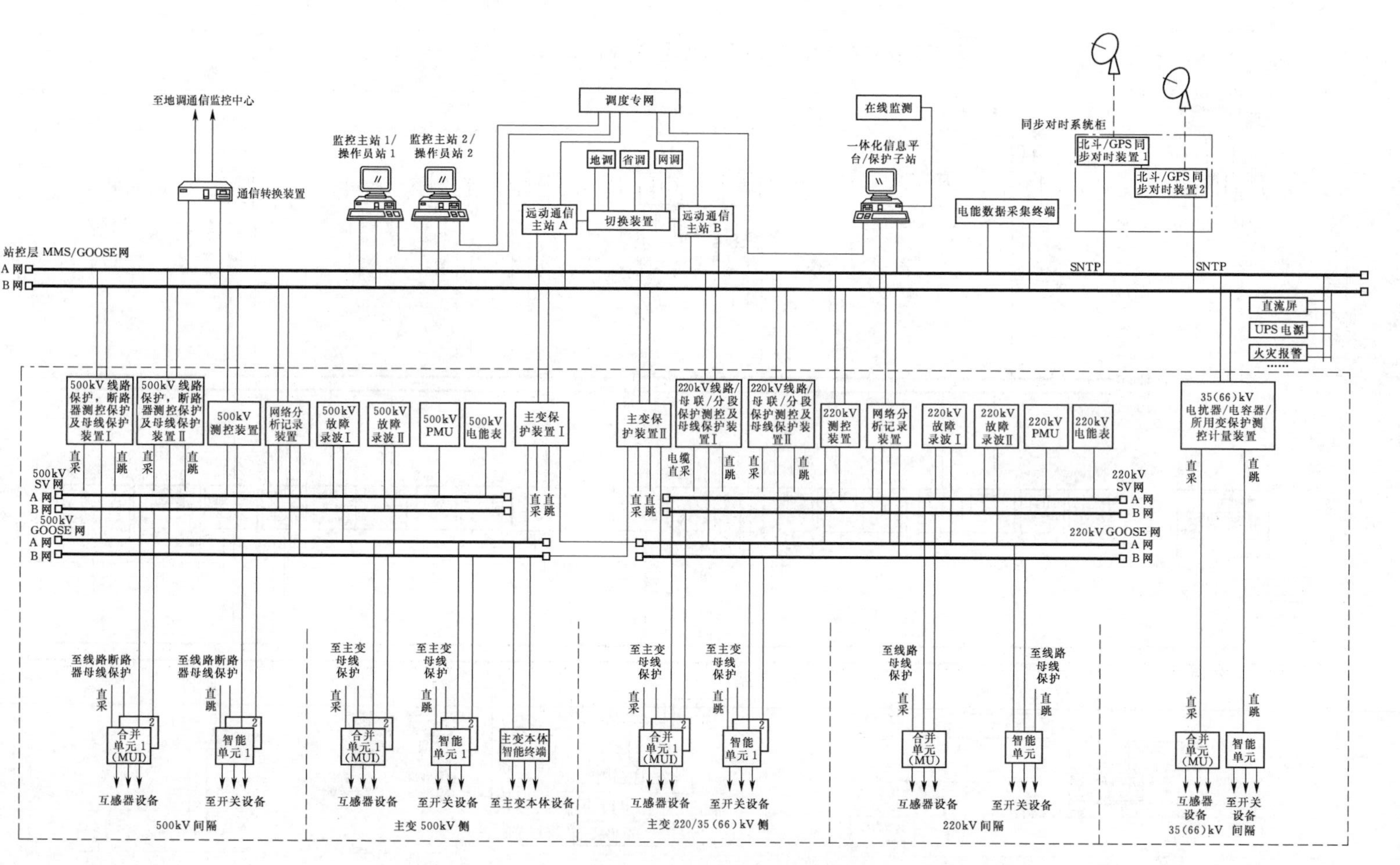

图1-3-3-8　330～750kV变电站智能化改造典型设计示意图（四）

备改造需求组合成4种方案，见表1-3-3-2。

表1-3-3-2　　330～750kV变电站智能化改造工程典型方案

方案	变电站自动化系统改造	继电保护改造	一次设备改造	典型设计示意图
方案1	√			图1-3-3-5
方案2	√	√		图1-3-3-5
方案3	√		√	图1-3-3-6～图1-3-3-8
方案4	√	√	√	图1-3-3-6～图1-3-3-8

（1）方案1：改造变电站自动化系统，工程设计要求见Q/GDW 642—2011《330～750kV变电站智能化改造工程标准化设计规范》第5节，典型设计示意图如图1-3-3-5所示。

（2）方案2：改造变电站自动化系统和继电保护，工程设计要求见Q/GDW 642—2011《330～750kV变电站智能化改造工程标准化设计规范》第5、第6节，典型设计示意图如图1-3-3-5所示。

（3）方案3：改造变电站自动化系统和一次设备，工程设计要求见Q/GDW 642—2011《330～750kV变电站智能化改造工程标准化设计规范》第5、第7节，典型设计示意图如图1-3-3-6～图1-3-3-8所示。

（4）方案4：改造变电站自动化系统、继电保护和一次设备，工程设计要求见Q/GDW 642—2011《330～750kV变电站智能化改造工程标准化设计规范》第5～7节，典型设计示意图如图1-3-3-6～图1-3-3-8所示。

第四节　变电站智能化改造工程验收

一、变电站智能化改造工程验收总要求

1. 验收基本要求

（1）变电站智能化改造工程移交生产运行前，须进行工程的竣工验收。

（2）变电站智能化改造部分应以本规范及相关标准为依据，常规设备及功能仍按常规变电站有关验收规程执行。

（3）变电站智能化改造验收内容主要包括一次设备智能化（只涉及本体智能化改造部分）、智能组件、信息一体化平台、智能高级应用、辅助设施智能化等。

（4）依据变电站智能化改造的技术方案进行验收。

（5）验收时应对新增设备的主要功能和性能进行测试或抽检。

2. 资料验收要求

（1）批复的改造技术方案。改造技术方案应满足智能变电站继电保护技术规范有关要求，变电站二次系统安全防护应满足《电力二次系统安全防护总体方案》（电监安全〔2006〕34号）要求。

（2）设备硬件清单及系统配置清单；设备出厂技术资料，包括说明书、检验报告、出厂合格证书等。

（3）设计及施工图纸，包括四遥信息表、GOOSE 及 SV 配置表，二次逻辑回路图、五防闭锁逻辑表、全站设备网络逻辑结构图、设计变更文件。

（4）一致性测试报告；与现场一致的 SCD 文件，SCD 文件应包含修改版本信息。

（5）变电站土建及电气施工安装及过程质量控制相关资料；变电站土建及电气施工安装监理资料。

（6）设备现场安装调试报告，包括在线监测、智能组件、电气主设备、二次设备、监控系统、辅助设施等设备调试报告。

二、网络及网络设备验收要求

（1）设备外观应清洁完整，二次接线端子无松动现象。

（2）光缆、光纤应可靠连接。光缆、光纤弯曲半径应不小于 10 倍光缆、光纤直径，并且无折痕。

（3）光纤链路测试，包括光纤链路衰耗（两端）测试，光纤端面洁净度（两端）应满足要求。备用光纤数量应满足要求。

（4）交换机应接地可靠。

（5）网络交换机检测包括 EMC 抗干扰测试、吞吐量、传输延时、丢包率及网络风暴抑制功能、优先级 QOS、VLAN 功能及端口镜像功能测试等。

（6）在电网正常及故障情况下各节点网络通信可靠性、各节点数据丢包率、网络传输时延应满足规范要求。双网切换期间，数据应不丢失。

（7）在雪崩情况下各节点网络通信可靠性、各节点数据丢包率、网络传输时延应满足规范要求。

（8）站控层 MMS 网络平均负荷率正常时（30min 内）不大于 30%，电力系统故障（10s 内）不大于 50%。

三、变电一次设备验收要求

（一）变压器

（1）变压器本体、有载调压装置、冷却装置的传感器完整无缺陷，接口处密封应良好无渗漏。

（2）有载调压装置应能正确接收动作指令，动作可靠，位置指示正确。连接线缆牢固可靠，防护措施良好。

（3）冷却装置的控制方式灵活，能可靠接收动作指令，联动正确。

（4）油温、油位、气体压力计测量指示正确，紧固方式应牢固可靠，变送器输出信号正常，线缆连接可靠，防护措施完好。

（5）铁芯接地电流监测传感器应为穿心式，且其安装不应延长铁芯接地线。

（6）绕组光纤测温传感器紧固方式可靠，绝缘满足要求，信号线缆连接可靠，防护措施完好。

（7）变压器全部电气试验应符合相关规程要求，操动及联动试验正确。

变压器验收标准和查验方法见表 1-3-4-1。

表 1-3-4-1　　变压器验收标准和查验方法

序号	项目名称	验收标准	查验方法	验收评价
1	本体、有载调压装置、冷却装置的传感器及接口密封检查	完整无缺陷，接口处密封良好无渗漏	外观检查	
2	有载调压装置	能正确接收动作指令，动作可靠，位置指示正确，连接线缆牢固可靠，防护措施良好	现场查验/查阅资料	
3	冷却装置	控制方式灵活，可靠接收动作指令，联动正确	现场查验/查阅资料	
4	油温、油位、气体压力	测量指示正确，紧固方式牢固可靠，交送器输出信号正常，线缆连接可靠，防护措施完好	现场查验	
5	铁芯接地电流监测传感器	安装可靠，接地良好	现场查验	
6	绕组光纤测温传感器	紧固方式可靠，绝缘满足要求，信号线缆连接可靠，防护措施完好	现场查验/查阅资料	
7	局放传感器	安装牢固可靠，接口处密封良好，功能正常	外观检查/查阅资料	
8	电气试验	符合相关规程要求，操动及联动试验正确	查阅资料	

（二）开关设备

（1）开关设备本体加装的传感器（含变送器）安装应牢固可靠，不降低设备的绝缘性能。气室开孔处应密封良好。焊接或粘接方式安装的传感器应牢固可靠。传感器输出信号正常，防护措施完好。

（2）分合闸线圈电流监测传感器、储能电机工作状态监测传感器、位移传感器安装应牢固可靠，不影响回路的电气性能，且便于维护。传感器输出信号应正常，防护措施完好。

（3）开关设备全部电气试验应符合相关规程要求，操动及联动试验正确，分、合闸指示位置正确。

开关设备验收标准和查验方法见表 1-3-4-2。

表 1-3-4-2　　开关设备验收标准和查验方法

序号	项目名称	验收标准	查验方法	验收评价
1	气体压力、水分传感器	安装牢固可靠，绝缘满足要求，密封良好，输出信号正常，防护措施完好	外观检查/试验报告	
2	局放传感器	安装牢固可靠，绝缘满足要求，密封良好，输出信号正常，防护措施完好	外观检查/现场询问/试验报告	
3	分合闸线圈电流监测传感器	安装牢固可靠，不影响回路的电气性能，输出信号正常，防护措施完好	现场查验/查阅资料	
4	储能电机工作状态监测传感器	安装牢固可靠，不影响回路的电气性能，输出信号正常，防护措施完好	现场查验/查阅资料	
5	位移传感器	安装牢固可靠，不影响回路的电气性能，输出信号正常，防护措施完好	现场查验/查阅资料	

续表

序号	项目名称	验收标准	查验方法	验收评价
6	红外测温传感器	安装牢固可靠，绝缘满足要求，输出功能正常	现场查验/查阅资料	
7	电气试验	符合相关规程要求，操动及联动试验正确，分、合闸指示位置正确	查阅资料	

（三）电子式互感器及其合并单元

1. 电子式互感器

（1）互感器极性、准确度试验（包括计量准确度试验），零漂及暂态过程测试应满足GB/T 20840和GB/T 22071相关标准的要求，并符合本工程招标技术协议要求。互感器极性应有明确标识。

（2）电子式互感器工作电源在加电或掉电瞬间，互感器应正常输出测量数据或关闭输出；工作电源在80%～115%额定电压范围内，应正常输出测量数据；工作电源在非正常电压范围内不应输出非正常测量的错误数据，不会导致保护系统的误判和误动。

（3）有源电子式互感器工作电源切换时应不输出错误数据。激光供能的线圈电子式互感器应能自动判断激光电源工作状态，实现自动调节。

（4）电子式互感器安装应牢固可靠，信号线缆引出处密封良好，极性正确，输出功能正常。

2. 合并单元

（1）装置外观应清洁完整，二次接线端子无松动。

（2）合并单元自检正常，输出无丢帧，对时精度小于1μs，守时精度满足要求。采样数据同步小于1μs，采样报文传输抖动延时小于10μs。

电子式互感器及合并单元验收标准和查验方法见表1-3-4-3。

表1-3-4-3　电子式互感器及合并单元验收标准和查验方法

序号	项目名称	验收标准	查验方法	验收评价
1	互感器试验	极性、准确度试验、零漂及暂态过程测试应满足GB/T 20840和GB/T 22071相关要求	查阅资料	
2	电子式互感器工作电源	加电或掉电瞬间，互感器正常输出测量数据或关闭输出；在80%～115%额定电压范围内正常输出测量数据；工作电源在非正常电压范围内不输出错误数据，不会导致保护系统的误判和误动	查阅资料	
3	电子式互感器与合并单元通信	无丢帧	查阅资料	
4	电磁干扰	在过电压及电磁干扰情况下应正常输出测量数据	查阅资料	
5	合并单元输出数据	IEC 60044扩充FT3报文格式应正确，DL/T 860-9-2报文应与模型文件一致，输出无丢帧	查阅资料	
6	合并单元同步及延时	同步对时、守时精度满足要求，采样数据同步小于1μs，采样报文传输抖动延时小于10μs	查阅资料	

续表

序号	项目名称	验收标准	查验方法	验收评价
7	合并单元模拟量输入采集（小信号、常规 PT、CT）	模拟量输入采集准确度检验（包括幅值、频率、功率、功率因数等交流量及相角差）及过载能力应满足要求；模拟量输入暂态采集准确度应满足要求	查阅资料	
8	电子式互感器	安装牢固可靠，信号线缆引出处密封良好，极性正确，输出功能正常	现场查验/查阅资料	

（四）容性设备及避雷器

传感器安装应牢固可靠，输出信号正常，防护措施完好。监测接地电流的传感器安装不应影响设备接地性能。

容性设备及避雷器验收标准和查验方法见表 1-3-4-4。

表 1-3-4-4　容性设备及避雷器验收标准和查验方法

序号	项目名称	验收标准	查验方法	验收评价
1	传感器安装	安装牢固可靠，绝缘满足要求，不影响设备接地性能，防护措施完好	现场查验/查阅资料	
2	传感器功能	输出信号正常	现场查验/查阅资料	

四、智能组件、高级应用和辅助设施验收要求

（一）智能组件验收

1. 柜体

（1）用温控、湿控、反凝露等技术措施，保证智能组件内部可达到所有 IED 对运行环境的要求，具备温度、湿度的采集、调节与上传到一体化平台的功能。

（2）布局合理、接线端子整齐规范，标志清晰。

2. 保护装置

（1）装置回路绝缘正常。

（2）通信状态无异常，与合并单元、智能终端、其他保护装置的通信正常。线路纵联保护与线路对侧保护装置的通信正常。

（3）装置 MMS 接口、GOOSE 接口、SV 接口应采用相互独立的数据接口控制器。

（4）装置应不依赖于外部对时系统实现其保护功能，保护装置采样同步应由保护装置实现。

（5）继电保护试验符合相关标准的要求。

3. 测控装置

（1）装置回路绝缘正常。

（2）通信状态无正常，与合并单元、智能终端、其他装置的通信正常。

（3）装置 MMS 接口、GOOSE 接口、SV 接口应采用相互独立的数据接口控制器接入网络。

（4）测控功能试验符合相关规程、规定要求。

4. 数字电能表

电能表与合并单元的通信正常无丢帧，精确度满足要求。

5. 状态监测

（1）监测功能正常，监测参量输出值满足精确度要求。

（2）IED通信正常，数据输出正常，存储、分析和导出功能符合技术要求，与一体化平台通信符合DL/T 860标准。

智能组件验收标准和查验方法见表1-3-4-5。

表1-3-4-5　智能组件验收标准和查验方法

类别	序号	项目名称	验收标准	查验方法	验收评价
柜体	1	智能组件配置	智能组件包含的保护功能、测量功能、控制功能、计量功能、在线监测功能、通信单元应与设计内容、智能化改造方案一致	现场查验/查阅资料	
	2	柜体功能	具备温度、湿度的采集、调节功能	现场查验/查阅资料	
	3	柜内布置	布局合理、接线端子整齐规范，标志清晰	现场查验	
保护装置	1	通信状态监视	功能正常	现场查验/查阅资料	
	2	通信	与合并单元、智能终端、其他保护装置的通信正常。线路纵联保护与线路对侧保护装置的通信正常	现场查验/查阅资料	
	3	装置接口	MMS接口、GOOSE接口、SV接口采用相互独立的数据接口控制器接入网络	现场查验/查阅资料	
	4	GOOSE输入、输出	输入、输出正常	现场查验/查阅资料	
	5	SV采集	输入正常	现场查验/查阅资料	
	6	采样同步	装置应不依赖于外部对时系统实现其保护功能	现场查验/查阅资料	
	7	继电保护试验	符合相关规程规定要求	查阅资料	
测控装置	1	通信状态监视	功能正常	现场查验/查阅资料	
	2	通信	与合并单元、智能终端，其他装置的通信正常	现场查验/查阅资料	
	3	装置接口	MMS接口、GOOSE接口、SV接口采用相互独立的数据接口控制器接入网络	现场查验/查阅资料	
	4	GOOSE输入、输出	输入、输出正常	现场查验/查阅资料	
	5	SV采集	输入正常	现场查验/查阅资料	
	6	测控功能试验	符合相关规程规定要求	查阅资料	
数字电能表	1	通信	无丢帧现象	外观检查/现场询问	
	2	准确度	准确度满足要求	查看资料/功能抽检	

续表

类别	序号	项目名称	验 收 标 准	查验方法	验收评价
状态监测	1	IED功能	功能正常，监测参量输出值误差满足要求	现场查验/查阅资料	
	2	IED通信	通信正常，数据导出正常无丢失	现场查验/查阅资料	
	3	通信协议	与一体化平台通信符合DL/T 860标准	现场查验/查阅资料	
	4	IED存储和分析	符合技术要求	现场查验/查阅资料/功能抽查	

（二）高级应用验收

1. 信息一体化平台

（1）保护测控、状态监测、故障录波、辅助设施、电能计量、一体化电源等系统均应按DL/T 860标准接入信息一体化平台。

（2）数据检索接口和通用数据接口规范统一，信息传输和展示等功能正常。

2. 顺序控制

（1）智能开票应能根据设备状态、操作规则和现场运行管理规程要求自动生成操作票。

（2）视频联动、可视化操作、软压板投退、顺序控制急停等功能正常。

3. 智能告警

告警信息分层分类处理与过滤功能正常，具备多事件关联及快速定位功能。

4. 故障信息综合分析决策

具备故障信息综合分析和逻辑推理功能，能生成故障综合分析报告，给出决策建议。

5. 设备状态可视化

一次设备、二次设备及网络的运行状态信息具备数据上传和可视化展示功能。

6. 源端维护

（1）变电站源端维护软件编辑功能正常，导出模型及图形文件符合标准。

（2）主站端加载功能正常，与变电站端信息一致，具备安全权限管理。

高级应用验收标准和查验方法见表1-3-4-6。

表1-3-4-6　高级应用验收标准和查验方法

类别	序号	项目名称	验 收 标 准	查验方法	验收评价
信息一体化平台	1	信息集成	按标准格式统一接入各类设备信息	现场查验/查阅资料	
	2	信息展示、信息校核、信息转发	功能正常	现场查验/查阅资料	
顺序控制	1	操作票	软件的组态判断功能正常，能根据断路器、刀闸等位置，以及一次设备、二次设备的操作规则和变电站运行管理要求，自动生成操作票	现场查验/查阅资料	
	2	控制执行	检验主站调用当地顺控操作票，实现远方顺序控制操作，检验当地监控后台顺序控制操作，急停功能	现场查验/查阅资料	
	3	软压板投退	功能正常	查阅资料	
	4	联动	检查视频联动功能及可视化操作功能正常	现场查验/查阅资料	

续表

类别	序号	项目名称	验 收 标 准	查验方法	验收评价
智能告警	1	信息处理	告警信息分层分类处理与过滤功能正常	现场查验/查阅资料	
	2	定位	告警信息快速定位功能	现场查验/查阅资料	
故障信息综合分析决策	1	故障逻辑推理	故障信息的逻辑和推理模型正确	查阅资料	
	2	分析决策	对系统的告警信息以及智能告警程序生成的推理结果进行综合分析，能够给出决策建议	查阅资料/现场演示	
设备状态可视化	1	一次设备	应能采集一次设备的运行状态信息，进行可视化展示，具备上传功能	查阅资料/现场演示	
	2	二次设备及网络	应能采集二次设备及网络运行状态信息，进行可视化展示，具备上传功能	查阅资料/现场演示	
源端维护	1	软件功能	源端维护软件编辑和导出功能正常	查阅资料/现场演示	
	2	主站加载	主站端加载功能正常	查阅资料/现场演示	

（三）辅助设施验收

1. 交直流一体化电源

全站直流、交流、UPS、通信等电源一体化设计、配置合理，集中监控功能正常。

2. 视频监控

（1）视频监控设备与设计一致，运行平常，外观整洁。

（2）图像切换、云台转动应平稳，镜头的光圈、变焦以及与监控系统、安防等联动功能正常。

3. 环境监测

（1）环境监测设备与设计一致，运行正常，外观整洁。

（2）温度、湿度、SF_6 传感器以及浸水传感器等功能正常。

4. 安防

（1）变电站火警及烟雾监测预警功能正常。

（2）门禁系统、红外对射、远方语音广播等功能正常。门禁出入口控制联网报警功能正常。

（3）与灯光、视频监控等联动功能正常。

5. 照明系统

灯光远程控制以及与视频监控等子系统的联动功能正常。

6. 光伏发电系统

（1）计量功能正常。具备完善的系统监测功能，实时监视系统运行状况，信息接入变电站监控系统，并可实现与站用电源系统并联运行、自动切换。

（2）光伏电池组件及辅助设备安装合理，便于人员巡视。

7. 巡检机器人

（1）巡检机器人的巡视路线，摄像、拍照、自动充电、急停等功能符合设计要求，自动巡检和遥控巡检切换正常。

（2）巡检机器人基站和子站数据传输功能正常。

辅助设施验收标准和查验方法见表1-3-4-7。

表1-3-4-7　　辅助设施验收标准和查验方法

类别	序号	项目名称	验收标准	查验方法	验收评价
交直流一体化电源		配置	全站直流、交流、逆变、UPS、通信等电源一体化设计、配置合理、集中监控功能正常	现场查验/查阅资料	
视频监控	1	设备配置	设备安装数量和位置合理，外观整洁	现场查验/查阅资料	
	2	监控功能	图像切换、云台转动应平稳、镜头的光圈、变焦等功能正常	现场查验/查阅资料	
	3	通信联动	与监控系统、安防等联动功能正常	现场查验/查阅资料	
环境监测	1	设备配置	设备安装位置合理，外观整洁	现场查验/查阅资料	
	2	监控功能	温度、湿度、SF_6传感器以及浸水传感器等功能正常	现场查验/查阅资料	
	3	通信联动	与视频监控等联动功能正常	现场查验/查阅资料	
安防	1	设备配置	设备安装位置合理，外观整洁	现场查验/查阅资料	
	2	监控功能	防止外来人员非法侵入、门禁系统 、红外对射、远方语音广播等功能正常，变电站火警及烟雾监测预警功能正常	现场查验/查阅资料	
	3	通信联动	与灯光、视频监控等联动功能正常，门禁出入口控制的联网报警功能正常	现场查验/查阅资料	
照明系统	1	远程控制	灯光远程控制功能正常	现场查验/查阅资料	
	2	联动	与视频监控等子系统的联动功能正常	现场查验/查阅资料	
光伏发电系统	1	设备安装	光伏电池组件及辅助设备安装合理，便于人员巡视	现场查验/查阅资料	
	2	计量	计量功能正常	现场查验/查阅资料	
	3	运行监控	具备完善的系统监测功能，实时监视系统运行状况，信息接入变电站监控系统	现场查验/查阅资料	
	4	并网运行	光伏系统可实现与站用电源系统并联运行，自动切换	现场查验/查阅资料	
巡检机器人	1	巡视	按规定巡检路线进行连续巡视，摄像、拍照、自动充电、急停等功能正常	现场查验/查阅资料	
	2	数据传输	数据传输正常	现场查验/查阅资料	
	3	控制方式	应有自动巡检和遥控巡检两种方式，功能正常	现场查验/查阅资料	

第四章　智能变电站模块化建设

第一节　智能变电站模块化建设技术

一、概述

1. 智能变电站模块化建设的意义

为推进智能变电站模块化建设，实现“标准化设计、模块化建设”，国家电网公司基建部牵头，组织浙江省电力设计院、福建省电力勘测设计院、中国电力工程顾问集团公司、国网北京经济技术研究院、上海市电力设计院有限公司、江苏省电力设计院、安徽省电力设计院等单位，开展了《智能变电站模块化建设技术导则》的制定工作，标准号为：Q/GDW 11152—2014。

智能变电站模块化建设技术属变电技术领域的前沿，国内仅有个别技术的案例，没有成体系的先例，国外也尚未有正式运行的报道，国内外均没有针对智能变电站模块化建设的相关技术规范。

新一代智能变电站建设技术提出的要求是要应用成熟适用新技术、深化标准化建设、实现二次系统设备集成、“即插即用”、建筑物和构筑物预制技术等，提升变电站智能化技术水平，提升节能节资环保水平。智能变电站模块化建设可以提高智能变电站建设效率，实现初步设计、设备采购、施工图设计、土建施工、安装调试、生产运行等环节有效衔接，提高变电站建设全过程精益化管理水平和建设效率。形成系列技术标准、设计规范、设备规范、工程典型设计，进一步提高公司工程设计和建设能力。

2. 智能化变电站模块化建设应遵循的技术原则

(1) 标准化设计。

1) 深化应用智能先进技术，支撑“大运行、大检修”，实现变电站信息统一采集、综合分析、按需传送。实现顺序控制、智能告警等高级应用功能。

2) 建筑、构筑物应用装配结构，结构件采用工厂预制，实现标准化。统一建筑结构、材料、模数。规范、围墙、防火墙、电缆沟等构筑物类型。应用通用设备基础，应用标准化定型钢模。

(2) 模块化建设。

1) 电气一次设备高度集成测量、控制、状态监测等智能化功能，监控、保护、通信等二次设备采用二次组合设备，一次、二次集成设备最大程度地实现工厂内规模生产、集成调试、模块化配送，有效减少现场安装、接线、调试工作，提高建设质量、效率。

2）建筑、构筑物采用工厂化预制、机械化现场装配，减少现场“湿作业”，减少劳动力投入，实现环保施工，提高施工效率。基础采用标准化定型钢模浇制混凝土，提高成品工艺水平，提高工程建设质量。

3. 装配范围

（1）户外变电站。

1）电气一次装配范围：主变压器、GIS设备、AIS设备、35(10)kV开关柜。

2）二次系统装配范围：预制舱式二次组合设备实现二次接线“即插即用”。

3）土建装配范围：主控通信室和35(10)kV配电装置室等单层装配式建筑、构支架、标准钢模基础、主变和GIS通用基础、主墙、防火墙、电缆沟、小型设备基础。

（2）户内GIS变电站。

1）电气一次装配范围：主变压器、GIS设备、35(10)kV开关柜。

2）二次系统装配范围：模块化二次组合设备实现二次接线“即插即用”。

3）土建装配范围：配电装置楼等多层装配式建筑、主变通用基础、围墙、防火墙、电缆沟、小型设备基础。

4. 装配型式

（1）单层建筑宜采用轻型门式刚架结构或钢框架结构；多层建筑宜采用钢框架结构。围护结构宜采用装配式墙体。

（2）围墙、防火墙等构筑物宜采用装配式组合墙板体系；构支架宜采用钢结构，基础采用螺栓连接；设备基础宜采用标准钢模或通用基础。

（3）变电站二次系统宜由集成商一体化设计、安装、调试和运输。对于户外变电站，宜采用预制舱式二次组合设备，实现二次设备安装、接线、照明、暖通、火灾报警、安防、图像监控等工厂集成。

二、电气一次

1. 总平面布置

（1）总平面布置应紧凑合理，同时应满足巡视、维护、检修要求。

（2）变电站大门及道路的设置应满足主变压器、大型装配式预制件、预制舱式二次组合设备等的整体运输。

（3）户外变电站宜采用预制舱式二次组合设备，宜利用配电装置附近空余场地布置预制舱式二次组合设备，减小二次设备室面积，优化变电站总平面布置。

（4）户内变电站宜采用模块化二次组合设备，布置于装配式建筑内。

2. 配电装置布置

（1）配电装置布局紧凑合理，主要电气设备、装配式建（构）筑物以及预制舱式二次组合设备的布置应便于安装、消防、扩建、运维、检修及试验工作。

（2）配电装置可结合装配式建筑以及预制舱式二次组合设备的应用进一步合理优化，但电气设备与建（构）筑物之间电气尺寸应满足DL/T 5352的要求，且不限制产品生产厂家。

（3）户外配电装置的布置应能适应预制舱式二次组合设备的特殊布置，缩短一次设备与二次系统之间的距离。

（4）户内配电装置布置在装配式建筑内时，应考虑其安装、检修、起吊、运行、巡视以及气体回收装置所需的空间和通道。

3. 主要电气设备选择和安装

（1）电气一次设备选择应符合现行行业标准 DL/T 5222 的有关规定。

（2）电气一次设备应采用通用设备，安装应满足标准工艺库的要求。

（3）户外 AIS 设备与其支架间、设备支架与基础间宜采用螺栓式连接。

（4）户外 GIS 设备宜采用通用设备基础，应能与筏板结合支墩基础的形式相适应。

（5）户内 GIS 设备宜采用通用设备基础，GIS 电缆出线、架空出线套管定位应能与建筑通用模数相配合。

4. 装配式建筑电气

（1）站用动力、照明、暖通、安防、图像监控、火灾报警、插座等管线宜采用暗敷方式。

（2）装配式建筑物内部管线的连接以及与建筑物外管线的连接的接口宜按照统一、协调的标准进行设计。

（3）装配式建筑物屋顶避雷带的设置应满足 GB 50065、DL/T 620、DL/T 621 等规范的相关要求，避雷带应采用专用接地引下线。

（4）装配式建筑、构筑物或围墙金属部分应可靠接地。

三、二次系统

（一）预制舱式二次组合设备

1. 结构型式

（1）预制舱式二次组合设备由预制舱舱体、二次设备屏柜（或机架）、舱体辅助设施等组成，在工厂内完成相关配线、调试等工作，并作为一个整体运输至工程现场。

（2）变电站预制舱式二次组合设备舱船体宜采用钢结构箱房。结合现有运输条件，预制舱舱体外形尺寸宜为（长×宽×高）：Ⅰ型 6200mm×2800mm×3133mm；Ⅱ型 9200mm×2800mm×3133mm；Ⅲ型 12200mm×2800mm×3133mm。

（3）预制舱舱体总体结构设计应符合现行相关国家标准、设计规范的要求，结合工程实际，合理选用材料、结构方案和构造措施，保证结构在运输、安装过程中满足强度、稳定性和刚度要求及防水、防火、防腐、耐久性等设计要求。

（4）预制舱舱体围护结构外侧应采用功能性、装饰性一体化的材料，内侧应采用轻质高强、耐水防腐、阻燃隔热的材料，中间应采用不易燃烧、吸水率低、保温隔热效果好的材料。

（5）预制舱屋面为双坡屋面型式，坡度不小于 5%，屋面板应采用轻质高强、耐腐蚀、防水性能好的材料，中间层应采用不易燃烧、吸水率低、密度和导热系数小，并有一定强度的保温材料。

（6）预制舱舱门设置应满足舱内设备运输及巡视要求，采用乙级防火门，其余建筑构件燃烧性能和耐火极限应满足 GB 50016 中 3.2.1 条规定。预制舱体不宜设置窗户，采用风机及空调实现通风。

（7）预制舱地板宜采用陶瓷防静电活动地板，活动地板钢支架应固定于舱底。方便电缆的敷设与检修，抗静电活动地板高度宜为 200～250mm。

(8) 每个预制舱内应设置空调、电暖器、风机等采暖通风设施，满足二次设备运行环境要求。

(9) 预制舱内应设置完好的安全防护及视频监控措施，同时设置照明、检修、接地等，保证预制舱设备安全运行及人员巡检需求。

(10) 预制舱的重要性系数应根据结构的安全等级设计，设计使用年限按40年考虑。

(11) 预制舱内火灾探测及报警系统的设计和消防控制设备及其功能应符合GB 50116的规定。

(12) 预制舱应配置手提式灭火器，灭火器级别及数量应按火灾危险类别为中危险等级配置。在确保安全可靠的情况下，可设置固定式气体灭火系统。

2. 设置原则

(1) 预制舱应根据变电站建设规模、总平面布置、配电装置型式等，按设备对象模块化设置，就地布置于一次设备附近。

(2) 预制舱式二次组合设备可分为公用设备预制舱、间隔层设备预制舱、交直流电源预制舱、蓄电池预制舱等。

(3) 当二次设备布置于建筑物内时，宜采用预制式二次组合设备。

3. 内部布置

(1) 预测舱内二次屏柜可采用单列或双列布置。当前接线、前显示式二次装置技术成熟时，宜采用双列靠墙布置方式。

(2) 预制舱内屏柜宽、深均宜采用600mm，服务器柜尺寸及开门方式根据实际工程需求确定。

(3) 预制舱内屏柜的柜体应按终期规模与舱体整体配置。

(4) 预制舱内照明、消防、暖通、图像监控、通信、环境监控等设施的布置应与舱内二次设备统筹协调考虑。

(5) 每个预制舱应预留1～3面备用屏位置。

4. 接口要求

(1) 预制舱光电缆进线可采用分散或集中两种方式，敷设路径及方法应综合考虑电缆、光缆的弯曲半径、防火封堵、施工及维护方便等。

(2) 预制舱可设置集中外部电缆接口箱，其布置应综合考虑空间利用，可与空调等设备布置相结合。

(3) 预制舱与外部设备之间的连接宜采用预制式光电缆。

5. 接地反抗干扰

(1) 预制舱应采取屏蔽措施，满足二次设备抗干扰要求。

(2) 预制舱内应设置一次、二次接地网。

(3) 预制舱墙体内，离活动地板250mm高处暗敷舱内接地干线，在接地干线上设置若干临时接地端子。

（二）信息一体化及高级应用

1. 信息一体化

(1) 智能变电站信息一体化应满足“调控一体、运维一体”的要求，对变电站各子系

统信息进行梳理和规范，实现站内信息的“统一接入、统一存储、统一应用和统一展示”。

（2）站内各种类型二次设备应统一信息模型、信号名称，遵循 Q/GDW 396、Q/GDW 739，实现站内模型的标准化。

（3）站内信息交互应遵循 DL/T 860 和 DL/T 1146 标准，实现站内信息的统一采集。站内各子系统信息交互应遵循 Q/GDW 679 标准。

（4）变电站与调度（调控）中心主站的信息交互应充分考虑主站与变电站协同互动的要求，遵循“告警直传，远程浏览，数据优化，认证安全”技术原则，支撑顺序控制、智能告警、故障综合分析等高级应用。

（5）与保护信息管理主站的信息交互应遵循 DL/T 860 或 Q/GDW 273 标准。

（6）与输变电设备状态监测主站的信息交互应遵循 Q/GDW 740 标准。

2. 高级应用功能

（1）变电站高级应用应满足电网大运行、大检修的运行管理需求，采用模块化设计、分阶段实施。

（2）变电站高级应用应支持主站对变电站的顺序控制功能，支撑主站对一次、二次设备的顺序控制操作。

（3）变电站应满足调控一体、无人值守的相关应用功能要求，宜实现保护的远方投退、远方定值区切换、远方定值修改及核查、远方复归等功能。

（4）变电站应具备智能告警功能，综合站内保护装置动作、运行状态信息等进行智能告警分析，支撑调控主站对电网单一故障、多重故障的推理分析、电网事故紧急处理及事故恢复。

（5）变电站宜支持源端维护功能，导入 SSD 与 SCD 配置文件，导出符合 DL/T 890 标准的 CIM 模型和 Q/GDW 624 标准的图形文件，支撑图模自动化维护。

3. 监控系统设备配置原则

（1）站控层设备应针对变电站及其主站端功能需求及设备处理能力集成优化配置。

（2）110kV 配送式智能变电站站控层设备配置。

1）监控主机单套配置，操作员站、工程师工作站与监控主机合并。

2）数据服务器或综合应用服务器单套配置。

3）Ⅰ区数据通信网关机兼具图形网关机功能：调度数据网具备双平面，Ⅰ区数据通信网关机按双重化配置；调度数据网单平面，Ⅰ区数据通信网关机单套配置。

4）Ⅱ区数据通信网关机单套配置（可选）。

5）Ⅲ/Ⅳ区数据通信网关机单套配置（可选）。

（3）220kV 及以上电压等级配送式智能变电站站控层设备配置。

1）监控主机双套配置，操作员站、工程师工作站与监控主机合并。

2）数据服务器单套配置。

3）综合应用服务器单套配置。

4）Ⅰ区数据通信网关机双重化配置，兼具图形网关机功能。

5）Ⅱ区数据通信网关机单套配置。

6）Ⅲ/Ⅳ区数据通信网关机单套配置。

（三）二次接线“即插即用”

智能变电站宜采用预制线缆实现一次设备与二次设备、二次设备间的光缆、电缆标准化连接，提高二次线缆施工的工艺质量和建设效率。

1. 预制光缆

(1) 跨房间、跨场地不同屏柜间二次装置连接采用预制光缆。对于站区面积较小、室外光缆长度较短的应用场合可采用双端预测方式；对于站区面积较大、室外光缆长度较长的应用场合可采用单端预制方式。

(2) 二次预制舱对外预制光缆宜采用双端预制方式，采用建筑物布置的二次屏柜预制光缆可视敷设路径的复杂情况采用单端或双端的预制方式。

(3) 室外预制光缆宜选用铠装、阻燃型，自带高密度连接器或分支器。光缆芯数宜选用4芯、8芯、12芯、24芯。

(4) 室内不同屏柜间二次装置连接宜采用尾缆或软装光缆，尾缆（软装光缆）宜采用4芯、8芯、12芯、24芯规格。柜内二次装置间连接宜采用跳线，柜内跳线宜采用单芯或多芯跳线。

(5) 应准确测算预制光缆敷设长度，避免出现光缆长度不足或过长情况。可利用柜体底部或特制槽盒两种方式进行光缆余长收纳。

(6) 应根据室外光缆、尾缆、跳线不同的性能指标、布线要求预先规划合理的柜内布线方案，有效利用线缆收纳设备，合理收纳线缆余长及备用芯，满足柜内布线整洁美观、柜内布线分区清楚、线缆标识明晰的要求，便于运行维护。

(7) 室外光缆、尾缆宜从屏柜底部两侧或中间开孔进入，合理分配开孔数量，在屏柜两侧布线。

2. 预制电缆

(1) 主变压器、GIS/HGIS本体与智能控制柜之间二次控制电缆宜采用预制电缆连接。对于AIS变电站，断路器、隔离开关与智能控制柜之间二次控制电缆宜采用预制电缆。电流、电压互感器与智能控制柜之间二次控制电缆不宜采用预制电缆。交直流电源电缆可视工程情况选用预制电缆。

(2) 当一次设备本体至就地控制柜间路径满足预制电缆敷设要求时（全程无电缆穿管）优先选用双端预制电缆。应准确测算双端预制电缆长度，避免出现电缆长度不足或过长情况。预制电缆余长有足够的收纳空间。

(3) 当电缆采用穿管敷设时，宜采用单端预制电缆，预制端宜设置在智能控制柜侧。预制缆端采用圆形连接器且满足穿管要求时也可采用双端预制。

(4) 在满足试验、调试要求前提下，预制电缆插座端宜直接引至二次装置背板端子排。

(5) 预制电缆采用双端预制且为穿管敷设方式下，宜选用圆形高密度连接器。

(6) 预制电缆参数的选择及预制电缆敷设应满足GB 50217的规定。

四、土建部分

（一）建筑物

1. 主要原则

(1) 装配式建筑应按工业建筑标准设计，统一标准、统一模数，满足60年使用寿命

要求。

（2）建筑物体型应紧凑、规整，外立面体现国网公司企业标准色彩，与预制舱及周围环境相协调。

（3）建筑设计按无人值守运行要求，合理配置生产用房，辅助用房仅考虑设置安全工具间、资料室、卫生间。

（4）建筑物门窗应几何规整，预留洞口位置应与装配式外墙板尺寸相适应，并采取密封、节能等措施。

（5）结构体系选择应综合考虑使用功能、抗震类别、地质条件等因素，安全可靠、经济合理。柱距、层高、跨度宜统一尺寸，采用标准模数。

（6）围护结构应就地取材、便于安装，选用节能环保、经济合群的材料；应满足保温、隔热、防水、防火、强度及稳定性要求；材料尺寸应采用标准模数。

（7）对于二次设备室、资料室、安全工具间等净高较低的房间应考虑简洁美观，适当装饰。

2. 单层建筑

（1）单层建筑包括主控通信室、35(10)kV配电装置室、GIS配电装置室等。

（2）结构型式宜采用轻型门式刚架结构。当屋面恒载、活载均大于$0.7kN/m^2$，基本风压大于$0.7kN/m^2$时应采用钢框架结构。

（3）柱间距宜统一，推荐采用6m。

1）主控通信室净高3m，跨度推荐采用9m和12m。

2）35(10)kV配电装置室净高4.3m，当采用单列布置时，跨度推荐采用7.5(6)m，当采用双列布置时推荐采用12.5(9)m。

3）220kV GIS配电装置室净高7m，跨度推荐采用12m，110kV GIS配电装置室净高7m，跨度推荐采用10m。

（4）钢框架结构屋面材料宜采用压型钢板底模现浇板或压型钢板复合板；轻型门式刚架结构屋面材料宜采用压型钢板复合板。

（5）钢框架结构外墙材料宜采用压型复合钢板或纤维水泥板（FC板）复合墙体；轻型门式刚架结构外墙材料宜选用压型钢板复合板。

（6）内墙材料宜采用压型复合钢板或纤维水泥板（FC板）复合墙体。

3. 多层建筑

（1）多层建筑包括配电装置楼等。

（2）结构型式宜采用钢框架结构。柱间距应根据电气工艺布置进行优化，柱距宜控制在2～3种，不宜太多。

（3）楼面采用压型钢板底模现浇板。

（4）屋面材料宜采用压型钢板底模现浇板或压型钢板复合板。

（5）内、外墙材料宜采用压型钢板复合板或纤维水泥板（FC板）复合墙体。

（6）楼梯采用装配式钢结构。

4. 其他

（1）钢结构的防腐可采用镀层防腐和涂层防腐。

（2）主变压室钢结构防火应外包防火板，其他房间钢结构宜涂刷白色涂料，均应满足防火规范的要求。

（二）构筑物

1. 围墙

围墙宜采用装配式实体围墙，采用预制钢筋混凝土柱＋预制墙板或大砌块砌体围墙。城市规划有特殊要求的变电站可采用通透式围墙。

（1）预制钢筋混凝土柱＋预制墙板形式围墙：墙体材料采用清水混凝土预制板（推荐厚度80mm）或蒸压轻质加气混凝土板（推荐厚度100mm）；围墙柱采用预制钢筋混凝土工字柱，截面尺寸不宜小于250mm×250mm；围墙顶部设置预制压顶；基础采用独立基础，推荐尺寸为1200mm、1400mm。

（2）大砌块砌体围墙：采用蒸压加气混凝土砌块，水泥砂浆或干粘石抹面，砌块推荐尺寸为600mm×300mm×300mm，围墙顶部宜设置预制压顶，基础采用条形基础。

2. 防火墙

防火端宜采用框架＋大砌块、框架＋墙板或钢结构＋墙板等装配型式，墙体耐火极限不低于3h，防火墙柱基础采用独立基础。

（1）框架＋大砌块防火墙：根据主变构架柱根开和防火墙长度设置钢筋混凝土现浇筑；墙体材料采用蒸压加气混凝土砌块，砌块推荐尺寸为600mm×300mm×300mm，水泥砂浆抹面。

（2）框架＋墙板防火墙：根据主变构架柱根开和防火墙长度设置钢筋混凝土现浇筑；墙体材料采用清水混凝土预制板（推荐厚度120mm）或蒸压轻质加气混凝土板（推荐厚度150mm）。

（3）钢结构＋墙板防火墙：根据主变构架柱根开和防火墙长度设置钢结构柱；墙体材料采用蒸压轻质加气混凝土板（推荐厚度150mm）整体包覆。

3. 电缆沟

（1）主电缆沟宜采用砌体或现浇混凝土沟体，砌体沟体顶部宜设置压顶。配电装置区不设电缆支沟，可采用电缆埋管或电缆排管。紧靠道路（离路边距离小于1.0m）的电缆沟段，以及埋深大于1.0m的电缆沟段，应采用混凝土沟体。有特殊要求时，可采用复合材料预制式电缆沟或地面槽盒。电缆沟沟壁应高出场地地坪100mm。

（2）GIS基础上宜采用成品地面槽盒系统。

（3）除电缆出线外，电缆沟沟宽宜采用800mm和1000mm。

（4）电缆沟盖板宜采用有机复合盖板，也可因地制宜采用其他工厂化预制盖板，盖板每边宜超出沟壁（压顶）外沿30～50mm。

4. 构支架

（1）构架柱宜采用钢管结构，管径宜采用300～400mm；构架梁宜采用三角形钢桁架梁，主材采用角钢，双跨出线梁主材宜采用钢管；梁柱连接宜采用铰接，柱底采用地脚螺栓连接。

（2）设备支架宜由厂家配送、现场安装，柱底采用地脚螺栓连接。

（3）构架基础采用标准钢模浇制混凝土，天然地基时，220kV构架基础推荐尺寸为2400mm、2600mm、2800mm和3000mm；110kV构架基础推荐尺寸为2000mm、2200mm、2400mm、2600mm和2800mm。

5. 设备基础

（1）主变基础宜采用筏板基础，顶面设通用埋件。推荐油坑尺寸：220kV 主变为13000mm×10400mm，110kV 主变为 9500mm×8000mm。

（2）GIS 设备基础宜采用筏板结合支墩的基础形式，支墩按通用设备定位设置，支墩顶面设埋件。天然地基时筏板厚度不宜大于 800mm。

（3）AIS 设备基础采用标准钢模浇制混凝土，天然地基时，220kV 设备支架基础推荐尺寸 1200mm、1400mm、1600mm；110kV 设备支架基础推荐尺寸 1000mm、1200mm、1400mm。

（4）小型基础如端子箱、灯具等基础宜采用清水混凝土基础。

第二节　预制舱式二次组合设备

一、基本技术条件

（一）使用环境条件

（1）海拔：不大于 3000m。

（2）环境温度：－25～55℃。

（3）极端环境温度：－40～55℃。

（4）最大日温差：25K。

（5）最大相对湿度：95%（日平均）；90%（月平均）。

（6）大气压力：86～106kPa。

（7）抗震能力：水平加速度 0.30g；垂直加速度 0.15g。

（8）太阳辐射强度：0.11W/cm^2。

（9）最大覆冰厚度：10mm。

（10）设计最大风速：40m/s。

以上环境条件可根据具体工程调整。

（二）主要技术指标

1. 舱体技术指标

舱体宜采用钢结构体系。舱体尺寸应综合考虑舱内二次设备屏柜数量、屏柜尺寸、舱体维护通道、运输条件等确定，舱体建议尺寸见表 1－4－2－1，当运输条件受限时，预制舱宽度也可采用 2500mm。

表 1－4－2－1　预制舱舱体尺寸

型号	预制舱尺寸/mm（长×宽×高）
Ⅰ	6200×2800×3133
Ⅱ	9200×2800×3133
Ⅲ	12200×2800×3133

变电站预制舱按照舱体规格分为 3 种：Ⅰ型预制舱、Ⅱ型预制舱、Ⅲ型预制舱。以上 3 种典型钢构房式预制舱舱体外形及材料实施时应根据具体工程情况（如当地气候条件、抗震要求、舱内二次设备配置等），对其结构受力进行计算；根据当地气候条件确定采暖通风设施（空调、

电暖器、风机等）功率及台数，选择保温隔热材料形式及厚度。

预制舱平面图、立面图、剖面图和构造图分别见图1-4-2-1～图1-4-2-4，预制舱通用基础图分别见图1-4-2-5～图1-4-2-7。

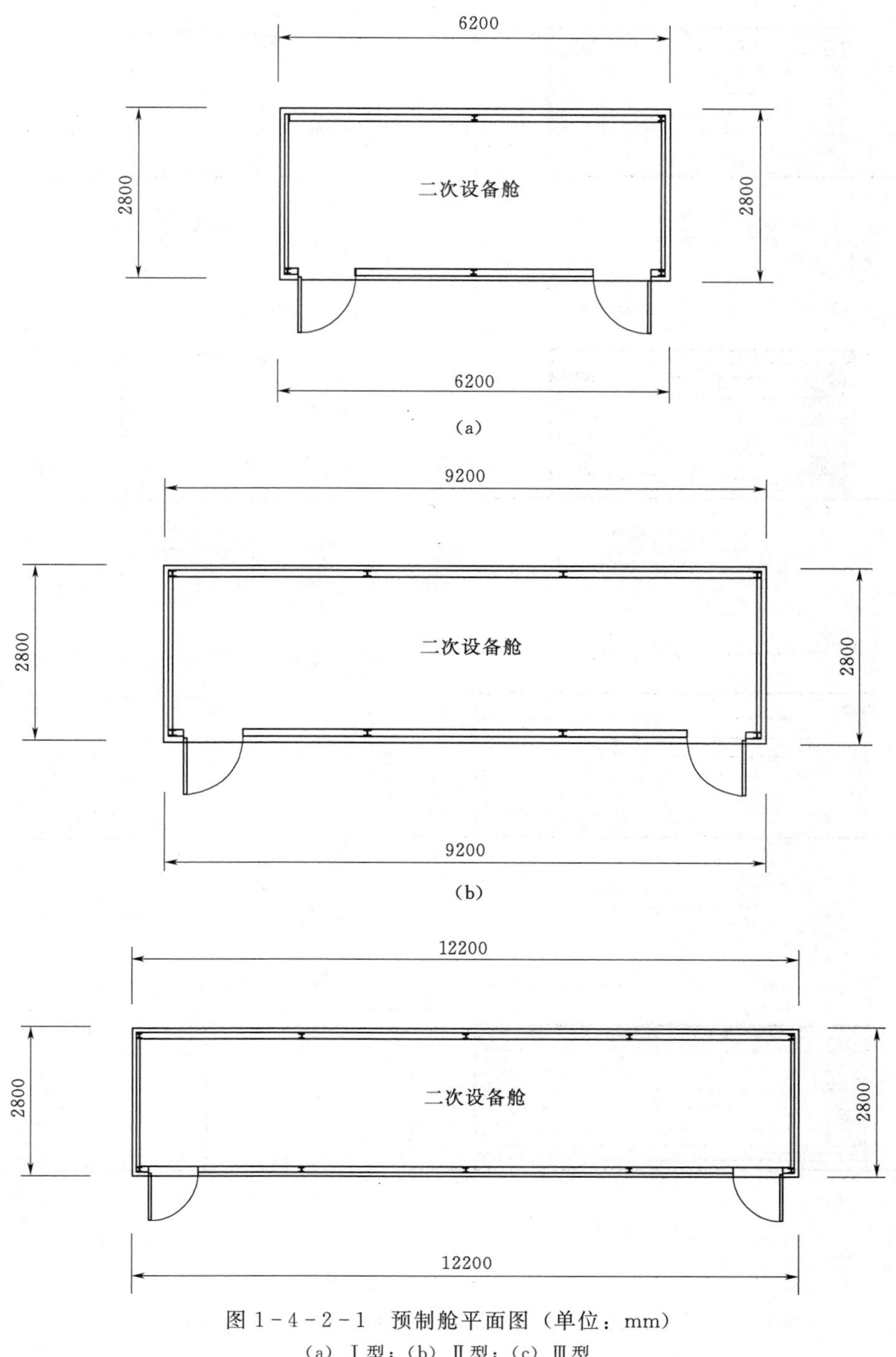

图1-4-2-1　预制舱平面图（单位：mm）
(a) Ⅰ型；(b) Ⅱ型；(c) Ⅲ型

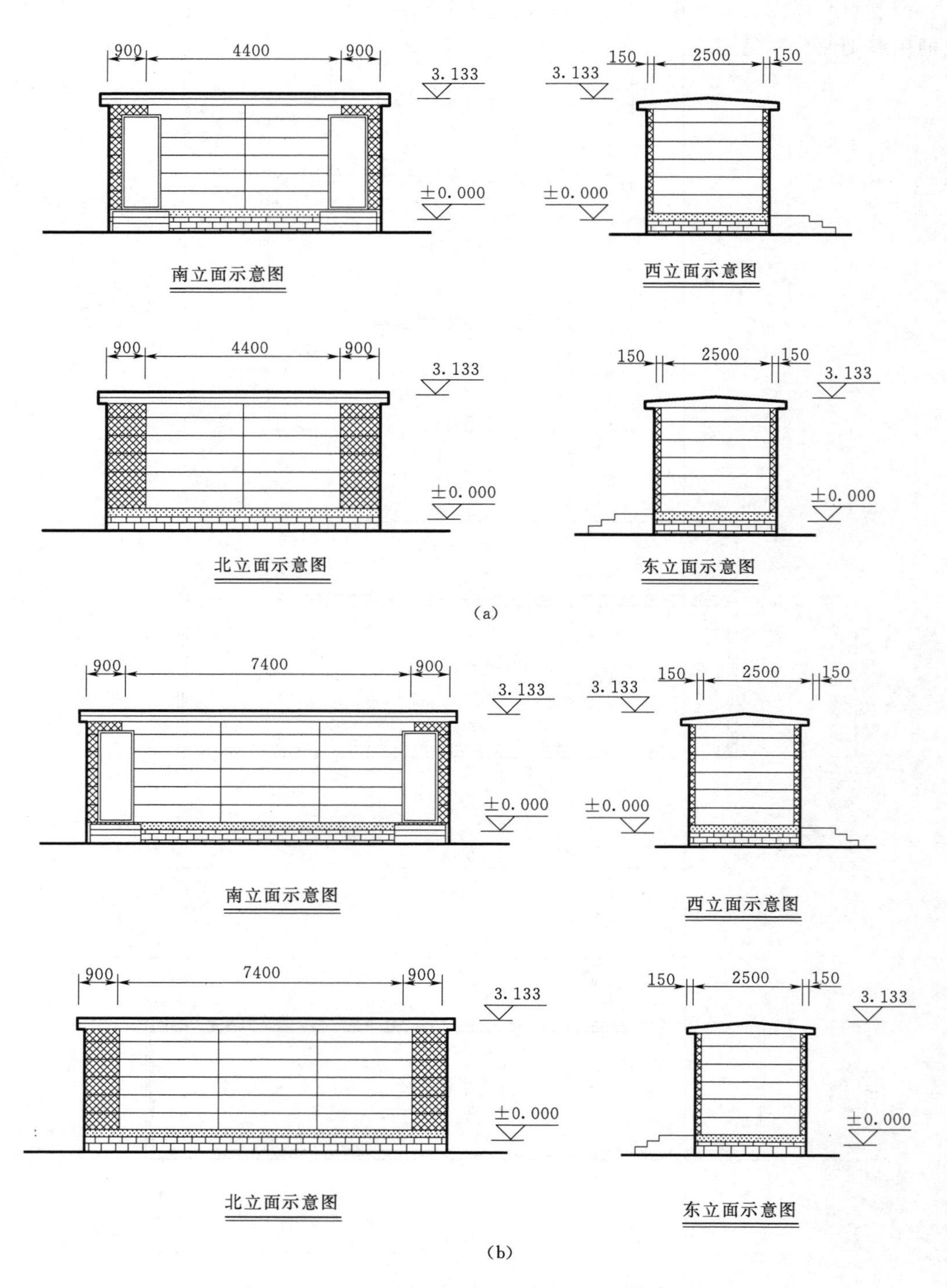

图 1-4-2-2（一）　预制舱立面图（尺寸单位：mm；标高单位：m）

（a）Ⅰ型；（b）Ⅱ型

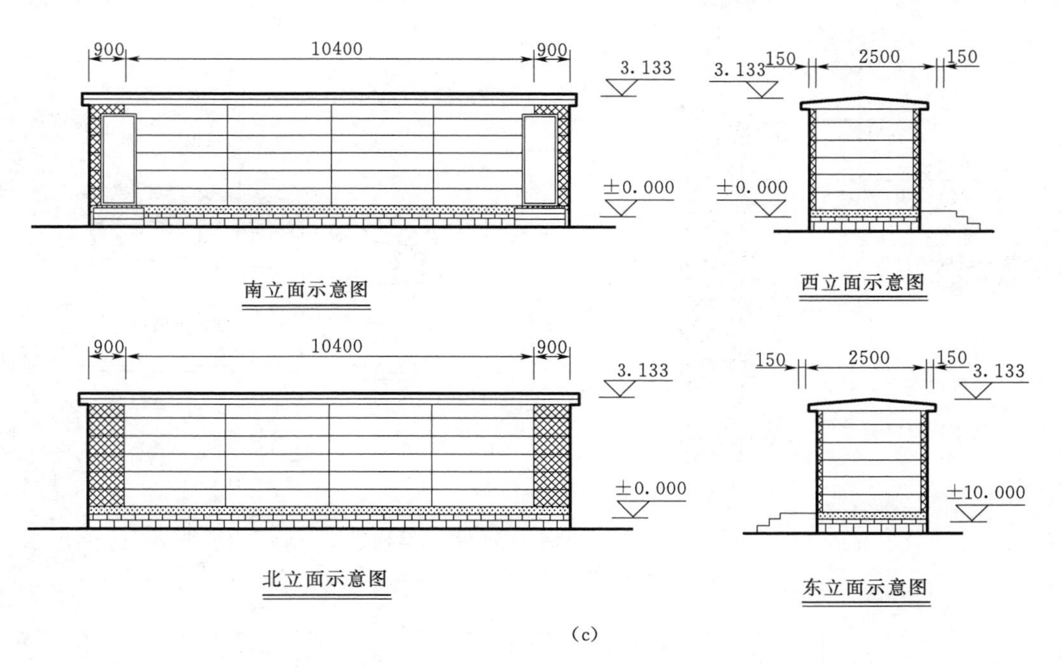

图 1-4-2-2（二） 预制舱立面图（尺寸单位：mm；标高单位：m）
（c）Ⅲ型

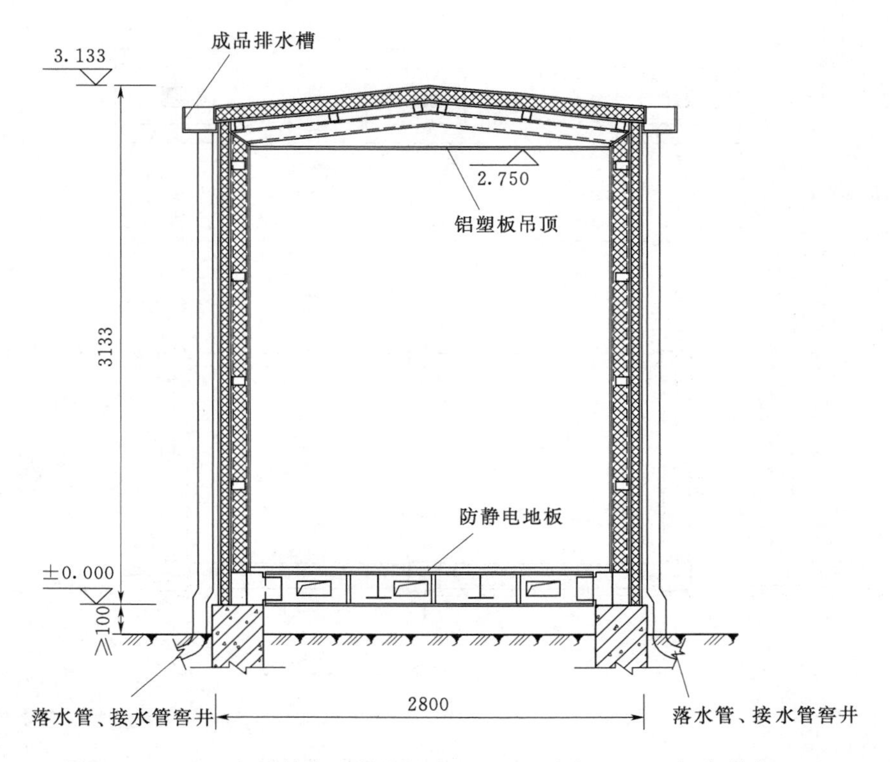

图 1-4-2-3 钢柱结构预制舱剖面图（尺寸单位：mm；标高单位：m）

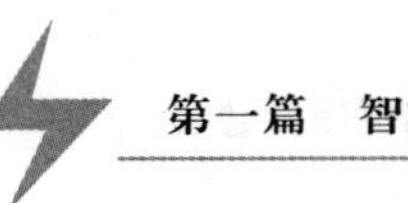

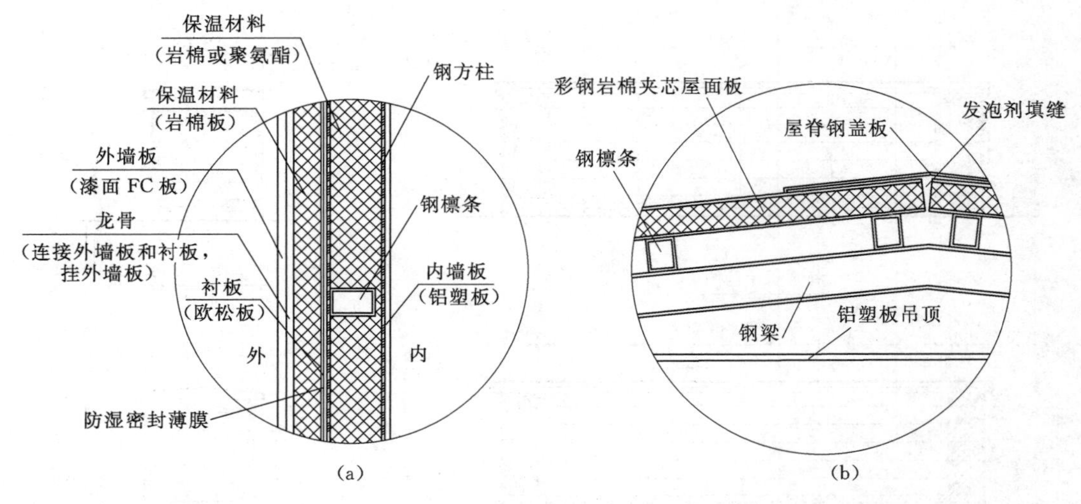

图 1-4-2-4　钢柱结构预制舱构造图

(a) 墙体构造示意；(b) 屋面构造示意

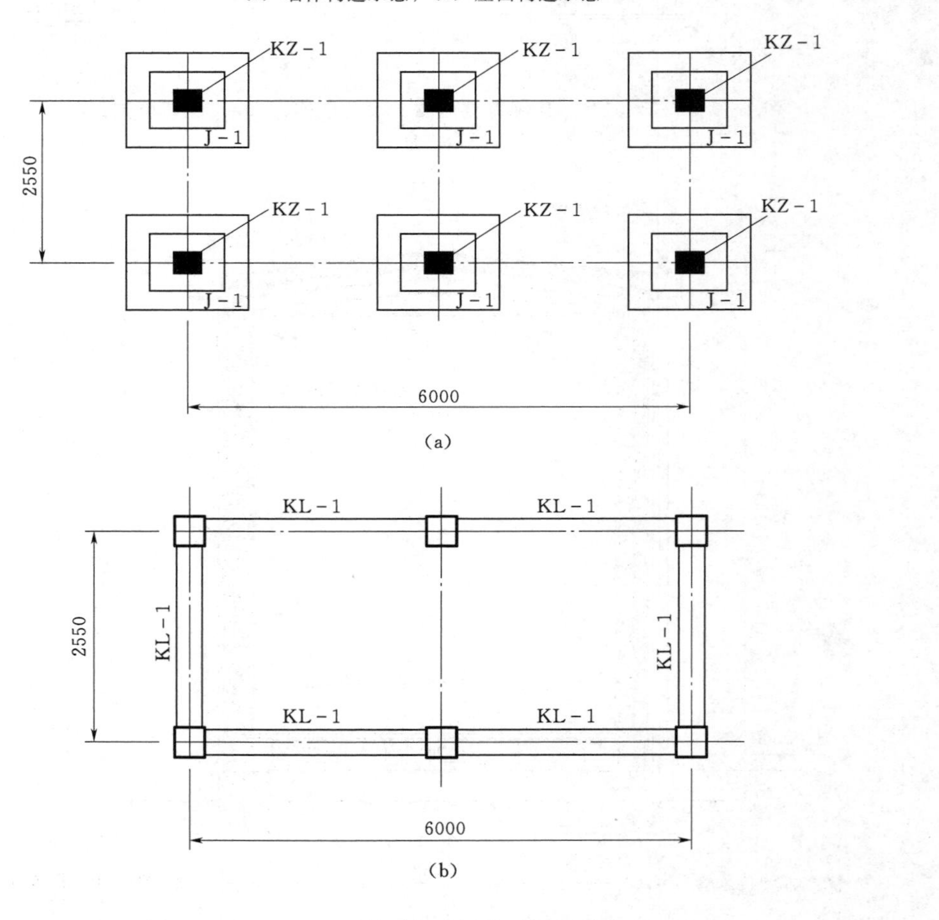

图 1-4-2-5　Ⅰ型预制舱通用基础图（单位：mm）

(a) 基础平面布置图；(b) 基础梁平面布置图

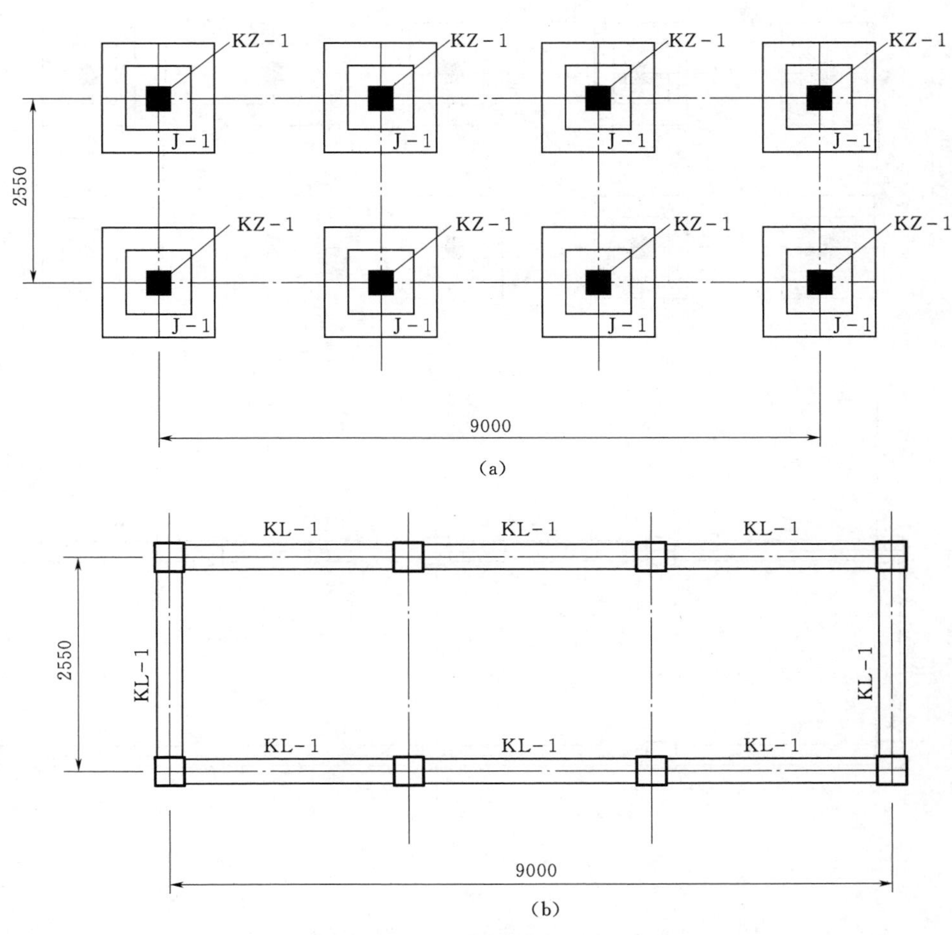

图 1-4-2-6 Ⅱ型预制舱通用基础图（单位：mm）
（a）基础平面布置图；（b）基础梁平面布置图

2. 预制舱式二次组合设备额定值

（1）额定交流电压：220V。

（2）额定直流电压：110V/220V。

（3）UPS 电压：AC 220V。

（4）额定频率：50Hz。

（5）工作电源：间隔层设备（包括网络设备）采用 DC 110V/220V。

（6）UPS 电源：站控层设备采用 AC 220V UPS 电源。

3. 电磁兼容性要求

在雷击过电压、一次回路操作、开关场故障及其他强干扰作用下，在二次回路操作干扰下，预制舱内二次组合设备的各装置（包括测量元件、逻辑控制元件）均不应误动作且满足技术指标要求。装置不应要求其交直流输入回路外接抗干扰元件来满足有关电磁兼容标准的要求。系统装置的电磁兼容性能应达到表 1-4-2-2 的等级要求。

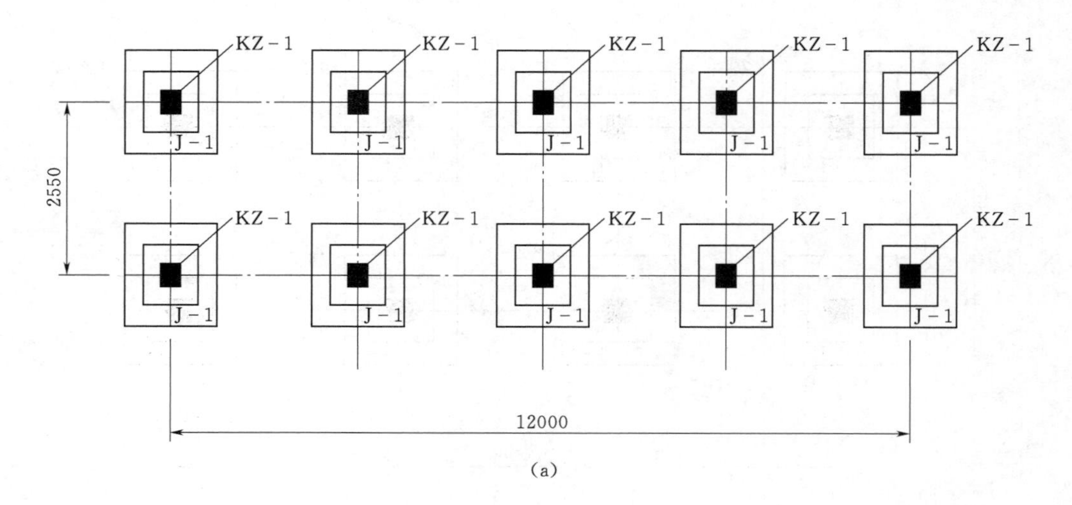

(a)

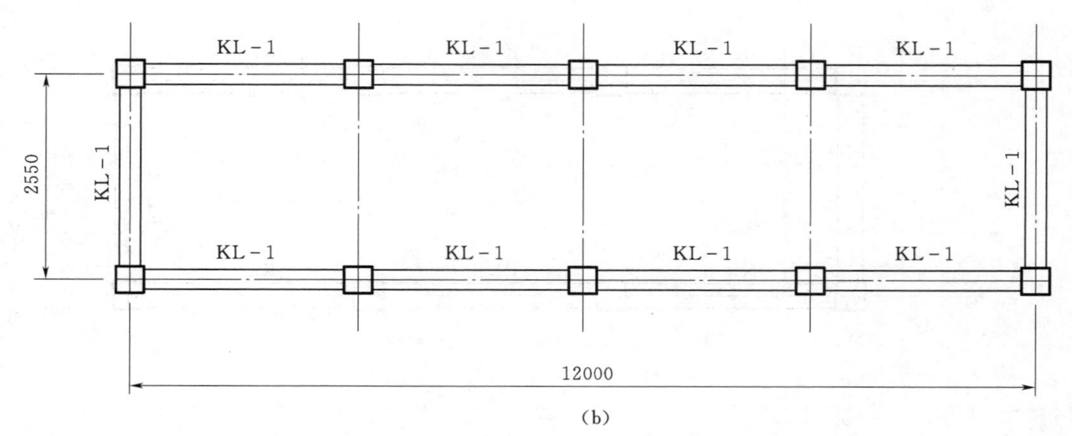

(b)

图 1-4-2-7　Ⅲ型预制舱通用基础图（单位：mm）

(a) 基础平面布置图；(b) 基础梁平面布置图

表 1-4-2-2　　预制舱二次系统装置电磁兼容性能等级要求

序号	电磁干扰项目	依据的标准	等级要求
1	静电放电干扰	GB/T 17626.2	4 级
2	辐射电磁场干扰	GB/T 17626.3	3 级
3	快速瞬变干扰	GB/T 17626.4	4 级
4	浪涌（冲击）抗扰度	GB/T 17626.5	3 级
5	电磁感应的传导	GB/T 17026.6	3 级
6	工频磁场抗扰度	GB/T 17626.8	4 级
7	脉冲磁场抗扰度	GB/T 17626.9	5 级
8	阻尼震荡磁场抗扰度	GB/T 17626.10	5 级
9	震荡波抗扰度	GB/T 17626.12	2 级（信号端口）

二、预制舱式二次组合设备典型模块

预制舱式二次组合设备宜按设备对象模块化设置，以方便运行、维护，变电站可根据需要设置公用设备预制舱、间隔设备预制舱、交直流电源预制舱、蓄电池预制舱等模块，可根据变电站具体建设规模、布置方式等进行选择调整组合。

（一）110kV 变电站预制舱式二次组合设备典型模块

1. 110kV 变电站公用设备预制舱

110kV 公用预制舱配置变电站计算机监控系统站控层设备、公用测控装置、调度数据网络设备、二次系统安全防护设备、通信设备、交直流一体化电源、时钟同步系统、智能辅助控制系统、火灾报警系统等设备。

2. 110kV 间隔设备预制舱

110kV 间隔设备预制舱配置变电站 110kV 电压等级间隔层设备，包括 110kV 线路（母联、桥、分段）保护测控一体化装置、110kV 母线保护、110kV 故障录波装置、110kV 线路电能表、110kV 公用测控装置、交换机及直流分屏等二次设备。

3. 110kV 主变压器间隔设备预制舱

主变压器间隔设备预制舱配置主变压器间隔层设备，包括主变压器保护装置、主变压器测控装置、主变压器电度表及直流分屏等。

（二）220kV 变电站预制舱式二次组合设备典型模块

1. 220kV 变电站公用设备预制舱

220kV 公用预制舱配置变电站计算机监控系统站控层设备、公用测控装置、调度数据网络设备、二次系统安全防护设备、通信设备、时钟同步系统、智能辅助控制系统、火灾报警系统等设备。

2. 110kV 间隔设备预制舱

110kV 间隔设备预制舱配置变电站 110kV 电压等级间隔层设备，包括 110kV 线路（母联、桥、分段）保护测控一体化装置、110kV 母线保护、110kV 故障录波装置、110kV 线路电能表、110kV 公用测控装置交换机及直流分屏等二次设备。

3. 220kV 间隔设备预制舱

220kV 间隔设备预制舱配置变电站 220kV 电压等级间隔层设备，包括 220kV 线路（母联、桥、分段）保护装置、220kV 线路（母联、桥、分段）测控一体化装置、220kV 母线保护、220kV 故障录波装置、220kV 线路电度表、220kV 公用测控装置、交换机及直流分屏等二次设备。

4. 220kV 主变压器间隔设备预制舱

220kV 主变压器间隔设备预制舱配置主变压器间隔层设备，包括主变压器保护装置、主变压器测控装置、主变压器故障录波装置、主变压器电能表及直流分屏等。

5. 交直流电源预制舱

交直流电源预制舱配置交流配电屏，直流充电柜、直流馈线屏等设备。

6. 蓄电池预制舱

蓄电池预制舱配置蓄电池组。

三、预制舱式二次组合设备性能要求

1. 一般技术要求

（1）舱体总体结构设计应符合现行国家标准、设计规范要求，并结合工程实际，合理选用材料、结构方案和构造措施，保证结构在运输、安装过程中满足强度、稳定性和刚度要求及防水、防火、防腐、耐久性等设计要求。

（2）预制舱内设备安装布置应满足相关规程规范要求。

（3）舱体技术要求分为舱体结构要求、预制舱二次屏柜布置要求、预制舱电气及辅助设施配置要求、预制舱线缆接口要求、预制舱接地及抗干扰要求。

2. 舱体结构要求

（1）舱体的重要性系数应根据结构的安全等级设计，设计使用年限按 40 年考虑。

（2）舱体宜采用钢结构体系，屋盖宜采用冷弯薄壁型钢檩条结构，围护结构外侧应采用功能性、装饰性一体化的免维护材料，内侧应采用轻质高强、耐水防腐、阻燃隔热的面板材料，中间应采用不易燃烧、吸水率低、保温隔热效果好的材料。

（3）舱体宜采用轻型门式刚架结构，主刚架可采用等截面实腹刚架，柱间支撑间距应根据箱房纵向柱距、受力情况和安装条件确定。当不允许设置交叉柱间支撑时，可设置其他形式的支撑；当不允许设置任何支撑时，可设置纵向刚架。在刚架转折处（边棱柱顶和屋脊）应沿舱体全长设置刚性系杆。

（4）舱体起吊点宜设置在预制舱底部，吊点应根据舱内设备荷载分布经详细计算后确定吊点位置及吊点数量，确保安全可靠。

（5）结构自重、检修集中荷载、屋面雪荷载和积灰荷载等，应按 GB 50009《建筑结构荷载规范》的规定采用，悬挂荷载应按实际情况取用。

（6）舱体的风荷载标准值，应按 CECS 102《门式刚架轻型房屋钢结构技术规程》附录 A 的规定计算。

（7）地震作用应按 GB 50011《建筑抗震设计规范》的规定计算。

（8）舱体骨架应整体焊接，保证足够的强度与刚度。舱体在起吊、运输和安装时不应变形或损坏。钢柱结构的舱体钢结构变形应按 CECS 102 的要求计算。

（9）舱门设置应满足舱内设备运输及巡视要求，采用乙级防火门，其余建筑构件燃烧性能和耐火极限应满足 GB 50016《建筑设计防火规范》的规定。舱体一般不设窗户，采用风机及空调实现通风。

（10）舱体宜采用双坡屋顶结构，屋面坡度不小于 5%，北方地区可适当增大屋面坡度，预防积水和积雪。屋面板应采用轻质高强、耐腐蚀、防水性能好的材料，中间层应采用不易燃烧、吸水率低、密度和导热系数小，并有一定强度的保温材料。

（11）舱体屋面宜采用有组织排水，排水槽及落水管与舱体配套供货，现场安装；对于寒冷地区可采用散排。空调排水管宜采用暗敷或槽盒暗敷方式。

（12）舱底板可采用花纹钢板或环氧树脂隔板。舱地面宜采用陶瓷防静电活动地板，活动地板钢支架应固定于舱底。防静电活动地板高度宜为 200～250mm，应方便电缆敷设与检修。

（13）舱体与基础应牢固连接，宜焊接于基础预埋件上，舱体与基础交界四周应用耐候硅酮胶封缝，防止潮气进入。

（14）二次设备用控制柜等在箱内沿预制舱长度方向放置，沿每列屏柜舱底板上布置两根槽钢（5号以上），与底板焊接作为控制柜安装基础，机柜底盘通过地脚螺栓与槽钢固定，螺栓规格M12以上。

（15）舱体结构必须采取有效的防腐蚀措施，构造上应便于检查、清刷、油漆及避免积水。经过防腐处理的零部件，在中性盐雾试验最少196h后应无金属基体腐蚀现象。

3. 预制舱二次屏柜布置要求

（1）预制舱内间隔层二次设备、通信设备及直流分屏等二次设备屏柜采用2260mm×600mm×600mm（高×宽×深）屏柜；站控层服务器柜可采用2260mm×900mm×600mm（高×宽×深）屏柜，柜前后门均采用双开门模式；交直流柜预制舱可单独配置，柜体采用2260mm×600mm×600mm（高×宽×深），也可采用2260mm×800mm×600mm（高×宽×深）屏柜。在满足国网智能变电站通用设计组屏原则，并考虑装置实际尺寸情况下，缩减二次设备屏柜尺寸，可采用2060mm×600mm×500mm（高×宽×深）屏柜，有效扩充舱内空间。

（2）舱内二次屏柜可采用单列或双列布置。当前接线、前显示式二次装置技术成熟时，宜采用双列靠墙布置方式。

（3）当屏柜单列布置时，柜前维护通道不小于900mm，柜后维护通道不小于600mm，两侧维护通道不小于800mm。

（4）预制舱内二次设备当采用双列布置时，宜设置集中接线柜。

（5）每个预制舱宜预留1～3面备用屏位置。

4. 预制舱电气及辅助设施配置要求

（1）预制舱内应设置完好的安全防护及视频监控措施，同时设置照明、检修、接地等，保证预制舱设备安全运行及人员巡检需求。

（2）舱内照明应满足GB 17945《消防应急照明和疏散指示系统》、GB 50034《建筑照明设计规范》、GB 50054《低压配电设计规范》、DL/T 5390《发电厂和变电站照明设计技术规定》等相关规程规范的要求，舱内0.75m水平面的照度不小于300lx。灯具宜采用嵌入式LED灯带，均匀布置在走廊及屏后顶部，各照明开关应设置于门口处，方便控制。照明箱安装于门口处，底部距地面高度为1.3m。

（3）预制舱内照明系统由正常照明和应急照明组成，正常照明采用380V/220V三相五线制。部分正常照明灯具自带蓄电池，兼作应急照明，应急时间不小于60min，出口处设自带蓄电池的疏散指示标志。

（4）预制舱内火灾探测及报警系统的设计和消防控制设备及其功能应符合GB 50116《火灾自动报警系统设计规范》的规定。

（5）舱内应配置手提式灭火器，灭火器级别及数量应按火灾危险类别为中危险等级配置。在确保安全可靠的情况下，可设置固定式气体灭火系统。

（6）舱内应设置空调、电暖器、风机等采暖通风设施，满足二次设备运行环境要求。空调宜采用带远程故障告警功能的工业空调一体机，壁挂式安装，毛细管、电源线及与冷凝水管采用暗敷或舱外壁槽盒暗敷方式。采用风机通风时，风道应有除尘防水措施，且应采用正压通风，以防通风时粉尘进入舱体。

（7）舱内相对湿度为45%～75%，确保任何情况下设备不出现凝露现象。

（8）舱内应安装视频监控，屏柜前后各设置1～2台摄像机。

（9）舱内宜设置有线电话，采用挂壁式安装。

（10）舱内宜设置温度、湿度传感器，可根据需要设置水浸传感器，并将信息上传至智能辅助控制系统。

（11）舱内至少设置一个检修箱，采用户内挂式，安装于角落处，底部距地面高度为0.9m。

（12）舱内可设置1～2张折叠式办公桌。

（13）舱内应设置紧急逃生门，此门可装设电子门锁，且在任何情况下都可以紧急启动。

5. 预制舱线缆接口要求

（1）舱内与舱外光纤联系应采用预制光缆，舱内与舱外电缆联系可采用预制电缆。

（2）预制舱可设置集中外部电缆接口箱，其布置应综合考虑空间利用，与空调设备布置相结合。

（3）舱内应设置配电盒、开关面板、插座等，配电盒底部距地面高度为1.3m，开关面板采用嵌入式安装，面板底部距地面1.3m，侧边距门框0.2m，面板间距不小于0.2m，插座底边离地0.3m，其他应满足相关规程规范的要求，相关走线均应采用暗敷方式。

（4）预制舱宜采用下走线方式，舱底部可根据需要设置电缆槽盒，电缆敷设及电缆排列配置遵循常规电缆敷设规定。

6. 预制舱接地及抗干扰要求

（1）预制舱应采用屏蔽措施，满足二次设备抗干扰要求。对于钢柱结构房，可采用40mm×4mm的扁钢焊成2m×2m的方格网，并连成一个六面体，并和周边接地网相连，网格可与钢构房的钢结构统筹考虑。

（2）在预制舱静电地板下层，按屏柜布置的方向敷设100mm^{2}的专用铜排，将该专用铜排首末端连接，形成预制舱内二次等电位接地网。屏柜内部接地铜排采用100mm^{2}的铜带（缆）与二次等电位接地网连接。舱内二次等电位接地网采用4根以上截面积不小于50mm^{2}的铜带（缆）与舱外主地网一点连接。连接点处需设置明显的二次接地标识。

（3）预制舱内宜暗敷接地干线，每个预制舱在离活动地板300mm处宜设置2个临时接地端子，连接点处需设置明显的二次接地标识。

7. 预制舱材质要求

（1）钢柱结构舱体材料由外到内宜由漆面FC板、聚乙烯防湿密封膜、保温材料、欧松板、结构构件、铝塑板等材料组成，吊顶宜采用铝塑板。其中铝塑板宜采用内嵌聚氨酯保温层铝塑板。

（2）保温材料宜采用岩棉或聚氨酯，保温材料的厚度根据热力学计算确定。

8. 舱体内外装修要求

(1) 舱体顶部及外立面两侧颜色为国网绿，外立面中间为白色（色标 RAL9010），外立面勒脚宜设置为黑色带反光标示。舱体外立面长度方向两侧“国网绿”色宽 900mm，宽度方向两侧“国网绿”色宽 150mm。排水槽及落水管采用白色。

(2) 舱体外立面正面喷写预制舱名称，不应明显体现厂家名称。预制舱名称按照功能命名，应居中标注在预制舱长度方向外墙舱底约总高 2/3 处，采用黑色、黑体字，字高 500mm。

(3) 舱内屏柜外观形式、颜色统一，屏柜名称、厂家名称等标识位置、字体、高度应保持一致。

四、试验、运输和技术服务

1. 型式试验

预制舱式二次组合设备应开展以下型式试验：

(1) 预制舱舱体结构加荷试验。

(2) 预制舱舱体保温隔热试验。

(3) 预制舱舱体风雨密封性试验。

(4) 预制舱舱体运输颠簸试验。

(5) 预制舱舱体起吊试验。

(6) 舱内相关二次设备型式试验参照相关标准。

2. 工厂试验

为保证工程进度，减少简化现场试验工作量，预制舱式二次组合设备及其相关所有 IED 设备应在工厂内进行联调；因此预制舱式二次设备除完成相关设备单体工厂试验外，还应完成以下测试：

(1) 系统集成试验。系统集成试验包括：设备配置文件的一致性试验、设备通信服务的一致性试验、设备数据的传输和显示试验、设备其他特定功能试验及所有设备的系统联调试验。

(2) 系统网络测试、信息安全测评。

(3) 高级应用功能测试。

3. 现场试验

(1) 通流试验。

(2) 传动试验。

4. 运输

(1) 预制舱应可靠固定在运输车上，固定及拆卸方式应快速简便。

(2) 预制舱在运输中应直立放置，不许倒置、侧放。

5. 吊装

(1) 运输与现场安装均采用吊装方式，以舱底部吊件为起吊点，起吊应保证箱体两端平衡，不得倾斜。

(2) 起吊应采用起吊梁。

6. 技术服务

（1）应提供的技术文件。技术文件应包括产品的GB/T 19001质量保证体系文件，能够证明该质量保证体系经过国家认证，并且正常运转。

（2）应提供的资料：

1）预制舱结构设计图纸、材料。

2）预制舱内部的安装布置图，包括舱体尺寸、柜体尺寸和安装尺寸。

3）预制舱内屏柜、元件的原理接线及其说明。

4）预制舱内线缆的连接要求等。

5）预制舱的装配、运行、检验、维护、零件清单、推荐的部件以及型号等方面的说明。

（3）技术配合：

1）现场安装/投运的配合。

2）提供设备的现场验收、测试方案和技术指标。

3）其他约定配合工作。

4）设计院需提供预制舱内屏柜布置图、组屏方案。

第三节　预　制　光　缆

一、表示方法与结构

（一）预制光缆表示方法

1. 预制光缆的型号命名规则

预制光缆型号中的外文字母、数字意义见表1-4-3-1。

表1-4-3-1　　预制光缆型号中的外文字母、数字意义

系列主称	文字、数字代表意义
预制光缆	F—预制光缆，主称代号
预制光缆接头座配置	用“*-*”形式： A—光缆端头所接为圆形多芯连接器并配置对插插座（a：不配对插插座）； B—光缆端头所接为矩形多芯连接器并配置对插插座（b：不配对插插座）； D—光缆端头经分支器预制； N—光缆端头保持开放，不接连接器
光缆类型	C—非金属铠装，室外缆； CK—金属铠装，室外缆
光缆规格	L=30000—光缆长度从多芯连接器尾部计算为30000mm（30m）； L=30000+2000—光缆长度从分支器尾部计算为30000mm（30m），分支尾纤最短2000mm（2m）； 12—光缆芯数为12芯； M—多模62.5/125； S—单模9/125

2. 预制光缆型号示例

（1）圆形插头双端预制，均配套插座，光缆类型为金属铠装、室外缆，尾部光缆长度为100000mm（100m），光缆为4芯、多模62.5，表示为：F A－A－CK（L＝100000，4M）。

（2）分支器型双端预制，光缆类型为非金属铠装、室外缆，尾部光缆长度为50000mm（50m），分支尾纤最短长度为2000mm（2m）12芯、单模，表示为：F－D－D－C（L＝50000＋2000，12S）。

（3）圆形插头单端预制，不配套插座，光缆类型为非金属铠装、室外缆，尾部光缆长度为15000mm（15m），光缆为24芯、多模62.5，表示为：F A－N－C（L＝15000，24M）。

（二）预制光缆结构

预制光缆由光缆、插头/插座或分支器、尾纤、热缩管等组成。预制光缆可以有双端预制或单端预制两种形式。变电站中常用的预制光缆形式有连接器型多芯预制光缆和分支器型多芯预制光缆等。

1. 连接器型多芯预制光缆组件

连接器型多芯预制光缆组件主要分为室外光缆组件和室内光缆组件两种形式。室外光缆组件包括插头、室外光缆、标记热缩管、防护材料等，如图1－4－3－1所示；室内光缆组件包括插座、室内光缆、光纤活动插头、标记热缩管、防护材料等，如图1－4－3－2所示。

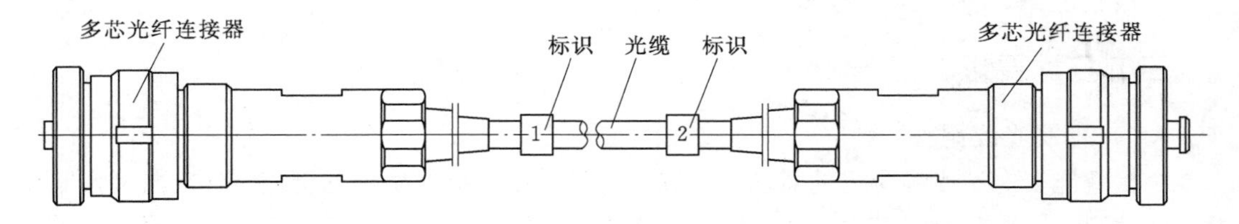

图1－4－3－1　连接器型室外光缆组件（插头端）

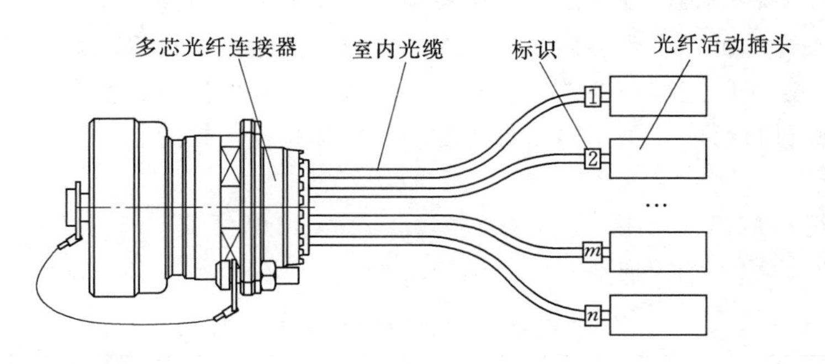

图1－4－3－2　连接器型室内光缆组件（插座端）

2. 分支器型多芯预制光缆组件

分支器型多芯预制光缆组件内部无断点，在室外光缆两端经分支器直接预制室内分支，并以套管等防护方式妥善保护。预制光缆组件包括室外光缆、分支器、标记热缩管、防护材料等组成，如图1－4－3－3所示。

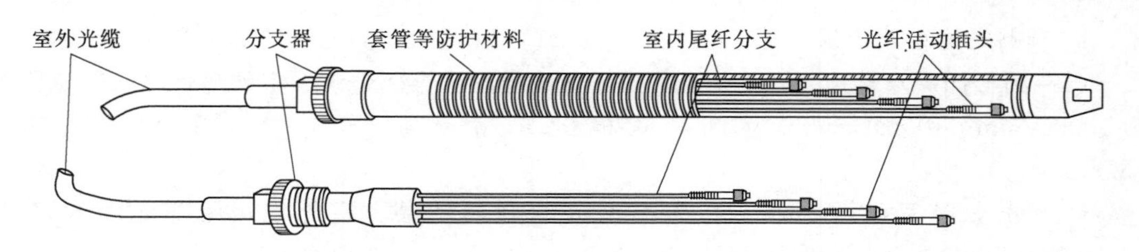

图 1-4-3-3 分支器型室外预制光缆组件

二、基本技术条件

1. 使用环境条件

（1）海拔：不大于 3000m。

（2）环境温度：－5～45℃（户内）；－40～60℃（户外）。

（3）最大日温差：25K。

（4）最大相对湿度：95％（日平均）；90％（月平均）。

（5）大气压力：86～106kPa。

（6）抗震能力：水平加速度 0.30g；垂直加速度 0.15g。

注意：以上环境条件可根据具体工程调整。

2. 敷设条件

一般情况下，预制光缆的敷设温度应不低于 0℃。

三、技术要求

（一）预制光缆组件

根据智能变电站光缆应用的需求，预制光缆可选用连接器型预制光缆与分支器型预制光缆两种类型，光缆芯数宜选用 4 芯、8 芯、12 芯、24 芯，并应适应户外复杂环境敷设需要。

根据使用环境和安装位置区别，连接器型预制光缆又分为插头光缆组件和插座光缆组件两部分。插头光缆组件主要由插头、室外光缆和其他辅助材料组成，插头通过附件和室外光缆组合在一起，能适应户外敷设。插座光缆组件主要由插座、室内光缆、单芯活动连接器和其他辅助材料组成，用于同插头光缆组件配接并连接柜内装置。

（二）光纤

预制光缆组件应满足多模 A1b（62.5/125μm）和单模 B1（9/125μm）信号传输要求，且符合 IEC 60793 光纤技术要求，见表 1-4-3-2。

表 1-4-3-2　　预制光缆光纤的性能要求

项　目	参　数	
光纤类型	A1b（62.5/125μm）多模	B1（9/125μm）单模
光纤衰减系数	≤3.5dB/km@850nm ≤1.5dB/km@1300nm	≤0.5dB/km@1310nm ≤0.4dB/km@1550nm
带宽	200MHz·km@850nm 500MHz·km@1300nm	

（三）光缆

光缆主要性能参数包括光缆规格、机械性能、环境性能、燃烧性能等。光缆应符合GB/T 7424.2《光缆总规范　第2部分：光缆基本试验方法》等相关技术标准的要求。

1. 室外光缆

用于户外敷设的室外光缆应选用防潮耐湿、防鼠咬、抗压、抗拉光缆。非金属铠装光缆宜采用玻璃纤维纱铠装方式，玻璃纤维纱应沿圆周均布，玻璃纤维纱密度应能保证满足光缆的拉伸性能，并且防鼠咬。金属铠装光缆宜采用涂塑铝带或涂塑钢带作为防鼠咬加强部件。

预制光缆配套室外非金属铠装光缆性能参数应满足表1-4-3-3～表1-4-3-6要求。

表1-4-3-3　　预制光缆配套室外非金属铠装光缆基本要求

项　目		要　求
外护套	材料	聚乙烯
		聚氯乙烯
		聚氨酯
		低烟无卤
	颜色	黑色
防鼠咬加强元件	类型	玻璃纤维纱（可防鼠咬，玻璃纤维纱应沿圆周均布，玻璃纤维纱密度应能保证满足光缆的拉伸性能）

表1-4-3-4　　预制光缆配套室外非金属铠装光缆机械性能要求

项　目	单位	参数	标　准
拉伸力（长期）	N	500	IEC 60794-1-2 E1 光纤应变：≤2%（长期），≤0.4%（短期）
拉伸力（短期）	N	1000	
压扁力（长期）	N/10cm	1000	IEC 60794-1-2 E3 光纤不断裂
压扁力（短期）	N/10cm	6000	
最小弯曲半径（动态）	mm	20倍光缆外径	IEC 60794-1-2 E11
最小弯曲半径（静态）	mm	10倍光缆外径	
冲击 $W_p=1.53$J	次	200	IEC 60794-1-2 E4

表1-4-3-5　　预制光缆配套室外非金属铠装光缆环境性能要求

项　目	单位	参数	标　准
渗水 $H=1$m，24h，$p<3$m	—	满足	IEC 60794-1-2 F5B
工作温度	℃	−40～85	IEC 60794-1-2 F1 温度循环试验后，附加损耗≤0.3dB
安装温度	℃	−25～75	
储藏/运输温度	℃	−40～85	
环保要求	—	满足	2002/95/EC RoHS

表1-4-3-6　　预制光缆配套室外非金属铠装光缆燃烧性能要求

项　目	单位	参数	标　准
火焰蔓延（单根垂直燃烧）（火焰能量0.7MJ/m）	—	满足	IEC 60332-1-2
火焰蔓延（成束垂直燃烧）（火焰能量0.7MJ/m）	—	满足	IEC 60332-3-24

续表

项　　目	单位	参数	标　准
燃烧时工作测试	60min	满足	IEC 60754－25
燃烧测试：含卤气体	光缆外护套	无卤	IEC 60754－1
燃烧测试：酸性气体浓度	光缆外护套	满足	IEC 60754－2

预制光缆配套金属铠装室外光缆命名符合 YD/T 908《光缆型号命名方法》规定，性能参数应满足表 1－4－3－7～表 1－4－3－10 的要求。

表 1－4－3－7　　预制光缆配套室外金属铠装光缆基本要求

项　　目		要　求
外护套	材料	聚乙烯
		聚氯乙烯
		聚氨酯
		低烟无卤
	颜色	黑色
防鼠咬加强元件	类型	涂塑铝带
		涂塑钢带

表 1－4－3－8　　预制光缆配套室外金属铠装光缆机械性能要求

项　　目	单位	参　　数	标　　准
拉伸力（长期）	N	600	GB/T 7424.2—2008
拉伸力（短期）	N	1500	
压扁力（长期）	N/10cm	300	
压扁力（短期）	N/10cm	1000	
最小弯曲半径（动态）	mm	20 倍光缆外径	
最小弯曲半径（静态）	mm	10 倍光缆外径	
冲击		冲锤重量：450g； 冲锤落高：1m； 冲击柱面半径：12.5mm； 冲击次数：5 次	

表 1－4－3－9　　预制光缆配套室外金属铠装光缆环境性能要求

项　　目	单位	参数	标　　准
渗水 1m 水头加在光缆的全部截面上时，光缆应能防止水纵向渗流		满足	GB/T 7424.2—2008
工作温度	℃	－40～60	YD/T 901—2009《层绞式通信用室外光缆》
安装温度	℃	－20～60	
储藏/运输温度	℃	－40～60	—
环保要求	—	满足	YD/T 901—2009

表 1-4-3-10　　预制光缆配套室外金属铠装光缆燃烧性能要求

项目	参　　数	标　　准
火焰蔓延 单根垂直燃烧	满足	GB/T 18380.12—2008
烟密度	光缆燃烧时释放出的烟雾应使透光率不小于 50%	GB/T 17651.2—1998
腐蚀性	光缆燃烧时产生的气体的 pH 值应不小于 4.3，电导率应不大于 10μS/mm	GB/T 17650.2—1998

2. 室内光缆

预制光缆配套室内光缆性能参数应满足表 1-4-3-11～表 1-4-3-14 的要求。

表 1-4-3-11　　预制光缆配套室内光缆规格基本要求

项　　目		要　　求
外护套	材料	低烟无卤，聚氨酯
	颜色	橙色（多模），黄色（单模）或根据定制
加强元件	类型	芳纶纤维

表 1-4-3-12　　预制光缆配套室内光缆机械性能要求

项　　目	单　位	参　数	标　准
拉伸力（长期）	N	60	YD/T 1272.2 《光纤活动连接器 第 2 部分：MT-RJ 型》
拉伸力（短期）	N	100	
压扁力（长期）	N/10cm	100	
压扁力（短期）	N/10cm	500	
最小弯曲半径（动态）	mm	50	
最小弯曲半径（静态）	mm	30	

表 1-4-3-13　　预制光缆配套室内光缆环境性能要求

项　目	单　位	参　数	标　准
工作温度	℃	−40～60（低烟无卤）	YD/T 1272.2
		−40～85（聚氨酯）	
储存温度	℃	−5～50	

表 1-4-3-14　　预制光缆配套室内光缆燃烧性能要求

项　　目	参　　数	标　准
火焰蔓延（单根垂直燃烧或成束垂直燃烧）	满足	GB/T 18380.12—2008
烟密度	光缆燃烧时释放出的烟雾应使透光率不小于 50%	GB/T 17651.2—1998
腐蚀性	光缆燃烧时产生的气体的 pH 值应不小于 4.3，电导率应不大于 10μS/mm	GB/T 17650.2—1998

（四）连接器

1. 多芯连接器

多芯连接器用于连接器型预制光缆组件的连接，分为插头和插座两部分。多芯连接器应集成化、小型化，在同一个链路方向内集成更多的芯数。如果多芯连接器用于户外环境，应满足 IP67 防护等级；如果多芯连接器用于户内环境，应满足 IP55 防护等级。多芯连接器外壳宜采用合金、不锈钢、PEI 工程树脂等高强度材料。

多芯连接器应符合 GJB 599A《耐环境快速分离高密度小圆形电连接器总规范》、GR 3152 CORE 等相关标准的技术要求见表 1－4－3－15。

表 1－4－3－15　　　预制光缆多芯连接器基本参数要求

<table>
<tr><th colspan="2">性能指标</th><th colspan="4">性　能　参　数</th></tr>
<tr><td colspan="2" rowspan="2">插入损耗/dB</td><td>4 芯</td><td>8 芯</td><td>12 芯</td><td>24 芯</td></tr>
<tr><td colspan="2">≤0.6（最大值）
≤0.4（典型值）</td><td colspan="2">≤0.8（最大值）
≤0.6（典型值）</td></tr>
<tr><td colspan="2">回波损耗/dB</td><td colspan="4">≥40（仅限单模）</td></tr>
<tr><td colspan="2">机械寿命/次</td><td colspan="4">≥500</td></tr>
<tr><td colspan="2">振动参数</td><td colspan="4">10～500Hz，加速度 98m/s²</td></tr>
<tr><td colspan="2">冲击参数</td><td colspan="4">980m/s²</td></tr>
<tr><td colspan="2">工作温度/℃</td><td colspan="4">－40～85</td></tr>
<tr><td colspan="2">湿热</td><td colspan="4">温度：30～(60±2)℃，湿度 90%～95%，持续 4d</td></tr>
<tr><td colspan="2">抗拉力/N</td><td colspan="4">≥720（插头）</td></tr>
<tr><td colspan="2">产品防护等级</td><td colspan="4">IP67（用于室外），IP55（用于室内）</td></tr>
<tr><td rowspan="3">盐雾</td><td>铝合金镀镍</td><td colspan="4">96h</td></tr>
<tr><td>铜合金镀镍</td><td colspan="4">500h</td></tr>
<tr><td>不锈钢钝化</td><td colspan="4">1000h</td></tr>
</table>

2. 单芯连接器

单芯连接器用于柜内、舱内的设备光口连接，应满足设备厂家 ST、LC 等类型光口的连接需要。单芯连接器应满足 IEC 61754 的相关技术要求见表 1－4－3－16。

表 1－4－3－16　　　预制光缆单芯连接器基本参数要求

<table>
<tr><th>性能指标</th><th>性能参数</th><th>性能指标</th><th>性能参数</th></tr>
<tr><td rowspan="2">插入损耗/dB</td><td rowspan="2">≤0.5（最大值）
≤0.2（典型值）</td><td>机械寿命/次</td><td>>500</td></tr>
<tr><td>工作温度/℃</td><td>－40～85</td></tr>
<tr><td>回波损耗/dB</td><td>≥50</td><td>抗拉力/N</td><td>>100</td></tr>
</table>

（五）分支器

分支器用以实现预制光缆的无断点的分支与连接。分支器应集成化、小型化，在同一个链路方向内集成更多的芯数。分支外应有可拆卸套管等辅助材料妥善保护。如果分支器端用于户外环境，应满足 IP67 防护等级；如果分支器端用于户内环境，应满足 IP55 防护

等级，见表 1－4－3－17。

表 1－4－3－17　　预制光缆分支器基本参数要求

性能指标	性能参数	性能指标	性能参数
芯数	4 芯、8 芯、12 芯、24 芯	抗压力/(N/10cm)	≥1000N（套管等防护材料）
工作温度/℃	－40～85	产品防护等级	IP67（用于室外），IP55（用于室内）
抗拉力/N	≥1000N		

（六）成品预制光缆标识

预制光缆应在光缆适当位置有光缆编号、长度等明晰标识。

在尾纤靠近光纤活动插头端应有线号标识，可用线卡、热缩管等方式实现。

（七）使用寿命

预制光缆组件整体应具备 25 年以上使用寿命。

四、敷设及安装

1. 敷设

预制光缆从盘绕状态铺开布线时，应理顺后再布线，防止光缆处于扭曲状态。布设光缆时，应注意光缆的弯曲半径，光缆的静态弯曲半径应不小于光缆外径的 10 倍，光缆的动态弯曲半径应不小于光缆外径的 20 倍。若光缆长度过长需将光缆绕圈盘绕，严禁对折捆扎。

若布线需要将光缆固定在柱、杆上时，要注意捆扎松紧度，不能因捆扎得过紧而勒伤光缆，避免捆扎处挤伤纤芯造成光缆损耗变大。

2. 安装

连接器型预制光缆插座安装分为板前式、板后式和卡槽式等。插头和插座连接分为卡口式和螺纹式等。分支器型预制光缆安装分为板前式和卡槽式等，可采用螺钉、螺母、卡槽等附件将预制光缆牢固固定。

五、检验与检测

（1）预制光缆连接器的试验项目和类型应按 IEC 61300、GR 3152、GJB 1217 等标准规定的方法进行试验，见表 1－4－3－18。

表 1－4－3－18　　预制光缆连接器试验项目和试验类型

序号	试验项目	型式试验	验收（抽样）试验
1	外观	△	△
2	插入损耗	△	△
3	回波损耗	△	△
4	啮合和分离力矩	△	
5	机械寿命	△	

续表

序号	试验项目	型式试验	验收（抽样）试验
6	振动	△	
7	冲击	△	
8	高温寿命	△	
9	温度循环	△	
10	耐湿	△	
11	盐雾	△	

注　△表示要进行的项目。

（2）预制光缆配套光缆的试验项目和类型应按 IEC 60793/60794、GB/T 9771/15972/12357/7424.2、YD/T 901 等标准的规定和要求进行，见表 1-4-3-19。

表 1-4-3-19　　预制光缆配套光缆的试验项目和试验类型

序号	试验项目	型式试验	验收（抽样）试验
1	光缆的结构完整性及外观	△	△
2	识别色谱	△	△
3	光缆结构尺寸	△	△
4	光缆长度	△	△
5	光纤特性	△	△
6	护套性能	△	△
7	拉伸力	△	△
8	压扁	△	△
9	冲击	△	△
10	弯曲	△	△
11	温度循环	△	△
12	燃烧	△	△
13	燃烧时工作	△	△
14	环保要求的禁含物质限制量	△	△
15	光缆标记	△	△

注　△表示要进行的项目。

六、包装、运输和储存

（一）包装

1. 插头、插座防护

包装预制光缆时，首先要将连接器插头、插座的插合面进行防护。如果产品已配有金

属防尘盖，注意将防尘盖与插头或插座旋紧，避免运输途中松脱。然后将每个连接器用海绵包裹，外套自封塑料袋，或直接用合适大小的珍珠泡沫塑料袋包裹，挤出多余空气后封口或扎口，以保护产品镀层，减少碰撞。

2. 盘绕和捆扎

盘绕直径要求：光缆盘绕后内圈直径不小于光缆直径的20倍（如$\phi 7$光缆盘绕后，最内圈直径应不小于140mm）。

对于长度大于300mm的预制光缆产品，完成插头插座防护后，盘绕成圈，盘绕时注意不要损伤光缆，再用捆扎线圆周均布捆扎3处，离连接器端不大于60mm处必须捆扎，应保证光缆不会松散、交错，扎线拆除后各光缆易于分离。

若光缆成盘后较粗可用缠绕膜全盘缠绕固定。

3. 中层包装

对于长度小于300mm的预制光缆产品可直接装入合适的自封塑料袋，挤出多余空气后封口，再放入合适的中层包装—纸盒中，盒内放入合格证，在盒体外的规定位置处应加贴中层标签。

同一型号的预制光缆，中层包装的满装数量要统一，且尽量取5的整数倍数量，如10、15、20等，在盒内摆放整齐统一，必要时可用海绵做隔层，以提高防护性能。

对于长度大于300mm的预制光缆产品，在盘绕捆扎后装入合适的塑料袋并封口，有合适纸盒的装入纸盒中，在纸盒虚线框位置粘贴中层标签；若无合适纸盒装袋子，则在塑料袋中间位置贴中层标签。

4. 外包装

预制光缆的外包装通常采用光电连接器专用外包装纸箱。包装的产品重量不能超过外包装箱的最大承重。

对于有特殊包装要求的预制光缆产品按照要求对连接器进行防护后用规定的包装物进行包装（包装物和包装方式可按供货合同执行，无明确要求的按相关标准规定进行）。

把已包装的预制光缆逐一放入包装箱内，然后在最上方放置合格证，待检验后用封签封箱。

将包装后的产品分层装入包装箱后封箱，层数若不够，可用填充物填充，保证单个包装箱的实装率应大于85%。

为防止外包装箱在运输中破损散包，产品装箱后要用宽胶带进行封口，并用塑料打包带在打包机上捆扎，捆扎时应平直拉紧，不得歪斜扭曲。

尾数箱应在包装箱的两个端面粘贴尾箱标签。

（二）运输

包装成箱的产品，应在避免雨雪直接淋袭的条件下，可用任何运输工具运输。

（三）储存

包装成箱的产品，应储存在－5～35℃，相对湿度不大于80%，周围空气中无酸、碱和其他腐蚀性气体的库房里。

第四节　预　制　电　缆

一、表示方法与结构

1. 预制电缆表示方法

预制电缆的型号命名规则如下：

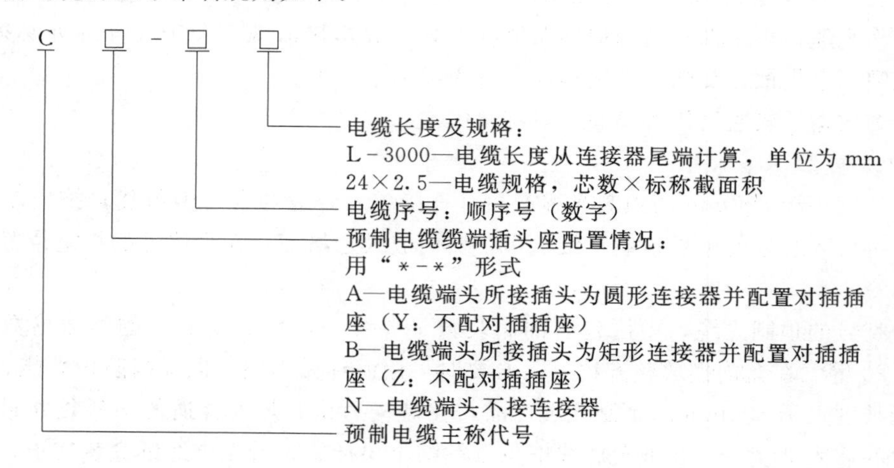

2. 预制电缆型号示例

（1）圆形插头/座单端预制，不配套插合端，电缆型号顺序号为1688，尾部电缆（导线）长度为15000mm（15m），电缆（导线）为55芯，其中25芯每芯截面为2.5mm²、30芯每芯截面为1.5mm²，表示为：C Y－N－1688（L＝15000，25×2.5＋30×1.5）。

（2）矩形插头/座双端预制，其中一端配套插合端，电缆型号顺序号为1690，电缆长度为25000mm（25m），电缆为10芯，每根截面为1.5mm²，表示为：C B－Z－1690（L＝25000，10×1.5）。

（3）一端为圆形插头/座，另一端为矩形插头/座，双端预制，两端均不配套插合端，电缆型号顺序号为1698，电缆长度为20000mm（20m），电缆为16芯，每芯截面为2.5mm²，表示为：C Y－Z－1698（L＝20000，16×2.5）。

3. 预制电缆结构

预制电缆主要分为单端预制和双端预制两种型式。预制电缆结构组成包括插座、插头、导线或者电缆、热缩管等。插座通过其方（圆）盘固定在设备上，插头一般接导线或者电缆，通过连接器固定装置实现插头插座连接。结构示意参见图1－4－4－1～图1－4－4－4。

二、基本技术条件

1. 运行条件

（1）海拔：不大于3000m。

（2）环境温度：－40～60℃。

（3）最大日温差：25K。

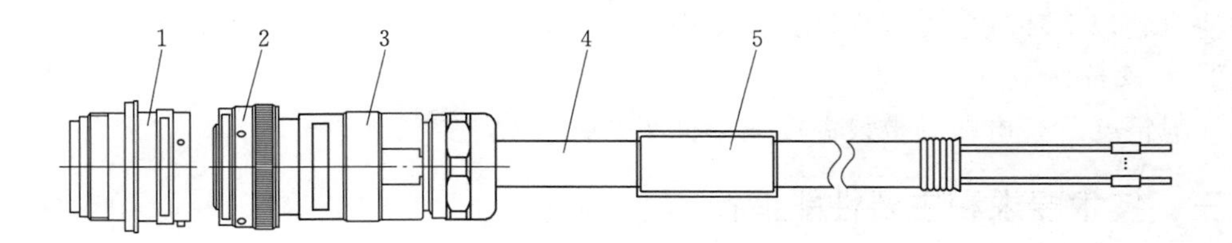

图 1-4-4-1 单端预制电缆组件（圆形连接器）

1—电连接器插座；2—电连接器插头；3—电连接器附件；4—电缆；5—标识

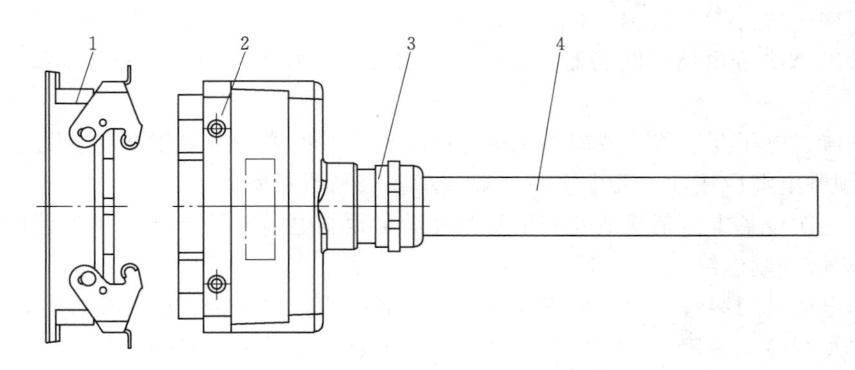

图 1-4-4-2 单端预制电缆组件（矩形连接器）

1—电连接器插座；2—电连接器插头；3—电缆接头；4—电缆

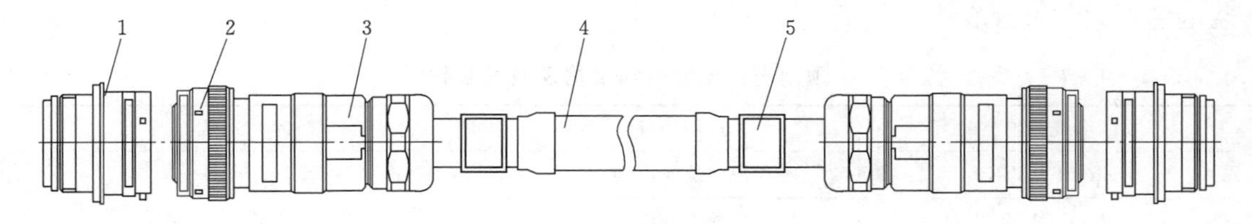

图 1-4-4-3 双端预制电缆组件（圆形连接器）

1—电连接器插座；2—电连接器插头；3—电连接器附件；4—电缆；5—标识

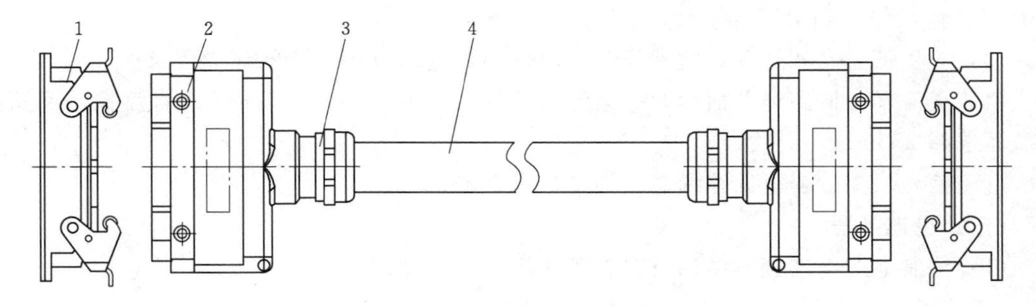

图 1-4-4-4 双端预制电缆组件（矩形连接器）

1—电连接器插座；2—电连接器插头；3—电缆接头；4—电缆

(4) 最大相对湿度：95%（日平均）；90%（月平均）。

(5) 大气压力：86～106kPa。

(6) 抗震能力：水平加速度 0.30g；垂直加速度 0.15g。

注意：以上环境条件可根据具体工程调整。

2. 敷设条件

一般情况下，电缆的敷设温度应不低于0℃。

三、技术要求和主要性能指标

（一）预制电缆选择

（1）预制电缆主要用于一次设备本体至智能控制柜间的二次回路。

1）主变压器：GIS/HGIS本体与智能控制柜之间二次控制电缆宜采用预制电缆连接。

2）对于AIS变电站，断路器、隔离开关与智能控制柜之间二次控制电缆宜采用预制电缆。

3）电流、电压互感器与智能控制柜之间二次控制电缆不宜采用预制电缆。

（2）预制电缆应按如下要求选择单端预制或双端预制型式。

1）当一次设备本体至就地控制柜间路径满足预制电缆敷设要求时（全程无电缆穿管）优先选用双端预制电缆。

2）当电缆采用穿管敷设时，宜采用单端预制电缆，预制端宜设置在智能控制柜侧。

3）在预制缆端采用圆形连接器且满足穿管要求时也可采用双端预制。

（二）配套电缆选择

（1）一般情况下，预制电缆推荐采用阻燃、带屏蔽、软控制电缆，户外敷设时采用铠装电缆，并宜符合表1-4-4-1的规定。

表1-4-4-1　　预制电缆配套电缆规格及技术参数

预制电缆规格型号	适用条件	技术参数
ZR-KVVRP	户内控制电缆	符合GB/T 9330《塑料绝缘控制电缆》相应标准规定
ZR-KVVRP22	户外控制电缆	

（2）在有低毒阻燃性防火要求的场合，预制电缆推荐采用WDZCN型电缆（无卤、低烟、阻燃C级、耐火），阻燃级别不低于C级。

（3）对于低温高寒地区，宜选择具备耐低温型电缆以满足特殊环境要求。

（4）交流动力回路缆芯截面根据载流量选择、截面不小于2.5mm²；直流控制回路缆芯截面选择2.5mm²。

直流信号回路、弱电回路缆芯截面选择1.5mm²。

（三）电连接器

（1）预制电缆电连接器结构宜符合表1-4-4-2的要求。

表1-4-4-2　　预制电缆电连接器结构及要求

电连接器结构形式	结构组成	插座安装方式	插头座连接方式	适用条件
圆形	插头、插座及其附件和防护盖	插座分板前和板后安装两种	卡口和螺纹连接两种	柜内或柜外
矩形带外壳	插头、插座及其附件和防护盖	带外壳螺丝固定	螺丝锁定	柜外
矩形不带外壳	插头、插座及导轨安装支架	导轨安装	导轨支架锁定	柜内

（2）预制电缆芯数选择宜符合以下要求：

1）电连接器插芯数量按照10芯、16芯、24芯、64芯进行选择。

2）对于24芯及以下电连接器，预制电缆芯数与电连接器相同。

3）对于64芯电连接器，预制电缆芯数在考虑适当备用后按40芯、50芯、55芯来选择。

（3）预制电缆电连接器端接方式宜符合以下要求：

1）预制电缆的端接方式为冷压压接或螺钉压接。

2）预制电缆的两种端接方式应分别满足相应连接技术要求。

3）连接器插头（座）的接触件（插针、插孔）与导线、电缆的端接推荐采用压接型，对圆形电连接器应符合GJB 5020压接连接技术要求，矩形电连接器冷压压接的连接要求应符合IEC 61984的相关规定。不同规格线芯压接后的压接强度应符合表1-4-4-3的要求。导线截面应与压接筒相匹配，具体对应关系见表1-4-4-4。

表1-4-4-3　预制电缆不同规格线芯压接后的压接强度和接触电阻要求

线芯标称截面/mm²	压接强度（不小于）/N		接触电阻（不大于）/μΩ	
	镀银锡或裸铜电线	镀镍电线	镀银锡或裸铜电线	镀镍电线
1.0	190	150	500	2000
1.5	300	220	350	1575
2.0	380	280	300	1350
2.5	480	360	250	1125
3.0	550	430	200	900
4.0	650	500	180	810

表1-4-4-4　接线端压接筒与压接导线匹配规格

接线端内径/mm	匹配导线截面积/mm²	接线端内径/mm	匹配导线截面积/mm²
1.6	1.0～1.2	2.5	3.0
1.8	1.2～1.5	3.0	4.0
2.3	2.0～2.5		

4）电连接器插头（座）的接触件（插针、插孔）与导线、电缆的端接可采用螺钉压接型。预制电缆电连接器插头（座）螺钉连接要求见表1-4-4-5。

表1-4-4-5　预制电缆电连接器插头（座）螺钉连接要求

螺丝型号	矩形航空插头类型	拧紧力矩/(N·m)	螺丝刀尺寸/mm
压线螺丝M3	10芯、16芯、24芯	0.5	0.5×3.5
接地螺丝M4	10芯、16芯、24芯、64芯	1.2	0.5×3.5

（4）预制电缆电连接器连接附件。预制电缆组件连接器端可根据使用空间及电缆外径采用合适的附件，电缆与连接器连接后，附件可使电缆与连接器可靠固定在一起，增加整

体的抗拉、抗拖拽性能；可一定程度地防止连接器的接触件与导线的端接处弯折、受力脱落。户外及户内箱/柜体表面使用时应采用屏蔽密封式附件实现屏蔽与防水的要求；箱/柜体内使用且不受力情况下也可不使用附件。

（5）预制电缆电连接器防尘盖。预制电缆组件所使用连接器应有防尘盖，特别是预制缆端，在施工现场安装连接前应设置好防尘盖，以防操作过程中对预制缆端连接器内部接触件造成损伤，或者插合端进入杂物等影响连接器的正常使用。

（6）预制电缆电连接器试验特性。圆形与矩形电连接器可利用试验工装完成出厂前回路试验。在现场带电缆联调情况下，电连接器宜满足不通过转接端子排即可方便地对二次回路进行试验的要求。

（7）预制电缆屏蔽层与铠装层接地。预制电缆屏蔽层接地要求详见《国家电网公司十八项电网重大反事故措施》中 15.7.3.8 条及 GB 50217—2007《电力工程电缆设计规范》中 3.6.9 条的相关规定，预制电缆屏蔽层接地推荐采用在电连接器上设置单独的 PE 接线端来实现，该 PE 接线端应能实现与电连接器金属外壳电气绝缘。

预制电缆铠装层接地要求详见 GB/T 50065—2011《交流电气装置的接地设计规范》中 3.2.1 条与 5.2.1 条的相关规定，预制电缆铠装层接地可采用铠装层与电连接器金属外壳可靠电气连接来实现。

预制电缆金属铠装层应与变电站主接地网相连接，屏蔽层则与二次等电位接地网相连接。预制电缆制作缆端时应保证铠装层接地与屏蔽层接地相互独立。

（四）成品电缆标志

预制电缆应在适当位置有厂家标志、电缆组件型号、批次号、额定电压和计米长度的连续标志。

印刷标志符合 GB 6995.3《电线电缆识别标志方法　第 3 部分：电线电缆识别标志》的规定。

为便于单端预制电缆组件甩线端的接线，需在电缆组件甩线端增加线号标识，可采用热缩标记热缩套管等方式实现。

（五）主要性能指标

1. 塑料绝缘控制电缆

塑料绝缘控制电缆主要性能指标包括成品电缆外径、导体电阻、绝缘非电性能、护套非电性能、电压试验、绝缘电阻、颜色和标志的耐擦性检查、电缆燃烧性能试验等，性能要求参见 GB/T 9330—2008 相关条文。

2. 电连接器

电连接器主要性能指标包括工作电压、工作电流、耐电压、接触电阻、绝缘电阻、工作温度、机械寿命、振动、加速度、阻燃等级等，性能要求参见 GJB 598B《耐环境快速分离圆形连接器通用规范》与 GJB 599A《耐环境快速分离高密度小圆形电连接器总规范》相关条文。

3. 预制电缆

（1）预制电缆长度。预制电缆供货长度应满足采购合同要求，长度公差应符合表 1-4-4-6或合同规定的要求。

表 1-4-4-6　　预制电缆长度公差

电缆供货长度	长度公差	备　注
<7m	0～150mm	预制电缆长度从连接器附件尾端出线口测量
>7m	0～3%L（L 为总长度）	

（2）线号对应性。预制电缆每芯的连接应保证与预期孔位导通，与非预期导通孔位绝缘。

（3）耐电压。预制电缆符合合同规定的工频交流电压及直流电压；推荐预制电缆耐电压不低于额定工作电压的 3 倍。

（4）绝缘电阻。预制电缆绝缘线芯长期工作温度下的绝缘电阻应满足合同的规定；并应符合 IEC 60228 及 GB/T 9330《塑料绝缘控制电缆》系列标准的相关规定。

（5）颜色和标志的耐擦性。应符合 GB 6995.1《电线电缆识别标志方法　第 1 部分：一般规定》的相关规定。

四、检验与检测

（一）电缆的试验类型和项目

电缆的试验类型和项目应符合 GB/T 2951、GB/T 2952、GB/T 3048、GB/T 19666—2005 及 GB/T 9330—2008 的相关规定。电缆试验项目参见表 1-4-4-7。

表 1-4-4-7　　电缆的试验项目和试验类型

序号	试验项目	型式试验	验收（抽样）试验
1	结构尺寸检查	△	△
2	绝缘机械物理性能	△	△
3	护套机械物理性能	△	△
4	电气性能试验	△	△
5	电缆的燃烧性能	△	△
6	外观	△	△
7	交货长度		△

注　△表示要进行的项目。

1. 结构尺寸检查

电缆绝缘厚度、护套厚度、屏蔽、内衬层、铠装、外径等数值应满足 GB/T 9330 的相关要求，试验方法应符合 GB/T 2951《电缆机械物理性能试验方法》及 GB/T 2952《电缆外护层》的相关规定。

2. 绝缘机械物理性能

绝缘材料抗张强度和断裂伸长率、空气烘箱老化后的性能、失重试验、热冲击试验、高温压力试验、低温拉升试验、低温冲击试验均应满足 GB/T 9330 的相关要求。试验方法应符合 GB/T 2951 的相关规定。

3. 电气性能试验

导体电阻、绝缘线芯电压试验、成品电压试验、70℃时绝缘电阻应满足 GB/T 9330

的相关要求。试验方法应符合 GB/T 3048 的相关规定。

4. 电缆的燃烧性能

电缆应符合单根燃烧试验要求，如有其他各种燃烧特性应符合 GB/T 19666 的相关规定。试验方法应符合 GB/T 19666《阻燃和耐火电线电缆通则》的相关规定。

5. 外观

产地标志和电缆识别、产品表示方法、绝缘线芯的颜色识别方法、绝缘线芯的数字识别方法均应符合 GB/T 9330 的相关规定，外观以正常目力检查。

6. 交货长度

以计米器测量。

（二）连接器的试验类型和项目

电连接器的试验项目和试验类型应符合 GJB 1217A—2009 的相关规定。电连接器试验项目参见表 1-4-4-8。

表 1-4-4-8　电连接器的试验项目和试验类型

序号	试验项目	型式（周期）试验	验收（抽样）试验	鉴定试验
1	外观	△	△	△
2	互换性		△	△
3	啮合力和分离力	△	△	△
4	接触电阻	△	△	△
5	绝缘电阻	△	△	△
6	耐电压	△	△	△
7	常温温升	△		△
8	接触件固定性	△		△
9	外壳防护等级	△		△
10	机械寿命	△		△
11	温度冲击	△		△
12	振动	△		△
13	冲击	△		△
14	盐雾	△		△
15	潮湿	△		△
16	压接拉脱力	△		

注　△表示要进行的项目。

1. 外观质量

电缆组件的外观应无裂纹、起泡、起皮等缺陷；绝缘安装板应无龟裂、明显掉块、气泡等影响使用的缺陷；绝缘安装板上表示孔位排列的数字应永久清晰；电缆表面光滑、无砂粒、无气泡、粗细均匀。

2. 互换性

在机械安装和性能方面，同一型号的电缆组件应能完全互换。

3. 接触件的分离力

按 GJB 1217A—2009 方法 2014 的规定对单独的插孔接触件进行试验，应采用下列细则：

（1）直接用标准插针进行检测。

（2）试验时标准插针插入深度不小于 4mm。

使用标准插针检测，每对接触件的单孔拔力应满足 GJB 599A 的相关规定。

4. 啮合和分离力矩

按照 GB/T 5095《电子设备用机电元件　基本试验规程及测量方法》规定的试验方法进行试验，插合和分离成对连接器的最大啮合和分离力矩应满足 GJB 599A 的相关规定。

5. 接触电阻

按 GJB 1217A—2009 方法 3004 的规定对插合好的接触件进行试验，应满足 GJB 599A 的相关规定。

6. 绝缘电阻

连接器任意相邻接触件之间，以及任一接触件对外壳之间的绝缘电阻应满足 GJB 599A 的相关规定。电缆组件的绝缘电阻应不小于 30MΩ。

7. 耐电压

按 GJB 1217A《电连接器的试验方法》方法 3001 规定的试验方法对插合好的连接器进行试验，应采用以下细则：

（1）试验电压：符合表 1-4-4-9 的规定。

（2）施加电压时间：在达到电压要求之后保持（60±10）s，施加电压不超过 500V/s。

按以上规定进行试验时，任何相邻接触件之间、接触件与壳体之间应能承受表 1-4-4-9 中规定的试验电压而不出现击穿或飞弧现象，漏电流不大于 10mA。

表 1-4-4-9　　电连接器耐电压测试用电压值

试验条件	使用等级	耐电压（AC 有效值）/V
常温	使用等级Ⅰ	1500
	使用等级Ⅱ	2300

注　电缆组件耐电压按照 1000V 执行。

8. 外壳防护等级

按 GB 4208—2008 中 IP67 防护要求试验后，电缆组件、连接器应无漏水现象。

9. 机械寿命

按 GJB 1217A—2009 方法 2016 规定的试验方法进行试验。成对电缆组件连接和分开一次为一个周期，用专用试验工具或手动进行。插拔速度每分钟不大于 15 次。

电缆组件与连接器做 500 次连接和分离试验后，电缆组件与连接器应无机械损伤，但金属零件摩擦表面允许有轻微磨损；插针、插孔表面不允许镀层脱落。

10. 温度冲击

按 GJB 1217A—2009 方法 1003 规定的试验方法对插合好的电缆组件及连接器进行试

验。试验条件：A 极；限温度值：－55～85℃。按规定试验后，应没有影响电缆组件正常工作的镀层起泡、剥皮或掉层以及其他损伤。

11. 振动

按 GJB 1217A—2009 方法 2005 规定的试验办法对插合好的电缆组件进行试验。试验时电缆组件上的电缆应与夹具固定。

12. 冲击

按 GJB 1217A—2009 方法 2004 规定的试验方法对插合好的电缆组件及连接器进行试验。试验时电缆组件上的电缆应与夹具固定。试验条件：D。按规定进行试验时，不允许有大于 1μs 的电气不连续性，应采用能检测 1μs 不连续性的检测器，试验后，应无外观或机械损伤现象。

13. 盐雾

按 GJB 1217A—2009 方法 1001 规定的试验方法对插合好的电缆组件进行试验。试验时间、试验条件符合相关标准。试验后，电缆组件的外观应符合下列要求：

(1) 应不暴露出影响产品性能的基体金属。

(2) 非金属材料应无明显泛白、膨胀、起泡、皱裂、麻坑等。

14. 潮湿

按 GJB 1217A—2009 方法 1002 规定的试验方法对插合好的电缆组件及连接器进行试验。试验条件：Ⅰ型 A。按规定试验后，应无对电缆组件、连接器性能产生影响的损坏，试验后绝缘电阻应不小于 30MΩ。

15. 电缆拉脱

按 GJB 1217A—2009 方法 2009 规定的试验方法进行试验。

（三）预制电缆整体试验

预制电缆整体部件的试验项目和试验类型应符合下列要求。预制电缆整体试验项目见表 1－4－4－10。

表 1－4－4－10　　预制电缆整体试验项目和试验类型

序　号	试 验 项 目	型式（周期）试	验收（抽样）试验
1	外观	△	△
2	尺寸检验	△	△
3	线号对应性	△	△
4	绝缘电阻	△	△
5	耐电压	△	△

注　△表示要进行的项目。

1. 外观检查

预制电缆表面不应有锈蚀及影响外观质量的伤痕、变形和磨损等；电缆组件的标记应正确、清晰、牢固；标志内容符合相应图纸的规定，颜色和标志的耐擦性应符合 GB 6995.1 的相关规定。

2. 尺寸检验

预制电缆尺寸应符合相应图纸的规定。

3. 线号对应性

预制电缆的线号对应性应符合相应图纸的规定。

4. 绝缘电阻

按照GJB 1217A—2009《电连接器试验方法》方法3003，对预制电缆的各不相通接触偶之间，以及与壳体不相通的接触偶与壳体之间进行常态绝缘电阻检查。

5. 耐电压

按照GJB 1217A—2009《电连接器试验方法》方法3001对预制电缆的各不相通接触偶之间，以及壳体不相通的接触偶与壳体之间进行耐电压检测。

五、包装、运输和储存

（一）包装要求

电缆组件的包装分解为：插头、插座防护，盘绕和捆扎，中层包装和外包装4个部分。为保证出厂产品包装的统一，现对各类产品的包装形式进行规定。

1. 插头、插座防护

包装电缆组件时，首先要将连接器插头、插座的插合面进行防护，如使用塑料防护盖等。如果产品已配有金属防尘盖，注意将防尘盖与插头或插座旋紧，避免运输途中松脱。然后将每个连接器用海绵包裹，外套自封塑料袋，或直接用合适大小的珍珠泡塑料袋包裹，挤出多余空气后封口或扎口，以保护产品镀层，减少碰撞。

2. 盘绕和捆扎

盘绕直径要求：线缆盘绕后内圈直径不小于电缆直径的20倍（如$\phi7$电缆盘绕后，最内圈直径应不小于140mm）。对于长度大于300mm的线缆组件产品，完成插头插座防护后，盘绕成圈，盘绕时注意不要损伤电缆，再用捆扎线圆周均布捆扎3处，离连接器端不大于60mm处必须捆扎，应保证线缆不会松散、交错，扎线拆除后各线缆易于分离。插头有多根分线时，把分线聚集在一起每隔200mm用捆扎线固定，然后再按普通线缆盘绕捆扎。

若线缆成盘后较粗，可用缠绕膜全盘缠绕固定。

3. 中层包装

对于长度小于300mm的线缆组件产品可直接装入合适的自封塑料袋，挤出多余空气后封口，再放入合适的中层包装—纸盒中，盒内放入合格证，在盒体外的规定位置处应加贴中层标签。同一型号的线缆组件，中层包装的满装数量要统一，且尽量取5的整数倍数量，如10、15、20等，在盒内摆放整齐统一，必要时可用海绵作隔层，以提高防护性能。对于长度大于30mm的线缆组件产品，在盘绕捆扎后装入合适的塑料袋并封口，有合适纸盒的装入纸盒中，在纸盒虚线框位置粘贴中层标签；若无合适纸盒，则在塑料袋中间位置贴中层标签。

4. 外包装

线缆组件的外包装通常采用电连接器用外包装纸箱。包装的产品重量不能超过外包装箱的最大承重。对于长度特别长或特别粗的线缆组件以及有特殊包装要求的线缆组件产品，按照要求对连接器进行防护后用规定的包装物进行包装（包装物和包装方式按相关规

定要求进行)。对于有特殊要求要用木箱包装的电缆组件，装箱前确认木箱的规格、板材、质量和牢固度是否符合要求，将电缆盘成适合木箱内径的盘，插头用海绵防护后装箱，封盖后要保证箱子牢靠。把已包装的线缆产品逐一放入包装箱内，然后在最上方放置合格证，待检验后用封签封箱。将包装后产品分层装入包装箱后封箱，层数若不够，可用填充物填充，保证单个包装箱的实装率应大于85%，要求每箱只能装同一批次产品。为防止外包装箱在运输中破损散包，产品装箱后要用宽胶带进行封口，并用塑料打包带在打包机上捆扎，捆扎时应平直拉紧，不得歪斜扭曲。尾数箱应在包装箱的两个端面粘贴尾箱标签。

(二) 运输

包装成箱的产品，应在避免雨雪直接淋袭的条件下，可用任何运输工具运输。

(三) 储存

包装成箱的产品，应储存在-5～35℃，相对湿度不大于80%，周围空气中无酸、碱和其他腐蚀性气体的库房里。

第二篇

智能变电站运行与维护

第一章　智能变电站运行监控系统

第一节　智能变电站一体化监控系统基本原则和技术原则

一、基本原则

（1）通过各应用系统的集成和优化，实现电网运行监视、操作控制、信息综合分析与智能告警、运行管理和辅助应用功能。

（2）遵循 DL/T 860 标准，实现站内信息、模型、设备参数的标准化和全景信息的共享。

（3）遵循 Q/GDW 215《电力系统数据标记语言・E 语言规范》、Q/GDW 622《电力系统简单服务接口规范》、Q/GDW 623《电力系统动态消息编码规范》、Q/GDW 624《电力系统图形描述规范》，满足调度对站内数据、模型和图形的应用需求。

（4）变电站二次系统安全防护遵循国家电力监管委员会《电力二次系统安全防护总体方案》和《变电站二次系统安全防护方案》（电监安全〔2006〕34 号）要求。

二、技术原则

（1）遵循 DL/T 860，实现全站信息统一建模。

（2）建立变电站全景数据，满足基础数据的完整性、准确性和一致性的要求。

（3）实现变电站信息统一存储，提供统一规范的数据访问服务。

（4）继电保护配置及相关技术要求遵循 Q/GDW 441《智能变电站继电保护技术规范》。

（5）与调度主站通信的文件描述和配置遵循 Q/GDW 622、Q/GDW 623 和 Q/GDW 624。

（6）变电站信息通信遵循国家电力监管委员会《电力二次系统安全防护总体方案》和《变电站二次系统安全防护方案》（电监安全〔2006〕34 号）要求。

第二节　数据采集和运行监视

一、电网运行数据采集

1. 总体要求

数据采集的总体要求如下：

（1）应实现电网稳态、动态和暂态数据的采集。

（2）应实现一次设备、二次设备和辅助设备运行状态数据的采集。

（3）量测数据应带时标、品质信息。

（4）支持DL/T 860，实现数据的统一接入。

2. 稳态数据采集

电网稳态运行数据的范围和来源如下。

（1）状态数据采集：

1）馈线、联络线、母联（分段）、变压器各侧断路器位置。

2）电容器、电抗器、所用变断路器位置。

3）母线、馈线、联络线、主变隔离开关位置。

4）接地刀闸位置。

5）压变刀闸、母线地刀位置。

6）主变分接头位置，中性点接地刀闸位置等。

（2）量测数据采集：

1）馈线、联络线、母联（分段）、变压器各测电流、电压、有功功率、无功功率、功率因数。

2）母线电压、零序电压、频率。

3）3/2接线方式的断路器电流。

4）电能量数据：①主变各侧有功/无功电量；②联络线和线路有功/无功电量；③旁路开关有功/无功电量；④馈线有功/无功电量；⑤并联补偿电容器电抗器无功电量；⑥站（所）用变有功/无功电量。

5）统计计算数据。

（3）电网运行状态信息主要通过测控装置采集，信息源为一次设备辅助接点，通过电缆直接接入测控装置或智能终端。测控装置以MMS报文格式传输，智能终端以GOOSE报文格式传输。

（4）电网运行量测数据通过测控装置采集，信息源为互感器（经合并单元输出）。

（5）电能量数据来源于电能计量终端或电子式电能表。

3. 动态数据采集

电网动态运行数据的范围和来源如下。

（1）数据范围：

1）线路和母线正序基波电压相量、正序基波电流相量。

2）频率和频率变化率。

3）有功、无功计算量。

（2）动态数据通过PMU装置采集，信息源为互感器（经合并单元输出）。

（3）动态数据采集和传输频率应可根据控制命令或电网运行事件进行调整。

4. 暂态数据采集

电网暂态运行数据的范围和来源如下。

（1）数据范围：

1）主变保护录波数据。

2）线路保护录波数据。

3）母线保护录波数据。

4）电容器/电抗器保护录波数据。

5）开关分/合闸录波数据。

6）测量异常录波数据。

（2）录波数据通过故障录波装置采集。

二、设备运行信息采集

1. 一次设备数据采集

一次设备在线监测信息范围和来源如下。

（1）数据范围：

1）变压器油箱油面温度、绕组热点温度、绕组变形量、油位、铁芯接地电流、局部放电数据等。

2）变压器油色谱各气体含量等。

3）GIS、断路器的 SF_6 气体密度（压力）、局部放电数据等。

4）断路器行程—时间特性、分合闸线圈电流波形、储能电机工作状态等。

5）避雷器泄漏电流、阻性电流、动作次数等。

6）其他监测数据可参考 Q/GDW 616《基于 DL/T 860 标准的变电设备在线监测装置应用规范》。

（2）在线监测装置应上传设备状态信息及异常告警信号。

（3）一次设备在线监测数据通过在线监测装置采集。

2. 二次设备数据采集

二次设备运行状态信息范围和来源如下。

（1）信息范围：

1）装置运行工况信息。

2）装置软压板投退信号。

3）装置自检、闭锁、对时状态、通信状态监视和告警信号。

4）装置 SV/GOOSE/MMS 链路异常告警信号。

5）测控装置控制操作闭锁状态信号。

6）保护装置保护定值、当前定值区号。

7）网络通信设备运行状态及异常告警信号。

8）二次设备健康状态诊断结果及异常预警信号。

（2）二次设备运行状态信息由站控层设备、间隔层设备和过程层设备提供。

3. 辅助设备数据采集

辅助设备运行状态信息范围和来源如下。

（1）信息范围：

1）辅助设备量测数据：①直流电源母线电压、充电机输入电压/电流、负载电流；②逆变电源交、直流输入电压和交流输出电压；③环境温度、湿度；④开关室气体传感器氧气或 SF_6 浓度信息。

2）辅助设备状态量信息：①交直流电源各进线、出线开关位置；②设备工况、异常及失电告警信号；③安防、消防、门禁告警信号；④环境监测异常告警信号。

3）其他设备的量测数据及状态量。

（2）辅助设备量测数据和状态量由电源、安防、消防、视频、门禁和环境监测等装置提供。

三、运行监视

1. 总体要求

运行监视的总体要求如下：

（1）应在 DL/T 860 的基础上，实现全站设备的统一建模。

（2）监视范围包括电网运行信息、一次设备状态信息、二次设备状态信息和辅助应用信息。

（3）应对主要一次设备（变压器、断路器等）、二次设备运行状态进行可视化展示，为运行人员快速、准确地完成操作和事故判断提供技术支持。

2. 电网运行监视

电网运行监视内容及功能要求如下：

（1）电网实时运行信息包括电流、电压、有功功率、无功功率、频率，断路器、隔离开关、接地刀闸、变压器分接头的位置信号。

（2）电网实时运行告警信息包括全站事故总信号、继电保护装置和安全自动装置动作及告警信号、模拟量的越限告警、双位置节点一致性检查、信息综合分析结果及智能告警信息等。

（3）支持通过计算公式生成各种计算值，计算模式包括触发、周期循环方式。

（4）开关事故跳闸时自动推出事故画面。

（5）设备挂牌应闭锁关联的状态量告警与控制操作，检修挂牌应能支持设备检修状态下的状态量告警与控制操作。

（6）实现保护等二次设备的定值、软压板信息、装置版本及参数信息的监视。

（7）全站事故总信号宜由任意间隔事故信号触发，并保持至一个可设置的时间间隔后自动复归。

3. 一次设备状态监视

一次设备状态监视内容如下：

（1）站内状态监测的主要对象包括：变压器、电抗器、组合电器（GIS/HGIS）、断路器、避雷器等。

（2）一次设备状态监测的参量及范围参见《国家电网公司输变电工程通用设计［110（66）～750kV 智能变电站部分（2011 版）］》。

（3）一次设备状态监测设备信息模型应遵循 Q/GDW 616 标准。

4. 二次设备状态监视

二次设备状态监视内容如下：

（1）监视对象包括合并单元、智能终端、保护装置、测控装置、安稳控制装置、监控主机、综合应用服务器、数据服务器、故障录波器、网络交换机等。

（2）监视信息内容包括：设备自检信息、运行状态信息、告警信息、对时状态信

息等。

（3）应支持 SNMP 协议，实现对交换机网络通信状态、网络实时流量、网络实时负荷、网络连接状态等信息的实时采集和统计。

（4）辅助设备运行状态监视。

5. 电网运行可视化展示

电网运行可视化应满足如下要求：

（1）应实现稳态和动态数据的可视化展示，如有功功率、无功功率、电压、电流、频率、同步相量等，采用动画、表格、曲线、饼图、柱图、仪表盘、等高线等多种形式展现。

（2）应实现站内潮流方向的实时显示，通过流动线等方式展示电流方向，并显示线路、主变的有功、无功等信息。

（3）提供多种信息告警方式，包括最新告警提示、光字牌、图元变色或闪烁、自动推出相关故障间隔图、音响提示、语音提示、短信等。

（4）不合理的模拟量、状态量等数据应置异常标志，并用闪烁或醒目的颜色给出提示，颜色可以设定。

（5）支持电网运行故障与视频联动功能，在电网设备跳闸或故障情况下，视频应自动切换到故障设备。

6. 设备状态可视化展示

设备状态可视化应满足如下要求：

（1）使用动画、图片等方式展示设备状态。

（2）针对不同监测项目显示相应的实时监测结果，超过阈值的应以醒目颜色显示。

（3）可根据监测项目调取、显示故障曲线和波形，提供不同历史时期曲线比对功能。

（4）在电网间隔图中通过曲线、音响、颜色效果等方式综合展示一次设备各种状态参量，包括运行参数、状态参数、实时波形、诊断结果等。

（5）应根据监视设备的状态监测数据，以颜色、运行指示灯等方式，显示设备的健康状况、工作状态（运行、检修、热备用、冷备用）、状态趋势。

（6）实现通信链路的运行状态可视化，包括网络状态、虚端子连接等。

7. 远程浏览

远程浏览应满足如下要求：

（1）数据通信网关机应为调度（调控）中心提供远程浏览和调阅服务。

（2）远程浏览只允许浏览，不允许操作。

（3）远程浏览内容包括一次接线图、电网实时运行数据、设备状态等。

（4）远程调阅内容包括历史记录、操作记录、故障综合分析结果等信息。

第三节　操作与控制

一、总体要求

操作与控制的总体要求如下：

（1）应支持变电站和调度（调控）中心对站内设备的控制与操作，包括遥控、遥调、人工置数、标识牌操作、闭锁和解锁等操作。

（2）应满足安全可靠的要求，所有相关操作应与设备和系统进行关联闭锁，确保操作与控制的准确可靠。

（3）应支持操作与控制可视化。

二、站内操作与控制

1. 分级控制

（1）电气设备的操作采用分级控制，控制宜分为四级。

1）第一级，设备本体就地操作，具有最高优先级的控制权。当操作人员将就地设备的“远方/就地”切换开关放在“就地”位置时，应闭锁所有其他控制功能，只能进行现场操作。

2）第二级，间隔层设备控制。

3）第三级，站控层控制。该级控制应在站内操作员工作站上完成，具有“远方调控/站内监控”的切换功能。

4）第四级，调度（调控）中心控制，优先级最低。

（2）设备的操作与控制应优先采用遥控方式，间隔层控制和设备就地控制作为后备操作或检修操作手段。

（3）全站同一时间只执行一个控制命令。

2. 单设备控制

单设备遥控应满足如下要求：

（1）单设备控制应支持增强安全的直接控制或操作前选择控制方式。

（2）开关设备控制操作分三步进行：选择—返校—执行。选择结果应显示，当“返校”正确时才能进行“执行”操作。

（3）在进行选择操作时，若遇到以下情况之一应自动撤销：

1）控制对象设置禁止操作标识牌。

2）校验结果不正确。

3）遥控选择后30～90s内未有相应操作。

（4）单设备遥控操作应满足以下安全要求：

1）操作必须在具有控制权限的工作站上进行。

2）操作员必须有相应的操作权限。

3）双席操作校验时，监护员需确认。

4）操作时每一步应有提示。

5）所有操作都有记录，包括操作人员姓名、操作对象、操作内容、操作时间、操作结果等，可供调阅和打印。

3. 同期操作

同期操作应满足如下需求：

（1）断路器控制具备检同期、检无压方式，操作界面具备控制方式选择功能，操作结

果应反馈。

（2）同期检测断路器两侧的母线、线路电压幅值、相角及频率，实现自动同期捕捉合闸。

（3）过程层采用智能终端时，针对双母线接线，同期电压分别来自Ⅰ母或Ⅱ母相电压以及线路侧的电压，测控装置经母线刀闸位置判断后进行同期，母线刀闸位置由测控装置从GOOSE网络获取。

4. 定值修改

定值修改操作应满足如下要求：

（1）可通过监控系统或调度（调控）中心修改定值，装置同一时间仅接受一种修改方式。

（2）定值修改前应与定值单进行核对，核对无误后方可修改。

（3）支持远方切换定值区。

5. 软压板投退

软压板投退应满足如下要求：

（1）远方投退软压板宜采用“选择—返校—执行”方式。

（2）软压板的状态信息应作为遥信状态上送。

6. 主变分接头调节

主变分接头的调节应满足如下要求：

（1）宜采用直接控制方式逐挡调节。

（2）变压器分接头调节过程及结果信息应上送。

三、调度操作与控制

调度操作与控制应满足如下要求：

（1）应支持调度（调控）中心对管辖范围内的断路器、电动刀闸等设备的遥控操作；支持保护定值的在线召唤和修改、软压板的投退、稳定控制装置策略表的修改、变压器挡位调节和无功补偿装置投切。此类操作应通过Ⅰ区数据通信网关机实现。

（2）应支持调度（调控）中心对全站辅助设备的远程操作与控制。此类操作应通过Ⅱ区数据通信网关机和综合应用服务器实现。调度（调控）中心将控制命令下发给Ⅱ区数据通信网关机，Ⅱ区数据通信网关机将其传输给综合应用服务器，并由综合应用服务器将操作命令传输给相关的辅助设备，完成控制操作。

四、防误闭锁

防误闭锁功能应满足如下要求：

（1）防误闭锁分为三个层次，站控层闭锁、间隔层联闭锁和机构电气闭锁。

（2）站控层闭锁宜由监控主机实现，操作应经过防误逻辑检查后方能将控制命令发至间隔层，如发现错误应闭锁该操作。

（3）间隔层联闭锁宜由测控装置实现，间隔间闭锁信息宜通过GOOSE方式传输。

（4）机构电气闭锁实现设备本间隔内的防误闭锁，不设置跨间隔电气闭锁回路。

（5）站控层闭锁、间隔层联闭锁和机构电气闭锁属于串联关系，站控层闭锁失效时不影响间隔层联闭锁，站控层和间隔层联闭锁均失效时不影响机构电气闭锁。

五、顺序控制

顺序控制功能应满足如下要求：

（1）变电站内的顺序控制可以分为间隔内操作和跨间隔操作两类。

（2）顺序控制的范围：

1）一次设备（包括主变、母线、断路器、隔离开关、接地刀闸等）运行方式转换。

2）保护装置定值区切换、软压板投退。

（3）顺序控制应提供操作界面，显示操作内容、步骤及操作过程等信息，应支持开始、终止、暂停、继续等进度控制，并提供操作的全过程记录。对操作中出现的异常情况，应具有急停功能。

（4）顺序控制宜通过辅助接点状态、量测值变化等信息自动完成每步操作的检查工作，包括设备操作过程、最终状态等。

（5）顺序控制宜与视频监控联动，提供辅助的操作监视。

六、无功优化

无功优化功能应满足如下要求：

（1）应根据预定的优化策略实现无功的自动调节，可由站内操作人员或调度（调控）中心进行功能投退和目标值设定。

（2）具备参数设置功能，包括控制模式、计算周期、数据刷新周期、控制约束等设置。

（3）提供实时数据、电网状态、闭锁信号、告警等信息的监视界面。

（4）变压器、电容器和母线故障时应自动闭锁全部或部分功能，支持人工恢复和自动恢复。

（5）调节操作应生成记录。记录内容应有操作前的控制目标值、操作时间及操作内容、操作后的控制目标值。操作异常时应记录操作时间、操作内容、引起异常的原因、是否由操作员进行人工处理等。

七、智能操作票

智能操作票应满足如下要求：

（1）根据操作任务，结合操作规则和运行方式，自动生成符合操作规范的操作票。

（2）操作票的生成有3种方式：

1）方式1。根据在人机界面上选择的设备和操作任务到典型票库中查找，如果匹配到典型票，则装载典型票，保存为未审票。

2）方式2。如果没有匹配到典型票，根据在画面上选择的设备和操作任务到已校验的顺控流程定义库中查找，如果匹配到顺控流程定义，则装载顺控流程定义，拟票人根据具体任务进行编辑，保存为未审票。

3）方式3。如果没有匹配到典型票和顺控流程定义，根据在画面上选择的设备和操作任务到操作规则库中查找操作规则、操作术语，得到这个特定任务的操作规则列表，然后用实际设备替代操作规则列表中的模板设备，得到一系列的实际操作列表，生成未审票。

八、操作可视化

操作可视化应满足如下要求：

（1）应为操作人员提供形象、直观的操作界面。

（2）展示内容包括操作对象的当前状态（运行状态、健康状况、关联设备状态等）、操作过程中的状态（状态信息、异常信息）和操作结果（成功标志、最终运行状态）。

（3）应支持视频监控联动功能，自动切换摄像头到预置点，为操作人员提供实时视频图像辅助监视。

第四节　信息综合分析与智能告警

一、总体要求

信息综合分析与智能告警功能应能为运行人员提供参考和帮助，具体要求如下：

（1）应实现对站内实时/非实时运行数据、辅助应用信息、各种告警及事故信号等进行综合分析处理。

（2）系统和设备应根据对电网的影响程度提供分层、分类的告警信息。

（3）应按照故障类型提供故障诊断及故障分析报告。

二、数据辨识

1. 数据合理性检测

对量测值和状态量进行检测分析，确定其合理性，具体内容如下：

（1）检测母线的功率量测总和是否平衡。

（2）检测并列运行母线电压量测是否一致。

（3）检查变压器各侧的功率量测是否平衡。

（4）对于同一量测位置的有功、无功、电流等量，检查是否匹配。

（5）结合运行方式、潮流分布检测开关状态量是否合理。

2. 不良数据检测

对量测值和状态量的准确性进行分析，辨识不良数据，具体内容如下：

（1）检测量测值是否在合理范围，是否发生异常跳变。

（2）检测断路器/刀闸状态和量测值是否冲突，并提供其合理状态。

（3）检测断路器/刀闸状态和标志牌信息是否冲突，并提供其合理状态。

（4）当变压器各侧的母线电压和有功、无功量测值都可用时，可以验证有载调压分接头位置的准确性。

三、智能告警

智能告警涉及的信息命名及分类应明确和规范。

1. 信息命名规范

全站采集信息应统一命名格式。

(1) 信息命名原则。信息名称应明确简洁，以满足生产实时监控系统的需要，方便变电站、调度（调控）中心运行人员的监视、操作和检修，保证电力系统和设备的安全可靠运行。

信息名称应根据调度命名原则进行定义，符合安全规程和调度规程的要求。

(2) 信息命名结构。信息命名结构可表示为：电网．厂站/电压．间隔．设备/部件．属性。其中：

1）带下划线的部分为名称项；“.”和“/”为分隔符。

2）“电网”指设备所属调度机构对应的电网的名称，电网可分多层描述，当一个厂站内的设备分属不同调度机构时，站内所有设备对应的电网名称应一致，如没有特别指明，选取最高级别的调度机构对应的电网名称。

3）“厂站”指所描述的变电站的名称。

4）“电压”指电力设备的电压等级（单位为 kV）。

5）“间隔”指变电站内的电气间隔名称（或称串）。

6）“设备”指所描述的电力系统设备名称，可分多层描述。

7）“部件”指构成设备的部件名称，可分多层描述。

8）“属性”指部件的属性名称，可以为量测属性、事件信息、控制行为等（如有功、无功、动作、告警等），由应用根据需要进行定义和解释。

(3) 信息命名规则。

1）命名中的“厂站”“设备”等有调度命名的，直接采用调度命名；测控装置按“对应一次设备命名”＋“测控装置”进行命名。

2）自然规则。所有名称项均采用自然名称或规范简称，宜采用中文名称。依据调度命名的习惯，信息表中断路器的信息名称描述为“开关”，隔离开关的信息名称描述为“刀闸”。

3）唯一规则。同一厂站内的信息命名不重复。

4）分隔规则。用“.”作为层次分隔符，将层次结构的名称项分隔；用“/”作为定位分隔符，放在“厂站”和“设备”之后。在有的应用场合可以不区分层次分隔符和定位分隔符，可全用“.”。

5）分层规则。各名称项按自然结构分层次排列。如“电网”可按国家电网、区域电网、省电网、地市电网、县电网等；“设备”可分多层，如一次设备及其配套的元件保护设备；“部件”可细分为更小部件，并依次排列。

6）转换规则。当现有系统的内部命名与有关标准不一致时，与外部交换的模型信息名称需按本规范进行转换。新建调度技术支持系统应直接采用标准命名，减少转换。

7）省略规则。在不引起混淆的情况下，名称项及其后的层次分隔符“.”可以省略，

在应用功能引用全路径名作为描述性文字时定位分隔符“/”可省略；但在进行系统之间信息交换时两个定位分隔符“/”不能省略。

（4）信息命名示例。信息命名示例见表 2-1-4-1。

表 2-1-4-1　信息命名示例

序号	信息交换	描述性文字
1	杭州.110kV 文三变/110kV.天文 1096 线/有功	杭州 110kV 文三变 110kV 天文 1096 线有功
2	110kV 文三变/110kV.天文 1096 线/有功	110kV 文三变 110kV 天文 1096 线有功
3	/天文 1096 线/文三侧.有功	天文 1096 线文三侧有功
4	杭州.110kV 文三变/110kV.1 号主变/高压侧.有功	杭州 110kV 文三变 110kV1 号主变高压侧有功
5	110kV 文三变/10kV 母线/A 相电压	110kV 文三变 10kV 母线 A 相电压
6	杭州//总负荷	杭州总负荷
7	浙江.220kV 半山厂/5 号机/有功	浙江 220kV 半山厂 5 号机有功
8	220kV 牌头变/东牌 2337 线第一套线路保护/动作	220kV 牌头变东牌 2337 线第一套线路保护动作
9	220kV 牌头变/东牌 2337 线测控装置/远方就地把手.位置	220kV 牌头变东牌 2337 线测控装置远方就地把手位置
10	110kV 文三变/1 号主变/有载调压.急停	110kV 文三变 1 号主变有载调压急停

2. 告警信息分类规范

（1）告警信息分类。按照对电网影响的程度，告警信息分为事故信息、异常信息、变位信息、越限信息、告知信息五类。

1）事故信息。事故信息是由于电网故障、设备故障等，引起开关跳闸（包含非人工操作的跳闸）、保护装置动作出口跳合闸的信号以及影响全站安全运行的其他信号。是需实时监控、立即处理的重要信息。

2）异常信息。异常信息是反应设备运行异常情况的报警信号，影响设备遥控操作的信号，直接威胁电网安全与设备运行，是需要实时监控、及时处理的重要信息。

3）变位信息。变位信息特指开关类设备状态（分、合闸）改变的信息。该类信息直接反映电网运行方式的改变，是需要实时监控的重要信息。

4）越限信息。越限信息是反映重要遥测量超出报警上下限区间的信息。重要遥测量主要有设备有功、无功、电流、电压、主变油温、断面潮流等。是需实时监控、及时处理的重要信息。

5）告知信息。告知信息是反映电网设备运行情况、状态监测的一般信息，主要包括隔离开关、接地刀闸位置信号，主变运行挡位，以及设备正常操作时的伴生信号（如：保护压板投/退，保护装置、故障录波器、收发信机的启动，异常消失信号，测控装置就地/远方等）。该类信息需定期查询。

（2）告警信息实例。告警信息实例见表 2-1-4-2。

（3）应建立变电站故障信息的逻辑和推理模型，实现对故障告警信息的分类和过滤。

（4）结合遥测越限、数据异常、通信故障等信息，对电网实时运行信息、一次设备信息、二次设备信息、辅助设备信息进行综合分析，通过单事项推理与关联多事件推理，生成告警简报。

表2-1-4-2　　告警信息实例

分层	分类	信号实例
1	事故信息	1. 电气设备事故信息 （1）开关操作机构三相不一致动作跳闸。 （2）站用电：站用电消失。 （3）线路保护动作信号：保护动作（按构成线路保护装置分别接入监视）、重合闸动作、保护跳闸出口、低频减载动作。 （4）母差保护动作信号：母差动作、失灵动作。 （5）母联（分）保护动作信号：充电解列保护动作。 （6）断路器保护动作信号：保护动作、重合闸动作。 （7）主变保护动作信号：主保护动作、高（中、低）后备保护动作、过负荷告警、公共绕组过负荷告警（自耦变）、过载切负荷装置动作。 （8）主变本体保护动作信号：本体重瓦斯动作、有载重瓦斯动作、本体压力释放动作、有载压力释放动作、冷却器全停、主变温度高跳闸等信号。 （9）并联电容、电抗保护动作信号：保护动作。 （10）所（站）用变保护动作信号：保护动作、非电量保护动作。 （11）直流系统：全站直流消失。 （12）继电保护、自动装置的动作类报文信息。 （13）厂站、间隔事故总信号。 （14）接地信号。 2. 辅助系统事故信息 （1）公用消防系统：火灾报警动作、消防装置动作。 （2）主变消防系统喷淋装置动作、主变排油注氮出口动作。 （3）厂站全站远动通信中断
2	异常信息	1. 威胁电网安全与设备运行的信息 （1）主变本体：冷却器全停、冷却器控制电源消失、本体油温过高、本体绕组温度高、本体风机工作电源故障、风机电源消失、本体风机停止、本体轻瓦斯告警、有载轻瓦斯告警。 （2）开关操作机构： 1）液压机构：油压低分闸闭锁、油压低合闸闭锁、氮气泄漏总闭锁。 2）气动机构：气压低分、合闸闭锁。 3）弹簧机构：储能电源故障、弹簧未储能。 （3）气体绝缘的电流互感器、电压互感器：SF_6 压力异常（告警）信号。 （4）GIS本体动作信号：各气室 SF_6 压力低报警、闭锁信号。 （5）线路电压回路监视：线路、母线电压无压、母线切换继电器动作异常。 （6）母线电压回路监视：TV二次侧并列动作、保护或测量电压消失、TV二次侧测量保护空开动作、计量电压消失、TV二次侧并列装置失电。 （7）直流系统：绝缘报警（直流接地）、充电机交流电源消失。 （8）UPS及逆变装置：交直流失电、过载、故障信号。 （9）保护装置信号：异常运行告警信号、故障闭锁信号（含重合闸闭锁）、交流回路（保护TA或TV断线）、装置电源消失信号、保护通道异常、保护自检异常的报文信号。 （10）测控装置：异常运行告警信号、装置电源消失。 （11）各测控/保护/测控保护一体化装置、远动装置：通信中断信号。 （12）稳控装置：低周低压减荷装置、过负荷联切装置等稳控装置故障信号。 （13）各备用电源自投装置：装置故障信号。 2. 影响遥控操作的信息 （1）GIS操作机构异常信号：开关储能电动机失电、隔离开关操作电机失电。 （2）控制回路状态：控制回路断线、控制电源消失。 （3）主变过负荷闭锁有载调压操作的信号。

续表

分层	分类	信　号　实　例
2	异常信息	3. 设备故障告警信号 （1）主变本体：本体冷却器故障、有载油位异常、本体油位异常、本体风机故障、滤油机故障。 （2）开关操作机构：加热器、照明空气开关跳闸。 （3）GIS操作机构异常信号：加热器故障、GIS汇控柜告警电源消失。 （4）厂站、间隔预告信号。 （5）直流系统：直流接地、直流模块故障、直流电压过高、直流电压过低信号。 （6）防误系统：电源失压告警信号。 （7）继电保护与自动装置的网络异常信号。 （8）GPS告警信号：失步、异常告警、失电、无脉冲
3	变位信息	特指开关类设备变位
4	越限信息	重要遥测量主要有断面潮流、电压、电流、负荷、主变油温等，是需实时监控、及时处理的重要信息
5	告知信息	主要包括主变运行挡位及设备正常操作时的伴生信号，保护功能压板投退的信号，保护装置、故障录波器、收发信机等设备的启动、异常消失信号，测控装置就地/远方等

（5）应根据告警信息的级别，通过图像、声音、颜色等方式给出告警信息。

（6）应支持多种历史查询方式，既可以按厂站、间隔、设备来查询，也可按时间查询，还应支持自定义查询。

（7）智能告警的分析结果应以简报的形式上送给调度（调控）中心，具体内容见图 2-1-4-1。

（8）告警简报信息应按照调度（调控）中心的要求及时上送。

智 能 告 警 简 报

智能告警简报的示例：

<ISystem—兰溪变电站　Version-V1.0 Code-UTF-8 Type-全模型 Time-'20111104_15：02：26_120'! >

<E>

<类名　Entity='兰溪'>

@#	Num	属性名	数值
#	1	时间	'2011-11-04　15：02：26：120'
#	2	设备名	浙江．兰溪 220kV．东牌 2337 线．ARP301
#	3	事件	跳闸
#	4	原因	接地故障

</类名：：兰溪>

</E>

注 1：时间的格式按照“year-mon-day 空格 hour：min：sec：ms”；

注 2：设备名的格式应按照附录 A 的要求；

注 3：原因的内容可为结构体或指针，其内容为告警产生的具体原因，可为文字、数据等多种形式。

图 2-1-4-1　智能告警简报

四、故障分析

故障分析报告应包括故障相关的电网信息和设备信息，要求如下：

（1）在故障情况下对事件顺序记录、保护事件、相量测量数据及故障波形等信息进行数据挖掘和综合分析，生成分析结果，以保护装置动作后生成的报告为基础，结合故障录波、设备台账等信息，生成故障分析报告。

（2）故障分析报告的格式遵循 XML1.0 规范，存储于数据服务器中。

（3）故障分析报告可采用主动上送或召唤方式，通过Ⅰ区数据通信网关机上送给调度（调控）中心。故障报告格式遵循 Q/GDW396。故障报告主要分为 TripInfo、FaultInfo、DigitalStatus、DigitalEvent、SettingValue 五种信息体。TripInfo 中 phase 的内容可以为空。TripInfo 信息体中可以包含多个可选的 FaultInfo 信息体，FaultInfo 信息体表示该次动作时相应的电流电压等信息。通过该报告内容可以比较好地反映和显示故障的概况和动作过程。六种主要信息体元素属性如表 2-1-4-3 所示。

表 2-1-4-3　六种主要信息体元素属性

信息体元素名	属性名	属性值类型	说　明
DeviceInfo	name	字符型	装置描述信息名称
	value	字符型	装置描述信息内容
TripInfo	time	字符型	动作报文相对时间
	name	字符型	动作报文名称
	phase	字符型	动作相别，可以为空字符
	value	整型	动作报文变化值，取值 0 或 1
FaultInfo	name	字符型	故障参数名称
	value	整型、浮点型 字符型	故障参数实际值
	unit	字符型	故障参数单位，可以为空字符
DigitalStatus	name	字符型	开入自检等信号名称
	value	整型	开入自检等信号故障前状态值，取值 0 或 1
DigitalEvent	time	字符型	开入自检等信号状态变化的相对时间
	name	字符型	开入自检等信号名称
	value	整型	开入自检等信号状态变化值，取值 0 或 1
SettingValue	name	字符型	装置定值名称
	value	整型、浮点型 字符型	故障时装置定值的实际值
	unit	字符型	装置名称单位，可以为空字符

TripInfo 信息体中可以包含多个可选的 FaultInfo 信息体。FaultInfo 信息体表示该次动作的电流、电压等信息。通过该报告内容可以比较好地反映和显示故障的概况和动作过程。

DeviceInfo 信息的内容来源可以为定值或配置文件，其必选部分作为装置识别信息必

须记录在 HDR 文件中。FaultInfo、DigitalStatus、DigitalEvent、SettingValue 信息的多少可以根据不同的保护类型、不同的制造厂商而不同。其中 FaultInfo 既可作为单条动作报文的附属信息使用，也可作为动作整组的故障参数使用。各信息体表示的内容如下：

1）DeviceInfo 部分记录装置的相关描述信息，具体可见表 2-1-4-4。

表 2-1-4-4　DeviceInfo 类信息列表

DeviceInfo 类信息名称	标识字符	必选/可选
厂站名称	StationName	必选
一次设备名称	DeviceName	必选
装置型号	DeviceType	必选
程序版本	ProgramVer	必选
网络地址	NetAddr	必选
一次设备调度编号	DeviceNumber	可选
配置版本	ConfigVer	可选
制造厂家	Manufacturer	可选
程序形成时间	ProgramTime	可选
校验码	CheckCode	可选
程序识别号	ProgramID	可选
用户定义…	…	可选

2）TripInfo 部分记录故障过程中的保护动作事件。

3）FaultInfo 部分记录故障过程中的故障电流、故障电压、故障相、故障距离等信息。

4）DigialStatus 部分记录故障前装置开入自检等信号状态。

5）DigitalEvent 部分记录保护故障过程中装置开入自检等信号的变化事件。

6）SettingValue 部分记录故障时装置定值的实际值。

除了 6 种主要信息体，IIDR 文件还需通过 FaultStartTime、DataFileSize、FaultKeepingTime 等公共信息体元素记录故障的其他整组信息，如表 2-1-4-5 所示。

表 2-1-4-5　其他公共信息体元素

信息体元素名	值类型	说　明
FaultStartTime	字符型	故障起始时间，格式 YYYY-MM-DD hh：mm：ss
DataFileSize	整型	故障相关 COMTRADE 录波数据 Dat 文件大小，单位字节
FaultKeepingTime	字符型	故障持续时间

第五节　运　行　管　理

一、总体要求

运行管理总体上应满足如下要求：

(1) 支持源端维护和模型校核功能，实现全站信息模型的统一。

(2) 建立站内设备完备的基础信息，为站内其他应用提供基础数据。

(3) 支持检修流程管理，实现设备检修工作规范化。

二、运行管理内容及要求

1. 源端维护

源端维护应满足如下要求：

(1) 利用基于图模一体化技术的系统配置工具，统一进行信息建模及维护，生成标准配置文件，为各应用提供统一的信息模型及映射点表。

(2) 提供的信息模型文件应遵循 SCL、CIM、E 语言格式；图形文件应遵循 Q/GDW 624。

(3) 实现 DL/T 860 的 SCD 模型到 DL/T 890 的 CIM 模型的转换，满足主站系统自动建模的需要。

(4) 具备模型合法性校验功能，包括站控层与间隔层装置的模型一致性校验，站控层 SCD 模型的完整性校验，支持离线和在线校验方式。

2. 权限管理

权限管理应满足如下要求：

(1) 应区分设备的使用权限，只允许特定人员使用。

(2) 应针对不同的操作，运行人员设置不同的操作权限。

3. 设备管理

(1) 设备台账信息。设备台账信息应满足如下要求：

1) 可采用与生产管理信息系统 (PMS) 交互、SCD 文件读取和人工录入的方式，建立变电站运行设备完备的基础信息。

2) 为一次设备、二次设备运行、操作、检修、维护管理提供统一的设备信息服务。

3) 实现对设备台账信息的版本管理。文件名称应包含时间信息，可追溯。

(2) 设备缺陷信息。设备缺陷信息的生成和交互应满足以下要求：

1) 通过站内智能设备的自检信息、告警信息和故障信息，自动生成设备缺陷信息。

2) 设备运行维护中发现的设备缺陷可人工输入。

3) 可与生产管理信息系统 (PMS) 进行信息交互。

4. 保护定值管理

运行管理应包含保护定值管理功能，要求如下：

(1) 具备接收定值整定单的功能。

(2) 具备保护定值校核及显示修改部分的功能。

5. 检修管理

检修管理应满足如下要求：

(1) 根据调度检修计划或工作要求生成检修工作票。

(2) 应支持对设备检修情况的记录功能，并与设备台账、缺陷信息融合，为故障分析提供数据支持。

第六节　辅　助　应　用

一、总体要求

辅助应用功能应明确监视范围和信息传输标准，要求如下：

(1) 实现对辅助设备运行状态的监视：包括电源、环境、安防、辅助控制等。

(2) 支持对辅助设备的操作与控制。

(3) 辅助设备的信息模型及通信接口遵循 DL/T 860 标准。

二、辅助应用内容及要求

1. 电源监测

电源监测应明确检测对象和范围，要求如下：

(1) 监测范围包括交流电源、直流电源、通信电源、逆变电源、绿色电源等。

(2) 电源运行状态信息包括三相交流输入电压、充电装置输出电流、母线电压、电池电压、电池电流、各模块输出电压电流、各种位置信号、各种故障信息、单体电池电压、电池组温度等。

(3) 电源告警信息包括交流输入过压、欠压、缺相，直流母线过压、欠压，电池组过压、欠压，模块故障，电池单体过压、欠压等。

(4) 绿色电源监测信息包括系统母线电压、累积电量、变压器输入/输出电流、逆变器输入/输出电压、输入/输出电流、汇流箱输入/输出电流（光伏发电）、风机运行状态（风力发电）等。

2. 安全防护

安全防护应明确监测范围和内容，要求如下：

(1) 监测范围包括视频、安防、消防及门禁等。

(2) 安防告警信息包括红外对射报警、电子围栏报警及警笛等。

(3) 消防告警信息包括烟雾报警及火灾报警等。

(4) 门禁信息包括门开关状态、人员进出记录；对非法闯入、门长时间未关闭及非法刷卡进行告警等。

3. 环境监测

环境监测应明确监控范围和具体内容，要求如下：

(1) 监控范围应包括户内外环境、照明、暖通、给排水等。

（2）户内外环境信息应包括温度、温度、风力、水浸、SF_6 气体浓度等实时环境信息及告警信息。

（3）照明信息应包括灯光控制开关状态等。

（4）暖通信息应包括温度、风机运行状态、空调运行状态等。

（5）给排水信息应包括水位、水泵运行状态等。

4. 辅助控制

辅助控制应满足如下要求：

（1）对照明系统分区域、分等级进行远程控制。

（2）远程控制空调、风机和水泵的启停。

（3）远程控制声光报警设备。

（4）远程开关门禁。

（5）支持与视频的联动。

第七节　信　息　传　输

一、总体要求

信息传输的总体要求如下：

（1）信息传输的内容及格式应标准化、规范化。

（2）信息传输应满足实时性、可靠性要求。

（3）遵循《电力二次系统安全防护总体方案》（电监安全〔2006〕34号）的要求。

二、站内信息传输

站内信息传输应满足如下要求：

（1）与测控装置、保护装置、故障录波装置、安控装置、在线监测设备、辅助设备之间信息的传输应遵循 DL/T 860－7－2、DL/T 860－8－1。

（2）同步相量数据传输格式采用 Q/GDW 131，装置参数和装置自检信息的传输遵循 DL/T 860－7－2、DL/T 860－8－1；当同一厂站内有多个 PMU 装置时，应设置通信集中处理模块，汇集各 PMU 装置的数据后，再与智能变电站一体化监控系统通信。

（3）故障录波文件格式采用 GB/T 22386《电力系统暂态数据交换通用格式》。

（4）与网络交换机信息传输应采用 SNMP 协议。

（5）在线监测设备的模型应遵循 Q/GDW 616。

三、站外信息传输

1. 与调度（调控）中心信息传输应满足的要求

（1）通过Ⅰ区数据通信网关机传输的内容：

1）电网实时运行的量测值和状态信息。

2）保护动作及告警信息。

3）设备运行状态的告警信息。

4）调度操作控制命令。

（2）通过Ⅱ区数据通信网关机传输的内容：

1）告警简报、故障分析报告。

2）故障录波数据。

3）状态监测数据。

4）电能量数据。

5）辅助应用数据。

6）模型和图形文件：全站的 SCD 文件，导出的 CIM、SVG 文件等。

7）日志和历史记录：SOE 事件、故障分析报告、告警简报等历史记录和全站的操作记录。

（3）广域相量测量传输的内容：

1）线路和母线正序基波电压相量、正序基波电流相量。

2）频率和频率变化率。

3）线路和母线的电压、电流、有功、无功。

4）配置命令。

5）电网扰动、低频振荡等事件信息。

（4）继电保护信息传输的内容：

1）保护启动、动作及告警信号。

2）保护定值、定值区和装置参数。

3）保护压板、软压板和控制字。

4）装置自检和告警信息。

5）录波文件列表和录波文件。

6）保护故障报告：包括录波文件名称、访问路径、时间信息、故障类型、故障线路、测距结果、故障前后的电流、电压最大值和最小值、开关变位等信息。

7）远方操作命令：定值修改、定值区切换、软压板投退、装置复归。

（5）Ⅰ区数据通信网关机的信息传输应遵循 DL/T 634.5104 或 DL/T 860。

（6）Ⅱ区数据通信网关机的信息传输遵循 DL/T 860。

（7）广域相量测量信息传输由 PMU 数据集中器实现，传输格式遵循 Q/GDW 131。

（8）继电保护信息传输由Ⅰ区（或Ⅱ区）数据通信网关机实现；传输规约采用 DL/T 667《远动设备及系统　第 5 部分　传输规约　第 103 篇：继电保护设备信息接口配套标准》或 DL/T 860。

（9）应支持与多级调度（调控）中心的信息传输。

2. 与输变电站设备状态监测主站及 PMS 信息传输应满足的要求

（1）转输的内容：

1）变压器监测数据。

2）断路器监测数据。

3）避雷器监测数据。

4）监测分析结果。

5）设备台账信息。

6）设备缺陷信息。

7）保护定值单。

8）检修票。

9）操作票。

（2）信息传输由Ⅲ/Ⅳ区数据通信网关机实现。

（3）信息模型应遵循 Q/GDW 616 标准，传输协议遵循 DL/T 860。

第八节　智能变电站一体化监控系统架构与配置

一、构成

1. 智能变电站自动化体系架构

（1）智能变电站自动化由一体化监控系统和输变电设备状态监测系统、辅助设备、时钟同步、计量等共同构成。一体化监控系统纵向贯通调度、生产等主站系统，横向联通变电站内各自动化设备，是智能变电站自动化的核心部分。

（2）智能变电站一体化监控系统直接采集站内电网运行信息和二次设备运行状态信息，通过标准化接口与输变电设备状态监测、辅助应用、计量等进行信息交互，实现变电站全景数据采集、处理、监视、控制、运行管理等，其逻辑关系如图 2-1-8-1 所示。

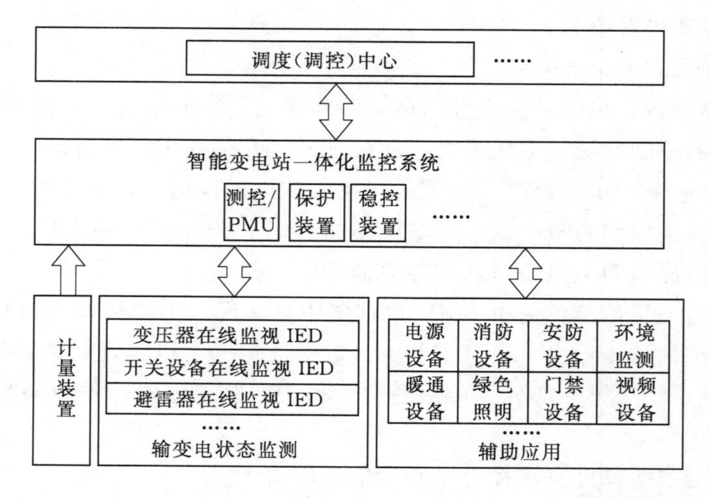

图 2-1-8-1　智能变电站自动化体系架构逻辑关系图

2. 一体化监控系统架构

智能变电站一体化监控系统可分为安全Ⅰ区和安全Ⅱ区，如图 2-1-8-2 所示。

（1）在安全Ⅰ区中，监控主机采集电网运行和设备工况等实时数据，经过分析和处

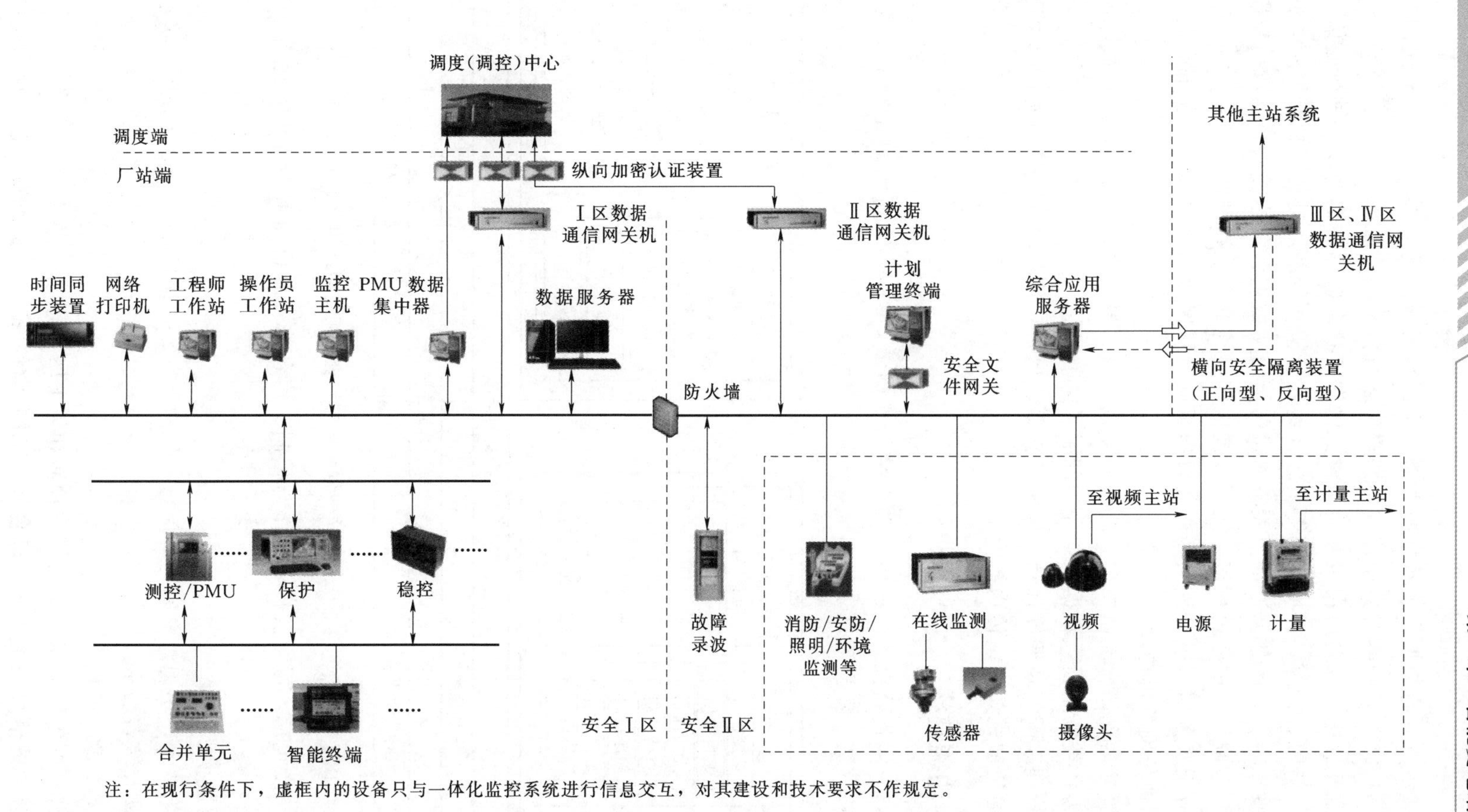

注：在现行条件下，虚框内的设备只与一体化监控系统进行信息交互，对其建设和技术要求不作规定。

图 2-1-8-2　智能变电站一体化监控系统架构示意图

理后进行统一展示，并将数据存入数据服务器。Ⅰ区数据通信网关机通过直采直送的方式实现与调度（调控）中心的实时数据传输，并提供运行数据浏览服务。

（2）在安全Ⅱ区中，综合应用服务器与输变电设备状态监测和辅助设备进行通信，采集电源、计量、消防、安防、环境监测等信息，经过分析和处理后进行可视化展示，并将数据存入数据服务器。Ⅱ区数据通信网关机通过防火墙从数据服务器获取Ⅱ区数据和模型等信息，与调度（调控）中心进行信息交互，提供信息查询和远程浏览服务。

（3）综合应用服务器通过正反向隔离装置向Ⅲ区、Ⅳ区数据通信网关机发布信息，并由Ⅲ/Ⅳ区数据通信网关机传输给其他主站系统。

（4）数据服务器存储变电站模型、图形和操作记录、告警信息、在线监测、故障波形等历史数据，为各类应用提供数据查询和访问服务。

（5）计划管理终端实现调度计划、检修工作票、保护定值单的管理等功能。视频可通过综合数据网通道向视频主站传送图像信息。

二、应用功能结构

智能变电站一体化监控系统的应用功能结构如图2-1-8-3所示，分为3个层次：数据采集和统一存储、数据消息总线和统一访问接口、五类应用功能。

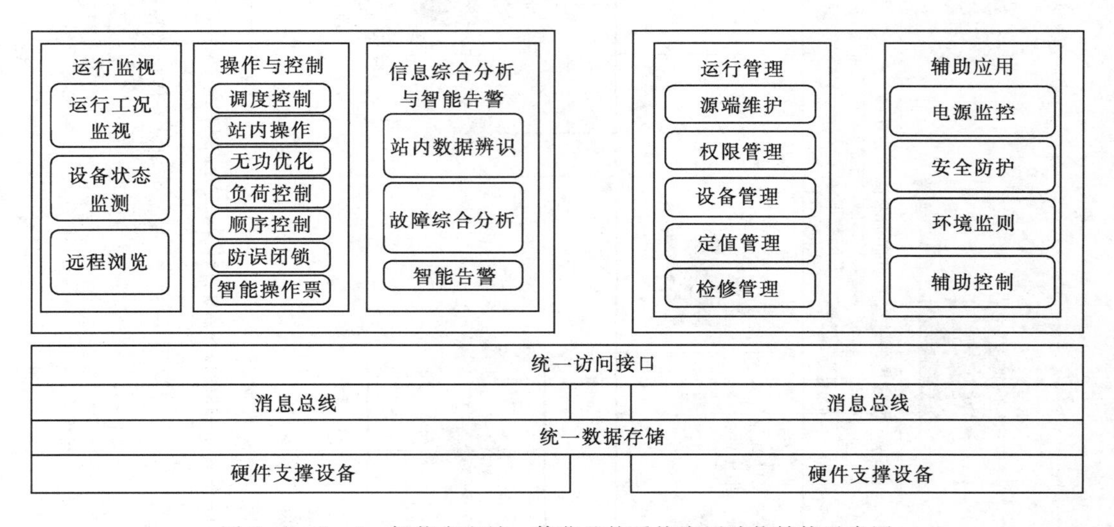

图2-1-8-3　智能变电站一体化监控系统应用功能结构示意图

五类应用功能包括：运行监视、操作与控制、信息综合分析与智能告警、运行管理、辅助应用。

（一）运行监视

通过可视化技术，实现对电网运行信息、保护信息、一次设备、二次设备运行状态等信息的运行监视和综合展示。

1. 运行工况监视

（1）实现智能变电站全景数据的统一存储和集中展示。

（2）提供统一的信息展示界面，综合展示电网运行状态、设备监测状态、辅助应用信

息、事件信息、故障信息。

(3) 实现装置压板状态的实时监视，当前定值区的定值及参数的召唤、显示。

2. 设备状态监测

(1) 实现一次设备的运行状态的在线监视和综合展示。

(2) 实现二次设备的在线状态监视，宜通过可视化手段实现二次设备运行工况、站内网络状态和虚端子连接状态监视。

(3) 实现辅助设备运行状态的综合展示。

3. 远程浏览

调度（调控）中心可以通过数据通信网关机，远方查看智能变电站一体化监控系统的运行数据，包括电网潮流、设备状态、历史记录、操作记录、故障综合分析结果等各种原始信息以及分析处理信息。

（二）操作与控制

实现智能变电站内设备就地和远方的操作控制，包括顺序控制、无功优化控制、正常或紧急状态下的开关/刀闸操作、防误闭锁操作等。调度（调控）中心通过数据通信网关机实现调度控制、远程浏览等。

1. 站内操作

(1) 具备对全站所有断路器、电动开关、主变有载调压分接头、无功功率补偿装置及与控制运行相关的智能设备的控制及参数设定功能。

(2) 具备事故紧急控制功能，通过对开关的紧急控制，实现故障区域快速隔离。

(3) 具备软压板投退、定值区切换、定值修改功能。

2. 调度控制

(1) 支持调度（调控）中心对站内设备进行控制和调节。

(2) 支持调度（调控）中心对保护装置进行远程定值区切换和软压板投退操作。

3. 自动控制

(1) 无功优化控制。根据电网实际负荷水平，按照一定的策略对站内电容器、电抗器和变压器挡位进行自动调节，并可接收调度（调控）中心的投退和策略调整指令。

(2) 负荷优化控制。根据预设的减载目标值，在主变过载时根据确定的策略切负荷，可接收调度（调控）中心的投退和目标值调节指令。

(3) 顺序控制。在满足操作条件的前提下，按照预定的操作顺序自动完成一系列控制功能，宜与智能操作票配合进行。

(4) 防误闭锁。根据智能变电站电气设备的网络拓扑结构，进行电气设备的有电、停电、接地三种状态的拓扑计算，自动实现防止电气误操作逻辑判断。

(5) 智能操作票。在满足防误闭锁和运行方式要求的前提下，自动生成符合操作规范的操作票。

（三）信息综合分析与智能告警

通过对智能变电站各项运行数据（站内实时/非实时运行数据、辅助应用信息、各种报警及事故信号等）的综合分析处理，提供分类告警、故障简报及故障分析报告等结果信息，包含以下内容：

1. 站内数据辨识

（1）数据校核。检测可疑数据，辨识不良数据，校核实时数据准确性。

（2）数据筛选。对智能变电站告警信息进行筛选、分类、上送。

2. 故障分析决策

（1）故障分析。在电网事故、保护动作、装置故障、异常报警等情况下，通过综合分析站内的事件顺序记录、保护事件、故障录波、同步相量测量等信息，实现故障类型识别和故障原因分析。

（2）分析决策。根据故障分析结果，给出处理措施。宜通过设立专家知识库，实现单事件推理、关联多事件推理、故障智能推理等智能分析决策功能。

（3）人机互动。根据分析决策结果，提出操作处理建议，并将事故分析的结果进行可视化展示。

3. 智能告警

建立智能变电站故障信息的逻辑和推理模型，进行在线实时分析和推理，实现告警信息的分类和过滤，为调度（调控）中心提供分类的告警简报。

（四）运行管理

通过人工录入或系统交互等手段，建立完备的智能变电站设备基础信息，实现一次设备运行、二次设备运行、操作、检修、维护工作的规范化，具体内容如下：

1. 源端维护

（1）遵循 Q/GDW 624，利用图模一体化建模工具生成包含变电站主接线图、网络拓扑、一次设备和二次设备参数及数据模型的标准配置文件，提供给一体化监控系统与调度（调控）中心。

（2）智能变电站一体化监控系统与调度（调控）中心根据标准配置文件，自动解析并导入到自身系统数据库中。

（3）变电站配置文件改变时，装置、一体化监控系统与调度（调控）中心之间应保持数据同步。

2. 权限管理

（1）设置操作权限，根据系统设置的安全规则或者安全策略，操作员可以访问且只能访问自己被授权的资源。

（2）自动记录用户名、修改时间、修改内容等详细信息。

3. 设备管理

（1）通过变电站配置描述文件（SCD）的读取、与生产管理信息系统交互和人工录入三种方式建立设备台账信息。

（2）通过设备的自检信息、状态监测信息和人工录入三种方式建立设备缺陷信息。

4. 定值管理

接收定值单信息，实现保护定值自动校核。

5. 检修管理

通过计划管理终端，实现检修工作票生成和执行过程的管理。

（五）辅助应用

通过标准化接口和信息交互，实现对站内电源、安防、消防、视频、环境监测等辅助设备的监视与控制，主要包含以下4个方面的内容。

1. 电源监控

采集交流、直流、不间断电源、通信电源等站内电源设备运行状态数据，实现对电源设备的管理。

2. 安全防护

接收安防、消防、门禁设备运行及告警信息，实现设备的集中监控。

3. 环境监测

对站内的温度、湿度、风力、水浸等环境信息进行实时采集、处理和上传。

4. 辅助控制

实现与视频、照明的联动。

三、应用功能数据流向

智能变电站五类应用功能数据流向见图2-1-8-4。

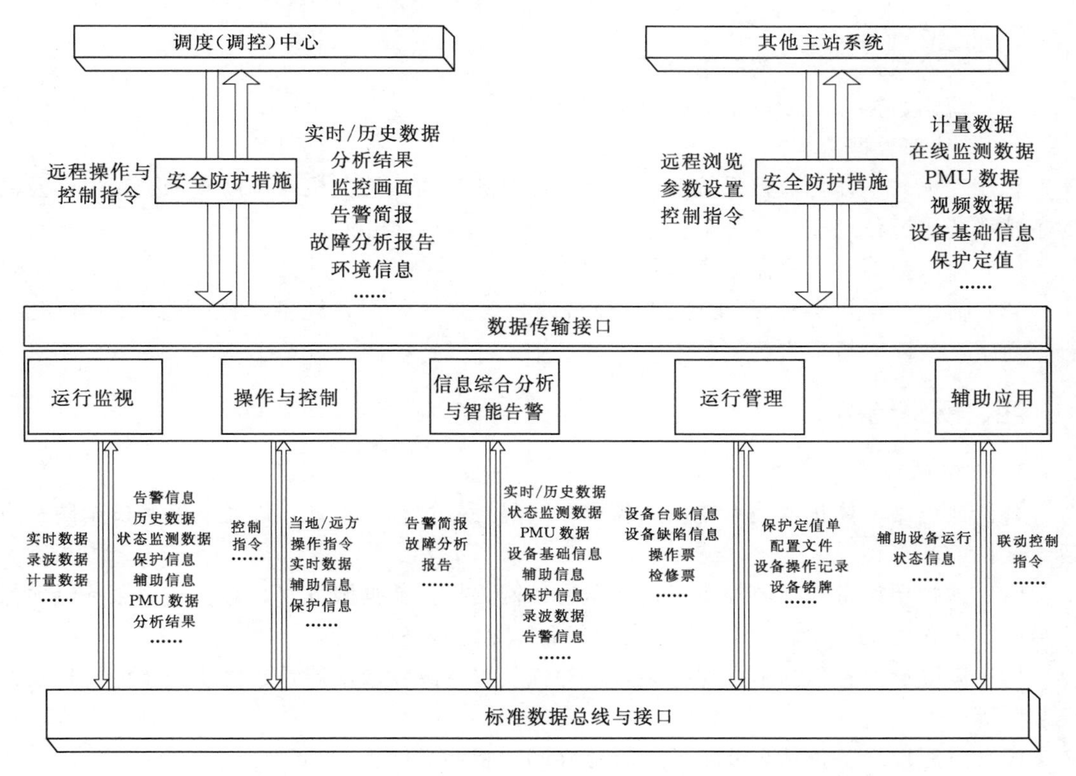

图2-1-8-4　智能变电站五类应用功能数据流向图

（一）内部数据流

运行监视、操作与控制、信息综合分析与智能告警、运行管理和辅助应用通过标准数据总线与接口进行信息交互，并将处理结果写入数据服务器。五类应用流入、流出

数据如下。

1. 运行监视

（1）流入数据：告警信息、历史数据、状态监测数据、保护信息、辅助信息、分析结果信息等。

（2）流出数据：实时数据、录波数据、计量数据等。

2. 操作与控制

（1）流入数据：当地/远方的操作指令、实时数据、辅助信息、保护信息等。

（2）流出数据：设备控制指令。

3. 信息综合分析与智能告警

（1）流入数据：实时/历史数据、状态监测数据、PMU数据、设备基础信息、辅助信息、保护信息、录波数据、告警信息等。

（2）流出数据：告警简报、故障分析报告等。

4. 运行管理

（1）流入数据：保护定值单、配置文件、设备操作记录、设备铭牌等。

（2）流出数据：设备台账信息、设备缺陷信息、操作票和检修票等。

5. 辅助应用

（1）流入数据：联动控制指令。

（2）流出数据：辅助设备运行状态信息。

（二）外部数据流

智能变电站一体化监控系统的五类应用通过数据通信网关机与调度（调控）中心及其他主站系统进行信息交互。外部信息流如下：

（1）流入数据：远程浏览和远程控制指令。

（2）流出数据：实时/历史数据、分析结果、监视画面、设备基础信息、环境信息、告警简报、故障分析报告等。

四、网络结构

1. 系统结构

智能变电站一体化监控系统由站控层、间隔层、过程层设备，以及网络和安全防护设备组成。

（1）站控层设备包括监控主机、数据通信网关机、数据服务器、综合应用服务器、操作员站、工程师工作站、PMU数据集中器和计划管理终端等。

（2）间隔层设备包括继电保护装置、测控装置、故障录波装置、网络记录分析仪及稳控装置等。

（3）过程层设备包括合并单元、智能终端、智能组件等。

220kV及以上电压等级智能变电站一体化监控系统结构如图2-1-8-5所示，110(66)kV电压等级智能变电站一体化监控系统结构如图2-1-8-6所示。

2. 网络结构

变电站网络在逻辑上由站控层网络、间隔层网络、过程层网络组成：

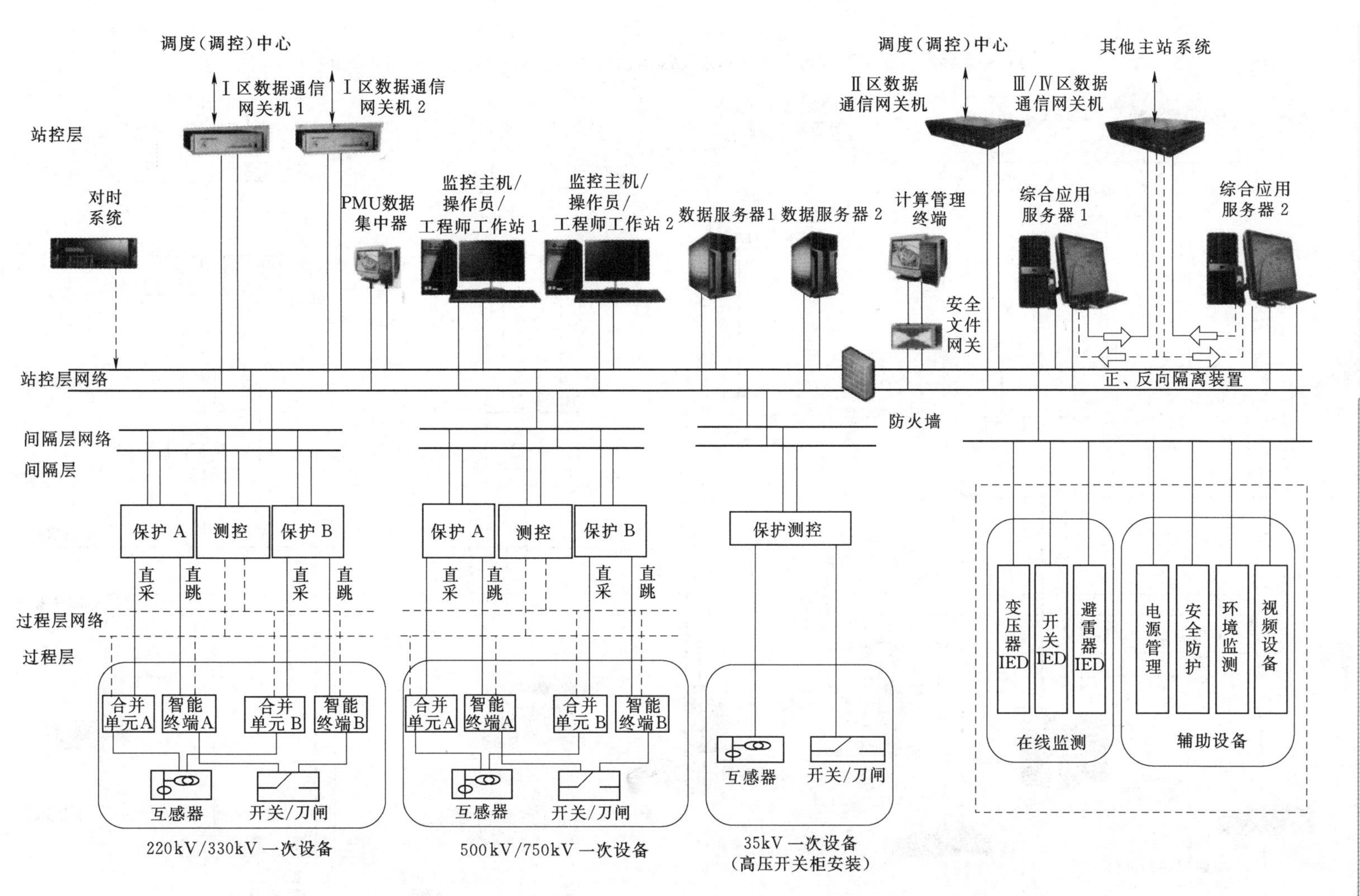

图2-1-8-5 220kV及以上电压等级智能变电站一体化监控系统结构示意图

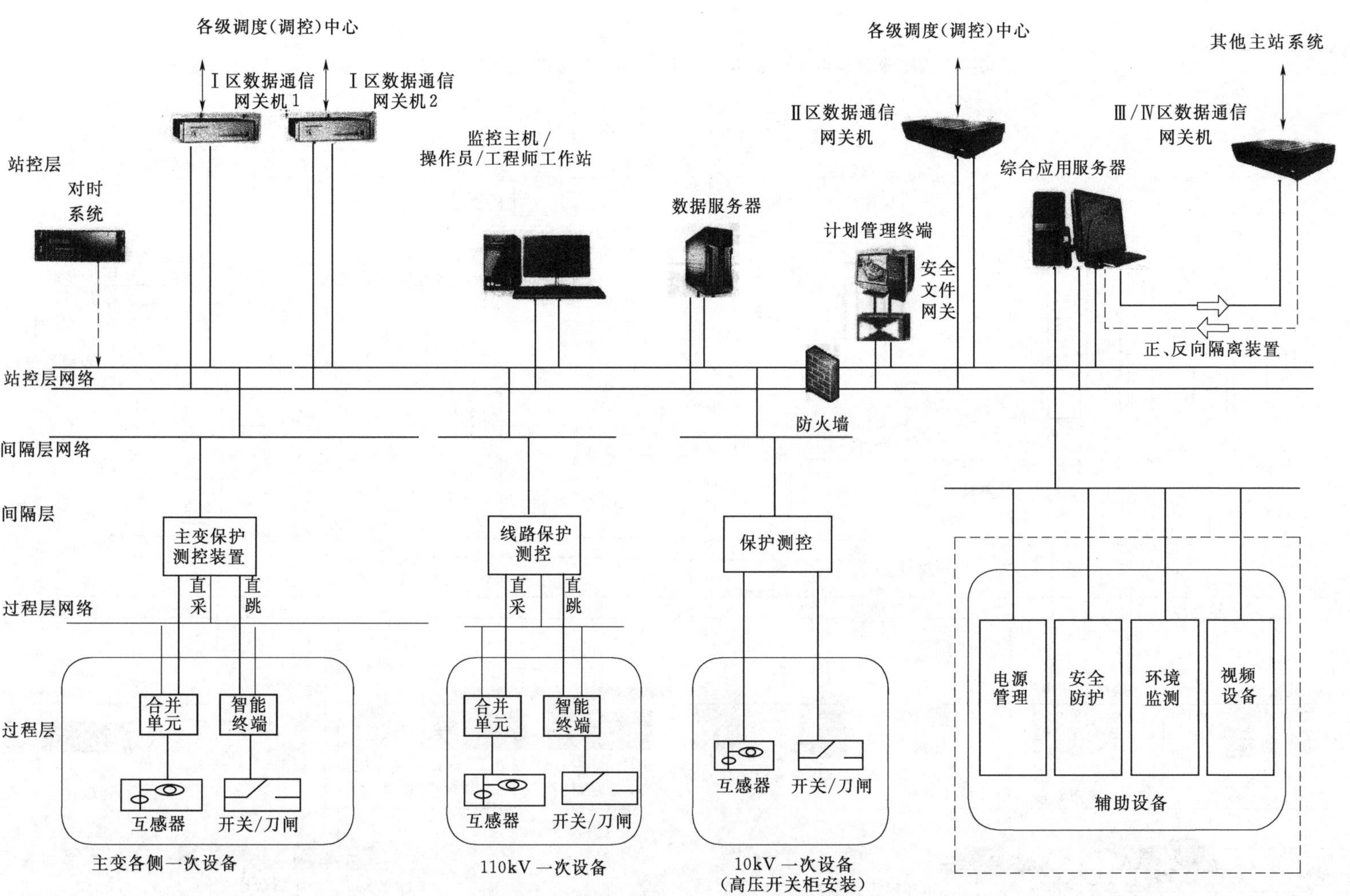

图2-1-8-6　110(66)kV电压等级智能变电站一体化监控系统结构示意图

（1）站控层网络：间隔层设备和站控层设备之间的网络，实现站控层内部以及站控层与间隔层之间的数据传输。

（2）间隔层网络：用于间隔层设备之间的通信，与站控层网络相连。

（3）过程层网络：间隔层设备和过程层设备之间的网络，实现间隔层设备与过程层设备之间的数据传输。

全站的通信网络应采用高速工业以太网组成，传输带宽应不小于100Mbit/s，部分中心交换机之间的连接宜采用1000Mbit/s数据端口互联。

3. 站控层网络

站控层网络采用结构、传输速率和主要连接设备：

（1）站控层网络采用星形结构。

（2）站控层网络采用100Mbit/s或更高速度的工业以太网。

（3）站控层交换机连接数据通信网关机、监控主机、综合应用服务器、数据服务器等设备。

4. 间隔层网络

间隔层网络连接站控层网络，采用星形结构，传输速率和主要连接设备：

（1）间隔层网络采用100Mbit/s或更高速度的工业以太网。

（2）间隔层交换机连接间隔内的保护、测控和其他智能电子设备，用于间隔内信息交换。

（3）宜通过划分虚拟局域网（VLAN）将网络分隔成不同的逻辑网段。

5. 过程层网络

过程层网络包括GOOSE网和SV网，分别要求如下：

（1）GOOSE网。

1）采用100Mbit/s或更高速度的工业以太网。

2）用于间隔层和过程层设备之间的数据交换。

3）按电压等级配置，采用星形结构。

4）220kV以上电压等级应采用双网。

5）保护装置与本间隔的智能终端设备之间采用点对点通信方式。

（2）SV网。

1）采用100Mbit/s或更高速度的工业以太网。

2）用于间隔层和过程层设备之间的采样值传输。

3）按电压等级配置，采用星形结构。

4）保护装置以点对点方式接入SV数据。

五、硬件配置

1. 站控层设备

站控层负责变电站的数据处理、集中监控和数据通信，包括监控主机、数据通信网关机、数据服务器、综合应用服务器、操作员站、工程师工作站、PMU数据集中器、计划管理终端、二次安全防护设备、工业以太网交换机及打印机等。

（1）主要设备功能要求如下。

1）监控主机：负责站内各类数据的采集、处理，实现站内设备的运行监视、操作与控制、信息综合分析及智能告警，集成防误闭锁操作工作站和保护信息子站等功能。

2）操作员站：站内运行监控的主要人机界面，实现对全站一次设备、二次设备的实时监视和操作控制，具有事件记录及报警状态显示和查询、设备状态和参数查询、操作控制等功能。

3）工程师工作站：实现智能变电站一体化监控系统的配置、维护和管理。

4）Ⅰ区数据通信网关机：直接采集站内数据，通过专用通道向调度（调控）中心传送实时信息，同时接收调度（调控）中心的操作与控制命令。采用专用独立设备，无硬盘、无风扇设计。

5）Ⅱ区数据通信网关机：实现Ⅱ区数据向调度（调控）中心的数据传输，具备远方查询和浏览功能。

6）Ⅲ/Ⅳ区数据通信网关机：实现与PMS、输变电设备状态监测等其他主站系统的信息传输。

7）综合应用服务器：接收站内一次设备在线监测数据、站内辅助应用、设备基础信息等，进行集中处理、分析和展示。

8）数据服务器：用于变电站全景数据的集中存储，为站控层设备和应用提供数据访问服务。

（2）220kV及以上电压等级智能变电站主要设备配置要求如下。

1）监控主机宜双重化配置。

2）数据服务器宜双重化配置。

3）操作员站和工程师工作站宜与监控主机合并。

4）综合应用服务器可双重化配置。

5）Ⅰ区数据通信网关机双重化配置。

6）Ⅱ区数据通信网关机单套配置。

7）Ⅲ/Ⅳ区数据通信网关机单套配置。

8）500kV及以上电压等级有人值班智能变电站操作员站可双重化配置。

9）500kV及以上电压等级智能变电站工程师工作站可单套配置。

（3）110(66)kV智能变电站主要设备配置要求如下。

1）监控主机可单套配置。

2）数据服务器单套配置。

3）操作员站、工程师工作站与监控主机合并，宜双套配置。

4）综合应用服务器单套配置。

5）Ⅰ区数据通信网关机双重化配置。

6）Ⅱ区数据通信网关机单套配置。

7）Ⅲ/Ⅳ区数据通信网关机单套配置。

2. 间隔层设备

（1）220kV及以上电压等级智能变电站主要设备配置要求如下。

1）测控装置应独立配置。

2）测控装置有以下3种配置模式，应根据工程实际情况进行选择。

a. 配单套测控装置接单网模式：仅接入过程层A网，实现对过程层A网SV数据采样和A网智能终端GOOSE状态信息传输。

b. 配单套测控装置跨双网模式：跨接到过程层的A网、B网段，实现对A网、B网的SV数据的二取一采样和智能终端数据的GOOSE状态信息传输，跨接双网的网口具有独立的网络接口控制器。

c. 测控双重化配置模式：分别接入过程层A网、B网，实现对A网、B网的SV数据的冗余采样和智能终端数据的GOOSE状态信息传输。

3）其他设备配置参见《国家电网公司输变电工程通用设计［110(66)～750kV智能变电站部分（2011版)］》。

（2）110(66)kV智能变电站主要设备配置参见《国家电网公司输变电工程通用设计［110(66)～750kV智能变电站部分（2011版)］》。

3. 过程层设备

过程层主要设备配置要求如下：

（1）合并单元应独立配置，每周波采样点可配置，采样同步误差不大于1μs，支持DL/T 860.92、GB/T 20840.8。

（2）智能终端应独立配置，输入/输出可灵活配置。

（3）合并单元和智能终端应满足就地安装的防护要求。

（4）其他设备配置参见《国家电网公司输变电工程通用设计［110(66)～750kV智能变电站部分2011版］》。

六、软件配置

1. 系统软件

主要系统软件包括操作系统、历史/实时数据库和标准数据总线与接口等，配置要求如下：

（1）操作系统。操作系统应采用Linux/UNIX操作系统。

（2）历史数据库。采用成熟商用数据库。提供数据库管理工具和软件开发工具进行维护、更新和扩充操作。

（3）实时数据库。提供安全、高效的实时数据存取，支持多应用并发访问和实时同步更新。

（4）应用软件。采用模块化结构，具有良好的实时响应速度和稳定性、可靠性、可扩充性。

（5）标准数据总线与接口。应提供基于消息的信息交换机制，通过消息中间件完成不同应用之间的消息代理、传送功能。

2. 工具软件

工具软件包括系统配置工具和模型校核工具。

（1）系统配置工具：

1）提供独立的系统配置工具和装置配置工具，能正确识别和导入不同制造商的模型文件，具备良好的兼容性。

2）系统配置工具应支持对一次设备、二次设备的关联关系、全站的智能电子设备（IED）实例以及IED间的交换信息进行配置，导出全站SCD配置文件；支持生成或导入变电站规范模型文件（SSD）和智能电子设备配置描述（ICD）文件，且应保留ICD文件的私有项。

3）装置配置工具应支持装置ICD文件生成和维护，支持从SCD文件中提取需要的装置实例配置信息。

4）应具备虚端子导出功能，生成虚端子连接图，以图形形式来表达各虚端子之间的连接。

（2）模型校核工具：

1）应具备SCD文件导入和校验功能，可读取智能变电站SCD文件，测试导入的SCD文件的信息是否正确。

2）应具备合理性检测功能，包括介质访问控制（MAC）地址、网际协议（IP）地址唯一性检测和VLAN设置及端口容量合理性检测。

3）应具备智能电子设备实例配置文件（CID）文件检测功能，对装置下装的CID文件行检测，保证与SCD导出的文件内容一致。

3. 时间同步

智能变电站应配置一套时间同步子系统，配置要求如下：

（1）时间同步子系统由主时钟和时钟扩展装置组成，时钟扩展装置数量按工程实际需求确定。

（2）主时钟应双重化配置，支持北斗导航系统（BD）、全球定位系统（GPS）和地面授时信号，优先采用北斗导航系统，主时钟同步精度优于1μs，守时精度优于1μs/h（12h以上）。

（3）站控层设备宜采用简单网络时间协议（SNTP）对时方式。

（4）间隔层和过程层设备宜采用IRIG-B、PPS对时方式。

4. 性能要求

智能变电站一体化监控系统主要性能指标要求如下：

（1）模拟量越死区传送整定最小值小于0.1%（额定值），并逐点可调。

（2）事件顺序记录分辨率（*SOE*）：间隔层测控装置不大于1ms。

（3）模拟量信息响应时间（从I/O输入端至数据通信网关机出口）不大于2s。

（4）状态量变化响应时间（从I/O输入端至数据通信网关机出口）不大于1s。

（5）站控层平均无故障间隔时间（*MTBF*）不小于20000h，间隔层测控装置平均无故障间隔时间不小于30000h。

（6）站控层各工作站和服务器的CPU平均负荷率：正常时（任意30min内）不大于30%，电力系统故障时（10s内）不大于50%。

（7）网络平均负荷率：正常时（任意30min内）不大于20%，电力系统故障时（10s内）不大于40%。

（8）画面整幅调用响应时间：实时画面不大于1s，其他画面不大于2s。

（9）实时数据库容量：模拟量不小于5000点，状态量不小于10000点，遥控不小于3000点，计算量不小于2000点。

（10）历史数据库存储容量：历史数据存储时间不小于2年，历史曲线采样间隔1～30min（可调），历史趋势曲线不小于300条。

七、数据采集与信息传输

数据采集应满足变电站当地运行管理和调度（调控）中心及其他主站系统的数据需求，满足智能电网调度技术支持系统以及调控一体化运行模式的要求，数据采集范围和传输要求如下：

（1）数据采集范围应包括电网运行数据、设备运行信息、变电站运行异常信息。

（2）电网运行信息包括稳态、动态和暂态数据。

（3）设备运行信息包括一次设备、二次设备和辅助设备运行信息。

（4）变电站运行异常信息包括保护动作、异常告警、自检信息和分析结果信息等。

（5）变电站内变电站与主站交互的图形格式遵循Q/GDW 624。

（6）数据传输采用DL/T 860。

（7）变电站与主站交互的模型格式遵循Q/GDW 215。

（8）变电站与主站之间通信采用DL/T 634.5101、DL/T 634.5104或DL/T 860。

八、二次系统安全防护

智能变电站一体化监控系统安全分区及防护原则如下：

（1）安全Ⅰ区的设备包括一体化监控系统监控主机、Ⅰ区数据通信网关机、数据服务器、操作员站、工程师工作站、保护装置、测控装置、PMU等。

（2）安全Ⅱ区的设备包括综合应用服务器、计划管理终端、Ⅱ区数据通信网关机、变电设备状态监测装置、视频监控、环境监测、安防、消防等。

（3）安全Ⅰ区设备与安全Ⅱ区设备之间通信应采用防火墙隔离。

（4）智能变电站一体化监控系统通过正反向隔离装置向Ⅲ/Ⅳ区数据通信网关机传送数据，实现与其他主站的信息传输。

（5）智能变电站一体化监控系统与远方调度（调控）中心进行数据通信应设置纵向加密认证装置。

第二章　智能变电站运行管理

第一节　安　全　管　理

一、顺序控制管理

1. 顺序控制操作票管理

（1）顺序控制操作票应严格按照国家电网公司《电力安全工作规程》（变电站部分）、《防止电气误操作安全管理规定》有关要求，根据智能变电站设备现状、接线方式和技术条件进行编制。

（2）顺序控制操作票应经过现场试验，验证正确后方可使用。

（3）顺序控制操作任务和操作票，应经过运行管理部门和调度部门审核，运行管理单位生产分管领导审批。

（4）顺序控制操作任务和操作票应备份，由专人管理，设置管理密码。

（5）变电站改（扩）建、设备变更、设备名称改变时，应同时修改顺序控制操作票，重新验证并履行审批手续，完成顺序控制操作票的变更、固化、备份。

2. 顺序控制操作管理

（1）各单位应制定有关顺序控制操作的管理制度。

（2）顺序控制操作时，应填写倒闸操作票，各单位应制定倒闸操作票的填写规定。

（3）顺序控制操作时，继电保护装置应采用软压板控制模式。

（4）顺序控制操作时，应调用与操作指令相符合的顺序控制操作票，并严格执行复诵监护制度。

（5）顺序控制操作前，应确认当前运行方式符合顺序控制操作条件。

（6）顺序控制操作过程中，如果出现操作中断，运行人员应立即停止顺序控制操作，检查操作中断的原因并做好记录。

（7）顺序控制操作中断后，若设备状态未发生改变，应查明原因并排除故障后继续顺控操作，若无法排除故障，可根据情况转为常规操作。

（8）顺序控制操作中断后，如果需转为常规操作，应根据调度命令按常规操作要求重新填写操作票。

（9）顺序控制操作完成后，运行人员应核对相关一次设备、二次设备状态无异常后结束此次操作。

二、压板及定值操作管理

（1）运行人员应明确软压板与硬压板之间的逻辑关系，并在变电站现场运行规程中明确。

（2）运行人员宜在站端和主站端监控系统中进行软压板操作，操作前、后应在监控画面上核对软压板的实际状态。

（3）运行人员宜在站端和主站端监控系统中进行定值区切换操作，操作前、后应在监控画面上核对定值实际区号，切换后打印核对。

（4）正常运行时，运行人员严禁投入智能终端、保护测控等装置检修压板。设备投运前应确认各智能组件检修压板已经退出。

三、特殊状态管理

（1）发生事故、重大异常、防汛抗台、火灾、水灾、地震、人为破坏、灾害性大气、重要保电任务、远动通道中断、变电站计算机网络瘫痪等情况都视为特殊状态。

（2）出现特殊状态时，运行人员应首先进行远程巡视，了解变电站的运行环境和设备状况，并将检查情况向相关部门汇报。特殊状态期间，应增加远程巡视次数，必要时安排运行人员到变电站现场进行相关工作。

（3）运行部门应对智能变电站的特殊状态制订应急预案、现场处置方案并经上级部门审核批准。

四、防误闭锁管理

（1）各单位应依据国家电网公司的相关规定，制定智能变电站的防误闭锁管理制度。

（2）安装独立微机防误闭锁系统的智能变电站，防误闭锁管理同常规站。

（3）一体化监控系统防误闭锁管理。

1）防误闭锁功能应由运行部门审核，经批准后由一体化监控系统维护人员实现。

2）防误闭锁功能升级、修改，应进行现场验收、验证。

3）应加强一体化监控系统防误闭锁功能检查和维护工作。

五、辅助系统管理

1. 视频监控

（1）定期巡视视频监控系统，发现问题，及时上报处理。

（2）定期检查站内摄像机等图像监控系统设备，定期测试视频联动及智能分析等功能的运行情况，发现故障及时处理，确保其运行完好。

2. 安防系统

（1）定期巡视安防系统，发现异常及故障及时上报处理。

（2）定期巡视火警监测装置，确保其运行完好；定期检查、试验报警装置的完好性，发现故障及时上报处理。

六、异常及事故处理原则

1. 基本要求

变电站智能设备异常及事故处理应按照变电站设备异常及事故处理相关规定执行。

2. 主要原则

根据变电站智能设备的功能特点，智能设备异常及事故处理应遵循以下主要原则：

（1）电子互感器（采集单元）、合并单元异常或故障时，应退出对应的保护装置的出口软压板。

单套配置的合并单元、采集器、智能终端故障时，应退出对应的保护装置，同时应退出母线保护等其他接入故障设备信息的保护装置（母线保护相应间隔软压板等），母联断路器和分段断路器根据具体情况进行处理。

1）双套配置的合并单元、采集器、智能终端单台故障时，应退出对应的保护装置，并应退出对应的母线保护的该间隔软压板。

2）智能终端异常或故障时应退出相应的智能终端出口压板，同时退出受智能终端影响的相关保护设备。

（2）保护装置异常或故障时应退出相应的保护装置的出口软压板。

（3）当无法通过退软压板停用保护时，应采用其他措施，但不得影响其他保护设备的正常运行。

（4）母线电压互感器合并单元异常或故障时，按母线电压互感器异常或故障处理。

（5）按间隔配置的交换机故障，当不影响保护正常运行时（如保护采用直采直跳方式）可不停用相应保护装置；当影响保护装置正常运行时（如保护采用网络跳闸方式），应视为失去对应间隔保护，应停用相应保护装置，必要时停运对应的一次设备。

（6）公用交换机异常和故障若影响保护正确动作，应申请停用相关保护设备，当不影响保护正确动作时，可不停用保护装置。

（7）在线监测系统告警后，运行人员应通知检修人员进行现场检查。确定在线监测系统误告警的，应根据情况退出相应告警功能或退出在线监测系统，并通知维护人员处理。

（8）运行人员及专业维护人员应掌握智能告警和辅助决策的高级应用功能，正确判断处理故障及异常。

（9）一体化电源系统异常及故障时参照变电站站用电源系统异常及故障处理。

七、异常告警及处理方法

1. 装置故障告警类信息

该类故障信息一般导致保护装置整套功能闭锁，需第一时间申请退出保护装置运行，尽快通知专业人员处理缺陷。

（1）后台报装置故障告警、装置闭锁；装置运行灯灭，告警灯亮。

异常分析：原因可能为CPU插件异常，一般为硬件故障或软件运行出错，整个保护装置功能闭锁。

处理方法：①通知调度，申请退出该套保护装置。装置故障时保护功能、出口软连接片可能已无法操作，此时应退出相关智能终端出口硬连接片。记录所有故障信息后，切断保护装置电源；②通知二次维护人员现场消缺。

（2）××线路保护装置失电告警，装置指示灯全灭，液晶屏变黑。

异常分析：保护装置直流电源消失或电源插件故障，整套装置功能丢失。

处理方法：申请调度，退出该套保护装置，退出相应智能终端出口硬连接片。

（3）××线路保护 SV 采样异常。

异常分析：采样异常后，该支路采样数据将不参与保护装置的逻辑运算，闭锁相关保护的保护功能。非 3/2 接线，相等于闭锁整套保护。3/2 接线，由于电压经电压合并单元、电流经电流合并单元分别输送至保护装置，若仅电流采样数据异常，闭锁整套保护功能；若仅电压采样数据异常，按 TV 断线处理，不影响差动保护，仅影响纵联距离、距离保护和方向保护。

处理方法：申请调度，退出该套保护装置，通知二次专业人员现场处理。

（4）××线路保护接收合并单元 SV 中断。

异常分析：保护装置接收合并单元的 SV 链路中断，原因可能为物理链路中断、配置错误或合并单元与保护装置检修连接片投退不一致，闭锁相关保护的保护功能。非 3/2 接线，相等于闭锁整套保护。3/2 接线，由于电压经电压合并单元、电流经电流合并单元分别输送至保护装置，若仅电流采样数据异常，闭锁整套保护功能；若仅电压采样数据异常，按 TV 断线处理，不影响差动保护，仅影响纵联距离、距离保护和方向保护。

处理方法：申请调度，退出该套保护装置，通知二次专业人员现场处理。

2. 装置告警类信息

该类信息影响保护装置的部分功能如下。

（1）××线路保护 TA 断线。

异常分析：保护装置采样链路没有中断、数据没有异常时，TA 断线判据满足，发 TA 断线告警。原因一般为合并单元至 TA 处二次回路故障。“TA 断线闭锁差动”控制字投入，则断线后闭锁差动保护，若退出，则不闭锁，电流达到 TA 断线差动定值后，保护动作跳闸。

处理方法：申请调度，退出该套保护，通知保护专业人员现场处理。

（2）××线路保护 TV 断线。

异常分析：保护装置采样链路没有中断、数据没有异常时，TV 断线判据满足，发 TV 断线告警。原因一般为合并单元至 TV 处二次回路故障。闭锁距离保护功能，闭锁其他电压相关保护功能，自动投入 TV 断线过流保护。

处理方法：申请调度，退出该套保护装置，通知保护专业人员现场处理。

（3）××线路保护接收智能终端 GOOSE 中断。

异常分析：保护装置接收智能终端 GOOSE 中断，可能物理链路中断、配置错误或智能终端与保护装置检修连接片状态不一致。不闭锁保护功能，只是该间隔无法将跳闸令传送至智能终端跳、合断路器。

处理方法：申请调度，退出该套保护装置，通知保护专业人员现场处理。现场检查该间隔智能终端至保护装置的光纤是否正常，智能终端与保护装置检修连接片的投退状态是否一致，监控后台是否有相关不一致报文。

（4）××线路保护母差GOOSE中断。

异常分析：保护装置至母差保护的GOOSE中断，可能是物理链路中断、配置错误或检修状态不一致。不闭锁保护功能，但会导致该线路保护动作后无法启动母差保护失灵功能。

处理方法：通知保护专业人员现场处理。可现场检查保护装置至母差保护装置的光纤是否正常，线路保护与母差保护检修连接片的投退状态是否一致，监控后台是否有相关不一致报文。

（5）××线路保护通道告警。

异常分析：保护装置纵联光纤通道异常告警，通道中断或误码率高。闭锁纵联主保护功能，不影响后备保护功能。

处理方法：申请调度，退出该套纵联主保护，通知保护、信通专业人员现场处理。

（6）××线路保护开入、开出异常。

异常分析：保护装置开入、开出插件异常，不闭锁保护。

处理方法：通知保护专业人员现场处理。

（7）检修不一致告警。

异常分析：保护装置收到报文中“检修位”与自身检修状态不一致。与智能终端检修状态不一致时，相当于GOOSE中断的后果，无法实现跳合闸；与电流合并单元检修状态不一致时，闭锁与该电流有关的保护功能；与电压合并单元检修状态不一致时，按TV断线处理；与失灵保护（母线保护或断路器失灵保护）检修状态不一致，则启动失灵、母线保护动作或失灵保护动作发远跳命令无法实现。

处理方法：检查确认线路保护、母线保护装置、线路合并单元、智能终端的检修连接片是否应投入，核实现场是否有保护专业相关工作。正常运行时，各装置检修连接片应在退出状态。如检修连接片均在退出状态，装置仍有告警，则通知二次保护人员检查。

第二节 运行管理制度

一、现场运行规程编制

智能变电站现场运行规程除具备常规站内容外，应增加以下内容：

（1）全站网络结构：站控层、间隔层、过程层的网络结构和传输报文形式，网络出现异常情况时的处理方案，明确公用交换机故障处理时应停用保护的范围和方法。

（2）一体化监控系统：系统功能介绍及构成、网络连接方案、测控装置作用、顺序控制等高级应用的功能介绍、日常巡视检查维护项目、正常运行操作方法及注意事项、事故异常及处理方案。

（3）在线监测系统：功能介绍及构成、网络连接方案，主要技术参数及运行标准、日常巡视检查维护项目、正常运行操作方法及注意事项、事故异常及处理方案。

（4）辅助系统：视频监控、安防系统、照明系统、环境监测、光伏发电等系统功能介绍及构成、网络连接方案、主要技术参数及运行标准、日常巡视检查维护项目、正常运行操作方法及注意事项、事故异常及处理方案。

（5）电子互感器：功能介绍及构成、主要技术参数及运行标准、日常巡视检查维护项目、投运和检修的验收项目、正常运行操作方法及注意事项、事故异常及处理方案。

（6）合并单元、采集器、保护装置、智能终端、安全自动装置：功能介绍及构成、网络连接方式、主要技术参数及运行标准、日常巡视检查维护项目、软压板与硬压板之间的逻辑关系、正常运行操作方法及注意事项、事故异常及处理方案。

（7）站用交直流一体化电源：功能介绍及构成、网络连接方案、主要技术参数及运行标准、日常巡视检查维护项目、正常运行操作方法及注意事项、事故异常及处理方案。

（8）根据变电站的设备增加和系统功能变化，及时完善变电站现场运行规程。

二、巡回检查制度

（1）根据智能变电站巡视性质编制相应的巡视标准化作业指导书，并严格执行。

（2）设备巡视分为正常巡视、全面巡视、熄灯（夜间）巡视、特殊巡视、远程巡视。

（3）根据实际情况在变电站现场运行规程中补充完善远程巡视内容，确定远程巡视权限的级别。

（4）开展远程巡视的变电站，可适当调整正常巡视的内容和周期。

（5）为避免不同部门进行远程巡视操作时互相干扰导致摄像头发生指令冲突的现象，远程巡视应分级进行。

（6）发挥智能巡视系统的作用，应用成熟后可延长人工巡视周期。

三、设备管理制度

1. 设备管理基本要求

（1）加强设备和系统配置文件管理，明确校核、修改、审批、执行流程。

（2）建立健全智能变电站各类设备台账和技术资料，应包含 SCD、ICD、CID 等文件的电子文档。

（3）变电站设备应纳入设备缺陷管理流程。智能设备的缺陷分级应按照《智能变电站运行维护导则》的相关规定执行。

（4）加强智能终端、电子互感器、合并单元、保护装置等设备的巡视，在现场运行规程中完善巡视内容。

（5）定期检查分析网络记录装置记录的事项，检查智能装置的通信状况和网络运行情况。

（6）定期开展变电站设备状态分析，形成报告，作为状态检修的依据。

2. 在线监测系统管理

（1）在线监测系统报警值的整定和修改应记录在案。

（2）定期检查在线监测系统的运行状况，及时发现运行缺陷，做好相关记录。

（3）加强在线监测系统的监视和数据管理，包括设备状态参量的监视跟踪、监测数据的存储和备份等。检查监测数据是否在正常范围内，如有异常及时向设备检修管理部门汇报。

（4）定期依据离线、带电检测数据对在线监测系统数据的准确性和重复性进行比对分析，发现问题，及时上报处理。

3. 一体化监控系统管理

（1）一体化监控系统操作界面及维护界面应设置权限和密码，由专人管理，严禁擅自改动系统设置。

（2）建立一体化监控系统操作员站、服务器、通信接口、计算机网络、冗余备用系统切换、计算机存储等设备工作状态的日常巡视和定期检查、记录制度。

（3）建立一体化监控系统软件、数据库定期检查、备份制度，软件修改、升级应及时进行下装和备份，做好记录。

四、资料管理

1. 法规、规程

除常规变电站应具备的法规、规程外，还应具备以下法规、规程：

（1）智能变电站技术导则。

（2）高压设备智能化技术导则。

（3）变电站智能化改造技术规范。

（4）智能变电站继电保护技术规范。

（5）智能变电站改造工程验收规范。

（6）变电设备在线监测系统运行管理规范。

（7）其他智能设备相关规定。

2. 技术资料

除常规变电站应具备的图纸、图表外，还应具备以下技术资料：

（1）监控系统方案配置图。

（2）保护配置逻辑框图。

（3）网络通信图。

（4）交换机接线图。

（5）逻辑信号图。

（6）一体化电源负荷分布图。

（7）在线监测传感器位置分布图。

（8）站内 VIAN、IP 及 MAC 地址分配列表。

（9）交换机端口分配表及电（光）缆清册。

（10）网络流量计算结果表。

（11）GOOSE 配置表。

（12）SV 配置表。

（13）VLAN 配置表。

（14）屏柜配置表。

（15）其他智能设备的配置文件和配置软件。

五、培训工作

（1）智能变电站运行维护人员应进行系统培训，了解上级下发的有关智能变电站的相关规定，熟悉智能变电站的新技术、新特点。

（2）智能变电站运行人员应提前学习智能变电站的设计图纸，熟悉变电站的整体结构。

（3）设备在厂家联调期间，运行人员入厂学习，熟悉其工作原理。

（4）设备现场统调期间，运行人员参与调试工作，熟练操作流程。

（5）设备验收结束，设备厂家及现场施工人员应对运行人员进行综合培训，便于运行人员对设备有一个整体认识，利于今后的维护与操作。

（6）设备投运后，对于运行中发现的问题，设备厂家要进行深入分析并对运行单位进行培训。

第三节　设　备　操　作

一、设备操作的基本规定

1. 顺序控制

（1）根据变电站接线方式、智能设备现状和技术条件编制顺序控制操作票。顺序控制操作票的编制应符合国家电网公司电力安全工作规程（变电部分）相关要求，并符合电气误操作安全管理规定的相关要求。变电站设备及接线方式变化时应及时修改顺序控制操作票。

（2）实行顺序控制的设备应具备电动操作功能。条件具备时，顺序控制宜和图像监控系统实现联动。

（3）顺序控制操作前应核对设备状态并确认当前运行方式，符合顺序控制操作条件。

（4）在监控后台调用顺序控制操作票时，应严格执行操作监护制度。

（5）顺序控制操作时，继电保护装置须采用软压板控制模式。

（6）顺序控制操作完成后，可通过后台监控及设备在线监测可视化界面对一次设备、二次设备操作结果正确性进行核对。

（7）顺序控制操作中断时，应做好操作记录并注明中断原因。待处理完毕正常运行后方能继续进行。

(8) 顺序控制操作中若设备状态未发生改变，应查明原因并排除故障后继续顺序控制操作；若无法排除故障，可根据情况改为常规操作。由于通信原因设备状态未发生改变，履行手续后可转交现场监控后台继续顺序控制操作。

2. 保护定值修改及压板投退

(1) 保护设备采用软压板控制模式时，运行人员应采用远方/后台操作，操作前、后均应在监控画面上核对软压板实际状态。

(2) 远程操作软压板模式下，禁止运行人员在保护装置上进入定值修改菜单。

(3) 因通信中断无法远程投退软压板时，应履行手续转为就地操作。

(4) 在监控后台上远程切换保护定值区，操作前应检查待切换定值区定值正确，操作后应后台打印定值清单并进行核对。

(5) 检修人员在保护装置上修改/切换定值区后应与运行人员共同核对，应保证远方核对的正确性。

(6) 间隔设备检修时，应退出本间隔所有与运行设备二次回路联络的压板（保护失灵启动软压板，母线保护、主变保护本间隔采样通道软压板等），检修工作完成后应及时恢复并核对。

(7) 保护设备投运前应检查对应的智能终端、保护测控等装置的检修压板投退状态。正常运行时严禁投入智能终端、保护测控等装置的检修压板。

(8) 除装置异常处理、事故检查等特殊情况外，禁止通过投退智能终端的跳闸、合闸压板投退保护。

二、智能变电站顺序控制技术

(1) 变电站顺序控制由顺序控制服务根据操作票对变电站设备进行系列化操作，依据设备的执行结果信息的变化来判断每步操作是否到位，确认到位后自动或半自动执行下一指令，直至执行完成所有的指令。

(2) 变电站侧宜具备完整顺序控制功能，并支持主站顺序控制。

(3) 远方顺序控制操作时操作票宜配置在Ⅰ区数据通信网关机，站内顺序控制操作时操作票宜配置在监控主机，操作票宜在监控主机中维护。

(4) 顺序控制需经过五防逻辑校核，五防功能应由监控系统实现。

(5) 顺序控制需具备操作合理性的自动判断功能，且每步操作步骤需有一定的时间间隔，具备人工干涉的功能。顺序控制需提供控制急停及暂停功能。

(6) 顺序控制宜具备与智能辅助控制系统接口，以支持与图像监控系统联动。

(7) 顺序控制宜具备变电站监控系统人工操作接口，以支持操作员在变电站端执行顺序控制操作。

(8) 顺序控制应具备保护定值区切换及软压板投退，不考虑保护的定值修改。

(9) 对于单步遥控操作或操作过程中必须操作员到现场的控制不宜列入顺序控制范围。

(10) 顺序控制操作可分为对单间隔操作和多间隔操作，对于多间隔顺序控制，宜将其拆分为不同的单间隔顺序控制执行。

三、智能变电站顺序控制范围和实现方式

1. 顺序控制操作范围

(1) 顺序控制应能完成相关设备“运行、热备用、冷备用、检修”两种状态间的相互转换。

(2) 线路保护装置分相跳闸出口、永跳出口软压板，主保护、后备保护、重合闸、闭锁重合闸、启动失灵等功能软压板的投退；具备遥控功能的二次保护软压板的投退和装置定值区切换操作。

(3) 具备遥控功能的交直流电源空气开关的操作。

(4) 断路器“由运行转备用”或“由备用转运行”操作中穿插的“取下或投入TV低压侧熔断器”“断开或投入操作电源开关”等操作不宜列入顺序控制范围。

(5) 设备检修过程中的分合操作不应列入顺序控制操作范围。

(6) 主变压器、消弧线圈分接头调整等直接遥控操作，不宜列入顺序控制操作范围。

2. 顺序控制操作对象

(1) 线路断路器、母联（分段、桥）断路器。

(2) 隔离开关、接地开关。

(3) 母联断路器操作电源。

(4) 主变压器各侧断路器、隔离开关、接地开关。

(5) 站用变压器各侧断路器、隔离开关、接地开关。

(6) 母线隔离开关、接地开关。

(7) 35(10)kV开关柜内隔离开关、接地开关不宜列入顺序控制。

3. 顺序控制操作对象设备要求

(1) 实现顺控操作的各断路器、隔离开关、接地开关应具备遥控操作功能，其位置信号的采集采用双辅助接点遥信。

(2) 实现顺控操作的变电站设备应具备完善的防误闭锁功能。

(3) 实现顺控的变电站保护设备应具备远方投退软压板及远方切换定值区功能。

(4) 实现顺控操作的封闭式电气设备（无法进行直接验电），其线路出口应安装运行稳定可靠的带电显示装置，反映线路带电情况并具备相关遥信功能。

(5) 实现顺控操作的变电站母联断路器操作电源应具备遥控操作功能。

4. 智能变电站顺序控制实现方式

(1) 顺序控制主要有集中式、集中式与分布式相结合两种实施方式。

(2) 集中式是指以监控主机、通信网关机为主体的实现方式：由监控主机、通信网关机解析操作票，并根据操作顺序依次向测控装置下发控制命令，达到顺序控制操作的目的。

(3) 集中式与分布式相结合的方式是指单间隔的顺序控制操作由相应间隔的测控装置实现，跨间隔的顺序控制操作则通过集中式的方式实现。

(4) 顺序控制宜采用集中式方式。

四、智能变电站顺序控制功能要求

顺序控制应至少具备人工操作界面、安全防护、顺序控制指令执行、人工干预、历史记录等基本功能，但不局限于上述功能。

1. 操作身份验证

在变电站端、调控主站端或其他主站端执行顺序控制操作时，应进行身份验证，且应在正确输入操作员姓名、职务及密码后才允许操作。并应以文档的形式记录操作员的职务、姓名、操作时间、操作内容、操作结果。

2. 操作票导出与存储

（1）操作票导出可采用三种形式：从历史数据库中导出、从操作票系统中导出、人工导出。

1）从历史数据库存中导出：指事先将已经过实际操作验证过的操作票存入历史数据库中，需要时将其调出。

2）从操作票系统中导出：指当接收到顺序控制命令时，由顺序控制系统自动触发操作票系统开票，导出操作票。

3）人工导出：指当操作较复杂，历史数据库及操作票系统均无法导出操作票或导出的操作票有误时，人工编写或修改操作票的形式，人工导出的操作票应经过审批后方可执行。

（2）人工编写的或操作票系统导出的操作票经验证后，可存为历史操作票。

（3）操作票文件格式和内容如下：

1）变电站名称（字符串）。

2）操作票编号（字母和数字构成的字符串）。

3）操作票任务名称（字符串）。

4）间隔名称（字符串）。

5）版本号（1.0）。

6）传送时间（字符串）（年、月、日、时、分、秒）。

7）操作步骤数（int）。

8）序号 1（空格）操作步骤 1 名称（序号为 int 步骤名称为字符串）。

……

n）序号 *n*（空格）操作步骤 *n* 名称。

3. 顺序控制操作预演

（1）应具备预演操作功能，并以图形的形式实时显示主接线及相关设备的状态变化情况。

（2）预演操作须经过五防判断。

（3）预演结束后应返回预演结果，预演失败时应简要说明失败原因。

4. 遥控功能

（1）顺序控制系统对相关设备的遥控方式有两种：通过监控主机遥控或直接通过测控装置遥控。

（2）系统应能记录操作顺序，当完成一步遥控操作后，自动进入下一步。

（3）应能采集相关设备的状态信息。

（4）操作结束后应返回结果，操作失败时应简要说明失败原因。

5. 人工干预

（1）顺序控制操作完成一步后，系统应进入等待状态，等待时间长短可人工设置。等

待时间内须经过人工确认后才能进行下一步，等待时间过完后系统默认进入下一步。

（2）应设置暂停按钮，可在任意时刻暂停顺序控制操作。

6. 报警急停

（1）顺序控制操作过程中应能实时监视相关设备或装置的状态。

（2）顺序控制操作过程中出现故障或告警时，可人工设置系统响应。默认状态下顺序控制操作过程中故障不操作，出现告警信号仍可继续操作。

7. 状态返校

（1）可通过人工设置选择顺序控制操作前后是否对相关设备或装置进行状态校核。

（2）对于需要返校的情况，应同步显示或上传校核结果。

（3）对于断路器、隔离开关及接地开关的位置状态校核，应采用双位置遥信互校。

8. 数据上传

对于站端、调控端和其他主站端的顺序控制操作，应在每一步操作完后，及时将相关设备或装置状态变化情况分别上送至站端监控主机、调控中心和其他主站端。

9. 操作记录

（1）当执行顺序控制操作时，系统应以文档形式自动记录命令源、操作人姓名、职务、操作时间、操作内容、操作结果信息。

（2）操作记录可供查询、删除，但不能被修改。

（3）操作记录的查询、删除应进行权限管理。

（4）顺序控制服务对于控制操作的过程，具备详细的日志文件存储，为分析故障以及处理提供依据。

五、智能变电站顺序控制流程

1. 集中式顺序控制流程

集中式顺序控制流程图如图 2-2-3-1 所示。

执行端：指顺序控制主要执行载体，监控主机或通信网关机。

客户端：变电站端、调控中心或其他主站系统的顺序控制命令发起端。

2. 集中式与分布式相结合的顺序控制方式流程

集中分布结合式顺序控制流程如图 2-2-3-2 所示。

执行端：指顺序控制主要执行载体，主要指监控主机、通信网关机及各间隔测控装置。

客户端：变电站端、调控中心或其他主站系统的顺序控制命令发起端。

六、智能变电站顺序控制性能要求

（1）客户端顺序控制操作请求平均响应时间小于 2s。

（2）顺序控制操作过程中响应速度不随操作步数增长显著下降。

（3）CPU 平均使用率小于 30%。

（4）顺序控制系统与五防系统信息交互平均响应速度不大于 1min。

（5）顺序控制系统与测控装置信息交互平均响应速度不大于 1min。

（6）系统运行日志应记录对系统数据的修改、访问；可以定期清理；数据库应当有日

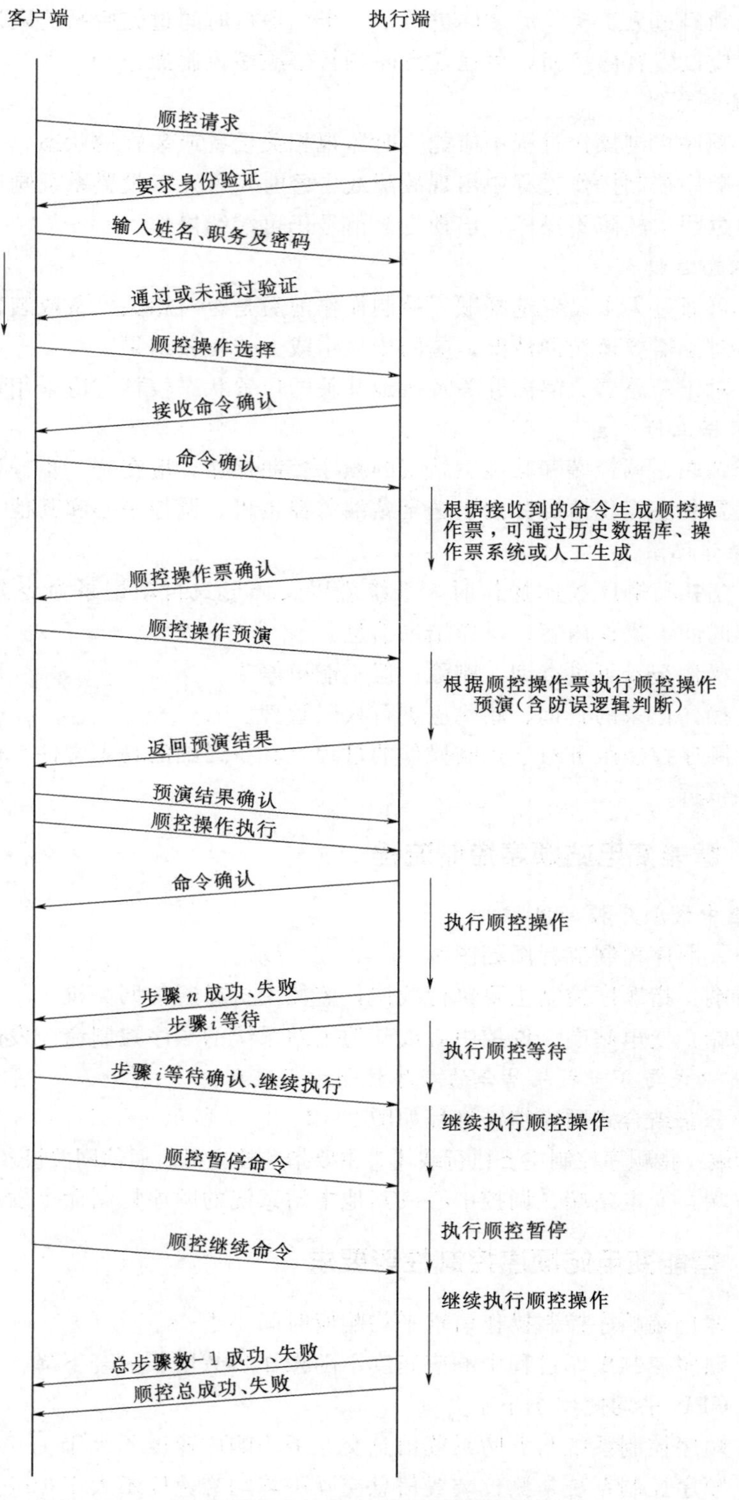

图 2-2-3-1 智能变电站集中式顺序控制流程图

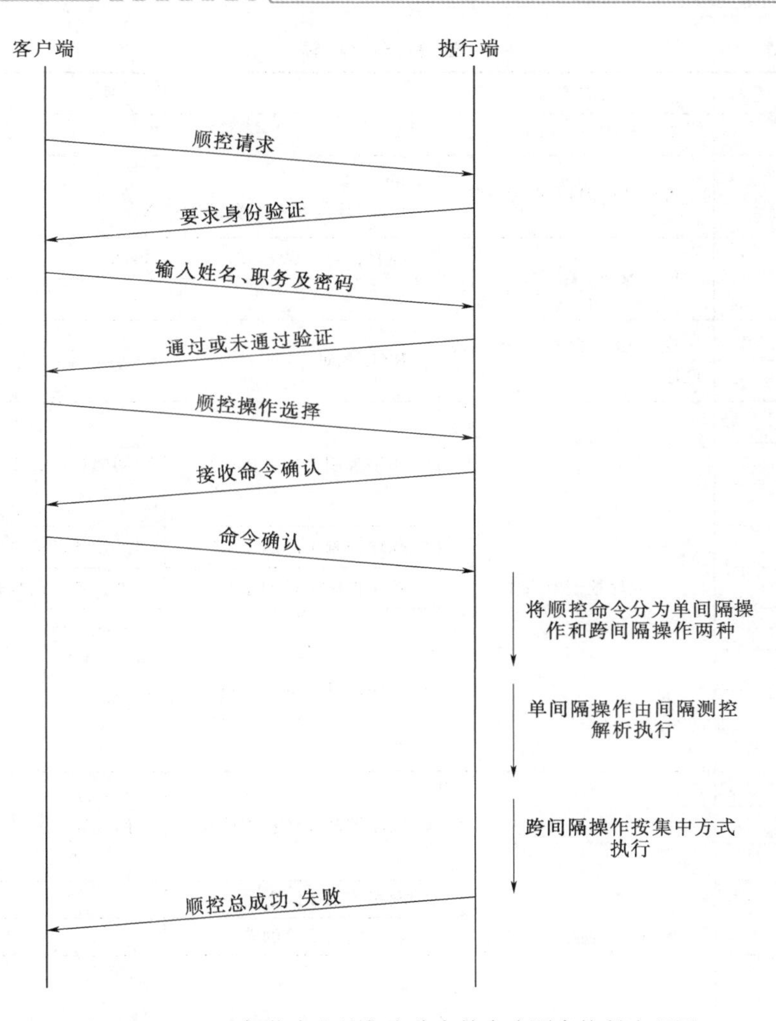

图 2-2-3-2　智能变电站集中分布结合式顺序控制流程图

志文件，以做备份恢复，处理时间不大于 10min。

七、智能变电站顺序控制协议扩展

为实现顺序控制与调控中心的通信，在不改变 IEC104，101 协议的帧结构和通信流程的前提下，扩充 2 个 ASDU，分别用于顺序控制、操作票文件传输。

1. 顺序控制命令帧 ASDU57

(1) 用于控制命令的帧格式见表 2-2-3-1。

表 2-2-3-1 中有关内容的含义如下。

可变结构限定词：

bit0～bit6：顺序控制间隔个数（多个对象表示为组合票）。

bit7：=1，单个信息体寻址。

传送原因：

表 2-2-3-1　　　　控制命令帧

字节	报文内容	说明	
1	类型标识（TYP）	57	
2	可变结构限定词（VSQ）	bit7＝0 bit6～bit0 控制对象的数目 N	
3	传送原因（COT）	COT＝48，50，52，54，56，58	
4		0	
5	应用服务数据单元公共地址	RTU 站址	
6			
7	顺序控制对象 1	顺序控制 1 信息体地址	间隔控制号 1，站端提供
8			
9			
10		顺序控制 1 源态	见设备态信息表
11		顺序控制 1 目的态	见设备态信息表
12		返回信息，见返回信息表	
13			
14			
15			
16	顺序控制对象 2	顺序控制 2 信息体地址	间隔控制号 2
17			
18			
19		顺序控制 2 源态	
20		顺序控制 2 目的态	
21		返回信息，见返回信息表	
22			
23			
24			
⋮	⋮	⋮	
$7+(N-1)\times 9$	顺序控制对象 N	顺序控制 N 信息体地址	间隔控制号 N
$8+(N-1)\times 9$			
$9+(N-1)\times 9$			
$10+(N-1)\times 9$		顺序控制 N 源态	
$11+(N-1)\times 9$		顺序控制 N 目的态	
$12+(N-1)\times 9$		返回信息，见返回信息表	
$13+(N-1)\times 9$			
$14+(N-1)\times 9$			
$15+(N-1)\times 9$			

＜48＞　　召唤操作票激活。

＜50＞　　召唤设备状态激活。

＜52＞　　　操作票站端预演激活。

＜54＞　　　操作票站端执行激活。

＜56＞　　　操作票站端执行中止。

＜58＞　　　顺序控制确认继续执行。

信息体地址：

起始地址，0x7001。

一个地址表示一个间隔控制号。

设备状态（源态，目标态）：

具体参考设备状态表。

所有不关心的设备状态的命令，设备状态填“0”不确定态。

返回信息：

见返回信息表。

（2）用于监视命令的帧格式见表2-2-3-2。

表2-2-3-2　　　　　　监　视　命　令　帧

<table>
<tr><th>字节</th><th>报文内容</th><th colspan="2">说　明</th></tr>
<tr><td>1</td><td>类型标识（TYP）</td><td colspan="2">57</td></tr>
<tr><td>2</td><td>可变结构限定词（VSQ）</td><td colspan="2">bit7＝0
bit6～bit0 控制对象的数目 N</td></tr>
<tr><td>3</td><td rowspan="2">传送原因（COT）</td><td colspan="2">COT＝49，51，53，55，57，59，60，61，62</td></tr>
<tr><td>4</td><td colspan="2">0</td></tr>
<tr><td>5</td><td rowspan="2">应用服务数据单元公共地址</td><td colspan="2" rowspan="2">RTU站址</td></tr>
<tr><td>6</td></tr>
<tr><td>7</td><td rowspan="9">顺序控制对象1</td><td rowspan="3">顺序控制1信息体地址</td><td rowspan="3">间隔控制号1，站端提供</td></tr>
<tr><td>8</td></tr>
<tr><td>9</td></tr>
<tr><td>10</td><td>顺序控制1源态</td><td>见设备态信息表</td></tr>
<tr><td>11</td><td>顺序控制1目的态</td><td>见设备态信息表</td></tr>
<tr><td>12</td><td colspan="2" rowspan="4">返回信息，见返回信息表</td></tr>
<tr><td>13</td></tr>
<tr><td>14</td></tr>
<tr><td>15</td></tr>
<tr><td>16</td><td rowspan="9">顺序控制对象2</td><td rowspan="3">顺序控制2信息体地址</td><td rowspan="3">间隔控制号2</td></tr>
<tr><td>17</td></tr>
<tr><td>18</td></tr>
<tr><td>19</td><td>顺序控制2源态</td><td></td></tr>
<tr><td>20</td><td>顺序控制2目的态</td><td></td></tr>
<tr><td>21</td><td colspan="2" rowspan="4">返回信息，见返回信息表</td></tr>
<tr><td>22</td></tr>
<tr><td>23</td></tr>
<tr><td>24</td></tr>
</table>

续表

<table>
<tr><th>字节</th><th>报文内容</th><th colspan="2">说 明</th></tr>
<tr><td>⋮</td><td>⋮</td><td colspan="2">⋮</td></tr>
<tr><td>$7+(N-1)\times 9$</td><td rowspan="9">顺序控制对象 N</td><td rowspan="3">顺序控制 N 信息体地址</td><td rowspan="3">间隔控制号 N</td></tr>
<tr><td>$8+(N-1)\times 9$</td></tr>
<tr><td>$9+(N-1)\times 9$</td></tr>
<tr><td>$10+(N-1)\times 9$</td><td>顺序控制 N 源态</td><td></td></tr>
<tr><td>$11+(N-1)\times 9$</td><td>顺序控制 N 目的态</td><td></td></tr>
<tr><td>$12+(N-1)\times 9$</td><td colspan="2" rowspan="4">返回信息，见返回信息表</td></tr>
<tr><td>$13+(N-1)\times 9$</td></tr>
<tr><td>$14+(N-1)\times 9$</td></tr>
<tr><td>$15+(N-1)\times 9$</td></tr>
</table>

表 2-2-3-2 中有关内容的含义如下。

可变结构限定词：

bit0～bit6：顺序控制间隔个数（多个对象表示为组合票）。

bit7：=1，单个信息体寻址。

传送原因：

＜44＞：=未知的类型标识。

＜45＞：=未知的传送原因。

＜46＞：=未知的应用服务数据单元公共地址。

＜47＞：=未知的信息体地址。

＜49＞ 召唤操作票激活确认。

＜51＞ 召唤设备状态激活确认。

＜53＞ 操作票站端预演激活确认。

＜55＞ 操作票站端执行激活确认。

＜57＞ 操作票站端执行结束。

＜59＞ 顺序控制等待执行。

＜60＞ 顺序控制成功。

＜61＞ 顺序控制失败。

＜62＞ 顺序控制突发上送设备状态。

信息体地址：

起始地址，0x7001。

一个地址表示一个间隔控制号。

设备状态（源态，目标态）：

具体参考设备状态表。

所有不确定及不关心的设备状态的信息，设备状态填“0”不确定态。

（3）返回信息见表 2-2-3-3。

表 2-2-3-3　　返回信息对照表

传输原因	值	返回值	返回值的意义
读取操作票激活	48	0	无意义
读取操作票激活确认	49	0	读取成功
		−1	源态不正确
		−2	目标态不正确
召唤间隔状态激活	50	0	无意义
召唤间隔状态激活确认	51	≥0	间隔状态
		−1	源态不正确
		−2	目标态不正确
顺序控制预演激活	52	0	无意义
顺序控制预演激活确认	53	0	预演成功
		−1	源态不正确
		−2	目标态不正确
顺序控制执行激活	54	0	无意义
顺序控制执行确诊	55	0	执行命令正确并开始执行
		−1	源态不正确
		−2	目标态不正确
顺序控制中止命令	56	0	无意义
顺序控制结束	57	0	成功
		−1	失败
顺序控制确认并继续执行	58	*	步骤号
顺序控制等待	59	*	步骤号
顺序控制成功	60	*	步骤号
顺序控制失败	61	*	步骤号
顺序控制间隔状态突发上送	62	*	间隔状态

组合票的响应执行信息，放在第一个间隔对象后的返回信息。

如步骤号为 0，则表示顺序控制总成功/失败信号。

2. 操作票传输 ASDU127

（1）文件内容以二进制方式传输，格式见表 2-2-3-4。

表 2-2-3-4　　操作票文件内容格式

字　节	报文内容	说　明
1	类型标识（TYP）	127
2	可变结构限定词（VSQ）	1
3	传送原因（COT）	13
4		0

续表

字 节	报文内容	说 明
5	应用服务数据单元公共地址	RTU站址
6		
7	信息体地址	文件唯一标识
8		
9		
10	后续位标志和起始传输位置	最高位，0：无后续帧；1：有后续帧本帧传输的文件起始地址在全部文件中的位置
11		
12		
13		
14		
…	文件内容	
14+文件内容长度	和校验	文件内容部分累加和校验

信息体地址：

为每张操作票的唯一标识ID。

传送原因：

13。

起始传输位置：

本帧传输的文件起始地址在全部文件中的位置。

起始位置的最高位为后续位标志：

0：全部文件传输结束。

1：后续。

和校验：

检验文件内容部分。

(2) 一次设备、二次设备态定义分别见表2-2-3-5和表2-2-3-6。

表2-2-3-5 一次设备状态定义表

一次设备态	值	一次设备态	值
不确定态	0	正母运行（合环）	12
运行	1	副母运行（合环）	13
热备用	2	正母运行（热倒）	14
冷备用	3	副母运行（热倒）	15
开关及线路检修	4	正母运行（冷倒）	16
运行（合环）	5	副母运行（冷倒）	17
运行（充电）	6	正母热备用（冷倒）	18
正母运行	7	副母热备用（冷倒）	19
副母运行	8	运行（母线充电）	20
正母热备用	9	正母运行（充电）	21
副母热备用	10	副母运行（充电）	22
开关检修	11		

表 2-2-3-6　　二次设备状态定义表

二次设备态	值	二次设备态	值
不确定态	100	停运	105
投入	101	距离保护	106
退出	102	母差停调整	107
跳闸	103	母差复调整	108
信号	104	无通道跳闸	109

3. 顺序控制报文交互过程

(1) 成功过程。顺序控制成功过程见图 2-2-3-3。

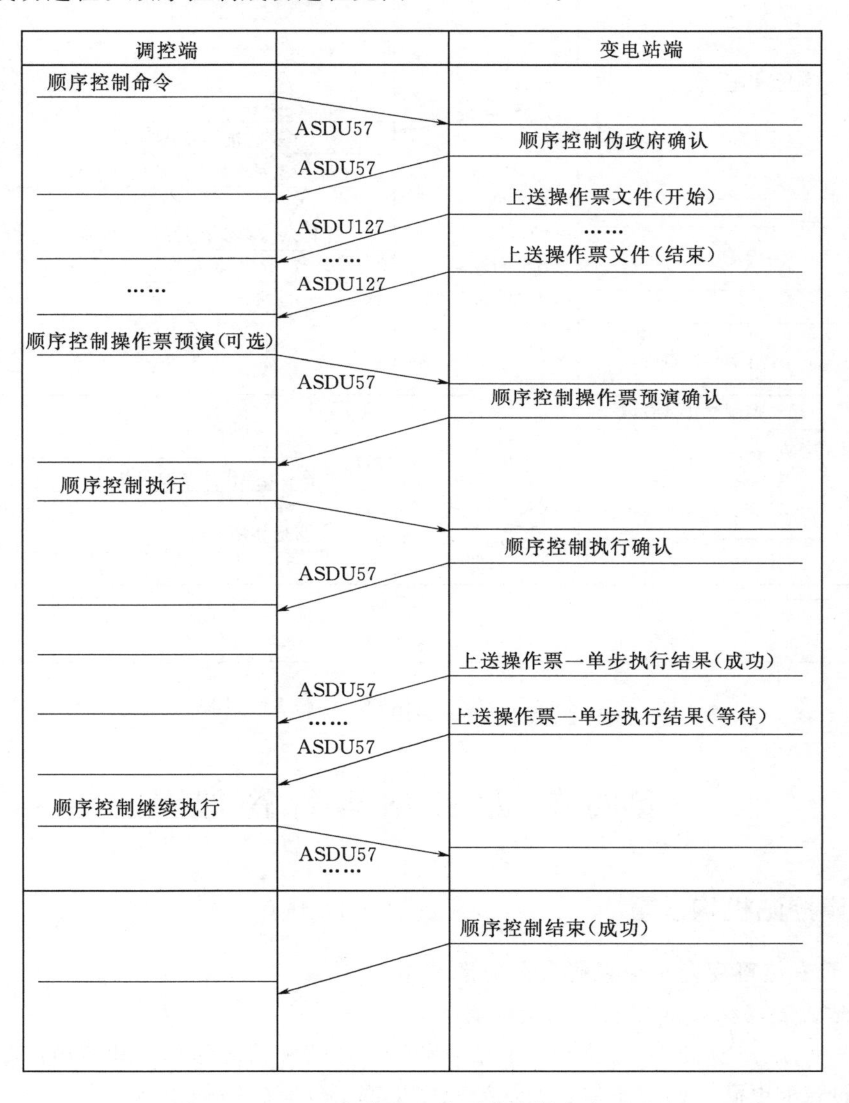

图 2-2-3-3　智能变电站顺序控制成功过程图

(2) 失败过程。顺序控制失败过程如图 2-2-3-4 所示。

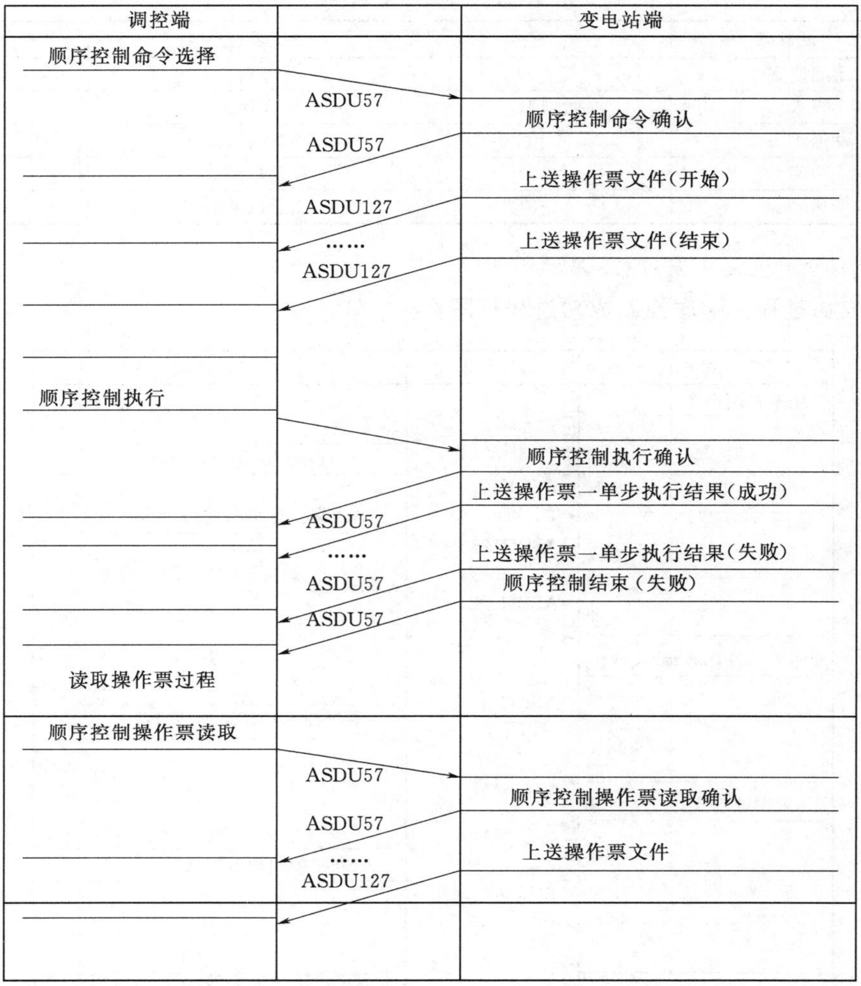

调控端		变电站端
顺序控制命令选择	ASDU57	
	ASDU57	顺序控制命令确认
	ASDU127	上送操作票文件(开始)
	……	
	ASDU127	上送操作票文件(结束)
顺序控制执行		
		顺序控制执行确认
	ASDU57	上送操作票一单步执行结果(成功)
	……	
	ASDU57	上送操作票一单步执行结果(失败)
	ASDU57	顺序控制结束(失败)
读取操作票过程		
顺序控制操作票读取	ASDU57	
	ASDU57	顺序控制操作票读取确认
	……	
	ASDU127	上送操作票文件

图 2-2-3-4 智能变电站顺序控制失败过程图

第四节 集控站运行管理

一、集控站机构设置

（一）无人值班变电站带来的重大变化

1. 通信、自动化及其可靠性程度提高

为及时从远方完成对无人值班变电站各种运行状态和信息的采集和传输，对通信、自动化设施的要求更高，通道条件、通信误码率也都必须有较高的指标。

2. 部分操作从变电站转移到了集控站

变电站实行无人值班后，对高压开关设备、继电保护及安全自动装置的操作由集控站

完成。只有牵涉电网及无人值班变电站运行方式有重大改变时，操作人员才到变电站现场进行操作。

3. 运行人员从维护单个变电站改变为维护所辖区域内的各变电站

一个区域内的变电站实行无人值班后，通过适当组合，成立了维护操作队。维护操作队除负责所辖区域内的无人值班变电站的日常监视（监视屏幕），完成无人值班变电站的日常维护、巡视外，当遇到电网的运行方式发生重大改变时，还负责对相关无人值班变电站进行操作。

4. 办理检修、预防性试验的许可开工手续由变电站移到了集控站

无人值班变电站内的设备进行检修或预防性试验时，修、试部门签发的工作票必须由相关集控站派当值值班人员去办理工作许可手续，并在检修开工当天，由维护操作队人员将修、试工作人员带至所检修的无人值班变电站，布置安全措施并许可开工。检修、试验完工后，修试单位必须通知集控站维护操作人员到该变电站进行竣工验收，拆除安全措施，并办理工作票终结手续。

（二）集控站机构设置方案

1. 监控中心

集控站“四遥”装置设置在监控中心内，监控中心采取24h轮换值班，每值1～2人，另设站长1人。其行政和业务上受原变电站运行管理部门领导。其职责是在系统正常运行时，由当值监控值班员对所辖各变电站进行监控、联络、接受调度命令，填写操作票、各项运行记录和报表等，根据调度命令，完成单一拉、合开关设备的操作，负责主变压器电压分接开关的调整操作及事故和异常处理。

2. 操作队（巡视检查维护队简称巡检人员）

由队长、专责工程师、值班人员（每值至少配2人）组成的操作队。其行政和业务上受集控站领导，负责倒闸操作、设备的巡视、所管辖范围内的设备维护、办理管辖范围内相关设备的检修和试验的现场许可手续及其竣工验收工作，并在当值调度员统一指挥下进行有关设备的事故及异常处理。

3. 变电检修队

由修试工区原检修班组组成，负责管辖范围内无人值班变电站一次和二次变电设备的检修、试验、设备缺陷处理及事故抢修工作。

4. 通信、自动化运行维护队

由调度所通信站、远动班、计算机中心人员组成，负责监控站有设备、无人值班变电站现场执行屏、变送器屏及其他与远动有关的设备、电缆及通信通道的运行检修工作。在调度所设无人值班变电站专责生产调度员1名，专门负责对无人值班变电站通信及自动化设备的正常运行和事故情况下的生产指挥，一旦发生事故，要求对以上范围内设备的事故处理指挥得力，抢修及时。

（三）集控站管理模式下的有关单位岗位职责

1. 集控站的职责

（1）负责无人值班变电站限、送负荷的遥控操作。

（2）负责无人值班变电站有载调压变压器分接开关的遥调。

（3）负责无人值班变电站主变压器中性点接地开关分、合闸操作的遥控。

（4）负责无人值班变电站主变压器负荷侧无功补偿设备的投入或退出运行的操作。

（5）负责无人值班变电站运行参数的监视（电气量、信号等）。

（6）负责无人值班变电站设备检修、预试时的倒闸操作，安全措施的布置及拆除，以及遥控失灵情况下的现场设备的有关操作。

（7）负责无人值班变电站的设备巡视、运行维护、设备轮换及站容站貌维护。

（8）受理无人值班变电站内设备检修、预防性试验时的工作票，并办理许可、转移、终结手续。

（9）负责填写无人值班变电站各种记录。

（10）负责管理无人值班变电站内各种安全工具、仪表、备品、备件等。

（11）负责管理无人值班变电站设备台账、设备技术档案、规程制度、图纸资料等。

（12）负责无人值班变电站设备的检修监督、缺陷管理及设备可靠性管理。

（13）参加无人值班变电站新建、扩建、改建及检修、试验后设备的验收。

（14）负责无人值班变电站的消防、保卫工作。

（15）在调度指挥下，负责无人值班变电站的事故和障碍处理。

（16）负责提出无人值班变电站年度反事故措施计划并监督完成。

（17）负责各无人值班变电站断路器正常操作次数及事故跳闸次数的统计及上报，并通知有关部门。

（18）负责完成变电站现场运行规程和电力安全工作规程中规定的有关其他工作。

2. 调度管理部门及调度员的职责

（1）负责无人值班变电站通信、自动化设施的管理和维护。

（2）负责批复集控站和无人值班变电站的检修、预防性试验的停电申请。

（3）负责负荷监视及无功、电压监视。

（4）负责指挥现场操作和事故处理。

（5）负责电力系统调度管理规程和电力安全工作规程中规定的有关其他工作。

（四）集控站人员职责

1. 集控站站长的职责

（1）站长是全站的总负责人，全面负责本站的安全管理、运行管理、设备管理、人员培训、职工教育、班组建设和文明生产等工作，对所辖各无人值班变电站的安全运行负全面领导责任。

（2）领导并带领全站人员严格贯彻各项规章制度，加强职工安全教育，按时组织所安全日活动，主持无人值班变电站异常运行情况的调查分析。

（3）根据设备运行情况、人员情况及上级要求编制年、季、月工作计划；制订监视人员值班轮流表、设备巡视、设备维护周期表，并认真督促执行；审查并按时报出总结及各种报表。

（4）经常查阅有关记录和检修、试验报告，了解运行、检修情况，定期巡视设备，掌握设备状况，对存在的设备缺陷认真核实，对严重缺陷及时组织分析、消除，防止事故

发生。

（5）督促、考核当班人员遵章守纪，及时制止违章违纪行为，遇较大的停电、检修工作以及复杂的操作和事故处理，亲自参加指挥，到现场把好技术、安全关。

（6）根据生产实际，组织开展反事故演习、运行分析、技术培训等活动，并进行不定期考问、考核。组织做好本站管辖范围内新建、扩建、大修设备的投运准备，并参加验收。

（7）根据上级安排，认真组织好无人值班变电站的防雷迎峰、防暑度夏、防冻融冰三大季节性安全检查，发现问题认真分析，制定措施，及时处理。

（8）认真贯彻各项反事故技术措施，督促完成上级下达的反事故措施计划，按照组织制定无人值班站现场防止误操作的技术和组织措施以及安全生产的防范措施，并严格执行。

（9）组织搞好所辖各无人值班站环境卫生工作。

（10）及时汇总各无人值班变电站的通信、自动化设施及通道工作情况，并向调度站及主管部门汇报。

2. 集控站专责工程师的职责

（1）在站长和上级专责人的领导下，负责本站及所辖各无人值班变电站的技术管理和培训工作，是全站技术负责人。

（2）认真贯彻各项反事故技术措施，主持本站的反事故演习，定期进行运行分析，组织（参加）设备事故、障碍及异常运行情况的调查分析，对出现的不安全现象提出并采取预防措施，防止事故的发生。

（3）按上级要求，按时上报无人值班变电站反事故措施计划和安全技术劳动保护措施计划，并组织实施，填报各种总结、报表。

（4）定期巡视设备，掌握设备健康情况，认真执行《设备评级办法和评级标准》，按时完成无人值班变电站设备可靠性管理工作并督促设备升级。

（5）审查无人值班变电站设备检修、预防性试验报告（记录），组织建立、健全各种记录、技术档案、图纸资料，并定期审查，做好技术资料和生产技术文件的管理。

（6）参加（主持）所辖范围内各无人值班变电站新建、扩建、改建、大修和小修设备的验收。

（7）结合生产实际，制订年、季、月度培训计划，按计划完成人员的培训和考核工作，不断提高人员的技术水平和业务熟练程度。

3. 集控站值班长的职责

值班长为当值运行总负责人，全面负责当班期间所辖各无人值班变电站的遥控操作、运行监视、现场倒闸操作、运行维护和事故处理。

（1）组织专人监视各无人值班变电站的终端屏幕。

（2）领导当班人员接受、执行调度命令，执行遥控操作或非遥控条件下的现场操作和事故处理。

（3）汇报、登记、督促处理设备缺陷。

（4）安排组织本班的设备巡视和维护工作。

(5) 审查各种记录。

(6) 检查车辆安排和通信工具使用情况。

4. 集控站值班员的职责(监控人员、变电站值守人员、操作队人员)

(1) 在值班长具体领导和安排下,完成基地站和无人值班变电站的各项工作。

(2) 在值班长领导下,监视各无人值班变电站的终端屏幕。

(3) 负责值守变电站的安全、保卫、消防、场地环境清洁和绿化工作。

5. 通信、自动化人员的职责

在调度部门的安排和指挥下,对各无人值班变电站通信、自动化设施及通道设备进行巡视和检查,保证通道畅通、可靠,通信准确。

二、集控站运行管理制度

变电站实施无人值班运行管理后,使运行管理发生了根本性的变化。为了规范无人值班变电站及集控站、调度中心等的运行行为,必须明确规定旨在保证电网安全、稳定、经济运行的相关管理制度。

1. 集控站值班标准

(1) 值班方式,结合本单位的具体情况,由集控站主管单位确定,并报上级主管部门(供电局)批准。集控站要求昼夜有人值班。

(2) 值班轮班表由集控站站长编排,并将值班轮班表发至各无人值班变电站,未得站长批准,不得调班。

(3) 集控站当班人员和变电站值守人员应严格遵守各项规章制度,坚守工作岗位,统一着装,并不得穿背心、短裤、裙子、高跟鞋、拖鞋及化纤衣服,佩戴相应的值班标牌。当班时间不得利用调度电话办理与运行无关的事。

(4) 当班人员和司机必须听从站长、当班值长的指挥,除设备巡视、运行维护、倒闸操作和事故处理外,不得离开集控站,当班监控人员不得离岗。

(5) 无人值班变电站值守人员有权拒绝未按要求着装并佩戴岗位标志的集控站工作人员(包括维护操作队人员)进站工作,有权拒绝未持有效工作票的检修人员和其他无关人员进入变电站。

(6) 脱离值班工作两个月及以上人员,必须重新考试并通过后方可正式恢复值班工作。

2. 集控站交接班标准

(1) 按规定时间在集控站交接班。事故处理和倒闸操作过程中,不得交接班;交接班过程中发生事故,马上停止交接,由原值班长负责指挥处理,接班方予以协助。

(2) 交班前,交班方应打扫集控站卫生,整理值班用具,并按以下内容填写交班内容:

1) 各无人值班变电站运行方式(含接地线使用情况);

2) 各无人值班变电站继电保护、自动装置变更情况;

3) 各无人值班变电站设备运行情况;

4) 通信、自动化设施、通道运行情况;

5）交通和通信工具使用情况；

6）倒闸操作；

7）设备检修维护工作；

8）其他工作。

（3）交接时，应由交接双方在监视屏幕上或模拟盘上对照每个无人值班变电站一次接线图画面全面交接。

（4）交接完毕后，交接双方在运行记录簿上签字。

（5）接班后，值班长组织当班人员开好班务会，结合当时情况和各无人值班变电站存在问题，研究明确本值重点工作及注意事项，安排监视屏幕及维护、操作、巡视人员，并于接班后1h内向当班调度员汇报集控站及各无人值班变电站基本情况，汇报当值内准备开展的主要工作。

3．变电站设备巡视检查标准

（1）集控站应根据各无人值班变电站设备状况，制订“设备定期巡视周期表”，并在集控站建立专用设备巡视记录簿，在各无人值班变电站建立日常设备巡视卡，巡视一次，登记一次。

（2）设备的巡视，一般应由两人或以上共同进行。

（3）各无人值班变电站应标注醒目的设备巡视路线及重点巡视部位标记。

（4）巡视设备发现异常或设备事故，应按调度管理规程、电力安全工作规程的规定汇报、处理。发现的设备缺陷应及时向集控站站长、当班值班负责人汇报，并登记。严重缺陷或发展中的缺陷应立即向调度、检修单位汇报，在未消除或未得到调度答复前，巡视人员不得离开变电站现场。

（5）巡检班当值人员除到变电站工作外，其余时间均应在值班室；巡检人员到变电站工作时，应与当值调度员保持联络，告知去向，到达变电站和离开变电站均应向调度报告。

（6）当变电站有班组检修时，巡检人员必须到现场完成安全措施，办理工作票和履行工作许可手续，线路需检修时，巡检人员应按调度命令到变电站做好安全措施。

（7）晚上遇恶劣天气或两个变电站同时有工作任务时，应由班长安排增加当值人员。

（8）每月集中对各变电站的设备进行一次会检，整理遗留问题和存在缺陷，上报主管部门。

（9）巡检班的巡视检查周期：

1）对各变电站的一次、二次设备及附属设备的巡视检查，每星期至少有一天检查两次（即下午3点及晚上8点）。每月进行一次熄灯检查，每天上午负荷高峰时，根据各变电站的设备、负荷特点，进行重点检查。

2）城区枢纽或中间变电站（有穿越功率通过的变电站）2天巡视一次，每4天夜间巡视一次。

3）终端变电站每3天巡视一次，每10天夜间巡视一次。

（10）发生下列情况之一者，应进行特殊巡视或适当缩短巡视周期：

1）重负荷季节。

2）新安装的设备投入运行或经检修、改造后的设备投入运行。

3）严重的设备缺陷未处理。

4）高温、大风、雷雨、浓雾、冰冻等恶劣气候。

5）法定节假日、其他特殊节日，以及重大政治活动日。

6）重污秽区内的变电站。

（11）巡视中如遇紧急情况，应立即停止巡视参加事故处理，事毕后及时补巡。

三、集控站工作票、操作票管理标准

1. 集控站工作票管理标准

（1）预定工作的第一、第二种工作票，修试单位应提前1天送达集控站值班室，工作当日由维护操作队人员随检修班组在变电站现场办理工作许可手续，并由维护操作队人员布置安全措施、临检、事故抢修等，检修部门应电话告知集控站，相互取得联系同意后，维护操作人员和检修人员在工作当天同时到现场办理工作票许可手续。

（2）集控站维护操作人员在变电站办理工作票许可手续后，应向集控站值班长汇报，并做好记录，布置完安全措施，向检修工作班交代安全注意事项。

（3）一个工作日不能完成的检修工作，检修人员在每日收工时，必须向集控站当班负责人汇报情况，当值值班员应将汇报情况记入集控站运行工作记录簿。

（4）工作票间断、转移和终结，维护操作人员应到现场办理，事毕即刻汇报集控站，由集控站报告调度。

（5）检修或试验工作的完成，修试工作人员应提前通知集控站，以便安排维护操作人员前来进行现场验收，以及办理工作终结、拆除安全措施，恢复电网的正常系统运行方式。

2. 变电站倒闸操作标准

（1）倒闸操作应严格遵守电力安全工作规程和部、网、省电力部门的一系列补充规定，杜绝误操作。

（2）正常情况下，各无人值班变电站所有运行断路器（含处于热备用状态下的断路器）置于“远方遥控”位置，由监控中心当班人员遥控操作。

（3）执行遥控操作时，必须在监护人员监视下进行，并在值班记录本上做好记录。遥控失灵时，应及时通知调度站通信、自动化人员检查通道及设施，并由维护操作人员到现场进行操作。

（4）集控站对各无人值班变电站执行的每一项操作任务，均应按当班调度员的命令进行。

（5）倒闸操作必须填写操作票，经审核、模拟操作演习无误后方可进行。

（6）无人值班变电站的控制回路必须具备现场操作与遥控操作的闭锁手段，即执行现场操作时，远方应不能操作，反之亦然。

（7）现场操作过程中发生系统或设备事故，应立即停止进行，汇报调度，听从调度安排，并进行相应的处理。

3. 倒闸操作相关注意事项

（1）正常情况下，变电站内所有运行或备用状态的断路器必须置于“远控”位置，停电的断路器应置于“就地操作”位置。“就地/远控”开关的切换由巡检人员操作。

（2）转换运行方式或设备停、送电，以及分合闸的操作，均由调度员进行遥控，倒闸操作必须严格执行操作规程，操作完后调度员应检查核对相应设备的位置，检查操作是否正确。

（3）设备停电检修工作由调度员远方操作断路器分闸后，由巡检人员到现场按工作票要求拉开隔离开关和完成安全措施。拉隔离开关前，要检查停电断路器的实际位置（必须在操作票中作为单独一项填出）。

（4）站内高压设备停电检修试验时，为防止远方误操作，巡检人员在拉开隔离开关和完成安全措施前，必须将停电的断路器转至“就地操作”位置，工作完毕拆除安全措施，合上隔离开关后，再转向“远控”位置，然后才能向调度报告送电。此项工作应填入操作票。

（5）站内由巡检人员管理工作票。巡检人员收到工作票后应与调度当值人员联系，待调度员断开有关设备的断路器后，根据调度员的命令拉开有关设备断路器两侧的隔离开关和完成安全措施，许可工作班组开工。工作完毕后应与调度联系，接到调度命令后，才可拆除安全措施，推上隔离开关，再报告调度，由调度“远控”操作。

（6）变电站内所有检修试验工作，工作班组均应向有关部门申请，并于工作前按规定的天数报告调度，由调度及时通知巡检班做好工作安排。

（7）在变电站内未投产的设备上进行工作或土建时，无需将高压设备停电和做安全措施的，应填写第二种工作票。巡检人员应交待注意事项，指明带电位置，并按工作票要求做好安全措施，工作结束，人员离场，必须报告当值巡检人员。

（8）变电站检修试验工作结束后，工作负责人必须会同当值巡检人员检查修试设备的情况，报告检修结果及存在的问题，做好记录，并将所变动的设备资料更改清楚，所修试过的断路器分合正常，位置及遥信指示正确，并清理好现场后，方可终结工作票。

四、集控站设备管理标准

1. 变电站设备验收标准

（1）新建、扩建、大修和小修、预防性试验的一次和二次变电设备，自动化通信设备及回路必须经验收合格，方能投入系统运行。

（2）新建、扩建、大修和小修、预防性试验的设备验收，均按部、网、省电力局颁发的规程、导则、标准及有关规定、办法进行。

（3）施工过程中的中间验收，由集控站与施工单位共同商定进行，重大问题通知生技部门及相关人员参加。

（4）新建、扩建、改建工程在竣工验收时，应进行下列工作：

1）检查竣工的施工内容是否符合设计要求。

2）检查规定提交的技术文件、资料是否齐全、准确，并与实际相符。

3）按《电力装置安装工程施工及验收规范》、设备的技术条件和上级颁发的《反事故技术措施》的规定进行检查和交接试验，确定工程质量是否合格，试验项目是否齐全和符合要求，一次、二次和自动化设备的整组传动试验正确。

（5）大修和小修、预防性试验、保护和仪表校验、自动化设备检验等工作完成后，由修试人员将情况记入设备检修、调试记录簿，还必须注明运行中的注意事项和能否投运及结论。经运、检双方验收合格并签字后，由维护操作队人员向集控站值班长汇报，取得同意后方可投入运行。

（6）设备的个别项目未达到验收标准，而系统急需投入运行时，需经主管生产的局长或总工程师批准。

2. 设备运行维护标准

（1）集控站应建立专用设备维护记录簿，并根据各无人值班变电站设备情况制定设备定期维护周期表，按时进行设备维护工作。各变电站设备维护保养，每月至少一次。

对防止误操作装置，必须按上级有关部门颁发的《防止电气误操作装置管理规定》进行经常性的维护，并确保按要求投运。

（2）集控站（无人值班变电站）的备品备件、安全工器具、电工仪表等应配备适当并妥善保管维护，按有关规定按时送有关单位校验、试验。坏的封存，缺的补齐。

（3）对于应定期检查、测试、轮换试验的设备，如操作电源及直流系统切换、消防设施等，应列入集控站的月度、季度工作计划，并明确检查、试验的方法和注意事项，且要求站长（专责工程师）亲自监督执行。

（4）各无人值班变电站应按部颁电力设备典型消防规程的要求配备各种消防器具和设施，集控站人员和变电站值守人员应掌握使用方法，并定期检查及演习，经常保持完好。

（5）各无人值班变电站的易燃、易爆物品、油罐、有毒物品、放射性物品、酸碱性物品等应放置在专门场所，妥善管理。

（6）集控站应负责检查无人值班变电站排水、供水系统和厂房通风、空调设施等，并督促有关部门定期维修，使其经常处于完好状态。

（7）设备运行维护工作完毕后，应在专用的设备运行维护记录簿上做好记录，值长（站长）应定期检查、考核签字。

3. 变电站设备缺陷管理制度

（1）集控站的设备缺陷记录簿按单个无人值班变电站建立。巡视人员发现设备缺陷必须电话或口头汇报集控站值班长，记入集控站相关变电站的设备缺陷记录簿和集控站运行工作记录簿。

（2）对于严重缺陷，集控站当班值长必须报告当班调度员和维护操作人员、检修单位等尽快处理。

（3）集控站站长、专责工程师必须定期审查设备缺陷记录簿，并现场核实。下月初汇总上月的设备缺陷（含已消除的设备缺陷），一式 4 份，分别报主管单位、修试单位、生技部门各 1 份，自留 1 份。

（4）设备缺陷消除后，应及时将设备缺陷记录簿消号。

（5）有关领导及专责人员应经常检查设备缺陷处理情况，对未消除的缺陷督促有关部门安排处理。

五、异常及事故处理规定

（1）系统的调度、运行、操作和事故处理由当值调度员负责，巡检人员负责各变电站的巡视、运行维护、操作，并协助调度进行事故处理。

（2）巡检人员应按有关运行规程要求，认真检查设备，发现设备有异常或缺陷时，应及时采取措施和报告调度，检查存在的问题，及时处理，处理结果做好记录。

（3）监控员发现设备有报警或位置指示异常时，应根据具体情况通知巡检人员到现场检查设备的实际情况，分析判断并向上级报告。

（4）保护的投、退由巡检人员按当值调度员的命令执行。

（5）保护定值的更改，由继电保护人员执行，有关部门应预先将整定值通知集控站监控人员、巡检班及继电保护班。

（6）调度员操作遥控断路器分、合闸，断路器拒动时，应立即通知巡检人员和有关人员到现场处理，区分清楚是遥控部分故障还是操作回路故障，再分别处理。

（7）停电工作完毕又恢复送电的设备，监控员遥控进行合闸后，断路器立即跳闸，无论保护是否有动作信号，均不得再遥控试合，必须立即通知巡检人员到现场检查。

（8）各类设备自动跳闸后，均应由集控站监控人员通知巡检人员到现场检查，根据具体情况分别按有关规程处理。

（9）变电站遥机与主机的通信中断或“四遥”系统发生故障时，当值监控人员必须迅速处理，并向“四遥”系统的技术负责人报告，同时通知巡视人员到有关变电站值班。

第三章　设备巡视和设备维护

第一节　设备验收和台账管理

一、设备验收

1. 验收管理

（1）生产运行管理单位应结合现场安装调试及早组织人员进行技术培训，保证验收顺利进行和设备安全运行。提前介入工程安装调试工作，掌握运行管理要求及故障时的信息调取方法。

（2）验收前验收部门应根据相关规程、规范编制详细的验收细则，并根据需要向厂家征求需补充的验收内容。

（3）建设单位在变电站投运前应向生产运行单位提交相关智能设备的功能规范、简明操作手册及运行说明书。

（4）对专业融合性较强的智能设备的验收，应加强各专业间的协同配合。

2. 验收要求

（1）新建及改造变电站智能设备的验收，按照《变电站计算机监控系统现场验收管理规程》《智能化变电站改造工程验收规范》等相关文件进行。

（2）智能设备验收重点要求：

1）开关设备本体加装的传感器（含变送器）安装牢固可靠，气室开孔处密封良好。各类监测传感器防护措施良好，不影响主设备的电气性能和接地。

2）交换机、合并单元等智能电子设备应可靠接地。

3）电子式互感器工作电源在加电或掉电瞬间以及工作电源在非正常电压范围内波动时，不应输出错误数据导致保护系统的误判和误动。有源电子式互感器工作电源切换时应不输出错误数据。

4）电子式互感器与合并单元通信应无丢帧，同步对时和采样精度满足要求。

5）智能在线监测各 IED 功能正常，各监测量在监控后台的可视化显示数据、波形、告警正确，误差满足要求，并具备上传功能。

6）顺序控制软压板投退、急停等功能正常。顺控操作与视频系统的联动功能正常。

7）高级应用中智能告警信息分层分类处理与过滤功能正常，辅助决策功能正常。

8）智能控制柜中环境温度、湿度数据上传正确。

9）辅助系统中各系统与监控系统、其他系统联动功能正常。

3. 移交资料

工程验收时除移交常规的技术资料外主要应包括：

（1）系统配置文件，交换机配置，GOOSE 配置图，全站设备网络逻辑结构图，信号流向，智能设备技术说明等技术资料。

（2）系统集成调试及测试报告。

（3）设备现场安装调试报告（在线监测、智能组件、电气主设备、二次设备、监控系统、辅助系统等）。

（4）在线监测系统报警值清单及说明。

二、台账管理

1. 智能设备台账管理

（1）根据变电站智能设备的功能及技术特点，制定智能设备台账，使运行、检修等人员准确掌握设备信息，便于设备管理。

（2）智能设备的台账管理应纳入变电站设备台账统一管理，并按照变电站常规设备台账管理相关规定执行。

2. 电子式电流互感器

（1）设备类型按一次设备类。

（2）按对应间隔（断路器）分相建立设备台账。

（3）命名按照“设备电压等级＋设备间隔名称编号（＋组别号）＋电子式电流互感器＋相别”，例如：“220kV×××断路器（A 组 1 号）电子式电流互感器 A 相”。

（4）采集单元为电子式电流互感器附件，随电子式电流互感器台账填写。

3. 电子式电压互感器

（1）设备类型按一次设备类。

（2）按对应母线或间隔分相建立设备台账。

（3）命名按照“设备电压等级｜设备间隔名称编号（1 组别号）｜电压互感器｜相别”，例如：“220kV×××断路器（A 组 1 号）电子式电压互感器 A 相”。

（4）采集单元为电子式电压互感器附件，随电子式电压互感器台账填写。

4. 电子式电流电压互感器

（1）设备类型按一次设备类。

（2）按对应间隔（断路器）分相建立设备台账。

（3）命名按照“设备电压等级＋设备间隔名称编号（＋组别号）＋电子式电流电压互感器＋相别”，例如：“220kV×××断路器（A 组 1 号）电子式电流电压互感器 A 相”。

（4）采集单元为电子式电流电压互感器附件，随电子式电流电压互感器台账填写。

5. 合并单元

（1）设备类型按继电保护类。

（2）合并单元按对应断路器、主变、母线间隔按台建立台账。

（3）命名按照“电压等级＋设备间隔名称编号＋合并单元＋组别号（A 或 B 组）”，例如：“220kV××断路器合并单元 A 组”。

6. 智能终端

（1）设备类型按继电保护类。

（2）智能终端按对应的断路器、主变间隔按台建立台账。

（3）命名按照“电压等级＋设备间隔名称编号＋智能终端＋组别号（A或B组）”，例如：“220kV××断路器智能终端A组”。

7. 保护测控装置

（1）设备类型按继电保护类。

（2）220kV及以下保护测控装置按对应的断路器、主变单元中按台建立台账。

（3）命名按照“设备间隔名称编号＋保护测控装置＋组别号（A或B组）”，例如：“1号主变保护测控装置A组”。

8. 在线监测装置

（1）设备类型按一次设备类。

（2）按间隔配置的在线监测设备按间隔建立台账，跨间隔配置的在线监测系统单独建立台账。

（3）单间隔在线监测设备命名按照“电压等级＋设备间隔名称编号＋在线监测装置类型＋装置”，例如：“220kV 1号主变压器油色谱在线监测装置”。跨间隔在线监测系统命名按照“电压等级｜设备名称｜在线监测类型＋装置”，例如：“220kV断路器在线监测装置”。

9. 光伏发电系统

（1）设备类型按一次设备类。

（2）按系统建立台账。

（3）命名按××变电站光伏发电系统，单位为套。

10. 屏柜

（1）设备类型按屏柜类。

（2）交换机屏柜、公共屏等按屏柜建立台账。

（3）命名按照“屏柜类别（＋组别号）”，例如：“交换机屏柜1号屏柜”。

11. 智能控制柜

（1）设备类型按屏柜类。

（2）智能控制柜按对应间隔建立台账。

（3）命名按照“电压等级＋间隔名称编号＋智能控制柜（＋组别号）”，例如：“110kV××断路器智能控制柜1号柜”。

第二节　设　备　巡　视

一、原则要求

（1）变电站一次设备、二次设备、通信、计量、站用电源及辅助系统等智能设备的日常巡视工作由运行专业负责，专业巡视由相关设备检修维护部门的相关专业负责。

（2）根据设备智能化技术水平、设备状态可视化程度，可进行远程巡视并适当延长现场巡视周期。状态可视化完善的智能设备，宜采用以远程巡视为主，以现场巡视为辅的巡视方式，设备运行维护部门应结合变电站智能设备智能化水平制定智能设备的远程巡视和现场巡视周期，并严格执行。

（3）对暂不满足远程巡视条件的变电站智能设备应参照常规变电站、无人值守变电站原管理规范等相关规定进行现场巡视。

（4）自检及告警信息远传功能完善的二次设备宜以远程巡视为主，兼顾现场巡视。远程巡视是指运行人员在远方利用计算机监控系统、在线监测系统、图像监控系统等系统对变电站设备运行状态及运行环境等进行的巡视。

（5）利用主站监控后台、设备可视化平台对远端变电站智能设备适时进行远程巡视，电网或设备异常等特殊情况下，应加强设备远程巡视。

二、运行巡视

（一）电子式互感器

电子式互感器现场巡视的主要内容如下：

（1）检查设备外观无损伤、无闪络、本体及附件无异常发热、无锈蚀、无异响、无异味。各引线无脱落、接地良好。

（2）采集器无告警、无积尘，光缆无脱落，箱内无进水、无潮湿、无过热等现象。

（3）有源式电子互感器应重点检查供电电源工作无明显异常。

（二）在线监测系统

1. 远程巡视主要内容

（1）后台远程查看在线监测状态数据显示正常、无告警信息。

（2）定期检查一次设备在线测温装置测温数据正常，无告警。

（3）查看与站端设备通信正常。

2. 现场巡视主要内容

（1）检查设备外观、电源指示，应正常，各种信号、表计显示无异常。

（2）油气管路接口无渗漏，光缆的连接无脱落。

（3）在线监测系统主机后台、变电站监控系统主机监测数据正常。

（4）与上级系统的通信功能正常。

（三）保护设备

1. 远程巡视主要内容

（1）后台远程查看保护设备告警信息、通信状态无异常。

（2）后台远程定期核对软压板控制模式、压板投退状态、定值区位置。

（3）重点查看装置“SV 通道”“GOOSE 通道”正常。

2. 现场巡视主要内容

（1）检查外观、各指示灯指示，应正常，液晶屏幕显示正常无告警。

（2）定期核对硬压板、控制把手位置。

（3）检查保护测控装置的五防连锁把手（钥匙、压板）在正确位置。

（四）交换机

（1）远程巡视主要内容：远程查看站端自动化系统网络通信正常，网络记录仪无告警。

（2）现场巡视主要内容：检查设备外观正常，温度正常，电源及运行指示灯指示正常，无告警。

（五）时间同步系统

1. 远程巡视主要内容

远程查看时钟同步装置无异常告警信号。

2. 现场巡视主要内容

检查主、从时钟运行正常，电源及各种指示灯正常，无告警。

（六）监控系统（一体化监控系统）

1. 远程巡视主要内容

后台远程检查信息刷新正常，无异常报警信息，与站端设备通信正常。

2. 现场巡视主要内容

（1）查看监控系统运行正常，后台信息刷新正常。

（2）检查数据服务器、远动装置等站控层设备运行正常，各连接设备（系统）通信正常，无异响。

（七）合并单元

1. 远程巡视主要内容

后台远程查看无相关告警信息。

2. 现场巡视主要内容

（1）检查外观正常、无异常发热、电源及各种指示灯正常，无告警。

（2）检查各间隔电压切换运行方式指示与实际一致。

（八）智能终端

1. 远程巡视主要内容

后台远程查看无相关告警信息。

2. 现场巡视主要内容

检查外观正常、无异常发热、电源指示正常，压板位置正确、无告警。

（九）智能控制柜

1. 远程巡视主要内容

后台远程查看智能控制柜内温湿度正常，无告警。

2. 现场巡视主要内容

（1）检查智能控制柜密封良好，锁具及防雨设施良好，无进水受潮，通风顺畅。

（2）柜内各设备运行正常无告警，柜内连接线无异常。

（3）检查柜内加热器、工业空调、风扇等温湿度调控装置工作正常，柜内温（湿）度满足设备现场运行要求。

（十）站用电源系统（一体化电源系统）

1. 远程巡视主要内容

（1）后台远程查看站用电源系统工作状态及运行方式、告警信息、通信状态无异常。

（2）条件具备时，定期查看蓄电池电压正常，充电模块，逆变电源工作正常。

（3）重点查看绝缘监察装置信息及直流接地告警信息。

2. 现场巡视主要内容

（1）检查设备运行正常、各指示灯及液晶屏显示正常，无告警。

（2）检查空气断路器、控制把手位置正确。

（3）站用电源系统监测单元数据显示正确，无告警，交直流系统各表计指示正常，各出线开关位置正确。

（4）检查蓄电池组外观无异常、无漏液、蓄电池室环境温度、湿度正常，电源切换正常，逆变电源切换正常。

（十一）辅助系统

1. 远程巡视主要内容

（1）后台远程查看辅助系统中各系统运行状态数据显示正常，无告警。

（2）查看图像监控系统视频图像显示正常，与子站设备通信正常。

（3）检查火灾报警运行正常，无告警。

（4）检查设备红外测温系统在线测温数据正常，无告警。

（5）检查环境监测系统数据正常，无告警。

2. 现场巡视主要内容

（1）检查图像监控系统视频探头、红外对射、火灾报警系统烟感探头等现场设备运行正常，无损伤。

（2）检查环境监控系统空调风机、各类传感器等辅助系统中的现场设备运行正常，无损伤。

（3）定期检查火灾报警装置运行正常，无告警。

（4）检查红外测温系统中的现场设备运行正常。

三、专业巡视

1. 一次设备

（1）定期采集在线监测系统数据信息，并与历史数据进行比较，条件具备时应采用远程采集。

（2）定期检查设备在线监测系统传感器接线可靠。

（3）定期检查电子互感器运行正常。

（4）定期检查防误闭锁系统功能正确、运行正常。

2. 二次设备

（1）自动化专业定期进行交换机、网络等冗余设备的运行/备用方式切换检查。

（2）自动化专业定期检查变电站监控系统 CPU 负载、磁盘空间，网卡、系统运行日志，条件具备时可采用远方巡检。

（3）保护专业（或自动化专业）定期检查智能控制柜温度、湿度调控装置运行及上传数据正确性。

（4）自动化专业（或运行专业）定期检查试验视频监控系统、空调风机等环境监测系统的联动功能正常，定期检查设备环境监测等系统中各传感器接线可靠。

（5）保护专业（或自动化专业）可结合其他设备专业巡视定期对具有光功率的自动装置进行巡视。

（6）运行专业（或自动化专业）定期检查试验火灾报警装置的完好性，发现故障及时处理。

四、重点日常巡视项目和要求

1. 智能变电站设备状态可视化系统

智能变电站设备状态可视化系统主要由变电站监控系统主机（或一体化信息平台）、在线监测系统服务器（在线监测主 IED）、在线监测子 IED、在线监测网络交换机、网络通信介质及在线监测传感器等设备组成，是智能变电站实施远方巡视、状态检修等重要工作的技术保障。智能变电站运行维护人员应定期对设备状态可视化系统相关设备及系统的运行状态进行巡视，其巡视要求如下：

（1）检查各在线监测传感器。传感器安装牢靠，无锈蚀、无破损、无开裂，内部无积水。

（2）对于密封性设备的在线监测传感器如变压器油色谱在线监测、断路器 SF_6 在线监测、GIS 在局部放电线监测等，应检查其传感器安装处及测量系统的密封性，不应有渗油、漏气等现象。

（3）检查各在线监测传感器引出线。传感器引线固定应牢靠，接触应良好，无松动脱落现象；传感器引线的保护设施应完好，无锈蚀、无破损。

（4）检查在线监测传感器的标示。各传感器的标识完整清晰，无锈蚀、无脱落。

（5）检查变电站监控系统主机及在线监测服务器（或主 IED）运行状态；检查各画面切换是否流畅，数据刷新是否正常，确认各服务器工作正常无死机。

（6）检查变电站监控系统主机、在线监测服务器（或主 IED）、在线监测子 IED 等设备之间通信状态。远方召唤各在线监测系统历史监测数据和结果信息，检查其通信状态。

（7）检查变电站监控系统主机及在线监测服务器监测数据是否在正常范围内，有无超标越限，有无异常告警。

（8）检查在线监测网络交换机工作状态。检查在线监测网络交换机的运行指示灯、网络通信指示灯、通信光缆（电缆）连接状况及发热情况，确认在线监测网络交换机的工作状态正常。

（9）定期进行现场表计、高压定期试验等数据与设备状态可视化系统监测数据的比对，确认在线监测系统监测功能正常。

2. 智能变电站的一体化监控系统

智能变电站的一体化监控系统日常检查内容及要求如下：

（1）查看一体化监控系统的一体化信息平台服务器、后台监控微机等设备运行指示正

常，无异声、无高温。

(2) 检查一体化监控系统服务器无死机。体化监控系统的一体化信息平台服务器、后台监控微机等设备画面切换流畅，无卡滞。

(3) 检查一体化监控系统设备通信正常。检查站控层网络状态监测画面，应无通信中断情况。

(4) 检查一体化监控系统服务器监控画面中各间隔设备遥信信号刷新正常，且与实际运行方式一致。

(5) 检查一体化监控系统服务器画面中各间隔遥测数据刷新正常，显示数据符合实际情况，遥测数据无越限。

(6) 检查一体化监控系统服务器画面中设备状态可视化系统数据刷新正常，无异常告警。

(7) 检查一体化监控系统服务器画面中各保护装置压板状态位置正确，且符合运行要求。

(8) 检查一体化监控系统服务器画面中站控层五防处于投入状态。

(9) 检查一体化监控系统服务器时钟正确。

(10) 检查一体化监控系统服务器主备机切换功能正常。

(11) 检查一体化监控系统服务器报表功能、定值召唤及打印功能正常。

(12) 检查一体化监控系统服务器辅助控制系统、智能巡视系统等监控画面刷新正常，无告警。

(13) 检查一体化监控系统服务器告警窗口无一类、二类报警或其他影响设备运行的严重告警。

3. 智能变电站的继电保护（测控）屏柜及柜内设施

智能变电站的继电保护（测控）屏柜及柜内设施的巡视工作应结合变电站的设备实际配置（组屏方案）情况，巡视内容及要求如下。

(1) 继电保护（测控）屏柜柜体及附件巡视：

1) 继电保护（测控）屏柜外观整洁，无掉漆、无锈蚀、无变形，屏门开启顺利密封良好，屏体固定稳固。

2) 继电保护（测控）屏屏体与屏门之间至少应有截面积为 $4mm^2$ 的铜线直接连接，接地线无锈蚀、无松动、无断股。

3) 继电保护（测控）屏柜的接地铜排及接地铜引线无锈蚀、无松动、无断股。

4) 继电保护（测控）屏柜内各设备应通过接地铜牌可靠接地，接地铜引线无锈蚀、无松动、无断股。

5) 继电保护（测控）屏柜内务设备的支架、柜体等全部紧固件紧固完好，无松动、无脱落、无变形、无锈蚀。

6) 继电保护（测控）屏柜内各设备、电源开关、操作把手、检修压板等标示清晰完整，无脱落、无缺失；各电源开关、操作把手、检修压板等位置正确，符合运行要求。

7) 继电保护（测控）屏柜内的光缆、电缆固定牢靠，无松动；光缆、电缆标示牌或标签清晰完整，无脱落缺失、无变色；光缆、光纤与电缆应采取隔离措施完好，无破损。

8）继电保护（测控）屏柜柜体封堵完好，无孔洞。

（2）光缆熔接箱（盒）巡视：

1）光缆熔接箱安装牢靠，外观清洁，无松动、无变形。

2）光缆进入光缆熔接箱无打结，无交叉，不受力，弯曲度符合 YD/T 981.2 和 YD/T 981.3 的相关要求。

3）光缆熔接箱箱门完整，无变形，关闭严密。

4）光缆熔接箱内尾纤插接牢靠，固定整齐美观，无打结、无交叉，弯曲度复合相关要求，备用光口防尘帽齐全。

5）光缆熔接箱箱门背面的光缆熔接图表完整清晰，无脱落。

6）光缆熔接箱内插接的尾纤的标示或标签完整清晰，无脱落。

（3）继电保护装置巡视：

1）继电保护装置外观清洁完好，固定牢靠，各部件无高温；至少有截面积为 $4mm^2$ 的铜线直接连接与继电保护屏的接地铜排，接地线无锈蚀、无松动、无断股。

2）继电保护装置运行指示灯指示正常，无报警；各指示灯标示清晰、无变色、无缺失且指示正确。

3）在变电站监控系统主机召唤继电保护定值、压板、定值区等，检查继电保护定值、压板、定值区等与运行方式及定值通知单要求一致。

4）继电保护装置连接尾纤插接牢靠，固定整齐美观，无打结、无交叉，弯曲度复合 YD/T 981.2 和 YD/T 981.3 的相关要求，尾纤标示清晰完整、无变色、无脱落、无缺失。

5）继电保护装置各光口标示清晰完整，无变色、无脱落、无缺失。

6）继电保护装置二次接线整齐、美观、牢靠、标示完整、无发热、无松动。

（4）合并单元巡视：

1）合并单元外观清洁完好，固定牢靠，接地线无断股、无锈蚀、无松动。

2）合并单元运行指示灯指示正常，无报警，各部件无高温；各开入指示灯标示清晰正确，指示位置与过程层设备实际位置一致。

3）合并单元连接尾纤插接牢靠，固定整齐美观，无打结、无交叉，弯曲度符合 YD/T 981.2 和 YD/T 981.3 的相关要求，尾纤标示清晰清晰完整，无缺失、无变色。

4）合并单元各光口标示清晰正确完整，清晰完整，无缺失、无变色。

5）合并单元二次接线牢靠、标示清晰完整，无缺失、无变色。

（5）测控装置巡视：

1）测控装置外观清洁完好，固定牢靠，各部件无高温；至少有截面积为 $4mm^2$ 的铜线直接连接与继电保护屏的接地铜排，接地线无锈蚀、无松动、无断股。

2）测控装置运行指示灯指示正常，无报警；各指示灯标示清晰、无变色、无缺失且指示正确。

3）在变电站监控系统主机监控界面检查继电流、电压、位置遥信等刷新正常，且与系统运行方式一致。

4）测控装置连接尾纤插接牢靠，固定整齐美观，无打结、无交叉，弯曲度复合 YD/

T 981.2 和 YD/T 981.3 的相关要求，尾纤标示清晰完整、无变色、无脱落、无缺失。

5）测控装置各光口标示清晰完整，无变色、无脱落、无缺失。

6）测控装置二次接线整齐、美观、牢靠、标示完整、无发热、无松动。

（6）过程层交换机巡视：

1）交换机外外观清洁完好，固定牢靠，各部件无高温；至少有截面积为 $4mm^2$ 的铜线直接连接与继电保护屏的接地铜排，接地线无锈蚀、无松动、无断股。

2）交换机运行指示灯、通道监测指示灯等指示正常，无报警。

3）交换机连接尾纤插接牢靠，固定整齐美观，无打结、无交叉，弯曲度符合 YD/T 981.2 和 YD/T 981.3 的相关要求，尾纤标示清晰完整、无变色、无脱落、无缺失。

4）交换机各光口标示清晰完整，标示清晰完整、无变色、无脱落、无缺失。

5）交换机二次接线整齐、美观、牢靠、标示、无发热、无松动。

4. 智能变电站智能控制柜（汇控柜）及柜内设施

智能变电站的智能控制柜（汇控柜）及柜内设施的巡视工作应结合变电站的设备实际配置（组屏方案）情况，内容及要求如下。

（1）智能控制柜柜体及附件巡视：

1）智能控制柜上应有明显接地点且接地可靠，接地线无断股、无锈蚀、无松动。

2）智能控制柜内接地铜牌接地可靠，接地引下线无断股、无锈蚀、无松动。

3）智能控制柜各智能设备（IED）的支架、柜体等全部紧固件紧固良好、无松动、无变形、无脱落、无锈蚀。

4）智能控制柜各开启门与柜体之间连接线完好，无断股、无锈蚀、无松动。

5）智能控制柜内每个智能电子设备（IED）、电源开关、操作把手、出口压板、功能压板、检修压板、断路器控制回路继电器等标示清晰完整，无缺失、无变色。

6）智能控制柜内电源开关、操作把手、出口压板、功能压板、检修压板等位置正确。

7）智能控制柜内的光缆、电缆应固定牢靠，无松动；光缆、电缆标牌或标签完整，无缺失、无变色；光缆、光纤与电缆的隔离设施完好。

8）智能控制柜内交直流电源线牢固连接，无松动、无发热，电缆（光缆）保护套应完好无破损锈蚀。

9）智能控制柜封堵完好、无孔洞、无漏水。

10）智能控制柜温湿度控制及监测设备应工作正常，柜内最低温度应不低于5℃，柜内最高温度不超过55℃，柜内湿度应保持在90%以下。柜内温度、湿度与监控系统后台显示一致。

（2）光缆熔接箱巡视：

1）光缆熔接箱安装牢靠，外观清洁，无松动、无变形。

2）光缆进入光缆熔接箱无打结、无交叉、不受力，弯曲度符合 YD/T 981.2 和 YD/T 981.3 的相关要求。

3）光缆熔接箱箱门完整，无变形、关闭严密。

4）光缆熔接箱内尾纤插接牢靠，固定整齐美观，无打结、无交叉，弯曲度复合相关要求，备用光口防尘帽齐全。

5）光缆熔接箱箱门背面的光缆熔接图表完整清晰，无脱落。

6）光缆熔接箱内插接的尾纤的标示或标签完整清晰，无脱落。

（3）智能终端装置巡视（智能终端安装于控制柜）：

1）智能终端装置外观清洁完好，固定牢靠，接地线无断股，无锈蚀、无松动。

2）智能终端装置运行指示灯指示正常，无报警，各部件无高温；各开入指示灯标示清晰正确，指示位置与过程层设备实际位置一致。

3）智能终端装置连接尾纤插接牢靠，固定整齐美观，无打结、无交叉，弯曲度复合YD/T 981.2和YD/T 981.3的相关要求，尾纤的标示清晰完整，无缺失、无变色。

4）智能终端装置各光口标示清晰正确完整，无缺失、无变色。

5）智能终端装置二次接线牢靠、标示完整正确，无缺失、无变色。

（4）合并单元验收（合并单元安装于控制柜）：

1）合并单元外观清洁完好，固定牢靠，接地线无断股、无锈蚀、无松动。

2）合并单元运行指示灯指示正常，无报警，各部件无高温；各开入指示灯标示清晰正确，指示位置与过程层设备实际位置一致。

3）合并单元连接尾纤插接牢靠，固定整齐美观，无打结、无交叉，弯曲度符合YD/T 981.2和YD/T 981.3的相关要求，尾纤标示清晰完整，无缺失、无变色。

4）合并单元各光口标示清晰完整，无缺失、无变色。

5）合并单元二次接线牢靠、标示清晰完整，无缺失、无变色。

（5）电流采集器巡视（电流采集器安装于控制柜）：

1）电流采集器外观清洁完好，固定牢靠，接地线无断股、无锈蚀、无松动。

2）电流采集器运行指示灯指示正常，无报警，各部件无高温。

3）电流采集器连接尾纤插接牢靠，固定整齐美观，无打结、无交叉，弯曲度符合YD/T 981.2和YD/T 981.3的相关要求，尾纤标示清晰完整，无缺失、无变色。

4）电流采集器各光口标示清晰正确完整，无缺失、无变色。

5）电流采集器二次接线整齐牢靠，标示清晰正确完整，无缺失、无变色。

（6）在线监测智能组件（IED）巡视：

1）智能组件（IED）外观清洁完好，固定牢靠，接地线无断股、无锈蚀、无松动。

2）智能组件（IED）运行指示灯指示正常，通信正常，无报警。

3）智能组件（IED）连接尾纤（或通信电缆）插接牢靠，固定整齐美观，无打结、无交叉，弯曲度符合YD/T 981.2和YD/T 981.3的相关要求，尾纤（或通信电缆）标示清晰完整，无缺失、无变色。

4）智能组件（IED）调试报告齐备，调试报告项目完整正确，无不合格项目。

5）智能组件（IED）各光口（或通信口）标示清晰完整，无缺失、无变色。

6）智能组件（IED）二次接线牢靠，标示完整，无缺失、无变色。

5. 电子式互感器

电子式互感器是智能变电站间隔层设备采集高压系统电气参数的信息源，也是智能变电站数字化采集的基础，电子式互感器进行验收时应重点检查巡视的内容及要求如下：

（1）电子式互感器应安装可靠基础牢固，设备架构无倾斜、无下沉、无锈蚀。

（2）电子式互感器的外绝缘表面应完好、清洁、无破损、无裂纹，相色标示清晰无褪色，产品铭牌清晰完整安装牢靠。

（3）电子式互感器密封良好，无渗漏、无异常放电声。

（4）高压引线应连接可靠，无发热、变色、松股、断股，无异物。

（5）电子互感器信号光缆防护设施应完好，固定牢靠，封堵良好，无变形、无倾斜、无锈蚀。

（6）电子互感器信号光缆和尾纤的折弯半径满足 YD/T 981.2 和 YD/T 981.3 的相关要求。

（7）对于有末屏的电子式电流互感器，其末屏接地可靠，无锈蚀、无脱落、无断股。

（8）电子式互感器本体的接地引下线应接地良好，无明显松动、无锈蚀。

（9）电子式互感器的信号引线端子盒密封良好，无明显锈蚀，无明显缝隙，无水渍。

（10）电子式互感器的信号引线端子盒安装牢靠，接地良好，无明显松动，无倾斜、无脱落、无变形。

第三节　设　备　维　护

一、维护原则

（1）变电站智能设备的运行维护应遵循《输变电设备状态检修试验规程》《智能变电站自动化系统现场调试导则》等相关规程。

（2）智能设备维护应综合考虑一次设备、二次设备，加强专业协同配合，统筹安排，开展综合检修。

（3）智能设备的维护应充分发挥其技术优势，利用一次设备的智能在线监测功能及二次设备完善的自检功能，结合设备状态评估开展状态检修。

（4）智能设备的维护应体现集约化管理、专业化检修等先进理念，适时开展专业化检修。

二、维护界面

（1）根据智能设备特点属性，结合变电站智能设备维护现状，确定变电站智能设备的专业检修维护界面。

（2）电子式互感器：以采集单元为维护分界点。采集单元随电子互感器归属一次专业维护，合并单元归属二次专业维护。

（3）在线监测设备：以监控主机/主 IED 为维护分界点。在线监测设备的传感器、监测单元/分 IED、监控主机/主 IED、热交换器等随在线监测设备归属一次专业维护。监控主机/主 IED 接口（不包括接口）以外归属二次专业维护。

（4）变电站监控系统，包括监控后台、远动设备、工作站、前置机、时钟系统、保护测控装置、合并单元、智能终端、安全自动装置等归属二次专业维护。

（5）智能控制柜与变电站监控系统之间以及与其他间隔层设备之间的通信介质及连接

件归属二次专业维护。

(6) 继电保护和变电站监控系统之间的网络设备、连接件、通信介质，公用部分等归属保护/自动化专业维护。

(7) 通信通道采用专用光纤的差动保护，以保护光纤配线架为维护分界点，分界点至站内保护设备归属保护专业维护，分界点（包括配线架）以外归属通信专业维护。通信通道采用复用光纤的纵联保护，以保护设备的数字接口装置为分界点，分界点（包括数字接口）至站内保护设备归属保护专业维护，分界点以外归属通信专业维护。

(8) 远动设备连接站外通信设备，以通信柜端子排或通信接口为界，端子排至远动设备部分由自动化专业维护，端子排（包括端子排）至站外通信部分归通信专业维护。

(9) 与站外连接的站内光端机、PCM、通信接口柜、配线架归属通信专业维护；专用通信电源、调度交换机、行政电话等归属通信专业维护。

(10) 一体化电源系统以监测单元的输出数字接口为维护分界点。分界点至站控层之间的通信介质归属二次专业维护，数字接口（含数字接口）至一体化电源系统归属直流电源专业维护。一体化电源的交直流分电屏以端子排为维护分界点，分界点（含端子排）归属直流电源专业维护，端子排以外归属二次专业维护。一体化电源内通信电源模块归属直流电源专业维护。

(11) 电能表、关口表、集抄设备等归属计量专业维护。计量屏内通过光缆终端盒连接的，以光缆终端盒作为维护分界点，分界点至表计归属计量专业维护，光缆终端盒及以外归属保护/自动化专业维护；计量屏内通过光缆直连的，以光缆接口处为维护分界点，分界点至表计归属计量专业维护，光缆接口及以外归属保护/自动化专业维护；电度表电源部分以空气断路器为维护分界点，分界点至表计部分归属计量专业维护，空气断路器及以外归属保护/自动化专业维护。

(12) 光伏发电系统归属直流电源专业维护。

(13) 辅助系统中图像监控系统、火灾报警系统、门禁系统、环境监测设备可根据各单位实际情况归属自动化或运行专业维护。空调、照明等变电站辅助设备归属运行专业维护。

三、维护要求

1. 智能电子设备维护要求

(1) 保护装置、合并单元、智能终端等智能电子设备检修维护时，应做好与其相关联的保护测控设备的安全措施。

(2) 保护装置、合并单元、智能终端等智能电子设备检修维护时，应做好光口及尾纤的安全防护，防止损伤。

(3) 保护装置检修维护应兼顾合并单元、智能终端、测控装置、后台监控、系统通信等相关二次系统设备的校验。

(4) 具备完善保护自检功能及智能监测功能的保护设备宜开展状态检修。

(5) 智能在线监测设备、交换机、站控层设备、智能巡检设备宜开展状态检修。

(6) 智能在线监测设备、交换机、站控层设备、智能巡检设备升级改造时应由厂家进

行专业化检修。

（7）应做好保护装置、合并单元、智能终端等智能电子设备备品备件管理工作，确保专业化检修顺利开展。

2. 智能控制柜维护要求

（1）智能控制柜内单一设备检修维护时，应做好柜内其他运行设备的安全防护措施，防止误碰。

（2）应遵循《智能变电站智能控制柜技术规范》要求进行维护，应定期检测智能控制柜内保护装置、合并单元、智能终端等智能电子设备的接地电阻。

（3）应定期检测智能控制柜温度、湿度调控装置运行及上传数据正确性。

（4）应定期对智能柜通风系统进行检查和清扫，确保通风顺畅。

3. 电子式互感器维护要求

（1）电子互感器投运一年后应进行停电试验。停电试验项目及标准应符合制造厂有关规定和要求。

（2）电子互感器检修维护应同时兼顾合并单元、交换机、测控装置、系统通信等相关二次系统设备的校验。

（3）电子互感器检修维护时，应做好与其相关联保护测控设备的安全措施。

（4）电子式电压互感器在进行工频耐压试验时，应防止内部电子元器件的损坏。

（5）纯光学电流互感器根据其设备特点不进行绕组的绝缘电阻测试。

4. 在线监测设备维护要求

（1）在线监测设备检修时，应做好安全措施，且不影响主设备正常运行。

（2）在线监测设备报警值由监测设备对象的维护单位负责管理，报警值一经设定不应随意修改。

5. 监控系统维护要求

（1）监控系统检修维护时，非因检修需要，运行及维护人员不应随意退出或者停运监控软件，不得在监控后台从事与运行维护或操作无关的工作。

（2）监控系统检修维护时，运行维护人员不得随意修改和删除自动化系统中的实时告警事件、历史事件、报表等设备运行的重要信息记录。

（3）监控系统检修维护时应遵照智能变电站自动化系统现场调试导则、电力二次系统安全防护规定要求，监控系统维护应采用专用设备。

（4）监控系统检修维护时，除系统管理员外禁止启用已停用的自动化系统所有服务器、工作站的软驱、光驱及所有未使用的USB接口。

（5）智能变电站一体化监控系统功能、自动化系统软件需修改或升级时，应由厂家进行专业化检修，相应程序修改或升级后应提供相应测试报告，并做好程序变更记录及备份。

（6）智能告警、顺序控制等高级应用功能不能满足现场运行时，应由原厂家进行专业化检修，高级应用功能修改、升级、扩容后应在现场进行调试验证。

6. 光缆设备维护要求

（1）光缆设备安装维护时，其弯曲半径应符合相关规程要求。防止光缆损伤。

（2）应做好光缆备用芯的检验维护。

四、维护工具

运行维护单位应根据智能化变电站智能设备特点和实际需求选择、配置数字化继电保护测试仪、电子互感器校验仪、光纤测试仪、数字化相位仪、数字化万用表、光纤熔接机、网络分析测试仪等专用维护工具。下面简单介绍 Ethereal 程序、手持光数字测试仪及光功率测试相关内容。

（一）Ethereal 程序

1. 运行界面

Ethereal 是免费的网络协议检测程序，适用于 Windows、Linux 和 Unix 等多个操作系统。Ethereal，数据包过滤功能灵活、强大，支持的协议多，是用于网络报文分析的理想工具。

Ethereal 运行界面如图 2－3－3－1 所示。

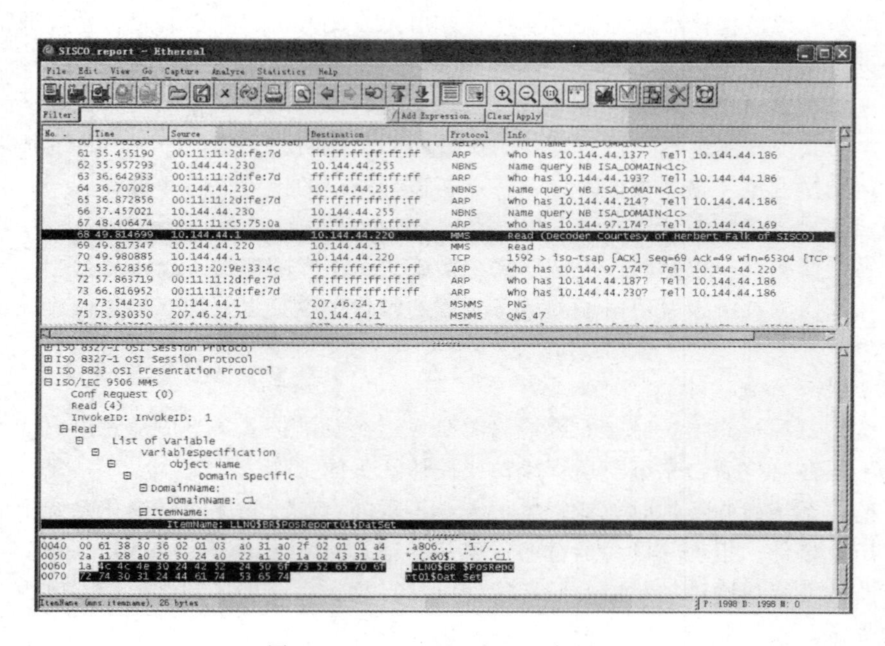

图 2－3－3－1　Ethereal 运行界面

2. 使用说明

使用 Ethereal，抓捕所有源 IP 地址为 192.168.0.10 的包，无论是发送还是接收。

（1）启动 Ethereal 以后，选择菜单 Capature→Option，进入 Capture Option 界面。

（2）选择监视网卡、本机单网卡，该选项默认。

（3）在 Capture Filter 框内输入“host 192.168.0.10”，作为抓捕过滤原则，如图 2－3－3－2 所示。

（4）单击“Start”按钮，开始抓捕。当不想抓的时候，单击“stop”按钮，抓的包就会显示在面板中，并且已分析好了，界面如图 2－3－3－3 所示。

（5）Ethereal 抓包文件的存储。Ethereal 抓包文件的存储有两种方法，对于短时捕获报文，直接通过 File→Save/Save As 存储。图 2-3-3-4 对 "Save" 和 "Save As" 界面需要注意的地方进行了标识。

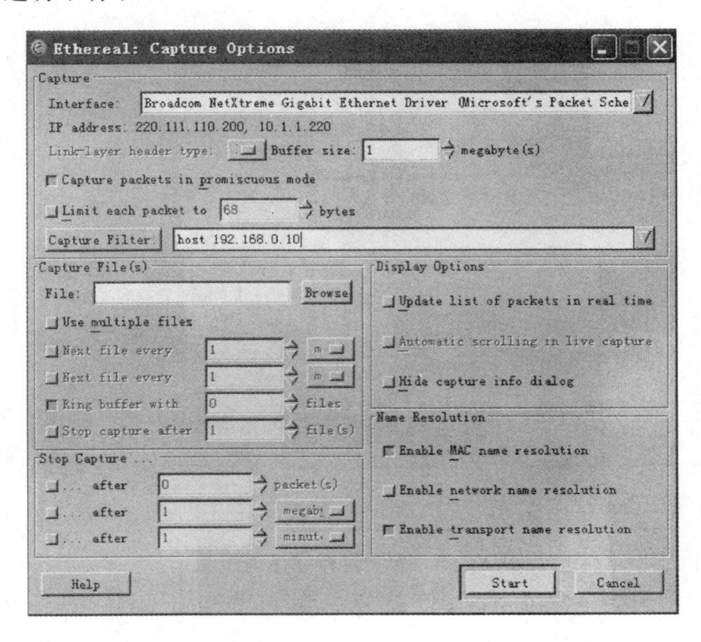

图 2-3-3-2　Capture Option 界面

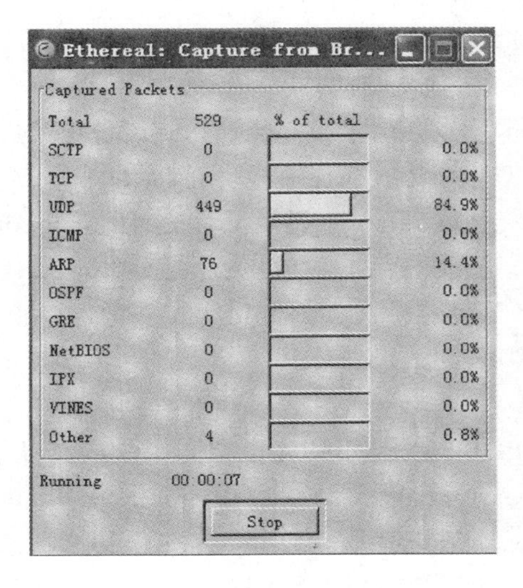

图 2-3-3-3　Capture 抓捕界面

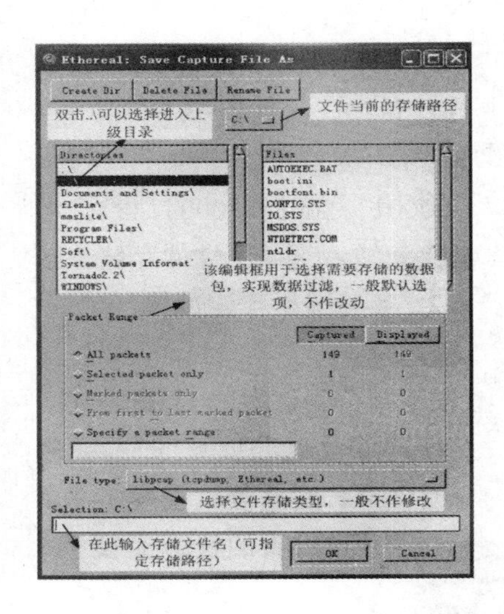

图 2-3-3-4　"Save" 和 "Save As" 标识说明

在某些情况下需要长时间抓捕报文，这时可以通过预先设置报文的存储路径及名称、存储文件的数目以及文件多大时存储结束、进而转入下一文件存储，如图 2-3-3-5 所示。

要进行多文件存储监视，首先要选中 Capture File(s) 框内的 Usemultiple files 开关

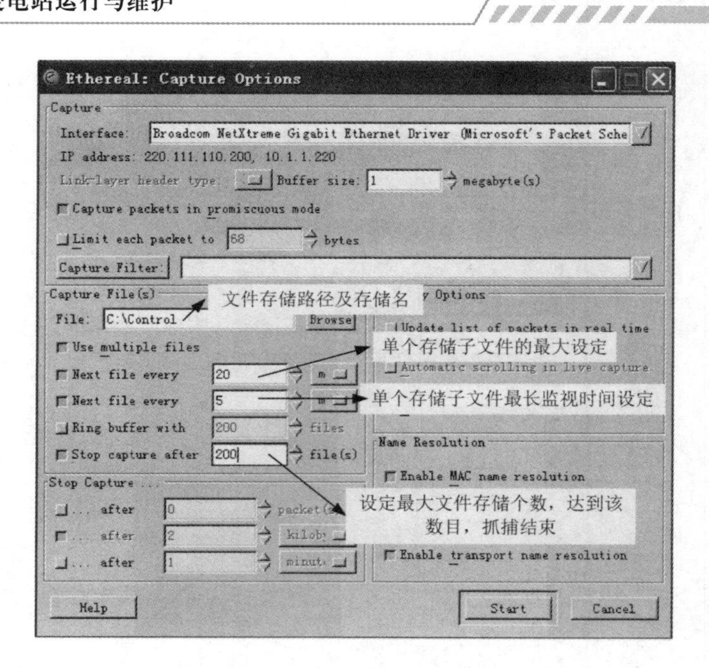

图 2-3-3-5　多文件存储标识说明

按钮，进入多文件存储监视状态。接下来设置相关参数：

Next file every 用来设定单个存储文件的大小（KB/MB/GB）；Next file every 用来设定单个存储文件对应最长的监视时间（sec/min/hour/day），（注意这两个选项后需要选择数据单位），该两项至少选中一项，用作单个存储文件的存储结束判据。

Ring buffer with 用来设定循环存储的最大文件数，当存储子文件数目达到该设定值后，新生成的文件将覆盖最初的文件。

Stop capture after 用来设定存储结束判据，当存储子文件数目达到该设定值后，抓捕结束。实际应用时可以根据个人需求，选择循环存储或抓捕一段时间结束。

图 2-3-3-5 中设置的参数表示：文件存储在 C：\ 根目录下，子文件名以 Control 扩展（如 Control _ 00001 _ 20080430094732），在单个存储子文件大小达到 20MB 或抓捕时间达到 5min 后结束，转入下一子文件存储，当存储子文件数达到 200 个时，抓捕结束。

（二）手持光数字测试仪

1. 功能和性能特征

图 2-3-3-6 所示为×××公司研发的 DM5000E 手持光数字测试仪，可以进行 SV 和 GOOSE 报文的获取。DM5000E 手持光数字测试仪是基于 IEC 61850 标准开发的，支持 SV、GOOSE 发送测试及接收监测，广泛应用于智能变电站合并单元、保护、测控和智能终端等 IED 设备的快速简捷测试，适用于智能变电站系统联调、安装调试、故障检修。

图 2-3-3-6　DM5000E 手持光数字测试仪

其在报文抓取方面具有如下主要性能特征：

（1）采用手持式结构设计，携带操作方便，

测试快捷。

(2) 具有 3 对光以太网口，一对光串口，满足“直采直跳”模式下复杂保护功能测试需要。

(3) 可发送与接收 IEC 61850-9-1/2、IEC 60044-8（FT3）、GOOSE 光数字报文，对 IED 设备进行测试。

(4) 支持网络报文侦听，可侦听网络上的报文信息，根据侦听到的信息选择 APPID，自动与选定的 SCL 文件进行匹配，通过扫描侦听网络报文信息完成测试配置。

(5) 支持 SMV、GOOSE 及 IEEE1588 报文监测，可对报文进行丢帧统计、报文抖动分析；具有遥信、遥测量监测功能，遥测量可采用表格、波形、相量图、序量等方式进行监测。

(6) 具有报文异常暂态记录功能。当接收报文发生丢帧、错序、断链等异常时，自动记录异常报文，并可进行报文及波形分析。报文记录格式为通用的 PCAP 格式。

2. 使用说明

(1) SMV 接收。扫描侦听 SMV 报文，实现 SMV 报文电气量有效值、波形、序量、相量、功率、谐波等多种方式监测，以及 SMV 采样值报文中双 AD 信息、报文详细信息显示及报文统计。

在 DM5000E 主界面选择“SMV 接收”，按功能键“Enter”显示实时扫描的 SMV 报文列表，如图 2-3-3-7 所示，显示信息包含报文类型、APPID 及报文描述信息。按功能菜单“重新扫描”对应的功能键“F1”可重新扫描、刷新采样值 SMV 报文列表。

1) 有效值。在 SMV 报文列表选中某 SMV 报文条目，按功能键“Enter”进入有效值监测界面，如图 2-3-3-8 所示，显示该 SMV 报文所有通道的信息，如频率、MU 固定延时、电压/电流通道有效值，所有信息实时刷新，刷新周期约为 1s。

在 SMV 有效值界面按功能菜单“暂停”对应的功能键“F5”，可暂停采样值刷新，便于仔细了解各通道详细信息，继续按功能键“F5”，可重新实时刷新采样值。

SMV扫描列表-1/5

序号	类型	APPID	描述
1	9-2	0x4001	[B1Q1SB100]220鹤壁电厂线A网合…
2	9-2	0x4002	[B1Q1SB101]220鹤壁电厂线B网合…
3	9-2	0x4003	[B1Q1SB102]220灵山电厂线A网合…
4	9-2	0x4004	[B1Q1SB103]220灵山电厂线B网合…
5	9-2	0x4023	[B1Q1SB136]220北祺线A网合并器
6	9-2	0x4024	[B1Q1SB137]220北祺线B网合并器
7	9-2	0x4005	[B1Q1SB104]220母联A网合并器
8	9-2	0x4006	[B1Q1SB105]220母联B网合并器

重新扫描

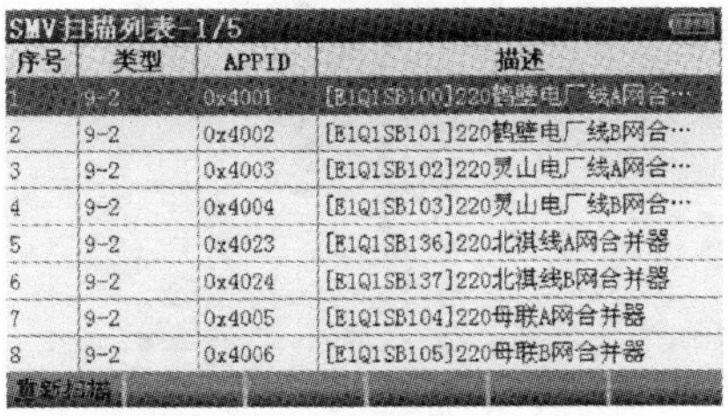

图 2-3-3-7　SMV 报文列表

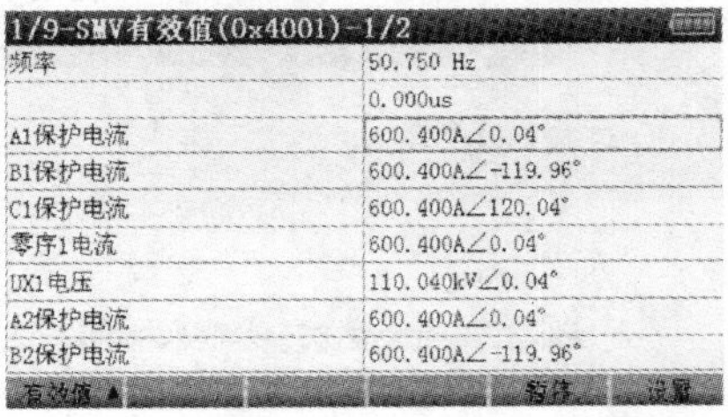

1/9-SMV有效值(0x4001)-1/2

频率	50.750 Hz
	0.000us
A1保护电流	600.400A∠0.04°
B1保护电流	600.400A∠-119.96°
C1保护电流	600.400A∠120.04°
零序1电流	600.400A∠0.04°
UX1电压	110.040kV∠0.04°
A2保护电流	600.400A∠0.04°
B2保护电流	600.400A∠-119.96°

有效值 ▲　暂停　设置

图 2-3-3-8　SMV 报文有效值监测

在 SMV 有效值界面按功能菜单“有效值”对应的功能键“F1”，可选择 SMV 接收其他监测分析选项，如图 2-3-3-9 所示。

2) 波形图。在 SMV 接收任意监测界面按功能键“F1”，选择“波形图”选项，显示当前 SMV 通道波形，如图 2-3-3-10 所示，可按方向键翻页显示其他 SMV 通道。按功能菜单“放大”对应的功能键“F3”可放大波形，按功能菜单“缩小”对应的功能键“F4”可缩小波形。在 SMV 通道波形界面按功能菜单“暂停”对应的功能键“F5”，可暂停采样值波形刷新，继续按功能键“F5”，可重新实时刷新采样值波形。

图 2-3-3-9　SMV 接收监测功能切换菜单

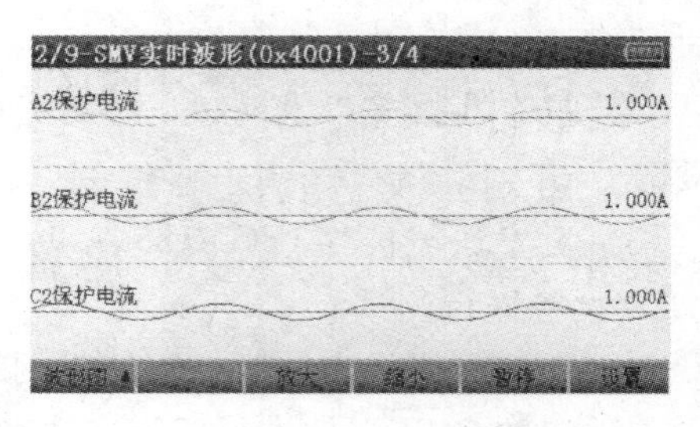

图 2-3-3-10　SMV 采样值波形

3）相量图。在 SMV 报文任意监测界面按功能键“F1”，选择“相量图”选项，可选择显示当前 SMV 任意 4 个通道对应的相量图，如图 2-3-3-11 所示，通道 1～4 可下拉选择当前 SMV 控制块通道。按“放大”功能菜单对应的功能键“F3”可放大相量，按功能菜单“缩小”对应的功能键“F4”可缩小相量。在 SMV 相量图界面按功能菜单“暂停”对应的功能键“F5”，可暂停相量图刷新，继续按功能键“F5”，可重新实时刷新通道相量图。

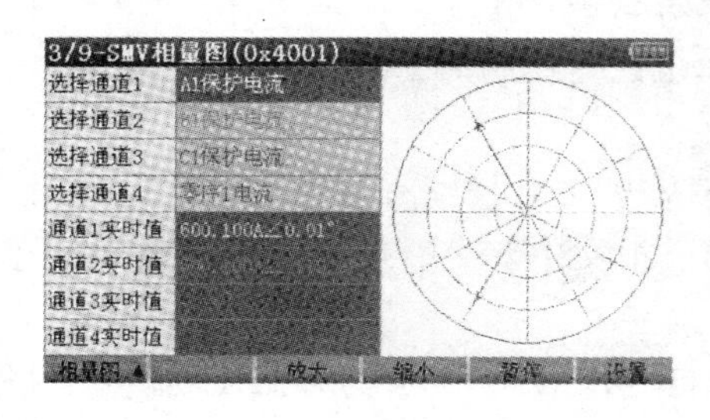

图 2-3-3-11　SMV 通道相量

4）报文监测。在 SMV 报文任意监测界面按功能键“F1”，选择“报文监测”选项，可显示当前 SMV 控制块的报头及采样值等报文信息，如图 2-3-3-12（a）、图 2-3-3-12（b）所示，移动上下方向键可逐一显示报文信息。按功能菜单“刷新”对应的功能键“F2”，可刷新报文信息。

利用方向键移动到报文通道采样值时，会出现“品质”功能菜单，按对应的功能键“F3”，可显示当前通道品质信息，如图 2-3-3-12（c）所示。

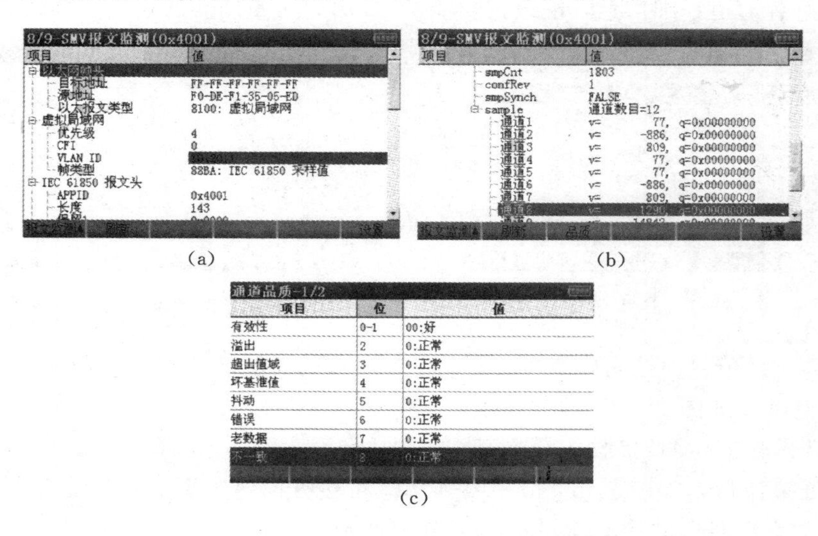

项目	位	值
有效性	0-1	00:好
溢出	2	0:正常
超出值域	3	0:正常
坏基准值	4	0:正常
抖动	5	0:正常
错误	6	0:正常
老数据	7	0:正常
不一致	8	0:正常

(c)

图 2-3-3-12　SMV 报文信息

（a）报头；（b）通道采样值；（c）通道品质

5）报文统计。在 SMV 报文任意监测界面按功能键“F1”，选择“报文统计”选项，可显示当前 SMV 控制块报文丢帧信息，如图 2-3-3-13 所示。按功能菜单“重新统计”对应的功能键“F2”，可重新统计报文丢帧信息。按功能菜单“暂停”对应的功能键“F5”，可暂停报文统计，继续按功能键“F5”，可重新统计当前 SMV 报文丢帧信息。

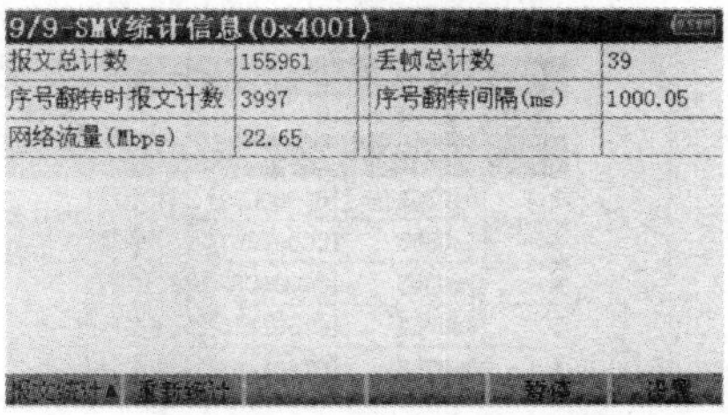

9/9-SMV统计信息(0x4001)

报文总计数	155961	丢帧总计数	39
序号翻转时报文计数	3997	序号翻转间隔(ms)	1000.05
网络流量(Mbps)	22.65		

报文统计▲　重新统计　暂停　设置

图 2-3-3-13　SMV 报文统计信息

报文总计数：进入报文统计页面后所接收的总报文数。

丢帧总计数：进入报文统计页面后监测到的丢帧数。

序号翻转时报文计数：报文序号翻转时的报文计数值。

序号翻转时间间隔：2 次报文序号翻转的时间间隔，单位：ms。

6）报文异常检测。测试仪可实时监测 SMV 报文，如出现丢帧、错序等异常状况时，会进行暂态记录，报文记录格式为 PCAP 格式，存储于 SD 卡中。使用此功能时，确保测试仪插入了 SD 卡。出现异常时，测试仪自动记录相应条目于列表中，如图 2-3-3-14 所示，并记录异常前 200ms 及异常后 1000ms 的报文。

选择要查看的报文，按功能键“F5”可查看报文的详细信息，如图 2-3-3-15 所示，光标自动定位于报文丢帧处。

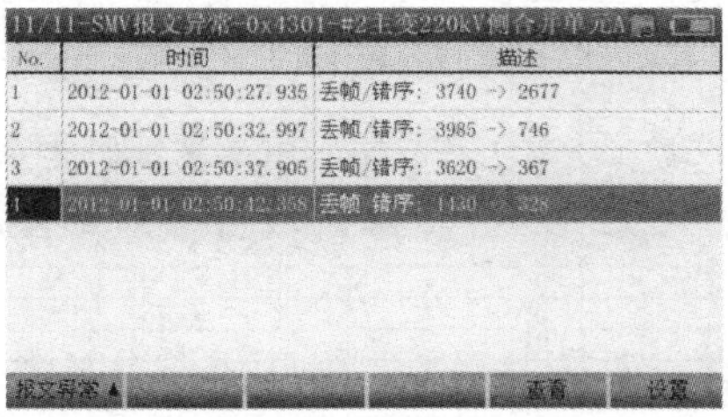

11/11-SMV报文异常-0x4301-#2主变220kV侧合并单元A

No.	时间	描述
1	2012-01-01 02:50:27.935	丢帧/错序：3740 -> 2677
2	2012-01-01 02:50:32.997	丢帧/错序：3985 -> 746
3	2012-01-01 02:50:37.905	丢帧/错序：3620 -> 367
4	2012-01-01 02:50:42.358	丢帧/错序：1430 -> 328

报文异常▲　查看　设置

图 2-3-3-14　MU 传输延时测试

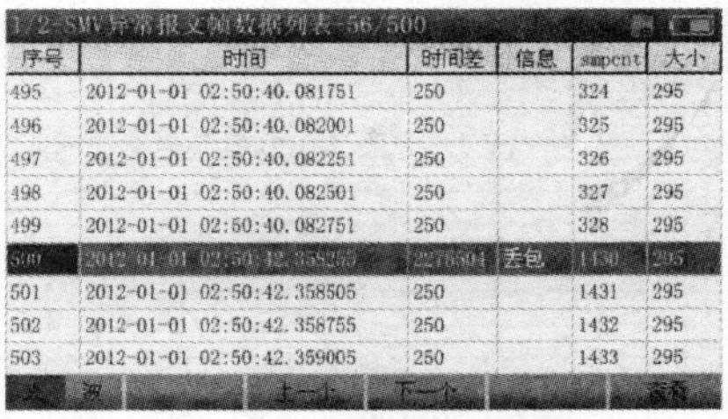

1/2-SMV异常报文帧数据列表-56/500

序号	时间	时间差	信息	smpcnt	大小
495	2012-01-01 02:50:40.081751	250		324	295
496	2012-01-01 02:50:40.082001	250		325	295
497	2012-01-01 02:50:40.082251	250		326	295
498	2012-01-01 02:50:40.082501	250		327	295
499	2012-01-01 02:50:40.082751	250		328	295
500	2012-01-01 02:50:42.358255	2275504	丢包	1430	295
501	2012-01-01 02:50:42.358505	250		1431	295
502	2012-01-01 02:50:42.358755	250		1432	295
503	2012-01-01 02:50:42.359005	250		1433	295

波形　上一个　下一个　查看

图 2-3-3-15　报文异常详细信息

按功能键“F1”可切换至波形分析界面，如图 2-3-3-16 所示，光标自动定位于报文异常处，可对波形进行放大、缩小，使用键盘上的左右键可移动波形，使用功能键“F4”“F5”可左右移动光标。

在图 2-3-3-17 所示报文异常详细信息页面中，按功能键“F5”可查看选中点的经解析的报文数据和报文原码，报文可保存至 SD 卡上，格式为 PCAP 格式。

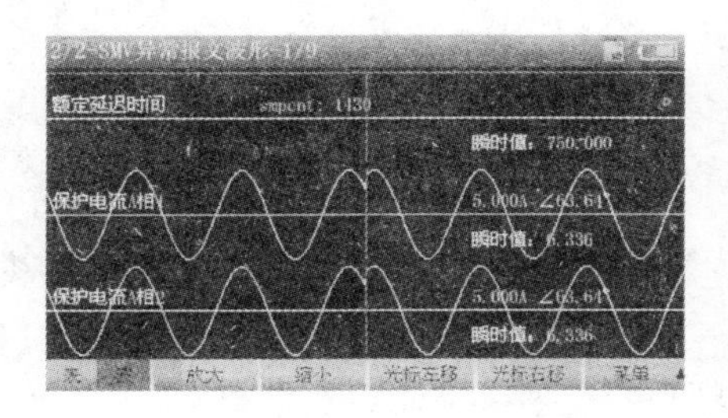

图 2-3-3-16　异常报文波形分析

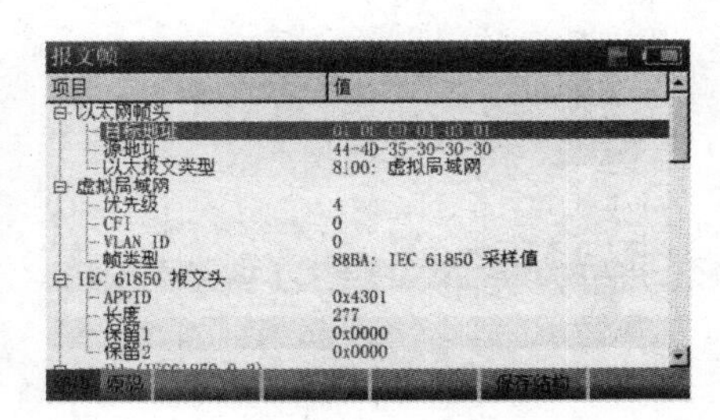

图 2-3-3-17　异常报文解析

（2）GOOSE 接收。扫描侦听 GOOSE 报文，显示 GOOSE 通道值、GOOSE 通道变位信息以及 GOOSE 报文帧信息。在 DM5000E 主界面选择“GOOSE 接收”，按功能键“Enter”显示实时扫描的 GOOSE 报文列表，如图 2-3-3-18 所示。按功能菜单“重新扫描”对应的功能键“F1”可重新扫描刷新 GOOSE 报文列表。

在 GOOSE 报文列表中选中某 GOOSE 报文条目，按功能键“Enter”进入 GOOSE 监测界面，如图 2-3-3-19 所示，显示该 GOOSE 报文各通道值，按方向键可翻页显示其他通道值。

GOOSE扫描列表-1/6

序号	APPID	描述
1	0x0862	[CG000C62]公用测控1
2	0x0362	[CG000C62]公用测控1
3	0x0863	[CG000C63]公共测控2
4	0x0363	[CG000C63]公共测控2
5	0x0753	[CT601A53]主变本体测控
6	0x0253	[CT601A53]主变本体测控
7	0x0236	[PT601A36]PCS978-1号主变压器保护1
8	0x0000	[MT600A76]公共绕组合并单元1

重新扫描

图 2-3-3-18　GOOSE 报文列表

1/3-GOOSE实时值(APPID:0862)-1/6

stNum	1	3-通道3号	0000000000000
sqNum	7	3-通道3号	08:00:00.000
TTL	10000	4-通道4号	TRUE
1-通道1号	TRUE	4-通道4号	0000000000000
1-通道1号	1010101111111	4-通道4号	08:00:00.000
1-通道1号	08:00:00.000	5-通道5号	TRUE
2-通道2号	TRUE	5-通道5号	0000000000000
2-通道2号	0000000000000	5-通道5号	08:00:00.000
2-通道2号	08:00:00.000	6-通道6号	TRUE
3-通道3号	TRUE	6-通道6号	0000000000000

值 变 帧

图 2-3-3-19　GOOSE 报文通道信息

按功能键“F1”，可切换显示 GOOSE 通道值、变位信息、帧信息。

GOOSE 通道变位信息如图 2-3-3-20（a）所示，每个通道显示最新 10 次变位信息，按功能键“F2”可显示每个通道变位的相对时间，该相对时间指当前变位相对于该通道第 1 次变位的时间，如图 2-3-3-20（b）所示。

按功能键“F1”，切换至 GOOSE 报文帧信息，可显示当前 GOOSE 控制块报文详细信息，报文如图 2-3-3-21 所示，按功能键“F2”可刷新报文信息。

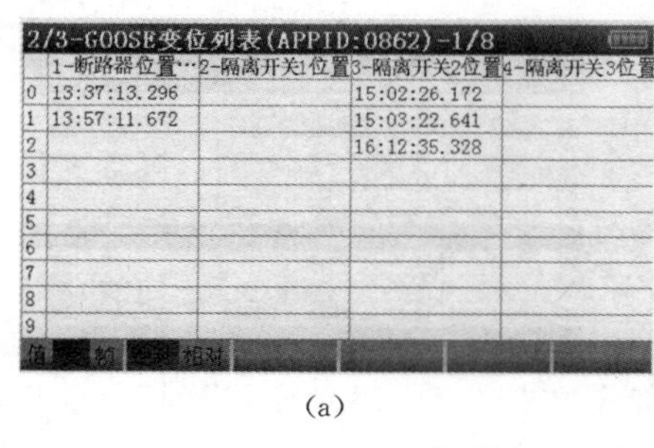

2/3-GOOSE变位列表(APPID:0862)-1/8

	1-断路器位置…	2-隔离开关1位置	3-隔离开关2位置	4-隔离开关3位置
0	13:37:13.296		15:02:26.172	
1	13:57:11.672		15:03:22.641	
2			16:12:35.328	
3				
4				
5				
6				
7				
8				
9				

值 变 帧 绝对 相对

（a）

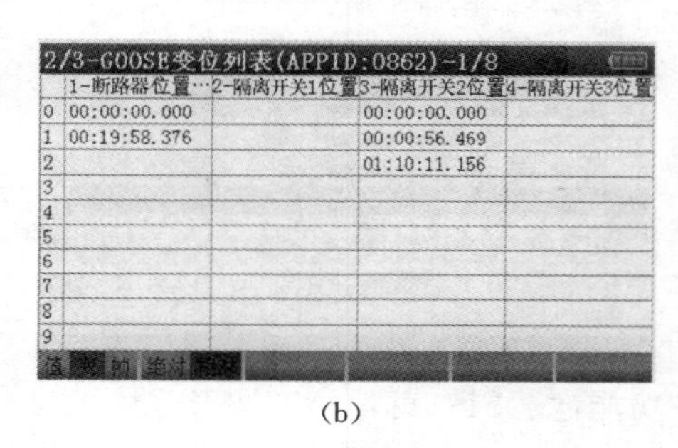

2/3-GOOSE变位列表(APPID:0862)-1/8

	1-断路器位置…	2-隔离开关1位置	3-隔离开关2位置	4-隔离开关3位置
0	00:00:00.000		00:00:00.000	
1	00:19:58.376		00:00:56.469	
2			01:10:11.156	
3				
4				
5				
6				
7				
8				
9				

值 变 帧 绝对 相对

（b）

图 2-3-3-20　GOOSE 通道变位信息和变位相对时间

（a）GOOSE 通道变位信息；（b）GOOSE 通道变位相对时间

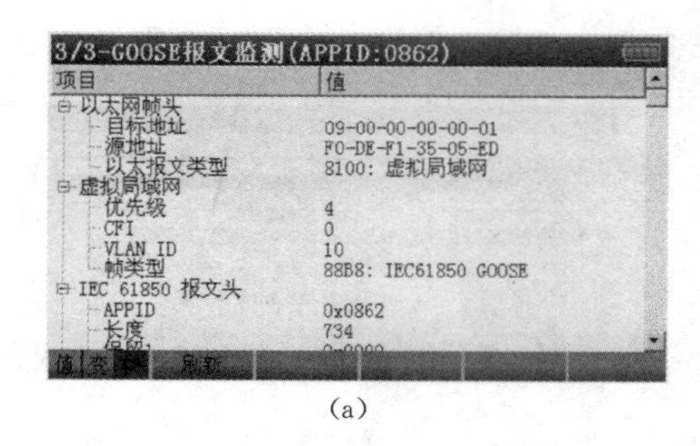

（a）

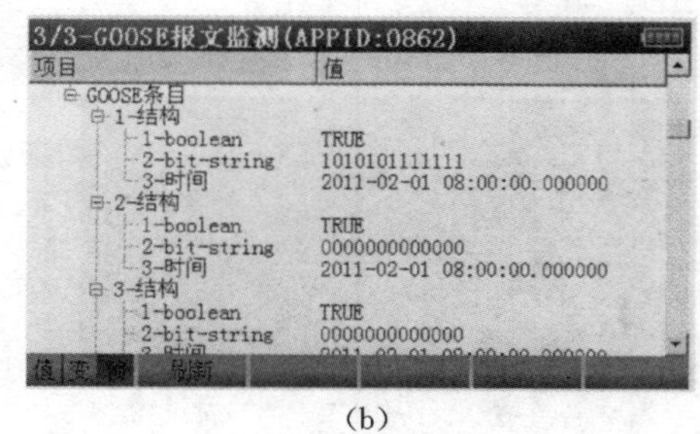

（b）

图 2-3-3-21　GOOSE 报文帧信息

（a）报文头；（b）通道条目

（三）光功率测试

1. 测试内容

测试被测设备光纤端口的发送功率、接收功率、最小接收功率及光纤回路的衰耗功率。

2. 技术要求

（1）光波长 1310nm 光纤：光纤发送功率为－20～－14dBm；光接收灵敏度为－31～－14dBm。

（2）光波长 850nm 光纤：光纤发送功率为－19～－10dBm；光接收灵敏度为－24～－10dBm。

（3）1310nm 光纤和 850nm 光纤回路（包括光纤熔接盒）的衰耗不大于 0.5dB。

3. 测试方法

（1）发送功率测试。如图 2-3-3-22 所示，用一根尾纤跳线（衰耗小于 0.5dB）连接设备光纤发送端口和光功率计的接收端口，读取光功率计上的功率值，即为光纤端口的发送功率。

（2）接收功率测试。如图 2-3-3-23 所示，将待测设备光纤接收端口的尾纤拔下，插入光功率计接收端口，读取光功率计上的功率值，即为光纤端口的接收功率。

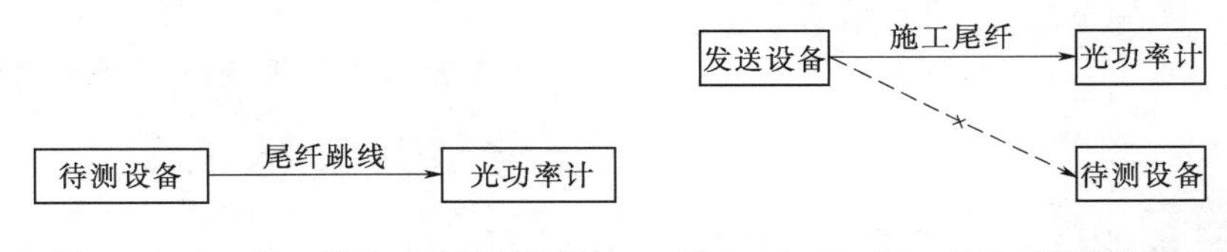

图 2-3-3-22　发送功率测试框图　　图 2-3-3-23　接收功率测试框图

（3）最小接收功率测试。如图 2-3-3-24 所示，用一根尾纤跳线连接数字信号输出设备的输出光口与光衰耗计，再用一根尾纤跳线连接光衰耗计和待测设备的对应光口。数字信号输出设备光口输出报文包含有效数据（采样值报文数据为额定值，GOOSE 报文为断路器位置）。从 0 开始缓慢增大光衰耗计的衰耗，观察待测设备液晶面板（指示灯）或光口指示灯。优先观察液晶面板的报文数值显示；如设备液晶面板不能显示报文数值，则观察液晶面板的通信状态显示或通信状态指示灯；如设备面板没有通信状态显示，则观察通信网口的物理连接指示灯。当上述状态出现异常时，停止调节光衰耗计，将待测设备光口尾纤接头拔下，插到光功率计上，读出此时的功率值，即为待测设备光口的最小接收功率。

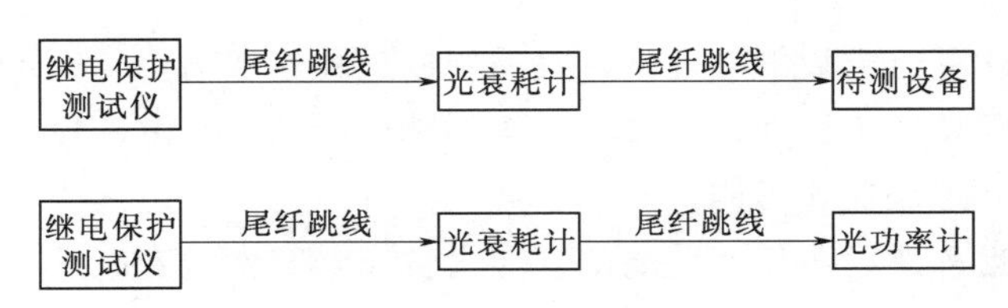

图 2-3-3-24　最小接收功率测试框图

（4）光纤回路衰耗测试，如图 2-3-3-25 所示，光纤回路一端加光源，另一端接光

功率计，通过光源发送功率减去光功率计显示功率，得到光纤回路衰耗。

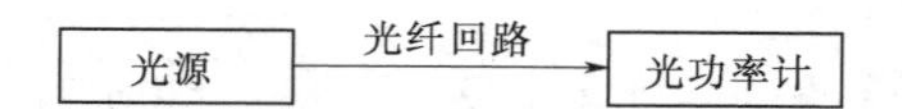

图 2-3-3-25　光纤回路衰耗测试框图

4. 光功率测试实例

图 2-3-3-26 所示为×××公司研发的 DM5000E 手持光数字测试仪的合并单元和保护装置光端口的光发送功率测试接线示意图。

选择“光功率”模块进入光功率测试页面，在该页面下可进行光发送及接收功率测试，如图 2-3-3-27 所示。图 2-3-3-27 中显示 1～3 光接口发送与接收的当前发送/接收光功率值、最大发送/接收光功率值、最小发送/接收光功率值。

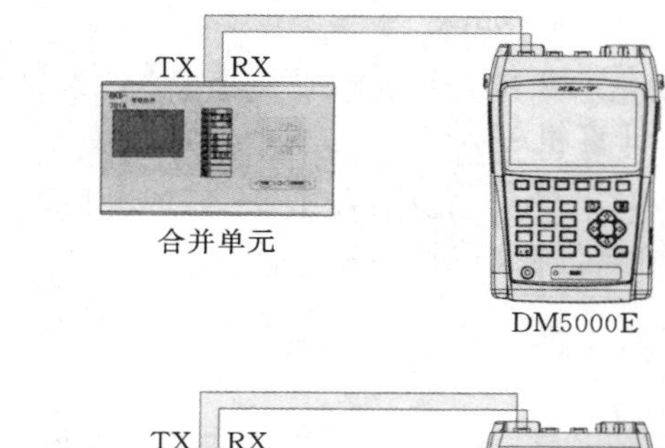

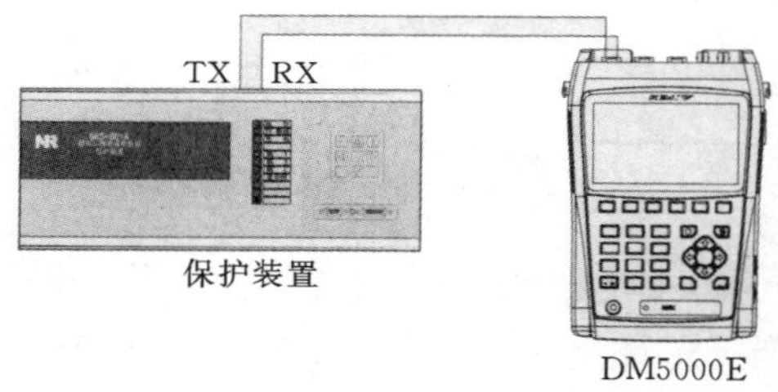

图 2-3-3-26　发送功率测试接线

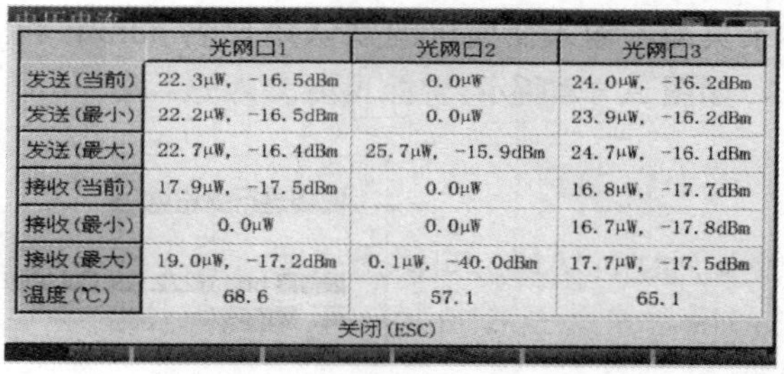

	光网口1	光网口2	光网口3
发送(当前)	22.3μW，-16.5dBm	0.0μW	24.0μW，-16.2dBm
发送(最小)	22.2μW，-16.5dBm	0.0μW	23.9μW，-16.2dBm
发送(最大)	22.7μW，-16.4dBm	25.7μW，-15.9dBm	24.7μW，-16.1dBm
接收(当前)	17.9μW，-17.5dBm	0.0μW	16.8μW，-17.7dBm
接收(最小)	0.0μW	0.0μW	16.7μW，-17.8dBm
接收(最大)	19.0μW，-17.2dBm	0.1μW，-40.0dBm	17.7μW，-17.5dBm
温度(℃)	68.6	57.1	65.1

关闭(ESC)

图 2-3-3-27　光功率测试界面

第四节　智能变电站运行维护要点

一、智能变电站巡视要求

(1) 状态可视化完善的智能变电站，宜采用以远程巡视为主，以现场巡视为辅的巡视方式，并适当延长现场巡视周期；设备运行维护部门应结合变电站设备智能化水平制定智能设备的远程巡视和现场巡视周期。

(2) 暂不满足远程巡视条件的变电站智能设备应参照常规变电站、无人值守变电站原管理规范等相关规定进行现场巡视。

(3) 自检及告警信息远传功能完善的二次设备宜以远程巡视为主，兼顾现场巡视。

(4) 电网或设备异常等特殊情况下，应加强设备远程巡视。

二、智能变电站主要设备巡视要点

智能变电站主要设备巡视要点见表2-3-4-1。

表2-3-4-1　　智能变电站主要设备巡视要点

序号	设备（系统）名称	远程巡视要点	现场巡视要点
1	电子式互感器		（1）外观无损伤、无闪络、本体及附件无异常发热、无异响、无异味；各引线无脱落；接地良好。 （2）采集器无告警、无积尘；光缆无脱落；箱内无进水、无潮湿、无过热等现象。 （3）有源式电子互感器应重点检查供电电源工作无明显异常
2	在线监测系统	（1）后台远程查看在线监测状态数据显示正常、无告警信息。 （2）远端监控主机与站端设备通信正常	（1）设备外观正常，电源指示正常，各种信号、表计显示无异常。 （2）油气管路接口无渗漏，光缆的连接无脱落。 （3）与上级系统的通信功能正常
3	保护设备	（1）后台远程查看保护设备告警信息、通信状态无异常。 （2）远程定期核对软压板控制模式、压板投退状态、定值区位置。 （3）重点查看装置“SV通道”“GOOSE通道”正常	（1）检查外观正常、各指示灯指示正常，液晶屏幕显示正常无告警。 （2）定期核对硬压板、控制把手位置。 （3）检查保护测控装置的五防联锁把手（钥匙、压板）在正确位置
4	交换机	（1）远程查看站端自动化系统网络通信正常。 （2）网络记录仪无告警	（1）设备外观正常，温度正常。 （2）电源及运行指示灯指示正常，无告警
5	时钟同步系统	远程查看时钟同步装置无异常告警信号	（1）检查主、从时钟运行正常。 （2）检查电源及各种指示灯正常，无告警
6	监控系统	（1）远程检查信息刷新正常，无异常报警信息。 （2）与站端设备通信正常	（1）查看监控系统运行正常，后台信息刷新正常。 （2）检查数据服务器、远动装置等站控层设备运行正常。 （3）各连接设备（系统）通信正常，无异响
7	合并单元	远程查看无相关告警信息	（1）检查外观正常、无异常发热。 （2）电源及各种指示灯正常，无告警。 （3）检查各间隔电压切换运行方式指示与实际一致
8	智能终端	远程查看无相关告警信息	（1）检查外观正常、无异常发热。 （2）电源及各种指示灯正常，无告警。 （3）压板位置正确、无告警

续表

序号	设备（系统）名称	远程巡视要点	现场巡视要点
9	智能组件柜（控制柜）	远程查看智能控制柜内温度、湿度正常，无告警	（1）检查智能控制柜外观密封良好，锁具及防雨设施良好，无进水受潮，通风顺畅。 （2）柜内各设备运行正常无告警，柜内连接线无异常。 （3）检查柜内加热器、工业空调、风扇等温度、湿度调控装置工作正常，柜内温度、湿度满足设备现场运行要求
10	一体化电源	（1）远程查看站用电源系统工作状态、告警信息、通信无异常。 （2）定期查看蓄电池电压正常，充电模块、逆变电源工作正常。 （3）重点查看绝缘监察装置信息及直流接地告警信息	（1）检查设备运行正常，各指示灯及液晶屏显示正常，无告警。 （2）检查蓄电池组外观无异常、无漏液，蓄电池室环境温度、湿度正常。 （3）电源切换正常；逆变电源切换正常

三、智能变电站维护建议

1. 投运初期采用少人值班方式

智能变电站投运后一定时期内应采用少人值守模式，待设备运行稳定后转入无人值守模式。具体时间应视设备运行状况决定。在此期间着重收集一次设备、二次设备异常运行情况，及时上报及处理。对每次出现的典型案例，整理缺陷现象、原因，处理全套资料，便于后期的运行维护及给其他智能站借鉴。

2. 加强交换机管理

传统变电站交换机应用于站控层网，只影响站控层功能，不影响保护功能。交换机作为智能变电站关键设备之一，发挥着极其重要的作用，不仅站控层需要依靠网络，过程层部分保护功能也建立在网络基础之上，如断路器失灵保护、备自投及联闭锁功能。交换机的故障和异常，可能会导致部分保护功能失效。

（1）在日常维护管理中，应将交换机列入重要设备进行维护。

（2）建立交换机连接拓扑图，并在每一台交换机旁注明其功能和连接对象，如图2-3-4-1所示。

（3）开展屏柜清扫等维护工作时，避免弯折光缆造成光缆折断，其弯曲半径应符合相关规程要求。

（4）定期做好交换机光缆备用芯的检验维护。

×××220kV GOOSE-A网交换机的端口、接入设备和端口损坏受影响的功能见表2-3-4-2。

3. 加强计算机系统管理

（1）为防止病毒入侵及网络风暴导致网络瘫痪，需加强智能变电站计算机系统管理，制定相关的管理办法。

（2）关闭监控后台机、在线监测主机、智能辅助系统主机等计算机的软驱、光驱及部分USB接口，非厂家技术人员严禁将U盘等外存储设备接入。

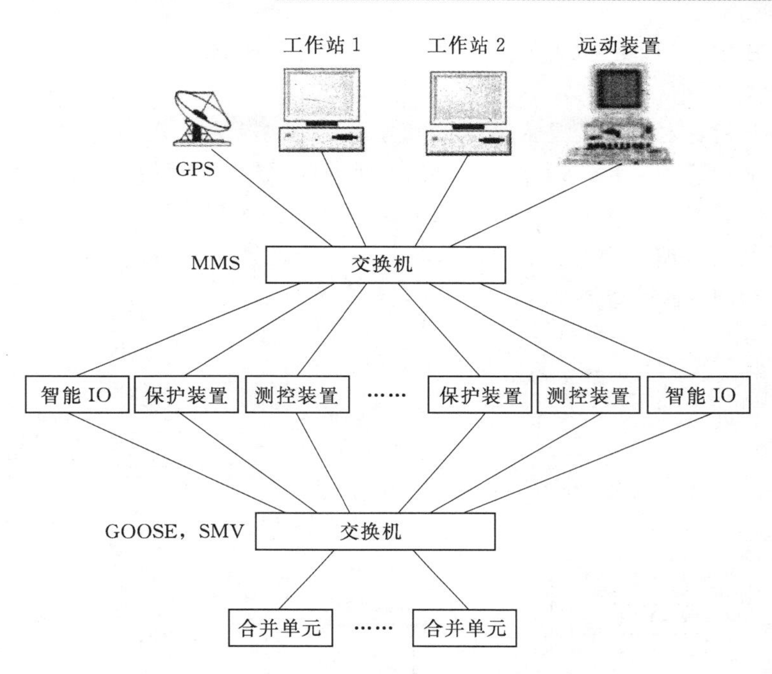

图 2-3-4-1 建立交换机连接拓扑图

表 2-3-4-2 ×××220kV GOOSE-A 网交换机的端口、接入设备和端口损坏受影响的功能

端口	接入设备	端口损坏受影响的功能
P1	级联 2n	纪 01、05、03 失灵启动，解除复压，失灵联跳 1 号主变各侧开关，稳控，故录，网络分析和 1 号变跳高压侧母联开关及主变备自投
P2	级联 3n	纪 02、07、06 失灵启动，解除复压，失灵联跳 2 号主变各侧开关，稳控，故录，网络分析和 2 号变跳高、中压侧母联开关及主变备自投
P3	级联 4n	PT 并列，互 01PT 及母设测控，纪 09 失灵启动、故录、网络分析
P4	备用端口	
P5	稳控	需要各间隔三跳、位置信号进行判断的策略受影响
P6	母线保护 A 套	各间隔 A 套失灵启动、解除复压以及失灵联跳主变各侧开关
P7	纪 08 测控	纪 08 测控
P8	备用端口	
P13	纪 08 母联保护 A 套	纪 08 母联保护 A 套失灵启动、故录、网络分析、稳控（如果有策略）
P14	纪 08 旁路保护	纪 08 旁路保护失灵启动、故录、网络分析、稳控（如果有策略）
P15	纪 08 合并单元 A 套	纪 08 合并单元告警、电压切换刀位、网络分析
P16	纪 08 智能终端 A 套	纪 08 测控、电压切换刀位、故录、网络分析和主变跳 220kV 母联功能
P17	主变备自投	主变备自投
P18	主变故障录波 A	主变 A 套位置、跳闸等状态量录波
P19	220kV 故障录波 A	220kV 各间隔 A 套位置、跳闸等状态量录波
P20	网络分析仪	各间隔 A 套保护、测控、合并、终端网络分析

（3）严禁在生产用计算机上安装与生产无关的计算机软件。

4．加强时钟对时系统管理

传统变电站时钟对时系统是为系统故障分析和处理提供准确的时间依据，对时系统故障不影响继电保护正确动作，而智能变电站时钟对时系统是实现变电站各项功能之间的同步关键，保证电子式互感器同步采样，保障保护功能的可靠性；直接关系到站内/站间故障及时准确判断、保护正确动作、事故分析处理。因此，应加强时钟对时系统相关设备巡视，定期开展时间同步精度检测，如图 2－3－4－2 所示。

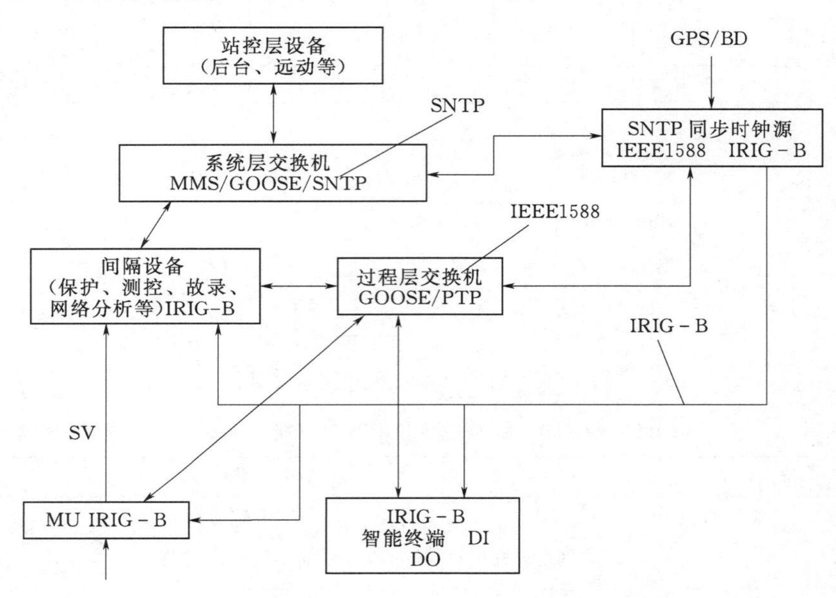

图 2－3－4－2　加强时钟对时系统相关设备巡视和时间同步精度检测

5．重视智能组件柜管理

智能组件柜包括合并单元、智能终端。重点加强对热交换器工作状态检查，及时排查温湿度显示与后台监控界面显示不一致设备缺陷。高温、大负荷时应增加户外智能终端柜巡视次数。

6．规范 SCD 文件管理

（1）智能变电站投运后，应及时将全站 SCD 文件导出，上交运行管理部门，刻录保存。

（2）当 SCD 文件修改时，应做好记录，登记修改时间、修改原因、修改内容、工作负责人，完毕后应重新导出 SCD 文件。

（3）SCD 文件修改需履行相关验证、审批手续。

7．规范保护压板管理

（1）制定压板操作、核对对照表，如 220kV 熊家嘴变电站继电保护及自动装置压板对照表见表 2－3－4－3。

（2）规范全站保护装置、智能终端柜软、硬压板检查，明确相关责任人，保证压板投退正确。

（3）在检修状态压板、出口硬压板等重要压板位置张贴投退说明和警示，防止误操作。

表 2-3-4-3　　220kV 熊家嘴变电站继电保护及自动装置压板对照表

时间：________　交班人员签名：________　接班人员签名：________

编号	压板名称	正常位置	实际位置	编号	压板名称	正常位置	实际位置
1-13LP1	熊 24 合并单元检修状态	停用		1-4LP7	熊 226 刀闸遥控	停用	
1-4LP1	熊 24 智能终端检修状态	停用		1-13LP1	合并单元 A 检修状态	停用	
1-4LP2	熊 24 开关保护跳闸	加用		1-4LP1	智能终端 A 检修状态	停用	
1-4LP3	熊 24 开关保护合闸	加用		1-4LP2	互 05 刀闸遥控	停用	
1-4LP4	熊 24 开关遥控	加用		2-13LP1	合并单元 B 检修状态	停用	
1-4LP5	熊 241 刀闸遥控	停用		2-4LP1	智能终端 B 检修状态	停用	
1-4LP6	熊 242 刀闸遥控	停用		2-4LP2	互 04 刀闸遥控	停用	
1-4LP7	熊 246 刀闸遥控	停用		2-13LP1	熊 23 合并单元检修状态	停用	
1-13LP1	熊 22 合并单元检修状态	停用		2-4LP1	熊 23 智能终端检修状态	停用	
1-4LP1	熊 22 智能终端检修状态	停用		2-4LP2	熊 23 开关保护跳闸	加用	
1-4LP2	熊 22 开关保护跳闸	加用		2-4LP3	熊 23 开关保护合闸	加用	
1-4LP3	熊 22 开关保护合闸	加用		2-4LP4	熊 23 开关遥控	加用	
1-4LP4	熊 22 开关遥控	加用		2-4LP5	熊 231 刀闸遥控	停用	
1-4LP5	熊 221 刀闸遥控	停用		2-4LP6	熊 232 刀闸遥控	停用	
1-4LP6	熊 222 刀闸遥控	停用		2-4LP7	熊 236 刀闸遥控	停用	

8. 绘制网络信息流图

智能变电站网络信息流如图 2-3-4-3 所示。

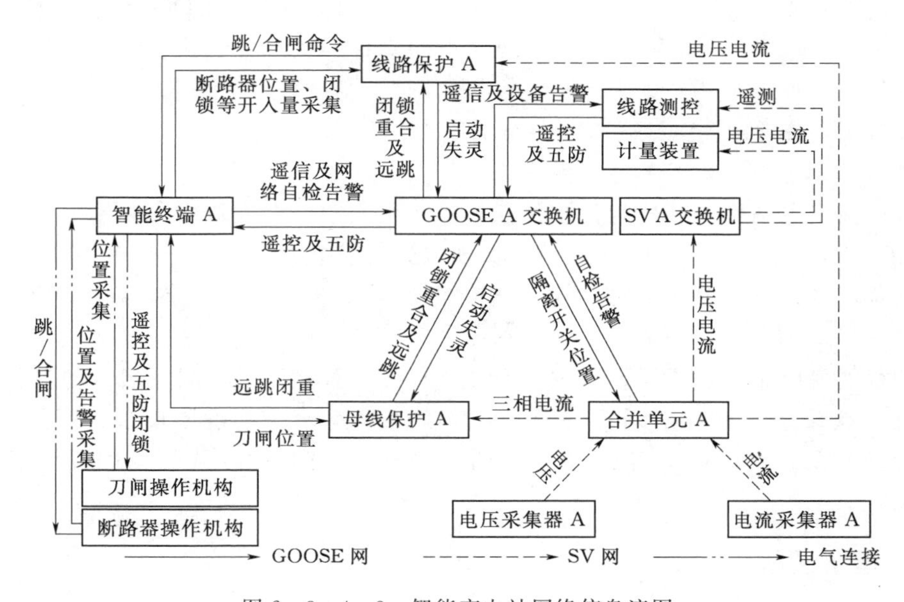

图 2-3-4-3　智能变电站网络信息流图

绘制网络信息流图既便于运维人员对网络故障的分析、判断和定位，又能实现信息交互可视化。

第四章 智能变电站继电保护装置运行管理

第一节 智能变电站继电保护系统主要设备和标准化作业

一、智能变电站继电保护系统主要设备

1. 智能变电站继电保护系统

智能变电站继电保护系统主要包括：合并单元、继电保护装置（含故障录波器）、智能终端、过程层网络、跳合闸二次回路、纵联通道及接口设备等。站内还配有网络报文记录分析装置等辅助设备。智能变电站继电保护系统概略图如图 2-4-1-1 所示。

2. 合并单元

合并单元用于接收互感器传变后的电压、电流量，并对其进行相关处理，通过光纤将电压、电流的采样值传输至保护、故障录波、测控等二次设备。合并单元与保护装置之间采用光纤点对点直连。

3. 智能终端

智能终端主要用于接收保护、测控等二次设备发出的跳合闸 GOOSE 报文指令，解析指令后实现对断路器、隔离开关的分合控制；同时将一次设备的状态量（如断路器位置等）上送保护和测控等二次设备。智能终端与保护、测控采用光纤连接，与一次设备采用电缆连接，可实现常规变电站内断路器操作箱的功能。

4. 智能变电站继电保护系统设备特点

（1）智能变电站保护装置与传统站保护的作用相同，由于新增了合并单元和智能终端等智能二次设备，故保护相关回路的实现方式与传统站存在差异。保护装置与合并单元、智能终端之间采用光纤点对点连接，与其他保护、测控装置之间采用光纤网络连接。

（2）智能变电站的过程层设备主要有合并单元、智能终端，间隔层设备主要包含保护装置等二次设备。过程层网络（SV 网、GOOSE 网）由过程层设备、间隔层设备、过程层交换机及光纤构成，实现过程层与间隔层设备之间、间隔层与间隔层设备之间的信息交互。

二、装置压板

1. 压板设置

（1）保护装置设有“检修硬压板”“GOOSE 接收软压板”“GOOSE 发送软压板”“SV 软压板”和“保护功能软压板”等五类压板。

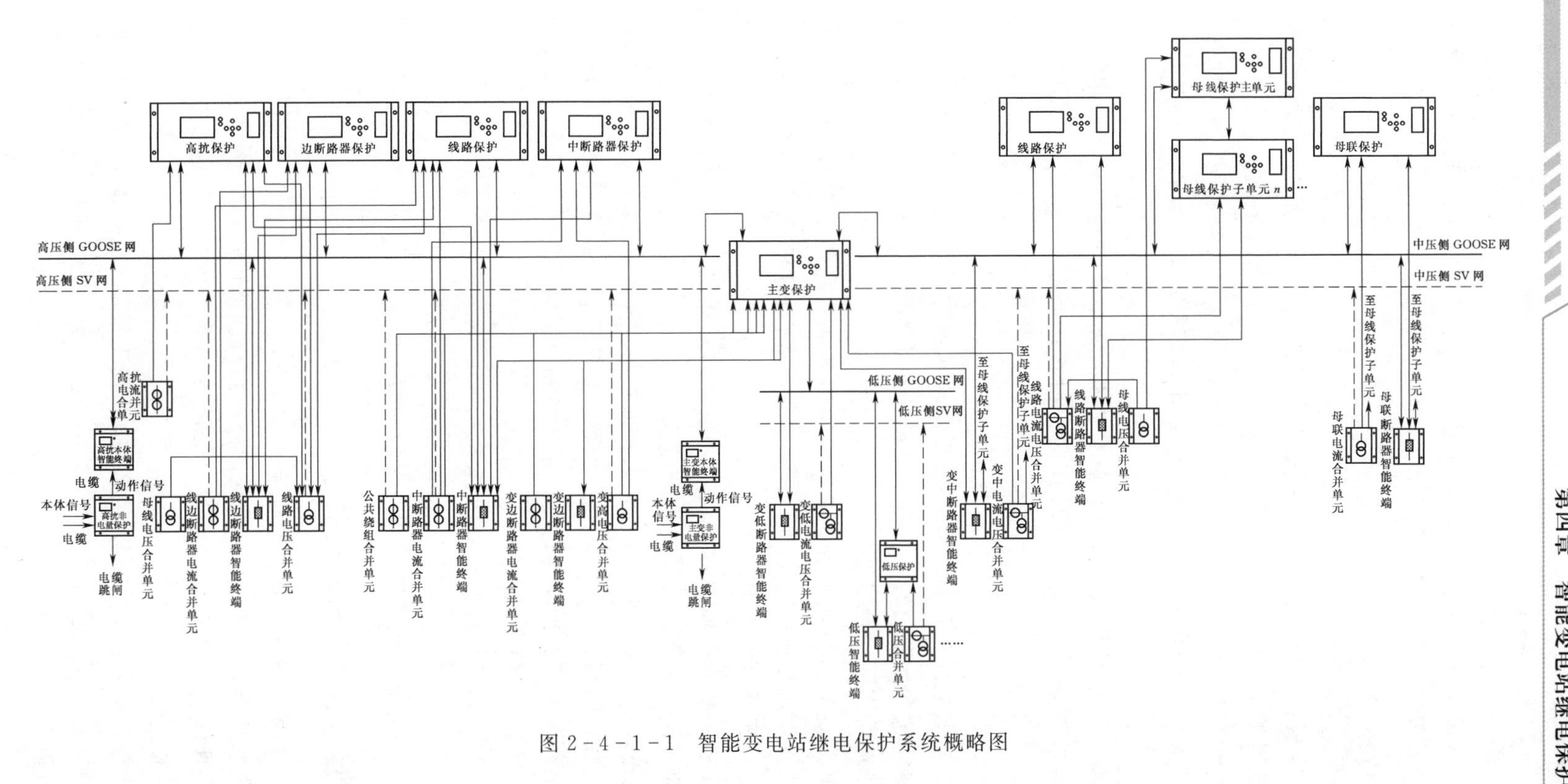

图 2-4-1-1　智能变电站继电保护系统概略图

（2）智能终端设有“检修硬压板”“跳合闸出口硬压板”等两类压板；此外，实现变压器（电抗器）非电量保护功能的智能终端还装设了“非电量保护功能硬压板”。

（3）合并单元仅装设有“检修硬压板”。

2. 压板功能

（1）硬压板。

1）检修硬压板：该压板投入后，装置为检修状态，此时装置所发报文中的“Test位”置“1”。装置处于“投入”或“信号”状态时，该压板应退出。

2）跳合闸出口硬压板：该压板安装于智能终端与断路器之间的电气回路中，压板退出时，智能终端失去对断路器的跳合闸控制。装置处于“投入”状态时，该压板应投入。

3）非电量保护功能硬压板：负责控制本体重瓦斯、有载重瓦斯等非电量保护跳闸功能的投退。该压板投入后非电量保护同时发出信号和跳闸指令；压板退出时，保护仅发信。

（2）软压板。

1）GOOSE接收软压板：负责控制接收来自其他智能装置的GOOSE信号，同时监视GOOSE链路的状态。退出时，装置不处理其他装置发送来的相应GOOSE信号。该类压板应根据现场运行实际进行投退。

2）GOOSE发送软压板：负责控制本装置向其他智能装置发送GOOSE信号。退出时，不向其他装置发送相应的GOOSE信号，即该软压板控制的保护指令不出口。该类压板应根据现场运行实际进行投退。

3）SV软压板：负责控制接收来自合并单元的采样值信息，同时监视采样链路的状态。该类压板应根据现场运行实际进行投退。

SV软压板投入后，对应的合并单元采样值参与保护逻辑运算；对应的采样链路发生异常时，保护装置将闭锁相应保护功能。例如：电压采样链路异常时，将闭锁与电压采样值相关的过电压、距离等保护功能；电流采样链路异常时，将闭锁与电流采样相关的电流差动、零序电流、距离等功能。

SV软压板退出后，对应的合并单元采样值不参与保护逻辑运算；对应的采样链路异常不影响保护运行。

4）保护功能软压板：负责装置相应保护功能的投退。

三、装置运行状态划分及要求

1. 继电保护装置有投入、退出和信号三种状态

（1）投入状态是指装置交流采样输入回路及直流回路正常，装置SV软压板投入、主保护及后备保护功能软压板投入，跳闸、启动失灵、重合闸等GOOSE接收及发送软压板投入，检修硬压板退出。

（2）退出状态是指装置交流采样输入回路及直流回路正常，装置SV软压板退出、主保护及后备保护功能软压板退出，跳闸、启动失灵、重合闸等GOOSE接收及发送软压板退出，检修硬压板投入。

（3）信号状态是指装置交流采样输入回路及直流回路正常，装置SV软压板投入、主保护及后备保护功能软压板投入，跳闸、启动失灵、重合闸等GOOSE发送软压板退出，检修硬压板退出。

2. 智能终端有投入和退出两种状态

（1）投入状态是指装置直流回路正常，跳合闸出口硬压板投入，检修硬压板退出。

（2）退出状态是指装置直流回路正常，跳合闸出口硬压板退出，检修硬压板投入。

3. 合并单元有投入和退出两种状态

（1）投入状态是指装置交流采样、直流回路正常，检修硬压板退出。

（2）退出状态是指装置交流采样、直流回路正常，检修硬压板投入。

4. 要求

（1）运行中一般不单独退出合并单元、过程层网络交换机。必要时，根据其影响程度及范围在现场做好相关安全措施后，方可退出。

（2）一次设备处于运行状态或热备用状态时，相关合并单元、保护装置、智能终端等设备应处于投入状态；一次设备处于冷备用状态或检修状态时，上述设备均应处于退出状态。一次设备、二次设备运行状态对应情况见表2-4-1-1。

表2-4-1-1　　一次设备、二次设备运行状态对应情况表

一次设备 二次设备	运行	热备用	冷备用	检修
合并单元	投入	投入	退出	退出
智能终端	投入	投入	退出	退出
保护装置	投入	投入	退出	退出

（3）一次设备状态发生变化时，西北电力调控分中心直调设备应由现场运维人员根据一次设备、二次设备状态对应要求自行投退保护及相关设备；其他调度单位调管设备根据相应规定执行。

（4）一次设备状态不变，需单独改变保护装置运行状态时，应经调度许可。

（5）保护装置检修时，在做好现场安全措施的情况下，现场可根据工作需要自行改变其状态。工作结束后，现场应将装置恢复至原状态。

四、继电保护例行检验标准化作业

（一）基本情况

1. 设备变更记录

设备变更记录见表2-4-1-2。

2. 数字变压器保护检验报告

数字变压器保护检验报告见表2-4-1-3。

（二）装置基本信息和光功率检查

1. 装置基本信息查看

装置基本信息见表2-4-1-4。

表 2-4-1-2　　　　设 备 变 更 记 录

变 更 内 容			变更日期	执行人
装置变更	1			
	2			
程序升级	1			
	2			
	3			
	4			
SCD 配置文件变更	1			
	2			
	3			
	4			
	5			
CT 改变比	1			
	2			
	3			
其他	1			
	2			
	3			

表 2-4-1-3　　　　×××型数字变压器保护检验报告

出厂日期		投运日期	
工作负责人			
检验人员			
检验性质	例行检验		
开始时间	年　月　日　时　分		
结束时间	年　月　日　时　分		
检验结论			
审核人签字		审核日期	

表 2-4-1-4　　　　装 置 基 本 信 息

序号	项　　目	内容	备注
1	装置型号		
2	生产厂家		
3	设备唯一编码		
4	程序版本		
5	程序校验码		
6	程序生成时间		
7	MMI 版本		
8	MMI 校验码		
9	MMI 生成时间		

2. 光功率检验

光功率检验见表 2-4-1-5。

表 2-4-1-5　　光功率检验

<table>
<tr><th>端口</th><th>端口定义</th><th>发光功率（TX）/dBm</th><th>接收光功（RX）/dBm</th><th>灵敏接收功率/dBm</th><th>光功率裕度/dBm</th><th>要　求</th></tr>
<tr><td>1</td><td></td><td></td><td></td><td></td><td></td><td rowspan="13">（1）检查通信接口种类和数量是否满足要求，检查光纤端口发送功率、接收功率、最小接收功率。
（2）光波长：1310nm；光纤发送功率：－20～－14dBm；光接收灵敏度：－31～－14dBm。
（3）光波长：850nm；光纤发送功率：－19～－10dBm；光接收灵敏度：－24～－10dBm。
（4）清洁光纤端口，并检查备用接口有无防尘帽。
（5）光纤连接器类型：ST 或 LC 接口。
（6）装置端口接收功率裕度不应低于 3dBm</td></tr>
<tr><td>2</td><td></td><td></td><td></td><td></td><td></td></tr>
<tr><td>3</td><td></td><td></td><td></td><td></td><td></td></tr>
<tr><td>4</td><td></td><td></td><td></td><td></td><td></td></tr>
<tr><td>5</td><td></td><td></td><td></td><td></td><td></td></tr>
<tr><td>6</td><td></td><td></td><td></td><td></td><td></td></tr>
<tr><td>7</td><td></td><td></td><td></td><td></td><td></td></tr>
<tr><td>8</td><td></td><td></td><td></td><td></td><td></td></tr>
<tr><td>9</td><td></td><td></td><td></td><td></td><td></td></tr>
<tr><td>10</td><td></td><td></td><td></td><td></td><td></td></tr>
<tr><td>11</td><td></td><td></td><td></td><td></td><td></td></tr>
<tr><td>12</td><td></td><td></td><td></td><td></td><td></td></tr>
<tr><td>13</td><td></td><td></td><td></td><td></td><td></td></tr>
</table>

（三）带开关做整组传动试验

每一套保护应分别带断路器进行整组试验，宜从合并单元前端输入试验电流、电压，并将传动试验报告打印并附后。

1. 传动试验前准备

（1）检查保护装置、测控装置、合并单元、智能终端等厂站保护自动化设备的尾纤、二次电缆、检修压板等措施是否恢复。

（2）检查保护装置、测控装置、合并单元、智能终端、厂站监控系统等设备是否有异常告警信号。

（3）检查保护装置内联切回路的 MU 接收、GOOSE 发信、GOOSE 收信软压板应在投入位置。

（4）检查智能终端控制柜处的出口压板应在投入位置。

（5）检查对应断路器无闭锁，具备传动条件。

2. 模拟两套差动保护同时动作

（1）保护及变压器三侧开关实际动作应正确。

（2）后台监控信号表示正确。

（3）继电保护在线监视模块表示信息正确。

（4）检查中压侧两组跳闸线圈极性正确。

（5）网络分析仪表示信息正确。

（6）录波器表示信息正确。

3. 模拟高后备保护动作

（1）保护及变压器三侧开关实际动作应正确。

（2）后台监控信号表示正确。

（3）继电保护在线监视模块表示信息正确。

（4）网络分析仪表示信息正确。

（5）录波器表示信息正确。

4. 模拟中后备保护动作

（1）保护及变压器三侧开关实际动作应正确。

（2）后台监控信号表示正确。

（3）继电保护在线监视模块表示信息正确。

（4）检查两组跳闸线圈极性正确。

（5）网络分析仪表示信息正确。

（6）录波器表示信息正确。

5. 模拟低后备保护动作

（1）保护及变压器三侧开关实际动作应正确。

（2）后台监控信号表示正确。

（3）继电保护在线监视模块表示信息正确。

（4）检查两组跳闸线圈极性正确。

（5）网络分析仪表示信息正确。

（6）录波器表示信息正确。

6. 模拟低压绕组保护动作

（1）保护及变压器三侧开关实际动作应正确。

（2）后台监控信号表示正确。

（3）继电保护在线监视模块表示信息正确。

（4）检查两组跳闸线圈极性正确。

（5）网络分析仪表示信息正确。

（6）录波器表示信息正确。

7. 模拟公共绕组保护动作

（1）保护及变压器三侧开关实际动作应正确。

（2）后台监控信号表示正确。

（3）继电保护在线监视模块表示信息正确。

（4）检查两组跳闸线圈极性正确。

（5）网络分析仪表示信息正确。

（6）录波器表示信息正确。

8. 分别模拟高1、高2、中、低侧手合故障检查变压器开关各侧防跳

(1) 保护及各侧开关实际动作应正确。

(2) 后台信号表示正确。

(3) 继电保护在线监视模块表示信息正确。

(4) 网络分析仪表示信息正确。

(5) 录波器表示信息正确。

(四) 投运前准备

(1) 现场工作结束后，工作负责人检查试验记录有无漏试验项目，核对装置的整定值是否与定值单相符（要求打印定值单附后）。

(2) 检查试验设备、仪表及一切试验连接线已拆除；检查二次回路、尾纤连接完好，并保证尾纤布线弯曲度满足要求，同时做好尾纤及光端接口的除尘工作，装置无异常信号。

(3) 检查所有装置及辅助设备的插件是否扣紧。

(4) 按照继电保护安全措施票及压板确认单恢复安全措施。

(5) 执行定值单编号：________；执行时间：________。

(6) 现场核对定值是否正确。

(7) 保护当前运行定值区号：________。

(8) 检查保护装置内功能软压板、SV、GOOSE软压板是否在正确位置。

(9) 检查全站SCD文件及相应CRC校验码，所有被检保护设备的保护程序（ICD文件）、通信程序、配置文件、CID文件及相应CRC校验码是否都正确保存，并上传到智能变电站二次系统安全管控平台。

(10) 填写继电保护记录簿，对运行人员进行继电保护运行规程培训，并交代注意事项。

(五) 现场遗留问题

无。

(六) 通用部分

继电保护二次工作保护压板及设备投切位置确认单和继电保护二次工作安全措施票见表2-4-1-6、表2-4-1-7。

五、继电保护全部检验标准化作业

(一) 基本情况

1. 设备变更记录

设备变更记录见表2-4-1-8。

2. 数字变压器保护检验报告

数字变压器保护检验报告见表2-4-1-9。

(二) 保护单体设备调试

1. 配置文件检查

(1) 装置基本信息查看见表2-4-1-10。

表 2-4-1-6　继电保护二次工作保护压板及设备切换把手投切位置确认单

被试设备名称			
工作负责人		工作时间	年　月　日　时　分—　年　月　日　时　分
工作内容			

包括应断开及恢复的空气开关（刀闸）、切换把手、保护压板（硬/软）、连接片、直流线、交流线、信号线、尾纤、联锁和联锁开关等

序号	硬（软）压板及切换把手名称	开工前状态				工作结束后状态			
		投入位置	退出位置	运行人员确认签字	继电保护人员签字	投入位置	退出位置	运行人员确认签字	继电保护人员签字
1									
2									
3									
4									
5									
6									
7									
8									
9									
10									
11									
12									
13									
14									
15									
16									
17									
18									
19									
20									
21									
22									
23									
	工作负责人在工作票结束前检查安全措施、保护定值区、保护压板紧固、CT、PT 接线等是否正常						工作负责人确认签字		

表 2-4-1-7　　继电保护二次工作安全措施票

单位：________　　　　编号：__________

被试设备名称			
工作负责人		工作时间	年 月 日 时 分— 年 月 日 时 分
工作内容			

安全措施包括应退出和投入出口和开入软压板、出口和开入硬压板、检修硬压板，解开及恢复直流线、交流线、信号线、联锁线和联锁开关，断开或合上交直流空开，拔出和插入光纤等，按工作顺序填用安全措施，并填写执行安全措施后导致的异常告警信息。已执行，在执行栏上打“√”，已恢复，恢复栏上打“√”

序 号	执 行	安 全 措 施 内 容	恢 复
1			
2			
3			
4			
5			
6			
7			
8			
9			
10			
11			
12			
13			
14			
15			
16			
17			
18			
19			
20			
21			
22			
23			
24			
25			
26			
27			

执行人：　　　　监护人：　　　　恢复人：　　　　监护人：

表 2-4-1-8　　　　设 备 变 更 记 录

变 更 内 容			变更日期	执行人
装置变更	1			
	2			
程序升级	1			
	2			
	3			
	4			
SCD 配置文件变更	1			
	2			
	3			
	4			
	5			
CT 改变比	1			
	2			
	3			
其他	1			
	2			
	3			

表 2-4-1-9　　　　×××型数字变压器保护检验报告

出厂日期		投运日期	
工作负责人			
检验人员			
检验性质	全部检验		
开始时间	年　月　日　时　分		
结束时间	年　月　日　时　分		
检验结论			
审核人签字		审核日期	

表 2-4-1-10　　　　装 置 基 本 信 息

序号	项　目	内容	备注
1	装置型号		
2	生产厂家		
3	设备唯一编码		
4	程序版本		
5	程序校验码		
6	程序生成时间		

续表

序号	项　　目	内容	备注
7	CID 版本		
8	CID 校验码		
9	CID 生成时间		
10	SCD 版本		
11	SCD 校验码		
12	SCD 修订版本		
13	SCD 程序生成时间		
14	MMI 版本		
15	MMI 校验码		
16	MMI 生成时间		
17	SV 端口类型		
18	GOOSE 端口类型		
19	对时方式		

（2）装置配置文件一致性检查见表 2－4－1－11。

表 2－4－1－11　　　　装置配置文件一致性检查

序号	项　　目	内　　容
1	A 网 IP 地址	
2	B 网 IP 地址	
3	GOOSE MAC 地址	
4	GOOSE APPID	
5	GOID	

（3）配置文件版本及 SCD 虚端子检查见表 2－4－1－12。

表 2－4－1－12　　　　配置文件版本及 SCD 虚端子检查

序号	项　目	检查结果	要求及指标
1	SCD 文件检查		检查 SCD 版本及校验码为最新
2	虚端子对应关系检查		检查 SCD 文件虚端子连接关系与设计图纸是否一致
3	过程层数据与装置端口对应关系检查		GOOSE、SV 接收发送与端口的对应关系正确与设计图纸相符

2. 光功率检验

光功率检验见表 2-4-1-13。

表 2-4-1-13　　光功率检验

端口	端口定义	发光功率 /dBm	接收光功 /dBm	灵敏接收功率 /dBm	光功率裕度 /dBm	要　求
1						（1）检查通信接口种类和数量是否满足要求，检查光纤端口发送功率、接收功率、最小接收功率。 （2）光波长：1310nm；光纤发送功率：－20～－14dBm；光接收灵敏度：－31～－14dBm。 （3）光波长：850nm；光纤发送功率：－19～－10dBm；光接收灵敏度：－24～－10dBm。 （4）清洁光纤端口，并检查备用接口有无防尘帽。 （5）光纤连接器类型：ST 或 LC 接口。 （6）装置端口接收功率裕度不应低于 3dBm
2						
3						
4						
5						
6						
7						
8						
9						
10						
11						
12						
13						

3. SV 输入检查

（1）投入相应的 SV 通道软压板，加入数字电流、电压量观察保护装置显示情况，验证压板功能正确性；验证设备的虚端子 SV 是否按照设计图纸正确配置。

（2）保护装置应正确处理 SV 报文的数据异常（无效、检修），及时准确提供告警信息，并闭锁相关功能，不参与保护计算。

（3）在保护装置 SV 输入光口接入数字式继电保护测试仪（U_e＝57.7V，I_e＝1/5A）；退出 SV 接收软压板，设备显示 SV 数值应为 0，无零漂。SV 输入检查见表 2-4-1-14。

表 2-4-1-14　　SV 输入检查

通　道	相别	AD	施加量	显示值（软压板投入）	要　求
高压侧电压	A	AD1			电流不超过额定值的±2.5%或 0.02I_n，电压不超过额定值的±2.5%或 0.01U_n，角度误差不超过 1°
		AD2			
	B	AD1			
		AD2			
	C	AD1			
		AD2			
高压 1 侧电流	A	AD1			
		AD2			

续表

通　道	相别	AD	施加量	显示值（软压板投入）	要　求
高压 1 侧电流	B	AD1			
		AD2			
	C	AD1			
		AD2			
高压 2 侧电流	A	AD1			
		AD2			
	B	AD1			
		AD2			
	C	AD1			
		AD2			
中压侧电压	A	AD1			
		AD2			
	B	AD1			
		AD2			
	C	AD1			
		AD2			
中压侧电流	A	AD1			电流不超过额定值的 ±2.5% 或 $0.02I_n$，电压不超过额定值的 ±2.5% 或 $0.01U_n$，角度误差不超过 1°
		AD2			
	B	AD1			
		AD2			
	C	AD1			
		AD2			
低压侧电压	A	AD1			
		AD2			
	B	AD1			
		AD2			
	C	AD1			
		AD2			
低压侧外附 TA 电流	A	AD1			
		AD2			
	B	AD1			
		AD2			
	C	AD1			
		AD2			

续表

通　道	相别	AD	施加量	显示值（软压板投入）	要　求
低压侧套管电流	A	AD1			电流不超过额定值的 ±2.5% 或 $0.02I_n$，电压不超过额定值的 ±2.5% 或 $0.01U_n$，角度误差不超过 1°
		AD2			
	B	AD1			
		AD2			
	C	AD1			
		AD2			
公共绕组电流	A	AD1			
		AD2			
	B	AD1			
		AD2			
	C	AD1			
		AD2			
公共绕组零序电流	A	AD1			
		AD2			
	B	AD1			
		AD2			
	C	AD1			
		AD2			

4. GOOSE 输入/输出检查

(1) GOOSE 输入检查见表 2-4-1-15。

表 2-4-1-15　　GOOSE 输入检查

序　号	项　　目	检查结果
1	高压 1 侧失灵联跳开入	□变位正确
2	高压 2 侧失灵联跳开入	□变位正确
3	中压侧失灵保护开入	□变位正确

(2) GOOSE 输出检查。验证压板（出口）功能正确性，验证设备的虚端子 GOOSE 是否按照设计图纸正确配置。GOOSE 输出检查见表 2-4-1-16。

表 2-4-1-16　　GOOSE 输出检查

序　号	项　　目	直跳口	组网口
1	跳高压 1 侧断路器	□变位正确	□变位正确
2	启动高压 1 侧断路器失灵保护	□变位正确	□变位正确
3	跳高压 2 侧断路器	□变位正确	□变位正确
4	启动高压 2 侧断路器失灵保护	□变位正确	□变位正确

续表

序　号	项　　目	直跳口	组网口
5	跳中压侧断路器	□变位正确	□变位正确
6	启动中压侧失灵保护	□变位正确	□变位正确
7	跳中压侧母联 1	□变位正确	□变位正确
8	跳中压侧母联 2	□变位正确	□变位正确
9	跳中压侧分段 1	□变位正确	□变位正确
10	跳中压侧分段 2	□变位正确	□变位正确
11	跳低压侧断路器	□变位正确	□变位正确
12	保护动作（信号）	□变位正确	□变位正确
13	过负荷（信号）	□变位正确	□变位正确

5. 开关量输入/输出检查

（1）开关量输入检查见表 2-4-1-17。

表 2-4-1-17　　开关量输入检查

序　号	项　　目	检查结果
1	远方操作	□变位正确
2	保护检修状态	□变位正确
3	信号复归	□变位正确

（2）开关量输出检查见表 2-4-1-18。

表 2-4-1-18　　开关量输出检查

序　号	项　　目	检查结果
1	运行异常	□接点变位正确
2	装置故障告警	□接点变位正确

6. 保护告警及动作信息检查

保护告警及动作信息检查见表 2-4-1-19。

表 2-4-1-19　　保护告警及动作信息检查

序　号	检验项目	方　法	保护装置
1	装置异常信息	模拟 TV 断线	□显示正确
		模拟 TA 断线	□显示正确
		模拟 TA 品质异常	□显示正确
		模拟 TV 品质异常	□显示正确
		模拟 GOOSE 断链	□显示正确
		模拟 SV 断链	□显示正确
		模拟 SV 失步	□显示正确
		检修状态	□显示正确
		差流越限	□显示正确
		对时异常	□显示正确

续表

序　号	检验项目	方　法	保护装置
2	保护动作信息	保护动作	□显示正确
		差动速断	□显示正确
		纵差保护	□显示正确
		分相差动	□显示正确
		低压侧小区差动	□显示正确
		分侧差动	□显示正确
		高相间阻抗保护 1 时限	□显示正确
		高相间阻抗保护 2 时限	□显示正确
		高接地阻抗保护 1 时限	□显示正确
		高接地阻抗保护 2 时限	□显示正确
		高复压过流保护	□显示正确
		高零序过流Ⅰ段 1 时限	□显示正确
		高零序过流Ⅰ段 2 时限	□显示正确
		高零序过流Ⅱ段 1 时限	□显示正确
		高零序过流Ⅱ段 2 时限	□显示正确
		高零序过流Ⅲ段	□显示正确
		高反时限过励磁跳闸	□显示正确
		高失灵联跳	□显示正确
		中相间阻抗保护 1 时限	□显示正确
		中相间阻抗保护 2 时限	□显示正确
		中相间阻抗保护 3 时限	□显示正确
		中相间阻抗保护 4 时限	□显示正确
		中接地阻抗保护 1 时限	□显示正确
		中接地阻抗保护 2 时限	□显示正确
		中接地阻抗保护 3 时限	□显示正确
		中接地阻抗保护 4 时限	□显示正确
		中复压过流保护	□显示正确
		中零序过流Ⅰ段 1 时限	□显示正确
		中零序过流Ⅰ段 2 时限	□显示正确
		中零序过流Ⅰ段 3 时限	□显示正确
		中零序过流Ⅱ段 1 时限	□显示正确
		中零序过流Ⅱ段 2 时限	□显示正确
		中零序过流Ⅱ段 3 时限	□显示正确
		中零序过流Ⅲ段	□显示正确
		中失灵联跳	□显示正确

续表

序　号	检验项目	方　法	保护装置
2	保护动作信息	低绕组过流保护 1 时限	□显示正确
		低绕组过流保护 2 时限	□显示正确
		低绕组复压过流保护 1 时限	□显示正确
		低绕组复压过流保护 2 时限	□显示正确
		低过流保护 1 时限	□显示正确
		低过流保护 2 时限	□显示正确
		低复压过流保护 1 时限	□显示正确
		低复压过流保护 2 时限	□显示正确
		公共绕组零序过流跳闸	□显示正确

7. 保护功能校验

（1）变压器基本参数见表 2－4－1－20。

表 2－4－1－20　　变压器基本参数

参　数		高压 1 侧	高压 2 侧	中压侧	低压套管	低压外附	公共绕组
变压器接线方式							
变压器容量							
一次额定电压							
TV 一次值							
TA 变比							
计算值	变压器一次额定电流 I_{1e}						
	变压器二次额定电流 I_{2e}						
	变压器三次额定电流 I_{3e}						
	平衡系数 K_{PH}						

（2）定值校验。按照定值单进行检验，并将打印定值单附后。根据保护装置液晶显示信息、面板信号指示状态、测试装置实测时间进行填写。

1）差动速断保护。

a. 差动平衡调节系数检查见表 2－4－1－21。

表 2－4－1－21　　差动平衡调节系数检查

高压侧	中压侧	低压侧	差　流		
			DI_a	DI_b	DI_c

b. 投入主保护功能软压板及差动速断控制字、纵差保护或分相差动保护控制字。

差动速断电流定值 I_{zd}：________。

差动速断保护定值校验见表 2－4－1－22。

表 2-4-1-22　　差动速断保护定值校验

通道	SV 输入	$0.95I_{zd}$	$1.05I_{zd}$
高压 1 侧	I_a	□动作，□不动作	□动作，□不动作
	I_b	□动作，□不动作	□动作，□不动作
	I_c	□动作，□不动作	□动作，□不动作
高压 2 侧	I_a	□动作，□不动作	□动作，□不动作
	I_b	□动作，□不动作	□动作，□不动作
	I_c	□动作，□不动作	□动作，□不动作
中压侧	I_a	□动作，□不动作	□动作，□不动作
	I_b	□动作，□不动作	□动作，□不动作
	I_c	□动作，□不动作	□动作，□不动作
低压侧	I_a	□动作，□不动作	□动作，□不动作
	I_b	□动作，□不动作	□动作，□不动作
	I_c	□动作，□不动作	□动作，□不动作

2）纵差保护。投入主保护功能软压板及纵差保护控制字，并验证功能正确性。

a. 纵差保护或分相差动保护平衡系数检查见表 2-4-1-23。

表 2-4-1-23　　纵差保护或分相差动保护平衡系数检查

高压侧	中压侧	低压侧外附 TA	差　流		
			DI_a	DI_b	DI_c

b. 比率制动试验。

方法一：用数字式继电保护测试仪的比率制动曲线边界搜索功能绘制出纵差保护动作特性曲线，将所得动作特性曲线打印附于报告后，并与厂家提供的特性曲线进行比较。

方法二：纵差保护比率制动试验见表 2-4-1-24。

表 2-4-1-24　　纵差保护比率制动试验

序　号		电流 I_1			电流 I_2		制动电流标幺值	动作电流标幺值	制动系数 K
		标幺值	有名值		标幺值	有名值			
			计算	实测					
高压侧和中压侧	1								
	2								
	3								
	4								
	5								
	6								

续表

序　号		电流 I_1			电流 I_2		制动电流标幺值	动作电流标幺值	制动系数 K
		标幺值	有名值		标幺值	有名值			
			计算	实测					
高压侧和低压侧	1								
	2								
	3								
	4								
	5								
	6								
中压侧和低压侧外附 TA	1								
	2								
	3								
	4								
	5								
	6								
要求	制动曲线的每一折线取两个点，画出制动特性曲线，和厂家提供的制动特性曲线基本相吻合，计算的 K_1 与 K_2 值误差不应超过 5%								

c. 纵差保护定值校验。投入主保护功能软压板及纵差保护控制字，纵差保护或分相差动保护控制字。

纵差保护定值 I_{zd}：________。

纵差保护定值校验见表 2-4-1-25。

表 2-4-1-25　　纵差保护定值校验

通道	SV 输入	$0.95I_{zd}$	$1.05I_{zd}$
高压 1 侧	I_a	□动作，□不动作	□动作，□不动作
	I_b	□动作，□不动作	□动作，□不动作
	I_c	□动作，□不动作	□动作，□不动作
高压 2 侧	I_a	□动作，□不动作	□动作，□不动作
	I_b	□动作，□不动作	□动作，□不动作
	I_c	□动作，□不动作	□动作，□不动作
中压侧	I_a	□动作，□不动作	□动作，□不动作
	I_b	□动作，□不动作	□动作，□不动作
	I_c	□动作，□不动作	□动作，□不动作
低压侧	I_a	□动作，□不动作	□动作，□不动作
	I_b	□动作，□不动作	□动作，□不动作
	I_c	□动作，□不动作	□动作，□不动作

d. 模拟 TA 断线，当“TA 断线闭锁差动保护”控制字置“1”时，TA 断线后差动保护不动，当差动电流大于 $1.2I_e$ 时应出口跳闸。

3）谐波制动系数试验。

a. 二次谐波制动系数试验（投入主保护功能软压板及二次谐波制动控制字，并验证功能正确性；二次谐波制动控制字为纵差保护、分相差动保护共用控制字）。

二次谐波制动系数试验见表 2-4-1-26。

表 2-4-1-26　　二次谐波制动系数试验

通　道			整定值	0.95 倍制动系数	1.05 倍制动系数
高压侧	通入基波电流使差动保护动作	A 相通二次谐波电流		□动作，□不动作	□动作，□不动作
		B 相通二次谐波电流		□动作，□不动作	□动作，□不动作
		C 相通二次谐波电流		□动作，□不动作	□动作，□不动作

b. 五次谐波制动系数试验。

五次谐波制动系数试验见表 2-4-1-27。

表 2-4-1-27　　五次谐波制动系数试验

通　道			内部定值	0.95 倍制动系数	1.05 倍制动系数
高压侧	通入基波电流使差动保护动作	A 相通五次谐波电流		□动作，□不动作	□动作，□不动作
		B 相通五次谐波电流		□动作，□不动作	□动作，□不动作
		C 相通五次谐波电流		□动作，□不动作	□动作，□不动作

4）分相差动保护。投入主保护功能软压板及分相差动保护控制字，并验证功能正确性。

a. 纵差保护或分相差动保护平衡系数检查见表 2-4-1-28。

表 2-4-1-28　　纵差保护或分相差动保护平衡系数检查

高压侧	中压侧	低压侧套管 TA	差　流		
			DI_a	DI_b	DI_c

b. 比率制动试验。

方法一：用数字式继电保护测试仪的比率制动曲线边界搜索功能绘制出纵差保护动作特性曲线，将所得动作特性曲线打印附于报告后，并与厂家提供的特性曲线进行比较。

方法二：分相差动保护比率制动试验见表 2-4-1-29。

c. 分相差动保护定值校验。投入主保护功能软压板及分相差动保护控制字，纵差保护或分相差动保护控制字。

纵差保护或分相差动保护定值 I_{zd}：________。

分相差动保护定值校验见表 2-4-1-30。

表 2-4-1-29　　分相差动保护比率制动试验

序　号		电流 I_1			电流 I_2		制动电流标幺值	动作电流标幺值	制动系数 K
		标幺值	有名值		标幺值	有名值			
			计算	实测					
高压侧和中压侧	1								
	2								
	3								
	4								
	5								
	6								
高压侧和低压侧	1								
	2								
	3								
	4								
	5								
	6								
中压侧和低压侧套管 TA	1								
	2								
	3								
	4								
	5								
	6								
要求	制动曲线的每一折线取两个点，画出制动特性曲线，和厂家提供的制动特性曲线基本相吻合，计算的 K_1 与 K_2 值误差不应超过 5%								

表 2-4-1-30　　分相差动保护定值校验

	SV 输入	$0.95I_{zd}$	$1.05I_{zd}$
高压 1 侧	I_a	□动作，□不动作	□动作，□不动作
	I_b	□动作，□不动作	□动作，□不动作
	I_c	□动作，□不动作	□动作，□不动作
高压 2 侧	I_a	□动作，□不动作	□动作，□不动作
	I_b	□动作，□不动作	□动作，□不动作
	I_c	□动作，□不动作	□动作，□不动作
中压侧	I_a	□动作，□不动作	□动作，□不动作
	I_b	□动作，□不动作	□动作，□不动作
	I_c	□动作，□不动作	□动作，□不动作
低压侧	I_a	□动作，□不动作	□动作，□不动作
	I_b	□动作，□不动作	□动作，□不动作
	I_c	□动作，□不动作	□动作，□不动作

d. 模拟 TA 断线，当“TA 断线闭锁差动保护”控制字置“1”时，TA 断线后差动保护不动，当差动电流大于 $1.2I_e$ 时应出口跳闸。

5）分侧差动保护。投入主保护功能软压板及分侧差动保护控制字，并验证功能正确性。

a. 分侧差动保护平衡系数检查见表 2-4-1-31。

表 2-4-1-31　　分侧差动保护平衡系数检查

高压侧	中压侧	公共绕组	差流		
			DI_a	DI_b	DI_c

b. 分侧差动动作特性测试。

方法一：用数字式继电保护测试仪的比率制动曲线边界搜索功能绘制出分侧差动保护动作特性曲线，将所得动作特性曲线打印附于报告后，并与厂家提供的特性曲线进行比较。

方法二：分侧差动动作特性测试见表 2-4-1-32。

表 2-4-1-32　　分侧差动动作特性测试

序号		电流 I_1			电流 I_2		制动电流标幺值	动作电流标幺值	制动系数 K
		标幺值	有名值		标幺值	有名值			
			计算	实测					
高压侧和中压侧	1								
	2								
	3								
	4								
	5								
	6								
高压侧和公共绕组	1								
	2								
	3								
	4								
	5								
	6								
中压侧和公共绕组	1								
	2								
	3								
	4								
	5								
	6								
要求	制动曲线的每一折线取两个点，画出制动特性曲线，和厂家提供的制动特性曲线基本相吻合，计算的 K_1 与 K_2 值误差不应超过 5%								

c. 分侧差动保护动作值测试。

分侧差动保护动作值 I_{zd}：________。

分侧差动保护动作值测试见表 2-4-1-33。

表 2-4-1-33　　分侧差动保护动作值测试

通道	SV 输入	$0.95I_{zd}$	$1.05I_{zd}$
高压 1 侧	I_a	□动作，□不动作	□动作，□不动作
	I_b	□动作，□不动作	□动作，□不动作
	I_c	□动作，□不动作	□动作，□不动作
高压 2 侧	I_a	□动作，□不动作	□动作，□不动作
	I_b	□动作，□不动作	□动作，□不动作
	I_c	□动作，□不动作	□动作，□不动作
中压侧	I_a	□动作，□不动作	□动作，□不动作
	I_b	□动作，□不动作	□动作，□不动作
	I_c	□动作，□不动作	□动作，□不动作
公共绕组	I_a	□动作，□不动作	□动作，□不动作
	I_b	□动作，□不动作	□动作，□不动作
	I_c	□动作，□不动作	□动作，□不动作

d. 模拟 TA 断线，当“TA 断线闭锁差动保护”控制字置“1”时，TA 断线后差动保护不动，当差动电流大于 $1.2I_e$ 时应出口跳闸。

6）低压侧小区差动。投入主保护功能软压板及低压侧小区差动控制字，并验证功能正确性。

a. 低压侧小区差动平衡系数检查见表 2-4-1-34。

表 2-4-1-34　　低压侧小区差动平衡系数检查

低压侧外附 TA	低压侧套管 TA	差　流		
		DI_a	DI_b	DI_c

b. 低压侧小区差动动作特性测试。

方法一：用数字式继电保护测试仪的比率制动曲线边界搜索功能绘制出低压侧小区差动保护动作特性曲线，将所得动作特性曲线打印附于报告后，并与厂家提供的特性曲线进行比较。

方法二：低压侧小区差动动作特性测试见表 2-4-1-35。

c. 低压侧小区差动保护动作值测试。

低压侧小区差动保护动作值 I_{zd}：________。

低压侧小区差动保护动作值测试见表 2-4-1-36。

表 2-4-1-35　　低压侧小区差动动作特性测试

序　号		电流 I_1			电流 I_2		制动电流标幺值	动作电流标幺值	制动系数 K
		标幺值	有名值		标幺值	有名值			
			计算	实测					
低压侧外附 TA 和低压侧套管 TA	1								
	2								
	3								
	4								
要求	制动曲线的每一折线取两个点，画出制动特性曲线，和厂家提供的制动特性曲线基本相吻合，计算的 K_1 与 K_2 值误差不应超过 5%								

表 2-4-1-36　　低压侧小区差动保护动作值测试

通道	SV 输入	$0.95I_{zd}$	$1.05I_{zd}$
低压侧外附	I_a	□动作，□不动作	□动作，□不动作
	I_b	□动作，□不动作	□动作，□不动作
	I_c	□动作，□不动作	□动作，□不动作
低压侧绕组	I_a	□动作，□不动作	□动作，□不动作
	I_b	□动作，□不动作	□动作，□不动作
	I_c	□动作，□不动作	□动作，□不动作

d. 模拟 TA 断线，当“TA 断线闭锁差动保护”控制字置“1”时，TA 断线后差动保护不动，当差动电流大于 $1.2I_e$ 时应出口跳闸。

7）高压侧后备保护。仅投高后备功能软压板及相关控制字，并验证功能正确性。高压侧后备保护定值校验见表 2-4-1-37。

表 2-4-1-37　　高压侧后备保护定值校验

保护	定 值 名 称	高压侧				动 作 行 为	
		整定值	试验值			$0.95I_{zd}/0.95Z_{zd}$	$1.05I_{zd}/1.05Z_{zd}$
			A(AB)	B(BC)	C(CA)		
相间阻抗	相间阻抗定值/指向主变					□动作，□不动作	□动作，□不动作
	相间阻抗定值/指向母线					□动作，□不动作	□动作，□不动作
	相间阻抗 1 时限时间					□动作，□不动作	□动作，□不动作
	相间阻抗 2 时限时间					□动作，□不动作	□动作，□不动作
接地阻抗	接地阻抗定值/指向主变					□动作，□不动作	□动作，□不动作
	接地阻抗定值/指向母线					□动作，□不动作	□动作，□不动作
	接地阻抗 1 时限时间					□动作，□不动作	□动作，□不动作
	接地阻抗 2 时限时间					□动作，□不动作	□动作，□不动作

续表

保护	定值名称	高压侧				动作行为	
		整定值	试验值			$0.95I_{zd}/0.95Z_{zd}$	$1.05I_{zd}/1.05Z_{zd}$
			A(AB)	B(BC)	C(CA)		
复压过流	低电压闭锁定值					□动作，□不动作	□动作，□不动作
	负序电压闭锁定值					□动作，□不动作	□动作，□不动作
	复压过流Ⅰ段定值					□动作，□不动作	□动作，□不动作
	复压过流Ⅰ段1时限					□动作，□不动作	□动作，□不动作
零序过流	零序过流Ⅰ段定值					□动作，□不动作	□动作，□不动作
	零序过流Ⅰ段1时限					□动作，□不动作	□动作，□不动作
	零序过流Ⅰ段2时限					□动作，□不动作	□动作，□不动作
	零序过流Ⅱ段定值					□动作，□不动作	□动作，□不动作
	零序过流Ⅱ段1时限					□动作，□不动作	□动作，□不动作
	零序过流Ⅱ段2时限					□动作，□不动作	□动作，□不动作
	零序过流Ⅲ段定值					□动作，□不动作	□动作，□不动作
	零序过流Ⅲ段时限					□动作，□不动作	□动作，□不动作
过励磁保护	过励磁告警定值					□动作，□不动作	□动作，□不动作
	过励磁告警时间					□动作，□不动作	□动作，□不动作
	反时限过励磁1段倍数					□动作，□不动作	□动作，□不动作
	反时限过励磁1段时间					□动作，□不动作	□动作，□不动作
	反时限过励磁2段倍数					□动作，□不动作	□动作，□不动作
	反时限过励磁2段时间					□动作，□不动作	□动作，□不动作
	反时限过励磁3段倍数					□动作，□不动作	□动作，□不动作
	反时限过励磁3段时间					□动作，□不动作	□动作，□不动作
	反时限过励磁4段倍数					□动作，□不动作	□动作，□不动作
	反时限过励磁4段时间					□动作，□不动作	□动作，□不动作
	反时限过励磁5段倍数					□动作，□不动作	□动作，□不动作
	反时限过励磁5段时间					□动作，□不动作	□动作，□不动作
	反时限过励磁6段倍数					□动作，□不动作	□动作，□不动作
	反时限过励磁6段时间					□动作，□不动作	□动作，□不动作
	反时限过励磁7段倍数					□动作，□不动作	□动作，□不动作
	反时限过励磁7段时间					□动作，□不动作	□动作，□不动作
过负荷	定值					□动作，□不动作	□动作，□不动作
	时间					□动作，□不动作	□动作，□不动作

8）中压侧后备保护。仅投中后备功能软压板及相关控制字，并验证功能正确性。中压侧后备保护定值校验见表2-4-1-38。

表 2-4-1-38　　　中压侧后备保护定值校验

保护	定值名称	中压侧				动作行为	
		整定值	试验值			$0.95I_{zd}/0.95Z_{zd}$	$1.05I_{zd}/1.05Z_{zd}$
			A(AB)	B(BC)	C(CA)		
相间阻抗	相间阻抗定值/指向主变					□动作，□不动作	□动作，□不动作
	相间阻抗定值/指向母线					□动作，□不动作	□动作，□不动作
	相间阻抗 1 时限时间					□动作，□不动作	□动作，□不动作
	相间阻抗 2 时限时间					□动作，□不动作	□动作，□不动作
	相间阻抗 3 时限时间					□动作，□不动作	□动作，□不动作
	相间阻抗 4 时限时间					□动作，□不动作	□动作，□不动作
接地阻抗	接地阻抗定值/指向主变					□动作，□不动作	□动作，□不动作
	接地阻抗定值/指向母线					□动作，□不动作	□动作，□不动作
	接地阻抗 1 时限时间					□动作，□不动作	□动作，□不动作
	接地阻抗 2 时限时间					□动作，□不动作	□动作，□不动作
	接地阻抗 3 时限时间					□动作，□不动作	□动作，□不动作
	接地阻抗 4 时限时间					□动作，□不动作	□动作，□不动作
复压过流	低电压闭锁定值					□动作，□不动作	□动作，□不动作
	负序电压闭锁定值					□动作，□不动作	□动作，□不动作
	复压过流Ⅰ段定值					□动作，□不动作	□动作，□不动作
	复压过流Ⅰ段 1 时限					□动作，□不动作	□动作，□不动作
零序过流	零序过流Ⅰ段定值					□动作，□不动作	□动作，□不动作
	零序过流Ⅰ段 1 时限					□动作，□不动作	□动作，□不动作
	零序过流Ⅰ段 2 时限					□动作，□不动作	□动作，□不动作
	零序过流Ⅰ段 3 时限					□动作，□不动作	□动作，□不动作
	零序过流Ⅱ段定值					□动作，□不动作	□动作，□不动作
	零序过流Ⅱ段 1 时限					□动作，□不动作	□动作，□不动作
	零序过流Ⅱ段 2 时限					□动作，□不动作	□动作，□不动作
	零序过流Ⅱ段 3 时限					□动作，□不动作	□动作，□不动作
	零序过流Ⅲ段定值					□动作，□不动作	□动作，□不动作
	零序过流Ⅲ段时限					□动作，□不动作	□动作，□不动作
过负荷	定值					□动作，□不动作	□动作，□不动作
	时间					□动作，□不动作	□动作，□不动作

9）低压侧后备保护。仅投低压侧后备功能软压板及相关控制字，并验证功能正确性。低压侧后备保护定值校验见表 2-4-1-39。

表 2-4-1-39　　低压侧后备保护定值校验

保护	定值名称	低压侧				动作行为	
		整定值	试验值			$0.95I_{zd}$	$1.05I_{zd}$
			A(AB)	B(BC)	C(CA)		
过流	定值					□动作，□不动作	□动作，□不动作
	过流1时限					□动作，□不动作	□动作，□不动作
	过流2时限					□动作，□不动作	□动作，□不动作
复压过流	低电压闭锁定值					□动作，□不动作	□动作，□不动作
	负序电压闭锁定值					□动作，□不动作	□动作，□不动作
	复压过流定值					□动作，□不动作	□动作，□不动作
	复压过流1时限					□动作，□不动作	□动作，□不动作
	复压过流2时限					□动作，□不动作	□动作，□不动作
过负荷	过负荷定值					□动作，□不动作	□动作，□不动作
	过负荷时间					□动作，□不动作	□动作，□不动作

10）低压侧绕组后备保护。仅投公共绕组后备功能软压板及相关控制字，并验证功能正确性。低压侧绕组后备保护定值校验见表2-4-1-40。

表 2-4-1-40　　低压侧绕组后备保护定值校验

保护	定值名称	低压侧				动作行为	
		整定值	试验值			$0.95I_{zd}$	$1.05I_{zd}$
			A(AB)	B(BC)	C(CA)		
过流	过流定值					□动作，□不动作	□动作，□不动作
	过流1时限					□动作，□不动作	□动作，□不动作
	过流2时限					□动作，□不动作	□动作，□不动作
复压过流	低电压闭锁定值					□动作，□不动作	□动作，□不动作
	负序电压闭锁定值					□动作，□不动作	□动作，□不动作
	复压过流定值					□动作，□不动作	□动作，□不动作
	复压过流1时限时间					□动作，□不动作	□动作，□不动作
	复压过流2时限时间					□动作，□不动作	□动作，□不动作
过负荷	过负荷定值					□动作，□不动作	□动作，□不动作
	过负荷时间					□动作，□不动作	□动作，□不动作

11）公共绕组后备保护。仅投公共绕组后备功能软压板及相关控制字，并验证功能正确性。公共绕组后备保护定值校验见表2-4-1-41。

12）保护整组动作时间测试。保护整组动作时间测试见表2-4-1-42。

13）失灵联跳。

a. 采用测试仪给保护装置高压侧（或中压测）组网GOOSE接口发送边开关保护（或中开关保护、中压侧母线保护）的失灵联跳GOOSE报文，同时给装置发送高压1侧

表 2-4-1-41　　公共绕组后备保护定值校验

保护	定 值 名 称	公共绕组				动 作 行 为	
		整定值	试验值			$0.95I_{zd}$	$1.05I_{zd}$
			A	B	C		
零序过流	定值					□动作，□不动作	□动作，□不动作
	时间					□动作，□不动作	□动作，□不动作
过负荷	定值					□动作，□不动作	□动作，□不动作
	时间					□动作，□不动作	□动作，□不动作

表 2-4-1-42　　保护整组动作时间测试

保护名称	故障类型	显示时间/s	$1.2I_{zd}/0.7Z_{zd}$跳闸时间/ms	装置动作信号
差动速断				
纵差保护				
分相差动				
低压侧小区差动				
分侧差动				
高相间阻抗保护 1 时限				
高相间阻抗保护 2 时限				
高接地阻抗保护 1 时限				
高接地阻抗保护 2 时限				
高复压过流保护				
高零序过流Ⅰ段 1 时限				
高零序过流Ⅰ段 2 时限				
高零序过流Ⅱ段 1 时限				
高零序过流Ⅱ段 2 时限				
高零序过流Ⅲ段				
高反时限过励磁跳闸				
高失灵联跳				
中相间阻抗保护 1 时限				
中相间阻抗保护 2 时限				
中相间阻抗保护 3 时限				
中相间阻抗保护 4 时限				
中接地阻抗保护 1 时限				
中接地阻抗保护 2 时限				
中接地阻抗保护 3 时限				
中接地阻抗保护 4 时限				
中复压过流保护				

续表

保护名称	故障类型	显示时间/s	$1.2I_{zd}/0.7Z_{zd}$跳闸时间/ms	装置动作信号
中零序过流Ⅰ段1时限				
中零序过流Ⅰ段2时限				
中零序过流Ⅰ段3时限				
中零序过流Ⅱ段1时限				
中零序过流Ⅱ段2时限				
中零序过流Ⅱ段3时限				
中零序过流Ⅲ段				
中失灵联跳				
低绕组过流保护1时限				
低绕组过流保护2时限				
低绕组复压过流保护1时限				
低绕组复压过流保护2时限				
低过流保护1时限				
低过流保护2时限				
低复压过流保护1时限				
低复压过流保护2时限				
公共绕组零序过流跳闸				

电流（或高压2侧电流、中压侧电流）。

b. 测试仪模拟边开关保护（或中开关保护；中压侧母线保护）的失灵联跳主变信号动作，同时高压1侧电流（或高压2侧电流、中压侧电流）SV电流大于装置内部的失灵联跳主变过流值，50ms后主变保护应跳三侧。

失灵联跳定值校验见表2-4-1-43。

表2-4-1-43　　失灵联跳定值校验

类　别	定值名称	I_{ed}（内部定值）	$1.1I_{ed}$	要求
高压1侧断路器失灵	定值		□正确，□不正确	电流定值误差应不大于5%，动作时间误差不大于5%
	时间		□正确，□不正确	
高压2侧断路器失灵	定值		□正确，□不正确	
	时间		□正确，□不正确	
中压侧开关失灵	定值		□正确，□不正确	
	时间		□正确，□不正确	

14）跳闸矩阵定值及GOOSE跳闸出口输出检验。依据整定的跳闸控制字，检查对应的GOOSE跳闸出口是否正确变位。跳闸矩阵定值及GOOSE跳闸出口输出检验见表2-4-1-44。

表 2-4-1-44　　　　跳闸矩阵定值及 GOOSE 跳闸出口输出检验

序号	定值名称	跳备用出口1	跳备用出口1	跳备用出口1	跳备用出口1			跳低压侧	跳中压侧分段	跳中压侧母联	跳中压侧			跳高压侧
1	主保护													
2	高相间阻抗保护1时限													
3	高相间阻抗保护2时限													
4	高接地阻抗保护1时限													
5	高接地阻抗保护2时限													
6	高复压过流保护													
7	高零序过流Ⅰ段1时限													
8	高零序过流Ⅰ段2时限													
9	高零序过流Ⅱ段1时限													
10	高零序过流Ⅱ段2时限													
11	高零序过流Ⅲ段													
12	高反时限过励磁跳闸													
13	高失灵联跳													
14	中相间阻抗保护1时限													
15	中相间阻抗保护2时限													
16	中相间阻抗保护3时限													
17	中相间阻抗保护4时限													
18	中接地阻抗保护1时限													
19	中接地阻抗保护2时限													
20	中接地阻抗保护3时限													
21	中接地阻抗保护4时限													
22	中复压过流保护													
23	中零序过流Ⅰ段1时限													
24	中零序过流Ⅰ段2时限													
25	中零序过流Ⅰ段3时限													
26	中零序过流Ⅱ段1时限													
27	中零序过流Ⅱ段2时限													
28	中零序过流Ⅱ段3时限													
29	中零序过流Ⅲ段													
30	中失灵联跳													
31	低绕组过流保护1时限													
32	低绕组过流保护2时限													
33	低绕组复压过流保护1时限													

续表

序号	定值名称	跳备用出口1	跳备用出口1	跳备用出口1	跳备用出口1			跳低压侧	跳中压侧分段	跳中压侧母联	跳中压侧			跳高压侧
34	低绕组复压过流保护2时限													
35	低过流保护1时限													
36	低过流保护2时限													
37	低复压过流保护1时限													
38	低复压过流保护2时限													
39	公共绕组零序过流跳闸													

（三）分系统功能调试

1. 检修机制测试

主变保护装置根据合并单元和保护装置的检修状态来确定通道数据是否有效。相关合并单元和保护装置的检修状态一致时本侧数据有效，不一致时无效（包含主变三次侧断路器合并单元、高压侧间隔合并单元、本体合并单元）。

（1）与变压器高压侧间隔TV合并单元的联动试验。通过在合并单元加量观察保护装置的动作情况，检查变压器保护装置与合并单元的检修压板配合，检修压板状态与对保护动作的影响应满足表2-4-1-45的要求。

表2-4-1-45　　与变压器高压侧间隔TV合并单元的联动试验

变压器保护检修状态	合并单元检修状态	相关保护功能是否闭锁	结　果
投入	投入	否	
投入	退出	是	
退出	投入	是	
退出	退出	否	

（2）与变压器中压侧合并单元的联动试验。通过在合并单元加量观察保护装置的动作情况，检查变压器保护装置与合并单元的检修压板配合，检修压板状态与对保护动作的影响应满足表2-4-1-46的要求。

表2-4-1-46　　与变压器中压侧合并单元的联动试验

变压器保护检修状态	合并单元检修状态	相关保护功能是否闭锁	结　果
投入	投入	否	
投入	退出	是	
退出	投入	是	
退出	退出	否	

（3）与变压器低压侧合并单元的联动试验。通过在合并单元加量观察保护装置的动作

情况，检查变压器保护装置与合并单元的检修压板配合，检修压板状态与对保护动作的影响应满足表 2－4－1－47 的要求。

表 2－4－2－47　　与变压器低压侧合并单元的联动试验

变压器保护检修状态	合并单元检修状态	相关保护功能是否闭锁	结　果
投入	投入	否	
投入	退出	是	
退出	投入	是	
退出	退出	否	

（4）与主变本体合并单元的联动试验。通过在合并单元加量观察保护装置的动作情况，检查变压器保护装置与合并单元的检修压板配合，检修压板状态与对保护动作的影响应满足表 2－4－1－48 的要求。

表 2－4－1－48　　与主变本体合并单元的联动试验

变压器保护检修状态	合并单元检修状态	相关保护功能是否闭锁	结　果
投入	投入	否	
投入	退出	是	
退出	投入	是	
退出	退出	否	

（5）与高压 1 侧断路器合并单元的联动试验。通过在合并单元加量观察保护装置的动作情况，检查变压器保护装置与合并单元的检修压板配合，检修压板状态与对保护动作的影响应满足表 2－4－1－49 的要求。

表 2－4－1－49　　与高压 1 侧断路器合并单元的联动试验

变压器保护检修状态	合并单元检修状态	相关保护功能是否闭锁	结　果
投入	投入	否	
投入	退出	是	
退出	投入	是	
退出	退出	否	

（6）与高压 2 侧断路器合并单元的联动试验。通过在合并单元加量观察保护装置的动作情况，检查变压器保护装置与合并单元的检修压板配合，检修压板状态与对保护动作的影响应满足表 2－4－1－50 的要求。

表 2－4－1－50　　与高压 2 侧断路器合并单元的联动试验

变压器保护检修状态	合并单元检修状态	相关保护功能是否闭锁	结　果
投入	投入	否	
投入	退出	是	
退出	投入	是	
退出	退出	否	

（7）与主变本体智能终端的联动试验。加量使变压器保护动作变压器保护装置与主变本体智能终端的检修压板状态与智能终端出口情况的关系应满足表 2-4-1-51 的要求。

表 2-4-1-51　与主变本体智能终端的联动试验

保护检修状态	智能终端检修状态	保护装置动作智能终端是否出口	结　果
投入	投入	是	
投入	退出	否	
退出	投入	否	
退出	退出	是	

（8）与高压 1 侧断路器智能终端的联动试验。加量使变压器保护动作变压器保护装置与高压 1 侧断路器智能终端的检修压板状态与智能终端出口情况的关系应满足表 2-4-1-52 的要求。

表 2-4-1-52　与高压 1 侧断路器智能终端的联动试验

保护检修状态	智能终端检修状态	保护装置动作智能终端是否出口	结　果
投入	投入	是	
投入	退出	否	
退出	投入	否	
退出	退出	是	

（9）与高压 2 侧断路器智能终端的联动试验。加量使变压器保护动作变压器保护装置与高压 2 侧断路器智能终端的检修压板状态与智能终端出口情况的关系应满足表 2-4-1-53 的要求。

表 2-4-1-53　与高压 2 侧断路器智能终端的联动试验

保护检修状态	智能终端检修状态	保护装置动作智能终端是否出口	结　果
投入	投入	是	
投入	退出	否	
退出	投入	否	
退出	退出	是	

（10）与变压器中压侧智能终端的联动试验。加量使变压器保护动作变压器保护装置与中压侧智能终端的检修压板状态与智能终端出口情况的关系应满足表 2-4-1-54 的要求。

表 2-4-1-54　与变压器中压侧智能终端的联动试验

保护检修状态	智能终端检修状态	保护装置动作智能终端是否出口	结　果
投入	投入	是	
投入	退出	否	
退出	投入	否	
退出	退出	是	

（11）与变压器中压侧母联智能终端的联动试验。加量使变压器保护动作变压器保护装置与中压侧母联智能终端的检修压板状态与智能终端出口情况的关系应满足表 2-4-1-55 的要求。

表 2-4-1-55　　变压器中压侧母联智能终端的联动试验

保护检修状态	智能终端检修状态	保护装置动作智能终端是否出口	结　果
投入	投入	是	
投入	退出	否	
退出	投入	否	
退出	退出	是	

（12）与变压器中压侧分段智能终端的联动试验。加量使变压器保护动作变压器保护装置与中压侧分段智能终端的检修压板状态与智能终端出口情况的关系应满足表 2-4-1-56 的要求。

表 2-4-1-56　　与变压器中压侧分段智能终端的联动试验

保护检修状态	智能终端检修状态	保护装置动作智能终端是否出口	结　果
投入	投入	是	
投入	退出	否	
退出	投入	否	
退出	退出	是	

（13）与变压器主低压侧智能终端的联动试验。加量使变压器保护动作变压器保护装置与低压侧智能终端的检修压板状态与智能终端出口情况的关系应满足表 2-4-1-57 的要求。

表 2-4-1-57　　与变压器主低压侧智能终端的联动试验

保护检修状态	智能终端检修状态	保护装置动作智能终端是否出口	结　果
投入	投入	是	
投入	退出	否	
退出	投入	否	
退出	退出	是	

（14）与高压 1 侧断路器保护的联动试验。变压器保护装置与高压 1 侧断路器保护装置检修压板状态对保护的影响应满足表 2-4-1-58 的要求。

表 2-4-1-58　　与高压 1 侧断路器保护的联动试验

保护检修状态	边开关保护检修状态	GOOSE 开入是否生效	结果
投入	投入	是	
投入	退出	否	
退出	投入	否	
退出	退出	是	

（15）与高压2侧断路器保护的联动试验。变压器保护装置与高压2侧断路器保护装置检修压板状态对保护的影响应满足表2-4-1-59的要求。

表2-4-1-59　与高压2侧断路器保护的联动试验

保护检修状态	边开关保护检修状态	GOOSE开入是否生效	结　果
投入	投入	是	
投入	退出	否	
退出	投入	否	
退出	退出	是	

（16）与中压侧母差保护的联动试验。变压器保护装置与中压侧母差保护装置检修压板状态对保护的影响应满足表2-4-1-60的要求。

表2-4-1-60　与中压侧母差保护的联动试验

保护检修状态	边开关保护检修状态	GOOSE开入是否生效	结　果
投入	投入	是	
投入	退出	否	
退出	投入	否	
退出	退出	是	

2. SV整组测试

（1）合并单元加电流。用常规继电保护测试仪在合并单元处加入电流观察变压器保护装置上反映的电流大小、相位关系、组别是否正确。合并单元加电流见表2-4-1-61。

表2-4-1-61.1　高压1侧合并单元加电流

高压1侧合并单元	保护装置	录波器	网络分析仪	母线保护	测控装置	PMU装置	电能表
A($0.2I_e$ 0°)	A∠	A∠	A∠	A∠	A∠	A∠	A∠
B($0.5I_e$ 240°)	A∠	A∠	A∠	A∠	A∠	A∠	A∠
C($1.0I_e$ 120°)	A∠	A∠	A∠	A∠	A∠	A∠	A∠

表2-4-1-61.2　高压2侧合并单元加电流

高压2侧合并单元	保护装置	录波器	网络分析仪	母线保护	测控装置	PMU装置	电能表
A($0.2I_e$ 0°)	A∠	A∠	A∠	A∠	A∠	A∠	A∠
B($0.5I_e$ 240°)	A∠	A∠	A∠	A∠	A∠	A∠	A∠
C($1.0I_e$ 120°)	A∠	A∠	A∠	A∠	A∠	A∠	A∠

表2-4-1-61.3　中压侧合并单元加电流

中压侧合并单元	保护装置	录波器	网络分析仪	母线保护	测控装置	PMU装置	电能表
A($0.2I_e$ 0°)	A∠	A∠	A∠	A∠	A∠	A∠	A∠
B($0.5I_e$ 240°)	A∠	A∠	A∠	A∠	A∠	A∠	A∠
C($1.0I_e$ 120°)	A∠	A∠	A∠	A∠	A∠	A∠	A∠

表 2-4-1-61.4　　低压侧合并单元加电流

低压侧合并单元	保护装置	录波器	网络分析仪	母线保护	测控装置	PMU 装置	电度表
A(0.2I_e 0°)	A∠	A∠	A∠	A∠	A∠	A∠	A∠
B(0.5I_e 240°)	A∠	A∠	A∠	A∠	A∠	A∠	A∠
C(1.0I_e 120°)	A∠	A∠	A∠	A∠	A∠	A∠	A∠

表 2-4-1-61.5　　低压侧套管合并单元加电流

低压侧套管合并单元	保护装置	录波器	网络分析仪	母线保护	测控装置	PMU 装置	电度表
A(0.2I_e 0°)	A∠	A∠	A∠	A∠	A∠	A∠	A∠
B(0.5I_e 240°)	A∠	A∠	A∠	A∠	A∠	A∠	A∠
C(1.0I_e 120°)	A∠	A∠	A∠	A∠	A∠	A∠	A∠

表 2-4-1-61.6　　公共绕组合并单元加电流

公共绕组合并单元	保护装置	录波器	网络分析仪	母线保护	测控装置	PMU 装置	电度表
A(0.2I_e 0°)	A∠	A∠	A∠	A∠	A∠	A∠	A∠
B(0.5I_e 240°)	A∠	A∠	A∠	A∠	A∠	A∠	A∠
C(1.0I_e 120°)	A∠	A∠	A∠	A∠	A∠	A∠	A∠

表 2-4-1-61.7　　零序绕组合并单元加电流

零序绕组合并单元	保护装置	录波器	网络分析仪	母线保护	测控装置	PMU 装置	电度表
0.2I_e 0°	A∠	A∠	A∠	A∠	A∠	A∠	A∠

(2) 合并单元加电压。合并单元加电压见表 2-4-1-62。

表 2-4-1-62.1　　高压侧间隔 TV 合并单元加电压

高压侧间隔 TV 合并单元	保护装置	录波器	网络分析仪	母线保护	测控装置	电度表
A　20V	V∠	V∠	V∠	V∠	V∠	V∠
B　30V	V∠	V∠	V∠	V∠	V∠	V∠
C　50V	V∠	V∠	V∠	V∠	V∠	V∠

表 2-4-1-62.2　　中压侧合并单元加电压

中压侧合并单元	保护装置	录波器	网络分析仪	母线保护	测控装置	电度表
A　20V	V∠	V∠	V∠	V∠	V∠	V∠
B　30V	V∠	V∠	V∠	V∠	V∠	V∠
C　50V	V∠	V∠	V∠	V∠	V∠	V∠

表 2-4-1-62.3　　低压侧合并单元加电压

低压侧合并单元	保护装置	录波器	网络分析仪	母线保护	测控装置	电度表
A　20V	V∠	V∠	V∠	V∠	V∠	V∠
B　30V	V∠	V∠	V∠	V∠	V∠	V∠
C　50V	V∠	V∠	V∠	V∠	V∠	V∠

（3）采样同步性测试。

1）高—中压侧（平衡电流）采样同步性测试见表2-4-1-63。

表2-4-1-63　　高—中压侧（平衡电流）采样同步性测试

通　道	相别	施加量（参考值）	高压侧电流/电压	中压侧电流	差流
高压侧电压SV	A	57.5∠0°		—	—
	B	57.5∠240°		—	—
	C	57.5∠120°		—	—
高压1侧电流SV	A	0.5∠0°		—	
	B	0.5∠240°		—	
	C	0.5∠120°		—	
高压2侧电流SV	A	1∠180°	—	—	—
	B	1∠60°	—	—	—
	C	1∠−60°	—	—	—
中压侧电压SV	A	57.5∠−10°	—	—	—
	B	57.5∠230°	—	—	—
	C	57.5∠110°	—	—	—
中压侧电流SV	A	$(0.5/K_m)$ ∠0°	—		—
	B	$(0.5/K_m)$ ∠240°	—		—
	C	$(0.5/K_m)$ ∠120°	—		—
要求	差流应基本为0				
将高、中压侧合并单元电压模拟量输入端子并联，电流模拟量输入端子串联后，用常规继保测试仪同时加入电压、电流模拟量，观察保护装置显示的电压、电流幅值、相位、波形是否与测试仪输出一致					

2）高—低压侧（平衡电流）采样同步性测试见表2-4-1-64。

表2-4-1-64　　高—低压侧（平衡电流）采样同步性测试

通　道	相别	施加量（参考值）	高压侧电流/电压	低压侧电流	差流
高压侧电压SV	A	57.5∠0°		—	—
	B	57.5∠240°		—	—
	C	57.5∠120°		—	—
高压1侧电流SV	A	0.5∠0°		—	
	B	0.5∠240°		—	
	C	0.5∠120°		—	
低压侧电压SV	A	57.5∠−10°	—	—	—
	B	57.5∠230°	—	—	—
	C	57.5∠110°	—	—	—
低压侧电流SV（外附TA）	A	$(0.5/K_l)$ ∠210°	—		
	B	$(0.5/K_l)$ ∠90°	—		
	C	$(0.5/K_l)$ ∠−30°	—		

续表

通　道	相别	施加量（参考值）	高压侧电流/电压	低压侧电流	差流
低压侧电流 SV（套管 TA）	A	$(0.5/K_l)\angle 180°$	—		
	B	$(0.5/K_l)\angle 60°$	—		
	C	$(0.5/K_l)\angle -60°$	—		
公共绕组电流 SV	A	$(0.5/K_g)\angle 180°$	—		
	B	$(0.5/K_g)\angle 60°$	—		
	C	$(0.5/K_g)\angle -60°$	—		
要求	差流应基本为 0				
将高、低压侧合并单元电压模拟量输入端子并联，电流模拟量输入端子串联后，用常规继保测试仪同时加入电压、电流模拟量，观察保护装置显示的电压、电流幅值、相位、波形是否与测试仪输出一致					

3. GOOSE 整组测试

（1）GOOSE 输入检查。保护装置与智能终端和母线保护间进行 GOOSE 传动试验，GOOSE 输入检查见表 2-4-1-65。

表 2-4-1-65　　GOOSE 输入检查

序号	智能终端 GOOSE 输出	保护 GOOSE 输入
1	高压 1 侧失灵联跳开入	□变位正确
2	高压 2 侧失灵联跳开入	□变位正确
3	中压侧失灵保护开入	□变位正确

注　“其他保护动作”由母线保护或智能终端发出，根据实际设计进行传动。

（2）GOOSE 输出检查。保护装置与智能终端、录波器、网络分析仪、继电保护在线监测监视系统间进行 GOOSE 传动试验，GOOSE 输出检查见表 2-4-1-66。

表 2-4-1-66　　GOOSE 输出检查

序号	保护 GOOSE 输出	检查结论
1	跳高压 1 侧断路器	□出口，□录波，□网络分析，□继电保护在线监视
2	启动高压 1 侧断路器失灵保护	□出口，□录波，□网络分析，□继电保护在线监视
3	跳高压 2 侧断路器	□出口，□录波，□网络分析，□继电保护在线监视
4	启动高压 2 侧断路器失灵保护	□出口，□录波，□网络分析，□继电保护在线监视
5	跳中压侧断路器	□出口，□录波，□网络分析，□继电保护在线监视
6	启动中压侧失灵保护	□出口，□录波，□网络分析，□继电保护在线监视
7	跳中压侧母联 1	□出口，□录波，□网络分析，□继电保护在线监视
8	跳中压侧母联 2	□出口，□录波，□网络分析，□继电保护在线监视
9	跳中压侧分段 1	□出口，□录波，□网络分析，□继电保护在线监视
10	跳中压侧分段 2	□出口，□录波，□网络分析，□继电保护在线监视
11	跳低压侧断路器	□出口，□录波，□网络分析，□继电保护在线监视
12	保护动作（信号）	□录波，□网络分析，□继电保护在线监视
13	过负荷（信号）	□录波，□网络分析，□继电保护在线监视

（四）带开关做整组传动试验

每一套保护应分别带断路器进行整组试验，宜从合并单元前端输入试验电流、电压，并将传动试验报告打印并附后。

1. 传动试验前准备

（1）检查保护装置、测控装置、合并单元、智能终端等厂站保护自动化设备的尾纤、二次电缆、检修压板等措施是否恢复。

（2）检查保护装置、测控装置、合并单元、智能终端、厂站监控系统等设备是否有异常告警信号。

（3）检查保护装置内联切回路的MU接收、GOOSE发送、GOOSE接收软压板应在投入位置，与运行设备相关联的GOOSE发送软压板应在推出位置。

（4）检查智能终端控制柜处的出口压板应在投入位置。

（5）检查对应断路器无闭锁，具备传动条件。

2. 模拟两套差动保护同时动作

（1）保护及变压器三侧开关实际动作应正确。

（2）后台监控信号表示正确。

（3）继电保护在线监视模块表示信息正确。

（4）检查中压侧两组跳闸线圈极性正确。

（5）网络分析仪表示信息正确。

（6）录波器表示信息正确。

3. 模拟高后备保护动作

（1）保护及变压器三侧开关实际动作应正确。

（2）后台监控信号表示正确。

（3）继电保护在线监视模块表示信息正确。

（4）网络分析仪表示信息正确。

（5）录波器表示信息正确。

4. 模拟中后备保护动作

（1）保护及变压器三侧开关实际动作应正确。

（2）后台监控信号表示正确。

（3）继电保护在线监视模块表示信息正确。

（4）检查两组跳闸线圈极性正确。

（5）网络分析仪表示信息正确。

（6）录波器表示信息正确。

5. 模拟低后备保护动作

（1）保护及变压器三侧开关实际动作应正确。

（2）后台监控信号表示正确。

（3）继电保护在线监视模块表示信息正确。

（4）检查两组跳闸线圈极性正确。

（5）网络分析仪表示信息正确。

（6）录波器表示信息正确。

6. 模拟低压绕组保护动作

（1）保护及变压器三侧开关实际动作应正确。

（2）后台监控信号表示正确。

（3）继电保护在线监视模块表示信息正确。

（4）检查两组跳闸线圈极性正确。

（5）网络分析仪表示信息正确。

（6）录波器表示信息正确。

7. 模拟公共绕组保护动作

（1）保护及变压器三侧开关实际动作应正确。

（2）后台监控信号表示正确。

（3）继电保护在线监视模块表示信息正确。

（4）检查两组跳闸线圈极性正确。

（5）网络分析仪表示信息正确。

（6）录波器表示信息正确。

8. 分别模拟高1、高2、中、低侧手合故障检查变压器开关各侧防跳

（1）保护及各侧开关实际动作应正确。

（2）后台信号表示正确。

（3）继电保护在线监视模块表示信息正确。

（4）网络分析仪表示信息正确。

（5）录波器表示信息正确。

（五）投运前准备

（1）现场工作结束后，工作负责人检查试验记录有无漏项，检查定值单与现场实际相符，核对装置的整定值是否与定值单相符（要求打印定值单附后）。

（2）检查试验设备、仪表及一切试验连接线已拆除；检查二次回路、尾纤连接完好，并保证尾纤布线弯曲度满足要求，同时做好尾纤及光端接口的除尘工作，装置无异常信号。

（3）检查所有装置及辅助设备的插件是否扣紧。

（4）按照继电保护安全措施票及压板确认单恢复安全措施。

（5）执行定值单编号：________；执行时间：________。

（6）现场核对定值是否正确。

（7）保护当前运行定值区号：________。

（8）检查保护装置内功能软压板、SV、GOOSE软压板是否在正确位置。

（9）检查全站SCD文件及相应CRC校验码，所有被检保护设备的保护程序（ICD文件）、通信程序、配置文件、CID文件及相应CRC校验码是否都正确保存，并上传到智能变电站二次系统安全管控平台。

（10）填写继电保护记录簿，对运行人员进行继电保护运行规程培训，并交代注意事项。

（六）带负荷测试

1．带负荷测试要求及注意事项

（1）带负荷检查时，负荷电流应不低于合并单元 $0.05I_n$。

（2）宜通过合并单元备用端口进行测量。

（3）对于常规互感器，还应在合并单元输入端进行核相。二次电流回路中性线电流的幅值和二次电压回路中性线对地电压幅值应在正常范围内。

（4）保护装置、测控装置、网络报文记录及分析装置等智能二次设备核相应通过本装置实际显示相位进行确认。

2．交流回路相位测试

（1）变压器有功：________；变压器无功：________；负荷电流：________。

（2）保护装置差动电流及制动电流。差动保护差流：I_a ________；制动电流：I_a ________；I_b ________；I_b ________；I_c ________；I_c ________。

（3）以 U_{AN} 电压为基准，交流回路相位测试见表 2-4-1-67。

表 2-4-1-67　　交流回路相位测试

保护名称	相别	装置显示值（幅值、角度）	向量图
保护装置高压 1 侧保护电流	A	∠	U_{AN}
	B	∠	
	C	∠	
	D	∠	
保护装置高压 2 侧保护电流	A	∠	U_{AN}
	B	∠	
	C	∠	
	N	∠	
高压侧测控装置电流	A	∠	U_{AN}
	B	∠	
	C	∠	
	N	∠	
保护装置中压侧电流	A	∠	U_{AN}
	B	∠	
	C	∠	
	N	∠	

续表

保护名称	相别	装置显示值（幅值、角度）	向 量 图
测控装置中压侧电流	A	∠	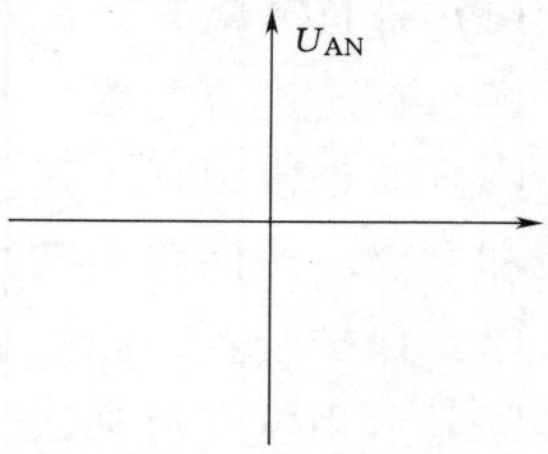 U_{AN}
	B	∠	
	C	∠	
	N	∠	
保护装置低压侧电流	A	∠	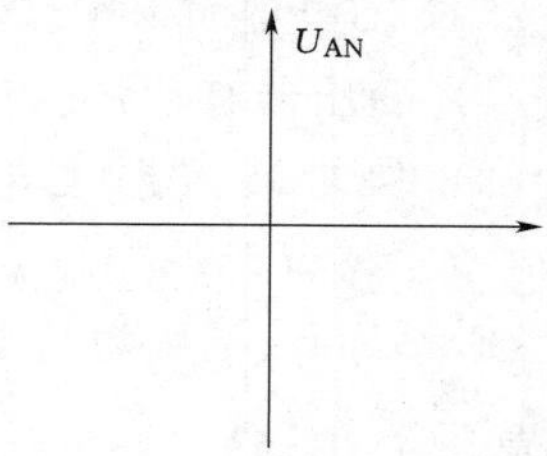 U_{AN}
	B	∠	
	C	∠	
	N	∠	
测控装置低压侧电流	A	∠	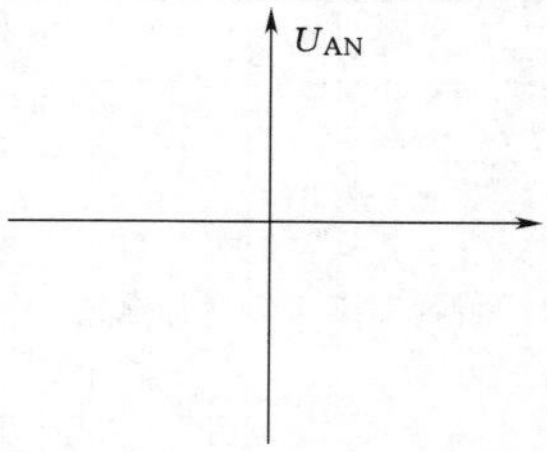 U_{AN}
	B	∠	
	C	∠	
	N	∠	
保护装置低压套管电流	A	∠	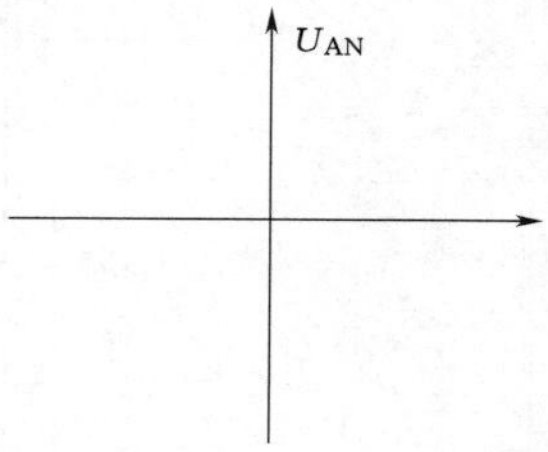 U_{AN}
	B	∠	
	C	∠	
	N	∠	
保护装置公共绕组电流	A	∠	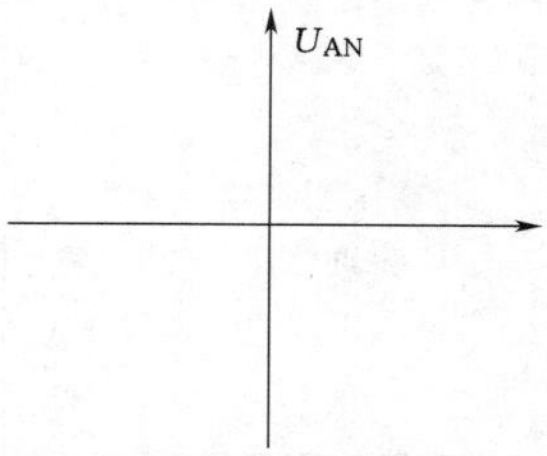 U_{AN}
	B	∠	
	C	∠	
	N	∠	

（七）现场遗留问题

无。

（八）通用部分

继电保护二次工作保护压板及设备投切位置确认单和继电保护二次工作安全措施票见表2-4-1-68、表2-4-1-69。

表 2-4-1-68　　继电保护二次工作保护压板及设备投切位置确认单

被试设备名称			
工作负责人		工作时间	年　月　日　时　分—　年　月　日　时　分
工作内容			

包括应断开及恢复的空气开关（刀闸）、切换把手、保护压板（硬/软）、连接片、直流线、交流线、信号线、尾纤、联锁和联锁开关等

序号	硬（软）压板及切换把手名称	开工前状态				工作结束后状态			
		投入位置	退出位置	运行人员确认签字	继电保护人员签字	投入位置	退出位置	运行人员确认签字	继电保护人员签字
1									
2									
3									
4									
5									
6									
7									
8									
9									
10									
11									
12									
13									
14									
15									
16									
17									
18									
19									
20									
21									
22									
23									
	工作负责人在工作票结束前检查安全措施、保护定值区、保护压板紧固、TA、TV 接线等是否正常					工作负责人确认签字			

表 2-4-1-69　　　　继电保护二次工作安全措施票

单位：________　　　　　　　　　　　　　　　　　　　　　　编号：________

被试设备名称			
工作负责人		工作时间	年　月　日　时　分—　年　月　日　时　分
工作内容			

包括应退出和投入出口和开入软压板、出口和开入硬压板、检修硬压板，解开及恢复直流线、交流线、信号线、联锁线和联锁开关，断开或合上交直流空开，拔出和插入光纤等，按工作顺序填用安全措施，并填写执行安全措施后导致的异常告警信息。已执行，在执行栏上打“√”，已恢复，恢复栏上打“√”

序号	执　行	安全措施内容	恢　复
1			
2			
3			
4			
5			
6			
7			
8			
9			
10			
11			
12			
13			
14			
15			
16			
17			
18			
19			
20			
21			
22			
23			
24			
25			
26			
27			

执行人：　　　　　　监护人：　　　　　　恢复人：　　　　　　监护人：

第二节　运行操作原则及注意事项

一、硬压板操作原则

1. 禁止投入检修硬压板操作原则

处于“投入”状态的合并单元、保护装置、智能终端禁止投入检修硬压板。

（1）误投合并单元检修硬压板，保护装置将闭锁相关保护功能。

（2）误投智能终端检修硬压板，保护装置跳合闸命令将无法通过智能终端作用于断路器。

（3）误投保护装置检修硬压板，保护装置将被闭锁。

2. 合并单元检修硬压板操作原则

（1）操作合并单元检修硬压板前，应确认所属一次设备处于检修状态或冷备用状态，且所有相关保护装置的 SV 软压板已退出，特别是仍继续运行的保护装置。

（2）一次设备不停电情况下进行合并单元检修时，应在对应的所有保护装置处于“退出”状态后，方可投入该合并单元检修硬压板。

3. 智能终端检修硬压板操作原则

（1）操作智能终端检修硬压板前，应确认所属断路器处于分位，且所有相关保护装置的 GOOSE 接收软压板已退出，特别是仍继续运行的保护装置。

（2）一次设备不停电情况下进行智能终端检修时，应确认该智能终端跳合闸出口硬压板已退出，且同一设备的两套智能终端之间无电气联系后，方可投入该智能终端检修硬压板。

二、当单独退出保护装置的某项保护功能时的操作原则

（1）退出该功能独立设置的出口 GOOSE 发送软压板。

（2）无独立设置的出口 GOOSE 发送软压板时，退出其功能软压板。

（3）不具备单独投退该保护功能的条件时，可退出整装置。

三、注意事项

（1）保护装置检修硬压板操作前，应确认与其相关的在运保护装置所对应的 GOOSE 接收、GOOSE 发送软压板已退出。

（2）断路器检修时，应退出在运保护装置中与该断路器相关的 SV 软压板和 GOOSE 接收软压板。

（3）操作保护装置 SV 软压板前，应确认对应的一次设备已停电或保护装置 GOOSE 发送软压板已退出。否则，误退保护装置“SV 软压板”，可能引起保护误、拒动。

（4）部分厂家的保护装置“SV 软压板”具有电流闭锁判据，当电流大于门槛值时，不允许退出“SV 软压板”。因此，对于此类装置，在一次设备不停电情况下进行保护装置或合并单元检修时，“SV 软压板”可不退出。

（5）如图 2－4－2－1 所示，一次设备停电时，智能变电站继电保护系统退出运行宜按以下顺序进行操作：

1）退出智能终端跳合闸出口硬压板。

2）退出相关保护装置跳闸、启动失灵、重合闸等 GOOSE 发送软压板。

3）退出保护装置功能软压板。

4）退出相关保护装置失灵、远传等 GOOSE 接收软压板。

5）退出与待退出合并单元相关的所有保护装置 SV 软压板。

6）投入智能终端、保护装置、合并单元检修硬压板。

（6）如图 2－4－2－2 所示，一次设备送电时，智能变电站继电保护系统投入运行宜

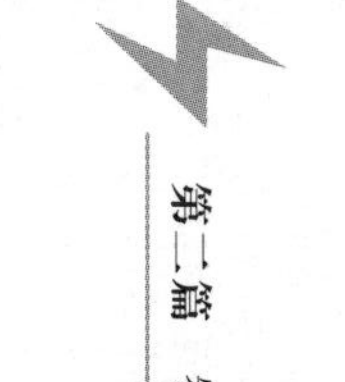

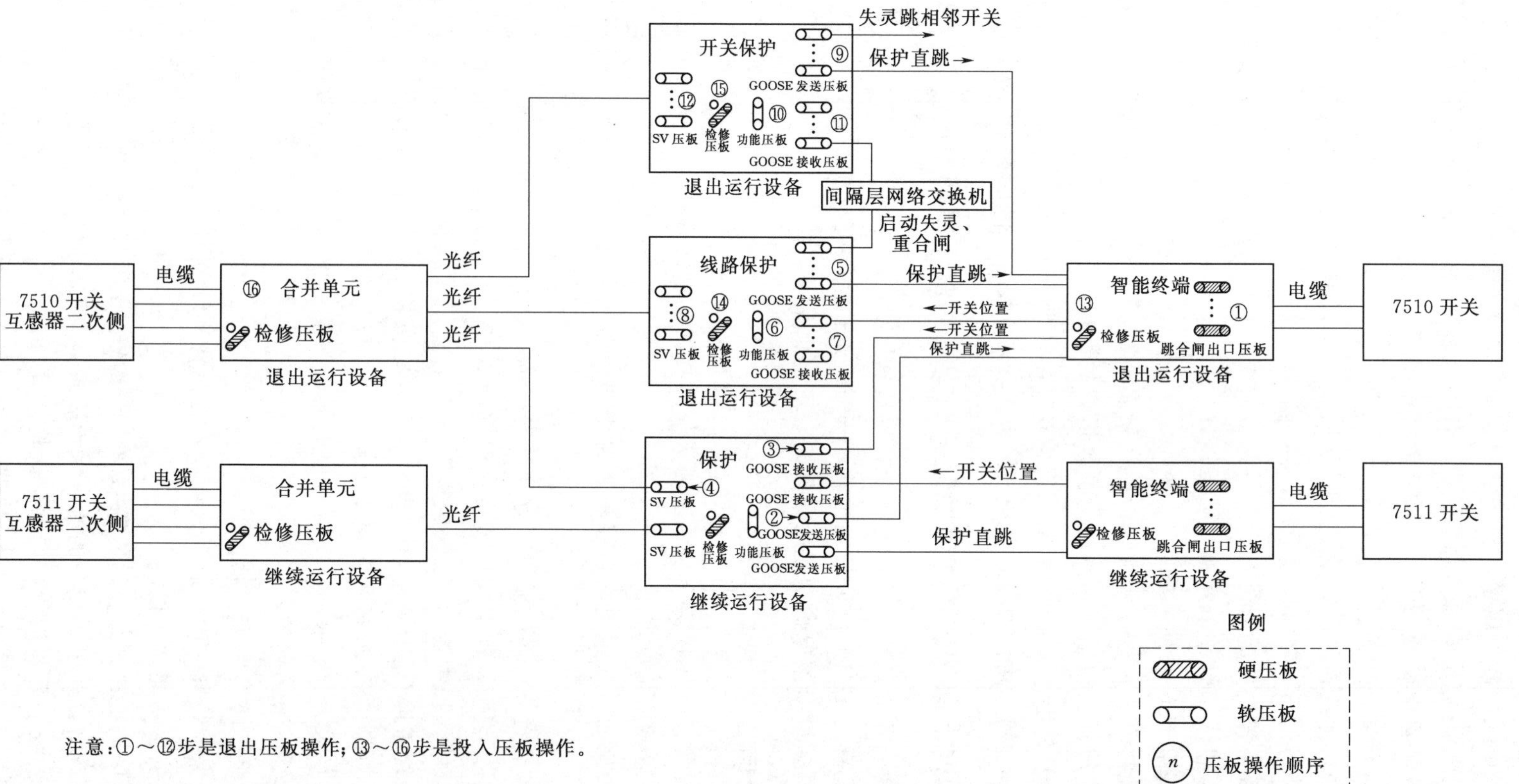

注意：①～⑫步是退出压板操作；⑬～⑯步是投入压板操作。

图 2-4-2-1　智能变电站一次设备停电时继电保护设备运行转退出操作顺序框图

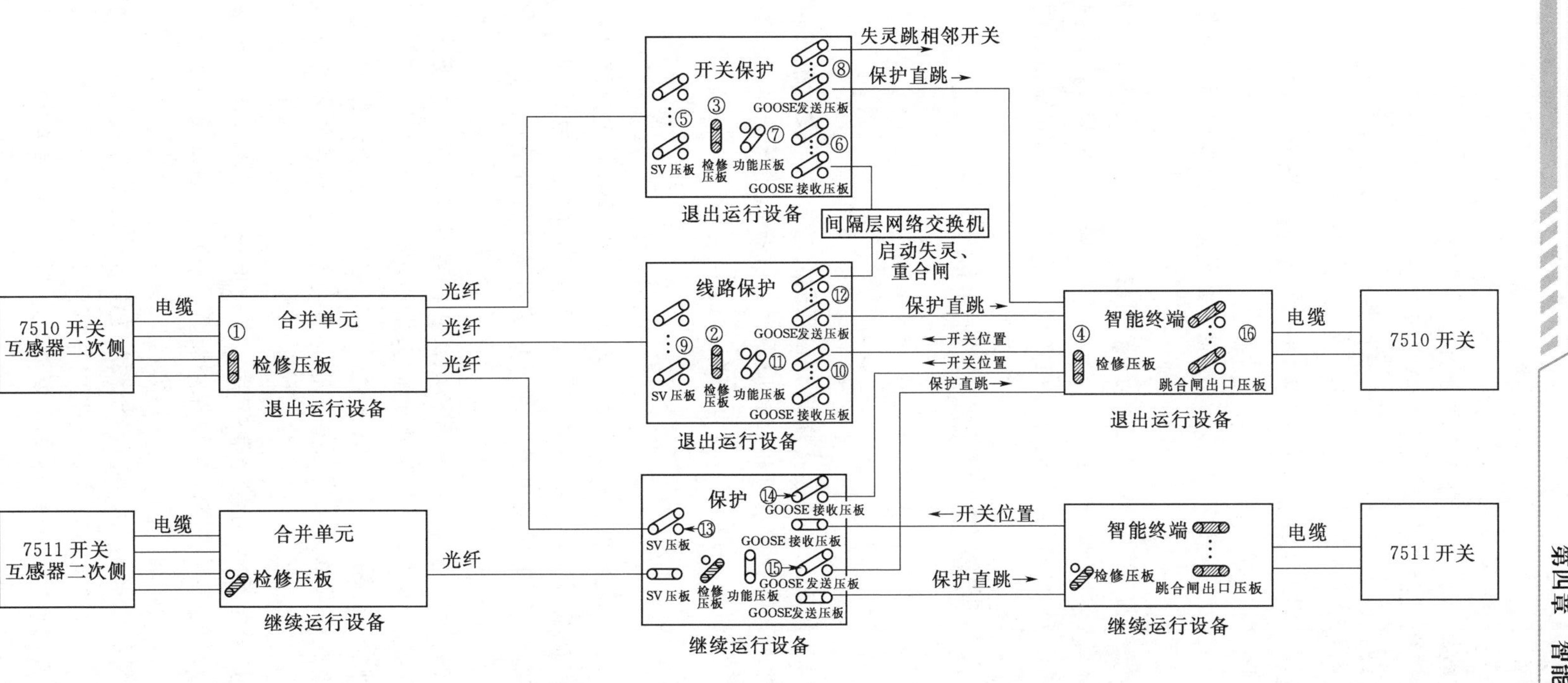

注意：①～④步是退出压板操作；⑤～⑯步是投入压板操作。

图 2-4-2-2　智能变电站一次设备送电时继电保护系统由退出转投入运行操作顺序框图

按以下顺序进行操作：

1）退出合并单元、保护装置、智能终端检修硬压板。

2）投入与待运行合并单元相关的所有保护装置SV软压板。

3）投入相关保护装置失灵、远传等GOOSE接收软压板。

4）投入保护装置功能软压板。

5）投入相关保护装置跳闸、启动失灵、重合闸等GOOSE发送软压板。

6）投入智能终端跳合闸出口硬压板。

（7）保护装置退出时，一般不应断开保护装置及相应合并单元，智能终端、交换机等设备的直流电源。

（8）线路纵联保护装置如需停用直流电源，应在两侧纵联保护退出后，再停用直流电源。

（9）双重化配置的智能终端，当单套智能终端退出运行时，应避免断开合闸回路直流操作电源。如因工作需要确需断开合闸回路直流操作电源时，应停用该断路器重合闸。

第三节　装置告警信息及处理原则

一、装置告警信息

智能变电站的保护装置、合并单元、智能终端具有较强的自检功能，实时监视自身软硬件及通信的状态。发生异常时，装置指示灯将有相应显示，并报出告警信息。一些异常将造成保护功能闭锁。

二、处理原则

（1）保护装置、合并单元、智能终端出现异常后，现场应立即检查并记录装置指示灯与告警信息，判断影响范围和故障部位，采取有效的防范措施，及时汇报和处理。

（2）现场应重视分析和处理运行中反复出现并自行复归的异常告警信息，防止设备缺陷带来的安全隐患。

（3）当保护装置出现异常告警信息时，应检查和记录装置运行指示灯和告警报文，根据信息内容判断异常情况对保护功能的影响，必要时应退出相应保护功能。

1）保护装置报出SV异常等相关采样告警信息后，若失去部分或全部保护功能，现场应退出相应保护。同时，检查合并单元运行状态、合并单元至保护装置的光纤链路、保护装置光纤接口等相关部件。

2）保护装置报出GOOSE异常等相关告警信息后，应先检查告警装置运行状态，判断异常产生的影响，采取相应措施，再检查发送端保护装置、智能终端以及GOOSE链路光纤等相关部件。

3）保护装置出现软、硬件异常告警时，应检查保护装置指示灯及告警报文，判断装置故障程度，若失去部分或全部保护功能，现场应退出相应保护。

4）合并单元出现异常告警信息后，应检查合并单元指示灯，判断异常对相关保护装置的影响，必要时退出相应保护功能。

第四节　事　故　案　例

一、发生接地故障保护动作重合

1. 故障概况

2016年9月1日19时3分11秒，西藏拉萨220kV麦林Ⅱ线发生A相接地故障，220kV色麦智能变电站麦林Ⅱ线两套智能化线路保护装置PCS-931A-DA-G-PY均动作之后重合。其主要时序如下：

(1) 220kV色麦侧A套PCS-931A-DA-G-PY在5ms工频变化量阻抗、8ms接地距离Ⅰ段、13ms纵联差动、20ms相间距离Ⅰ段动作跳A相，重合成功。

(2) 220kV色麦侧B套PCS-931A-DA-G-PY在5ms工频变化量阻抗、8ms接地距离Ⅰ段、13ms纵联差动、20ms相间距离Ⅰ段动作跳A相，重合成功。

2. 故障分析

220kV麦林Ⅱ线色麦侧A套、B套PCS-931A-DA-G-PY保护录波分别如图2-4-4-1和图2-4-4-2所示，两者采样基本一致，且保护动作行为也完全一致。下面以A套保护录波分析线路发生A相故障时相间距离Ⅰ段动作的原因。

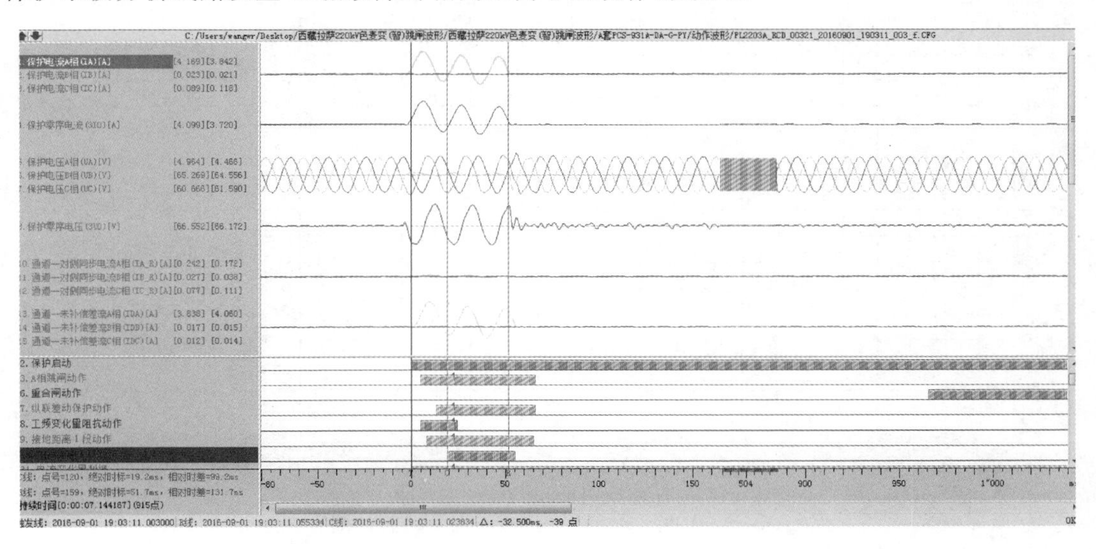

图2-4-4-1　220kV色麦侧A套PCS-931A-DA-G-PY保护录波

麦林Ⅱ线色麦侧保护定值如下：接地距离Ⅰ段阻抗20.07Ω，相间距离Ⅰ段阻抗22.94Ω，正序灵敏角78°，零序灵敏角78°，零序补偿系数0.67，接地距离偏移角0°和相间距离偏移角0°。

线路发生A相接地故障时A相测量阻抗约为0.7Ω∠55.4°，绘制Z_A与接地距离Ⅰ段阻抗圆的关系如图2-4-4-3所示，为线路近端故障，测量阻抗远小于接地距离Ⅰ段阻抗定值。

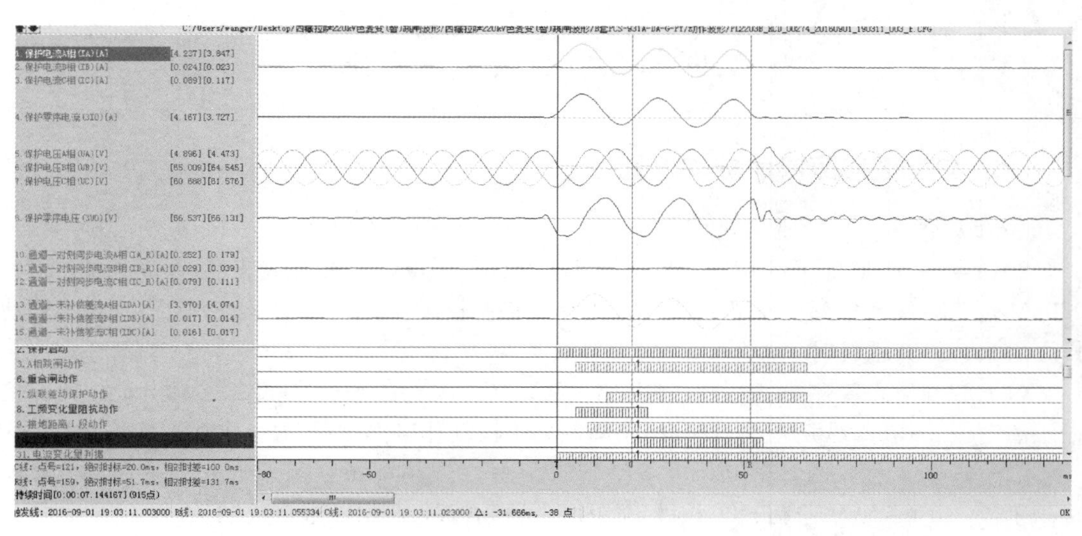

图 2-4-4-2　220kV 色麦侧 B 套 PCS-931A-DA-G-PY 保护录波

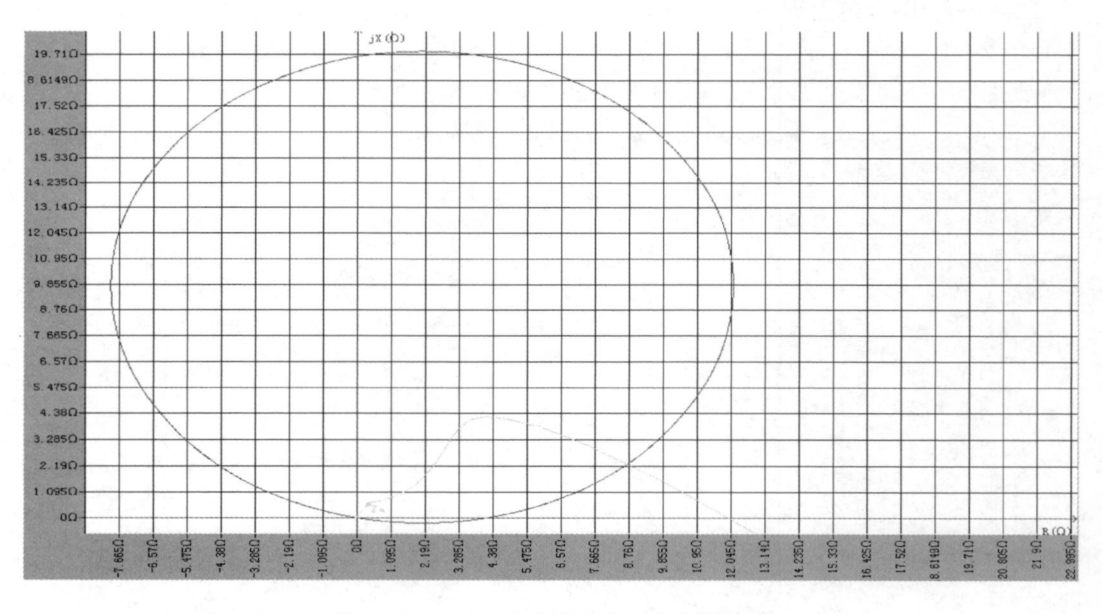

图 2-4-4-3　Z_A与接地距离Ⅰ段阻抗圆

线路发生 A 相接地故障时 AB 相间测量阻抗约为 15.0Ω∠125.7°，CA 相间测量阻抗约为 14.6Ω∠20°，绘制 Z_{AB}、Z_{CA}与相间距离Ⅰ段阻抗圆的关系如图 2-4-4-4 所示，可见 Z_{AB}测量阻抗进入了相间距离Ⅰ段阻抗圆内。

由于故障点距离保护安装处较近，且相间距离Ⅰ段的阻抗定值较大，导致 AB 相间距离Ⅰ段元件动作，但保护元件动作后必须经过选相元件才能作用于出口跳闸，PCS-931A-DA-G-PY 选相元件正确选出 A 相故障，因此保护动作仅跳 A 相。

3. 处置措施

重合闸后系统恢复正常运行，无须做特别处理。

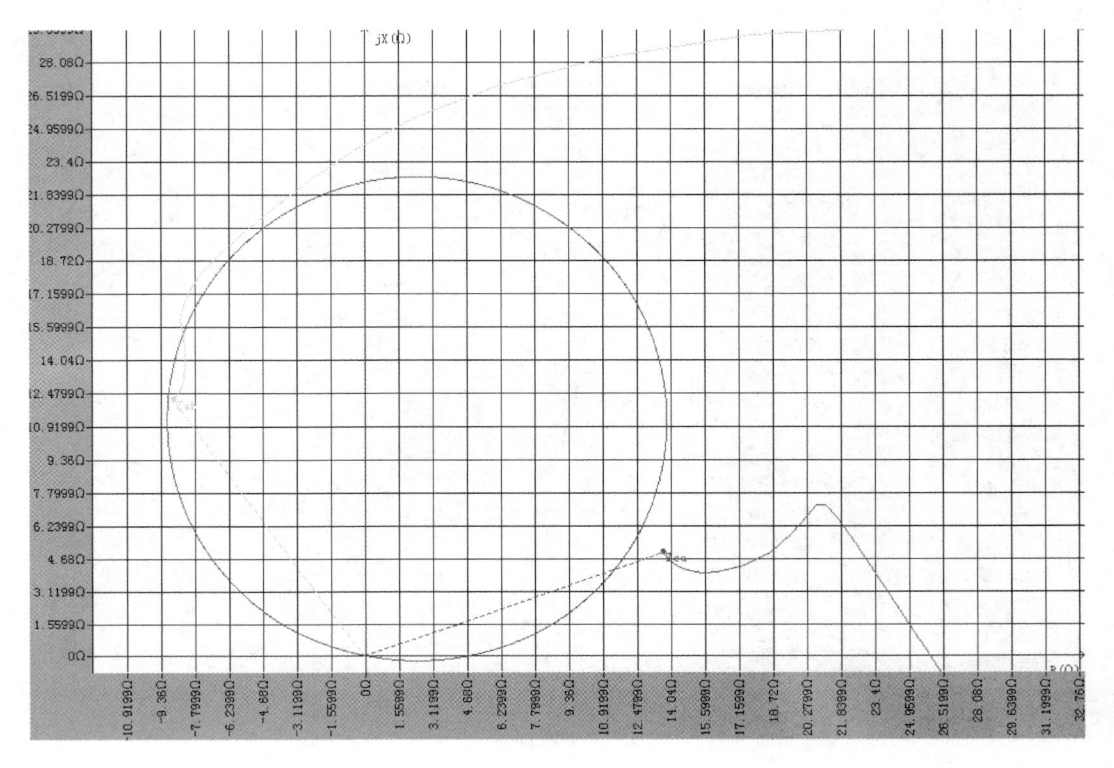

图 2-4-4-4 Z_{AB}、Z_{CA}与相间距离Ⅰ段阻抗圆

4. 总结

综上所述，两套保护 PCS-931A-DA-G-PY 保护动作行为正确。

二、误退 SV 接收压板引起的主变差动保护动作事故

1. 事故概况

(1) 220kV 智能变电站双母线接线方式，1 号、2 号主变分列运行。2013 年 7 月 22 日，2 号主变计划停电检修，负荷全部倒闸至 1 号主变。在倒闸操作过程中，运维人员对 1 号主变中性点保护进行投退操作时，1 号主变第二套差动保护动作，跳开 1 号主变两侧开关，造成全站停电。

(2) 主要时序。保护动作时序如下：

1) 动作时间：2013 年 7 月 22 日 7 时 27 分 43 秒。

2) 保护启动 5ms，纵差动作 20ms，跳高压侧 20ms，跳低压 1 分支 20ms。

3) A 相差动电流 1.082A，B 相差动电流 1.097A，C 相差动电流 1.088A。

4) A 相制动电流 0.541A，B 相制动电流 0.549A，C 相制动电流 0.544A。

动作波形如图 2-4-4-5、图 2-4-4-6 所示。

2. 故障分析

经与现场操作的运维人员了解确认，在倒闸操作过程中，运维人员对主变中性点保护

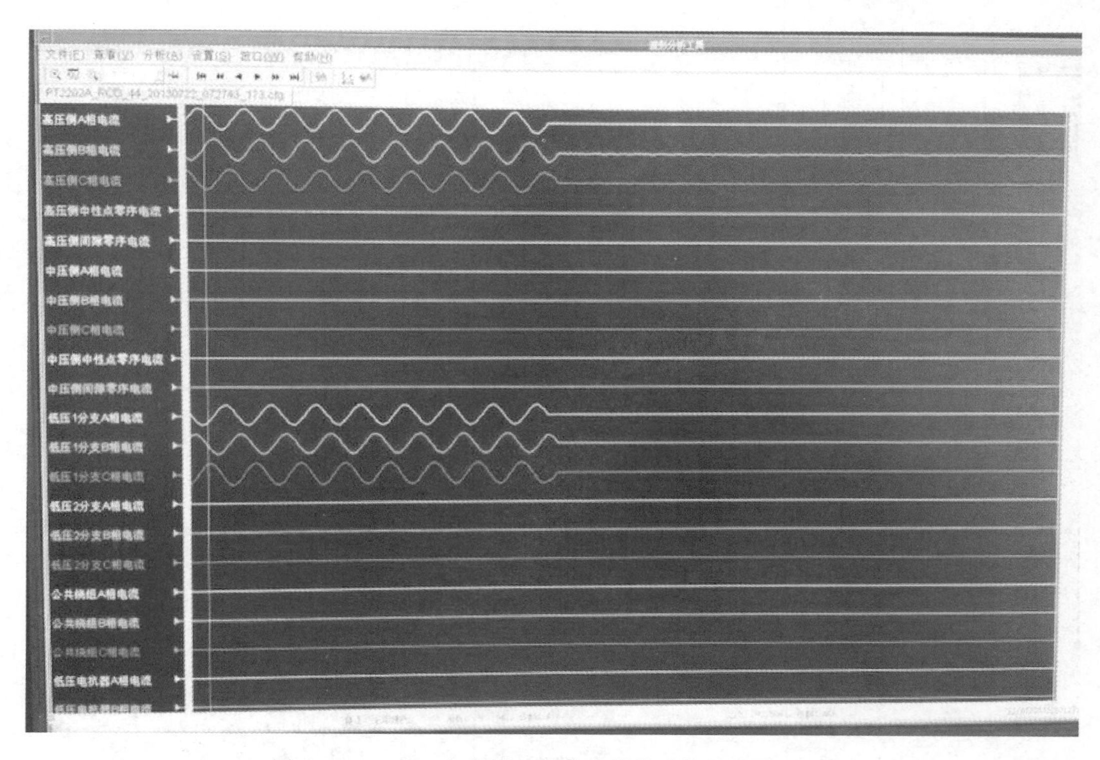

图 2-4-4-5　主变第二套差动保护动作录波图（一）

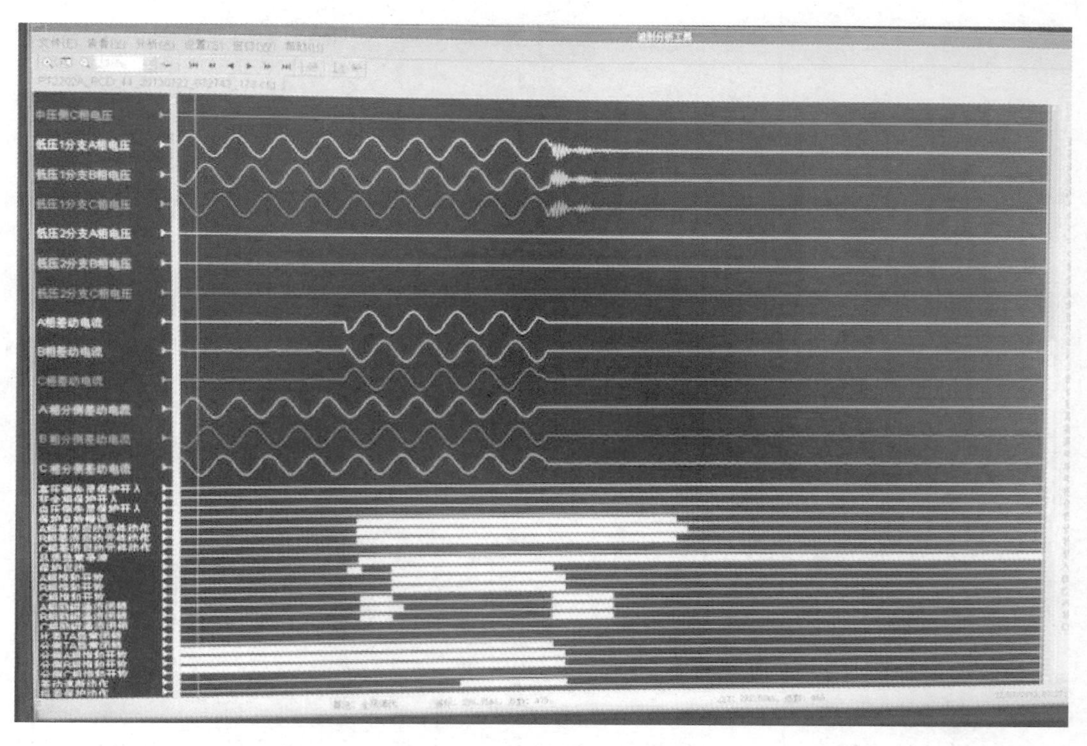

图 2-4-4-6　主变第二套差动保护动作录波图（二）

进行操作。在实际操作过程中，误将1号主变第二套保护高压侧TA投入软压板退出（该压板与中性点零序TA投入软压板相邻），如图2-4-4-7所示，造成1号主变第二套差动保护动作，跳开1号主变两侧开关，导致全站失压。

图2-4-4-7　后台监控机变压器间隔保护软压板

3. 故障处理

(1) 将遥控SV接收软压板功能在后台上禁用，中性点保护操作采用切换定值区方式。

(2) 启用软压板遥控监护机制，监控后台软压板分类、分区域布置，减少误操作的可能。遥控SV软压板操作参照遥控开关操作，要求操作执行人、监护人分别输入用户名和密码，完善软压板操作的监护机制。

(3) 启用智能二次防误机制，在操作SV接受软压板时，如果相应间隔有运行电流存在，提示“是否确认退出?”，或者闭锁SV接受软压板操作功能。

4. 总结

运维人员对智能变电站软压板操作模式不熟悉，操作时监护不到位。同时，后台监控软压板的设置存在误操作风险。误将1号主变保护高压侧TA投入软压板退出，相当于打开常规变电站主变保护高压侧TA连片，虽然不存在TA二次回路开路风险，但是主变保护会形成差流，并且此时不判TA断线，主变差动保护误动作。

三、误操作引起的变电站全停事故

1. 事故概况

（1）330kV ×××变电站 330kV 永武一线发生异物短路 A 相接地故障，永武一线两套保护闭锁，引起故障扩大，造成×××变电站全停。

（2）330kV ×××变电站 330kVⅠ、Ⅱ母，第 1、第 3、第 4 串合环运行，330kV 永武一线、永武二线及 1 号、3 号主变运行，3320、3322 开关及 2 号主变检修。330kV ×××变电站系统接线如图 2-4-4-8 所示。

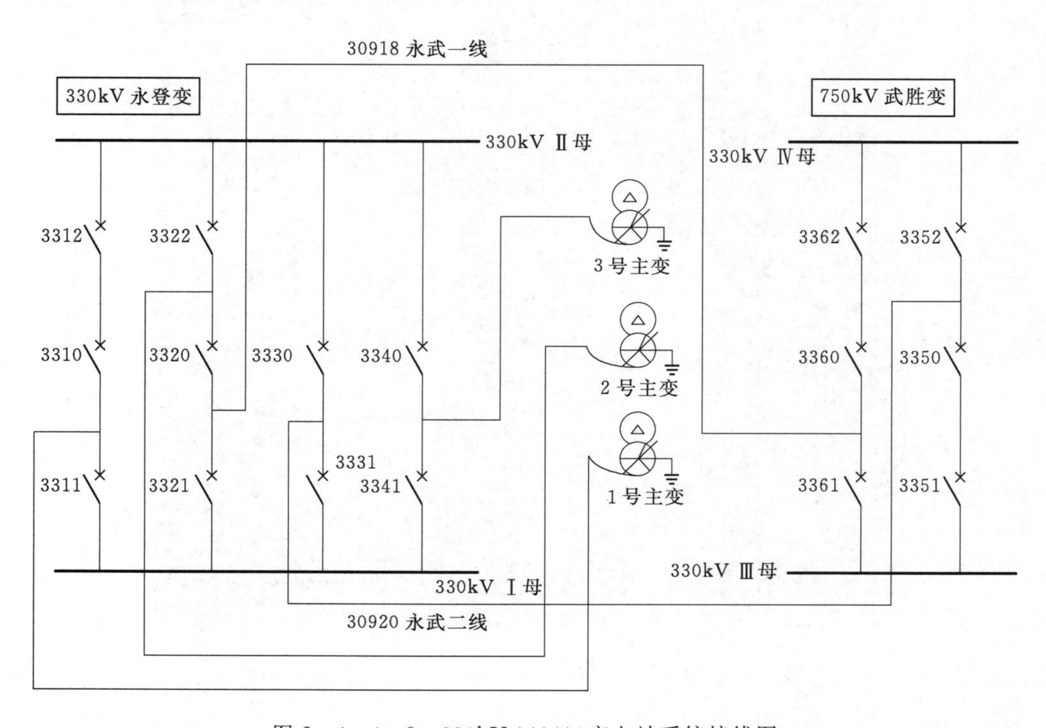

图 2-4-4-8　330kV ×××变电站系统接线图

（3）主要时序。10 月 19 日 3 时 59 分，330kV ×××变电站永武一线 11 号塔发生异物短路，永武一线 330kV ×××变电站侧保护因 3320 断路器合并单元"装置检修"压板投入，线路双套保护闭锁。×××变电站 1 号、3 号主变高压侧后备保护动作，跳开三侧开关，750kV 武胜侧武永二线零序Ⅱ段保护动作，330kV ×××变电站及所带 110kV 华藏寺、蓝星硅、中堡、祁连、屯沟湾、满城、大同等 8 座变电站、110kV 侯家庄牵引变和 1 座 110kV 水电站失压。

2. 故障分析

（1）事件发生后，对故障线路进行了现场检查，调阅了监控系统事件顺序记录、工作票及操作票，对×××变电站 3320 开关汇控柜智能合并单元状态检修压板、保护屏及综自后台信号进行了验证，分析了保护动作情况、故障录波报告，核对了故障前后负荷曲线、运行方式及负荷应急转带情况。

（2）现场工作情况。10月13—27日，实施×××变电站2号主变及三侧设备智能化改造工作。10月15日，现场运维人员根据工作票所列安全措施内容，投入3320开关汇控柜智能合并单元A套、B套“装置检修”压板后，发现永武一线A套保护装置（型号PCS-931G-D）“告警”灯亮，面板显示“3320A套合并单元SV检修投入报警”。永武一线B套保护装置（型号WXH-803B）“告警”灯亮，面板显示“中TA检修不一致”。

（3）保护动作情况。10月19日3时59分，永武一线路A相接地故障，750kV武胜侧距离Ⅰ段保护动作，3361开关、3360开关跳闸，经694ms，3361开关重合动作，又经83ms，重合后加速保护动作，跳开3361开关、3360开关。×××变电站侧永武一线保护未动作，1号、3号主变高压侧零序后备保护动作，跳开三侧开关。永武二线零序Ⅱ段重合后加速保护动作，跳开3352开关、3350开关。

（4）保护闭锁原因。通过分析PCS-931G-D型、WXH-803B型保护装置，其中，PCS-931G-D保护装置告警信息“SV检修投入报警”含义为“链路在软压板投入情况下，收到检修报文”，处理方法为“检查检修压板退出是否正确”。WXH-803B保护装置告警信息“TA检修不一致”含义为“MU和装置不一致”，处理方法为“检查MU和装置状态投入是否一致”。按照保护装置设计原理（保护原理图如图2-4-4-9所示），当3320合并单元装置检修压板投入时，3320合并单元采样数据为检修状态，保护电流采样无效，闭锁相关电流保护，只有将保护装置“SV接收”软压板退出，才能解除保护闭锁（检修状态下电流保护相关逻辑图如图2-4-4-10所示），现场检修、运维人员均未对以上告警信号进行深入分析并正确处理。

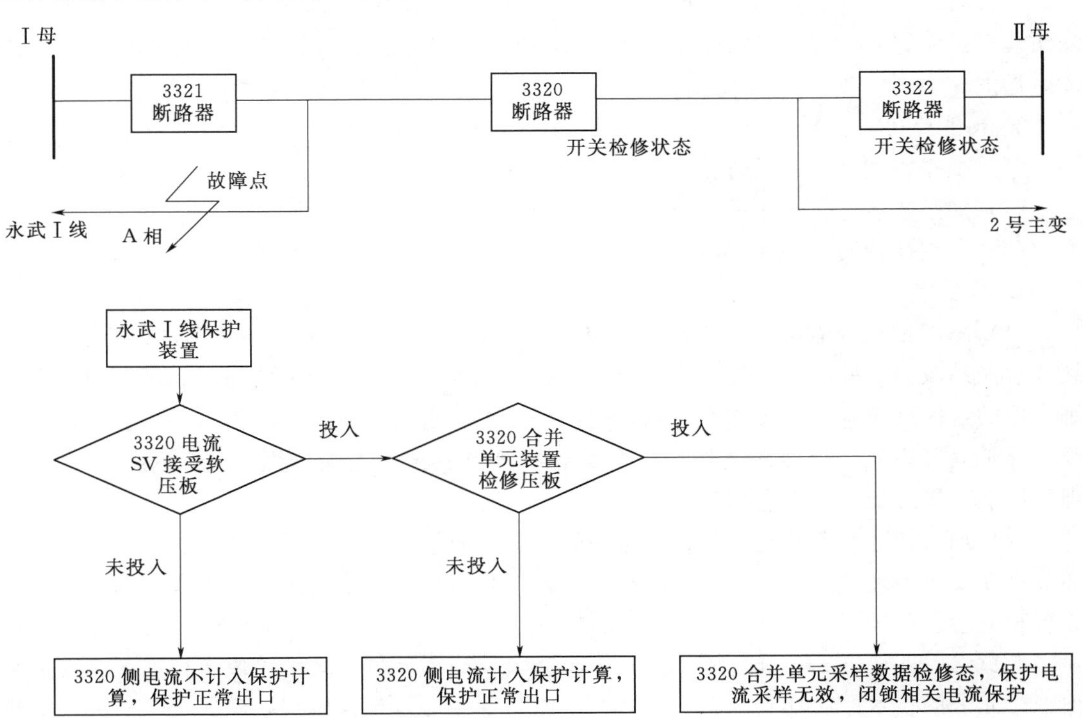

图2-4-4-9　保护原理图

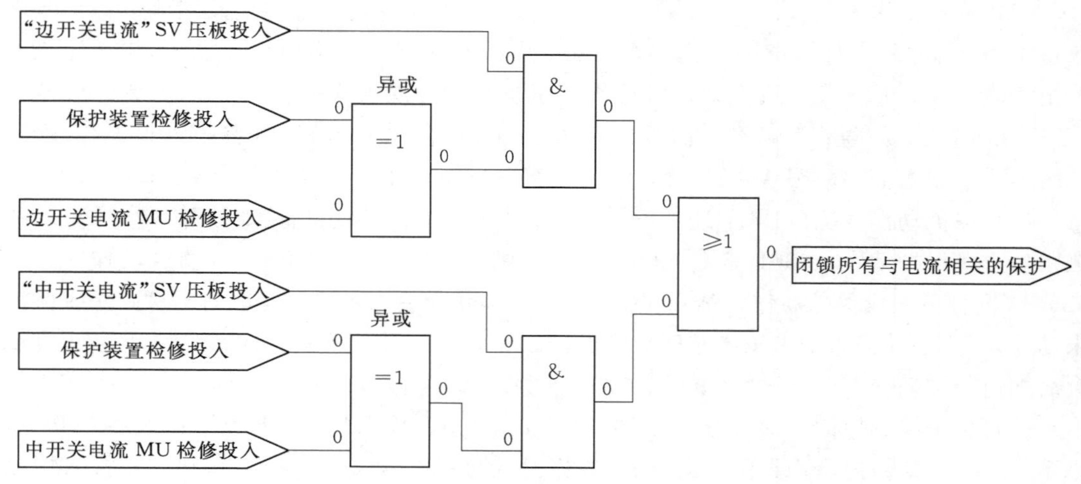

图2-4-4-10　检修状态下电流保护相关逻辑图

注：在边开关电流SV（电流采样）压板投入的前提下，保护装置或合并单元有且仅有一个为检修态时，闭锁所有电流相关保护，当保护装置和合并单元都为检修态或都不为检修态时，不闭锁相关电流保护。中开关同理。

（5）经现场勘查和对保护动作记录等相关资料分析，本次停电事件原因如下：

1）事件直接原因：330kV永武一线11号塔A相异物短路接地。

2）事件扩大原因：×××变电站3320合并单元"装置检修"压板投入，未将永武一线两套保护装置中"开关SV接收"软压板退出，造成永武一线两套装置保护闭锁，造成故障扩大。

3. 故障处理

（1）加强智能站二次系统技术管理。

（2）加强改造施工方案的审核。

（3）编制保护装置说明书及告警信息的详细表述。

4. 总结

（1）高度重视智能站设备技术和运维管理，结合实际，制定智能站调试、检验大纲，规范智能站改造、验收、定检工作标准，加强继电保护作业指导书的编制和现场使用。编制完善的智能站调度运行规程和现场运行规程，细化智能设备报文、信号、压板等运维检修和异常处置说明。加强继电保护、变电运维等专业技术技能培训，开展智能站设备原理、性能及异常处置等专题培训。

（2）加强新建和改扩建工程建设组织管理，及时消除工程建设、调试、验收、运维等环节存在安全管理隐患，进一步落实施工改造项目责任制。认真组织开展现场勘察、风险分析和危险点预控，严格施工方案的编制、审查和批准，落实"谁主管、谁负责，谁签字、谁负责"的要求。召开好施工前安全交底会，施工单位、运维单位、厂家配合人员必须进行充分的技术交底和安全交底。严格变电站现场运行规程修编，确保符合实际，满足现场运行需要。

第五节　智能变电站继电保护专业仪器仪表配置

一、继电保护专业仪器仪表配置原则

1. 总体配置要求

为提高继电保护及安全自动装置（以下简称“继电保护装置”）的检修质量和效率，进一步完善现场作业标准化管理体系，明确各类继电保护仪器仪表的配置原则及主要功能、指标要求，保障设备安全、可靠运行，有必要规范智能变电站继电保护专业仪器仪表的配置原则、功能要求、应用范围及重要技术指标等内容。

（1）继电保护仪器仪表配置应遵循性能可靠、经济合理、适度超前的原则，满足现场运维检修作业要求。

（2）为确保仪器仪表的科学配置，便于执行，以运维单位作业承载力为主要依据，按照运维单位及所属的班组、工作组核定仪器仪表的配置数量。运维单位是指各地市供电公司及省检修公司的属地化单位；班组是指运维单位中从事继电保护运维检修工作的班组；工作组是指班组中由3～4名工作人员组成的基本作业单位。

（3）在满足规定的基础上，运维单位可适当冗余配置仪器仪表，以满足恶劣天气、电网故障等特殊工况下的应急需求。

（4）随着新技术在继电保护装置、测试设备中的应用及检修工作需求的变化，可增配相应的仪器仪表。

（5）仪器仪表的储存和使用环境应满足DL/T 624—2010标准的要求。

（6）仪器仪表的维修和报废处理应结合检验及使用情况进行。对不能正常使用或检验不合格的应及时进行维修；对无法修复或到达使用年限的，应进行报废处理，不得继续使用。

（7）仪器仪表的检验应综合考虑检验要求、使用状况、配置数量、检修工作计划等因素合理安排。

2. 仪器仪表应用范围

继电保护专业仪器仪表应用范围推荐见表2-4-5-1。

表2-4-5-1　继电保护专业仪器仪表应用范围推荐表

序号	仪器名称	常规变电站	智能变电站	换流站
1	常规继电保护测试仪	√	—	√
2	TA伏安特性测试仪	√	√	√
3	备自投测试仪	√	—	—
4	便携式示波器	√	—	√
5	大电流发生器	√	√	√
6	相位伏安表	√	√	√
7	行波测距试验仪	√	√	√

续表

序号	仪器名称	常规变电站	智能变电站	换流站
8	绝缘电阻表（数字式）	√	√	√
9	手持式光数字测试仪	—	√	—
10	继电保护综合测试仪	√	√	—
11	稳定光源	—	√	√
12	光功率计	√	√	√
13	光可调衰减器	—	√	√
14	合并单元测试仪	—	√	—
15	智能变电站网络性能测试仪	—	√	—
16	红外热成像仪手持型	√	√	√
17	直流接地探测仪	√	√	√
18	便携式故障录波器	√	√	√
19	数字式万用表	√	√	√
20	高精度直流试验装置	—	—	√
21	指针式电流表	√	√	√
22	指针式电压表	√	√	√
23	断路器模拟装置	√	√	√

3. 仪器仪表功能要求

（1）常规继电保护测试仪是一种由软件和硬件组成，具有交直流电源输出，用于检验继电保护装置的微机型继电保护综合试验装置。一般应用于继电保护装置（包括电磁式继电器保护）的日常运行维护、故障检修、安装调试、技能培训等场合，主要功能包括采样值校验、保护功能调试、开关量输入/输出信号检查等。

（2）电流互感器伏安特性测试仪是一种专门测试电流互感器伏安特性、变比、极性、线圈直流电阻和负载阻抗等参数的仪器。一般应用于变电站内 P 级和 TP 级电流互感器专业检测，主要功能包括测试电流互感器的伏安特性、变比、极性、误差曲线、计算拐点、线圈直流电阻和负载阻抗等，同时能校验电压互感器二次侧回路的正确性。

（3）备自投测试仪是一种专门测试常规变电站备自投装置动作逻辑及性能的仪器。一般应用于各种接线方式下备自投的动作行为测试。主要功能包括向备自投装置提供线路二次模拟电压、电流和断路器位置触点信号，模拟正常运行、工作电源失电跳闸、备用电源合闸的状态，监测、记录备自投装置的动作过程和相关数据，同时具备定值校验和模拟断路器整组试验功能。

（4）便携式示波器是一种把电信号变换成可观测的波形图像的电子测量仪器。主要应用于继电保护的实验、培训、故障分析、二次回路干扰信号检查等工作。功能集数据采集、记录、分析于一体，示波同时可以录波，可以通过观察电流、电压、频率、相位差等不同信号幅值随时间变化的波形曲线，对运行设备状态进行判断和分析等。

（5）大电流发生器是一种采用自耦调压器与升流仪，对电流互感器进行一次通流，并

配有一相电压输出作为相位基准，通过相位计与电流互感器二次电流相位进行比较，用以测试电流互感器的相序、极性，同时可长时间输出大电流的仪器。一般应用于变电站投产前验收的一次系统通流模拟测试，检测继电保护装置及二次回路的正确性。其主要功能包括同时注入A、B、C三相大电流和基准电压量，通过电流、电压的变化来模拟不同故障类型。

(6) 相位伏安表是一种具有多种电量测量功能并可显示图形化界面的便携式测量仪表。一般应用于继电保护不同TA绕组之间相位关系校验和等电位接地网泄漏电流测量等工作。功能特征为在不断开被测电路的情况下，通过电压输入通道，以钳形电流互感器作为电流输入通道，实现测量交流电压和交流电流的幅值、频率及各电气量之间的相位等重要参数。

(7) 行波测距试验仪是一种对故障测距装置功能及性能进行测试的专用试验仪器。应用于故障测距装置的校验工作。主要功能是将故障电流行波的EMTP仿真数据或现场记录数据转换为相应的电流输出信号，模拟故障测距装置使用的故障电气量。

(8) 手持式光数字测试仪是一种便携的智能变电站测试分析仪器。主要应用于智能变电站继电保护装置的日常运行维护、故障检修、安装调试、技能培训等工作场合。主要功能包括采样值校验、保护功能调试、光纤链路检查、SV/GOOSE输出信号检查、智能变电站核相、智能变电站极性测试、SCD文件核查和网络异常报文监测等。

(9) 继电保护综合测试仪是一种可同时输出模拟和数字电气量的多功能继电保护测试仪。一般应用于常规变电站及智能变电站继电保护装置的日常运行维护、故障检修、调试验收和技能培训等工作。

(10) 稳定光源是一种可调节输出光功率，波长及光谱宽度等参数保持稳定不变的多模光源。一般应用于智能变电站光回路的日常运行维护、故障检修、调试验收等工作。使用时，配合光功率计可对智能变电站内的光纤回路的连接损耗进行测量。

(11) 光功率计是一种用于测量绝对光功率的专用仪器。一般应用于继电保护装置纵联通道光功率测试和智能变电站光回路日常运行维护、故障检修、调试验收等工作。使用时，配合稳定光源可对智能变电站内的光纤回路的连接损耗进行测量。

(12) 光可调衰减器是一种对光功率衰减量进行调节的专用仪器。主要应用于智能变电站继电保护装置光功率裕度的测量。配合光功率计使用，可对智能变电站继电保护装置光纤端口最小接收功率（灵敏度）进行测量。

(13) 合并单元测试仪是对智能变电站中合并单元（包括电流合并单元、电压合并单元）各项功能进行检验的一种测试仪器。一般应用于智能变电站合并单元的精度测试。主要功能包括整周波测试、采样（SV报文）响应时间测试、采样值间隔离散度测试、时钟性能测试、电压并列及切换检验、电压电流误差导致的功率计量误差测试等。

(14) 智能变电站网络性能测试仪是一种基于DL/T 860通信标准，用于测试智能变电站网络设备在不同网络负载工况下性能和指标的专用仪器。一般应用于智能变电站过程层网络的验收工作。主要功能包括交换机的VLAN划分、网络优先级、交换机数据转发延时、交换机丢包率、网络风暴抑制、吞吐量等功能的测试。

(15) 便携式故障录波器是一种可移动、便于携带的记录电力系统稳态过程和暂态过程的动态记录装置。主要应用于未安装故障录波器的厂站（含常规变电站和智能变电站），以便及时分析、处理现场异常、故障事件。主要功能包括自动、准确地记录主设备发生异常或故障时的各种电气量变化情况。

（16）红外热成像仪是利用红外探测器和光学成像物镜接受被测目标的红外辐射能量分布图形反映到红外探测器的光敏元件上，从而获得红外热相图的一种电子仪器。应用于变电站二次设备红外测温，包括保护屏内继电保护装置及户外端子箱内电流电压二次回路连接端子、直流电源回路接线端子等，同时记录环境温度、装置最高温度、回路最高温度等信息。主要功能包括红外测温、存储红外成像照片、软件分析。

（17）直流接地探测仪是一种专门用于检测变电站直流系统接地异常的检测仪器。一般应用于查找变电站直流系统中的接地故障，能够在不停电的情况下，探测出多种直流供电形式下的接地故障情况，迅速查找出故障位置。

（18）绝缘电阻表（数字式）是指由电池或外接电源供电，通过数字器件对测量端子提供测量电压，由数字电路对被测信号进行变换或处理，由数字表直接显示被测绝缘电阻值的测量仪表。主要应用于继电保护装置所在二次回路的绝缘电阻测量工作，可以在不同直流电压等级下对二次回路进行绝缘电阻测量。

（19）数字式万用表是用于测量电压、电流、电阻及其他参量，并以十进制数字显示测量值的电子式多量限、多功能测量仪表。一般应用于继电保护装置二次回路的运维检修工作。

（20）高精度直流试验装置是一种由控制单元和直流大电流输出模块组成，测试直流电流互感器精度、性能的专用仪器。主要应用于换流站直流电流互感器额定电流范围内的一次注流，实现直流电流互感器精度测试，及相关测量、控制、保护系统的性能测试。

4. 仪器仪表配置数量

（1）常规继电保护测试仪，每个工作组配置1台。

（2）电流互感器伏安特性测试仪，每个班组配置1台。

（3）备自投测试仪，每个班组配置1台。

（4）便携式示波器，每个运维单位配置1～2台。

（5）大电流发生器，每个运维单位配置1台。

（6）相位伏安表，每个班组配置2～3台。

（7）行波测距试验仪，每个运维单位配置2台。

（8）手持式光数字测试仪，每个班组配置1～2台。

（9）继电保护综合测试仪，每个运维单位配置1～2台。

（10）稳定光源，每个班组配置1台。

（11）光功率计，每个工作组配置1台。

（12）光可调衰减器，每个班组配置1台。

（13）合并单元测试仪，每个运维单位配置2～4台。

（14）智能变电站网络性能测试仪，每个运维单位配置1～2台。

（15）便携式故障录波器，每个运维单位配置1～2台。

（16）红外热成像仪手持型，每个运维单位配置2～4台。

（17）直流接地探测仪，每个班组配置1台。

（18）绝缘电阻表（数字式），每个工作组配置1台。

（19）数字式万用表，每个工作组配置1台。

（20）高精度直流试验装置，每个换流站配置1台。

二、常规仪器仪表主要技术性能指标

（一）常规继电保护测试仪

1. 手动试验

（1）测试仪至少输出6路交流电压、1路直流电压和6路交流电流，具有输出保持功能。

（2）能以任意一相或多相电压电流的幅值、相位和频率为变量，在试验中可任意改变其大小。

（3）各相的频率可以分别设置，同时输出不同频率的电压和电流。

（4）各相电流可以分别叠加不同幅值的谐波分量、直流分量。

（5）可以根据给定的阻抗值，选择短路计算方式，确定电流、电压的输出值。

（6）选择接收GPS同步信号，实现多台测试仪的同步输出。

2. 线路保护定值校验

根据保护整定值，通过设置整定值的倍数向测试列表中添加多个测试项目（测试点），从而对线路保护（包括纵联保护、相间距离、接地距离、零序、负序、自动重合闸、阻抗、时间动作特性、阻抗动作边界、定时限电流保护、反时限电流保护）进行定值校验。

3. 整组试验

（1）对纵联、距离、零序保护以及重合闸进行整组试验或定值校验。

（2）可控制故障时的合闸角，可在故障瞬间叠加按时间常数衰减的直流分量，用于测试量度继电器的暂态超越。

（3）可设置线路抽取电压的幅值、相位，校验线路保护重合闸的检同期或检无压。

（4）通过GPS统一时刻，进行线路两端保护联调。

4. 差动保护

（1）用于自动测试变压器、发电机和电动机差动保护的比例制动特性、谐波制动特性、动作时间特性、间断角闭锁以及直流助磁特性。

（2）提供多种比例和谐波制动方式。

5. 复式比率差动

用于自动测试复式比率差动母线保护的大差高值、低值和小差的动作特性。

6. 谐波

各路电压、电流可输出基波、谐波（2～20次），在一个通道上可叠加多次谐波，直接设置谐波含量的幅值和相位，设置完毕后应可靠输出多次谐波的叠加量。

7. 振荡

用来模拟系统动态振荡过程，用于自动测试发电机的失磁保护、振荡解列装置在系统振荡过程中的动作情况。可以根据系统阻抗、系统电压自动判别出系统振荡中心及最大振荡电压、电流，直观显示每一次振荡的波形，模拟系统在振荡过程中发生故障。

8. 状态序列

(1) 可对整组试验、备用电源的快速切换装置及低频低压减载装置进行测试。

(2) 各状态可以分别设置电压、电流的幅值、相位及频率，单独设置直流值。并且在同一状态中，可以设定电压的变化（dV/dt）及范围和频率变化（df/dt）及范围。

(3) 触发条件有多种，可以根据试验要求分别设置。

(4) 至少有六路开入量输入接点和四路开出量接点。

9. 同期装置

测试同期装置的电压闭锁值、频率闭锁值、导前角及导前时间、电气零点、调压脉宽、调频脉宽以及自动准同期装置的自动调整试验。

(二) 电流互感器伏安特性测试仪

1. 性能要求

(1) 应具备按照 IEC 60044－1（GB 1208—2006）、IEC 60044－6（GB 16847—1997）标准绘制励磁曲线和计算拐点电压电流的功能，自动绘制电流互感器5%、10%误差曲线和磁滞回线，自动对比值差、相位差。

(2) 应具有升流保持功能。

(3) 应具备测试电流互感器二次绕组直流电阻、二次回路负载的功能。

(4) 应具备测试电压互感器励磁特性、空载电流、变比极性及二次绕组直流电阻、感应耐压的功能。

(5) 应具有测试等电位接地网电流的功能。

2. 技术要求

(1) 电流、电压、电阻测量误差：不应超过±0.2%。

(2) 额定电流变比测量误差：1～5000时，误差不应超过±0.1%；5000以上时，误差不应超过±0.2%。

(3) 绕组电阻测量范围：0～100Ω，分辨率1mΩ；交流负载测量：0～1000VA，分辨率0.001VA。

(4) 二次负载阻抗测量范围：0.05～300Ω，二次负载阻抗测量误差不超过±0.1%。

3. 安全要求

(1) 应有必要的安全标志和安全注意事项。

(2) 应具有自动检测接线和故障告警功能。

(3) 应具备数据存储器，当仪器突然断电时，能够保证数据不丢失。

(4) 应能在电源电压不稳定情况下正常进行试验，且保证试验结果准确性。

4. 配件要求

配件中应至少包括两组试验线，分别用于一次升流试验和二次电流测量。

(三) 备自投测试仪

1. 性能要求

(1) 应具备至少9路独立交流电压、4路独立交流电流输出能力，其幅值、相位和频率应能独立、连续可调，准确度在0.1%以内。

（2）应具备至少 6 组模拟断路器，模拟断路器接点容量不小于 DC 220V/5A、DC 24V/16A 或 AC 28V/16A。

（3）模拟断路器跳、合闸时间应连续可调，时间设置分辨率不高于 1ms。

（4）应采用可视化操作界面，具备备自投装置动作过程和相关数据的监测记录功能。

2. 装置接口

（1）开关量输出接口：

1）在电气上相互隔离的开出量应不少于 8 对。

2）各开出量的遮断容量不应低于 DC 250V/3A。

（2）开关量输入接口：

1）在电气上相互隔离的开入量应不少于 4 对。

2）各开入量最大承受输入电压不低于 DC 250V，并能适应不同幅值与极性的带电触点或空触点开入量。

（四）便携式示波器

（1）同步采样开关通道数至少为 16 路，同步采样频率：1～100kHz，用户可通过软件设置采样频率。

（2）开关量分辨率：0.01ms；信号类型：既可以是无源触点，也可以是有源触点，软件自设。

（3）实时计算量误差要求：有效值误差为 0.2%；频率误差为±0.01Hz；相位差误差为±0.2°。

（4）支持 GPS 时标记录波形数据。可以自定义故障前录波时间，将录波启动前一段时间的信号波形完整连续地记录下来；能对所记录的波形曲线进行各种缩放、拖动、截取及跟踪显示所有波形曲线各时刻的对应值；可实时观测波形局部细节及其变化趋势。具有波形编辑功能，可实现对波形进行幅度调整、选时段、选线、用光标显示某一时刻各通道值。

（5）支持存储容量最大可达 200GB。支持以下网络接口：1 个 10Mbit/s 网络接口；通用串行总线接口：2 个 USB 接口。

（6）要求 TFT 显示分辨率：800 × 600；电源电压：AC 220V ± 15%，50Hz ±0.5Hz。

（7）长时间连续记录波形原始数据，记录仪在全通道同步采样，采样率为 10kS/s 时的记录时间不低于 300h。

（8）采用高精度、高线性度、低温漂、低零漂 AC/DC 电流变换器和电压变换器，以保证录波器能够真实、准确显示并记录带直流分量的故障电流及电压信号波形。

（9）模/数转换分辨率：16 位；测量精度：0.2%。

（10）信道配置采用模块化设计，用户可根据需要选配多种模拟信号变换器，各种变换器类型系统可自动识别。

（11）具有分析各通道的瞬时值、平均值、最大值、最小值、真有效值、基波有效值、频率、开关信号的动作时序，分析谐波、功率、矢量图、三相不平衡度等功能。

（12）可以测量各种继电器、开关的动作顺序及动作时间。测量分辨率达 0.01ms。具有手动启动、定时启动、开关量状态改变启动、负序启动、零序启动，以及模拟量的瞬时值、有效值、频率等参数越限和突变启动等多种录波启动方式。

（五）大电流发生器

（1）交流电压输出：0～120V，±0.50%。

（2）交流电流输出（分相）：50～500A，±0.50%。

（3）相位：0°～360°，±10°。

（4）交流电流输出功率要求（分相）：不小于8kVA。

（5）电流输出时间要求：最大电流满载输出时间1min。

（6）电压输出时间要求：最大电压输出时间10min。

（7）电流、电压输出要求：A、B、C三相同时输出0～500A交流电流时相位为正相序，且相位分别为0°、－120°、120°并可调；可输出负序量并可调。

（六）相位伏安表

1. 性能要求

（1）应具备在不断开被测电路的情况下同时测量1～3路交流电压，1～3路交流电流的幅值、频率及其各量间的相位的能力。

（2）6路输入量应全部隔离，支持任意接线方式，3路电压不共地，每路电压通道都应可以进行任意两点的电压测量，测量时应可以任意输入为基准，测量任意信号间的相位。

（3）交流电流、电压测量有效值误差如下。

1）测量范围：

a. 电压：1～500V。

b. 电流：1mA～5A。

c. 相位：360°。

d. 频率：45～65Hz。

2）分辨率：

a. 电压：0.01V。

b. 电流：1～100mA时不应大于0.1mA，100mA～1A时不应大于1mA，1～5A时不应大于10mA。

c. 相位：0.1°。

d. 频率：0.01Hz。

3）准确度：

a. 电压：误差不应超过±0.2%。

b. 电流：1～100mA时误差不应超过±0.2mA，100mA～1A时误差不应超过±2mA，1～5A时误差不应超过±10mA。

c. 相位：误差不应超过±1°。

d. 频率：误差不应超过±0.1Hz。

（4）各输入量间相位测量准确度。输入电流为1～2mA时误差不应超过±6°，输入电流为2～10mA时误差不应超过±3°，输入电流为10mA～5A时误差不应超过±1°。

（5）电压回路输入阻抗大于500kΩ。

2. 耐压要求

1000V测量电压下，电压输入端、交流充电电源输入端与仪表外壳之间，钳形电流互感器铁芯与副边绕组引出线及钳柄之间绝缘电阻均应大于100MΩ。

3. 配件要求

配件中应至少包括小孔径（直径7mm）钳形电流互感器3台，大孔径（直径50mm）钳形电流互感器1台。

（七）行波测距试验仪

1. 输出电流源参数

（1）通道数不小于3路。

（2）在故障波输出状态下，瞬时最大值不低于15A；能够短时输出有效值不低于10A的电流；能够连续输出有效值不低于5A的电流。

2. 幅值精度

（1）测试波形为50Hz正弦波。

（2）当波形有效值范围为0.5A≤I<10A时，准确度不低于±0.5%；当波形有效值范围为0.1A≤I<0.5A时，准确度不低于±1%。

3. 通道同步

单机输出通道同步输出的时间差不大于2μs。

4. GPS接口

两套装置通过GPS分脉冲同步的输出时间差能够不大于0.5μs。

5. 绝缘耐压性能

符合GB/T 15145—94绝缘标准。

三、智能仪器仪表主要技术性能指标

（一）手持式光数字测试仪

（1）可模拟合并单元（MU）输出IEC 61850-9-1/2、IEC 60044-8光数字报文，对光数字继电保护装置进行测试。

（2）支持SCL文件导入以提取需要的装置实例配置信息，完成测试配置。

（3）支持网络报文侦听，根据侦听到的报文信息选择APPID，自动与选定的SCD文件进行匹配。

（4）支持电压电流输出测试，至少8路电压、8路电流可映射至多个采样值控制块输出，支持双AD配置，输出采样值采样率在1～12.8kHz范围内可设。

（5）支持SMV多个状态按预先设定输出测试，最大状态数可达10个以上，并具有短路故障计算功能，测试结果明了清晰，GOOSE动作以列表方式给出。

（6）支持GPS触发输出采样值，可实现多机同步输出测试。

（7）采用光串口接收复用技术，一个光串口既可接收IEC60044-8光数字报文，又可接收光IRIG-B码对时信号。此外，光以太网口多功能复用，既可发送、接收IEC61850-9-1/2报文，又可接收GOOSE和IEEE1588报文。

（8）支持合并单元MU报文输出时间均匀性监测，支持合并单元MU报文输出延时监测。

（9）支持GOOSE发送机制监测。

（10）支持GMRP组播报文的发送及监测。

（11）具有光数字SV控制块的极性校核功能和核相功能。

（12）支持光以太网单纤收或发IEC61850-9-1/2光数字报文。

（13）支持SMV、GOOSE及IEEE1588报文监测，可对报文进行丢帧统计，支持遥信、遥测量、谐波等监测，遥测量监测可采用矢量图方式。

（二）继电保护综合测试仪

（1）整机采用一体化设计，具有液晶显示屏，既可以通过面板操作，也可以通过连接笔记本电脑运行全部保护功能测试。

（2）装置内置GPS同步卡，可与PC机相连，实现两台测试仪异地进行同步对调试验。具有IRIG-B、IEEE1588同步对时功能。

（3）至少6路光纤通信接口，可同时收发IEC61850-9-2帧格式的采样值/GOOSE。每组光纤通信接口可同时发送至少6组采样值、15组GOOSE，至少接收12组GOOSE、IEEE1588报文，满足对组网方式的测试。

（4）要求不仅支持IEC61850-9-1的采样值报文，还应支持IEC 61850-9-2LE采样值报文，GOOSE数据格式可灵活配置，可以模拟合并器（MU）与采集器（PT/CT），全面支持IEC 61850规约采样值输出。可模拟采集器输出IEC60044-8-10-的报文测试MU装置，自动解析保护模型文件（SCD、ICD、CID、NPI），实现对采样值、采样通道信息、GOOSE信息的自动配置，可对GOOSE通信链路进行检查，采样值、GOOSE配置信息可保存、反复调用。

（5）灵活模拟过程层设备异常。要求能够模拟过程层设备异常，设置通道品质因数、采样失步、丢帧丢点等，用来考核间隔层IED在过程层设备异常情况下的反应是否正确。

（6）具备输出监视、示波、录波、故障再现等功能。具有仪器输出监视、网络报文监视与录制、示波/录波、故障再现功能，可以根据用户要求录制故障时的网络数据，并简单操作后即可回放到过程层网络上，实现故障再现。

（7）具有SCD比对检测功能和SCD文件图形化、可视化显示。对SCD文件语法模型与虚端子连线错误进行检查，新旧SCD文件比对，查找差异，并根据差异点形成检修策略，配合硬件平台进行SCD虚端子连线变化检修。

（8）具有一键式自动测试功能。通过导入执行标准化作业指导书的自动测试模板即可实现标准化自动测试，测试完成后，自动输出Word版测试报告。测试报告可在液晶屏显示并通过外接打印机打印，也可用U盘存储，配合PC机使用。

（三）稳定光源

（1）输出模式：多模。

（2）多模工作波长应至少满足：850nm和1310nm。

（3）输出功率：－10dB；稳定性：±0.1dB。

（四）光功率计

（1）测试范围：－70～10dB。

（2）自动波长识别：与同系列光源配合。

（3）波长范围：600～1700nm。

（4）校准波长：850nm、1300nm、1310nm、1490nm、1550nm。

（5）测量精度：0.1dB。

（五）光衰耗仪

（1）大动态衰减范围：0～55dB。

（2）工作波长：850nm、1310nm。

（3）衰减模式：多模；最大输入功率：20dB。

（4）精度：±0.8dB。

（六）合并单元测试仪

（1）能够完成MU准确度、时间特性、状态标志、丢包率、谐波分析、信号分析、电流电压相位核对、暂态特性校验等相关测试。

（2）内置电压、电流标准源输出；内置小信号弱模信号输出。

（3）暂态试验性能应符合Q/GDW 11015—2013《模拟量输入式合并单元检测规范》7.6中要求。

（4）与各MU厂家通信自适应。

（5）模拟采样采用工业级高精度ADC，系统精度达到0.05%。绝对延时、时间抖动测试精度优于1μs。

（6）三相电压、三相电流同时测试，同时输出三相测试结果。

（7）具备完善的自检和提示功能。

（8）在开、关机瞬间，装置不应有输出量，不应引起被测装置的不正确动作，甚至损坏。

（9）装置上电后，未输出和已输出状态均应有明显的指示。

（10）精度测试。针对合并单元现场实际使用情况，接收装置对组网口数据采用同步法数据计算模式，对点对点口数据采用插值法计算模式。为保证合并单元组网模式及点对点模式下，精度的绝对准确，合并单元测试仪需支持同步法、插值法（异步法）两种测试模式对精度的测试。

（11）整周波测试。首周波检测功能主要用于测试合并单元在完成采样并输出报文时，是否存在正好延迟了整数个周波的现象。由于一般的测试方法是通过升压升流设备加量或功率源二次加量进行检测，此时模拟信号为50Hz的周期性信号。当合并单元采样延时一个周波时测出来的相角差仍然是满足精度要求的，而此时实际SV采样报文与模拟量相差了360°，存在严重安全隐患。

（12）采样响应时间测试。对采样（SV报文）响应时间及响应时间误差（绝对延时）进行测试。测试仪与外部时钟单元同步后，每收到一个PPS，测试仪输出一组从零相位开始的模拟量，同时从待测合并单元接收数字报文并标记时标，考虑D/A输出延时等因数后计算过零点或最大值之间的时间差。

（13）采样值、GOOSE 报文异常分析及统计。

1）采样值报文异常分析及统计。可对采样值丢包、错序、重复、失步、采样序号错、品质异常、通信超时恢复- 13 -次数、通信中断恢复次数等影响合并单元正常工作的异常进行实时分析及统计。

2）GOOSE 报文异常分析及统计。可对 GOOSE 变位次数、TEST 变位次数、Sq 丢失、Sq 重复、St 丢失、St 重复、编码错误、存活时间无效、通信超时恢复次数、通信中断恢复次数等影响合并单元正常工作的异常进行实时分析及统计。

（14）采样值间隔离散值测试。以优于 40ns 硬件打时标精度对报文的采样间隔进行实时统计。合并单元测试仪记录接收到的每包采样值报文的时刻，并据此计算出连续两包之间的间隔时间 T。T 与额定采样间隔之间的差值（发送间隔离散值）应满足合并单元技术条件中的相关要求。对合并单元点对点后报文输出口离散性测试时，不允许出现，抖动时间间隔超过 $(250\pm10)\mu s$ 的报文帧间隔。规程要求不大于 $10\mu s$。组网口则没有这样测试的要求。

（15）时钟性能测试。提供时钟测试仪的功能，可对合并单元的对时精度、守时精度进行高精准测试。

1）对时精度测试。利用合并单元测试仪的标准时钟源给合并单元授时，待合并单元对时稳定后，利用时钟测试仪以每秒测量 1 次的频率测量合并单元和标准时钟源各自输出的 1PPS 信号有效沿之间的时间差的绝对值 Δt。连续测量 1min，这段时间内测得的 Δt 的最大值即为最终测试结果。对时误差的最大值应不大于 $1\mu s$。

2）守时精度测试。合并单元先接受标准时钟源的授时，待合并单元输出的 1PPS 信号与标准时钟源的 1PPS 的有效沿时间差稳定在同步误差阀值 Δt 之后，撤销标准时钟源的授时。从撤销授时的时刻开始计时，合并单元保持其输出的 1PPS 信号与标准时钟源的 1PPS 的有效沿时间差保持在 Δt 之内的时间段 T 即为该合并单元可以有效守时的时间。10min 满足 $4\mu s$ 的精度要求。

（16）电压并列、切换功能测试。可通过 GOOSE 报文或硬接点发送刀闸位置，完成合并单元的电压切换和并列功能的测试。

（17）采样值报文波形显示。对采样值报文可绘制成实时波形，用于分析电流、电压的幅值、相位等。

（18）电压、电流误差导致的功率计量误差测试。含有功功率、无功功率、视在功率、功角、功率因数的理论值、实测值、误差值。

（19）采样值、GOOSE 报文解析。对合并单元输出的采样值报文、GOOSE 报文进行解析。

（七）智能变电站网络性能测试仪

（1）将智能变电站网络性能测试与 IEC61850 标准相结合，满足智能变电站的网络交换机设备及 IED 设备网络性能测试的需要。

（2）交换机 VLAN 校验。可自动搜索交换机 VLAN 划分设置，形成 VLAN 划分表。

（3）网络交换设备基本性能测试。测试网络交换设备吞吐量、丢包率、时延、背靠背等指标。

（4）支持错误帧过滤机制测试，包括超长帧、超短帧、CRC－15－错误。

（5）具有网络风暴抑制测试功能。验证交换机广播风暴、组播风暴、未知单播风暴的抑制功能。

（6）镜像功能测试。可对交换机的镜像功能进行测试，支持单端口/多端口镜像、输入数据流/输出数量流镜像。

（7）优先级测试。测试报文优先级，支持 SPQ 严格优先级测试和 WRR 加权循环优先级测试。

（8）网络负载测试。测试变电站交换机各端口网络负载流量，各端口的总流量、SV 报文流量、GOOSE 报文流量及以太网报文流量。

（9）网络压力测试。测试智能变电站网络系统中 IED 设备在不同网络压力数据流下的反应和指标。

（10）SCD 文件导入与图形化解析。应支持 SCD 文件导入，设备连接关系图形化，显示选中 IED 设备互连关系，点击设备之间的连接关系线，可图形化显示设备内部详细连接虚端子关系及引用关系。

（11）具有 GPS、IRIG－B、IEEE1588 同步对时功能。

（12）试报告应自动生成：支持 Word 格式，可导出编辑。

四、公用仪器仪表主要技术性能指标

（一）便携式故障录波器

（1）接入通道：模拟通道和数字通道。

（2）模拟通道支持 8 路交流电压测量、8 路直流电压测量、8 路交流电流测量，最大可以接入 128 路模拟量。

（3）至少支持 16 路开关量输入通道，最大可以接入 256 路开关量。

（4）数字通道至少支持 4 路百兆光接口、4 路千兆光接口、2 个 RJ45 接口和 8 个 FT3 接口。

（5）接入 SV 信号采样频率为 4kHz，模拟量通道、FT3 信号采样频率可以达到 50kHz。

（6）硬盘存储容量不小于 500GB，可存储暂态记录不少于 5000 个独立故障文件。

（7）稳态记录压缩存储，压缩率不低于 3～5 倍。

（8）应具有的录波启动方式包括开关量变位启动，相电流越限启动、突变启动，相电压欠压、过压越限、突变启动，二次、三次、五次、七次谐波越限启动，高频/直流越限、突变启动，负序、零序分量启动，频率越上限、频率越下限、频率变差启动，电流变差启动，主变压器中性点电流越限，差动电流启动（纵差），过激磁启动。

（9）启动精度越限量启动：优于 2%；突变量启动：优于 5%；开关量：小于 1ms。

（10）电流回路应采用钳形 TA，能套接在被测试间隔对应相上进行测试。

（11）便携式故障录波器的操作系统应采用安全的非 Windows 操作系统。

（二）红外热成像仪（手持型）

（1）红外像素为 220×165；空间分辨率优于 2.8mrad；热敏度（30℃目标温度时）不

大于0.08℃。

（2）支持两种调焦模式：激光自动对焦和手动调焦；精度：±2℃。

（3）显示器至少8.9cm（3.5in）。

（4）存储介质：存储空间至少8GB，支持3种存储方式。

（5）电池类型：锂电池供电，工作时间至少4h以上。

（三）直流接地探测仪

1. 关键技术

（1）适用于任何电压等级直流系统的绝缘测试。

（2）应具备快速查找单回线供电、双回线供电、环网供电等多种供电方式接地点功能。

（3）测试过程中应能够克服系统分布电容等干扰情况的影响。

（4）应具备对绝缘状态进行测试分析、趋势分析和状态跟踪，测试绝缘电阻回复电压等功能。

2. 技术要求

（1）信号输出电压幅值误差小于5%。

（2）信号短路输出电流不大于80mA。

（3）信号接收灵敏度：0.5mA。

（4）最小分辨率：电压0.1V，绝缘电阻0.01MΩ。

（5）接地电阻测量：0～4.5kΩ，误差不大于0.5kΩ；4.5～300kΩ，误差不大于10%。

（四）绝缘电阻表（数字式）

（1）在500V、1000V、2500V三个直流电压挡位下，准确度等级应不小于10级。

（2）最大量程不应小于100MΩ。

（3）应可靠保护使用人员的安全，配备完善的接地保护措施，具有带电线路提示，能够进行声音（光等）告警。

（五）数字式万用表

（1）交流电压测量：0.1mV～1000V，最大允许误差±1.0%。

（2）直流电压测量：0.1mV～1000V，最大允许误差±0.5%。

（3）交流电流测量：0.1mA～10A，最大允许误差±1.5%。

（4）直流电流测量：0.1mA～10A，最大允许误差±1.0%。

（5）电阻测量：0.1Ω～40MΩ，最大允许误差±0.4%。

（6）电容测量：1nF～9999μF，最大允许误差±2.0%。

（7）频率测量：2Hz～99.9kHz，最大允许误差±0.1%。

（8）温度测量：－40～400℃，最大允许误差±1.0%。

（六）高精度直流试验装置

（1）输出直流电流范围不小于100～4000A。

（2）准确度不低于±0.5%。

（3）频率范围不低于45～65Hz。

（4）输入电压为三相四线制380V。

第五章　全光纤电流互感器在智能变电站中的应用

第一节　电子式电流互感器分类

电子式电流互感器可分为：有源电子式电流互感器和无源电子式电流互感器两种。

一、有源电子式电流互感器

典型的有源电子式电流互感器一般包括高压侧的发射机部分、低电压侧的接收机部分、绝缘结构及光纤传输部分、供能模块等4个部分。高压侧采用低功率电流互感器或者罗柯夫斯基线圈采样，经过一系列信号处理（模数转换或压频转换等）转换成数字信号，再通过电光转换经由光纤将光信号传送到与低压侧相连的接收机，进行光电转换及数据处理。高电压侧的电子电路由一个套在高压母线上的小电流互感器供电。尽管高低电压之间的信号传输通过绝缘的光纤，但也存在高低压电压之间的绝缘问题，如果没有其他的措施，容易发生沿光纤表面的闪络。通常，将光纤埋在一根硅橡胶的绝缘子中，增大了爬电距离，从而保证了高低电压之间的绝缘。

有源电子式电流互感器需要向高压侧的有源电子电路供电，由于这种供电技术较为特殊，因此高压侧的电子器件供电成为有源电子式电流互感器测量系统的一项关键技术。国内多家单位都在对混合式光电互感器高电位侧的电源供应问题进行研究，目前可行的技术方案主要有以下几种：

（1）线圈从母线采电的供能方式。该供电方式是利用电磁感应原理，由普通铁磁式互感器从高压母线上感应得到交流电电能，然后经过整流、滤波、稳压后为高压侧电路供电。该线圈处在高压端，绝缘要求低，能大大简化其设计，造价较低。缺点是母线未供电时，这种供电方式失效。电力系统负荷变化很大，母线电流随之变化很大（几安培至上千安培），母线短路瞬时电流可超过几十倍额定电流。如此大的工作范围为电源变压器和稳压电路的工作带来严重困难。因此，设计时应注意一是要尽量降低死区电流，保证在电力系统电流很小时能提供足以驱动处于高压侧电子电路的功率；二是当系统出现大电流时，能吸收多余的能量，给电子线路一个稳定的电源，其本身也不会因过电压而损坏。

（2）高压电容分压器的供电方式。在高压母线与地之间连接高压电容分压器从高压母线上取得能量经过整流、滤波、稳压后，向高压侧电路供电。这种方法的优点是，利用传统电容式电压互感器（CVT），既能提供光电电流互感器的高压侧供电电源，又可应用光纤技术于CVT，从而实现对电力系统的电压、电流、功率的测量。其缺点是母线未供电时，这种供电方式失效。

（3）激光供能方式。这种方法采用激光或其他光源从地面低电位侧通过光纤将光能量传送到高电位侧，由光电转换器件（光电池）将光能量转换成为电能量，再经过 DC - DC 变换后，提供稳定的电压输出。随着电子器件尤其是 GaAs 光电池、大功率半导体激光二极管和高效率单片集成 DC - DC 变换器的广泛应用，这种供电方式在实际使用中的可靠性有所提高。激光供能的优点是电源能量供给稳定，摆脱了高压母线电流大小和电压高低的影响，可以在母线电流很小时检测母线的状态。其缺点主要是目前国内光电技术还不是十分成熟，国外购买光电器件的价格比较高。另外，激光晶闸管的工作寿命有限，如果长时间工作在驱动电流比较大的状态时，激光晶闸管容易发生退化等现象导致工作寿命迅速降低；GaAs 光电池的寿命和效率也和国外厂家给出的数据有一定的出入。

（4）蓄电池供能方式。这是一种采用蓄电池对高电位侧的电子线路进行供电的方式。电池的能量来自于母线电流，接在母线上的经过特殊设计的电流互感器或分压器构成电池的交流充电电源，经过稳压和整流后对电池进行充电。这种方式的优点是结构简单，实现起来比较容易。但是蓄电池的寿命比较短，比较容易损坏，而在高电位侧的电池更换起来比较困难，不能满足一般工业运行的条件。

二、无源电子式电流互感器

无源电子式电流互感器一般分为两类：一类是全光纤式的，其光纤本身就是传感元件；另一类是混合式的，它的传感头是一块玻璃晶体，光纤只起传输光信号的作用。

（1）混合式的无源电子式电流互感器传光采用光纤、传感采用磁光材料，一般采用磁光玻璃。可以通过仔细选择传感头的光学材料与结构，制作出高性能的电子式电流互感器。比较常用的结构形式是将磁光材料作成围绕电流的闭合环形块状物体，它的测量结果不受外界杂散磁场影响，准确度能得到保证。目前在美国研制成功并投入现场试运行多年的 MOCT 即属此种类型。闭环式混合型 MOCT 的测量只与磁光材料的 Verdet 常数有关，与光路和通流导体的相对位置无关。从而比较容易实现高性能的磁光式电流互感器。光传感头的材料一般选用光学玻璃。光学玻璃与晶体一样，在外场作用下将会产生不同的光学效应，它们与磁光效应都是温度的函数。因此在 MOCT 中发生的光学效应实际上是各种效应综合的结果。其中温度及应力将会对磁光式电流互感器的测量准确度产生较大影响。

（2）全光纤电流互感器的传输部分从传感头到保护装置整个二次回路均采用数字化光纤传输，又因为噪声电流是在线路无压无流情况下产生的，所以排除了外界的电磁干扰问题。因为全光纤电流互感器是首次在 GIS 开关上应用，其安装位置靠近断路器，并且噪声电流正是在断路器动作过程中才出现，所以初步分析是因为全光纤电流互感器受到了断路器机构所产生振动的影响，从而影响了其传变特性。沿此思路，针对实际运行中的问题，主要就开关断路器机构所产生振动对全光纤电流互感器的影响为目标进行深入研究。

第二节 对全光纤电流互感器的研究和创新

电子式互感器是智能变电站的关键设备，全光纤电流互感器是电子式电流互感器的主要品种之一。由于传感光纤固有的线性双折射会影响全光纤电流互感器传感特性，并引发

响应度问题、测量准确度的温漂问题和不均匀磁场干扰问题等，因此应加以改进。设备生产厂家、国网辽宁省电力有限公司盘锦供电公司等单位结合物理实验在理论上研究了线性双折射对全光纤电流互感器传感特性的影响，并形成了相应的改进方案。

（1）建立了全光纤电流互感器模型体系，构建了微元级联二元模型，并在不同的限定条件下将微元级联二元模型等效为一元模型、二元均匀模型和二元不均匀模型。基于理论和实际相结合的分析方法，给出了二元不均匀模型的适用范围。二元均匀模型和二元不均匀模型是基础性数学模型。

（2）基于二元均匀模型研究了全光纤电流互感器响应度特性。

（3）搭建了不均匀磁场特性实验平台，验证了全光纤电流互感器不均匀磁场特性模型的正确性和所提方法的有效性，对全光纤电流互感器的设计和安装具有指导意义。

一、基本原理与主要结构

基于法拉第效应的光纤电流互感器理论分析研究，主要研究并计算被测电流周围磁场强度、法拉第磁光效应引起的相位差、相位差与光强关系以及光电检测电路灵敏度，从理论及原理的角度分析开关振动对光纤电流互感器输出的影响。

相位调制型全光纤电流互感器基于法拉第磁光原理以及安培环路定理，并使用反射式光纤干涉仪将偏振光的相位信息转变为强度信息。低电压控制的电光相位调制器同时向干涉仪提供相位偏置量和反馈补偿量，从而实现在低压侧的控制和检测。

下面借助国网智能电网研究院电力电子所自主研发的全光纤式电流互感器来详细说明一下无源全光纤电流互感器。

1. 基本原理

相位调制型全光纤电流互感器基于法拉第磁光原理以及安培环路定理，并使用反射式光纤干涉仪将偏振光的相位信息转变为强度信息。低电压控制的电光相位调制器同时向干涉仪提供相位偏置量和反馈补偿量，从而实现在低压侧的控制和检测。

如图 2-5-2-1 所示，根据法拉第磁光效应，一束线偏振光在磁场作用下通过磁光材料时它的偏振面将发生旋转，旋转角 θ 正比于磁场沿着偏振光通过材料路径的线积分，即

$$\theta = V\int_L B\,dl \tag{2-5-2-1}$$

式中　V——材料的 Verdet 常数；

B——磁感应强度矢量。

几乎任何材料都存在法拉第效应，只是 Verdet 常数的大小不同，掺杂特殊金属氧化物的磁光玻璃材料具有较大的 Verdet 常数，法拉第效应较为明显，块玻璃型光 CT 正是使用该种材料作为高压侧敏感单元的。石英玻璃以及由此制成的光纤也具有法拉第效应，只是其 Verdet 常数较小。

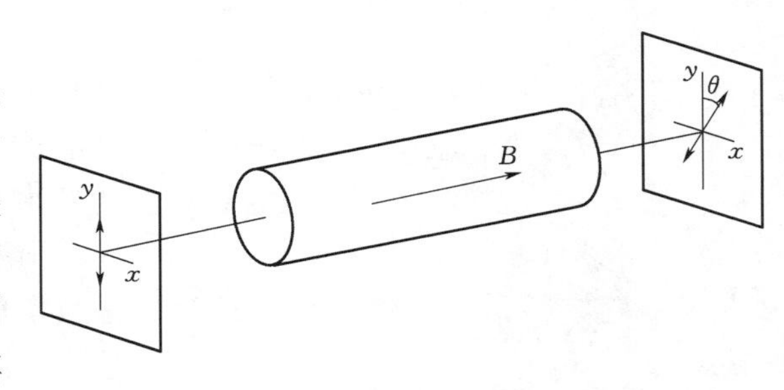

图 2-5-2-1　线偏光的法拉第效应

经过更深入的研究，人们认识到法拉第效应本质上是来源于电子在外磁场作用下产生运动的衍生效应，偏振面的旋转是由于磁场使左圆偏光与右圆偏光产生了相位差。线偏光由振幅相等的左、右圆偏光组成。由于电子运动的旋转方向在与外磁场垂直的右手螺旋方向上，顺电子进动方向的圆偏光的速度被加快，反电子进动方向的圆偏光的速度被减慢，所以这两个不同方向的圆偏光沿电流磁场传播一段距离后，将产生如下相位差：

$$\Delta\phi = 2V\int_L B\,\mathrm{d}l \tag{2-5-2-2}$$

圆偏光的法拉第效应如图 2-5-2-2 所示。

根据安培环路定理，载流导线周围的磁场是环形的，闭合路径的磁场环流只与包围其中的电流强度有关，而与具体路径无关，即

$$\oint_L B\,\mathrm{d}l = \mu_0 I \tag{2-5-2-3}$$

式中　μ_0——真空的磁导率；

I——电流强度。

安培环路定理示意图如图 2-5-2-3 所示。

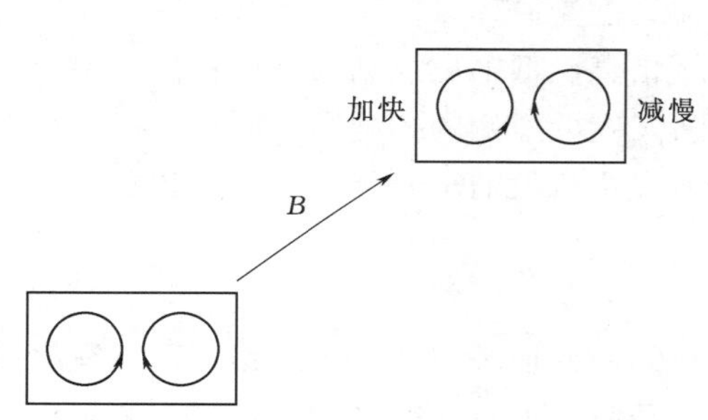

图 2-5-2-2　圆偏光的法拉第效应　　　图 2-5-2-3　安培环路定理示意图

如果将敏感光纤以多匝缠绕在载流线周围，法拉第效应将被加强，则：

$$\Delta\phi = 2NV\int B\mathrm{d}l = 2NV\mu_0 I = V_\mathrm{d} NI \tag{2-5-2-4}$$

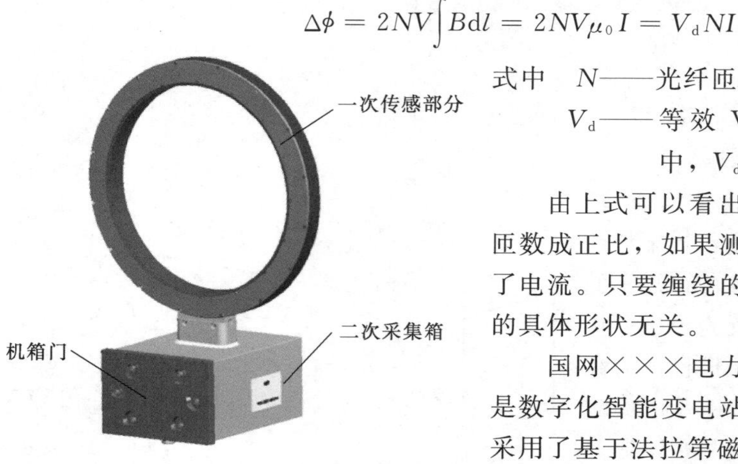

图 2-5-2-4　GIS 型全光纤电流互感器外形

式中　N——光纤匝数；

V_d——等效 Verdet 常数，在石英光纤中，$V_\mathrm{d} \approx 3\times10^{-6}\mu\mathrm{rad/A}$。

由上式可以看出，相位差与电流以及光纤匝数成正比，如果测出了这个相位差也就测出了电流。只要缠绕的光纤是整数匝，则与光纤的具体形状无关。

国网×××电力有限公司的×××变电站是数字化智能变电站示范工程，其电流互感器采用了基于法拉第磁旋光原理的 GIS 型全光纤电流互感器，产品外形如图 2-5-2-4 所示，

其原理框图如图 2－5－2－5 所示。

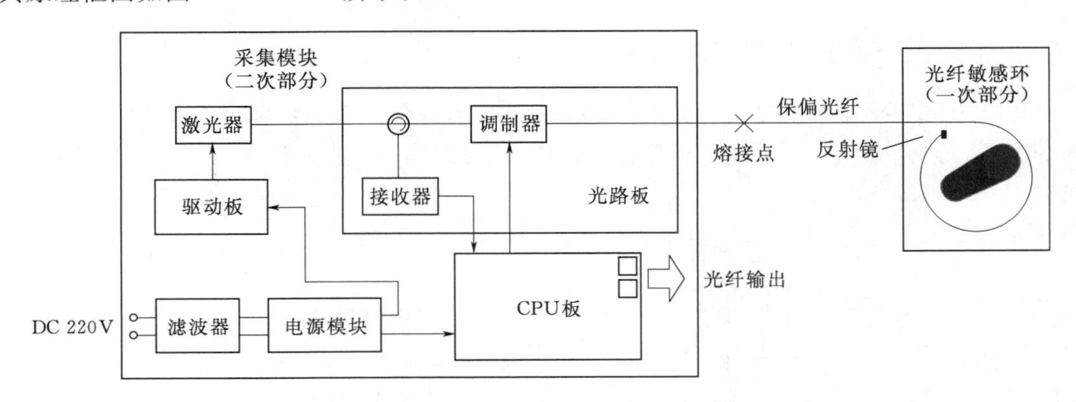

图 2－5－2－5　全光纤电流互感器原理框图

母线穿过一次光纤敏感环部分，采集模块放在二次采集箱中。光源发出的光经过分束器到达多功能调制器，受到方波的调制，同时转换为两束线偏振光，通过光纤延迟线后分别以 45°进入熔接点处的 1/4 波片后变为左旋和右旋光波，两束旋光通过敏感光纤传播时，穿过它的电流产生磁场，由于 Faraday 效应，两束光波之间产生了如下相位差：

$$\Delta\varphi_i = NVI \tag{2-5-2-5}$$

式中　N——敏感光纤的匝数；

V——维尔德常数；

I——穿过敏感光纤环的电流。

返回光再次经过 1/4 波片后，两束旋光均转换为线偏振光，并携带了 $\Delta\varphi_i$ 信息，经过光纤延迟线返回到多功能调制器发生干涉，干涉后的光强表达式为

$$P = P_0[1+\cos(\varphi_b + \Delta\varphi_i)] \tag{2-5-2-6}$$

式中　P——输出信号光强；

P_0——峰值光强；

φ_b——调制幅度。

光波通过耦合器后到 CPU 板上的探测器，将光信号转换为电压信号。利用高速 A/D 转换器将模拟信号变为数字信号，进入 FPGA 和 DSP 处理单元；在 FPGA 内完成数字采样，并通过数字梳状滤波器技术等进行降噪处理；DSP 内完成解调、数字积分等控制算法后将测量结果通过光纤传输出去。

2. 主要结构

全光纤电流互感器目前的结构主要分为三个部分，传感头、光纤绝缘柱/连接光缆、二次机箱。传感头中可以包含多个感测头，分别对应不同的二次转换器，可以实现冗余配置以提高产品可靠性。感测头内只有光纤，不包含任何电子元件和有源器件。绝缘柱采用含有光纤的硅橡胶复合绝缘子。二次箱内可根据需要配置多个二次转换器，可连接至同一个或不同的合并单元。合并单元可根据需要安置在室内或室外。

在实现挂网过程中，提高精确度与长期稳定性的理论与实践问题很复杂，需在理论与工艺性能等方面进一步深入研究。但无论从原理和结构来看，全光纤电流互感器既不存在

二次开路，也不存在磁饱和问题，因此是比较理想的电力设备。

二、对系统保护影响的关键技术

光纤电流互感器输出对系统保护的影响关键技术研究，其主要目的是为满足保护速动性的需要，研究分析光纤电流互感器在分合闸时输出的非周期分量噪声影响突变量启动的机制，并提出解决办法。

如图 2-5-2-6 所示为线路保护简要的逻辑框图，以此来说明继电保护动作的过程。

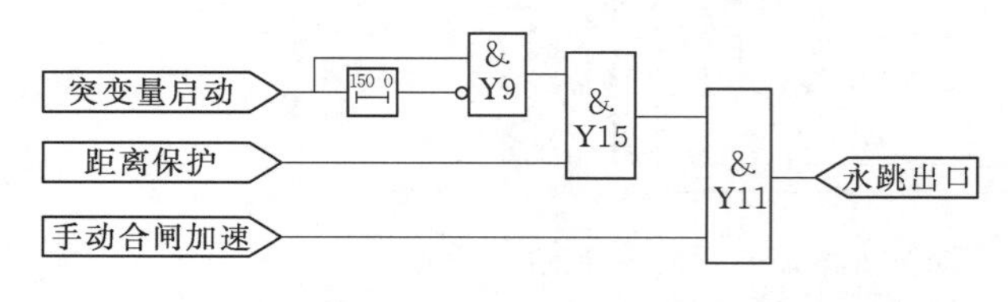

图 2-5-2-6　继电保护动作逻辑框图

2014 年 3 月 13 日×××220kV 智能变电站调试过程中，继电保护人员在空合出线断路器时，A 套线路保护 103B 动作跳闸，报突变量启动，手合后加速动作，距离永跳出口，计算阻抗值为 0，B 套线路保护未动作。线路在无压无流情况下跳闸，且双套线路保护只有 1 套动作。调试人员又进行了 3 次开关分合试验，其中继电保护动作了 1 次，仍然只有 A 套保护动作，另 2 次保护均未动作。现场人员调取的故障录波如图 2-5-2-7 所示。

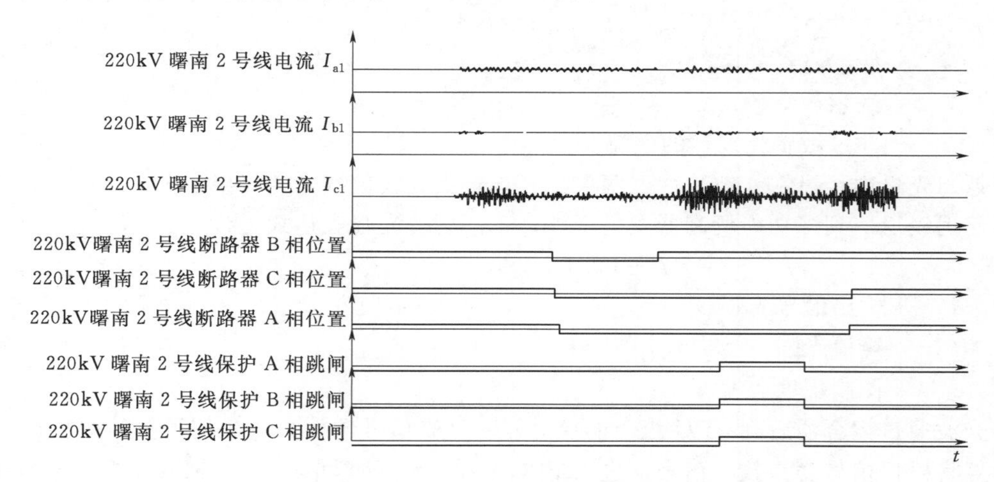

图 2-5-2-7　继电保护动作故障录波图

下面结合图 2-5-2-7 所示动作波形来分析，其谐波分析见图 2-5-2-8。

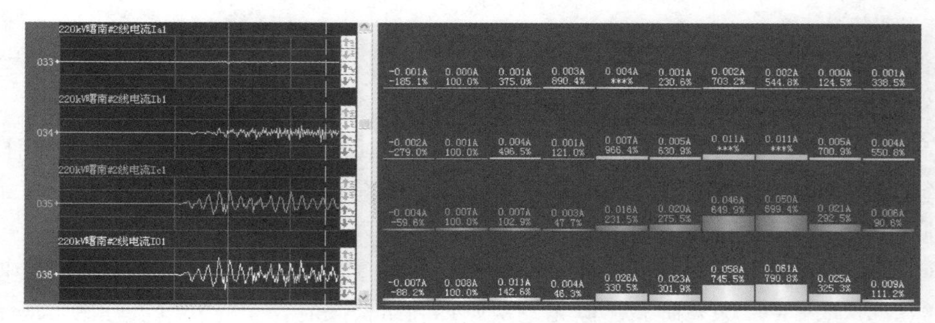

图 2-5-2-8　谐波分析图

由图 2-5-2-8 分析可知：

（1）此非周期性噪声电流引起突变量元件启动。在 150ms 内短时开放测量元件。

（2）由于试验状态，母线隔离开关未合，此时装置无电压，保护装置计算阻抗值为 0，满足了距离保护阻抗定值要求。

（3）三相开关跳位 10s 后又有电流突变量启动，则判为手动合闸，投入手合加速功能。

满足上述 3 个条件后，距离保护动作永跳出口。由此可见，保护装置属于正常动作。虽然在正常投运合闸或线路故障消除重合闸过程中，由于母线带电，此非周期性噪声电流不会使保护装置计算阻抗值达到其动作值，不影响开关分合，但突变量元件因开关的振动仍会启动，提高了保护误动的概率，而且在对侧站给本侧站充电的情况下，也会存在无法合上断路器的风险。

另外，3 次试验中，只有 1 次突变量启动，而另 2 次均没有启动，同样的非周期性电流却引起不同的结果，这要从突变量启动的原理以及算法进一步进行分析。

电流突变量启动元件在微机保护特别是高压线路的保护中常被用作被保护对象是否发生故障的先行判据，一旦突变量元件动作说明保护区内可能发生了故障，马上转入故障判别程序，若确诊为故障则出口跳闸或报警。此外，突变量元件还广泛应用于操作电源闭锁、保护定值切换、振荡闭锁和故障选相等场合。因此，要求突变量启动判据必须具有极高的灵敏性，以免漏掉某些轻微故障而造成严重后果；同时，在保证灵敏性的前提下尽可能减少误动。

线路发生故障时，电流波形如图 2-5-2-9 所示（图中的虚线表示假设没有故障发生时的电流波形）。当系统在正常运行时，这时 i_k 和 i_{k-T} 应当接近相等。如果在某一时刻发生短路，则故障电流突然增大，将出现突变量电流。其中，i_k 表示 $t=k$ 时刻的测量电流采样值；i_{k-T} 表示 k 时刻之前一周期，即 $t=k-T$ 时刻的测量电流采样值；i_{k-2T} 表示 k 时刻 2 周前的采样值；Δi_k 表示故障突变量的计算值；$T=24$ 为工频信号周期采样点数。

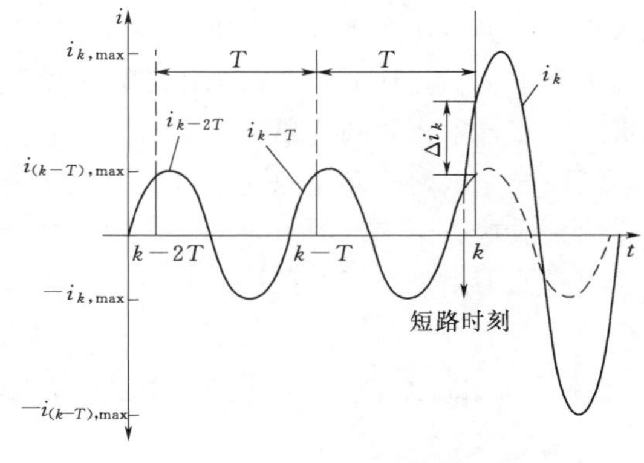

图 2-5-2-9　故障前后的电流波形

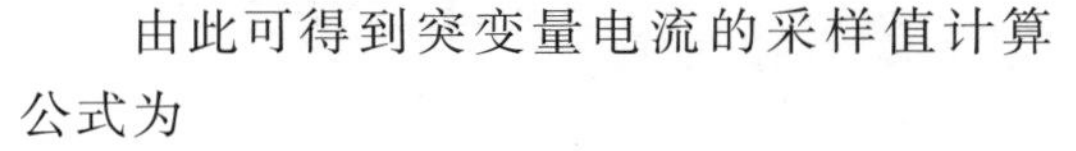

由此可得到突变量电流的采样值计算公式为

$$\Delta i_k = \| i_k - i_{k-T} | - | i_{k-T} - i_{k-2T} \| \tag{2-5-2-7}$$

其判据为

$$\Delta i_k > I_{QD} \tag{2-5-2-8}$$

式中　I_{QD}——变化量启动电流定值。

因此，当任意相间电流突变量或零序电流突变量连续 4 次大于启动定值，保护启动。

此算法的局限性在于，负荷电流必须是稳定的，或者说负荷虽时时有变化，但不会在 1 个工频周期这样短的时间内突然变化很大，而全光纤电流互感器受振动影响而输出的是

非工频随机的噪声电流（见图 2-5-2-7），在每个周期内大小变化都不相同。所以，保护装置采样取 24 点时有可能是过 0 点，也有可能是峰值，此非周期分量电流大小刚好在定值 $0.15I_e$ 左右，加上任意相间电流突变量或零序电流突变量连续 4 次大于启动定值，保护才启动，所以出现了现场保护时动时不动的现象。

分析全光纤电流互感器的光路特性，从原理上来看，越靠近反射镜端受到振动的影响越小，相反越靠近光源端受振动影响则越大。根据这一理论，对 GIS 型全光纤电流互感器做了相关试验。将 C 相二次采集模块从二次采集箱中拿出，使其与 GIS 本体分离，再进行分合断路器的操作，录波波形如图 2-5-2-10 所示。

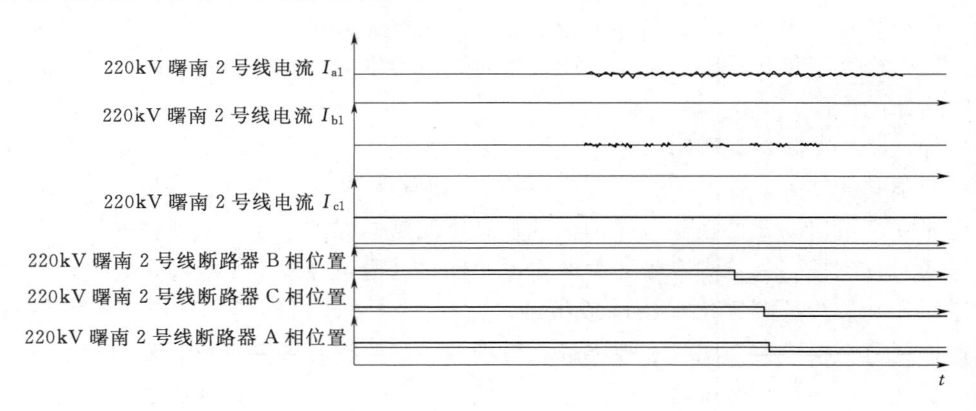

图 2-5-2-10 试验录波波形图

从图 2-5-2-10 可以看出，取出采集模块的 C 相完全没有任何噪声电流，A 相和 B 相噪声电流仍然存在，只是较小，试验结果与原理分析完全符合。全光纤电流互感器生产过程中有手工工艺环节，存在制作差异，而且断路器三相振动情况也比较复杂，这造成三相噪声电流各不相同的现象。

国网智能电网研究院的光纤电流互感器产品现已通过了武高所的产品检测及性能测试，而且成功应用于盘锦南×××电站。×××变电站是数字化智能变电站示范工程，其电流互感器采用了基于法拉第磁旋光原理的全光纤电流互感器，目前运行状况良好。

第三节 全光纤电流互感器示范应用及运行维护

一、示范应用

在×××变电站针对开关动作引起的振动对光纤电流互感器输出影响的研究成果可推广性进行的实地验证，其目的是通过现场实验进一步验证温度、振动对光纤电流互感器的影响，根据现场需要及实际排除温度因素对本研究内容的干扰；优化光纤电流互感器结构，使二次采集器与断路器本体分离，从根本上来解决振动问题，以提高保护可靠性。

通过本项目的开展和应用，未来相关技术还可应用于其他智能变电站。同时，本项目

积累的光纤电流互感器运维经验也可参照指导于其他智能变电站的日常运行维护当中。

通过上述分析，开关动作引起的振动对光纤电流互感器输出的影响，主要从以下两个方面来解决此问题：

（1）改进全光纤电流互感器生产工艺来弥补其原理上的不足。

（2）改进继电保护装置算法，使其避开分合闸操作时的噪声电流干扰。

然而，这两种方法都需要长时间研发与试验才能在工程中应用。为确保工程按期投运，提出了一种优化全光纤电流互感器结构的方法。

由于原二次采集箱距离断路器较近，并且与管母之间是刚性连接，受到振动影响较大，如图 2－5－3－1（a）所示。现将二次采集箱拆离传感头并悬挂在独立的龙门架上，之间的传感光纤用波纹管保护，如图 2－5－3－1（b）所示。经过仿真计算，全光纤电流互感器结构的变化对本身性能及 GIS 开关本体均无影响。更改后的全光纤电流互感器试验录波如图 2－5－3－2 所示。

(a)

(b)

图 2－5－3－1　全光纤电流互感器结构图

(a) 结构更改前；(b) 结构更改后

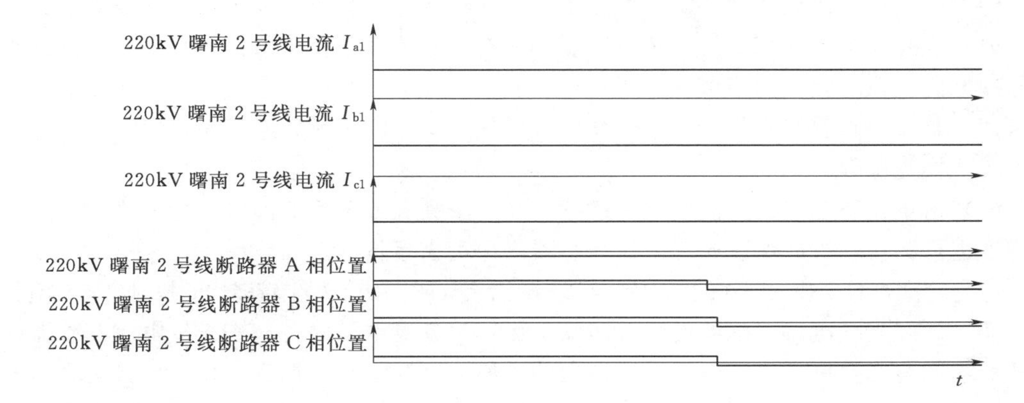

图 2－5－3－2　结构优化后的试验录波波形图

通过图 2-5-3-2 可以看出，优化结构后，三相均无噪声电流输出，保护装置未启动。现场的通流试验也验证了优化结构后，全光纤电流互感器的输出精度未受影响，测量精度仍然能达到 0.2 级，保护精度达到 5TPE 级。

目前×××变电站光纤电流互感器各个间隔安装位置不完全一致，根据具体情况改造施工方式略有差别。结合项目研究成果和现场具体情况，改造完成后的结构状态详见表 2-5-3-1。

表 2-5-3-1　　×××变电站光纤电流互感器改造后状态

序号	间隔编号	间隔名称	安装位置	改造说明
1	F1	环牵线	低位安装	机箱原有下进线不变，高度不变，底部装龙门架
2	F2	南兴 1 号线	高位	用新机箱，下移改为龙门架方式，改为下进线，波纹管连接
3	F3	南兴 2 号线	高位	同 F2 间隔
4	F6	南田 1 号线	高位	下方龙门架安装，波纹管连接
5	F8	南田 2 号线	高位	同 F2 间隔
6	F9	母联	低位安装	用新机箱，下移改为龙门架方式，机箱改为下进线，波纹管连接
7	F10	曙南 2 号线	高位	同 F6 间隔
8	F11	曙南 1 号线	高位	同 F2 间隔
9	F12	2 号主变	高位	用新机箱，下移改为龙门架方式，机箱改为下进线，波纹管连接
10	F13	北南线	高位	同 F6 间隔

二、运行维护

光纤电流互感器在投运以后，运行维护方法将为其安全稳定运行保驾护航。研究其运行维护方法也是意义重大。由于国内目前智能电网正处于转型阶段，运行维护经验欠缺，所以光纤电流互感器的运行维护还要依靠对传统互感器以及相关电子产品的运行维护经验。

经过本项目的研究及现场试验过程中的实践经验，可总结出如下需要注意之处：

（1）在光纤电流互感器投入运行以后，如有数据无效以及检修信号报警，应立即查找引起的原因，采取相应的措施。

（2）每天应查看光强值，如果光强值有明显下降，应及时联系厂家，由厂家来检查是否需要更换光源等。

（3）由于光学互感器对温度比较敏感，在夏季高温或冬季低温时尽量安排检修，并对准确度进行测量，以此保证光纤电流互感器安全可靠运行。

（4）定期查看安装在就地的二次转换部分是否有异常，如果灰尘较多，应找时机安排清扫。

（5）做好光纤电流互感器的防雨防潮工作。设备停电检修时检查光纤电流互感器的密封情况，如有必要更新光纤电流互感器内的干燥剂。恢复时确保密封良好，打上密封胶。

（6）检修时对光纤回路仔细检查，确保光纤弯曲半径大于 50mm，不存在弯折、扭曲、缠绕、挤压的情况。对更换的故障光纤做好明显易识别的标记，并且做好相应的记

录。检查光纤有足够的备用芯。确保备用光纤布置整齐、规范。

（7）随着以后二次模块上的激光发射器逐渐老化，需要准备足够的备品。定期清查光纤电流互感器内部测量板和二次模块的备品，并定期计划购买备品。定期对光纤测试仪、熔接工具进行检查。

第四节　开关动作对全光纤电流互感器输出影响的研究

一、研究目标

（1）形成开关动作对光纤电流互感器输出影响的研究报告1份。

（2）完成本项目研究成果在盘锦南环220kV变电站的示范应用，现场对光纤电流互感器的二次机箱进行改造。

二、主要技术指标

（1）开关分合动作时故障录波显示光纤电流互感器噪声电流基波分量小于10A。

（2）开关分合动作时故障录波显示光纤电流互感器噪声电流谐波分量小于12A。

（3）开关分合动作时故障录波显示光纤电流互感器噪声直流分量小于2A。

三、检测报告

光纤电流互感器产品现已成功应用于南环智能变电站，而且产品通过了电力工业电气设备质量检验测试中心的产品检测及性能测试，测试项目和结果见表2-5-4-1。

表2-5-4-1　　**测试项目和结果**

<table>
<tr><th>序号</th><th colspan="2">测试项目</th><th colspan="2">标准要求</th><th colspan="2">测试结果</th><th>结论</th></tr>
<tr><td rowspan="4">1</td><td rowspan="4">准确度测试</td><td>基本准确度测试</td><td colspan="2">电子式电流互感器二次输出应满足标准GB/T 20840.8—2007规定0.2/5TPE级要求</td><td colspan="2">在额定频率下，分别测量各二次输出信号，详见附录C</td><td>合格</td></tr>
<tr><td>温度循环准确度测试</td><td colspan="2">在规定的温度循环测量点测得的误差应在相应准确级的限值以内</td><td colspan="2">在额定频率下和规定的温度循环测量点，测各二次输出信号，详见附录D</td><td>合格</td></tr>
<tr><td rowspan="2">复合误差测试</td><td>保护7</td><td>应满足标准GB/T 20840.8—2007规定5TPE（ALF=30）级要求。
一次电流：≥36kA
复合误差：≤5%</td><td>保护7</td><td>5TPE(ALF=30)
一次电流：36.7kA
复合误差：0.3%</td><td>合格</td></tr>
<tr><td>保护8</td><td>应满足标准GB/T 20840.8—2007规定5TPE（ALF=30）级要求。
一次电流：≥36kA
复合误差：≤5%</td><td>保护8</td><td>5TPE(ALF=30)
一次电流：36.4kA
复合误差：0.4%</td><td>合格</td></tr>
</table>

续表

序号	测试项目	标准要求	测试结果	结论
2	短时电流测试	额定动稳定电流：$125_{0}^{+10\%}$kA 额定短时热电流：50kA 持续时间：3s 热稳定值：$7500_{0}^{+20\%}\times10^{6}A^{2}s$	对一次端子施加 动稳定电流（峰值）：126.2kA 额定短时热电流（有效值）：50.37kA 持续时间：3.00s 热稳定值：$7616\times10^{6}A^{2}s$ 试验波形图见附录E	合格
3	电磁兼容测试：发射	电源端子骚扰电压测试：A级限值	详见附录F1	合格
		电磁辐射骚扰测试：A级限值	详见附录F2	合格
4	电磁兼容测试：抗扰度	电压慢变化抗扰度测试：GB/T 17626.29 电压变化：$(+20\%\sim-20\%)U_{T}$ 性能评价：A	详见附录F3	合格
		电压暂降和短时中断抗扰度测试： 电压暂降：$50\%U_{T}$ 0.1s 短时中断：$100\%U_{T}$ 0.05s 性能评价：A	详见附录F4	合格
		浪涌（冲击）抗扰度测试：GB/T 17626.5—2008等级4 性能评价：A	详见附录F5	合格
		电快速瞬变脉冲群抗扰度测试：GB/T 17626.4—2008等级4 性能评价：A	详见附录F6	合格
		振荡波抗扰度测试：GB/T 17626.12—1998等级3 性能评价：A	详见附录F7	合格
		静电放电抗扰度测试：GB/T 17626.2—2006等级2 性能评价：A	详见附录F8	合格
		工频磁场抗扰度测试：GB/T 17626.8—2006等级5 性能评价：A	详见附录F9	合格
		脉冲磁场抗扰度测试：GB/T 17626.9—1998等级5 性能评价：A	详见附录F10	合格
		阻尼振荡磁场抗扰度测试：GB/T 17626.10—1998等级5 性能评价：A	详见附录F11	合格
		射频电磁场辐射抗扰度测试：GB/T 17626.3—2006等级3 性能评价：A	详见附录F12	合格

续表

序号	测试项目	标准要求	测试结果	结论
5	基本准确度测试（复试）	电子式电流互感器二次输出应满足标准 GB/T 20840.8—2007 规定 0.2/5TPE 级要求，且与基本准确度测试初测数据差异不超过其准确度误差限值的一半	在额定频率下，分别测量各二次输出信号，详见附录 G	合格
6	可靠性评估	检查电子式互感器故障智能自诊断功能： 针对光学互感器，具体方法根据产品具体结构进行，包括断开一次侧与二次侧的连接光纤等操作，检查其告警逻辑是否正确、数字状态位是否正常上传告知互感器需要检修或者置采样数据无效	插拔试品一次侧与二次侧光纤，数字状态位正确	合格
		检查电子式互感器低温状态下的投切性能。在温度循环误差测试进行过程中，互感器处于－40℃时，对电子式互感器进行投切操作，记录其是否能正常启动和工作	投切正常，断电半小时后正常启动工作	合格
7	MU 发送 SV 的文检验	SV 报文丢帧率测试。检验 SV 报文的丢帧率，应在 30min 内不丢帧	丢帧率：0	合格
		SV 报文完整性测试。检验 SV 报文中序号的连续性，SV 报文的序号应从 0 连续增加到 $50N-1$（N 为每周波采样点数），再恢复到 0，任意相邻两帧 SV 报文的序号应连续	SV 报文序号连续完整	合格
		SV 报文发送频率测试。80 点采样时，SV 报文应每一个采样点一帧报文，SV 报文的发送频率应与采样点频率一致，即 1 个 APDU 包含 1 个 ASDU	一帧报文对应一个采样点，SV 报文发送频率与采样点频率一致	合格
		SV 报文发送间隔离散度检查。检验 SV 报文发送间隔离散度是否等于理论值（$20/N$ ms，N 为每周波采样点数）。测出的间隔抖动应在 ±10μs 之内	报文抖动超出 ±10μs 范围的比率：0	合格
		SV 报文品质位检查。在电子式互感器工作正常时，SV 报文品质位应无置位。在电子式互感器工作异常时，SV 报文品质位应不附加任何延时正确置位	品质位置位正确	合格
8	隔离开关分合容性小电流条件下的抗干扰测试	模拟现场隔离开关开合空母线及容性小电流负荷过程，产生类似现场暂态强干扰，考核在该条件下电子式互感器的电磁防护性能，试验方法及要求见附录 H	试品无损坏，无通信中断、丢包、品质改变，无输出异常，详见附录 H	合格

注　1. 产品为单相 GIS 线圈结构，内径 28.6cm，外径 49.0cm。
2. 保护通道未进行暂态特性试验。

四、试样主要参数

（1）试样名称：全光纤电流互感器。

（2）型号规格：FOS-220C-G。

（3）出厂日期：2013年9月。

（4）额定动稳定电流：125kA。

（5）准确限值系数：30。

（6）温度类别：户外部分－40～＋70℃，户内部分－5～＋55℃。

（7）通信协议：IEC61850-9-2LE。

（8）产品结构原理：产品一次部分采用法拉第磁旋光原理，二次通过合并单元输出数字信号。

（9）采集单元供电方式：直流供电。

（10）采集单元硬件版本号FOS-CPU-I-V3.2，软件版本号V3.1.42。

（11）合并单元供电方式：直流供电。

（12）合并单元硬件版本号V4，软件版本号V1.08T。

（13）设备最高电压：252kV。

（14）额定电流：1200A。

（15）额定短时热电流及时间：50kA，3s。

（16）热时间常数τ：2h。

（17）产品编号：C4313090001。

五、结论

本项目针对全光纤电流互感器示范工程中遇到的问题，结合全光纤电流互感器光学原理及制作工艺、继电保护原理及算法分析，提出并验证了一种消除振动敏感性的全光纤电流互感器的改造方案。基于现有的光纤电流互感器进行结构改进，改进后的光纤电流互感器消除了对环境振动的敏感性，实现了对待测电流的稳定测量。仅改变其二次机箱安装结构，保持了相对简单的施工方案，降低了工艺难度，减少了互感器的改造成本，为应用于智能变电站的高性能电流互感器的设计和制造提供了新的思路和方向。

通过改变设备安装位置，减小采集器部分的振动，可避免互感器输出高次谐波电流，确保保护装置正确运行，消除了影响继电保护可靠性的隐患，为全光纤电流互感器在电力系统中的推广应用积累了宝贵的经验。同时，通过本项目也指明了全光纤电流互感器和继电保护各自的薄弱之处，为今后各方面性能的进一步提升奠定了基石。

第五节　全光纤电流互感器的缺陷处理方法

本节以×××220kV智能变电站为例来说明全光纤电流互感器的缺陷处理方法，见表2-5-5-1。

表 2-5-5-1　　×××220kV 变电站全光纤电流互感器的缺陷处理方法

序号	电压等级	缺陷性质	缺陷内容	处理日期/(年.月.日)	缺陷原因	解决措施	备注
1	220kV	严重	220kV 南兴二线第一套合并单元电子式电互感器接收异常，合并单元报总告警	2014.1.7	光强下降	更换光纤电流互感器第一套 B 相采集卡	告警
2	220kV	危急	220kV 南田一线第一套合并单元电子式互感器接收异常，合并单元报总告警，第一套保护报接收数据无效	2014.1.9	采集卡芯片虚焊	光纤电流互感器第一套 B 相采集卡芯片虚焊，现场维修	闭锁
3	220kV	严重	220kV 曙南二线第一套合并单元电子式电互感器接收异常，合并单元报总告警	2014.1.10	光强下降	更换光纤电流互感器第一套 C 相采集卡	告警
4	220kV	严重	1 号主变压器（以下可简称“主变”）一次主第二套合并单元电子式电互感器接收异常，合并单元报总告警	2014.2.8	光强下降	更换光纤电流互感器第二套 A 相采集卡	告警
5	220kV	严重	220kV 南兴二线第二套合并单元电子式电互感器接收异常，合并单元报总告警	2014.2.11	光强下降	更换光纤电流互感器第二套 B 相采集卡	告警
6	220kV	严重	220kV 环牵线第一套合并单元电子式电互感器接收异常，合并单元报总告警	2014.2.14	光强下降	更换光纤电流互感器第一套 B 相采集卡	告警
7	220kV	严重	1 号主变一次主第二套合并单元电子式电互感器接收异常，合并单元报总告警	2014.3.9	光强下降	更换光纤电流互感器第二套 B 相采集卡	告警
8	220kV	危急	220kV 曙南二线、北南线光电流互感器空载合闸瞬间有电流输出，造成合闸瞬间保护加速跳闸	2014.3.14	震动产生谐波	断路器合闸对采集卡震动，厂家在采集器下加防震底座。	采集卡现已全部移位到支架上，避免震动使采集卡误发信息
9	220kV	危急	1 号主变一次主第一套合并单元电子式互感器接收异常，合并单元报总告警，第一套保护报接收数据无效	2014.4.1	光强下降	更换光纤电流互感器第一套 C 相采集卡	闭锁

续表

序号	电压等级	缺陷性质	缺陷内容	处理日期/(年.月.日)	缺陷原因	解决措施	备注
10	220kV	危急	220kV曙南一线第一套合并电源电子式互感器接收异常，合并单元报总告警，第一套保护报接收数据无效	2014.8.26	光强下降	更换光纤电流互感器第一套C相采集卡电源模块	闭锁
11	220kV	严重	220kV曙南二线第一套合并单元电子式电互感器接收异常，合并单元报总告警	2014.9.3	光强下降	更换更换光纤电流互感器第一套C相采集卡	告警
12	220kV	严重	220kV南兴一线第一套合并单元电子式电互感器接收异常，合并单元报总告警	2014.9.16	光强下降	更换光纤电流互感器第一套C相采集卡	告警
13	220kV	严重	1号主变一次主第一套合并单元电子式电互感器接收异常，合并单元报总告警	2014.10.2	光强下降	更换光纤电流互感器第一套B相采集卡	告警
14	220kV	严重	220kV曙南一线第一套合并单元电子式电互感器接收异常，合并单元报总告警	2014.11.22	光强下降	更换光纤电流互感器第一套C相采集卡	告警
15	220kV	严重	220kV曙南一线第二套合并单元电子式电互感器接收异常，合并单元报总告警	2014.11.30	光强下降	更换光纤电流互感器第二套A、C相采集卡	告警
16	220kV	危急	220kV曙南一线第二套合并单元电子式电互感器接收异常，合并单元报总告警，第二套保护接收无效	2014.11.30	光强下降	更换光纤电流互感器第二套B相采集卡	闭锁
17	220kV	严重	220kV南兴二线第二套合并单元电子式电互感器接收异常，合并单元报总告警	2014.12.12	光强下降	更换光纤电流互感器第二套C相采集卡	告警
18	220kV	严重	220kV环牵线第二套合并单元电子式电互感器接收异常，合并单元报总告警	2015.1.6	光强下降	更换光纤电流互感器第二套A相采集卡	告警

续表

序号	电压等级	缺陷性质	缺陷内容	处理日期/(年.月.日)	缺陷原因	解决措施	备注
19	220kV	严重	220kV曙南一线第二套合并单元电子式电互感器接收异常，合并单元报总告警	2015.5.12	光强下降	更换光纤电流互感器第二套A相采集卡	告警
20	220kV	危急	1号主变保护保护动作开关跳闸	2015.6.13	跳闸	1号主变一次主光CT采集卡二次箱结构未下放，密封性差，箱内进水导致电路板短路。采集箱下移并更换第一套B相采集卡	跳闸
21	220kV	严重	1号主变220kV侧第二套合并单元电子式电互感器接收异常，合并单元报总告警	2015.10.25	光强下降	更换光纤电流互感器第二套B相采集卡	告警
22	220kV	严重	220kV北南线第二套合并单元电子式电互感器接收异常，合并单元报总告警	2015.11.17	光强下降	更换光纤电流互感器第二套C相采集卡	告警
23	220kV	严重	220kV北南线第二套合并单元电子式电互感器接收异常，合并单元报总告警	2016.1.13	光强下降	更换光纤电流互感器第二套C相采集卡	告警
24	220kV	严重	220kV曙南一线第二套合并单元电子式电互感器接收异常，合并单元报总告警	2016.1.18	光强下降	更换光纤电流互感器第二套A相采集卡	告警
25	220kV	严重	220kV南田一线第一套合并单元电子式电互感器接收异常，合并单元报总告警	2016.5.12	光强下降	更换光纤电流互感器第一套B相采集卡	告警
26	220kV	严重	1号主变一次主第一套合并单元电子式电互感器接收异常，合并单元报总告警	2016.10.26	光强下降	更换光纤电流互感器第一套B相采集卡	告警
27	220kV	按省公司领导要求，厂家生产一批最新型全光纤电流互感器采集卡	220kV曙南一二线、南田一二线第一套A、B、C三相、主变一次主第一套B相、南田二线线第二套B相、南兴一线第二套B相共15卡采集卡进行更换	2016.10.27—11.15			

续表

序号	电压等级	缺陷性质	缺陷内容	处理日期/(年.月.日)	缺陷原因	解决措施	备注
28	220kV	危急	220kV南田一线更换新采集卡后恢复送电前，刀闸分位，开关合位，发现电流逐渐升至900A（对侧开关分位，第一套B相）	2016.11.16	按省公司要求厂家生产的最新光源，等待厂家进一步分析原因	第一套B相重新更换新光源采集卡	
29	220kV	危急	220kV环牵线第一套合并单元电子式电互感器接收异常，合并单元报总告警，第一套保护报接收数据无效	2017.2.13	等待厂家进一步分析原因	第一套A相重新更换新光源采集卡	闭锁
30	220kV	严重	220kV南兴一线第一套合并单元电子式电互感器接收异常，合并单元报总告警	2017.5.10	光强下降	更换光纤电流互感器第一套C相采集卡	告警
31	220kV	危急	220kV南田一线第一套保护TA断线，220kV第一套母线保护TA断线，现场检查发现第一套线路保护、母差保护A相电流为0A	2017.5.10	第一套A相采集卡出现113kA直流分量，没有交流输出	更换光纤电流互感器第一套A、B、C三相采集卡	闭锁
32	220kV	危急	220kV曙南二线第一套保护TA断线，220kV第一套母线保护TA断线，现场检查发现第一套线路保护、母差保护A相电流为0A	2017.5.25	第一套A相采集卡出现113kA直流分量，没有交流输出	更换光纤电流互感器第一套A、B、C三相采集卡	闭锁
33	220kV	危急	1号主变跳闸，现场检查1号主变第一套B相采集卡异常输出大电流造成主变纵差差动保护动作	2017.6.13	第一套B相采集卡异常输出大电流	更换光纤电流互感器第一套B相采集卡	跳闸
34	220kV	危急	220kV曙南一线第一套保护TA断线，220kV第一套母线保护TA断线，现场检查发现第一套线路保护、母差保护A相电流为0A	2017.6.14	第一套A相采集卡出现直流分量，没有交流输出	更换光纤电流互感器第一套A、B、C三相采集卡	闭锁

续表

序号	电压等级	缺陷性质	缺陷内容	处理日期/(年.月.日)	缺陷原因	解决措施	备注
35	220kV	危急	220kV第二套母线保护TA断线，现场检查发现南田二线第二套保护、母差保护AB相电流为0A	2017.6.18	第二套A、B相采集卡出现直流分量，没有交流输出	更换光纤电流互感器第二套A、B相采集卡（A相是第一代采集卡出现大电流，厂家正在分析）	闭锁
36	220kV	危急	220kV第二套母线保护TA断线，现场检查发现南兴一线第二套保护、母差保护A相电流为0A	2017.6.18	第二套B相采集卡出现直流分量，没有交流输出	更换光纤电流互感器第二套B相采集卡	闭锁
37	220V	严重	220kV环牵线第二套合并单元电子式电互感器接收异常，合并单元报总告警	2017.9.1	光强下降	更换光纤电流互感器第二套A、B相采集卡	告警
38	220V	严重	1号主变一次主第二套合并单元电子式电互感器接收异常，合并单元报总告警	2017.11.2	光强下降	更换光纤电流互感器第二套C相采集卡	告警
39	220V	严重	220kV北南线第一套合并单元电子式电互感器接收异常，合并单元报总告警	2018.3.14	光强下降	更换光纤电流互感器第一套A相采集卡	告警
40	220V	严重	220kV曙南一线第二套合并单元电子式电互感器接收异常，合并单元报总告警	2018.3.14	光强下降	测试为第二套B相，暂未更换	告警

第六节 全光纤电流互感器异常运行对主变压器纵差差动保护的影响

本节以×××220kV智能变电站1号主变纵差差动保护动作跳闸故障为例来说明全光纤电流互感器异常运行对主变压器纵差差动保护的影响。

一、故障现象

2017年6月13日12时54分37秒063毫秒，×××220kV变电站1号主变第一套纵差差动保护动作出口，分别跳开1号主变一次主开关、二次主开关。66kV隆南二线线路备自投装置动作，负荷全部转出，无负荷损失。

当时天气，晴，西南风3～4级，气温28℃。当日×××变电站无操作、无作业。×××220kV变电站1号主变运行带站内全部负荷（注：只有1台主变）。

1号主变带66kV Ⅰ母线，所带负荷为隆南一线、南前甲线、南堡甲线、南城线；66kV Ⅱ母线，所带负荷为隆南二线（热备用）、南前乙线、南堡乙线、南赵线。×××220kV变电站1号主变纵差差动保护动作，跳闸前1号主变带负荷45MW。

2017年6月13日12时54分37秒，×××220kV变电站1号主变第一套纵差差动保护动作出口，分别跳开1号主变一次主开关、二次主开关，66kV隆南二线线路备自投装置动作，负荷全部转出，无负荷损失。其动作过程（按时间排序）如下：

（1）12：54：37：063，×××变电站1号主变纵差差动速断保护动作出口。

（2）12：54：37：111，×××变电站1号主变二次主D801开关分闸。

（3）12：54：37：128，×××变电站1号主变一次主2701开关分闸。

二、故障原因诊断

（一）设备简况

（1）×××220kV变电站1号主变为沈阳变压器厂1989年1月生产的SFPZ4－120000/220型产品，于2014年1月投运。

（2）×××220kV变电站的220kV设备为河南平高电气股份有限公司ZF11－252（L）型户外布置GIS设备，2012年11月出厂；66kV设备为新东北电气（沈阳）高压开关有限公司ZFW20－145（L）/T3150－40型户外布置GIS设备，2012年11月出厂。

（3）×××220kV变电站1号主变保护为长园深瑞PRS－778－D型数字式主变保护装置，软件版本为2.3.2.20，于2014年1月投运。

（4）×××220kV变电站10个220kV间隔和主变二次主间隔采用全球能源互联网研究院研发的全光纤电流互感器，于2014年1月投运。

（二）故障原因分析

1. 一次设备检查

现场检查1号主变本体及一次、二次主间隔设备外观无异常，瓦斯继电器内无气体，主变油色谱数据合格。

2. 保护装置动作情况检查及分析

(1) 故障现象简要描述。由于保护动作次数过多将跳闸报告覆盖，从故障录波器录波图分析，2017 年 6 月 13 日 12 时 54 分 37 秒 063 毫秒，×××220kV 变电站 1 号主变第一套差动保护（A 屏）纵差差动保护动作出口，1 号主变一次主 2701、二次主 D801 开关跳闸；故障录波器录波正确。

录波一次故障电流为 1452A（二次电流为 0.907A）。

(2) ×××变电站主变故障录波器录波分析。调取装置故障时刻的录波，如图 2-5-6-1 所示。12 时 54 分 37 秒 063 毫秒主变高压侧 I_{Hb} 电流突变为 1452A，从录波图看跳闸后 I_{Hb} 电流持续存在。

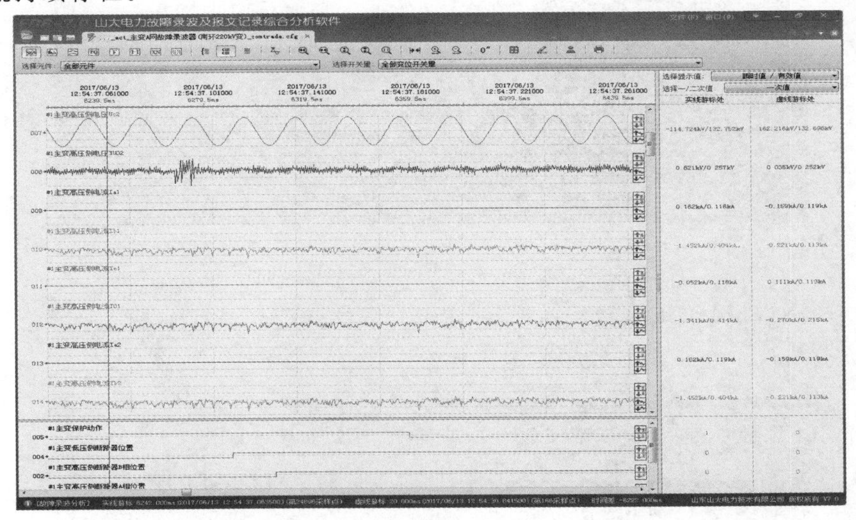

(a)

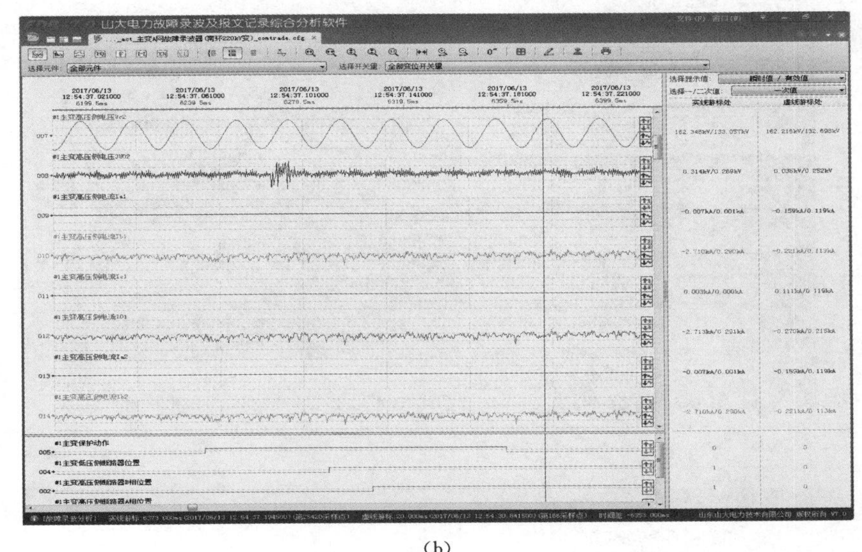

(b)

图 2-5-6-1　1 号主变纵差差动保护动作时刻保护波形图

(a) 波形一；(b) 波形二

（3）1号主变测控装置电流截图如图2-5-6-2所示。从截图可以看出，1号主变两侧开关跳闸后，主变一次B相依然存在4526A左右电流。

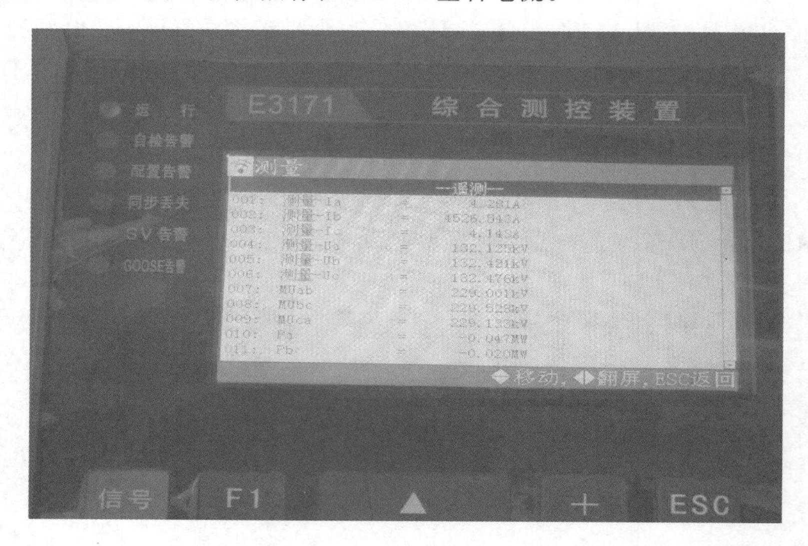

图2-5-6-2　1号主变测控装置电流截图

（4）网络分析仪截图如图2-5-6-3所示。从该截图可以看出，1号主变两侧开关跳闸后，网络分析仪主变一次B相采集电流异常。

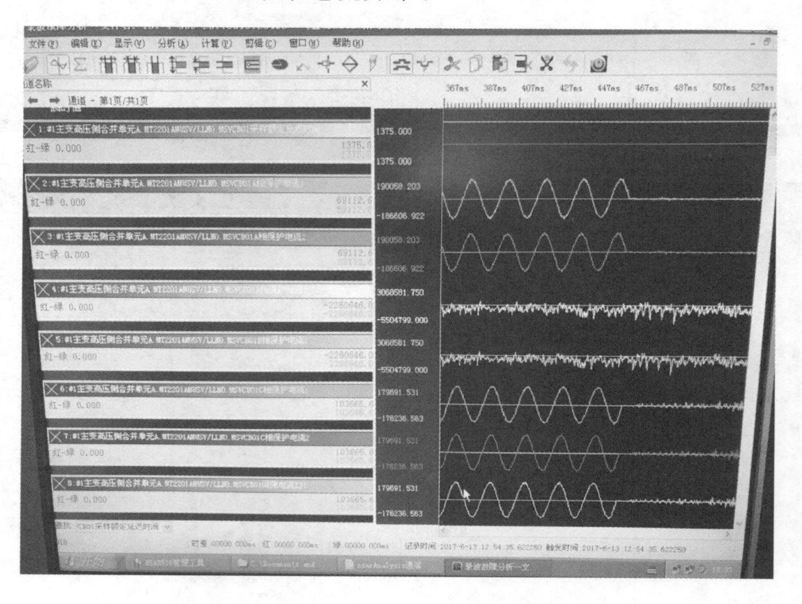

图2-5-6-3　网络分析仪截图

（5）检查保护装置分析结论如下：

1）主变纵差差动保护满足动作条件，正确动作。

2）主变高压侧采集B相电流异常。

3. 1号主变一次主全光纤电流互感器检查及分析

（1）全光纤电流互感器噪声曲线、光功率电压检查。在电科院专业人员指导下，全球能源互联网研究院对B相第一套全光纤电流互感器采集卡光功率电压及噪声曲线检查。光功率电压为0.207V（0.05V告警、0.03V闭锁）满足要求。噪声曲线直流分量电流为－3394A（标准为±10A范围内），如图2－5－6－4所示，不满足要求，证明采集卡输出异常。

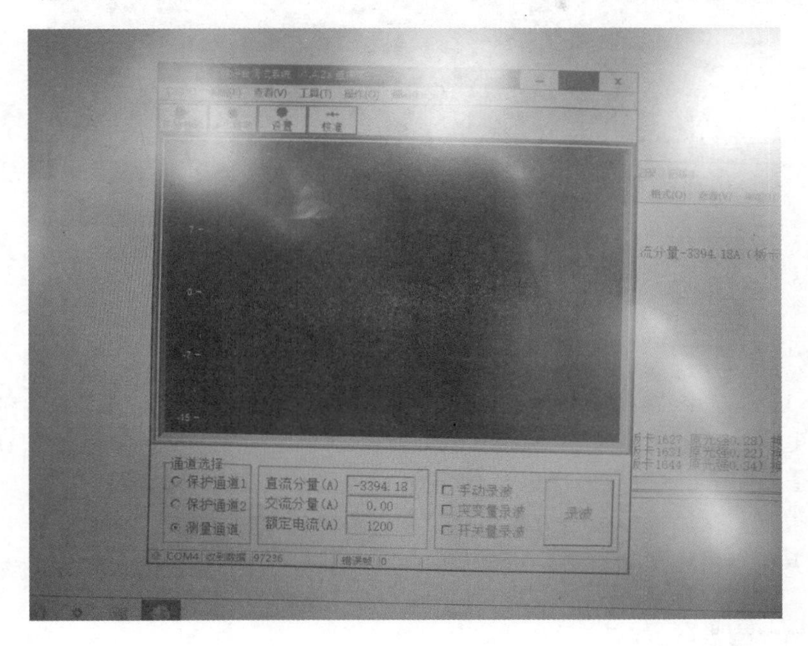

图2－5－6－4　B相第一套全光纤电流互感器采集卡光功率电压及噪声曲线

从该截图看，1号主变一次主第一套B相采集卡直流分量电流为－3394A输出异常。

（2）全光纤电流互感器二次采集箱开盖检查。1号主变一次主B相采集箱开盖检查，箱内没有凝露及进水受潮现象，吸湿剂未受潮变色，第一套B相采集卡，管脚无锈蚀、无放电痕迹，如图2－5－6－5和图2－5－6－6所示。

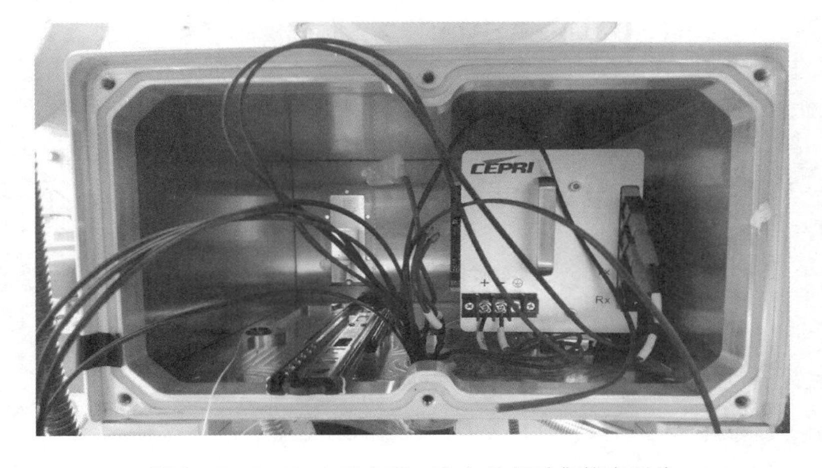

图2－5－6－5　1号主变一次主B相采集箱内照片

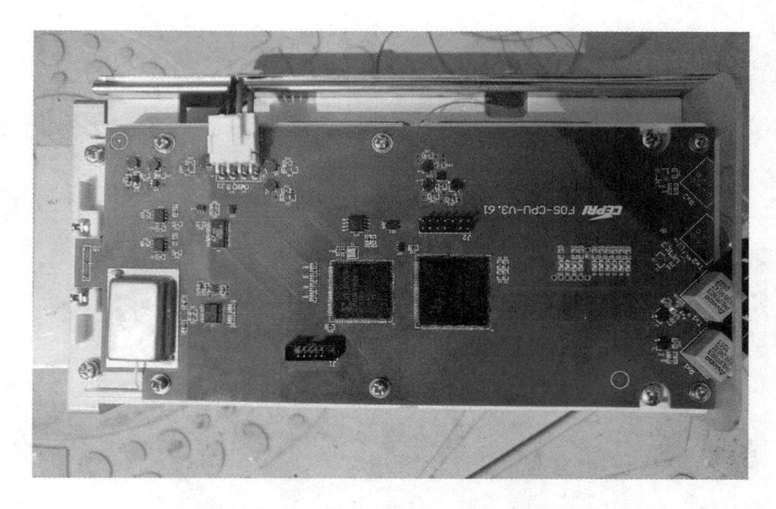

图 2-5-6-6　1 号主变一次主第一套 B 相采集卡照片

(三) 故障原因

采集器 ADC 芯片的悬浮使管脚由低电平逐渐变为高电平，ADC 输出逐渐变为异常，导致全光纤电流互感器闭环检测算法产生逐渐增长的交流和直流，最后输出锁定于 16 位数字量极限值－11585（对应一次电流－5657A）。全光纤电流互感器由正常状态转变为异常状态的过程中，交流采样值增大，超过变压器差动保护启动限值，造成 1 号主变第一套纵差差动保护动作出口开关跳闸。

三、防范措施

(1) 1 号主变一次主第一套 B 相采集卡于 6 月 14 日更换完毕，1 号主变送电良好。

(2) 220kV 曙南一线第一套 ABC 三相采集卡，计划于 6 月 15 日更换。

(3) 220kV 南田二线第二套 B 相采集卡、南兴一线第一套 C 相采集卡待全球能源互联网研究院生产试验完毕后更换。

(4) 继续敦促设备生产厂家加快生产备品备件进度，为后续异常处理提供保障。

(5) 目前全球能源互联网研究院还没有采集卡优化解决方案，即使方案形成优化后的采集卡还需进一步做型式试验、现场试运行，通过后才能再批量生产并应用。彻底解决问题可能需要很长时间，过程中系统存在较大安全隐患。

第七节　全光纤电流互感器异常情况分析及后续工作安排

本节以×××220kV 变电站为例来说明全光纤电流互感器为异常情况分析及后续工作安排。

一、全光纤电流互感器在智能变电站的使用情况

1. 变电站基本情况

×××220kV 变电站位于×××市×××区南部，总体占地面积为 8556.5m²，于

2011年10月开工建设，2014年1月14日投入运行，×××变电站主要向×××市区、×××市经济技术开发区及3个工业园区供电。×××变电站是×××供电公司首座220kV智能变电站，全站采用全封闭组合电器，目前有主变1台，容量为120MVA。220kV为双母线接线，出线8回。66kV为双母线接线，出线8回。

2. 全光纤电流互感器基本情况

×××220kV变电站共有11个间隔采用全球能源互联网研究院2012年8月生产的全光纤电流互感器，有FOS-220C-2000-G、FOS-220C-1600-G两个型号。其中220kV出线间隔8个、主变一次主和母联间隔2个、主变二次主间隔1个。共有全光纤电流互感器采集卡66块（每相2块采集卡）。变电站投运后各间隔陆续投入运行，见表2-5-7-1。

表2-5-7-1　全光纤电流互感器使用情况

间隔名称	生产厂家	型　号	投运时间/(年.月.日)
220kV曙南一线、南兴一线、北南线间隔	全球能源互联网研究院	FOS-220C-1600-G	2014.1.14
主变一次主间隔	全球能源互联网研究院	FOS-220C-1600-G	2014.1.14
220kV母联、主变二次主间隔	全球能源互联网研究院	FOS-220C-2000-G	2014.1.14
220kV曙南二线、南田一、二线间隔	全球能源互联网研究院	FOS-220C-1600-G	2014.4.29
220kV南兴二线间隔	全球能源互联网研究院	FOS-220C-1600-G	2014.4.30
220kV环牵线间隔	全球能源互联网研究院	FOS-220C-1600-G	2016.4.20

二、全光纤电流互感器在智能变电站的运行情况

×××220kV变电站，由于全光纤电流互感器异常导致保护跳闸1次，告警21次（均为光源功率下降引起），保护闭锁7次，共计更换采集卡34块。

1. 解决震动导致验收试验过程中保护动作开关跳闸问题

×××220kV变电站运行验收阶段发现，全光纤电流互感器二次采集箱固定在组合电器上，在开关合闸试验时，3条220kV线路（北南线、南田一线、曙南二线）由于二次采集箱受震动影响，保护采集到谐波电流并达到动作值，使保护跳闸，见表2-5-7-2。截至2015年7月4日，×××供电公司陆续将10条220kV线路二次采集箱下移至单独的支架上，解决了震动影响问题。改造前后有关波形图如图2-5-7-1、图2-5-7-2所示，二次采集箱位置如图2-5-7-3、图2-5-7-4所示。

表2-5-7-2　震动导致验收试验过程中保护动作开展跳闸情况

存在的问题	影响的间隔
全光纤电流互感器二次采集箱固定在组合电器上，受开关合闸震动影响，保护采集到谐波电流并达到动作值，使保护跳闸	220kV北南线、南田一线、南田二线、曙南一线、曙南二线、南兴一线、南兴二线、环牵线、母联、主变一次主间隔

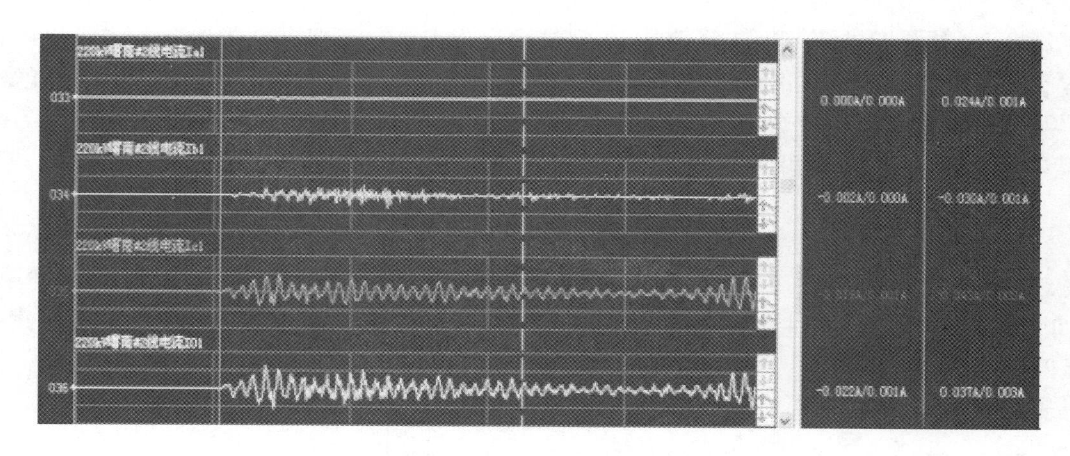

图 2-5-7-1　曙南二线 C 相电流突变量启动动作波形（改造前合闸试验）

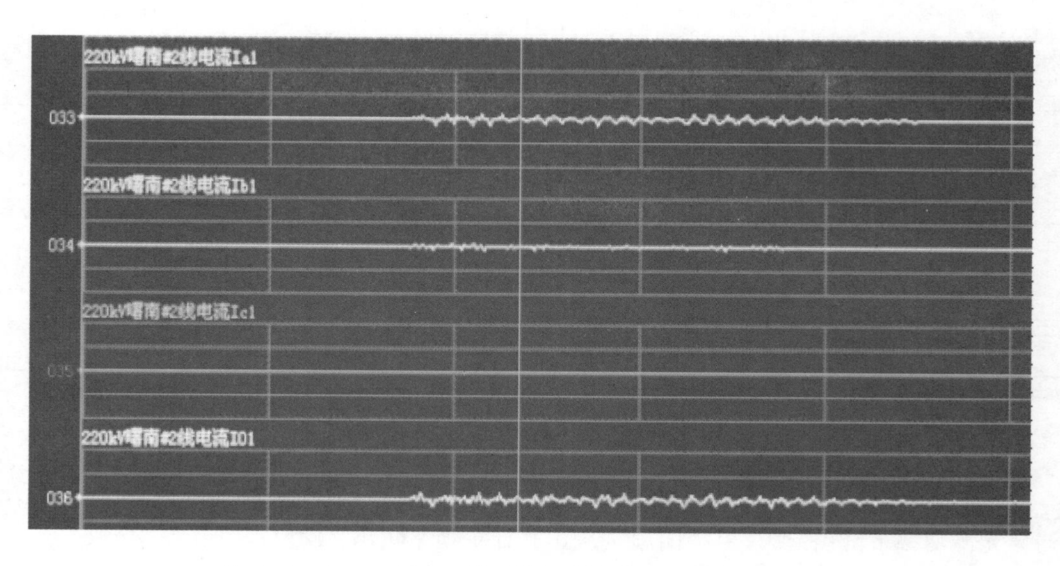

图 2-5-7-2　曙南二线正常电流波形（改造后合闸试验）

图 2-5-7-3　改造前的二次采集箱

图 2-5-7-4　改造后的二次采集箱

2. 解决进水受潮导致运行中主变保护动作开关跳闸问题

2015 年 6 月 10 日，南环 220kV 变电站 1 号主变纵差差动速断、纵差差动保护动作出口，分别跳开 1 号主变一次主开关、二次主开关。其原因为全光纤电流互感器本体与采集箱连接设计不合理，光纤从上部进入采集箱，雨水渗入采集箱体内部，B 相第一套采集卡电路板芯片受潮，主算法芯片（FPGA）管脚锈蚀，IO 管脚与地发生短路放电，见表 2-5-7-3。数据输出异常导致主变保护动作，开关跳闸。有关渗水情况如图 2-5-7-5～图 2-5-7-8 所示。

表 2-5-7-3　　采集箱上端进线易导致进水受潮情况

存在的问题	影响的间隔
采集箱上端进线易导致进水受潮，导致采集卡数据输出异常，造成保护跳闸	220kV 母联、主变一次主、北南线、曙南二线、南田一线

图 2-5-7-5　采集箱上端光纤进线孔处进水

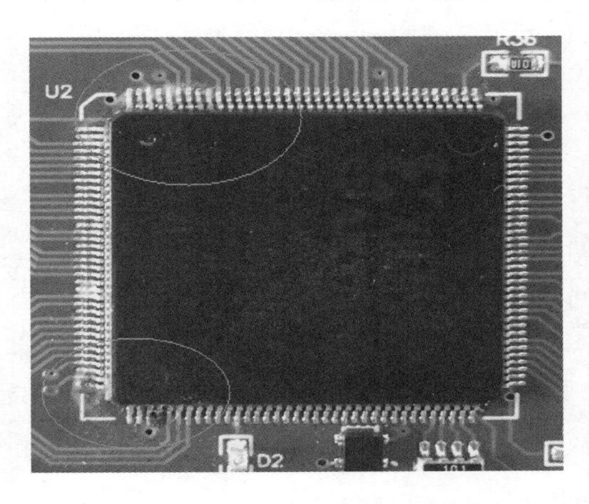

图 2-5-7-6　采集卡芯片管脚锈蚀及放电现象

图 2-5-7-7　采集箱盖内部有水痕

图 2-5-7-8　采集箱内部有明显水痕

排查发现 220kV 母联、北南线、曙南二线、南田一线 4 个间隔，存在采集箱进水受潮隐患，盘锦供电公司将上端进线采集箱更换为下端进线采集箱，于 2015 年 7 月 11 日改造完毕，解决了进水受潮问题，如图 2-5-7-9、图 2-5-7-10 所示。

图 2-5-7-9　采集箱上端进线（改造前）

图 2-5-7-10　采集箱下端进线（改造后）

3. 采集卡发光元件光功率下降导致运行中保护告警及闭锁

×××220kV 变电站投运至今，由于全光纤电流互感器采集卡光功率下降，导致运行中保护告警 21 次，保护闭锁 5 次，见表 2-5-7-4。全球能源互联网研究院（厂家）分析是由于发光元件耦合封装工艺不完善，生产前对发光元件筛选把关不严，生产过程中静电导致发光元件受损造成。为解决采集卡发光元件光功率下降问题，厂家严把元件筛选关并改进生产工艺，于 2016 年 10 月生产出 20 套新采集卡。

表 2-5-7-4　　采集卡光功率下降导致保护告警及闭锁情况

存在的问题	影响的间隔
采集卡光功率下降导致保护告警	220kV 南兴一线、南兴二线、曙南一线、曙南二线、南田一线、北南线、环牵线、主变一次主间隔
采集卡光功率下降导致保护闭锁	220kV 南田一线、曙南一线、环牵线、主变一次主间隔

4. 新工艺采集卡运行中出现直流分量导致保护闭锁

按×××省电力公司要求，厂家生产出 20 套新工艺采集卡，×××供电公司 2016 年 10 月 27 日—11 月 15 日对 220kV 曙南一二线、南田一二线第一套 A、B、C 三相，主变一次主第一套 B 相，南田二线第二套 B 相，南兴一线第二套 B 相共 15 块采集卡进行更换。至 2017 年 5 月，220kV 南田一线、曙南二线运行中出现直流分量，没有交流输出导致保护闭锁，见表 2-5-7-5。厂家分析是由于 AD 芯片 PIN1 管脚未接地造成。厂家用连线将该管脚与 GND 进行焊接解决，如图 2-5-7-11 所示。

表 2-5-7-5　　新工艺采集卡出现直流分量导致保护闭锁情况

存在的问题	影响的间隔	未处理的间隔
新采集卡运行中出现直流分量，没有交流输出导致保护闭锁隐患	220kV 南田一线、南田二线、曙南一线、曙南二线、主变一次主、南兴一线	220kV 南田二线、曙南一线、主变一次主、南兴一线

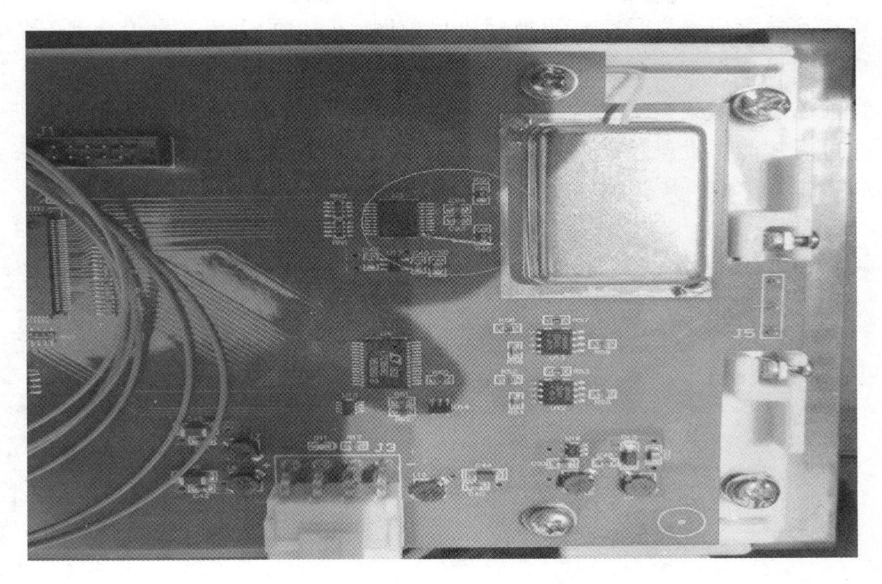

图 2-5-7-11　厂家用连线将 PIN1 管脚与 GND 进行焊接

5. 辽宁电科院和许继专家（攻关团队）现场发现的问题

2017 年 4 月，辽宁电科院、许继集团相关专家到南环变现场，研究全光纤电流互感器光功率下降问题。现场发现两类有关采集卡光功率下降问题。一是采集箱本体未可靠接地，运行中静电可能导致发光元件受损；二是采集卡本体的电池兼容问题需进一步研究。问题已由电科院人员形成报告通知厂家。今后厂家仍需对采集卡进一步研究和优化，重新进行型式试验和试运行，逐步解决×××变电站全光纤电流互感器采集卡光功率下降问题。

三、后续工作安排、存在困难及建议

1. 后续工作安排

目前×××220kV 变电站 220kV 南田二线、曙南一线、主变一次主、南兴一线共 4 个间隔 9 块采集卡，存在运行中出现直流分量，没有交流输出导致保护闭锁隐患。对有问题的采集卡，将结合检修停电，进行升级更换。

2. 存在的困难及建议

(1) 因每相两套全光纤电流互感器采集卡在同一个箱体内，不能有效做好安全措施，更换单套采集卡需要线路停电。目前采用“对比法”来校验采集卡精度，当两套采集卡全部更换时需要做一次升流试验来校验采集卡精度，且送电后测相位需要倒母线，用母联加临时电流保护方式进行测相位。×××变电站 220kV 环牵线负荷小，电流互感器变比为 1600/1，更换采集卡后测相位存在困难。

(2) 目前×××变电站全光纤电流互感器仍处于试验阶段，且还在不断地发现问题和探索中，因此暂无最终的处理结论，出现缺陷需要协调省调停电处理，且处理过程中可能影响状态估计和主保护投运率。

（3）待产品技术成熟批量生产更换后，尽量做到每相的两套采集卡分箱安装，且为了保证运行环境，尽量在就地建设汇控柜，将二次采集箱放在柜里。

（4）目前还没有采集卡优化解决方案，即使方案形成优化后的采集卡还需进一步做型式试验，通过后才能再批量生产并应用。这个过程可能需要很长时间，并且最终更换时还是需要各间隔轮流停电。

第六章　智能变电站异常运行及故障处理

第一节　电　磁　干　扰

一、案例一

×××220kV智能变电站110kV间隔送电时，隔离开关操作过程中上，110kV线路1、线路2等线路保护装置出现电压数据异常情况，见表2-6-1-1。

表2-6-1-1　×××220kV智能变电站110kV线路采样异常报文

101　2012-11-30　16：34：40.311	装置告警　采样异常
102　2012-11-30　16：34：40.311	装置告警　采样异常
103　2012-11-30　16：34：40.310	装置告警　采样异常
104　2012-11-30　16：33：32.094	装置告警　采样异常

1.故障分析

（1）查找网络分析仪、故障录波器等设备同时刻的记录，发现在该时刻均有同样异常波形，可以排除保护装置本体故障引起装置告警。

（2）保护回路调试过程中，严格按照相关调试方案、现场调试作业指导卡执行，所有数据记录清楚，并无异常发现，排除合并单元配置错误引起。

（3）综合专家及厂家技术开发人员的意见，以上现象是由于合并单元装置安装于室外智能终端柜，受到了电磁干扰，影响了相关电压数据的接收引起。

组织对该型号的合并单元重新进行了电磁兼容试验，发现该装置在定型时采用的是合并单元智能终端合一装置进行的型式试验，试验结果能够达到GB/T 14598系列标准最高的4级标准。而该变电站采用的是单一合并单元装置，硬件配置不同，只能通过GB/T 14598系列标准的3级指标，未能达到4级标准。

2.故障处理

按照合并单元智能终端合一装置的配置形式重新配置合并单元，将DO板右移一个插槽，通过检测达到了GB/T 14598系列标准的4级指标，解决了电磁干扰问题。

二、案例二

×××220kV变电站在送电期间，断路器、隔离开关操作过程中出现通信中断，初步分析原因可能是互感器采集环节抗电磁干扰能力不够，造成保护装置多次出现采样无效、闭锁保护。

1. 故障分析

该变电站220kV电子式互感器（ECVT）采用的是与隔离开关组合安装的方式，当时对这种高电压等级的智能电气设备缺乏经验和数据积累，对干扰的定量分析不充分，没有相关的型式试验数据。220kV断路器和隔离开关操作时产生的操作过电压和电磁干扰导致采集器模块工作异常。

2. 故障处理

通过电磁抗扰度测试，将电压、电流互感器与采集器、合并单元整体进行电磁兼容试验，重现现场故障状态，找出引起采集信号异常的原因，并进行整改，要求其抗干扰性能符合相关电磁兼容标准要求。在完成电磁抗扰度测试并合格的前提下进行模拟110kV/220kV隔离开关分合试验。

试验过程见表2-6-1-2～表2-6-1-4。

表2-6-1-2　电快速瞬变脉冲群抗扰度试验

试验端口	电流互感器试验现象	电压互感器试验现象
取能端口	施加4kV、5kHz骚扰信号出现采样无效； 施加4kV、100kHz骚扰信号出现采样无效	施加－2.6kV、5kHz骚扰信号出现采样无效； 施加＋2.5kV、5kHz骚扰信号出现采样无效
信号端口	施加2.3kV、5kHz骚扰信号出现采样无效； 施加1.9kV、100kHz骚扰信号出现采样无效	施加1.4kV、5kHz骚扰信号出现采样无效； 施加－1.5kV、5kHz骚扰信号出现采样无效

注　在每个试验端口施加脉冲波形为5/50ns，持续时间15ms，重复频率5kHz和100kHz的正负极性试验电压各1min。

表2-6-1-3　浪涌抗扰度试验

试验端口	现象说明
母线—地	正常

注　试验波形为1.2/50μs电压波和8/20μs电流波构成的组合波，在每个试验端口施加正负极性脉冲各5次，每次间隔60s。

表2-6-1-4　阻尼振荡波抗扰度试验

试验端口	现象说明
母线—地	正常

注　在每个试验端口施加上升时间75ns，振荡频率为0.1MHz和1MHz的阻尼振荡波各1min。

3. 结论分析

（1）从试验结果来看，对于采集板信号端口，浪涌抗扰度试验、阻尼振荡波抗扰度试验、射频电磁场辐射抗扰度按标准均通过测试，但电快速瞬变脉冲群抗扰度试验未达到GB/T 20840.8—2007《互感器　第8部分：电子式电流互感器》的4级要求。也就是说，对于现场操作过程中出现的暂态过渡过程产生的高次谐波会对互感器的采集器产生严重干扰，造成通信异常。

（2）对于采集板电源端口，在采集板直流电源输入耦合干扰信号，电快速瞬变脉冲群抗扰度试验未达到GB/T 20840.8—2007的4级要求。也就是说，其直流电源的抗干扰能

力不够，现场操作过程会对互感器的采集器产生严重干扰，造成通信异常。

（3）在采集板的信号输入端、电源输入端串接滤波（隔离）环节后，在相同的干扰状态下输出异常情况得到有效改善。

第二节　通　信　异　常

一、案例一

×××220kV 智能变电站母联间隔第二套智能终端报通信中断，见表 2-6-2-1。

表 2-6-2-1　　×××220kV 智能变电站母联智能终端通信中断报文

2012-09-16 20：39：10.151	220kV 母联 223 测控 GO2 DI49 第二套智能终端主 GOOSE 插件与第二套主变压器保护 GoCBTrip 数据集通信 _ 1 网中断
2012-09-16 20：40：32.061	220kV 母联 223 测控 GO2 DI49 第二套智能终端主 GOOSE 插件与第二套主变压器保护 GoCBTrip 数据集通信 _ 1 网中断
⋮	
2012-09-16 20：39：12.154	220kV 母联 223 测控 Go2 DI49 第二套智能终端主 GOOSE 插件与第二套主变压器保护 GoCBTrip 数据集通信 _ 1 网中断信号已复归
2012-09-16 20：39：47.142	220kV 母联 223 测控 Go2 DI49 第二套智能终端主 GOOSE 插件与第二套主变压器保护 GoCBTrip 数据集通信 _ 1 网中断信号已复归
⋮	
2012-09-16 20：40：30.057	220kV 母联 223 测控 GO2 DI49 第二套智能终端主 GOOSE 插件与第二套主变压器保护 GoCBTrip 数据集通信 _ 1 网中断
2012-09-16 20：40：59.935	220kV 母联 223 测控 GO2 DI49 第二套智能终端主 GOOSE 插件与第二套主变压器保护 GoCBTrip 数据集通信 _ 1 网中断

1. 故障分析

根据报文内容，现场初步分析为智能终端 GOOSE 插件损坏造成，于是更换 GOOSE 插件，更换后仍多次上报上述报文，故障未能消除。重新分析表 2-6-2-1 报文，发现两个特点：间歇性，且仅为该间隔组网通信中断。

测试交换机光口衰耗数据如下：220kV 母联第二套智能终端用光口为交换机 7 口。智能终端发送衰耗为－18dBm，交换机接收衰耗为－19dBm；交换机 7 口发送衰耗为－31.87dBm，交换机备用口 17 口发送衰耗－20.07dBm。查阅技术资料得知该套智能终端发送衰耗范围为－22～－12dBm，接收衰耗要求不大于－30dBm。因此，可以判断光口 7 衰耗过大，导致智能终端接收信号异常。

2. 故障处理

更换 220kV GOOSE 交换机 220kV 母联智能终端接口至备用口 17 口，通信恢复正常。

二、案例二

×××变电站110kV间隔安装调试送电期间，在拉合隔离开关、分合断路器传动试验时，智能终端报GOOSE通信中断，见表2-6-2-2。

表2-6-2-2　×××变电站110kV母联智能终端操作期间GOOSE中断报文

2012-05-28 05：31：28.273	2012-05-28 05：31：28-080 1号主变压器中压测112测控过程GoCB9 A网中断
2012-05-28 05：31：28.474	2012-05-28 05：31：28-210 110kV母线测控过程GoCB10 A网中断
2012-05-28 05：31：28.382	2012-05-28 05：31：31-062 110kV母线测控（DI5）110kV母联保护测控装置异常
2012-05-28 05：31：31.381	2012-05-28 05：31：31-065 110kV母联115保侧测控保护装置与智能终端主GOOSE插件Pub _ In数据集 _ A网中断
2012-05-28 05：31：31.381	2012-05-28 05：31：31-265 110kV母联115保侧Ⅱ类告警

1. 故障现象

（1）故障现象1。2012年4月，该站110kV间隔送电期间，合110kV母联间隔隔离开关时，装置报通信中断。设备厂商技术人员解释该站内智能终端电源存在故障，更换了站内所有该型号装置电源插件。

（2）故障现象2。2012年10月，在调试某110kV线路间隔期间，检修保护人员在分合断路器时，智能终端多次上报通信中断，且马上恢复，再次怀疑该装置电源插件存在故障，更换其他相同间隔电源插件，更换后装置试验时无该报警情况。

（3）故障现象3。2012年10月，在110kV母差保护传动开关时，多次出现“110kV GOOSE子交换机告警”报文，没有报上述其他告警中断报文，见表2-6-2-3。

表2-6-2-3　×××变电站110kV GOOSE交换机报警报文

2012-10-25 16：48：53.997	2012-10-25 16：48：53.599（DI26）110kV GOOSE A网子交换机装置告警/直流消失
2012-10-25 16：48：54.097	2012-10-25 16：48：53.802（DI26）110kV GOOSE A网子交换机装置告警/直流消失信号已复归

2. 故障分析

查看110kV第三台交换机内部日志报文，见表2-6-2-4。

表2-6-2-4　×××变电站110kV第三台交换机内部日志报文

12-10-25 16：48：53.599	WARN 50C Port 6 is down（中断）
12-10-25 16：48：53.802	WARN 50C Port 6 was down（恢复）

查交换机配置，110kV第三台交换机配置PORT 6口为该站110kV线路智能终端GOOSE口，查阅交换机历史掉线报文发现，其他110kV间隔也有类似中断情况。中断时间为200ms左右，保护无法报出此中断，但是已能闭锁保护。

3. 故障处理

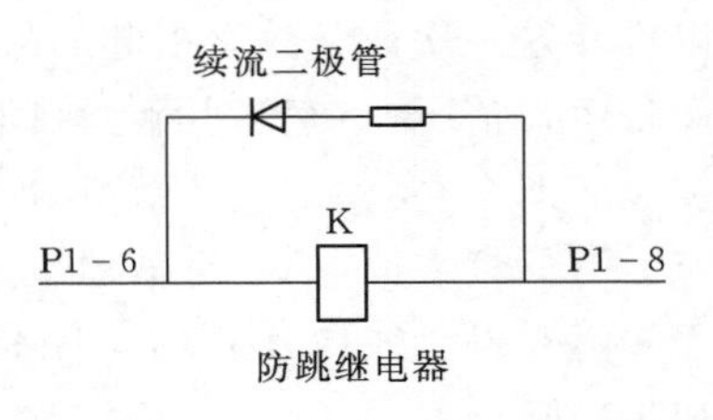

图 2－6－2－1　二极管加装方法

如图 2－6－2－1 所示，智能终端电源插件同开关机构的防跳继电器配合上存在缺陷，此型号继电器具有较大的反向电动势，这种反向电动势会对智能终端造成较大的干扰，导致在拉合隔离开关时，GOOSE 主插件电源供应不足，产生上述现象。通过更换该站内所有智能终端电源插件，同时在断路器机构防跳线圈上并联反向二极管，以减少断路器分合闸对智能终端电源的冲击，从而保证 GOOSE 通信正常。

三、案例三

×××220kV 变电站第二套母差保护装置，在正常运行期间，后台报“公用测控装置：220kV GOOSE 交换机告警”“220kV B 套母线保护装置失电告警”，伴随该装置 GOOSE 通信中断报文，并能在 1s 内恢复。

分析为该装置电源插件损坏，更换后即恢复正常。

四、案例四

2013 年 5 月，×××变电站一体化监控平台报某线路间隔“A 套保护启动”“220kV 母线保护 A 套差动保护启动”，如表 2－6－2－5、表 2－6－2－6 和图 2－6－2－2、图 2－6－2－3 所示。

表 2－6－2－5　　一体化监控平台报文 1

2013－05－16 00：39：33.722	2013－05－16 00：39：33－419 220kV××线 225 保护 A 套保护启动
2013－05－16 00：39：34.426	2013－05－16 00：39：33－412 220kV 母线保护 A 套差动保护启动
2013－05－16 00：39：34.696	2013－05－16 00：39：33－412 220kV 母线保护 A 套录波启动

表 2－6－2－6　　一体化监控平台报文 2

2013－05－16 01：44：12.860	2013－05－16 01：44：10－507 220kV××线 225 测控 GO2DI14 第一套 MU 数据异常
2013－05－16 01：44：12.859	2013－05－16 01：44：10－590 220kV××线 225 测控告警电铃位

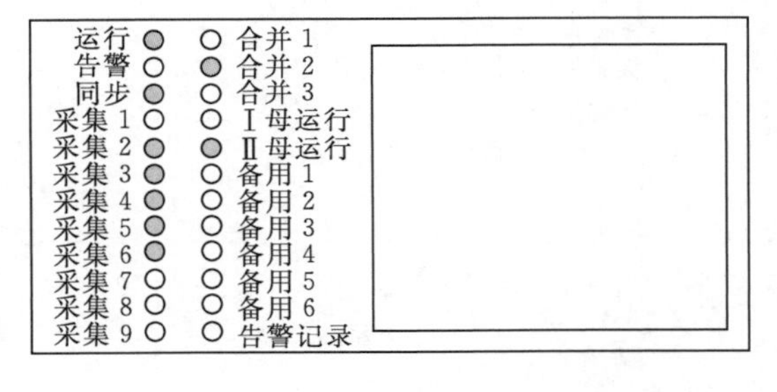

图 2－6－2－2　某间隔第一套合并单元告警

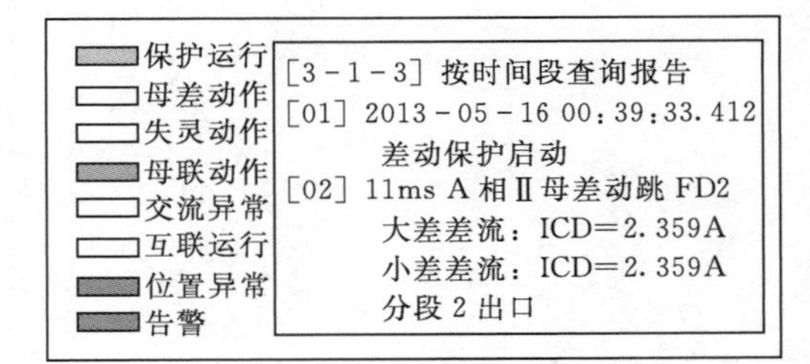

图 2－6－2－3　220kV 母差第一套保护装置动作报文

1. 故障分析

图 2－6－2－2 中采集 1 灯熄灭，根据该合并单元配置，采集 1 指 A 相电流通道，可

以排除是一次设备故障引起的故障，根据上面4张图表及故障时刻第二套保护及对侧站内设备运行情况，初步判断为该间隔第一套合并单元A相电流采集回路异常。

从图2-6-2-4可以判断，A相电流在异常时刻有突变，当时负荷二次值为0.2A，波形突变最大值5A，有效值1.8A，此突变已达到220kV第一套母差保护动作定值。由于故障时刻母线电压正常，闭锁出口，故该母线上开关及220kV母联开关均不能出口，初步判断母差动作行为正确。

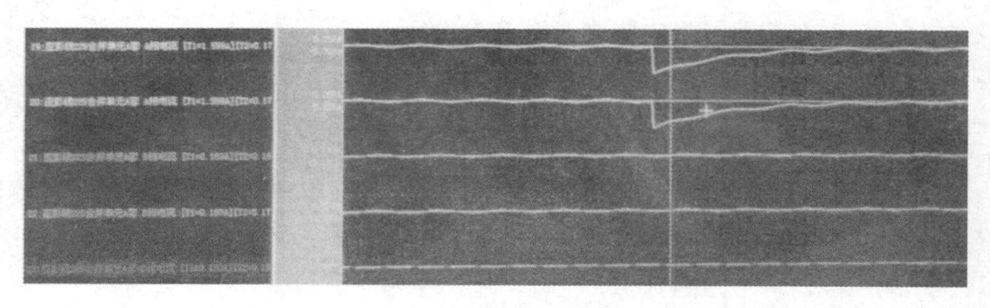

图2-6-2-4　220kV故障录波波形

结合其他信息，初步判断为225开关合并单元或电子互感器采集卡故障引起第一套采样故障，造成220kV××线225开关保护及220kV第一套母差保护装置异常，故录波装置启动。鉴于缺陷的严重性，申请停用相关保护。

查看网络分析仪告警信息，见表2-6-2-7和表2-6-2-8。

表2-6-2-7　　网络分析仪告警报文

2013-05-16 01：44：06 068521	220kV××线合并单元A套采样值质量位变化：通道无效
2013-05-16 01：44：06 089521	220kV××线合并单元A套采样值质量位变化：通道恢复正常
2013-05-16 01：44：12 087021	220kV××线合并单元A套采样值质量位变化：通道无效
2013-05-16 01：44：12 865513	220kV ××线合并单元A套采样值质量位变化：通道恢复正常
……	

表2-6-2-8　　网络分析仪报文

Sequence of Data

[通道1] 采样额定延迟时间：值1500，标志位00000000h

[通道2] A相保护电流1：值1061769，标志位00000000h

[通道3] A相保护电流2：值1795253，标志位00000000h

[通道4] B相保护电流1：值－74130，标志位00000000h

[通道5] B相保护电流2：值－74685，标志位00000000h

[通道6] C相保护电流1：值2012，标志位00000000h

[通道7] C相保护电流2：值2056，标志位00000000h

……

由表2-6-2-7可以看出，网络分析仪显示该间隔第一套合并单元报采样异常时刻为2013年5月16日1时44分，而且有反复。

从以上情况可以大概看出故障经过，维护人员认为此站电子互感器存在以下重大安全

隐患：

（1）电子互感器采集卡损坏初始时间为2013年5月16日00：39：34.426，但是从网络分析仪历史告警及合并单元告警采样无效起始时刻为2013年5月16日01：44：06。1个多小时时间段内合并单元发送的A相采样数据品质均正常，不能闭锁保护。此时如果没有电压闭锁，将造成母差Ⅱ动作，切除220kV Ⅱ母上所有开关及母联开关。

（2）从图2-6-2-4可以看出，A相电子互感器异常时，波形有突变情况，由于此时负荷电流仅有0.17A，即使A相电流消失，也不足以达到母差保护动作定值，因此采样数据突变是造成母差动作的主要原因。

2. 故障处理

鉴于以上分析，认为该站互感器存在重大安全隐患，运行期间若在主变压器三侧或其他重要供电间隔发生上述类似故障，存在220kV母差误动作或主变压器差动误动作造成全站失压的风险。故需合并单元厂家升级逻辑程序，解决类似故障时合并单元的处理机制，使其能闭锁保护。

五、案例五

2012年8月，×××220kV智能变电站220kV线路运行期间，第二套微机线路保护装置频繁告警，保护装置告警灯点亮，一体化监控平台上传报文见表2-6-2-9。

表2-6-2-9　　一体化监控平台报文

2012-08-04 00：34：19.992	220kV××线测控终端B与线路保护B_GS断信号状态：动作
2012-08-04 00：34：19.649	220kV××线测控终端B与线路保护B_GS断SOE状态：动作
2012-08-04 00：34：14. 324	220kV××线第二套保护预告总信号状态：动作
2012-08-04 00：34：14.324	220kV××线第二套保护线路保护GS通道异常信号状态：动作

通过分析报文，发现仅仅为保护装置至智能终端GS链路中断，首先怀疑光纤链路问题，检查发现光纤衰耗测试正常，再检测智能终端发送报文，发现检测不到报文，智能终端光口损坏，更换智能终端光口后，恢复正常。

六、案例六

2012年12月，对某220kV智能变电站10kV分段开关不能遥控操作进行处理，在10kV分段开关保护装置没有告警灯点亮的情况下，发现后台机10kV分段开关间隔“装置告警”光字牌常亮，经查找此信号由10kV分段开关测控保护装置发出，调阅测保装置告警信息见表2-6-2-10。

表2-6-2-10报文中PT2201A（B）、2202A（B）含义是：PT2201A（B）指1号主变压器保护低压侧第一（二）套保护与10kV分段开关操作箱GOOSE通信联系；PT2202A（B）指2号主变压器保护低压侧第一（二）套保护与10kV分段开关操作箱GOOSE通信联系。

智能操作箱订阅GOOSE通信中断含义是：1号主变压器、2号主变压器在故障时不能跳开10kV分段开关。

表 2-6-2-10　　10kV 分段装置告警报文

(03c0) 2012/12/28 14：40：58.556 装置异常　GOOSE 的 C 网接收中断 00000000ms GOOSE 的 C 网接收中断 智能操作箱订阅 GOOSE（PT2201API/LLNO＄GO＄gocb1）通信中断
(03c1) 2012/12/28 14：40：58.556 装置异常　GOOSE 的 D 网接收中断 00000000ms GOOSE 的 D 网接收中断 智能操作箱订阅 GOOSE（PT2201BPI/LLNO＄GO＄gocb1）通信中断
(03c2) 2012/12/28 14：40：58.556 装置异常　GOOSE 的 E 网接收中断 00000000ms GOOSE 的 E 网接收中断 智能操作箱订阅 GOOSE（PT2202API/LLNO＄GO＄gocb1）通信中断
(03c3) 2012/12/28 14：40：58.556 装置异常　GOOSE 的 F 网接收中断 00000000ms GOOSE 的 F 网接收中断 智能操作箱订阅 GOOSE（PT2202BPI/LLNO＄GO＄gocb1）通信中断

首先对 GOOSE 链路的物理连接进行导通试验，检查未发现链路中断的情况，排除了 GOOSE 链路物理连接中断的可能性。其次在保护回路调试过程中，严格按照调试方案、现场调试作业指导卡执行，所有数据记录清楚，并无异常发现，同时，保测装置及后台机均发出报文，可排除装置误报的可能性。模拟 1 号、2 号主变压器低压侧故障，10kV 分段开关未动作跳闸；根据以往经验判断，装置 CPU 插件硬件损坏的可能性最大。在更换 10kV 分段开关保测装置 CPU 插件后，对 1 号、2 号主变压器保护的两套保护装置进行模拟试验，均能正确动作于 10kV 分段开关跳闸。

第三节　越限异常报文

一、案例一

×××220kV 变电站 1 号主变压器低压侧电子式互感器上报越限值，一体化监控平台报文见表 2-6-3-1。

表 2-6-3-1　　一体化监控平台报文

2012-09-14 16：11：15.419	1 号主变压器低压侧应 501 测控 11a（1 号主变压器 10kV 侧）遥测越变化率上限，越限值＝2529455566
2012-09-14 16：14：14.564	1 号主变压器低压侧应 501 测控 11a（1 号主变压器 10kV 侧）遥测越变化率下限，越限值＝2290704346
2012-09-14 16：14：34.627	1 号主变压器低压侧应 501 测控 11a（1 号主变压器 10kV 侧）遥测越变化率下限，越限值＝2604528809

1. 故障现象

×××220kV变电站全站停运期间，站控后台10天内5次上报遥测越限。

查看网络分析仪内同时段合并单元报文，也存在该异常数据。查看该电流品质位，发现品质位均正常，若该缺陷发生于运行工况，则不会闭锁保护，保护装置极可能误动作。

2. 故障分析与处理

现场检查发现1号主变压器低压侧501断路器柜电子互感器绕组至采集卡接线螺钉松动，紧固后恢复正常。分析原因是由于螺钉松动导致采集卡接收不到互感器信号，产生了一个偏置电压，导致出现异常电流。

二、案例二

×××220kV变电站母差保护故障，一体化监控平台报文见表2-6-3-2。

表2-6-3-2　一体化监控平台报文

2012-08-30 03：35：19.336	220kV母线保护B套Ⅱ母电压B相Ⅱ母电压遥测越合法值上限，越限值=733227776.000000
2012-08-31 03：55：07.322	220kV母线保护B套第03包通信中断
2012-08-31 03：55：40.423	220kV母线保护B套第03包通信中断信号已复归
2012-09-04 06：54：40.545	220kV母线保护B套大差电流B相差电流遥测越合法值上限，越限值=1177167360.000000

1. 故障现象

×××220kV变电站全站停运期间，站控后台多次上报该类报文。

2. 故障分析

该缺陷第一眼看上去感觉与上述案例一为同一类缺陷，而且数值更大，情况更加严重，但仔细看会发现，该异常报文实际是220kV母线保护B套发出，与合并单元无关，且查找同时段网络分析仪录波报文，并未发现上述异常值，故依据此可以判定为220kV母差保护B套装置故障。

3. 故障处理

通过测试，证实为该装置遥信报文程序存在漏洞，研发人员现场更改测试该程序后，上述异常报文消失。

第四节　对时系统故障

一、案例一

由于合并单元未对时引起装置波形2～10ms间断，故障录波装置波形如图2-6-4-1所示。

1. 故障现象

2011年12月×××220kV变电站1号主变压器智能化改造完工，低压侧送电成功。

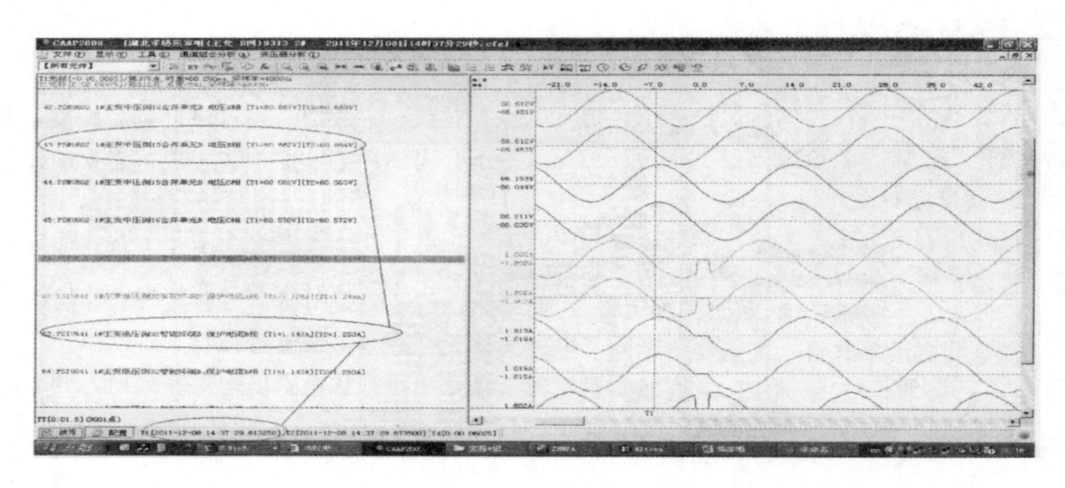

图 2-6-4-1　故障录波装置波形图

运行方式为：1号主变压器中压侧供1号主变压器，带低压侧双绕组运行，1号主变压器带负荷后，保护装置校验均显示正常，但故障录波器上不断有启动报文，启动原因为：1号主变压器低压侧采样启动，启动波形显示在启动瞬间有2～10ms波形突变。

1号主变压器低压侧采样回路具体情况如下：低压侧分A网及B网两套合并单元，两套合并单元的数据分别点对点传输至主变压器保护A、B屏与故障录波器，通过SV组网传输至网络分析仪及1号主变压器低压侧测控装置。

2. 故障分析

故障原因假设1：故障录波装置软件设置问题。

如图2-6-4-1所示，同时段其他所有合并单元波形均正常，先排除此原因。

故障原因假设2：1号主变压器低压侧两套合并单元采样回路故障。

若1号主变压器低压侧两套合并单元均故障，则整个采样回路均应有启动或告警报文，而检查1号主变压器保护装置A、B屏无任何异常或启动报文；检查1号主变压器低压侧测控装置也无任何异常或启动报文。

在排除了上述两种假设后，通过网络分析仪检查故障录波装置启动报文同一时间点记录的采样波形，显示波形无异常。

进一步分析网络分析仪原始报文，如图2-6-4-2所示情况。

SCD文件中查到该装置叫“IT101B”，该装置的描述为主变压器低压侧32断路器B套合并单元。

图2-6-4-1显示2011-12-8 14：37：89有APPID为0x4022的合并单元（即主变压器低压侧32断路器B套合并单元）发送的SV报文的Sync位置为0，发布“丢失同步信号”的告警。通过以上分析，故录装置异常录波主要原因是32低压侧合并单元GPS未对时引起，并怀疑异常报文也是由于主变压器低压侧GPS未对时引起。

但是，保护装置及网络分析仪为什么不受对时的影响呢？原因如下：合并单元采样频率为4000Hz，即一个周波含4000/50=80个点，1s为4000个点，一个点250μs，1号主变压器中压侧合并单元延时固定为1550μs，相当于减去保护装置接收延时50μs后6个

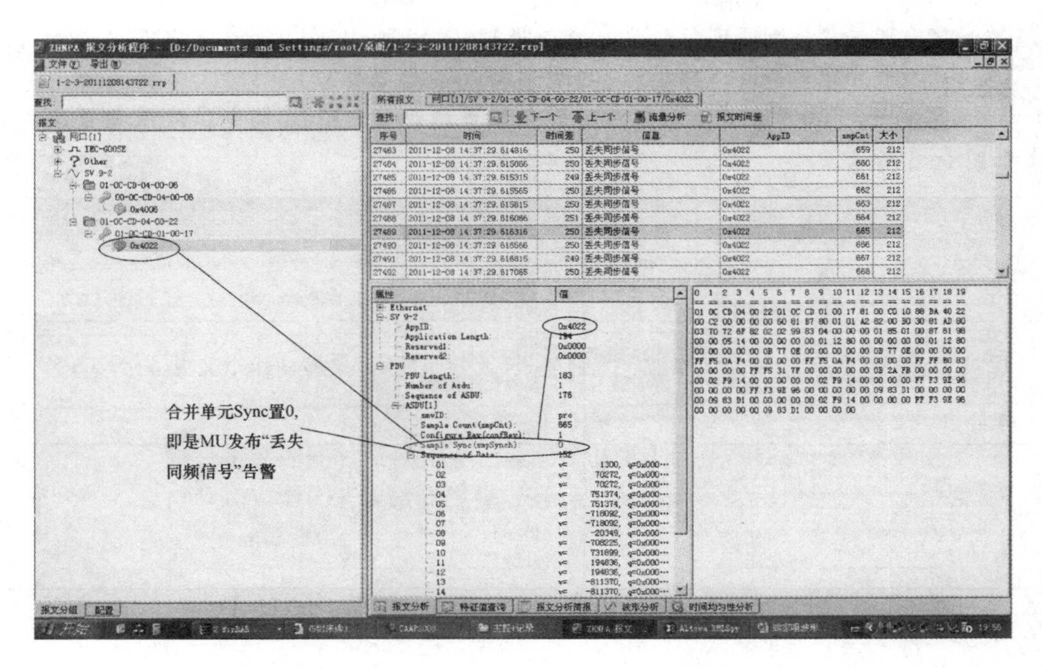

图 2-6-4-2　网络分析仪故障时刻数据

点，低压侧合并单元延时固定为 1300μs，相当于减去保护装置接收延时 50μs 后 5 个点，保护装置同时接收到中低压侧的合并单元采样，接收到采样后，根据报文中的延时信息（即中压侧 1550μs，低压侧 1300μs）自动前推中压侧采样 6 个点、低压侧采样 5 个点，这样就确保了采样的实时性和连续性，因此即使合并单元没有 GPS 对时，也不影响保护装置的正常采样和运行。而故障录波装置的波形绘图机制是建立在合并单元计数器基础上，即同一时刻计数器开始计数，若在整点时则对所有合并单元自检，采样从 0～3999 点依次循环，若整点对时时发现不在 0 点，则将报文强行拉至 0 点，因此就出现了图 2-6-4-2 中数据缺口。

3. 故障处理

根据以上分析，尽管该故障不影响保护装置的正常运行，但是故障录波长期启动这一不安全因素，可能诱发其他更严重故障，因此应对该故障进行处理。2011 年 12 月，分别停用 1 号主变压器Ⅰ套及Ⅱ套保护，对低压侧 A 套及 B 套合并单元同步信号进行检查，经检查发现 GPS 对时信号均已接入低压侧合并单元，但是存在配置错误，在更新合并单元配置文件后，装置同步对时成功，再未发现该异常启动波形。

二、案例二

对时异常导致采样无效。

1. 故障现象

×××智能变电站在运行中全站合并单元多次报"同步异常"信号，并伴随有保护装置报"保护采样无效启动录波"，保护闭锁现象。

网络报文分析仪记录了全站合并单元失步、同步报警报文。合并单元在同步恢复时，

所发数据帧出现重发、倒序现象，典型报文见表 2-6-4-1。

表 2-6-4-1　　合并单元失步、同步报警典型报文

2013-02-22　05：12：08.996810	1号主变压器高压侧合并单元A套采样值同步状态变化：失步
2013-02-22　05：12：11.000251	1号主变压器高压侧合并单元A套采样计数倒序，当前值10，期望值12
2013-02-22　05：12：11.000502	1号主变压器高压侧合并单元A套采样计数丢点，当前值12，期望值11
2013-02-22　05：12：11.001002	1号主变压器高压侧合并单元A套采样计数丢点，当前值3998，期望值14
2013-02-22　05：12：08.500510	1号主变压器高压侧合并单元A套采样值同步状态变化：同步

保护装置报“保护采样无效录波”“启动采样无效录波”，典型动作报文见表 2-6-4-2。

表 2-6-4-2　　保护典型动作报文

动作报文 NO.1485 2013-02-22 05：12：10：003 0000ms　保护采样无效录波 0000ms　启动采样无效录波

2. 故障分析

（1）查阅一体化平台报警记录、网络报文分析仪，发现全站合并单元多次在同一时刻发生失步、同步现象，初步怀疑对时系统故障导致合并单元对时异常。初步判断可能有以下两点原因：

1）当GPS时钟失步，GPS时钟切换为北斗时钟时，输出光B码的时间抖动超过10μs，引起合并单元同步异常。

2）扩展时钟输入源为GPS时钟和北斗时钟的光B码，以GPS时钟输入的IRIG-B1码为主，北斗时钟输入的IRIG-B2码为辅，当GPS时钟失步切换为北斗时钟时，扩展时钟时钟源切换为北斗时钟输入的IRIG-B2码为主，CPU判断IRIG-B1码源切换为IRIG-B2码源输出时间抖动超过10μs，导致合并单元同步异常。

（2）该智能变电站对时系统为秒脉冲对时，其对时信号上升沿在整秒出现，合并单元失步时刻网络分析仪报文见表 2-6-4-3。

表 2-6-4-3　　合并单元失步时刻网络分析仪报文

2013-02-22　05：12：09.999812　170
2013-02-22　05：12：10.000001　171
2013-02-22　05：12：10.000251　170　采样计数倒序，当前值为170，应为172
2013-02-22　05：12：10.000501　172　采样计数丢点，当前值为172，应为71
2013-02-22　05：12：10.000752　173
2013-02-22　05：12：10.001002　3998　采样计数丢点，当前值为3998，应为174

由表 2-6-4-3 可知：①合并单元在对时恢复前的最后一帧报文采样计数器为70；②合并单元在对时信号恢复后的第一个对时上升沿，发出一帧报文，采样计数器为171，250μs后发送一帧报文，采样计数器为170，并且该帧报文与对时信号恢复前的最后一帧报文数据内容一样，属于重发帧，接着重复帧170，合并单元按250μs间隔发送172、173

两帧后，采样计数器跳变到3998。

因此可以判断，合并单元在运行中发生了失步现象，并且在再次同步时所发数据帧出现重发、倒序、跳变现象。

(3) 该保护装置SMV的丢帧判据为采样计数器不连续，例如此帧收到序号为171，后续没有收到序号为172的数据帧，则判断为丢帧。

该变电站保护装置无效录波的原因是保护装置检测到合并单元发送的采样数据异常，异常类型为采样数据丢帧，装置在判断丢帧后将闭锁保护50ms，保护判断正确。

结合以上分析，可判断该智能变电站异常报警现象的根本原因是由于对时系统故障导致合并单元失步后再同步；导致保护闭锁的直接原因是合并单元在失步再同步时所发数据帧出现重发、倒序、跳变等异常情况。

为验证上述判断，利用停电机会，拔除合并单元对时光纤，待合并单元对时异常灯亮起后恢复合并单元对时光纤，保护出现闭锁动作报文，异常报警现象得到重现。

3. 故障处理

上述异常是由于对时系统在运行中出现异常引起，主要原因是合并单元在失步再同步时发送数据帧处理错误，保护行为正确。

(1) 处理步骤1。更换对时装置相关模块，然后测试对时系统时钟精度及切换精度。

(2) 处理步骤2。修改合并单元在失步再同步时数据帧的处理逻辑，升级合并单元程序。最终故障得以解决。

三、案例三

同步时钟装置引起备自投装置闭锁。

1. 故障现象

(1) 220kV A智能变电站的66kV线路备自投装置组网方式为网采网跳，SV及GOOSE均取自66kV A网中心交换机，采集数据如图2-6-4-3所示。

运维人员发现备自投装置间断性地告警，随着时间的推移，告警发生间隔越来越短。

(2) 主要时序。2016年12月6日220kV A智能变电站线路备自投报MU通信异常，运行灯间断性熄灭，熄灭时间随时间推移越来越长，直至不再点亮。备自投充电方式1（1号主变主二次运行、北保三线备用）返回，告警信息显示“保护MU通信异常0→1”。

2. 故障分析

(1) 首先退出备自投功能压板及出口压板，重启装置一次后，现象依然存在。

(2) 检查接入备自投SV组网接收端尾纤光功率为－15dBm，符合光纤发送功率－20～－14dBm的范围。

(3) 用光数字信号分析仪检测各合并单元发送采样值SV，采样同步标志、品质位均无异常。

(4) 通过网络分析仪查看，其数据分析截图如图2-6-4-4所示。66kV Ⅰ、Ⅱ母线电压合并单元和1号主变低压侧合并单元A同步，66kV北保三号线路合并单元与66kV Ⅰ、Ⅱ母线电压合并单元同一时刻采样差19帧，即4.75ms（每秒4000帧，每帧250μs，19帧就是4.75ms），见表2-6-4-4。

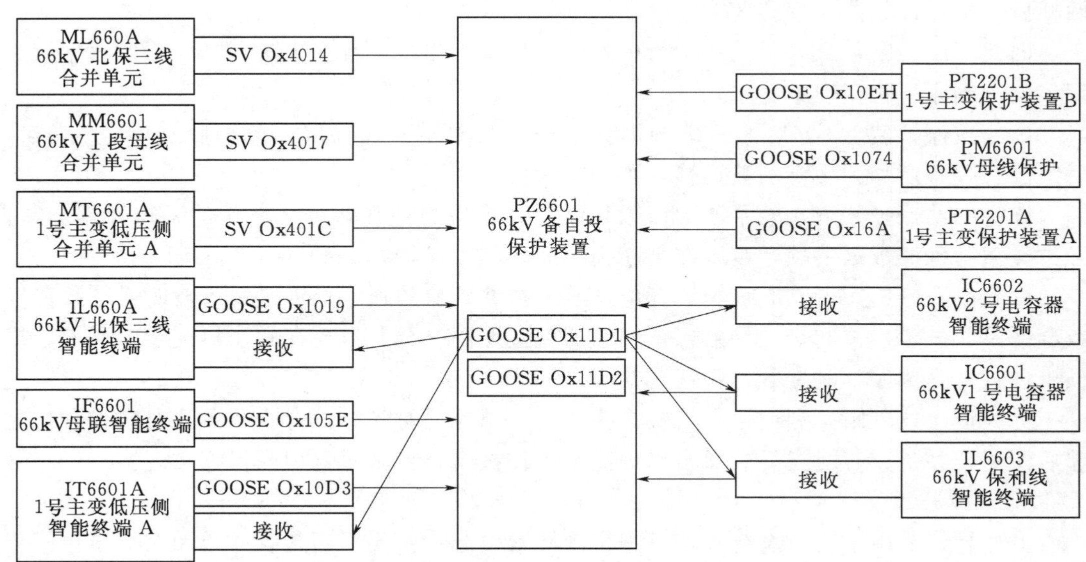

图 2-6-4-3　线路备自投 SCD 示意图

表 2-6-4-4　　　　网络分析数据表

合并单元	捕获时间	采样计数	最大帧数差	最大时间间隔
66kV Ⅰ、Ⅱ母线电压合并单元	2016-12-06 11：27：47.484061	1948	0	0ms
1 号主变低压侧合并单元 A	2016-12-06 11：27：47.483882	1945	3	0.75ms
66kV 北保三号线路合并单元	2016-12-06 11：27：47.484079	1929	19	4.75ms

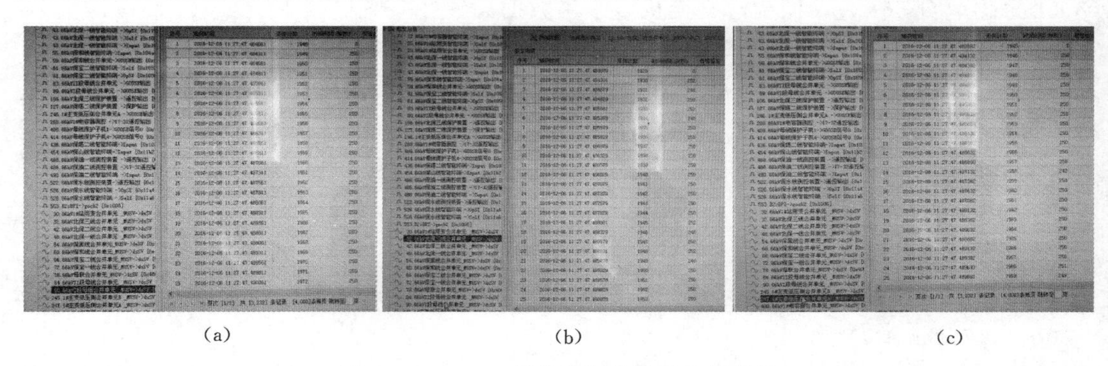

(a)　　(b)　　(c)

图 2-6-4-4　网络分析仪数据分析截图

(a) 66kVⅠ、Ⅱ段母线合并单元；(b) 660kV 北保三线合并单元；(c) 1 号主变低压侧合并单元

由此推断保护 MU 通信异常是由合并单元采样不同步引起，由于其他保护均为直采直跳方式，所以采样不同步对直采直跳保护无影响。

(5) 本站电力系统同步时钟装置。全站共有主钟两台，从钟一台，两台主钟间实现了B码互为对时，互为备用，从钟分别接收了两台主钟的B码授时，如图 2-6-4-5 所示。

检查合并单元对时接线，66kV Ⅰ、Ⅱ母线电压合并单元和1号主变低压侧合并单元A分别接在主钟1和主钟2上，66kV北保三号线路合并单元接在从钟上。

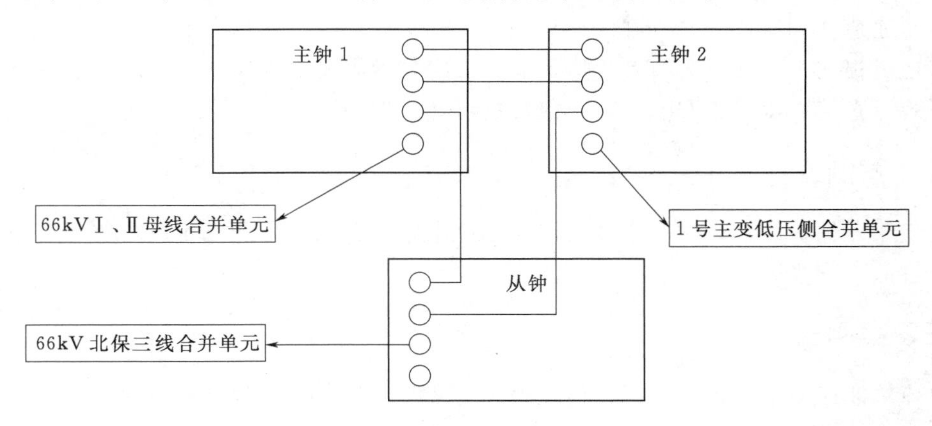

图2-6-4-5　同步时钟接线图

（6）重启从钟，时钟恢复正常后，备自投异常消失。经与时钟厂家技术人员确认，从钟通过两个主钟光B码对时，由于时钟校时逻辑存在缺陷，造成从钟与主钟假同步。设备软件采用的是V2.3程序版本，该版本为控制时间输出的抖动，将OCXO晶振驯服的阈值设置得过小，对于老化率稍高的OCXO晶振产生的偏差，存在驯服调整不够的可能性，从而造成时间偏差的累积。

（7）备用电源自投装置SV异常告警现象主要原因分析。外部合并单元smpCnt值超差（厂家默认8帧告警即2ms），如图2-6-4-5所示，同一采样时刻的数据中66kVⅠ、Ⅱ母线电压合并单元的smpCnt为1948，66kV北保三号线路合并单元的smpCnt为1929，相差19帧，延时相差远超过2ms，程序中判断smpCnt差值完全超差，SV告警置位并闭锁保护。从时间的推移来看，告警发生间隔越来越短，说明外部合并单元存在对时异常情况。

3. 故障处理和总结

本站线路备自投闭锁是由于时钟假同步引起，对时钟程序升级，解决时间偏差的累积，消除假同步问题。经过一段时间的运行没有再出现此类问题。

（1）在智能变电站中，时钟的重要性越来越突出，尤其对网采的网络结构更是如此。继电保护应用网络采样方式，合并单元的同步性能直接影响继电保护的性能，因此时钟系统的可靠性对变电站安全稳定运行异常重要。

（2）对于备自投具备直采直跳条件的装置建议改成直采直跳组网模式，不具备条件的要加强时钟的管理。

（3）对于多路SV采样的智能设备，应将其接入的合并单元对时接在一个时钟源上。

第五节　装置软件程序漏洞产生的各类缺陷

一、案例一

110kV母差保护装置电压采样正常，但是做复压动作试验时报文不正常。具体报文如下：

电压通道 1　$U_A=51V$，$U_B=58V$，$U_C=58V$，$3U_0=6V$，$U_2=2V$

电压通道 2　$U_A=58V$，$U_B=58V$，$U_C=6V$，$3U_0=2V$，$U_2=58V$

双通道报文不一致，为装置程序漏洞，厂家技术人员更新装置程序时，发现装置程序无法下装，直接更换装置 CPU 板，才解决问题。

二、案例二

主变压器保护装置，主变压器低压侧零序电压告警信号不能发生，检查发现该主变压器版本过低，升级版本。

三、案例三

故障录波启动报文存在乱码，厂家解释为字符冲突，将间隔名称里面的“线”字删除后恢复正常。

四、案例四

110kV 母线合并单元，合并单元 TV 并列后不能发出 TV 并列信号，更新装置逻辑程序后，合并单元死机，装置进入死循环，出现“软复位”报文，更换整个合并单元后恢复正常运行。

五、案例五

主变压器送电后监控后台遥测值不能实时刷新（之前遥测对点正确），检查发现主变压器三侧测控装置均采双 CPU，接收两套合并单元采样，后台为合成后的采样值，测控装置程序版本与此配置方式不对应，升级测控装置程序后监控后台遥测值能实时刷新。

六、案例六

间隔信号试验时，网络分析仪不能实时刷新报文，更新网络分析仪分析装置软件版本后，网络分析仪运行速度缓慢、软件常死机，升级网络分析仪监听仪程序后问题解决。

七、案例七

某故障录波装置在运行时，多次出现故障录波采集装置与后台通信中断，厂家人员历时半年优化录波单元程序后，该故障消除。

八、案例八

某 220kV 等级第二套母差保护装置在运行期间报“CRC 校验错”“定值校验错”等报文，且不能复归。厂家更换装置总线板后装置报内部通信中断，再次更换后，装置恢复正常，但几天后再次报出上述异常报文，第三次更换总线板、CPU 板，研发人员现场测试并升级程序，异常报文消失。

九、案例九

某 220kV 第二套母差保护装置在做功能试验时，投入 220kV 母差失灵保护检修状态压板、线路保护检修状态压板、合并单元检修状态压板时，失灵保护不能正常动作。厂家修改该部分逻辑，修改后动作正常。

十、案例十

某 220kV 变电站 110kV 进线备用电源自投装置，正常逻辑应该为主变压器中压侧电压电流消失，启动备用电源自投功能，但是在退出主变压器中压侧 MU 压板时，备用电源自投动作，跳主变压器中压侧与进线，逻辑存在问题，在升级程序后问题得到解决。

十一、案例十一

某 220kV 间隔第二套合并单元投入“检修装置”压板，合并单元无任何报文，检修灯也不点亮，各配合保护装置也无采样异常报警，合并单元检修状态功能未开入，装置 I/O 板开入电位正常，厂家依次更换开入 I/O 板、面板、CPU 板，并升级程序后装置正常。

十二、案例十二

（一）故障现象

江苏苏州 220kV 用直变合并单元 CSD-602CG 于 2017 年 12 月 14 日运行中装置输出“装置告警”“装置故障”；装置面板总告警灯点亮，母联、TV 刀闸灯闪烁。查看装置内部告警信息为“主 DSP 收不到从 DSP 实时数据”。合并单元 SV 报文输出正常，与保护、测控等通信正常。

（二）故障分析

江苏苏州 220kV 用直变使用四方公司合并单元型号为 CSD-602CG，版本见表 2-6-5-1。

表 2-6-5-1　　CSD-602CG 型合并单元版本

序号	型　号	程序类别	版　本	校验码
1	CSD-602CG	主 DSP	2013.04.11 V1.13 D	5378H
		从 DSP	2013.04.11 V1.13 D	37A6H

以上版本程序存在小概率的 CAN 网堵塞问题以及未考虑到时钟闰秒处理在时钟闰秒调整时出现失步告警异常。

1. CAN 网堵塞

（1）CANO 网堵塞。主 DSP 接收 GOOSE 或 DIO 插件的切换、并列开关量信息，之后通过 CAN 网转发置从 DSP。从 DSP 收到 CAN 网的切换或并列信息后根据逻辑判断，输出 SV。如 CAN 网通信堵塞，从 DSP 收不到切换或并列的逻辑结果，从 DSP 将保持此前的切换或并列结果，输出相应 SV，同时装置告警，但 DIO 插件的告警接点不能导通。如此时有切换和并列操作，则 SV 数据不能按实际切换、并列结果输出。

(2) CAN1 网堵塞。主 DSP 信号不能发送至面板，面板指示灯不能与实际对应。

如运行中合并单元出现 CAN 网堵塞的情况，维持原有运行方式不变，将不影响合并单元 SV 数据和有效性，与之关联的保护、测控仍能正常运行，不影响其功能。

CAN 网堵塞为软件 bug，在某种工况下被触发。根据复现过程来看，在开关量变位频繁时，出现此观象的概率相对高些，但总体来看，再出现此种异常的概率很低。

2. 闰秒问题

CSD-602 合并单元在时钟闰秒调整时出现失步告警异常，原因是软件未考虑到时钟闰秒处理，而将时钟闰秒作为时间异常跳变来处理。

(三) 故障处理

为解决 CAN 网堵塞及闰秒问题，四方公司修改 CSD-602 合并单元软件并送开普检测中心做软件检测，目前软件已经通过开普测试。

测试通过软件的版本见表 2-6-5-2。

表 2-6-5-2　　测试通过软件的版本

序号	型　号	程序类别	版　本	校验码
1	CSD-602AC	主 DSP	V1.64	49F2H
		FPGA	V5.05	3F86H
		从 DSP	V1.64	6A58H
2	CSD-602CG	主 DSP	V1.64	49F2H
		FPGA	V5.05	3F86H
		从 DSP	V1.64	6A58H

现场合并单元升级，相应装置应退出运行，需做好相应安全措施。升级程序文件包括主 DSP、从 DSP、FPGA，升级不涉及配置文件、模型文件、接线的更改，相关知识、测控装置无需做任何更改。

升级后相关检查如下：

(1) 加量检查相关保护、测控的交流采集是否正确。

(2) 监控系统信号核对（测控订阅合并单元发送到 GOOSE 异常报文）。

第六节　人为直接原因产生的缺陷

一、案例一

×××220kV 变电站 110kV 间隔合并单元配置文件误配置为 110kV 其他间隔合并单元配置文件。

1. 故障现象

110kV 各间隔用电压均为母线电压，试验时加入母线电压，110kV 有间隔均应有电压，但在网络分析仪上显示 14 间隔电压波形有杂波。

2. 故障分析与处理

经检查发现，厂家人员在下装合并单元配置时，将 20 间隔配置文件下到 14 间隔，导

致有两个配置相同 MAC 地址的合并单元，产生了冲突，造成 14 间隔波形异常，更改合并单元配置文件后恢复正常。

二、案例二

1. 故障现象

×××220kV 间隔启动失灵回路，按照设计虚端子回路图，××线第一套线路保护配置了三相启动失灵（串 GO 软压板）分别至 220kV 第一套失灵保护线路 1 的三相失灵开入，以上回路试验正常，失灵保护动作正常。在第一套线路保护模拟永久性故障三跳时，保护装置未投入任何 GO 软压板，线路保护正常动作，但是失灵保护收到断路器量变位，线路 1 失灵 ST 由 0 变 1，询问工程安装人员及查 SCD 配置发现，220kV 第一套线路保护多配置了一个保护三跳至 220kV 第一套失灵保护线路 1 失灵开入 ST，改变了原设计，与图纸不符。由于该增加回路没有 GO 软压板，导致线路保护此处无把关压板，容易误启动失灵，形成隐患。

2. 故障处理

220kV 线路为分相机构，可以不考虑三相启动失灵，故删除该增加虚回路。三相启动失灵回路功能试验正常。

三、案例三

1. 故障现象

×××220kV 智能站定期检验时，在进行 220kV 第二套母线合并单元相关回路采样试验过程中，220kV 母线装置、220kV 故障录波装置、网络分析仪均无采样值。

2. 故障分析与处理

测试发现合并单元内部通信中断，但此时合并单元无任何报警信号发出。查找中断原因最终定为背板插件固定螺钉松动，紧固螺钉后恢复。产生原因可能是产品运输过程中振动导致螺钉松动，发现该问题后，试验人员对部分装置螺钉进行了检查，发现插件固定螺钉均未紧固，因此全站整组联调试验前应先紧固所有间隔螺钉，送电前更应检查所有插件端子螺钉是否已紧固。

四、案例四

1. 故障现象

×××220kV 智能变电站定期检验期间，在做插拔光纤试验时，站内后台机光字牌无法正常显示对应的告警报文，母联、线路间隔各 70 余光字牌，母差间隔 90 余光字牌仅有 10 余个能正常显示，其余信号无光字牌或有光字牌但不能正常点亮。

2. 故障处理

组织专人专班根据需要增加和修改百余个光字牌，删除两百余个光字牌。确保能上报正确、易懂的报文。

五、案例五

未严格执行继电保护标准化作业指导书引起的保护异常处理。

1. 故障现象

（1）2017 年 4 月 10 日，220kV A 智能变电站 220kV 甲线送电，当按定值单输入后发现保护装置报 SV 总告警且无法复归，主接线如图 2-6-6-1 所示。全站有 220kV 母线配置两组 EVT，220kV 四条线路均配置 ECVT，220kV 母线保护及母线测控电压 SV 采自母线合并单元，线路保护电流和电压 SV 采自线路合并单元。

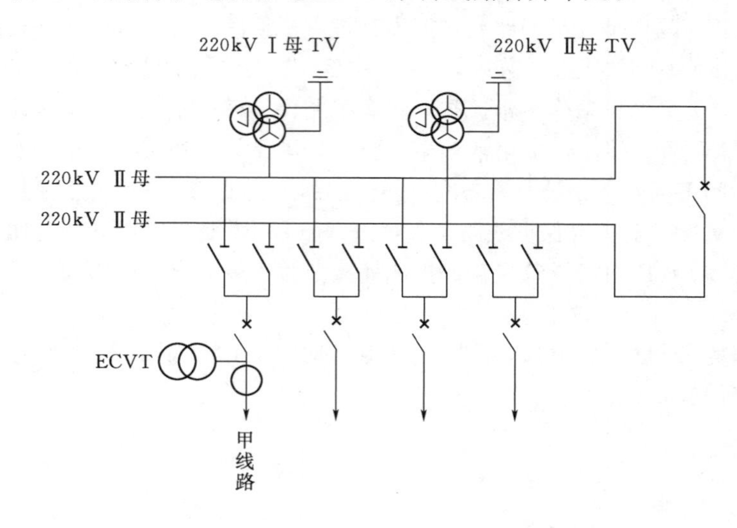

图 2-6-6-1　系统接线图

（2）主要时序。2017 年 3 月 20 日 220kV A 智能变电站 220kV 甲线保护按省调下发定值单修改定值后，保护装置报 SV 总告警，装置显示母线电压采样无效且无法复归，保护人员恢复原定值后告警消失。

2. 故障分析

（1）由于在输入不同定值的情况下保护出现 SV 总告警，检查两次定值的区别发现原装置定值重合闸检同期方式、重合闸检无压方式控制字为“0”，省调定值单中重合闸检同期方式、重合闸检无压方式控制字均为“1”。

（2）检查 220kV 甲线保护装置 SV 虚端子连线，线路电压 U_A、U_B、U_C 及母线电压 U_A、U_B、U_C 均正确，如图 2-6-6-2 所示。

（3）检查 220kV A 甲线路合并单元 SV 虚端子连线，合并单元没有将母线电压作为同期电压（母线电压）级联到线路合并单元，造成同期电压无输入。确认保护 SV 总告警原因为线路合并单元没有采集到母线合并单元的 SV，如图 2-6-6-3 所示。

（4）核对设计院图纸及虚端子表，没有设计母线电压合并单元级联到线路合并单元作为保护重合闸检同期、检无压使用。作为火电厂与系统的电源线路，电厂侧重合闸方式只投检同期，系统侧重合闸既要投检同期也要投检无压，防止开关偷跳造成母线及线路均有压而重合闸拒动。

3. 故障处理

（1）敷设线路合并单元至母线合并单元光缆，完善光回路物理连接，并将母线电压合

图 2 - 6 - 6 - 2　220kV 甲线保护 SV 虚端子连接示意图

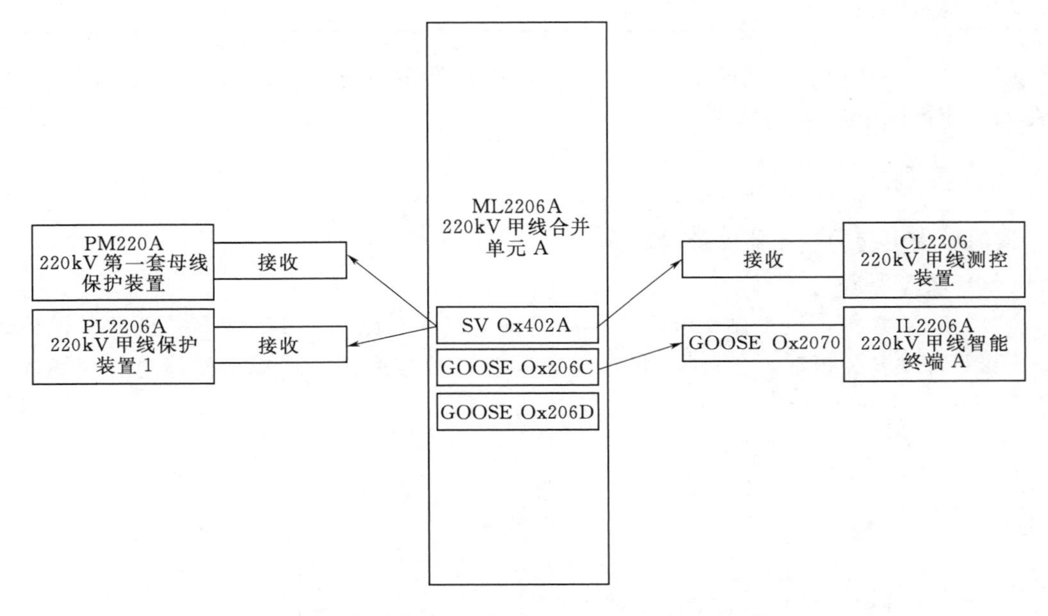

图 2 - 6 - 6 - 3　合并单元 SV、GOOSE 接收与发送图

并单元级联到线路合并单元。联系设计院更改设计图纸及虚端子表，增加线路合并单元母线电压及 220kV 甲线甲刀闸位置虚端子连接。

（2）修改合并单元配置文件，完善虚端子连接，并做好 SCD 备份。

（3）重新对线路合并单元电压切换、切换后电压输出、重合闸功能进行检验并完成保护测相位。

4. 总结及建议

（1）本站前期工程220kV线路间隔均使用ECVT电子式互感器，线路保护电压取自本间隔的ECVT，与220kV母线合并单元无物理连接。本次扩建线路间隔使用的也是ECVT电子式互感器，施工说明图只说明了“与前期工程保持一致，线路保护直接采样、直接跳闸，母线保护直接采样、网络跳闸。”同时也无同期电压的相关说明和虚端子连线设计，未考虑电源线路重合闸方式问题。由于图纸设计的不严谨凸显图纸审核对保证现场施工及调试质量的重要性，要严把图纸审核，不要流于形式。

（2）调试人员经验不足，未考虑同期电压功能，未严格执行智能变电站继电保护标准化作业指导书中对保护装置功能的检验，重合闸功能检验项目见表2-6-6-1。

表2-6-6-1　　重合闸功能检验项目

重合闸功能	定值/控制字	装置动作信息	结　果
检同期	0/1		
检无压	0/1		
单相TWJ启动重合闸	0/1		
三相TWJ启动重合闸	0/1		
Ⅱ段保护闭锁重合闸	0/1		
多相故障闭锁重合闸	0/1		

（3）全面检查智能变电站的SCD，对有类似问题的变电站加以整改，完善相关二次回路和相应虚端子连接。

六、案例六

误退压板引起的变压器保护误动作。

（一）故障现象

（1）66kV A智能变电站10kV Ⅱ段母线发生相间短路，1号主变高、低后备保护动作，10kV母联开关拒动，备自投动作后，2号主变加速跳闸，造成全站停电。现场接线图如图2-6-6-4所示。

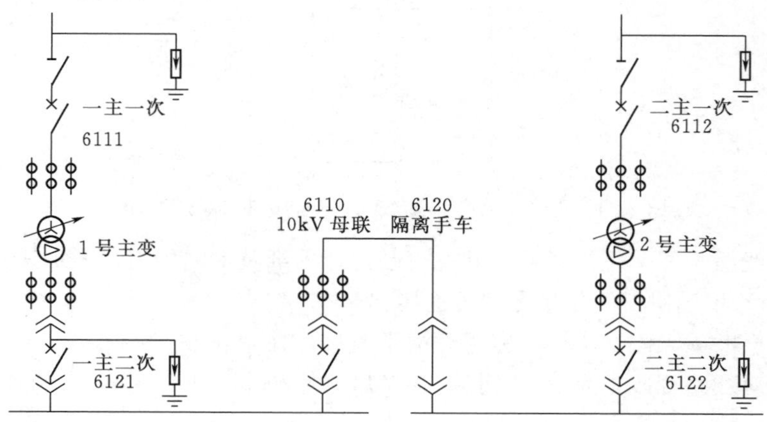

图2-6-6-4　66kV A变电站一次接线图

（2）运行方式。66kV A智能变电站有两台主变，主变接线方式均为线路变压器组接线方式，1号主变带全站负荷，2号主变备用，备自投投入，现场保护配置见表2-6-6-2。

表2-6-6-2　现场保护配置表

设备名称	装置型号	出厂时间	投运时间
1号主变差动保护	iPACS-5941D	2014年	2015年
1号主变高后备保护	iPACS-5941D	2014年	2015年
1号主变低后备保护	iPACS-5941D	2014年	2015年
1号主变高压侧智能终端	PRS-7389	2014年	2015年
1号主变高压侧合并单元	PRS-7393	2014年	2015年
1号主变低压侧智能终端	UDM-502-G B03	2014年	2015年
1号主变低压侧合并单元	UDM-502-G A02	2014年	2015年
备自投及母联保护	iPACS-5763D	2014年	2015年
1号主变本体智能终端	PRS-761-D	2014年	2015年

（3）主要时序及事件记录分析见表2-6-6-3。

表2-6-6-3　66kV变电站事件记录

时间	事件	备注
15：47：41 MS：311	1号主变高后备保护_启动	
15：47：41 MS：310	1号主变低后备保护_启动	
15：47：41 MS：312	1号主变差动保护_启动	
15：47：42 MS：314	1号主变高后备保护_过流Ⅰ段动作	定值：4.4A，1s跳母联
15：47：42 MS：315	1号主变低后备保护_过流Ⅰ段动作	定值：5.5A，1s跳母联
15：47：42 MS：614	1号主变高后备保护_过流Ⅱ段动作	定值：4.4A，1.3s跳一主二次
15：47：42 MS：615	1号主变低后备保护_过流Ⅱ段动作	定值：5.5A，1.3s跳一主二次
15：47：42 MS：627	一主二次开关分闸	
15：47：48 MS：140	备自投动作	定值：无流无压5.5s
15：47：48 MS：144	一主一次开关分闸	备投分
15：47：48 MS：544	二主一次开关合闸	定值：0.4s延时
15：47：48 MS：960	二主二次开关合闸	定值：0.8s延时
15：47：49 MS：325	备自投加速跳电源2	定值：14.5A，0.35s跳二主二次
15：47：49 MS：334	二主二次开关分闸	

（二）故障分析

1. 故障具体情况

（1）故障前：1号主变带全站负荷，2号主变为备用状态，备自投投入运行。主变保护、智能终端、合并单元、备自投装置均无断链告警及其他告警信息。

（2）故障后：1号主变高、低后备保护动作，10kV母联开关拒动，备自投动作后，2号主变合于故障，二主二次开关过流加速跳闸，造成全站停电。

2. 1号主变保护屏检查

经检查，1号主变保护屏内1号主变差动保护启动，未动作；1号主变高后备过流Ⅰ、Ⅱ段保护均动作，保护装置跳闸灯亮，由于全站停电，报TV断线告警；1号主变低后备过流Ⅰ、Ⅱ段保护均动作，保护装置跳闸灯亮，由于全站停电，报TV断线告警，保护无断链信息。

1号主变保护相关SV及GOOSE压板检查，均投入正确。

3. 1号主变高、低侧智能设备检查

1号主变低压侧智能终端跳闸灯亮，1号主变高、低侧智能终端无断链信息、无异常告警，1号主变高、低侧合并单元无断链信息、无异常告警。

4. 1号主变本体智能设备检查

1号主变非电量智能终端无断链信息、无异常告警，非电量保护未动作。

5. 10kV母联开关高压柜检查

(1) 备自投装置无断链信息，由于全站停电，报全所无压告警。

(2) 10kV母联开关高压柜内“10kV母联跳闸压板”被退出。

6. 在现场的保护状态下试验

保持现场的保护状态，对1号主变高、低后备保护装置带断路器进行传动试验时，10kV母联开关仍不跳闸。投入“10kV母联跳闸压板”后，10kV母联开关可以正确跳闸。

如图2-6-6-5所示，主变后备保护跳10kV母联开关的路径如下：1号主变后备保护→GOOSE跳闸出口压板（软压板）→备自投及母联保护装置→10kV母联跳闸压板（硬压板）→10kV母联开关。

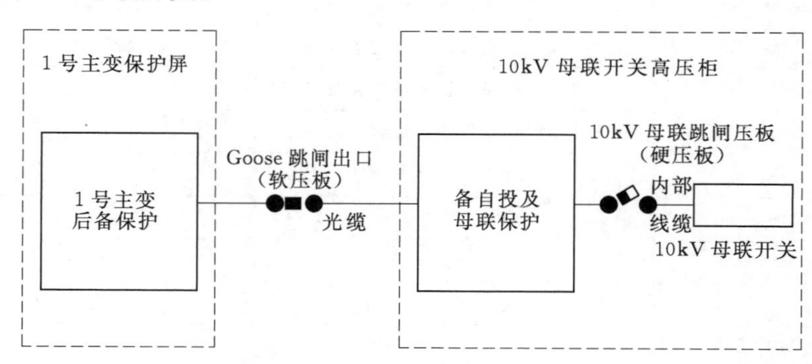

图2-6-6-5　智能站主变后备保护跳母联二次回路图

此10kV母联跳闸压板可以理解为10kV母联智能终端的出口压板。有四种跳闸令经过此压板出口：①备自投跳10kV母联；②10kV母联充电保护跳10kV母联；③1号主变高、低后备保护跳10kV母联；④2号主变高、低后备保护跳10kV母联。

分析本次跳闸事件，“10kV母联跳闸压板”未投入是导致变电站全停的原因，若此压板正确投入，可以保证10kV一段母线的正常运行。

7. 智能站与常规站保护比较

常规站的主变高、低后备保护分别有一个跳10kV母联的跳闸压板，设置在各自的主

变保护屏内，如图 2－6－6－6 所示。

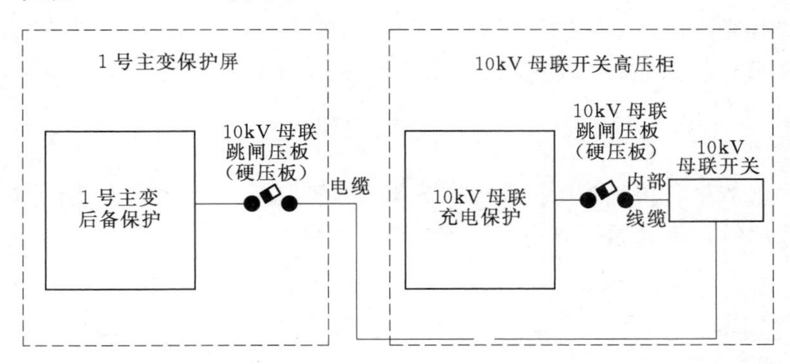

图 2－6－6－6　常规站主变后备保护跳母联二次回路图

8. 检查结果分析

综上检查结果分析，可判断本次 1 号主变保护不正确动作的原因是 10kV 母联跳闸压板未投入，导致 10kV 母联拒动，扩大了事故范围。

（三）故障处理

（1）现场将“10kV 母联跳闸压板”投入，恢复送电。

（2）现场运维人员应熟悉继电保护现场运行规程，了解智能站所有压板功能。

（3）保护验收试验时，按照标准化作业指导书执行。智能站中后台机的压板图只列出使用压板，并一一传动正确，可以在后台机投退，未使用软压板不应显示在后台机的压板图中。

（四）总结

（1）现场运维人员应熟悉继电保护现场运行规程，了解智能站所有压板功能。根据 Q/GDW 751—2012《变电站智能设备运行维护导则》，智能终端的现场巡视主要内容包括：检查外观正常、无异常发热、电源指示正常，压板位置正确、无告警。运维人员巡视设备时不应漏项。

（2）在变电站运维时，应熟悉智能终端出口压板的使用。

（3）变电二次检修人员和运维人员在智能站验收时应按智能变电站继电保护和安全自动装置验收规范执行，智能变电站设备验收结束后，设备厂家及现场施工人员应对运维人员进行综合培训，学习智能变电站的设计图纸、了解智能变电站工作原理、熟练操作流程，便于运维人员对设备有一整体认识，利于今后的维护与操作。

七、案例七

GOOSE 断链引起断路器误判偷跳启动重合闸。

1. 故障现象

（1）220kV A 智能变电站中 220kV 电压等级侧使用保测一体装置，其中 220kV 甲线在停电检修时，户外智能终端与其保测装置出现 GOOSE 直跳链路中断，发出“GOOSE 总告警”信号。站端监控系统无法进行远方遥控操作，故运维人员在该间隔智能控制柜，用智能终端处的“断路器操作把手”将断路器把手分至分闸位置，进而检查光纤链路中断

的原因。

(2) 在查找光纤链路中断的原因时，其GOOSE链路中断自动复归，恢复正常，该间隔断路器突然合闸，其线路保测装置发出“断路器偷跳启动重合闸”和“重合闸出口”信号。

2. 故障分析

(1) 重合闸的重合功能必须在充电完成后才能投入，如图2-6-6-7所示。同时点亮面板上的充电灯，未充满电时不允许重合，以避免多次重合闸。

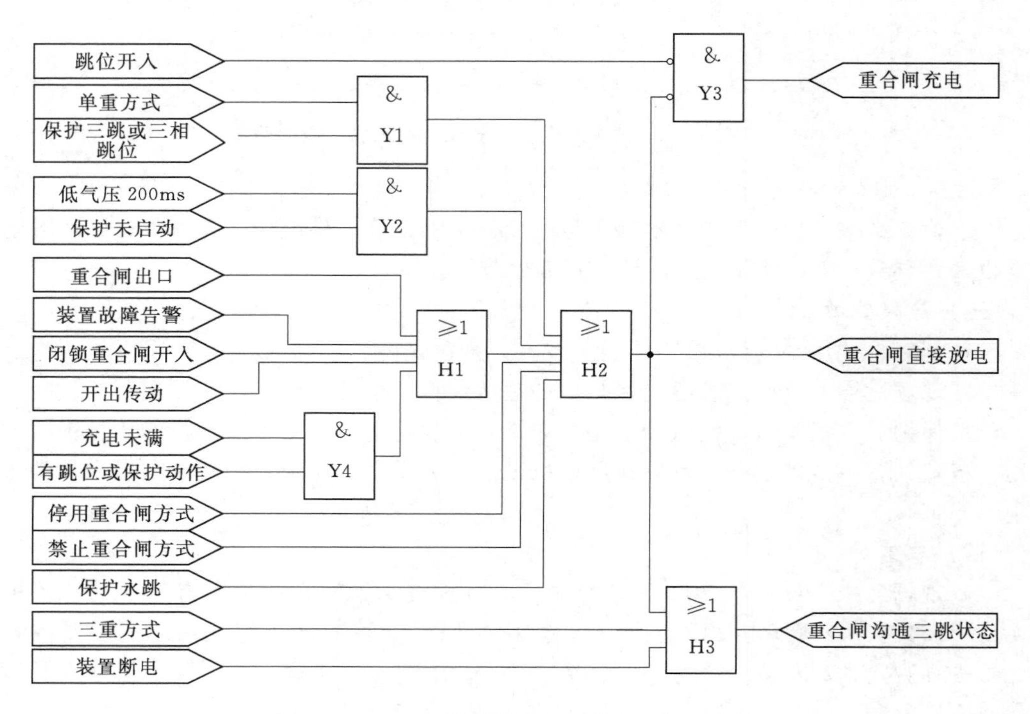

图2-6-6-7 重合闸充电、放电逻辑示意图

(2) 装置设有两种启动重合闸的方式：本保护跳闸启动以及TWJ启动重合闸。TWJ启动重合闸是装置考虑了断路器位置不对应启动重合闸，主要用于断路器偷跳状态，如图2-6-6-8所示。

(3) 运维人员手分断路器时，由于该间隔保测装置与智能终端之间的GOOSE链路中断，在GOOSE的发送机制中，为保证可靠性一般重传相同的数据包若干次（2ms、2ms、4ms、8ms），如果超过重传数据的最大等待时间，则丢失相应的数据。手跳逻辑闭锁重合闸已无法将其闭锁重合闸开入传送给保测装置，将重合闸放电，保测装置仍保持GOOSE断链之前，断路器在合闸位置，重合闸已充电完成的状态。智能终端闭锁本套保护重合闸逻辑如图2-6-6-9所示。

(4) 断路器分闸后，运维人员在查找光纤链路中断的原因过程中，该间隔智能终端与保测装置之间的GOOSE链路突然恢复正常，保测装置所接收的智能终端报文随即恢复，保测装置则会接收到断路器的分闸位置，且没有任何相关闭锁重合闸开入的GOOSE报

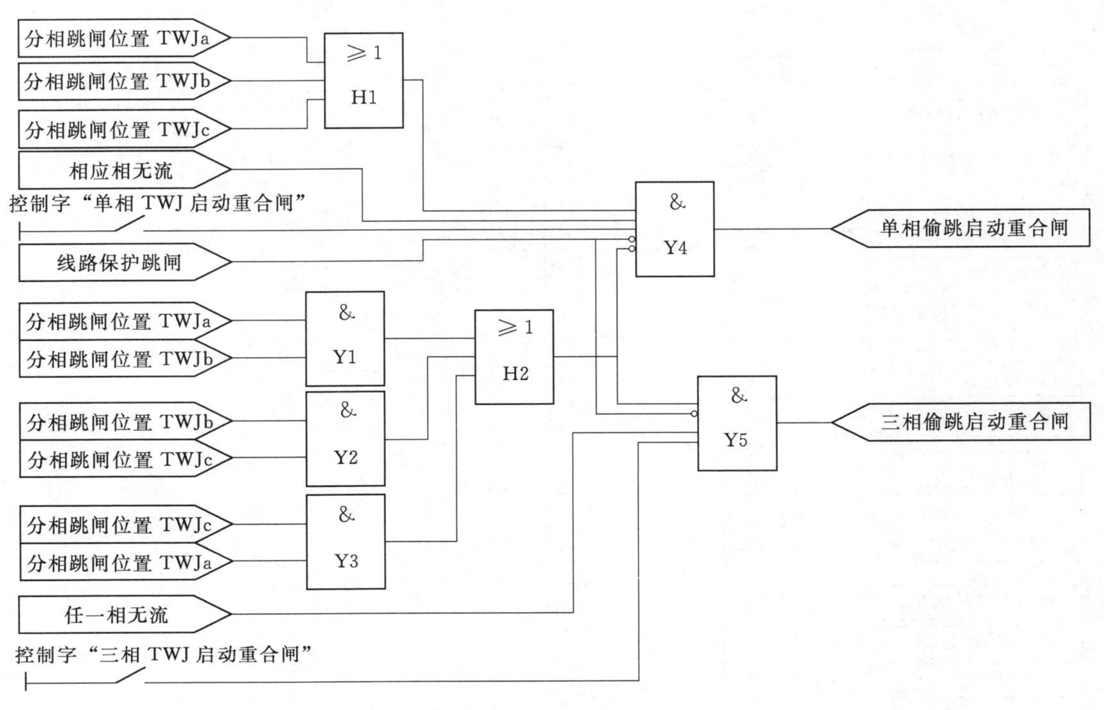

图 2-6-6-8　偷跳启动重合闸逻辑示意图

文，进而误判为断路器偷跳状态，断路器位置不对应启动重合闸，重合闸出口动作。重合闸动作逻辑示意图如图 2-6-6-10 所示。

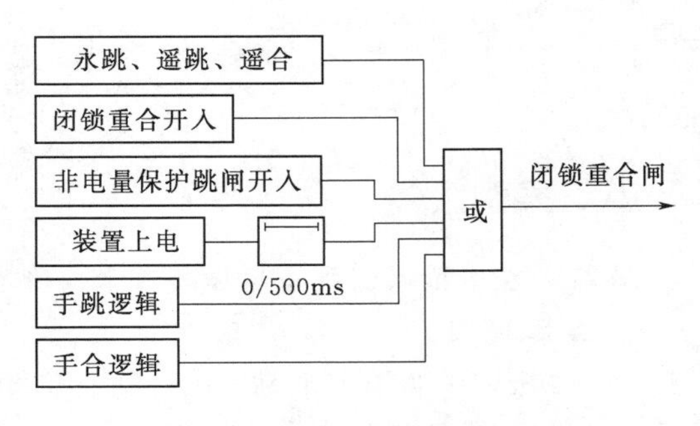

图 2-6-6-9　智能终端闭锁本套保护重合闸逻辑示意图

3. 故障处理

（1）当智能变电站出现保护装置与智能终端 GOOSE 链路中断时，可以将保护装置中的重合闸出口软压板或智能控制柜处重合闸出口硬压板退出后再进行检查，待检查完毕，链路、保护等恢复正常后再投入重合闸出口压板。

（2）可以利用智能变电站保护装置与智能终端之间的检修机制，将智能终端的检修压板投入后再进行检查，待检查完毕，一切恢复正常后再退出检修压板。

4. 总结及建议

（1）熟悉、掌握智能变电站设备技术特点和运维要点，加强继电保护作业指导书的编制和现场使用。加强继电保护、变电运维等专业技术技能培训，开展智能变电站设备原理、性能及异常处置等专题培训。

（2）建议改进方案：当保护装置与智能终端之间 GOOSE 直跳链路发生中断时，重合闸如处于充电完成状态，应设置延时几秒自动对其重合闸进行放电，来避免此种类似情况

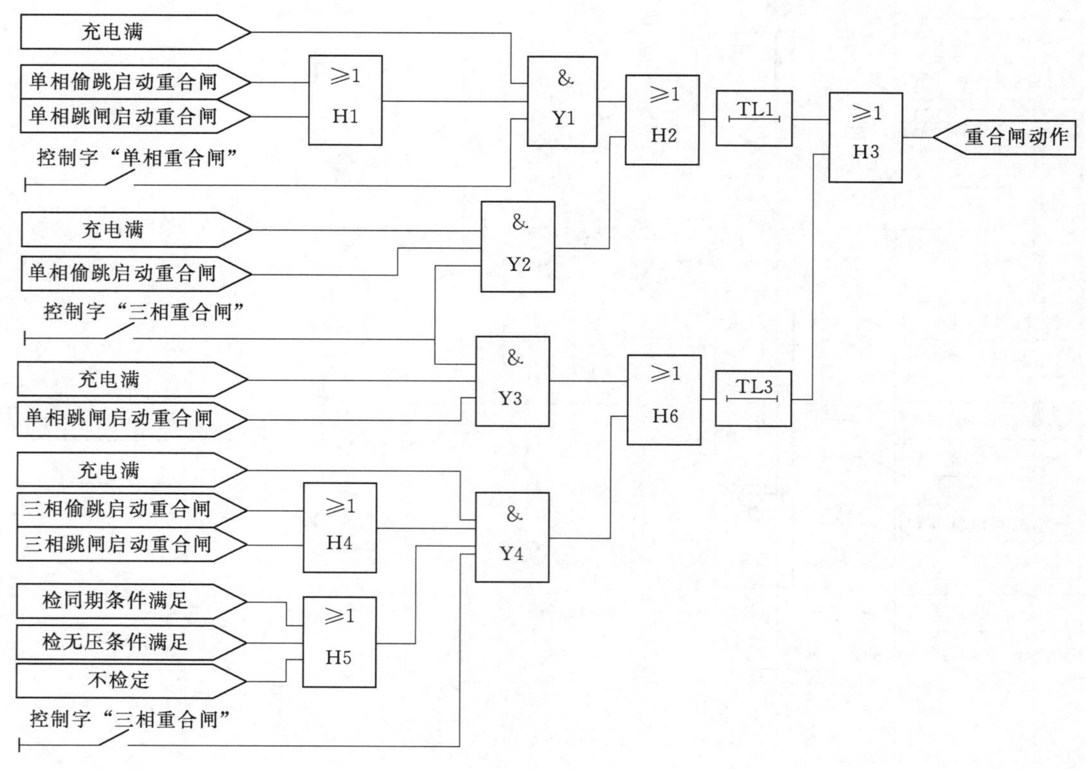

图 2-6-6-10　重合闸动作逻辑示意图

的发生。

八、案例八

虚端子连接错误引起备自投装置未正确动作。

1. 故障现象

(1) 66kV A 智能变电站 66kV 侧线变组接线如图 2-6-6-11 所示，10kV 单母采用分段接线方式。某年某月某日该变电站 1 号变运行、10kV 分段并列，2 号变压器热备中，

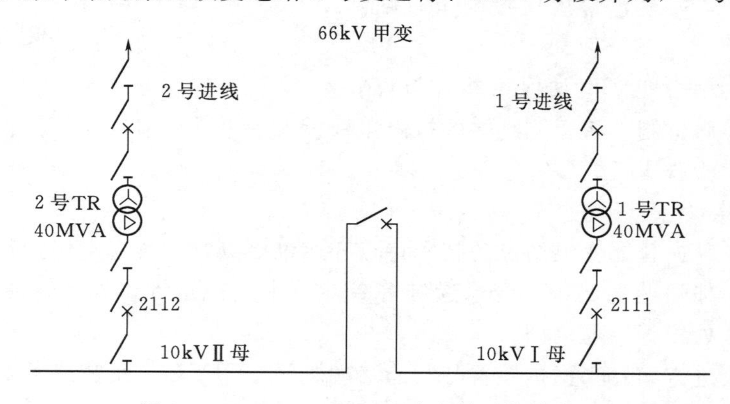

图 2-6-6-11　66kV A 变电站系统接线图

主变备自投启用。9时00分00秒66kV 1号进线线路永久故障后全所失压，主变备自投装置动作，跳开1号变两侧开关及小电源线路后，合上备用电源2号主变低压侧开关后停止动作，全站负荷没有成功带出。主变高低压侧交流采样方式为常规电磁互感器经合并单元采样，备自投装置网采网跳。该站某变压器设备情况见表2-6-6-4。

表2-6-6-4　　变电站某变压器设备情况

变电站	设备名称	出厂时间	投运时间	型　号
某变压器	备自投	2012-6-30	2013-5-20	CSC-246A/E
	智能终端	2012-6-30	2013-5-20	JFZ-12F

（2）动作时序如下：

1）9时00分00秒000毫秒：1号进线故障，线路跳闸；A变电站交流失压。

2）9时00分00秒000毫秒：A变电站备自投装置启动。

3）9时00分06秒000毫秒：重跳1号主变两侧开关、联切小电源执行正确。

4）9时00分06秒100毫秒：经短延时后，动作合闸出口1。

5）9时00分06秒180毫秒：装置报“备自投闭锁”。

2. 故障分析

该站主变备自投装置动作逻辑如下：当充电完成后，Ⅰ母、Ⅱ母均无压（三线电压均小于无压启动定值），I_1（1号主变10kV侧电流）无流，则启动，经延时T_{t1}（6s），跳电源1开关（1号主变两侧开关），同时联跳Ⅰ母出口；确认电源1跳开后，且Ⅰ母、Ⅱ母均无压（三线电压均小于无压合闸定值），经T_{h1}（100ms）合电源2号主变高压侧开关、经T_{h2}（200ms）延时合2号主变低开关。

从装置逻辑描述可以看出，备自投装置在跳开1号主变双侧开关后应先经短延时合备用电源高压侧开关、后经长延时合备用电源低压侧开关，与实际动作顺序不符。

仔细检查SCD文件对比后发现，备自投装置合电源短时限出口本应动作于合上主变高压侧开关，却被误连至主变低压侧开关智能终端。因此在备自投装置动作逻辑第三步时短时限误合上了主变低压侧开关，同时备自投逻辑中在检验备用主变高压侧断路器位置没有变位，认为备自投动作失败，因此触发了闭锁备自投逻辑，导致备自投装置动作失败。

调查了解，该装置在施工阶段并没有经过实际整组试验，备自投装置的试验仅靠检查动作逻辑及模拟试验，投运前也只是进行了模拟量测量及开入量检查，对于任何状态下，装置的开入量及模拟量输入均正常。备自投装置GOOSE输出链接图如图2-6-6-12所示。

3. 故障处理

对错误部分SCD文件进行修改，由技术服务人员重新进行下装，申请两台变压器轮停，在保证安全的前提下对备自投装置进行整组试验，对各相关断路器的位置开入及装置实际动作出口进行效验。

4. 总结及建议

（1）检修人员严把设备验收关，尽管受系统方式安排、项目工期紧张等任何因素影响，变电站二次设备投运前，仍然必须做到全部相关断路器的传动试验，即使设备无法安

1-跳1DL_GOOSE	[IT101]1号主变低压侧智能终端	RPIT/GOINGGIO1.SPCS04.stVal	跳闸4
2-合1DL_GOOSE	[IT101]1号主变低压侧智能终端	RPIT/GOINGGIO1.SPCS06.stVal	重合1
3-跳2DL_GOOSE	[IT102]2号主变低压侧智能终端	RPIT/GOINGGIO1.SPCS04.stVal	跳闸4
4-合2DL_GOOSE	[IT102]2号主变低压侧智能终端	RPIT/GOINGGIO1.SPCS06.stVal	重合1
5-跳3DL_GOOSE			
6-合3DL_GOOSE	[PM10]10kV母联保护测控	PI/GOINGGIO1.SPCS40.stVal	外部保护1合3DL
7-跳4DL_GOOSE	[IT661]1号主变高压侧智能终端	RPIT/GOINGGIO1.SPCS04.stVal	跳闸4
8-合4DL_GOOSE	[IT661]1号主变高压侧智能终端	RPIT/GOINGGIO1.SPCS11.stVal	重合1
9-跳5DL_GOOSE	[IT662]2号主变高压侧智能终端	RPIT/GOINGGIO1.SPCS04.stVal	跳闸4
10-合5DL	[IT662]2号主变高压侧智能终端	RPIT/GOINGGIO1.SPCS11.stVal	重合1

图 2-6-6-12　备自投装置 GOOSE 输出链接图

排同时停电也要按照设备轮停等方式申请设备部分停电传动。

（2）智能变电站验收检验必须对 SCD 文件正确性进行仔细检查核对。校对过程、逻辑。

（3）对于备自投装置，新入网备自投装置必须经过实际断路器传动试验。另外也要结合主变、母联、电源线路停电对在网运行备自投装置相关回路进行实际传动，还与省电网 2017 年秋检备自投检修方案结合，稍微展开。

第七节　由于设计图纸与现场设备不一致引起的问题

一、案例一

集成商原理图管理混乱常引起故障。

1. 故障现象

间隔五防逻辑均满足的情况下，远方遥控某智能变电站某间隔隔离开关，该间隔智能终端在连锁状态，遥控不成功，解锁状态遥控成功。

2. 故障分析

经检查，遥控回路及连锁回路接线正确，但是智能终端隔离开关遥控连锁接点动作开出为“DO1，接线在 5X11－12，模拟 DO1 动作时，5X11－12 不能导通”，5X1－2 导通”。可见厂家配线错误，设计院原理图纸与装置实际原理图不符，设计院图纸与装置实际配线不一致。

3. 故障处理

更改配线后遥控正常。

二、案例二

×××220kV 智能变电站站内运行人员倒站用变压器时，短暂失去交流电源的瞬间，

所有保护装置报采样中断。

1. 故障分析

该缺陷是由于原电子互感器采集卡电源取用交流电源，若站内倒电源时，会导致采集卡电源消失，造成采样中断。

2. 故障处理

更改该部分设计，将交流电源改为直流电源。

三、案例三

×××220kV 智能变电站 220kV 母联启动失灵。

保护人员协同厂家技术人员对 220kV 母联保护启动失灵回路进行测试，测试情况如下。

(1) 220kV 母联保护Ⅰ屏虚端子见表 2-6-7-1。

表 2-6-7-1　　220kV 母联保护Ⅰ屏虚端子

序号	Dara reference	Data description	设计描述	接受对象
2	PI/PTRC2. Tr. general	充电过电流跳闸 2	20kV 母联Ⅰ启动失灵	220kV 母线保护Ⅰ

(2) 220kV 母差保护Ⅰ屏虚端子见表 2-6-7-2。

表 2-6-7-2　　220kV 母差保护Ⅰ屏虚端子

序号	Dara reference	Data description	设计描述	发送对象
3	PI/GOINGGI07. SPCS01. STVAL	母联失灵启动	220kV 母联Ⅰ启动失灵	220kV 母联保护Ⅰ

(3) 220kV 母差保护Ⅰ屏装置开入见表 2-6-7-3。

表 2-6-7-3　　220kV 母差保护Ⅰ屏装置开入

序　号	开　入　名　称	序　号	开　入　名　称
1	母联失灵启动	4	母联失灵启动 TC
2	母联失灵启动 TA	5	母联失灵启动 ST
3	母联失灵启动 TB		

(4) 开入测试。220kV 母联保护Ⅰ屏进行开出测试，充电过电流跳闸 2（母联启动失灵）开出，220kV 母差Ⅰ屏装置显示表 2-6-7-2 中开入 1 母联失灵启动变位。表 2-6-7-3 中开入 2 母联失灵启动 TA、开入 3 母联失灵启动 TB、开入 4 母联失灵启动 TC、开入 5 母联失灵启动 ST 均未变位，符合虚端子设计逻辑。

(5) 保护装置说明书回路逻辑。当失灵开入有效，失灵电流元件和失灵电压元件均开放时，经失灵保护 1 时限延时后失灵条件仍满足，则失灵保护跳开母联、分段断路器；经失灵保护 2 时限延时后失灵条件仍满足，则失灵保护跳开与失灵支路处于同一母线上的所有支路断路器。

(6) 回路测试说明。投入 220kV 母联保护屏 GOOSE 软压板，充电过电流跳闸 2（母联启动失灵）。投入 220kV 母差失灵保护Ⅰ屏失灵保护软压板，220kV 母联 MU 投入。加

入动作电流使 220kV 充电保护动作，充电过电流跳闸 2 出口，220kV 母差Ⅰ屏接收到开入变位母联失灵启动，如上述（3）、（4）说明。同时加入上述逻辑中三相启动失灵动作电流，满足电压开放条件，装置没有动作。母联保护启动失灵回路功能无法实现。

（7）220kV 母差保护Ⅰ屏装置开入功能厂家说明见表 2-6-7-4。

表 2-6-7-4　　220kV 母差保护Ⅰ屏装置开入功能说明

序号	开　入　名　称	功　　能
1	母联失灵启动	不是上述（5）逻辑图中启动失灵开入接点
2	母联失灵启动 TA	为上述启动失灵开入接点
3	母联失灵启动 TB	
4	母联失灵启动 TC	
5	母联失灵启动 ST	

（8）解决办法：将 220kV 母联保护Ⅰ屏充电过电流跳闸 2 虚端子由开入 1 母联失灵启动连接至表 2-6-7-4 中开入 5 母联启动失灵 ST，方可实现 220kV 母联启动失灵回路功能。

四、案例四

装置内部参数配置不合理引起备自投装置未正确动作分析。

1. 故障现象

（1）66kV A 变电站线变组接线和 10kV 单母分段接线方式如图 2-6-7-1 所示。该变电站 2 号变运行、10kV 分段并列，1 号变压器热备中，主变备自投启用。主变高低压侧交流采样方式为常规电磁互感器经合并单元采样，备自投装置网采网跳。

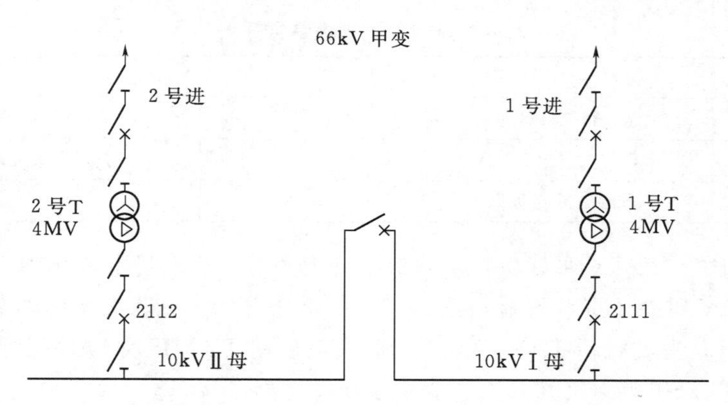

图 2-6-7-1　A 变电站系统接线图

2016 年 12 月 31 日，66kV A 变 2 号主变带全所负荷运行，16：15：59 乙变 2 号主变差动保护动作跳开 2 号主变双侧开关，备自投装置未动作，10kV 母线失压。站内交流失去。

乙变备自投型号为 PC5-9651，出厂时间为 2011-05-30，投运时间为 2012-11-02。

（2）主要时序如下：

1）16：15：59：2号主变差动保护启动。

2）相对时间12ms后：2号主变比率差动动作；2号主变高后备保护启动。

3）16：15：59：备自投装置2号主变双侧断路器变位报告，并未启动。

2. 故障分析

备自投装置为PCS－9651智能保护产品，现场检查设备运行指示正常，告警指示熄灭，SV采样均为0。物理层面连接正常，光纤中断试验相应告警能正常反映，用光数字表抓取备自投输入光纤信号正常，SV采样均能正常对应一次设备实际运行情况，见表2－6－7－5。

表2－6－7－5　用光数字表抓取备自投输入光纤信号SV采样正常对应一次设备实际运行情况

模拟量通道序号	模拟量通道名称	采　样　值
17	保护A相电压UA1	6.0kV　24°
18	保护A相电压UA2	6.0kV　24°
19	保护B相电压UB1	6.0kV －94°
20	保护B相电压UB2	6.0kV －94°
21	保护C相电压UC1	6.0kV 145°
22	保护C相电压UC2	6.0kV 145°

同一时刻备自投装置显示SV采样见表2－6－7－6。

表2－6－7－6　同一时刻备自投装置显示SV采样

模拟量通道序号	模拟量通道名称	采样值
7	Ⅰ段保护AB相电压	0.0kV
8	Ⅰ段保护BC相电压	0.0kV
9	Ⅰ段保护CA相电压	0.0kV
10	Ⅱ段保护AB相电压	0.0kV
11	Ⅱ段保护BC相电压	0.0kV
12	Ⅱ段保护CA相电压	0.0kV

初步怀疑备自投设备因采样故障没有充电，导致没有正确动作，仔细检查现场装置实际设置发现："电子互感器模式"参数设置为0，导致各合并单元至装置采样均无法识别。检查历史执行定值纪录发现，该设备在初投时，此参数设置为1，但是后续在执行定值单时，下发定值此处为0，现场执行后备自投装置一直处于无法识别采样值状态。

"电子互感器模式"模式为PCS－9651设备的系统参数定值，当交流采样值为电子式互感器或经合并单元的常规互感器实现时，参数必须置1，否则无法识别采样值；当使用常规互感器通过电缆直接将模拟量引入备自投装置时，此参数必须置0。

3. 故障处理

重新整定该定值，并对全部智能设备类似定值项开展排查工作，并且在执行定值后由检修、运维人员检查设备运行状态正常、采样值、充电指示均在正确状态后方可重新投入运行。

4. 总结

（1）检修人员在修改定值后，必须检查设备交流量采样值、开关量是否与现场相符，设备指示灯是否正确。另外，有条件的话，尽量安排实际传动试验。另外也要对定值项内容有明确认识，对于不合理的修改要提出异议，与整定人员确认无误后方可执行。

（2）运行人员在进行压板、把手相关操作时，应检查设备相应的指示灯、屏幕状态是否正确。当发现不正常现象时必须第一时间联系检修人员核对处理。

（3）加强对智能变电站保护装置系统参数的管理，对类似定值项整定人员应加深了解，例如辅助参数的“两相式保护TA”“两相式测量TA”和系统参数“电子式互感器模式”等。

第八节　产品质量引起的缺陷

一、案例一

1. 故障概况

2017年4月20日19时23分48秒067毫秒，苏凤线发生B相接地故障，线路两侧保护装置动作，随后乌苏站闭锁，2s左右后线路上再次发生B相接地故障，乌苏站侧由于装置闭锁保护装置未能动作，凤凰站侧工频变化量阻抗和距离Ⅰ段动作保护装置动作，主要时序见表2-6-8-1。

表2-6-8-1　　主要时序

故障类别	乌苏侧	凤凰侧
第1次故障	0ms保护启动 14ms纵联差动保护动作 20ms装置闭锁	0ms保护启动 10ms工频变化量阻抗动作 15ms纵联差动保护动作 23ms距离Ⅰ段动作
第2次故障		2197ms工频变化量阻抗动作 2226ms距离Ⅰ段动作

2. 故障分析

苏凤线第二次故障时，乌苏侧保护由于装置闭锁未动作，而凤凰侧差动保护则由于发现乌苏变侧保护装置处于闭锁状态，差动保护不动作。因此，以下重点分析乌苏侧保护装置闭锁的原因。

保护具备插件异常自检测功能，其原理是处理器周期性触发硬件监视电路，产生硬件正常信号，在出现严重问题时，硬件监视电路能产生闭锁信号，主动闭锁装置出口。该监视电路的示意图如图2-6-8-1所示。

现场插件返回公司后，对插件进行了全面检查分析，搭建了和现场一样的测试环境，未发现物理损坏以及电气特性异常。在确认插件基本功能正常后，又对返回插件组成的装置进行了在故障回放条件下的拷机以及温度循环试验，拟在试验室环境下加速复现电子器件的疲劳老化状态，同时搭建另外一套和现场一样配置的装置进行对比测试。在温度循环

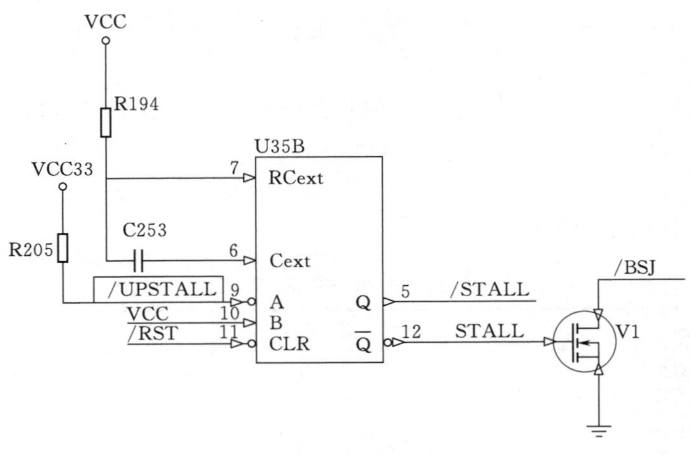

图 2-6-8-1　监视电路示意图

实验中，发现现场返回插件搭建的装置中过程层 DSP 板卡硬件监视电路工作异常，具体表现在 /UPSTALL 信号仍然在指标允许的周期范围内翻转的情况下，输出的 STALL 信号有异常的高脉冲，产生了异常的装置闭锁行为，而另外一套装置始终运行正常。

进一步分析检查得知，现场异常板卡的硬件监视电路中所用的陶瓷电容 C253 在温度循环实验中产生了容值漂移的现象，设计参数为 100pF，常温下测量值正常，但在高温下测量值约为 44pF。硬件监视电路的时间特性受其 RC 回路的参数约束，根据设计，时间参数 T 应当在 2.1ms，即处理器超过 2.1ms 不操作看门狗，硬件自动闭锁总线。由于电容值发生漂移，使看门狗电路动作变得过于灵敏，时间参数变成了 0.9ms 左右。

在本次苏风线故障过程中乌苏变侧的保护装置闭锁，从而导致保护装置未能正确动作出口，乌苏侧保护装置在故障过程中闭锁是由于该装置硬件监视回路的陶瓷电容异常导致的。

3. 处置措施及结论

乌苏站侧的保护装置的 DSP 插件已经进行更换，可以正常投入运行。

陶瓷电容是电路中广泛且大量使用的器件，失效概率极低。可能是在板卡生产时该电容存在裂纹，经长时间运行逐渐老化导致不良失效。将异常电容器送厂家做进一步分析，以确定硬件失效的原因。经过对多个批次的该电容进行对比试验，均未发现类似现象，因此可以认为本次异常为个例。

二、案例二

双 A/D 不一致引起的主变保护动作。

1. 故障现象

(1) 220kV A 智能变电站中主变保护装置 A 套 CSC-326FE 出现比率差动保护动作，但实际未发生出口跳闸的情况，同时保护装置还发出双 A/D 不一致的告警报文，此时保护装置户外配套新宁光电的合并单元。

(2) 主要时序。调取保护装置的信息如下：

1) 16：26：51：611：1 号主变 A 套保护启动。

2）16：28：10：118：1号主变A套保护的比率差动A相差动电流 I_{diff}＝1.531A　制动电流 I_{res}＝1.055A

3）16：28：10：118：1号主变A套保护的比率差动B相差动电流 I_{diff}＝1.547A　制动电流 I_{res}＝1.109A。

2. 故障分析

（1）保护相关定值见表2-6-8-2。

表2-6-8-2　　保护相关定值

序号	描　述	整定值	单位	序号	描　述	整定值	单位
1	高压侧平衡系数	1	无	5	低压侧接线方式钟点数	11	无
2	中压侧平衡系数	0.525	无	6	差动电流定值	0.656	A
3	低压侧平衡系数	0.358	无	7	差动拐点1电流	0.787	A
4	中压侧接线方式钟点数	12	无	8	差动拐点2电流	6.561	A

（2）录波时间段：16时26分51秒403毫秒到16时26分51秒518毫秒。电流采样值如图2-6-8-2～图2-6-8-13所示。

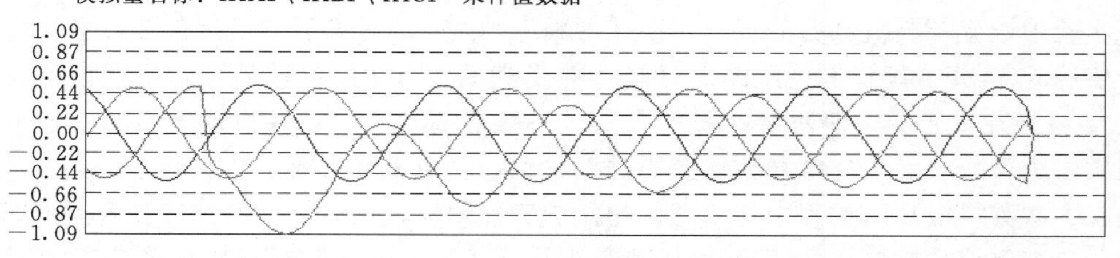

图2-6-8-2　高压侧电流采样值

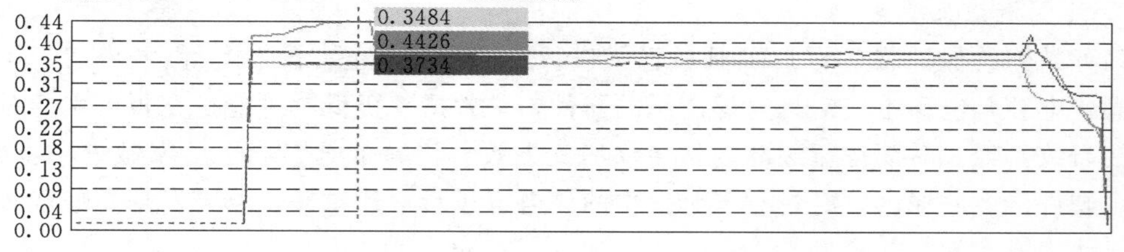

图2-6-8-3　高压侧电流有效值

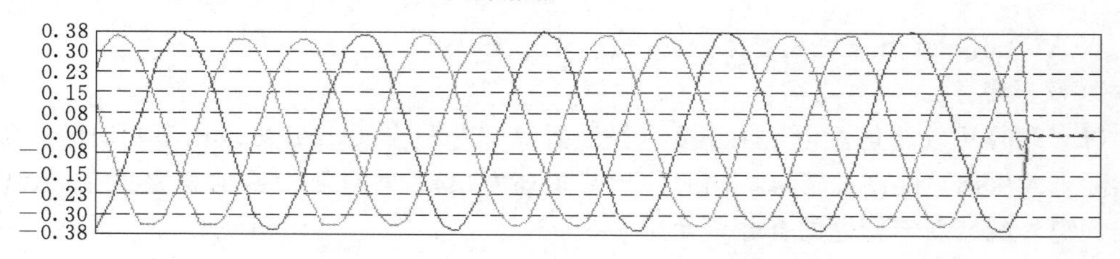

图2-6-8-4　中压侧电流采样值

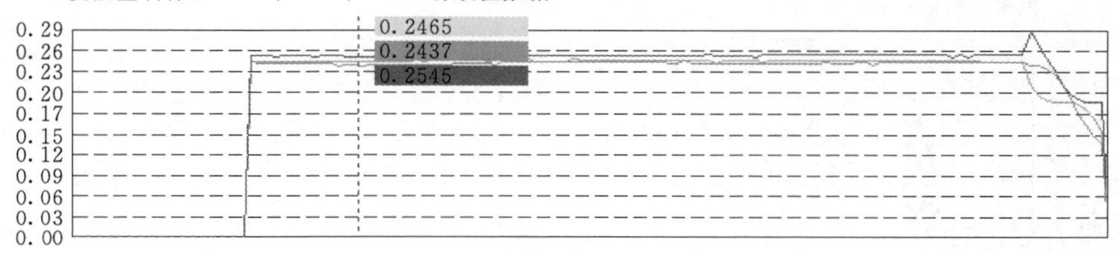

图 2-6-8-5　中压侧电流有效值

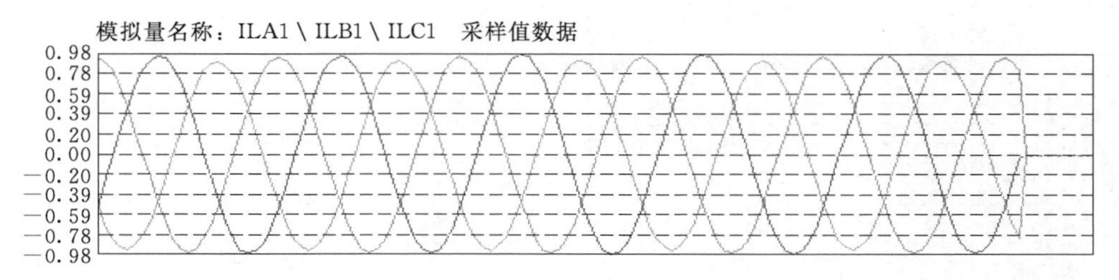

图 2-6-8-6　低压侧电流采样值

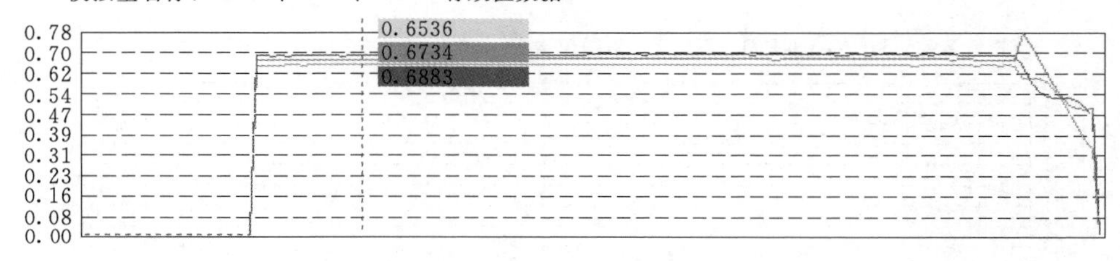

图 2-6-8-7　低压侧电流有效值

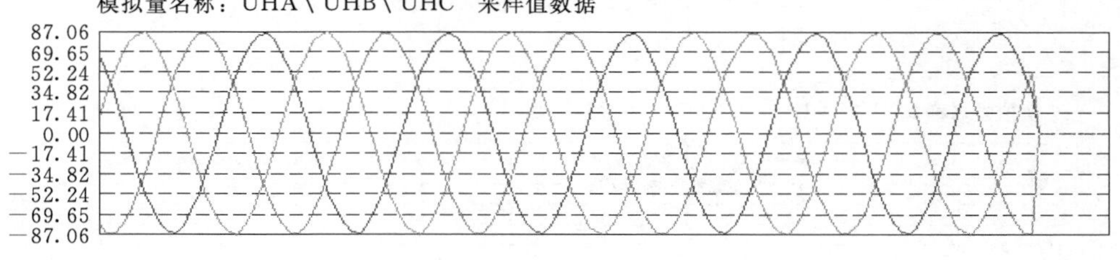

图 2-6-8-8　高压侧电压采样值

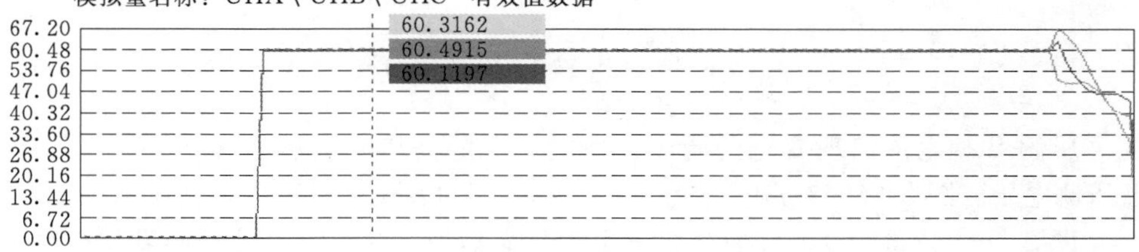

图 2-6-8-9　高压侧电压有效值

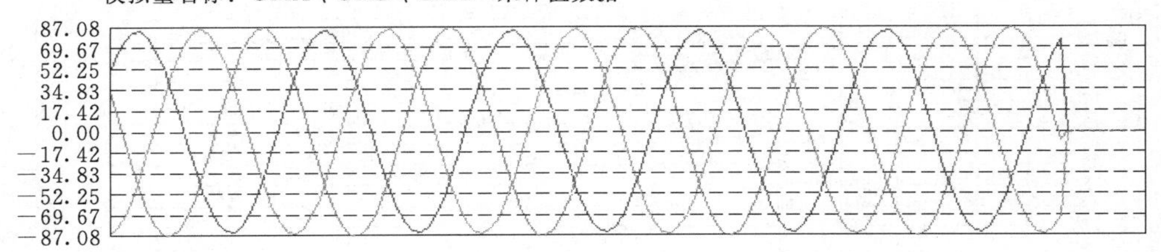

图 2-6-8-10　中压侧电压采样值

模拟量名称：UMA \ UMB \ UMC　有效值数据

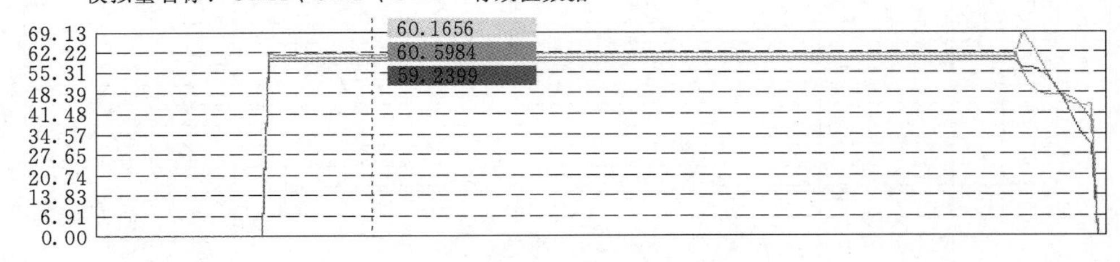

图 2-6-8-11　中压侧电压有效值

模拟量名称：ULA1 \ ULB1 \ ULC1　采样值数据

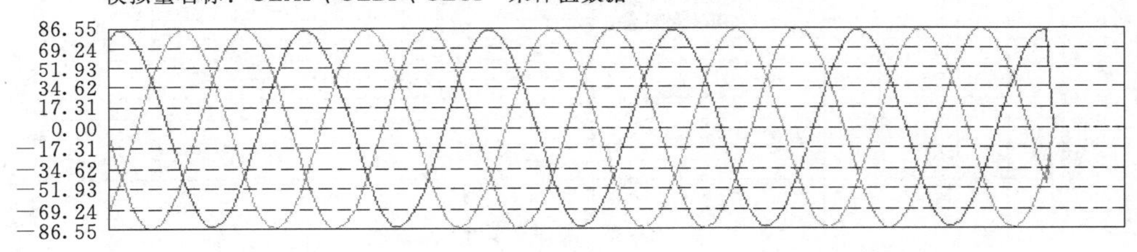

图 2-6-8-12　低压侧电压采样值

模拟量名称：ULA1 \ ULB1 \ ULC1　有效值数据

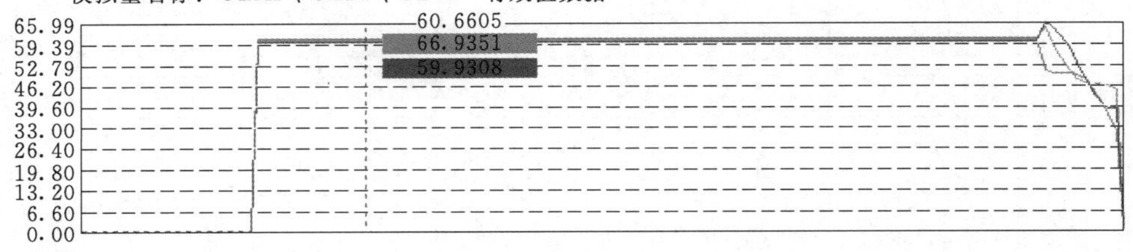

图 2-6-8-13　低压侧电压有效值

在高压侧 B 相电流出现变化的同时，与之对应的高压侧电压（图 2-6-8-8）以及中、低压侧电压（图 2-6-8-10、图 2-6-8-12）均表现平稳，中、低压侧电流（图 2-6-8-4、图 2-6-8-6）也无任何变化发生。显而易见，这不符合变压器发生故障时的电气量特征，因此可以初步断定，高压侧 B 相电流的变化只与其自身的二次采样值有关，

应不存在一次设备的真实故障。

根据现场主变的接线方式以及定值，按照从录波中提取的数据描绘出差流有效值及制动曲线（图 2-6-8-14、图 2-6-8-15）。由数据可以看出，高压侧的 B 相电流异常变化，从而出现了差流，但其值不高，目前还不足以使得差动保护动作。

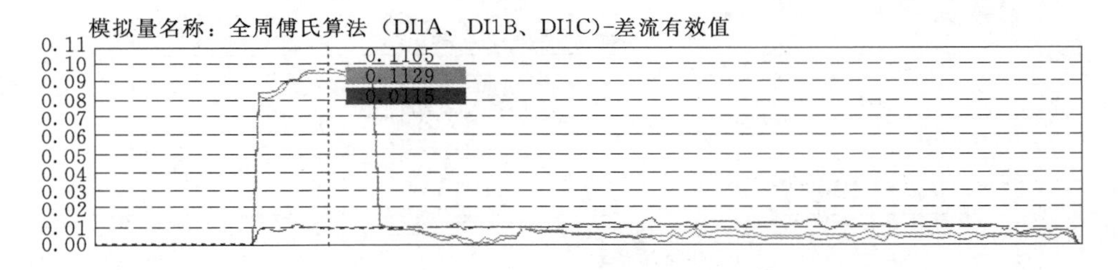

图 2-6-8-14　保护差流有效值

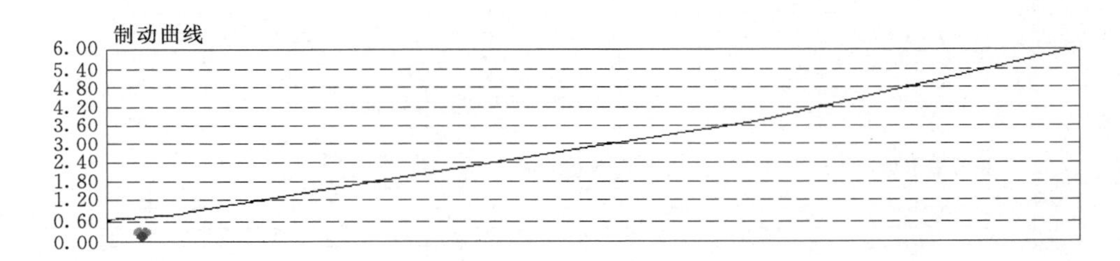

图 2-6-8-15　保护制动曲线状态

（3）录波时间段：16 时 28 分 09 秒：923 毫秒到 16 时 28 分 10 秒：034 毫秒。电流采样值如图 2-6-8-16～图 2-6-8-23 所示。

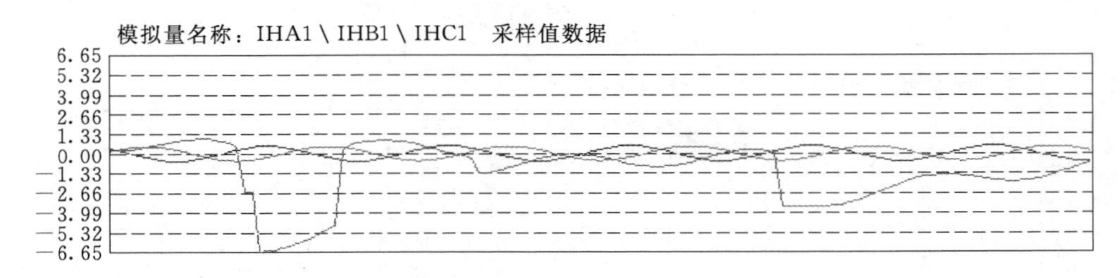

图 2-6-8-16　高压侧电流采样值

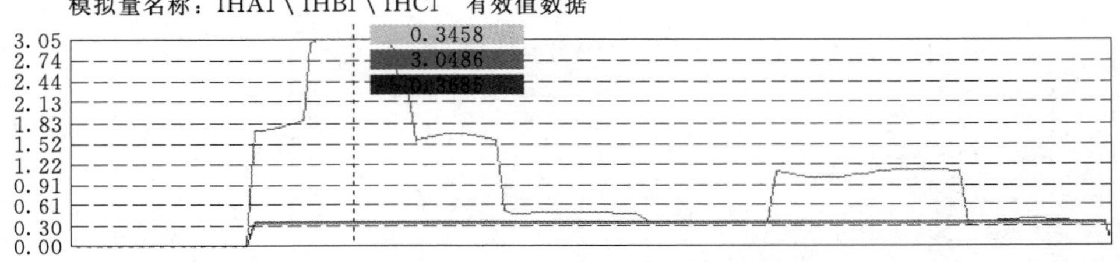

图 2-6-8-17　高压侧电流有效值

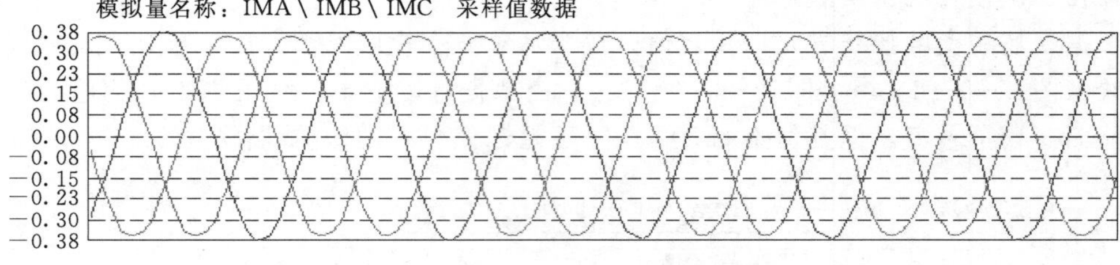

图 2-6-8-18　中压侧电流采样值

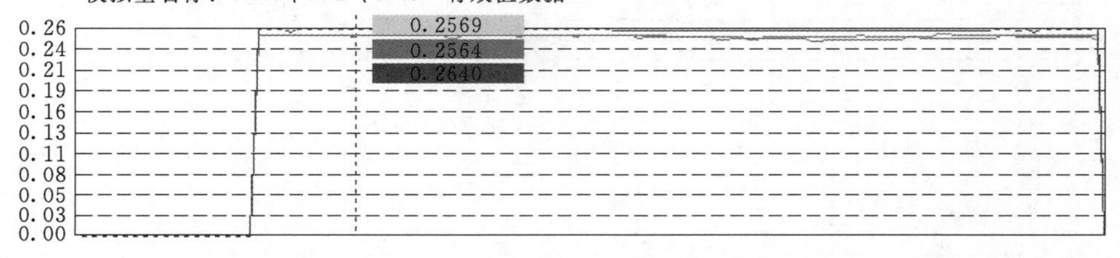

图 2-6-8-19　中压侧电流有效值

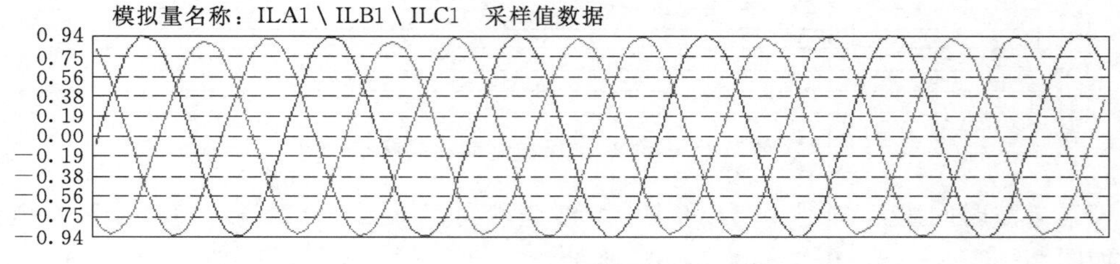

图 2-6-8-20　低压侧电流采样值

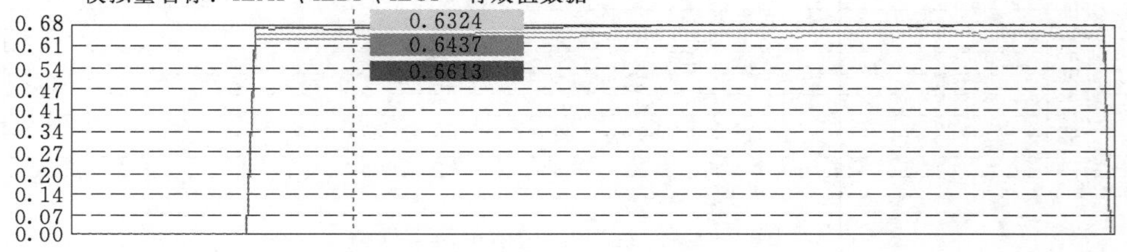

图 2-6-8-21　低压侧电流有效值

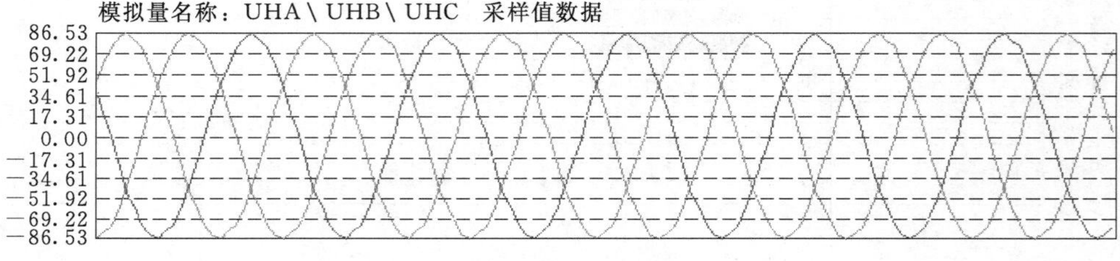

图 2-6-8-22　高压侧电压采样值

图 2-6-8-23　高压侧电压有效值

与第一次的录波数据类似，高压侧 B 相电流在出现严重变化的时刻，中、低压侧电流（图 2-6-8-18、图 2-6-8-20）表现的平滑而稳定，结合高压侧电压（图 2-6-8-22）也无任何变化，应可以断定高压侧 B 相电流出现的波形异常只与其自身的二次采样值有关，一次设备处于正常运行状态。

第二次的故障录波数据中，高压侧 B 相电流出现了严重变化，因此造成了很大差流（图 2-6-8-24、图 2-6-8-25），其数值达到了 1.55 左右，足以使得差动保护动作。

模拟量名称：全周傅氏算法（DI1A、DI1B、DI1C）-差流有效值

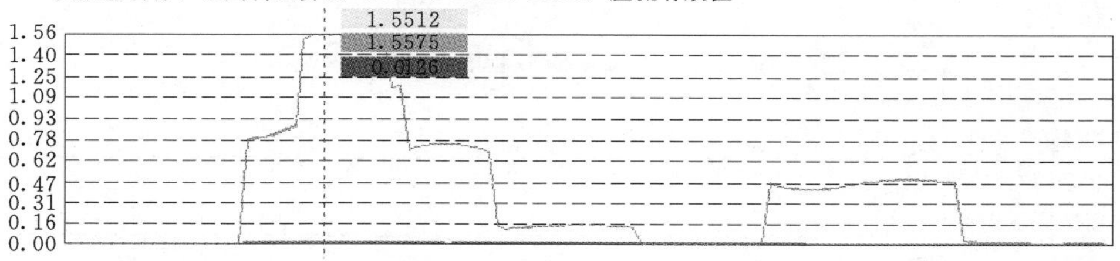

图 2-6-8-24　保护差流有效值

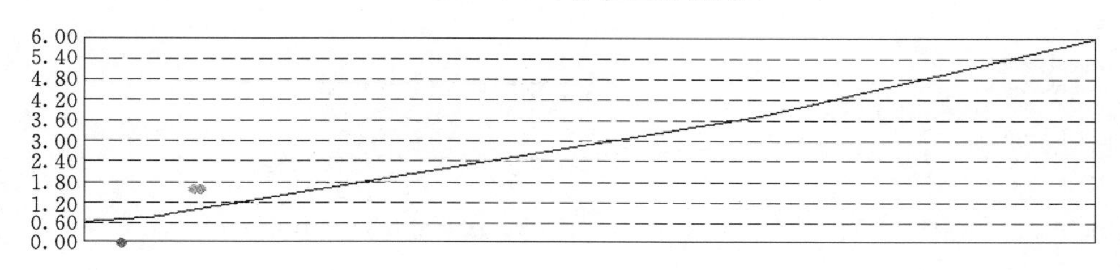

图 2-6-8-25　保护制动曲线状态

（4）网络记录分析装置的数据。从图 2-6-8-26～图 2-6-8-33 所示的录波中可以清晰地看到，高压侧相关的合并单元发送的 B 相保护电流出现了明显的异常。

1）记录时间为 16 时 26 分 40 秒到 16 时 26 分 51 秒，如图 2-6-8-26～图 2-6-8-28 所示。

04：B 相保护电流 1
T1：58680Ag-134.409Dg，49.949Hz
T2：58680Ag-134.409Dg，49.949Hz
05：B 相保护电流 2
T1：58986Ag-134.432Dg，49.926Hz
T2：58986Ag-134.432Dg，49.926Hz

图 2-6-8-26　高压侧 B 相电流第一次异常

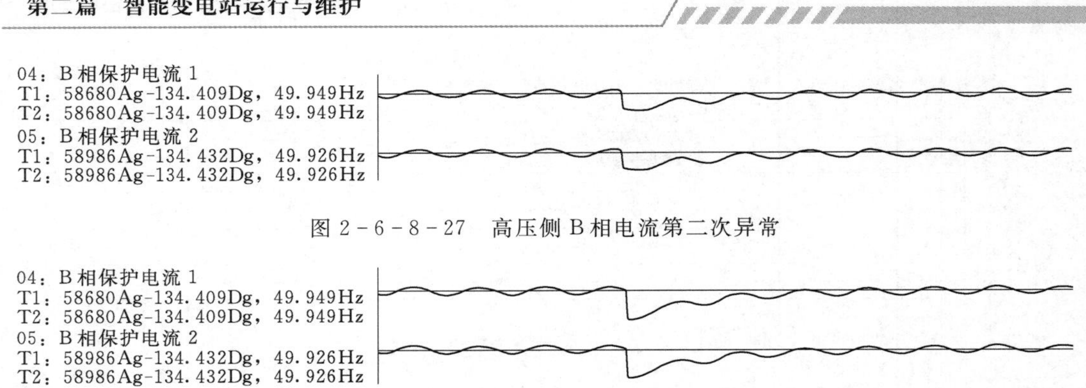

图 2-6-8-27　高压侧 B 相电流第二次异常

图 2-6-8-28　高压侧 B 相电流第三次异常

2）记录时间为 16 时 27 分 10 秒到 16 时 28 分 10 秒，如图 2-6-8-29～图 2-6-8-33 所示。

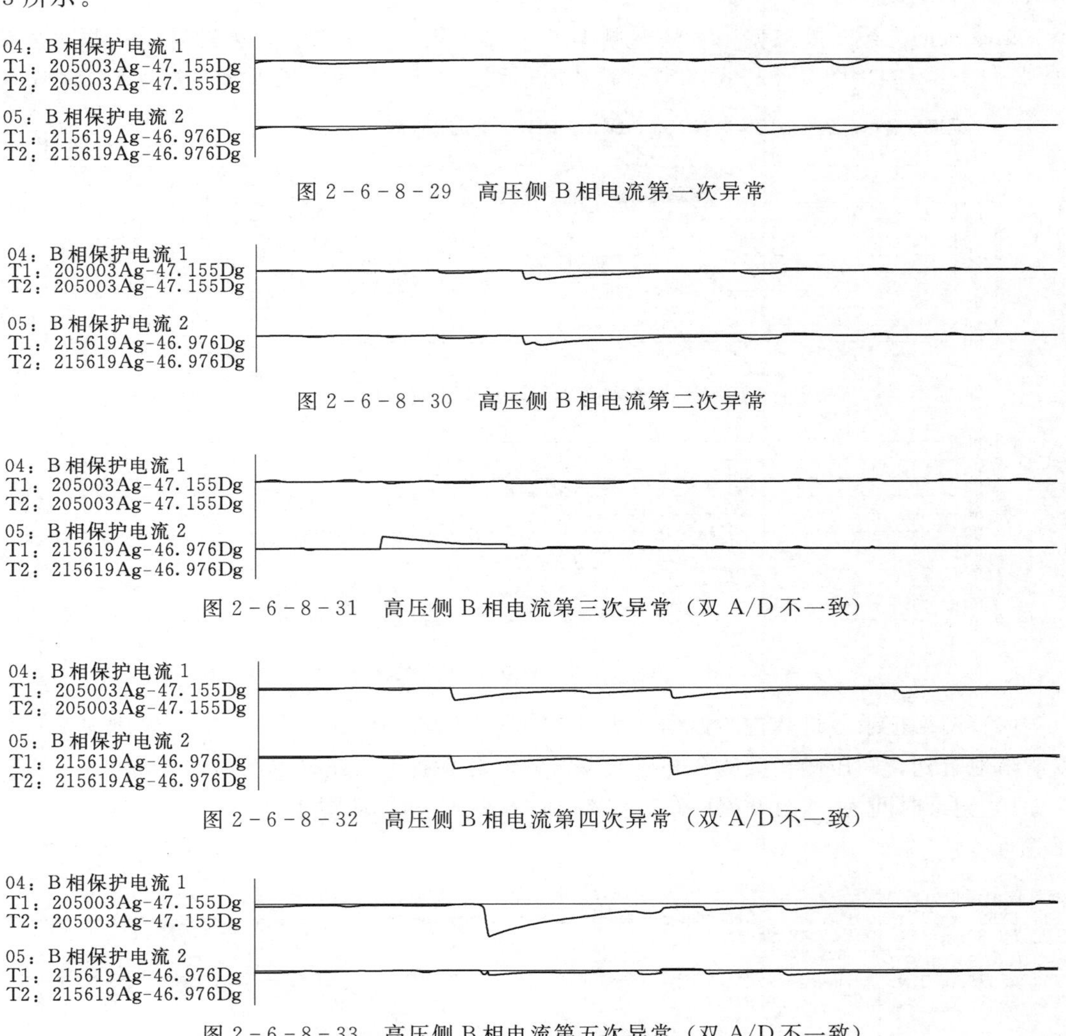

图 2-6-8-29　高压侧 B 相电流第一次异常

图 2-6-8-30　高压侧 B 相电流第二次异常

图 2-6-8-31　高压侧 B 相电流第三次异常（双 A/D 不一致）

图 2-6-8-32　高压侧 B 相电流第四次异常（双 A/D 不一致）

图 2-6-8-33　高压侧 B 相电流第五次异常（双 A/D 不一致）

通过检查网络记录分析装置的数据，当时高压侧合并单元发送数据和保护录波数据一致，确定应为该合并单元自身异常，造成B相保护电流出现问题，进而导致主变保护误动作。

主变保护采用了双CPU冗余设计，保护出口跳闸为两个CPU采用“与”逻辑，从截取的数据可以看出，其合并单元不光出现B相保护电流数据异常，且其双通道数据也出现过不一致的情况，造成保护中的双CPU不能同时满足动作条件，因此比率差动保护动作，但实际并未出口跳闸。

3. 故障处理

（1）经调查发现，该智能变电站所采用的合并单元非专业检测合格的产品型号，应积极排查本次存在问题的合并单元，立刻进行更换改造，同时排查其他未通过检测的合并单元是否存在相同的问题，逐步进行更换改造。

（2）对于其他前期未采用检测合格的智能二次设备产品的智能变电站，应积极排查产品型号，并做好改造工作，更换为合格产品。

4. 总结及建议

（1）在设备制造环节，设备供应商作为质量主体，应强化质量意识，严格出厂检测标准和工艺，切实加强内部质量控制要求，从源头确保产品质量，实际工程必须提供检测合格的智能二次设备产品。

（2）新建、在建的智能变电站应使用通过检测的合并单元。各合并单元生产厂家必须提供通过检测合格的产品，设计、物资采购等环节应采用通过检测合格的合并单元，基建验收时重点检查合并单元是否通过检测。

（3）在投产验收阶段，各单位要根据智能变电站特点，完善智能变电站设备的试验调试方法，针对合并单元等智能变电站使用的新型设备，在验收调试工作中增加核查项目，采用各种有效试验方法，发现和解决可能存在的各种缺陷，保证二次系统的正确性，实现设备零缺陷移交。

三、案例三

×××变电站220kV Ⅰ母电压互感器A套A相测量电压偏低。

1. 故障现象及前期处理结果

2014年1月5日，×××变电站220kV Ⅰ母电压互感器A相A套有时会出现测量电压偏低现象（比正常电压低10kV左右），而Ⅰ母电压互感器A相B套及其他各相电压互感器的测量电压均正常。

1月6日打开Ⅰ母A相电压互感器远端模块箱体后发现箱体内有少量积水，初步怀疑远端模块受潮或密封端子板至远端模块间的信号线受潮导致测量信号异常，现场更换了远端模块、背板及密封端子板至远端模块间的信号线，对箱体内集水进行了处理并对箱体缝隙打了防水胶，当天恢复送电，运行正常。

2014年1月15日，×××变电站220kV Ⅰ母电压互感器A相A套再次出现测量电压偏低10kV现象，1月17日打开电压互感器远端模块箱体盖板，拆除箱体内的远端模块、背板及信号线，在密封端子板电压信号输出端测试电容分压器低压段电容及电阻，A

套电容和电阻分别为 53pF 和 10MΩ 左右，B 套电容和电阻分别为 51pF 和 100MΩ 左右，A 套电容分压器低压段电阻明显偏小，初步怀疑 A 套电容分压器低压段绝缘可能有问题。因现场当时时间紧迫，不具备处理条件，未对 A 套电容分压器低压段绝缘电阻偏小问题进行处理，但更换了远端模块、背板及密封端子板至远端模块间的信号线，当天恢复送电运行正常。

2. 故障分析

220kV GIS 电子式电压互感器的结构如图 2-6-8-34 所示，同轴电容分压环与一次导体构成电容分压器高压电容，同轴电容分压环与接地壳体构成电容分压器低压电容，电容分压器的输出信号通过密封端子板上的航空插座引出气室并接至远端模块。220kV GIS 电子式电压互感器的电容分压器及远端模块均双重化配置。

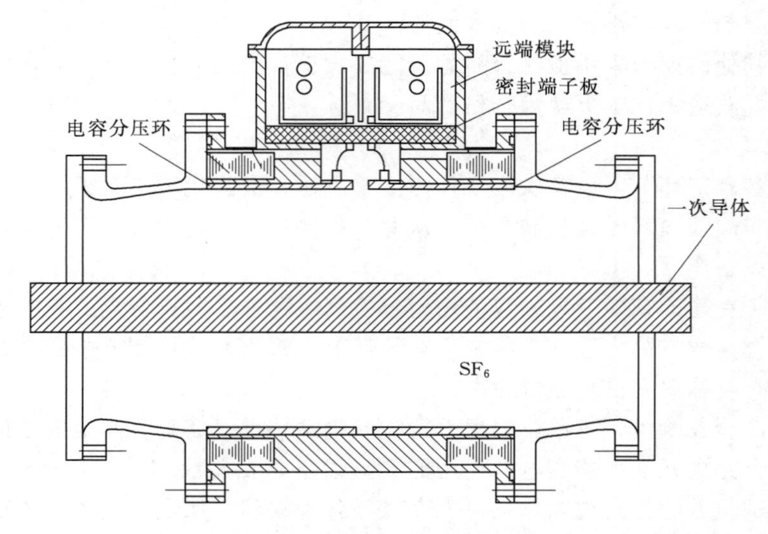

图 2-6-8-34 220kV GIS 电子式电压互感器结构示意图

1 月 6 日更换下来的远端模块、背板及信号线返回南瑞继保公司后，技术人员对其进行了检测，未发现异常。结合现场更换了远端模块、背板及密封端子板至远端模块间的信号线后，1 月 15 日再次出现电压测量异常的情况，可以排除远端模块、背板及密封端子板至远端模块间的信号线异常可能。

1 月 17 日现场从密封端子板电压信号输出端测得 A 套电容分压器低压段电阻 10MΩ 左右，阻值偏小。电容分压器所接负载的输入电阻为 3kΩ，理论上，电容分压器低压段电阻降至 10MΩ 对电压互感器测量结果的影响应该很小（小于 0.05%）。现场 Ⅰ 母 PT A 相 A 套电压测量异常时，测量值会比正常值低 10kV 左右，即较正常值约低 0.8%，据此判断电压测量异常时电容分压器低压段的电阻可能已降至 0.5MΩ 左右。现场测试发现 Ⅰ 母电压互感器 A 相 A 套电容分压器低压段电阻偏低，电容分压器低压段绝缘电阻可能出现异常，此绝缘异常是不稳定状态，在某些时段阻值可能会降至 0.5MΩ 左右，从而导致电压测量值低 10kV 左右的异常现象。导致电容分压器低压段电阻降低的原因有如下几种可能：

（1）密封端子板上的电压信号端子绝缘电阻降低。

（2）电容环至密封端子板的信号线绝缘电阻降低。

（3）电容环与壳体间的绝缘电阻降低。

（4）电容环与壳体间采用5mm厚聚四氟乙烯保证绝缘，在干燥的SF_6气体环境内聚四氟乙烯的绝缘应该是可靠的。

根据上述分析，×××变电站Ⅰ母电压互感器A相A套电压测量异常可能是由于密封端子板电压信号端子或电容环至密封端子板的信号线绝缘异常引起。密封端子板信号端子为玻璃烧结结构，端子烧结玻璃表面覆盖有一层橡胶垫，结合箱体前期曾经进水及产品异常特性分析，端子表面橡胶垫受潮引起端子绝缘电阻降低的可能性更大。

3. 处理方案

根据设备厂家数据，同类产品已有近千套在全国各变电站运行多年，电容分压器低压段绝缘电阻降低的异常问题是首次出现。为稳妥起见，对于本次Ⅰ母电压互感器A相A套电压测量异常问题，建议采取如下整改措施：

（1）首先对密封端子板表面的橡胶垫进行处理，处理端子表面橡胶垫不需要打开密封端子板，操作简便且时间短（2～3h），橡胶垫处理完成后利用摇表或万用表测试端子电阻，若阻值恢复至50MΩ以上，则问题解决。

（2）为保证该设备不再发生类似故障，在处理完端子表面的橡胶垫后，继续更换密封端子板及电容环至密封端子板间信号线，并进行有关试验。

4. 整改方案

（1）总体方案。对×××变电站220kVⅠ母电压互感器的A相电子式电压互感器（EVT）进行拆解检修。拆解位置如图2-6-8-35所示。

（2）整改目的。检查EVT信号线，更换异常部件，消除EVT设备缺陷。

（3）工作内容。本次检修工作内容为拆开EVT接线端子板，检查更换信号线。

1）停电方式：Ⅰ母TV间隔停电检修，母线不停电。

2）检修范围：Ⅰ母TV间隔A相EVT气室。

3）检修步骤：本次检修共需约3天。

第一天：完成拆解回装；抽真空。

1）设备状态调整：Ⅰ母EVT间隔停电转检修状态，调整并确认间隔状态：Ⅰ母EVT间隔隔离开关分闸，EVT侧接地开关合闸。

2）关闭本间隔EVT气室B、C相本体阀门，回收A相SF_6气体（或经适当处理后排放）。

3）拆除A相EVT接线端子板。

4）检查更换信号线；恢复安装A相EVT接线端子板。

5）本间隔A相EVT气室更换吸附剂；抽真空。

第二天：充气。

A相EVT气室充气。

第三天：试验。

1）检漏、微水试验。

2）其他试验。

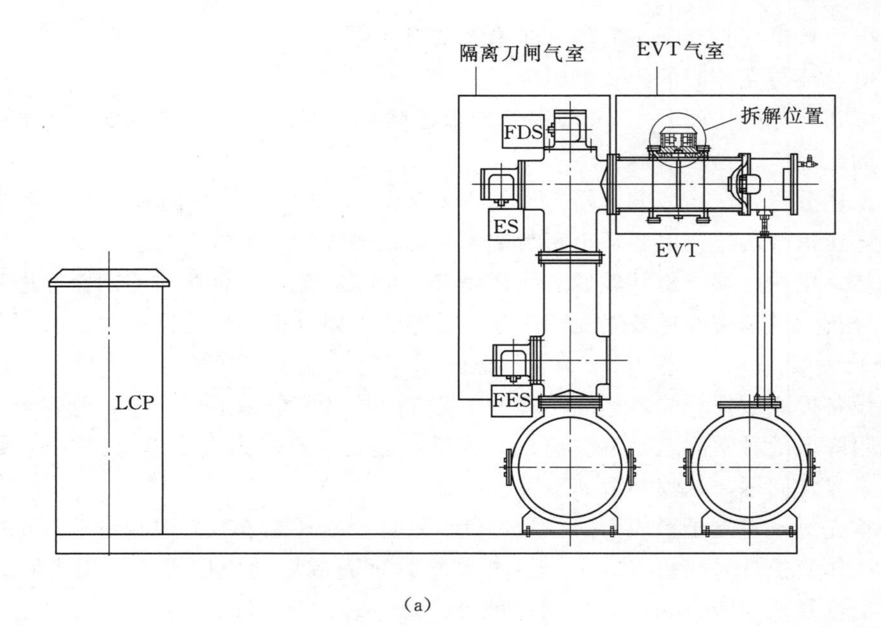

(a)

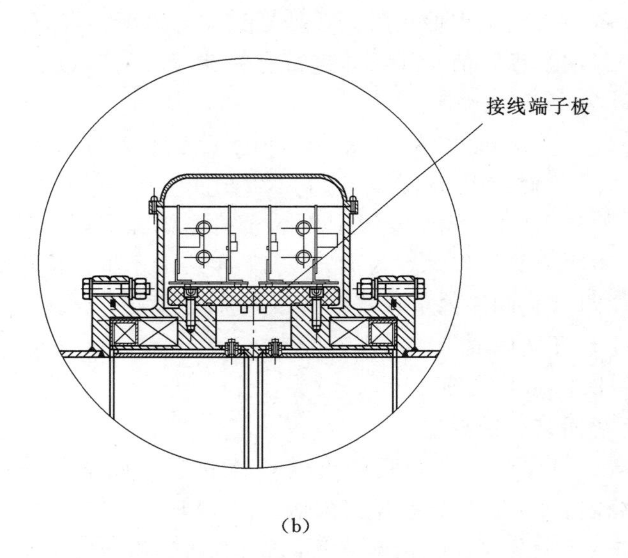

(b)

图 2-6-8-35　220kV GIS A 相电子式电压互感器

(a) 间隔断面图；(b) 拆解示意图

3）验收，恢复送电。

(4) 检修时间。考虑春节期间×××变电站的安全稳定运行，建议将 220kV Ⅰ 母 EVT 的 A 相电子式电压互感器（EVT）拆解检修时间定为 2014 年 2 月 24—26 日。

1）如遇雨雪天气，检修时间顺延。

2）检修过程中注意保护绝缘件、密封面等重要零件和部位；回装前清理干净拆解位置，保证不遗落异物。

3）此次维修需提供备件及工具见表 2-6-8-3，现场用仪器设备见表 2-6-8-4。

表 2-6-8-3　　维修所需备件和工具一览表

序号	名　称	数量	备注
1	SF_6	1瓶	
2	接线端子板	1件	
3	密封圈	足量	
4	吸附剂、硅脂、密封胶、百洁布、无毛纸、防尘罩	足量	
5	无水酒精	足量	
6	机构摇柄等特殊工具	1套	
7	常用工具	1套	
8	泰开及南瑞继保服务人员	各1人	

表 2-6-8-4　　现场用仪器设备

序号	名　称	数量	备注
1	SF_6气体回收装置	1台	
2	真空泵	1台	
3	电阻仪	1台	
4	检漏仪	1台	
5	微水仪	1台	
6	常用工具	1套	
7	吸尘器	1台	
8	吊带	2件	
9	配合拆装、搬运设备人员	2人	
10	三相四线交流电源	1处	

5. 春节期间应急方案

目前，×××变电站的220kVⅠ母电压互感器的A相电子式电压互感器（EVT）稳定运行，暂无异常。为防止春节期间发生异常，制定如下应急措施：

（1）春节期间变电运维人员加强巡视，调控中心加强监控，如发现异常，立即通知继电保护人员到现场处理。

（2）继电保护专业配置专人，采取电话值班方式，7×24h待命。

（3）如果发生A套A相电压偏低的问题，可以将B套远端模块的A相备用芯在户外柜ODF架处接到A套合并单元的A相。处理故障期间无需停电、无需推出220kV母差保护。

第九节　智能变电站缺陷及异常处理原则

一、合并单元、智能终端、保护装置异常处理原则

（1）投入故障装置检修压板，重启装置一次（重启操作流程及要求应写入现场运行规

程），重启后若异常消失则按现场运行规程自行恢复到正常运行状态。如异常没有消失，保持该装置检修压板投入状态，同时将受故障影响的保护停役并汇报调度。

（2）如合并单元故障，申请该合并单元对应的母线保护、线路保护改信号，并通知检修处理。

（3）如智能终端故障，重启时应取下跳合闸出口硬压板、测控出口硬压板，申请将受智能终端影响的母线保护、线路保护改信号，并通知检修处理。

（4）如保护装置异常或故障时应退出相应的保护装置的出口软压板。

二、交换机异常处理原则

（1）GOOSE交换机异常时，现场运行人员按现场运行规程自行重启一次。重启后异常消失则恢复正常继续运行。如异常没有消失则汇报调度，申请退出相关保护。

（2）按间隔配置的交换机故障，当不影响保护正常运行时（如保护采用直采直跳方式）可不停用相应保护装置。当影响保护装置正常运行时（如保护采用网络跳闸方式），应视为失去对应间隔保护，应停用相应保护装置，必要时停运对应的一次设备。

（3）公用交换机异常和故障若影响保护正确动作，应申请停用相关保护设备，当不影响保护正确动作时，可不停用保护装置。

三、其他异常处理原则

1. 双重化配置的二次设备

220kV及以上电压等级双重化配置的二次设备仅单套装置发生故障时，原则上不考虑陪停一次设备，但现场应加强运行监视。

2. 保护测控一体化装置

采用保护测控一体化装置的，合并单元故障时，线路、母联保护测控一体化装置的控制功能不应退出。

3. 母差保护

220kV母差保护中Ⅰ母、Ⅱ母闸刀位置出错时，应汇报调度并通知检修部门处理，同时通过软压板控制方式进行强制对应闸刀位置，但应注意一次、二次运行方式保持对应，同时监视差流。

4. 母线电压互感器

母线电压互感器合并单元异常或故障时，按母线电压互感器异常或故障处理。

四、结论

（1）在智能变电站关键技术不断发展和完善过程中，全站智能二次设备与网络、各智能二次设备之间的协同配合对变电站可靠运行意义重大。

（2）智能变电站系统调试方法、方案应既包括对IED单元自身功能和通信交互能力的测试，又能完成体现设备间互操作能力的系统性能测试。

第七章　智能变电站一次设备带电红外测试和避雷器在线检测仪更换

第一节　红外热成像仪

一、红外热成像原理及仪器参数要求

1. 红外热成像原理

红外热成像是由探测器将红外辐射能转换成电信号并且经过放大电路放大处理转换为标准视频信号，通过监视器显示红外热像图，并推测被测物表面温度的一种技术。红外热成像技术引入电力设备故障诊断后，为电力设备状态维护提供有力的技术保障。其可以在不影响设备正常运行的情况下，准确且有效地检测设备表面温度状况，从而较为准确地判断设备是否正常运行。

2. 测试仪器的参数要求

对红外热像仪主要参数要求如下：

(1) 不受测量环境中高压电磁场干扰，图像清晰，具有图像锁定、记录和必要的图像分析功能。

(2) 像素一般不小于 240×340。

(3) 测量的响应波长一般在 8～14μm。

(4) 空间分辨率应满足测试距离的要求，对变电站的电气设备实测距离不小于 500m，对输电线路实测距离不小于 1000m。

(5) 温度测量精度不小于 0.1℃，测温范围为－50～600℃。

二、红外热成像仪的使用方法

1. 测试前的准备工作

(1) 整理变电站设备或线路负荷周期，选择高峰负荷时段进行红外检测，并且查阅相关技术资料及相关规程，整理变电或线路设备相关缺陷的资料。

(2) 检查红外热成像仪电池是否已充电、存储卡空间是否足够、仪器是否在有效期内。

(3) 办理工作票并做好试验现场安全及技术措施。

2. 测试步骤及要求

(1) 开机后设备自检是否正常，根据环境温度调整仪器背景温度并且记录（环温）。

(2) 将仪器测量距离调至较远（根据变电站大小或线路远近调整），进行大范围一般检测，寻找可疑发热点。

(3) 办理工作票并做好试验现场安全及技术措施。

(4) 对可疑发热点做精确检测，以区分是电压致热型或电流致热型引起的发热。

(5) 对发热点设备的整体拍摄图像，同时对发热点局部拍摄图像，最好是三相设备拍摄一张图片以比较正常相和发热相设备。

(6) 拍摄后记录好相关设备的编号、相别和发热点位置以及图像对应的编号。

(7) 查阅调度系统，记录设备发热时的负荷情况及最高负荷情况。

3. 测试时应注意事项

(1) 尽量在阴天或是夜间进行测量，晴天测量时应在背光面进行，强日光照射天气严禁红外测量。室内测量应关闭照明灯，被测物避免灯光直射。

(2) 测量时环境温度不宜小于5℃，空气湿度不宜大于85%。不应在有雷、雨、雾、雪及大风（大于5m/s）环境下进行测量。

(3) 从不同方向测量，测量出最高的热点温度。

(4) 记录好发热设备位置编号、相别和发热点位置以及图像对应的编号等相关信息。

三、测试结果的分析

测试和判断的标准是DL/T 664—2008《带电设备红外诊断技术应用导则》，具体规定如下：

(1) 对电流致热型设备判断意见参照DL/T 664—2008附录A。

(2) 对电压致热型设备判断意见参照DL/T 664—2008附录B。

(3) 高压开关设备和控制设备各种部件、材料和绝缘介质的温度和温升极限判断意见参照DL/T 664—2008附录C。

(4) 一般来说设备发热可以分为：电流通过导体引起的发热（如电气设备与金属部件的连接接头或线夹），设备运行电压作业下绝缘受潮或劣化引起发热（如电流互感器、电压互感器、耦合电容器、移相电容器、高压套管、充油套管、氧化锌避雷器、绝缘子、电缆头等），涡流引起设备发热（变压器、电抗器等）三大类。

四、危险点分析及控制措施

1. 危险点1——触电

检测时，以下情况可能造成触电：

(1) 照明不足，作业人员在转移工作地点时失去监护。

(2) 误入遮拦或与带电设备安全距离不足。

防范措施如下：

(1) 转移工作地点时应使用手电等工具保持照明，注意观察周边环境，保持适当的速度，选择合适的路线，互相呼应，监护人应认真监护被监护人员的行动。

(2) 工作前应明确带电设备位置，根据设备电压等级保持足够的安全距离。移动过程中不得同时进行红外热成像观察。

2. 危险点2——仪器损坏

红外热成像仪未按要求进行保管、定期试验，使用不当造成仪器损坏。

防范措施如下：

（1）红外热成像仪的保管和使用环境条件，以及运输中的冲击、振动必须符合该热像仪技术性能的要求。仪器存放应防潮、干燥。

（2）使用人员应了解红外热成像诊断技术的基本条件和诊断程序，熟悉红外热成像仪的工作原理，技术参数和性能，熟悉掌握仪器的操作程序和调试方法。

第二节　断路器带电红外测试

一、断路器异常发热的主要部位

（1）断路器外部端子和线夹处。

（2）断路器内部触头或连接杆端子处。

二、断路器热缺陷的特征分析

（1）断路器外部接线端子或线夹的热故障主要是由于断路器外部接线端子或线夹与导线压接不良所引起的。这种情况下，发生故障缺陷一相断路器的接线端子板或线夹与其他两相相比，表面温度更高。

（2）断路器内部触头或连接杆主要的发热故障是由于接触电阻过大而引起的。造成内部触头接触电阻过大的主要原因如下：

1）触头表面氧化。

2）触头间残存有机杂物或多次分合后残存炭化物。

3）触头磨损和烧蚀造成触头有效接触面积减少。

4）触头弹簧断裂、老化或机械卡涩造成触头压力不足。

5）引线接线板螺栓松动。

6）软连接部分缺陷。

在这种情况下，发生故障的断路器整体温度一般较其他正常的两相高，支柱瓷套的上下法兰有明显发热现象。

三、断路器热缺陷处理

（1）如果断路器外部接线端子或线夹的热故障主要是由于断路器外部接线端子或线夹与导线压接不良所引起的，应该结合停电对断路器外部接线端子和线夹进行直流电阻测量。一般来说，异常发热的一相的直流电阻高于其他两相，这证明断路器存在接触不良的现象，应当修理、更换导致故障的零件。

（2）如果断路器内部触头或连接杆主要的发热故障是由于接触电阻过大而引起的，这种情况下应该结合停电对断路器内部的触头进行清理、维修或更换。

四、红外测试时的注意事项

室外断路器的测量受外部环境干扰的因素较多，应注意以下事项：

（1）检测时要注意躲避阳光直射，特别是避免正午进行拍摄，最好是在无风或风速很小时进行检测。

（2）在安全的距离条件下，尽量靠近被测的断路器。

（3）现场一般都有三相断路器，且工作状态相似，可以对比不同相相同位置的温度，这样可快速发现断路器发热的故障。

第三节　隔离开关带电红外测试

一、隔离开关异常发热的主要部位

（1）隔离开关线夹处。

（2）隔离开关触头、触指或导电杆固定处。

二、隔离开关发热缺陷的特征分析

（1）隔离开关线夹处发热故障主要是由于隔离开关外部接线端子或线夹与导线压接不良所引起的。

1）接线端子发热的主要原因为：螺丝未紧固，接触面不平整。

2）线夹发热的主要原因为：户外的线夹若为铜铝搭接的，未使用铜铝过渡片；接触面不平整；线夹与导线压接不良。

这种情况下，发生故障缺陷一相隔离开关的接线端子板或线夹与其他两相相比，表面温度更高。

（2）隔离开关触头或导电杆固定处主要的发热故障是由于接触电阻过大而引起的。造成触头接触电阻过大的主要原因如下：

1）触头表面氧化。

2）触头间残存有机杂物或多次分合后残存碳化物。

3）触头磨损和烧蚀造成触头有效接触面积减少。

4）触头弹簧断裂、老化或机械卡涩造成触头压力不足。

5）引线接线板螺栓松动。

6）软连接部分缺陷。

在这种情况下，发生故障的隔离开关的触头或导电杆整体温度一般较其他正常的两相高，表面温度更高。

三、隔离开关发热缺陷处理

（1）如果隔离开关线夹处的发热故障主要是由于隔离开关接线端子或线夹与导线压接不良所引起的，应该结合停电对隔离开关外部接线端子和线夹进行直流电阻测量。一般来说，异常发热的一相的直流电阻高于其他两相，这说明隔离开关存在接触不良的现象，应当修理、更换导致故障的零件。

（2）如果隔离开关触头或导电杆固定处主要的发热故障是由于接触电阻过大而引起

的，此种情况下应该结合停电对隔离开关的触头、导电杆固定处进行清理、维修或更换。

四、红外测试时的注意事项

室外隔离开关的测量受外部环境干扰的因素较多，应注意以下事项：

（1）检测时要注意躲避阳光直射，特别是避免正午进行拍摄，最好是在无风或风速很小的时候进行检测。

（2）在安全的距离条件下，尽量靠近被测的隔离开关。

（3）在进行红外测试时，可以对比不同相相同位置的温度，这样可快速发现隔离开关发热的故障。

第四节　母线桥带电红外测试

一、母线桥异常发热的主要原因

母线桥发热故障主要是由于母排压接不良引起的。母排发热的主要原因如下：

（1）接触面不平整。

（2）接触面氧化。

（3）螺栓未紧固或紧固力矩不满足标准。

（4）母线桥连接部分开孔大小与紧固螺栓不匹配。

（5）螺栓过紧导致接触面截面积减小。

二、母线桥发热缺陷的特征分析

1. 户内母线桥发热缺陷

由于户内母线桥采用全封闭方式安装，红外测试无法直接测试母线桥内的母排，母排发热点的温度会通过空气传导至母线桥的封闭板处，此时进行红外测试可以观察到母线桥的封闭板有某个局部温度会高于其他部位，据此可以判断母线桥内的母排有发热现象。

2. 户外母线桥发热缺陷

户外母线桥采用敞开方式安装，红外测试可以直接测试母线桥内的母排，能够准确地观察到母排的发热部位。

三、母线桥发热缺陷处理

（1）如果母线桥的发热故障主要是由于接触面不平整、接触面氧化、螺栓未紧固所引起的。应该结合停电对接触面进行打磨、清洗、紧固处理。

（2）如果母线桥的发热故障主要是由于螺栓过紧导致接触面截面积减小所引起的，建议结合停电对发热的母排进行更换。

四、红外测试时的注意事项

室外母线桥的测量受外部环境干扰的因素较多，应注意以下事项：

（1）检测时要注意躲避阳光直射，特别是避免正午进行拍摄，最好是在无风或风速很小的时候进行检测。

（2）在安全的距离条件下，尽量靠近被测的母线桥。

（3）在进行红外测试时，可以对比不同相相同位置的温度，这样可以快速发现母线桥发热的故障。

第五节　避雷器在线监测仪更换

一、在线监测仪的技术要求

（1）带有避雷器动作次数计数器的在线监测仪应符合 JB 2440—1991《避雷器用放电记数》标准的规定，其表面应清晰、直观、密封可靠、上下端与接地线应能可靠连接。计数器安装前，检查其与所安装的避雷器是否相配套，额定电压、型号是否符合设计要求。检查外壳有无破损，计数器动作是否可靠，并记录下相应底数，用放电计数器测试仪模拟避雷器放电，证明其动作确实可靠后方可安装使用。

（2）在线监测仪准确测量的量程应能满足表 2-7-5-1 的要求，超过准确测量量程后应具有限幅功能，在最大量程内限幅的电流应满足表 2-7-5-1 的要求。

表 2-7-5-1　在线监测仪的测量量程

电压等级/kV	35	110	220	500
准确测量量程（有效值）/mA	0.75	1.50	1.5	5
最大量程内的限幅电流（有效值）/mA	5	10	10	10

二、在线监测仪的安装

（1）在线监测仪应安装在易于观察处，在保证安全要求的前提下，高度宜低些。

（2）在线监测仪上部引线与避雷器底部的引下线宜采用软连接过渡，或带有伸缩结构的硬连接。为排除由于 MOA 底座用四个小绝缘子支撑，螺栓孔易积水分流所致在线监测仪数值明显降低，建议底座选用单个大瓷柱支撑。

（3）在避雷器爬距留有裕度的条件下，在线监测仪宜采用屏蔽安装。

（4）安装时，应轻拿轻放，以免损坏玻璃罩，将在线监测仪的进线端子与避雷器的接线端相连，本身的底座接地线可接在安装板上，接地螺栓连接紧密，并固定牢固；三相应面向一致，一般是面向巡视侧。

三、危险点分析及控制措施

1. 危险点 1——高空摔跌

防范措施如下：

（1）登高时严禁手持任何工器具，或利用梯子运送重物。

（2）梯子与地面的夹角应为 60°。

（3）应正确使用安全带，禁止低挂高用。

（4）不准将安全带悬挂在避雷器支持绝缘子上或均压环上。

2. 危险点2——人身触电

防范措施如下：

（1）接线工作人员必须头戴安全帽，戴绝缘手套，站在牢固的工作平台上，若不停电作业，则头部最高不要超过末屏水平线。工作人员或工器具随时与带电部位保持足够的安全距离；工作必须由两人以上进行，其中一人担任监护。

（2）工作前使用临时铜导线一端可靠接地，另一端可靠接入避雷器接地引出螺栓，直至工作结束后检查接地可靠后方可拆除临时扁铜连接线。

（3）工作负责人应认真对特种作业人员、外协工作人员、临时工认真进行安全交底、危险点告知和安全知识教育；外协工作人员、临时工确认被告知内容后应履行交底签名手续，方可参加工作。

（4）搬运长物应放倒搬运。

（5）检修电源必须带有漏电保护器，移动电具金属外壳必须可靠接地。

（6）接低压电源应有两人进行，一人监护，一人操作。

3. 危险点3——机械伤害

防范措施如下：若现场使用切割机、焊机、磨光机、弯板机、冲孔机等机械应穿防护服，配灭火器、戴防护手套等。

4. 危险点4——零部件跌落打击

防范措施如下：

（1）零部件上下传递应使用绳子和工具袋，严禁抛掷。

（2）不准在构架上放置物体和工器具。

5. 危险点5——误入带电设备间隔

防范措施如下：

（1）确认现场安全措施与工作票上所列安全措施一致。

（2）进入检修现场、攀登设备前，须核对设备的双重名称、编号，严禁无人监护单人工作。

第三篇

智能变电站检修

第一章　智能变电站设备状态在线监测

第一节　在线监测系统技术原则和系统架构

一、技术原则

随着输变电设备状态检修策略的全面推进和智能电网建设的加速发展，输变电状态监测及故障诊断技术得到广泛应用，输变电设备状态监测系统的安全性、可靠性、稳定性以及测量结果的准确性直接影响状态检修策略的有效开展，以及智能电网设备状态可视化功能和状态的有效监控。

1. 安全、可靠

在线监测系统的接入不应改变一次电气设备的完整性和正常运行，能准确可靠地连续或周期性监测、记录被监测设备的状态参数及特征信息，监测数据应能反映设备状态，并且系统具有自检、自诊断和数据上传功能。

2. 先进、成熟

在线监测系统具有测量数字化、功能集成化、通信网络化、状态可视化等主要技术特征，符合易扩展、易升级、易改造、易维护的工业化应用要求。

3. 灵活、高效

在线监测系统的配置可根据被监测设备的重要性、监测装置的可靠性、维护及投入成本等灵活选择。

4. 标准、统一

在线监测系统应以变电站为对象，建立统一的状态监测、分析、预测和预警平台，建立统一的通信标准。

二、系统架构

1. 系统框架

在线监测系统分为过程层、间隔层和站控层，这和智能电网的要求基本相同。

过程层为各种监测装置，监测装置以监测项目为对象，如变压器油中溶解气体监测装置、变压器局部放电监测装置等。过程层包括变压器（电抗器）、断路器（GIS）、电容型设备等一次设备的在线监测装置。实现变电设备状态信息自动采集、测量、就地数字化等功能。监测装置应该采用统一的通信协议与综合监测单元通信，或直接与站端监测单元通

信，推荐采用 DL/T 860 标准。

间隔层为综合监测单元，综合监测单元以被监测设备为对象，包括变压器/电抗器综合监测单元、断路器/GIS 综合监测单元、电容型设备综合监测单元。实现被监测设备全部监测装置的监测数据汇集、智能化数据加工处理、标准化数据通信代理等功能。综合监测单元支持多种协议的转换，采用 DL/T 860.81 标准与站端监测单元通信。

站控层为站端监测单元，站端监测单元以变电站为监测对象，实现整个在线监测系统的运行控制，以及站内所有变电设备的在线监测数据的汇集、阈值比较、趋势分析、故障诊断、监测预警、数据展示（设在集控站）、存储和标准化数据转发等功能。站端监测单元应具有 CAC 的功能与上层平台通信。

今后，在变电站不会再出现一个监测项目构成一个独立监测系统的情况，也不会出现一个设备安装多套监测系统的情况，而是以变电站为监测对象，同一设备通过综合监测单元将不同的监测装置联系在一起，对应各设备的综合监测单元通过站端监测单元联系在一起，最终形成以变电站为对象的统一的在线监测系统。

变电设备在线监测系统一般采用总线式的分层分布式结构，分为过程层、间隔层和站控层。

对于过程层到间隔层未采用 DL/T 860 通信标准的在线监测系统，应在间隔层配置综合监测单元，实现在线监测装置通信标准统一转换为 DL/T 860 与站端监测单元通信，其框架如图 3-1-1-1 所示。

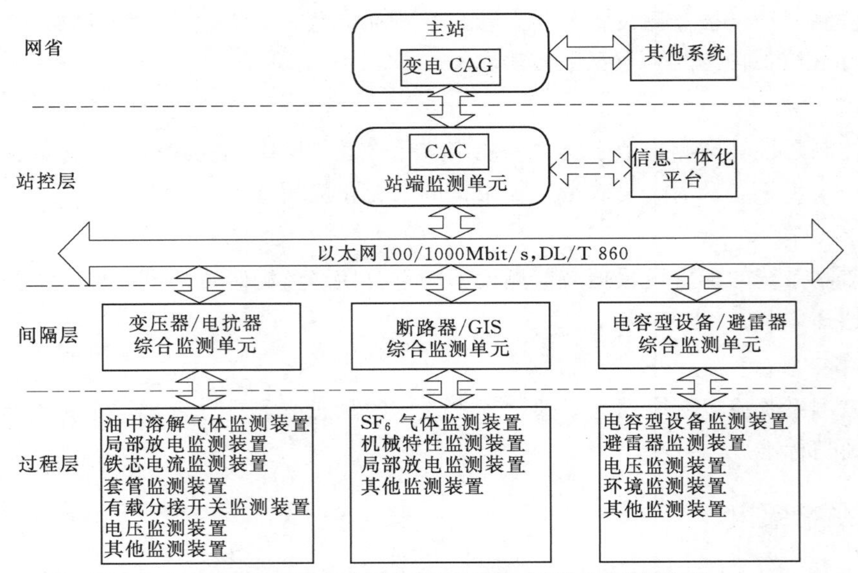

注：CAG 和 CAC 引自《国家电网公司输变电设备状态监测系统概要设计》。

图 3-1-1-1 在线监测系统框架图之一

对于各层之间均采用 DL/T 860 通信标准的在线监测系统，其框架如图 3-1-1-2 所示。

2. 过程层

过程层包括变压器、电抗器、断路器、GIS、电容型设备、避雷器等一次设备的在线

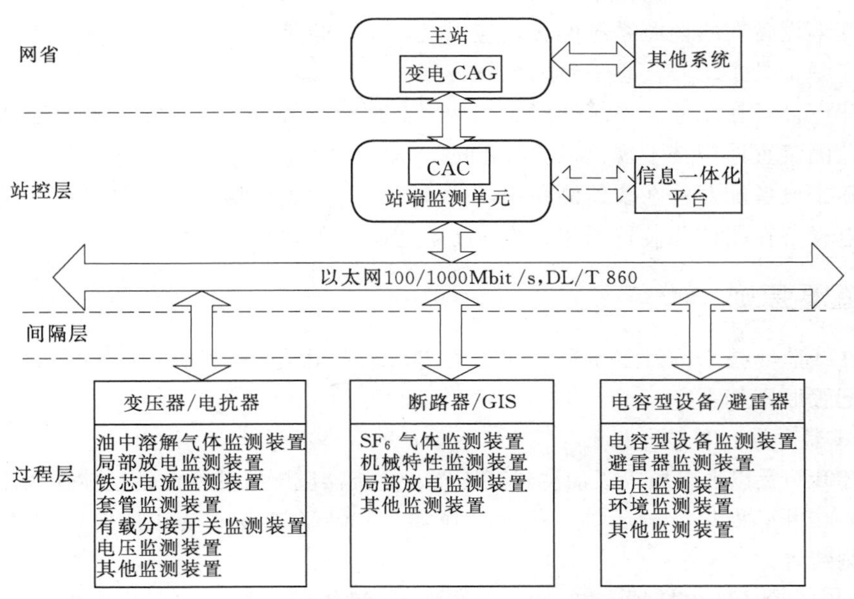

注：CAG和CAC引自《国家电网公司输变电设备状态监测系统概要设计》。

图 3-1-1-2　在线监测系统框架图之二

监测装置。实现变电设备状态信息自动采集、测量、就地数字化等功能。

3. 间隔层

在图3-1-1-1中，间隔层包括变压器/电抗器综合监测单元、断路器/GIS综合监测单元、电容型设备/避雷器综合监测单元。实现被监测设备相关监测装置的监测数据汇集、数据加工处理、标准化数据通信代理、阈值比较、监测预警等功能。

在图3-1-1-2中，过程层的监测装置均符合DL/T 860通信标准，省去了综合监测单元，监测装置直接与站端监测单元通信。

4. 站控层

站控层包括站端监测单元。实现整个在线监测系统的运行控制，以及站内所有变电设备的在线监测数据的汇集、综合分析、故障诊断、监测预警、数据展示（设在集控站）、存储和标准化数据转发等功能。

第二节　在线监测系统选用原则和配置原则

一、选用原则

（1）变电设备在线监测装置的选用应综合考虑设备的运行状况、重要程度、资产价值等因素，并通过经济技术比较，选用成熟可靠、具有良好运行业绩的产品。

（2）对于设备状态信息的采样，不应改变一次设备的完整性和安全性。

（3）变电设备在线监测装置的型式试验报告和相关技术文件应齐全、完整、准确、有效，并有一年以上的挂网运行证明。

（4）变电设备在线监测系统配置，应以变电站（集控站）为对象，综合考虑各种变电设备需求，制定具备统一信息平台的配置方案。

（5）变电设备在线监测系统功能、结构、数据通信等技术要求需满足本导则及《变电设备在线监测装置通用技术规范》等标准的要求。

（6）随主设备配套的在线监测系统功能、结构、数据通信等技术要求，也须满足本导则及《变电设备在线监测装置通用技术规范》等标准的要求。

二、配置原则

基于在线监测技术的发展水平、在线监测系统应用效果以及变电设备重要程度，在线监测系统配置原则如下。

1. 变压器、电抗器

（1）750kV及以上电压等级油浸式变压器、电抗器应配置油中溶解气体在线监测装置。

（2）±400kV及以上电压等级换流变压器、500kV油浸式变压器应配置油中溶解气体在线监测装置。

（3）500(330)kV电抗器、330kV、220kV油浸式变压器宜配置油中溶解气体在线监测装置。

（4）对于110(66)kV电压等级油浸式变压器（电抗器）存在以下情况之一的宜配置油中溶解气体在线监测装置。

1）存在潜伏性绝缘缺陷。

2）存在严重家族性绝缘缺陷。

3）运行时间超过15年。

4）运行位置特别重要。

（5）220kV及以上电压等级变压器、换流变可根据需要配置铁芯、夹件接地电流在线监测装置。

（6）500(330)kV及以上电压等级油浸式变压器和电抗器可根据需要配置油中含水量在线监测装置。

（7）220kV及以上电压等级变压器宜预留供日常检测使用的超高频传感器及测试接口，以满足运行中开展局部放电带电检测需要；对局部放电带电检测异常的，可根据需要配置局部放电在线监测装置进行连续或周期性跟踪监视。

（8）220kV及以上电压等级变压器可预埋光纤测温传感器及测试接口。

2. 断路器及GIS（含HGIS）

（1）500kV及以上电压等级SF_6断路器或220kV及以上电压等级GIS可根据需要配置SF_6气体压力和湿度在线监测装置。

（2）220kV及以上电压等级GIS应预留供日常检测使用的超高频传感器及测试接口，以满足运行中开展局部放电带电检测需要；对局部放电带电检测异常的，可根据需要配置局部放电在线监测装置进行连续或周期性跟踪监视。

（3）220kV及以上电压等级SF_6断路器及GIS可逐步配置断路器分合闸线圈电流在线监测装置。

3. 电容型设备

（1）220kV 及以上电压等级变压器（电抗器）套管可配置在线监测装置，实现对全电流、$\tan\delta$、电容量、三相不平衡电流或不平衡电压等状态参量的在线监测。

（2）对于 110(66)kV 电压等级电容型设备存在以下情况之一的宜配置在线监测装置：

1）存在潜伏性绝缘缺陷。

2）存在严重家族性绝缘缺陷。

3）运行位置特别重要。

（3）倒立式油浸电流互感器、SF_6 电流互感器因其结构原因不宜配置在线监测装置。

4. 金属氧化物避雷器

220kV 及以上电压等级金属氧化物避雷器宜配置阻性电流在线监测装置。

5. 其他在线监测装置

其他在线监测装置应在技术成熟完善后，经由具有资质的检测单位检测合格方可试点应用。

第三节　在线监测系统功能要求和通信要求

一、功能要求

1. 在线监测装置功能

（1）实现被监测设备状态参数的自动采集、信号调理、模数转换和数据的预处理功能。

（2）实现监测参量就地数字化和缓存，监测结果可根据需要定期发至综合监测单元或站端监测单元，也可通过计算机本地提取。

（3）监测装置至少可以存储一周的数据。

（4）若已安装综合监测单元或站端监测单元，可不实现上述（2）和（3）项功能。

2. 综合监测单元功能

（1）汇聚被监测设备所有相关监测装置发送的数据，结合计算模型生成站端监测单元可以直接利用的标准化数据，具备计算机本地提取数据的接口。

（2）具有初步分析（如阈值、趋势等比较）、预警功能。

（3）作为监测装置和站端监测单元的数据交互和控制节点，实现现场缓存和转发功能。包括上传综合监测单元的标准化数据；下传站端监测单元发出的控制命令，如计算模型参数下装、数据召唤、对时、强制重启等。

3. 站端监测单元功能

（1）对站内在线监测装置、综合监测单元以及所采集的状态监测数据进行全局监视管理，支持人工召唤和定时自动轮询两种方式采集监测数据，可实现对在线监测装置和综合监测单元安装前和安装后的检测、配置和注册等功能。

（2）建立统一的数据库，进行时间序列存盘，实现在线数据的集中管理，并具有 CAC 的功能与上层平台通信，同时具有与站内信息一体化平台交互的接口。

（3）实现变电设备状态监测数据综合分析、故障诊断及预警功能。

（4）系统具有可扩展性和二次开发功能，可接入的监测装置类型、监视画面、分析报表等不受限制；同时系统的功能亦可扩充，应用软件采用SOA架构，支持状态检测数据分析算法的添加、删除、修改操作，能适应在线监测与运行管理的不断发展。

（5）实现变电设备状态监测数据及分析结果发布平台，提供图形、曲线、报表等数据发布工具。

（6）具有远程维护和诊断功能，可通过远程登录实现系统异地维护、升级、故障诊断和排除等工作。

二、通信要求

1. 一般性要求

（1）变电设备在线监测系统应采用满足监测数据传输要求的标准、可靠的通信网络。

（2）间隔层向站控层传送的变电设备状态监测数据接入规范应满足有关标准的要求。

（3）变电站过程层和间隔层之间宜选用统一的通信协议，推荐采用符合DL/T 860标准的通信协议。

（4）基于DL/T 860标准的变电设备在线监测系统宜采用100M及以上高速以太网作为通信网络。

2. 监测装置通信要求

监测装置应该采用统一的通信协议与综合监测单元通信。直接与站端监测单元通信，应采用DL/T 860.92标准。

3. 综合监测单元通信要求

综合监测单元支持多种协议的转换，采用DL/T 860.81标准与站端监测单元通信。

4. 站端监测单元通信要求

站端监测单元应具有CAC的功能与上层平台通信。

第四节 在线监测系统技术要求

一、总体技术要求

（1）连续或周期性监测、记录被监测设备状态的参数。及时有效地跟踪设备的状态变化，有利于预防事故的发生。

（2）根据监测数据能够有效判断被监测设备状况，以便调整设备试验周期，减少不必要的停电试验，或对潜伏性故障进行预警。

（3）在线监测系统宜具备多种输出接口，具有与其他监控系统间按统一通信规约相连的接口；系统还宜具有多种报警输出接口，既可以通过其他监控系统报警，又可按常规报警装置。

（4）在线监测系统的软件具有良好的人机界面，操作简单，便于运用。

（5）在满足故障判断要求的前提下，装置和单元的结构应简单，使用维护应方便。

（6）应严格遵照《电力二次系统安全防护总体方案》和《变电站二次系统安全防护方案》的要求，实现在线监测数据安全接入主站（如身份认证、数据加解密等），确保信息安全。

（7）在线监测系统设计寿命一般应不少于8年；对于预埋在设备内部的传感器，其设计寿命应不少于被监测设备的使用寿命。

二、监测装置技术要求

（1）监测装置向上层单元传送经过信号调理、模数转换和预处理的被监测设备状态监测数据，以及接受上层单元下传的参数配置、数据召唤、对时、强制重启等控制命令。

（2）监测装置安装在被监测设备附近，需要对信号与电路实施有效的隔离和绝缘，其电源也应采用合适的隔离措施。

三、监测单元技术要求

1. 综合监测单元技术要求

（1）综合监测单元向站端监测单元传送经过计算模型生成的站端监测单元可以直接利用的标准化数据以及简单的分析结果和预警信息，并接收上层单元下传的更新分析模型、更新配置、数据召唤、对时、强制重启等控制命令。

（2）重要的综合监测单元，应该具有备用单元。

（3）综合监测单元安装在被监测设备附近，需要对信号与电路实施有效的隔离和绝缘，其电源也应采用合适的隔离措施。

2. 站端监测单元技术要求

（1）站端监测单元向上层传送经过深度加工的数据（即“熟数据”）、分析诊断结果、预警信息以及根据上层需求定制的数据，并接受上层单元下传的下装分析模型、参数配置、数据召唤、对时、强制重启等控制命令。

（2）站端监测单元的安全性和可靠性直接影响安全系统稳定运行，应采用主备设计（即主机出故障后，备用计算机能代替主机运行），其电源应采用UPS供电，通信模板应采用良好隔离措施，以防止由于异常干扰电压损坏主机。还应有防止主机“死机”的措施。

（3）计算机系统应安装完整、安全、可靠的操作系统、应用软件和数据库软件。

（4）宜分别建立历史数据库和实时数据库，历史数据库应能存放5年以上的历史数据，实时数据库存放最近的实测数据。

（5）应能根据生产运行需要及变电站设备变更的实际状况，对监测系统进行配置和修改。

（6）对装置厂商开放在线监测系统的数据结构，负责解释其含义；对监测系统数据分析算法进行封装，用适应CAC的标准接口提供给上层平台调用。

（7）应具有专门软硬件设备，对操作系统、数据库系统、应用软件系统及其他软件和数据进行管理、维护、备份和故障恢复。

第五节　在线监测装置技术要求

一、工作条件

1. 正常工作条件

（1）环境温度：－40～40℃。

（2）环境相对湿度：5%～95%（产品内部，既不应凝露，也不应结冰）。

（3）大气压力：80～110kPa。

（4）最大风速：35m/s（离地面10m高，10min平均风速）（户外）。

（5）最大日温差：25℃（户外）。

（6）日照强度：0.1W/cm²（风速0.5m/s）（户外）。

（7）覆冰厚度：10mm（户外）。

（8）场地安全要求：符合GB 9361中B类安全规定。

（9）监测装置安全要求：符合GB 4943中的相关规定。

（10）工作电源。额定电压：AC 220V±15%；频率：(50±0.5)Hz；谐波含量：小于5%。

2. 特殊工作条件

当超出上述“1.”中规定的正常工作条件时，由用户与供应商协商确定。

二、安全性能

（1）在线监测装置的接入不应改变主设备的连接方式、密封性能以及绝缘性能，不应影响现场设备的安全运行，接地引下线应保证可靠接地，并满足相应的通流能力。

（2）在线监测装置中传感器的特性阻抗应符合DL/T 5189《电力线载波通信设计技术规程》的要求，不应影响电力通信的质量。

（3）对于有远动部件的在线监测装置，应保证不会因其故障影响被监测设备的性能。

三、基本功能要求

1. 监测功能

（1）实现被监测设备状态参量的自动采集、信号调理、模数转换和数据的预处理功能。

（2）实现监测参量就地数字化和缓存，监测结果可根据需要定期发送至综合监测单元或站端监测单元。

（3）监测结果可通过计算机本地提取，并且可存储至少一周内的状态监测数据。

（4）若已安装综合监测单元或站端监测单元，可不具备上述（3）项功能。

2. 数据记录功能

（1）在线监测装置运行后应能正确记录动态数据，装置异常等情况下应能够正确建立事件标识。

（2）保证记录数据的安全性，不应因电源中断、快速或缓慢波动及跌落丢失已记录的动态数据；不应因外部访问而删除动态记录数据；不提供人工删除和修改动态记录数据的功能；按任意一个开关或按键，不应丢失或抹去已记录的信息。

3. 自诊断功能

装置具备自诊断功能，并能根据要求将自诊断结果远传。

4. 通信功能

（1）在线监测装置通信接口应满足监测数据交换所需要的、标准的、可靠的现场工业控制总线、以太网络总线或无线网络的要求。

（2）在线监测装置宜采用统一的通信协议，建议采用符合DL/T 860标准的通信协议。

(3) 在线监测装置应采用统一的数据格式，特殊情况下采用自有数据格式的，应公开所用数据格式，并负责解释其含义。

四、绝缘性能

1. 绝缘电阻

(1) 在正常试验大气条件下，装置各独立电路与外露的可导电部分之间，以及各独立电路之间，绝缘电阻的要求见表 3-1-5-1。

表 3-1-5-1　　在线监测装置在正常试验条件下的绝缘电阻要求

额定工作电压 U_r/V	绝缘电阻要求	额定工作电压 U_r/V	绝缘电阻要求
$U_r\leqslant 60$	≥5MΩ（用 250V 兆欧表测量）	$250>U_r>60$	≥5MΩ（用 500V 兆欧表测量）

注　与二次设备及外部回路直接连接的接口回路绝缘电阻满足 $250>U_r>60$V 的要求。

(2) 温度 (40±2)℃，相对湿度 93%±3%恒定湿热条件下，装置各独立电路与外露的可导电部分之间，以及各独立电路之间，绝缘电阻的要求见表 3-1-5-2。

表 3-1-5-2　　在线监测装置在恒定湿热条件下的绝缘电阻要求

额定工作电压 U_r/V	绝缘电阻要求	额定工作电压 U_r/V	绝缘电阻要求
$U_r\leqslant 60$	≥1MΩ（用 250V 兆欧表测量）	$250>U_r>60$	≥1MΩ（用 500V 兆欧表测量）

注　与二次设备及外部回路直接连接的接口回路绝缘电阻采用 $250>U_r>60$V 的要求。

2. 介质强度

(1) 在正常试验大气条件下，装置各独立电路与外露的可导电部分之间，以及各独立电路之间，应能承受频率为 50Hz，历时 1min 的工频耐压试验而无击穿闪络及元件损坏现象。

(2) 工频耐压试验电压值按表 3-1-5-3 规定进行选择，也可以采用直流试验电压，其值应为规定的交流试验电压值的 1.4 倍。

表 3-1-5-3　　在线监测装置介质强度工频耐压试验电压要求

额定工作电压 U_r/V	交流试验电压有效值/kV	额定工作电压 U_r/V	交流试验电压有效值/kV
$U_r\leqslant 60$	0.5	$250>U_r>60$	2.0

注　与二次设备及外部回路直接连接的接口回路试验电压满足 $250>U_r>60$V 的要求。

3. 冲击电压

在正常试验大气条件下，装置各独立电路与外露的可导电部分之间，以及各独立电路之间，应能承受 1.2/50μs 的标准雷电波的短时冲击电压试验。当额定工作电压大于 60V 时，开路试验电压为 5kV；当额定工作电压不大于 60V 时，开路试验电压为 1kV。试验后设备应无绝缘损坏和器件损坏。

五、电磁兼容性能

1. 静电放电抗扰度

装置应能承受 GB/T 17626.2 规定的严酷等级为Ⅳ级的静电放电干扰。

2. 射频电磁场辐射抗扰度

装置应能承受 GB/T 17626.3 规定的严酷等级为Ⅲ级的射频电磁场辐射干扰。

3. 电快速瞬变脉冲群抗扰度

装置应能承受 GB/T 17626.4 规定的严酷等级为Ⅳ级的电快速瞬变脉冲群干扰。

4. 浪涌

装置应能承受 GB/T 17626.5 规定的严酷等级为Ⅳ级的浪涌（冲击）干扰。

5. 射频场感应的传导骚扰抗扰度

装置应能承受 GB/T 17626.6 规定的严酷等级为Ⅲ级的射频场感应的传导骚扰干扰。

6. 工频磁场抗扰度

装置应能承受 GB/T 17626.8 规定的严酷等级为Ⅴ级的工频磁场干扰。

7. 脉冲磁场抗扰度

装置应能承受 GB/T 17626.9 规定的严酷等级为Ⅴ级的脉冲磁场干扰。

8. 阻尼振荡磁场抗扰度

装置应能承受 GB/T 17626.10 规定的严酷等级为Ⅴ级的阻尼振荡磁场干扰。

9. 电压暂降、短时中断抗扰度

装置应能承受 GB/T 17626.11 规定的电压暂降和短时中断为 60%U_T，持续时间 10 个周波的电压暂降和短时中断干扰。

六、环境适应性能

1. 低温

装置应能承受 GB/T 2423.1 规定的低温试验，试验温度为表 3-1-5-4 规定的低温温度，试验时间 2h。

表 3-1-5-4　　在线监测装置环境考核适用温度　　单位：℃

类　别	低温温度	高温温度
−25/55	−25	55
−40/65	−40	65

2. 高温

装置应能承受 GB/T 2423.2 规定的高温试验，试验温度为表3-1-5-4规定的高温温度，试验时间 2h。

3. 恒定湿热

装置应能承受 GB/T 2423.9 规定的恒定湿热试验。试验温度（40±2)℃、相对湿度 93%±3%，试验时间为 48h。

4. 温度变化

装置应能承受 GB/T 2423.22 规定的温度变化试验，低温为−10℃，高温为50℃，暴露时间为 2h，温度转换时间为 3min，温度循环次数为 5 次。

七、机械性能

1. 振动（正弦）

（1）振动响应。装置应能承受 GB/T 11287 中规定的严酷等级为Ⅰ级的振动响应试验。

（2）振动耐久。装置应能承受 GB/T 11287 中规定的严酷等级为Ⅰ级的振动耐久试验。

2. 冲击

（1）冲击响应。装置应能承受 GB/T 14537 中规定的严酷等级为Ⅰ级的冲击响应试验。

（2）冲击耐久。装置应能承受 GB/T 14537 中规定的严酷等级为Ⅰ级的冲击耐久试验。

3. 碰撞

装置应能承受 GB/T 14537 中规定的严酷等级为Ⅰ级的碰撞试验。

八、外壳防护性能

1. 防尘

室内及遮蔽场所使用的装置，应符合 GB 4208《外壳防护等级（IP 代码）》中规定的外壳防护等级 IP31 的要求；户外使用的装置，应符合 GB 4208 中规定的外壳防护等级 IP55 的要求。

2. 防水

室内及遮蔽场所使用的装置，应符合 GB 4208 中规定的外壳防护等级 IP31 的要求；户外使用的装置，应符合 GB 4208 中规定的外壳防护等级 IP55 的要求。

九、结构和外观要求

（1）装置机箱应采取必要的防电磁干扰的措施。机箱的外露导电部分应在电气上连成一体，并可靠接地。

（2）机箱应满足发热元器件的通风散热要求。

（3）机箱模件应插拔灵活、接触可靠、互换性好。

（4）外表涂敷、电镀层应牢固均匀、光洁，不应有脱皮锈蚀等。

十、其他要求

1. 测量误差及重复性

在线监测装置的测量误差及重复性应满足相关监测装置技术规范中的具体规定。

2. 连续通电

监测装置应进行 72h（常温）连续通电试验。要求试验期间，测量误差及性能应满足技术要求的规定。

3. 可靠性

监测装置的设计应充分考虑其工作条件，要求能在本节所述工作条件下长期可靠工作，至少满足平均无故障工作时间（*MTBF*）大于 8760h 或年故障次数不超过 1 次。

第六节　变电设备状态在线监测数据接入规范

变电设备状态检测数据接入规范用于规范变电站综合监测单元和站端监测单元之间，以及变电站站端监测单元与网省侧主站或集控中心之间的信息交换内容，为信息共享和各

类专业应用功能的设计和开发提供基本依据。

一、编码规范

1. 监测类型代码

监测类型代码是指监测类型的唯一标识。标识代码由三段六位字符组成。第一段为监测专业（输电/变电），采用2位数字码；第二段为数据分类，1～4分别表示变压器/电抗器、电容型设备、金属氧化物避雷器、断路器/GIS监测类型；第三段采用3位流水号标识。监测类型代码见表3-1-6-1。

表3-1-6-1　　监测类型代码

<table>
<tr><th colspan="2">变电设备监测内容</th><th>类型编码</th><th>备　注</th></tr>
<tr><td rowspan="9">变压器/电抗器</td><td>局部放电</td><td>021001</td><td rowspan="17">02表示变电专业</td></tr>
<tr><td>油中溶解气体</td><td>021002</td></tr>
<tr><td>微水</td><td>021003</td></tr>
<tr><td>铁芯接地电流</td><td>021004</td></tr>
<tr><td>顶层油温</td><td>021005</td></tr>
<tr><td>绕组光纤测温</td><td>021006</td></tr>
<tr><td>变压器振动波谱</td><td>021007</td></tr>
<tr><td>有载分接开关</td><td>021008</td></tr>
<tr><td>变压器声学指纹</td><td>021009</td></tr>
<tr><td>电容型设备</td><td>绝缘监测</td><td>022001</td></tr>
<tr><td>金属氧化物避雷器</td><td>绝缘监测</td><td>023001</td></tr>
<tr><td rowspan="6">断路器/GIS</td><td>局部放电</td><td>024001</td></tr>
<tr><td>分合闸线圈电流波形</td><td>024002</td></tr>
<tr><td>负荷电流波形</td><td>024003</td></tr>
<tr><td>SF_6 气体压力</td><td>024004</td></tr>
<tr><td>SF_6 气体水分</td><td>024005</td></tr>
<tr><td>储能电机工作状态</td><td>024006</td></tr>
</table>

2. 被监测设备代码

被监测设备代码是指监测装置所监测设备的唯一标识。该代码采用生产管理信息系统（PMS）中通行的17位编码。

3. 监测装置代码

监测装置代码是指监测装置的唯一标识。该代码在网省侧主站中产生，生成后将保持不变，该代码的使用范围为监测装置的整个生命周期。标识编码由三段17位字符组成。第一段为网省公司标识，采用2位数字码；第二段采用固定标识符M；第三段采用14位流水号标识。

4. 监测数据参数代码

监测数据参数代码是各监测装置传输监测数据的参数标识，用于指导接入通信规约的制定。参数采用汉语拼音首字母的方式编制（若参数名称少于3个汉字，则采用汉语拼音

全部字母的方式编制），具体参数代码内容（表3-1-6-2）将依据本小节（三）接入数据规范编制。

二、接入数据规范

1. 变压器/电抗器

（1）局部放电接入数据规范见表3-1-6-2。

表3-1-6-2　局部放电接入数据规范

序号	参数名称	参数代码	字段类型	计量单位	备　注
1	被监测设备标识	BJCSBBS	字符		17位设备编码
2	监测装置标识	JCZZBS	字符		17位设备编码
3	监测时间	JCSJ	日期		yyyy-MM-dd HH：mm：ss
4	被监测设备相别	BJCSBXB	字符		
5	放电量	FDL	数字	pC或mV或dB	
6	放电位置	FDWZ	数字		
7	脉冲个数	MCGS	数字		
8	放电波形	FDBX	二进制流		

（2）油中溶解气体接入数据规范见表3-1-6-3。

表3-1-6-3　油中溶解气体接入数据规范

序号	参数名称	参数代码	字段类型	计量单位	备　注
1	被监测设备标识	BJCSBBS	字符		17位设备编码
2	监测装置标识	JCZZBS	字符		17位设备编码
3	监测时间	JCSJ	日期		yyyy-MM-dd HH：mm：ss
4	被监测设备相别	BJCSBXB	字符		
5	氢气	QINGQI	数字	μL/L	
6	甲烷	JIAWAN	数字	μL/L	
7	乙烷	YIWAN	数字	μL/L	
8	乙烯	YIXI	数字	μL/L	
9	乙炔	YIQUE	数字	μL/L	
10	一氧化碳	YYHT	数字	μL/L	
11	二氧化碳	EYHT	数字	μL/L	
12	氧气	YANGQI	数字	μL/L	
13	氮气	DANQI	数字	μL/L	
14	总烃	ZONGTING	数字	μL/L	

（3）微水接入数据规范见表3-1-6-4。

（4）铁芯接地电流接入数据规范见表3-1-6-5。

（5）顶层油温接入数据规范见表3-1-6-6。

表 3-1-6-4　　微水接入数据规范

序号	参数名称	参数代码	字段类型	计量单位	备　注
1	被监测设备标识	BJCSBBS	字符		17 位设备编码
2	监测装置标识	JCZZBS	字符		17 位设备编码
3	监测时间	JCSJ	日期		yyyy-MM-dd HH：mm：ss
4	被监测设备相别	BJCSBXB	字符		
5	水分	SHUIFEN	数字	μL/L	

表 3-1-6-5　　铁芯接地电流接入数据规范

序号	参数名称	参数代码	字段类型	计量单位	备　注
1	被监测设备标识	BJCSBBS	字符		17 位设备编码
2	监测装置标识	JCZZBS	字符		17 位设备编码
3	监测时间	JCSJ	日期		yyyy-MM-dd HH：mm：ss
4	被监测设备相别	BJCSBXB	字符		
5	铁芯全电流	TXQDL	数字	mA	

表 3-1-6-6　　顶层油温接入数据规范

序号	参数名称	参数代码	字段类型	计量单位	备　注
1	被监测设备标识	BJCSBBS	字符		17 位设备编码
2	监测装置标识	JCZZBS	字符		17 位设备编码
3	监测时间	JCSJ	日期		yyyy-MM-dd HH：mm：ss
4	被监测设备相别	BJCSBXB	字符		
5	顶层油温	DCYW	数字	℃	

2. 电容型设备

绝缘监测接入数据规范见表 3-1-6-7。

表 3-1-6-7　　绝缘监测接入数据规范

序号	参数名称	参数代码	字段类型	计量单位	备　注
1	被监测设备标识	BJCSBBS	字符		17 位设备编码
2	监测装置标识	JCZZBS	字符		17 位设备编码
3	监测时间	JCSJ	日期		yyyy-MM-dd HH：mm：ss
4	被监测设备相别	BJCSBXB	字符		
5	电容量	DRL	数字	pF	
6	介质损耗因数	JZSHYS	数字		
7	三相不平衡电流	SXBPHDL	数字		
8	三相不平衡电压	SXBPHDY	数字		
9	全电流	QDL	数字	mA	
10	系统电压	XTDY	数字	kV	

3. 金属氧化物避雷器

绝缘监测接入数据规范见表3-1-6-8。

表3-1-6-8　绝缘监测接入数据规范

序号	参数名称	参数代码	字段类型	计量单位	备　注
1	被监测设备标识	BJCSBBS	字符		17位设备编码
2	监测装置标识	JCZZBS	字符		17位设备编码
3	监测时间	JCSJ	日期		yyyy-MM-dd HH：mm：ss
4	被监测设备相别	BJCSBXB	字符		
5	系统电压	XTDY	数字	kV	
6	全电流	QDL	数字	mA	
7	阻性电流	ZXDL	数字	mA	
8	计数器动作次数	JSQDZCS	数字		
9	最后一次动作时间	ZHYCDZSJ	日期		yyyy-MM-dd HH：mm：ss

4. 断路器/GIS

（1）局部放电接入数据规范见表3-1-6-9。

表3-1-6-9　局部放电接入数据规范

序号	参数名称	参数代码	字段类型	计量单位	备　注
1	被监测设备标识	BJCSBBS	字符		17位设备编码
2	监测装置标识	JCZZBS	字符		17位设备编码
3	监测时间	JCSJ	日期		yyyy-MM-dd HH：mm：ss
4	放电量	FDL	数字	pC或mV或dB	
5	放电位置	FDWZ	数字		
6	脉冲个数	MCGS	数字		
7	放电波形	FDBX	二进制流		

（2）分合闸线圈电流波形接入数据规范见表3-1-6-10。

表3-1-6-10　分合闸线圈电流波形接入数据规范

序号	参数名称	参数代码	字段类型	计量单位	备　注
1	被监测设备标识	BJCSBBS	字符		17位设备编码
2	监测装置标识	JCZZBS	字符		17位设备编码
3	被监测设备相别	BJCSBXB	字符		
4	监测时间	JCSJ	日期		yyyy-MM-dd HH：mm：ss
5	动作	DONGZUO	整型		“0”表示分闸； “1”表示合闸
6	线圈电流波形	XQDLBX	二进制流		

（3）负荷电流波形接入数据规范见表 3-1-6-11。

表 3-1-6-11　　负荷电流波形接入数据规范

序号	参数名称	参数代码	字段类型	计量单位	备　注
1	被监测设备标识	BJCSBBS	字符		17 位设备编码
2	监测装置标识	JCZZBS	字符		17 位设备编码
3	被监测设备相别	BJCSBXB	字符		
4	监测时间	JCSJ	日期		yyyy-MM-dd HH：mm：ss
5	动作	DONGZUO	整型		“0”表示分闸； “1”表示合闸
6	负荷电流波形	FHDLBX	二进制流		

（4）SF_6 气体压力接入数据规范见表 3-1-6-12。

表 3-1-6-12　　SF_6 气体压力接入数据规范

序号	参数名称	参数代码	字段类型	计量单位	备　注
1	被监测设备标识	BJCSBBS	字符		17 位设备编码
2	监测装置标识	JCZZBS	字符		17 位设备编码
3	监测时间	JCSJ	日期		yyyy-MM-dd HH：mm：ss
4	温度	WENDU	数字	℃	
5	绝对压力	JDYL	数字	MPa	
6	密度	MIDU	数字	kg/m^3	
7	压力（20℃）	YALI	数字	MPa	

（5）SF_6 气体水分接入数据规范见表 3-1-6-13。

表 3-1-6-13　　SF_6 气体水分接入数据规范

序号	参数名称	参数代码	字段类型	计量单位	备　注
1	被监测设备标识	BJCSBBS	字符		17 位设备编码
2	监测装置标识	JCZZBS	字符		17 位设备编码
3	监测时间	JCSJ	日期		yyyy-MM-dd HH：mm：ss
4	温度	WENDU	数字	℃	
5	水分	SHUIFEN	数字	$\mu L/L$	

（6）储能电机工作状态接入数据规范见表 3-1-6-14。

表 3-1-6-14　　储能电机工作状态接入数据规范

序号	参数名称	参数代码	字段类型	计量单位	备　注
1	被监测设备标识	BJCSBBS	字符		17 位设备编码
2	监测装置标识	JCZZBS	字符		17 位设备编码
3	监测时间	JCSJ	日期		yyyy-MM-dd HH：mm：ss
4	储能时间	CNSJ	数字	s	

第七节　基于DL/T 860标准的变电设备在线监测逻辑节点和模型创建

一、在线监测逻辑节点定义

表3-1-7-1～表3-1-7-34列举了在线监测相关逻辑节点及定义，表中M/O/C/E表示数据选择，M为必选、O为可选、C为条件、E为扩展。

1. 电弧监测逻辑节点SARC（表3-1-7-1）

此逻辑节点用于电弧的监测。

表3-1-7-1　　电弧监测逻辑节点SARC

SARC节点类				
对象名称	CDC类型	英文语义	M/O/C/E	中文语义
数据对象				
公用逻辑节点信息				
Mod	INC	Mode	M	模式
Beh	INS	Behaviour	M	行为
Health	INS	Health	M	健康状态
Namplt	LPL	Name	M	逻辑节点铭牌
状态信息				
FADet	SPS	Fault arc detected	M	检测到故障电弧
SwArcDet	SPS	Switch arc detected	O	检测到开关电弧
控制信息				
OpCntRs	INC	Resettable operation counter (Switch and fault arcs)	O	可复位的操作计数器（开关与故障电弧）
FACntRs	INC	Fault arc counter	M	故障电弧计数器
ArcCntRs	INC	Switch arc counter	O	开关电弧计数器
定值				
SmpProd	ASG	Sampling period	E	采集间隔

2. 断路器监测逻辑节点SCBR（表3-1-7-2）

此逻辑节点用于断路器监测。操作断路器特别是切断短路电流时会造成触头磨损。由于触头是每相配置的，因此监测也是按相进行。

表3-1-7-2　　断路器监测逻辑节点SCBR

SCBR节点类				
对象名称	CDC类型	英文语义	M/O/C/E	中文语义
数据对象				
公用逻辑节点信息				
Mod	INC	Mode	M	模式
Beh	INS	Behaviour	M	行为

续表

SCBR 节点类				
对象名称	CDC 类型	英文语义	M/O/C/E	中文语义
数据对象				
公用逻辑节点信息				
Health	INS	Health	M	健康状态
Namplt	LPL	Name	M	逻辑节点铭牌
状态信息				
ColOpn	SPS	Open command of trip coil	M	跳闸线圈分命令
AbrAlm	SPS	Contact abrasion alarm	O	触头磨损告警
AbrWrn	SPS	Contact abrasion warning	O	触头磨损报警
MechHealth	ENS	Mechanical behaviour alarm	O	机械行为告警
OpTmAlm	SPS	Switch operating time exceeded	O	开关操作超时
ColAlm	SPS	Coil alarm	O	线圈异常告警
OpCntAlm	SPS	Number of operations (modelled in the XCBR) has exceeded the alarm level for number of operations	O	操作次数（在 XCBR 中建模）超出告警门限
OpCntWrn	SPS	Number of operations (modelled in the XCBR) exceeds the warning limit	O	操作次数（在 XCBR 中建模）超出报警门限
OpTmWrn	SPS	Warning when operation time reaches the warning level	O	操作时间达到告警门槛时告警
OpTmh	INS	Time since installation or last maintenance in hours	O	从安装或最后一次维修的时间
RclsNum	INS	Number of reclosing	E	重合闸次数（0 次表示为非重合闸）
测量信息				
AccAbr	MV	Cumulated abrasion	O	累计磨损
SwA	MV	Current that was interrupted during last open operation	O	最后一次分操作切断的电流
ActAbr	MV	Abrasion of last open operation	O	最后一次分操作的磨损
AuxSwTmOpn	MV	Auxiliary switches timing open	O	辅助开关节点测量的分闸时间
AuxSwTmCls	MV	Auxiliary switches timing close	O	辅助开关节点测量的合闸时间
RctTmOpn	MV	Reaction time measurement open	O	分反应时间
RctTmCls	MV	Reaction time measurement	O	合反应时间
OpSpdOpn	MV	Operation speed open	O	分操作速度
OpSpdCls	MV	Operation speed close	O	合操作速度

续表

SCBR 节点类				
对象名称	CDC 类型	英文语义	M/O/C/E	中文语义
测量信息				
OpTmOpn	MV	Operation time open	O	分操作时间
OpTmCls	MV	Operation time close	O	合操作时间
Stk	MV	Contact stroke	O	开距
OvStkOpn	MV	Overstroke open	O	分闸超行程
OvStkCls	MV	Overstroke close	O	合闸超行程
ColA	MV	Coil current	O	线圈电流
Tmp	MV	Temperature e. g. inside drive mechanism	O	温度，例如操作机构内的温度
控制信息				
OpCntRs	INC	Resettable operation counter	O	可复位的操作计数器
定值信息				
AbrAlmLev	ASG	Abrasion sum threshold for alarm state	O	磨损告警状态的门槛值
AbrWrnLev	ASG	Abrasion sum threshold for warning state	O	磨损警告状态的门槛值
OpAlmTmh	ING	Alarm level for operation time in hours	O	操作时间告警门槛值
OpWrnTmh	ING	Warning level for operation time in hours	O	操作时间警告门槛值
OpAlmNum	ING	Alarm level for number of operations	O	操作次数告警门槛值
OpWrnNum	ING	Warning level for number of operations	O	操作次数警告门槛值
SmpProd	ASG	Sampling period	E	采集间隔

3. 气体绝缘介质监测逻辑节点 SIMG（表 3-1-7-3）

此逻辑节点用于气体绝缘介质的监测，如气体绝缘隔离装置中的 SF_6 气体。

表 3-1-7-3　　　　气体绝缘介质监测逻辑节点 SIMG

SIMG 节点类				
对象名称	CDC 类型	英文语义	M/O/C/E	中文语义
数据对象				
公用逻辑节点信息				
Mod	INC	Mode	M	模式
Beh	INS	Behaviour	M	行为

续表

SIMG 节点类				
对象名称	CDC 类型	英文语义	M/O/C/E	中文语义
公用逻辑节点信息				
Health	INS	Health	M	健康状态
Namplt	LPL	Name	M	逻辑节点铭牌
状态信息				
InsAlm	SPS	Insulation gas critical (refill isolation medium)	M	绝缘气体告警（需要重新注入绝缘介质）
InsBlk	SPS	Insulation gas not safe (block device operation)	O	绝缘气体不安全（闭锁设备操作）
InsTr	SPS	Insulation gas dangerous (trip for device isolation)	O	绝缘气体危险（为隔离设备跳闸）
PresAlm	SPS	Insulation gas pressure alarm	C	绝缘气体压力告警
DenAlm	SPS	Insulation gas density alarm	C	绝缘气体密度告警
TmpAlm	SPS	Insulation gas temperature alarm	C	绝缘气体温度告警
InsLevMax	SPS	Insulation gas level maximum (relates to predefined filling value)	O	绝缘气体水平最高限（相对于事先设定的注入量）
InsLevMin	SPS	Insulation gas level minimum (relates to predefined filling value)	O	绝缘气体水平最低限（相对于事先设定的注入量）
测量数值				
Pres	MV	Insulation gas pressure	O	绝缘气体压力
Den	MV	Insulation gas density	O	绝缘气体密度
Tmp	MV	Insulation gas temperature	O	绝缘气体温度
InsBlkTmh	INS	Calculated time till blocking level is reached, corresponds to leakage of gas compartment	O	对应于气室泄漏，计算距离闭锁剩余的时间
控制				
OpCntRs	INC	Resettable operation counter	O	可复位操作计数器
定值				
SmpProd	ASG	Sampling period	E	采集间隔
条件 C：与监测气体性质有关，但至少要测量其中一种				

4. *液体绝缘介质监测逻辑节点 SIML（表 3-1-7-4）*

此逻辑节点用于液体绝缘介质的监测，如变压器中使用的油。

表 3-1-7-4　　液体绝缘介质监测逻辑节点 SIML

SIML 节点类				
对象名称	CDC 类型	英文语义	M/O/C/E	中文语义
数据对象				
公用逻辑节点信息				
Mod	INC	Mode	M	模式
Beh	INS	Behaviour	M	行为
Health	INS	Health	M	健康状态
Namplt	LPL	Name	M	逻辑节点铭牌
状态信息				
InsAlm	SPS	Insulation liquid critical (refill insulation medium)	M	绝缘液体告警（需要重新注入绝缘介质）
InsBlk	SPS	Insulation liquid not safe (block device operation)	O	绝缘液体不安全（闭锁设备操作）
InsTr	SPS	Insulation liquid dangerous (trip for device isolation)	O	绝缘液体危险（为隔离设备跳闸）
TmpAlm	SPS	Insulation liquid temperature alarm	O	绝缘液体温度告警
GasInsAlm	SPS	Gas in insulation liquid alarm (may be used for buchholz alarm)	O	绝缘液体中的气体告警（可能启动瓦斯继电器告警）
GasInsTr	SPS	Gas in insulation liquid trip (may be used for buchholz trip)	O	绝缘气体温度告警（可能用于瓦斯继电器跳闸）
GasFlwTr	SPS	Insulation liquid flow trip because of gas (may be used for buchholz trip)	O	由于气体绝缘液体流跳闸（可能用于瓦斯继电器跳闸）
InsLevMax	SPS	Insulation liquid level maximum	O	绝缘液体最高门限
InsLevMin	SPS	Insulation liquid level minimum	O	绝缘液体最低门限
H_2Alm	SPS	H_2 alarm	O	H_2 告警
H_2Wrn	SPS	H_2 warning level	O	H_2 注意
MstAlm	SPS	Moisture alarm	O	湿度告警
MstWrn	SPS	Moisture warning	O	湿度警告
C_2H_2Alm		C_2H_2 alarm	E	乙炔告警
Tmp	MV	Insulation liquid temperature	O	绝缘液体温度
Lev	MV	Insulation liquid level (usually in m)	O	绝缘液体液位

续表

SIML 节点类				
对象名称	CDC 类型	英文语义	M/O/C/E	中文语义
测量信息				
Pres	MV	Insulation liquid pressure	O	绝缘液体压力
Mst	MV	Moisture	E	微水
WtrAct	MV	Water activity	E	水活性
H_2O	MV	Relative saturation of moisture in insulating liquid (in %)	O	绝缘液体湿度相对饱和值(%)
H_2OPap	MV	Relative saturation of moisture in insulating paper (in %)	O	绝缘纸湿度相对饱和值(%)
H_2OAir	MV	Relative saturation of moisture in air in expansion volume (%)	O	空气中湿度相对饱和值(%)
H_2OTmp	MV	Temperature of insulating liquid at point of H_2O measurement	O	在 H_2O 测量点的绝缘液体温度
H_2ppm	MV	Measurement of Hydrogen (H_2 in ppm)	O	H_2 测量量(ppm)
N_2ppm	MV	Measurement of N_2 in ppm	O	N_2 测量量(ppm)
COppm	MV	Measurement of CO in ppm	O	CO 测量量(ppm)
CO_2ppm	MV	Measurement of CO_2 in ppm	O	CO_2 测量量(ppm)
CH_4ppm	MV	Measurement of CH_4 in ppm	O	CH_4 测量量(ppm)
C_2H_2ppm	MV	Measurement of C_2H_2 in ppm	O	C_2H_2 测量量(ppm)
C_2H_4ppm	MV	Measurement of C_2H_4 in ppm	O	C_2H_4 测量量(ppm)
C_2H_6ppm	MV	Measurement of C_2H_6 in ppm	O	C_2H_6 测量量(ppm)
O_2ppm	MV	Measurement of O_2 in ppm	O	O_2 测量量(ppm)
CmbuGas	MV	Measurement of total dissolved combustible gases (TDCG)	O	总的溶解可燃气体测量量
FltGas	MV	Fault gas volume in Buchholz relay	O	瓦斯继电器中故障气体量
控制				
OpCntRs	INC	Resettable operation counter	O	可复位操作计数器
定值				
SmpProd	ASG	Sampling period	E	采集间隔

5. 绝缘子监测逻辑节点 SINS(表 3-1-7-5)

此逻辑节点用于绝缘子监测。

表 3-1-7-5　　绝缘子监测逻辑节点 SINS

SINS 节点类				
对象名称	CDC 类型	英文含义	M/O/C/E	中文含义
数据对象				
公用逻辑节点信息				
Mod	INC	Mode	M	模式
Beh	INS	Behaviour	M	行为
Health	INS	Health	M	健康状态
Namplt	LPL	Name	M	逻辑节点铭牌
状态信息				
EEHealth	ENS	External equipment health	O	外部设备健康状态
EEName	DPL	External equipment name plate	O	外部设备铭牌
OpTmh	INS	Operation time	M	运行时间
BatAlm	SPS	Battery low-voltage	E	电池欠压（“FALSE”正常；“TRUE”欠压）
SamAlm	SPS	Sampling period	E	采集周期（“FALSE”正常；“TRUE”异常）
测量信息				
Aleak	WYE	leakage current	E	泄漏电流
PlsHzOv3mA	WYE	Number of pulse mort then 3mA	E	超过 3mA 的脉冲次数
PlsHzOv10mA	WYE	Number of pulse mort then 10mA	E	超过 10mA 的脉冲次数
MaxCv	WYE	Maximal peak	E	最大峰值
AvCv	WYE	Average peak	E	平均峰值

6. 有载调压分接头监测逻辑节点 SLTC（表 3-1-7-6）

此逻辑节点用于监测及评估调压分接头。

表 3-1-7-6　　有载调压分接头监测逻辑节点 SLTC

SLTC 节点类				
对象名称	CDC 类型	英文语义	M/O/C/E	中文语义
数据对象				
公用逻辑节点信息				
Mod	INC	Mode	M	模式
Beh	INS	Behaviour	M	行为
Health	INS	Health	M	健康状态
Namplt	LPL	Name	M	逻辑节点铭牌

续表

SLTC 节点类				
对象名称	CDC 类型	英文语义	M/O/C/E	中文语义
状态信息				
OilFil	SPS	Oil filtration running	O	油过滤器运行
MotDrvBlk	SPS	Motor drive overcurrent blocking	O	驱动电机过流闭锁
VacCelAlm	SPS	Circuit status of vacuum cell (ANSI)	O	真空包电路状态
OilfilTr	SPS	Oil filter unit trip	O	油过滤器单元跳闸
测量信息				
Torq	MV	Drive torque	O	驱动扭矩
MotDrvA	MV	Motor drive current	O	电机驱动电流
AbrPrt	MV	Abrasion (in %) of parts subject to wear	O	磨损（%）
控制				
OpCntRs	INC	Resettable operation counter	O	可复位操作计数器
定值				
SmpRrod	ASG	Sampling period	E	采集间隔

7. 操作机构监测逻辑节点 SOPM（表 3-1-7-7）

此逻辑节点用于监测开关的操动机构，评估操作机构的特性以便于估计未来可能发生的误操作。目前有不同原理的操作机构。典型的断路器操作机构中配置储能单元（用于提供断路器短时操作需要的能量）。储能可以通过弹簧或压缩气体实现，由机械结构或液压来传递能量。充电电机用于补偿能量损失（泄漏）或在断路器操作后重新充电。

此逻辑节点内容涵盖弹簧和液压两种系统的相关元件特性的描述，也可用于由电机驱动的操作机构。

表 3-1-7-7　　操作机构监测逻辑节点 SOPM

SOPM 节点类				
对象名称	CDC 类型	英文语义	M/O/C/E	中文语义
数据对象				
公用逻辑节点信息				
Mod	INC	Mode	M	模式
Beh	INS	Behaviour	M	行为
Health	INS	Health	M	健康状态
Namplt	LPL	Name	M	逻辑节点铭牌

续表

SOPM 节点类				
对象名称	CDC 类型	英文语义	M/O/C/E	中文语义
状态信息				
MotOp	SPS	Indicates if the motor is running	O	用于指示电机是否运行
MotStrAlm	SPS	Alarm for number of motor starts exceeds MotAlmNum	O	电机启动次数超过 MotAlmNum 告警
HyAlm	SPS	Hydraulic Alarm	O	液压告警
HyBlk	SPS	Block of operation due to hydraulic	O	由于液压问题闭锁操作
EnBlk	SPS	Energy block	O	能量闭锁
EnAlm	SPS	Energy alarm	O	能量告警
MotAlm	SPS	Motor operating time exceeded	O	电机运行超时
HeatAlm	SPS	Heater alarm	O	加热器告警
ChaIntvTms	INS	Time interval between last two charging operations	O	最近两次储能操作时间间隔
MotStr	INS	Number of motor starts	O	电机启动次数
测量信息				
En	MV	Stored energy (e. g. stored energy or remaining energy)	O	储能
HyPres	MV	Hydraulic pressure	O	液压
HyTmp	MV	Hydraulic temperature	O	液体温度
MotTm	MV	Operating time of the motor	O	电机运行时间
MotA	MV	Motor current	O	电机电流
Tmp	MV	Temperature inside the drive cubicle	O	机构箱内的温度
控制				
OpCntRs	INC	Resettable operation counter	O	可复位操作计数器
定值				
MotAlmTms	ING	Alarm level for motor run time in s	O	电机运行时间告警门槛值(s)
MotStrNum	ING	Alarm level for number of motor starts	O	电机启动次数告警门槛值
MotStrTms	ING	Time interval for acquisition of motor starts	O	电机启动采集时间间隔
SmpProd	ASG	Sampling period	E	采集间隔

8. *局放监测逻辑节点 SPDC(表 3-1-7-8)*

此逻辑节点用于局放监测。

表 3-1-7-8　　局放监测逻辑节点 SPDC

SPDC 节点类				
对象名称	CDC 类型	英文语义	M/O/C/E	中文语义
数据对象				
公用逻辑节点信息				
Mod	INC	Mode	M	模式
Beh	INS	Behaviour	M	行为
Health	INS	Health	M	健康状态
Namplt	LPL	Name	M	逻辑节点铭牌
状态信息				
PaDschAlm	SPS	Partial discharge alarm	C	局放告警
OpCnt	INS	Operation counter	M	操作计数器
PlsNum	INS	Number of pulse	E	脉冲个数
PaDschType	ENS	Type of partial discharge	E	局放类型
测量信息				
AcuPaDsch	MV	Acoustic level of partial discharge	C	局放声学水平
AppPaDsch	MV	Apparent charge of partial discharge, peak level (PD)	C	视在局放，峰值
NQS	MV	Average discharge current	C	平均放电电流
UhfPaDsch	MV	UHF level of partial discharge	C	局部放电 UHF 水平
Phase	MV	Phase	E	相位
控制				
OpCntRs	INC	Resettable operation counter	O	可复位操作计数器
定值				
CtrHz	ASG	Center Frequency of measurement unit according to IEC 60270, 3.8	O	IEC 60270 标准 3.8 节的测量单元中心频率
BndWid	ASG	Bandwidth of measurement unit according to IEC 60270, 3.8	O	IEC 60270 标准 3.8 节测量单元带宽
SmpProd	ASG	Sampling period	E	采集间隔
条件 C：根据功能，至少应使用 AcuPaDsch，UHFPaDch，NQS，AppPaDsch 或 PaDschAlm 中的一种数据对象				

9．变压器监测逻辑节点 SPTR（表 3-1-7-9）

此逻辑节点用于电力变压器监测，用于评估电力变压器的状态。

表 3-1-7-9　　变压器监测逻辑节点 SPTR

SPTR 节点类				
对象名称	CDC 类型	英文语义	M/O/C/E	中文语义
数据对象				
公用逻辑节点信息				
Mod	INC	Mode	M	模式
Beh	INS	Behaviour	M	行为
Health	INS	Health	M	健康状态
Namplt	LPL	Name	M	逻辑节点铭牌
状态信息				
HPTmpAlm	SPS	Winding hotspot temperature alarm	M	绕组热点温度告警
HPTmpOp	SPS	Winding hotspot temperature operate	O	绕组热点温度状态
HPTmpTr	SPS	Winding hotspot temperature trip	O	绕组热点温度跳闸
MbrAlm	SPS	Leakage supervision alarm of tank conservator membrane	O	油箱泄漏监测告警
CGAlm	SPS	Core ground alarm	O	铁芯接地告警
HeatAlm	SPS	Heater alarm	O	加热器告警
测量信息				
AgeRte	MV	Aging rate	O	老化率
BotTmp	MV	Bottom oil temperature	O	底层油温
CoreTmp	MV	Core temperature	O	铁芯温度
HPTmpClc	MV	Calculated winding hotspot temperature	O	绕组热点计算温度
控制				
OpCntRs	INC	Resettable operation counter	O	可复位操作计数器
定值				
SmpProd	ASG	Sampling period	E	采集间隔

10. 开关监测逻辑节点 SSWI（表 3-1-7-10）

此逻辑节点用于监测除断路器之外的所有开关及刀闸，如隔离开关、接地开关等。与 SOPM 类似，可以评估开关的现状。大部分的属性用于描述开关的操作时间和触头运动。某值偏离正常值时，预示开关可能发生误操作。零部件的磨损用于判断开关的维修时间。对某些与断路器有关的特殊要求，如磨损等，用 SCBR 来描述。SSWI 是按相监测的。

表 3-1-7-10　　开关监测逻辑节点 SSWI

SSWI 节点类				
对象名称	CDC 类型	中文语义	M/O/C/E	英文语义
数据对象				
公用逻辑节点信息				
Mod	INC	Mode	M	模式
Beh	INS	Behaviour	M	行为
Health	INS	Health	M	健康状态
Namplt	LPL	Name	M	逻辑节点铭牌
状态信息				
OpTmAlm	SPS	Switch operating time exceeded	O	开关操作超时
OpCntAlm	SPS	Number of operations (modelled in XSWI) has exceeded the alarm level for number of operations	O	操作次数（在 XSWI 中建模）超出告警门限
OpCntWrn	SPS	Number of operations (modelled in XSWI) exceeds the warning limit	O	操作次数（在 XSWI 总建模）到报警门槛
OpTmWrn	SPS	Warning when operation time reaches the warning level	O	操作时间达到警报门槛发出警报
OpTmh	INS	Time since installation or last maintenance in hours	O	从安装或最近一次维修至今的时间
MechHealth	ENS	Mechanical behaviour alarm	O	机械行为告警
测量信息				
AccAbr	MV	Cumulated abrasion of parts subject to wear	O	累计磨损
AuxSwTmOpn	MV	Auxiliary switches timing open	O	辅助开关分
AuxSwTmCls	MV	Auxiliary switches timing close	O	辅助开关合
RctTmOpn	MV	Reaction time measurement open	O	分反应时间
RctTmCls	MV	Reaction time measurement	O	合反应时间
OpSpdOpn	MV	Operation speed open	O	分操作速度
OpSpdCls	MV	Operation speed close	O	合操作速度
OpTmOpn	MV	Operation time open	O	合操作时间
OpTmCls	MV	Operation time close	O	分操作时间

续表

SSWI 节点类				
对象名称	CDC 类型	中文语义	M/O/C/E	英文语义
测量信息				
Stk	MV	Contact stroke	O	触头撞击
OvStkOpn	MV	Overstroke open	O	分超行程
OvStkCls	MV	Overstroke close	O	合超行程
ColA	MV	Coil current	O	线圈电流
Tmp	MV	Temperature e. g. inside drive mechanism	O	温度，例如驱动机构内的
控制				
OpCntRs	INC	Resettable operation counter	O	可复位的操作计数器
定值				
OpAlmTmh	ING	Alarm level for operation time in hours	O	磨损告警状态的门槛值
OpWrnTmh	ING	Warning level for operation time in hours	O	操作时间告警门槛值
OpAlmNum	ING	Alarm level for number of operations	O	操作次数告警门槛值
OpWrnNum	ING	Warning level for number of operations	O	操作次数警告门槛值
SmpProd	ASG	Sampling period	E	采集间隔

11. 温度监测逻辑节点 STMP（表 3-1-7-11）

此逻辑节点用于监测不同设备的温度，提供告警、跳闸/停机功能。如果连接的传感器超过一个（TTMP），应该为每个传感器配置一个 STMP 逻辑节点。

表 3-1-7-11　　温度监测逻辑节点 STMP

STMP 节点类				
对象名称	CDC 类型	中文语义	M/O/C/E	英文语义
数据对象				
公用逻辑节点信息				
Mod	INC	Mode	M	模式
Beh	INS	Behaviour	M	行为
Health	INS	Health	M	健康状态
Namplt	LPL	Name	M	逻辑节点铭牌
状态信息				
EEHealth	ENS	External equipment health	O	外部设备健康状态
Alm	SPS	Temperature alarm level reached	O	达到温度告警门槛值
Trip	SPS	Temperature trip level reached	O	达到温度跳闸门槛值

续表

STMP 节点类				
对象名称	CDC 类型	中文语义	M/O/C/E	英文语义
测量信息				
Tmp	MV	Temperature	O	温度
控制				
OpCntRs	INC	Resettable operation counter	O	可复位操作计数器
定值				
TmpAlmSpt	ASG	Temperature alarm level set - point	O	温度告警门槛值
TmpTripSpt	ASG	Temperature trip level set - point	O	温度跳闸门槛值
SmpProd	ASG	Sampling period	E	采集间隔

12. 振动监测逻辑节点 SVBR（表 3-1-7-12）

此逻辑节点用于监测不同设备的振动，如旋转电机的轴、涡轮、发电机等，提供告警、跳闸/停机功能。如果连接的传感器超过一个（TVBR），应该为每个传感器配置一个 SVBR 逻辑节点。

表 3-1-7-12　　振动监测逻辑节点 SVBR

SVBR 节点类				
对象名称	CDC 类型	中文语义	M/O/C/E	英文语义
数据对象				
公用逻辑节点信息				
Mod	INC	Mode	M	模式
Beh	INS	Behaviour	M	行为
Health	INS	Health	M	健康状态
Namplt	LPL	Name	M	逻辑节点铭牌
状态信息				
Alm	SPS	Vibration alarm level reached	M	达到振动告警门槛值
Trip	SPS	Vibration trip level reached	O	达到振动跳闸门槛值
测量信息				
Vbr	MV	Vibration level	O	振动级别
AxDsp	MV	Total axial displacement	O	总的轴位移
控制				
OpCntRs	INC	Resettable operation counter	O	可复位操作计数器

续表

SVBR 节点类				
对象名称	CDC 类型	中文语义	M/O/C/E	英文语义
定值				
VbrAlmSpt	ASG	Vibration alarm level set - point	O	振动告警门槛值
VbrTripSpt	ASG	Vibration trip level set - point	O	振动跳闸门槛值
AxDAlmSpt	ASG	Axial displacement alarm level set - point	O	轴位移告警门槛值
AxDTripSpt	ASG	Axial displacement trip level set - point	O	轴位移跳闸门槛值
SmpProd	ASG	Sampling period	E	采集间隔

13. 角度逻辑节点 TANG（表 3 - 1 - 7 - 13）

此逻辑节点用于表示两个对象（一个可能是水平或垂直线）之间的角度测量结果。测量结果可以是角度或弧度。

表 3 - 1 - 7 - 13　　角度逻辑节点 TANG

TANG 节点类				
对象名称	CDC 类型	中文语义	M/O/C/E	英文语义
数据对象				
公用逻辑节点信息				
Mod	INC	Mode	M	模式
Beh	INS	Behaviour	M	行为
Health	INS	Health	M	健康状态
Namplt	LPL	Name	M	逻辑节点铭牌
状态信息				
EEHealth	ENS	External equipment health	O	外部设备健康状况
测量信息				
AngSv	SAV	Angle	C	角度
定值				
SmpRle	ING	Sampling rate setting	O	采样率
条件 C：如果数据对象通过通信连接传输，此数据对象就是必需的，对外可视				

14. 轴位移逻辑节点 TAXD（表 3 - 1 - 7 - 14）

此逻辑节点用于表示坐标轴位移。坐标轴位移可以是长度或轴的转动。轴位移传感器常与振动传感器一起使用作为振动监测系统输入。

表 3-1-7-14　　轴位移逻辑节点 TAXD

TAXD 节点类				
对象名称	CDC 类型	中文语义	M/O/C/E	英文语义
数据对象				
公用逻辑节点信息				
Mod	INC	Mode	M	模式
Beh	INS	Behaviour	M	行为
Health	INS	Health	M	健康状态
Namplt	LPL	Name	M	逻辑节点铭牌
状态信息				
EEHealth	ENS	External equipment health	O	外部健康信息
测量信息				
AxDspSv	SAV	Total axial displacement	C	总轴位移
定值				
SmpRte	ING	Sampling rate setting	O	采样率设置
条件 C：如果数据对象通过通信连接传输，此数据对象就是必需的，对外可视				

15. 距离逻辑节点 TDST（表 3-1-7-15）

此逻辑节点用于表示对象位移的测量结果，可用于提供固定位置与移动对象之间距离的测量结果。

表 3-1-7-15　　距离逻辑节点 TDST

TDST 节点类				
对象名称	CDC 类型	中文语义	M/O/C/E	英文语义
数据对象				
公用逻辑节点信息				
Mod	INC	Mode	M	模式
Beh	INS	Behaviour	M	行为
Health	INS	Health	M	健康状态
Namplt	LPL	Name	M	逻辑节点铭牌
状态信息				
EEHealth	ENS	External equipment health	O	外部健康信息
测量信息				
DisSv	SAV	Distance [m]	C	位移（m）
定值				
SmpRte	ING	Sampling rate setting	O	采样率设置
条件 C：如果数据对象通过通信连接传输，此数据对象就是必需的，对外可视				

16. 液流逻辑节点 TFLW（表 3-1-7-16）

此逻辑节点用于表示流体速率。

表 3-1-7-16　　液流逻辑节点 TFLW

TFLW 节点类				
对象名称	CDC 类型	中文语义	M/O/C/E	英文语义
数据对象				
公用逻辑节点信息				
Mod	INC	Mode	M	模式
Beh	INS	Behaviour	M	行为
Health	INS	Health	M	健康状态
Namplt	LPL	Name	M	逻辑节点铭牌
状态信息				
EEHealth	ENS	External equipment health	O	外部健康信息
测量信息				
FlwSv	SAV	Liquid flow rate [m^3/s]	C	液流速度（m^3/s）
定值				
SmpRte	ING	Sampling rate setting	O	采样率设置
条件 C：如果数据对象通过通信连接传输，此数据对象就是必需的，对外可视				

17. 频率逻辑节点 TFRQ（表 3-1-7-17）

此逻辑节点用于表示频率的测量结果，可用于与电无关的频率测量，例如声波、振动等的频率测量。如果是单纯的振动，并且关心的主要是运动而非频率，则应采用 TVBR 逻辑节点。

表 3-1-7-17　　频率逻辑节点 TFRQ

TFRQ 节点类				
对象名称	CDC 类型	中文语义	M/O/C/E	英文语义
数据对象				
公用逻辑节点信息				
Mod	INC	Mode	M	模式
Beh	INS	Behaviour	M	行为
Health	INS	Health	M	健康状态
Namplt	LPL	Name	M	逻辑节点铭牌
状态信息				
EEHealth	ENS	External equipment health	O	外部健康信息
测量信息				
HzSv	SAV	Frequency [Hz] related to non-electrical values	C	与非电量相关的频率（Hz）
定值				
SmpRte	ING	Sampling rate setting	O	采样率设置
条件 C：如果数据对象通过通信连接传输，此数据对象就是必需的，对外可视				

18. 通用传感器逻辑节点 TGSN（表 3-1-7-18）

此逻辑节点用于通用传感器的表示。如果没有专用逻辑节点描述的传感器，则用该逻辑节点描述。

表 3-1-7-18　　通用传感器逻辑节点 TGSN

TGSN 节点类				
对象名称	CDC 类型	中文语义	M/O/C/E	英文语义
数据对象				
公用逻辑节点信息				
Mod	INC	Mode	M	模式
Beh	INS	Behaviour	M	行为
Health	INS	Health	M	健康状态
Namplt	LPL	Name	M	逻辑节点铭牌
状态信息				
EEHealth	ENS	External equipment health	O	外部健康信息
测量信息				
GenSv	SAV	Generic sampled value	C	通用采样值
定值				
SmpRte	ING	Sampling rate setting	O	采样率设置
条件 C：如果数据对象通过通信连接传输，此数据对象就是必需的，对外可视				

19. 湿度逻辑节点 THUM（表 3-1-7-19）

此逻辑节点用于表示介质中的湿度测量，测量结果以百分比表示。

表 3-1-7-19　　湿度逻辑节点 THUM

THUM 节点类				
对象名称	CDC 类型	中文语义	M/O/C/E	英文语义
数据对象				
公用逻辑节点信息				
Mod	INC	Mode	M	模式
Beh	INS	Behaviour	M	行为
Health	INS	Health	M	健康状态
Namplt	LPL	Name	M	逻辑节点铭牌
状态信息				
EEHealth	ENS	External equipment health	O	外部健康信息

续表

THUM 节点类				
对象名称	CDC 类型	中文语义	M/O/C/E	英文语义
测量信息				
HumSv	SAV	Humidity [%]	C	湿度（%）
定值				
SmpRte	ING	Sampling rate setting	O	采样率设置
条件 C：如果数据对象通过通信连接传输，此数据对象就是必需的，对外可视				

20. 磁场逻辑节点 TMGF（表 3-1-7-20）

此逻辑节点用于表示磁场强度。

表 3-1-7-20　　磁场逻辑节点 TMGF

TMGF 节点类				
对象名称	CDC 类型	中文语义	M/O/C/E	英文语义
数据对象				
公用逻辑节点信息				
Mod	INC	Mode	M	模式
Beh	INS	Behaviour	M	行为
Health	INS	Health	M	健康状态
Namplt	LPL	Name	M	逻辑节点铭牌
状态信息				
EEHealth	ENS	External equipment health	O	外部健康信息
测量信息				
MagFldSv	SAV	Magnetic field strength/flux density（T）	C	磁场强度/磁通密度（T）
定值				
SmpRte	ING	Sampling rate setting	O	采样率设置
条件 C：如果数据对象通过通信连接传输，此数据对象就是必需的，对外可视				

21. 运动传感器逻辑节点 TMVM（表 3-1-7-21）

此逻辑节点用于表示运动或速度的测量。

表 3-1-7-21　　运动传感器逻辑节点 TMVM

TMVM 节点类				
对象名称	CDC 类型	中文语义	M/O/C/E	英文语义
数据对象				
公用逻辑节点信息				
Mod	INC	Mode	M	模式

续表

TMVM 节点类				
对象名称	CDC 类型	中文语义	M/O/C/E	英文语义
数据对象				
公用逻辑节点信息				
Beh	INS	Behaviour	M	行为
Health	INS	Health	M	健康状态
Namplt	LPL	Name	M	逻辑节点铭牌
状态信息				
EEHealth	ENS	External equipment health	O	外部健康信息
测量信息				
MvmRteSv	SAV	Movement rate [m/s]	C	运动速度 (m/s)
定值				
SmpRte	ING	Sampling rate setting	O	采样率设置
条件 C：如果数据对象通过通信连接传输，此数据对象就是必需的，对外可视				

22. 位置指示逻辑节点 TPOS（表 3-1-7-22）

此逻辑节点用于表示可移动物体的位置，测量结果以整个监测范围的百分比表示。

表 3-1-7-22　　位置指示逻辑节点 TPOS

TPOS 节点类				
对象名称	CDC 类型	中文语义	M/O/C/E	英文语义
数据对象				
公用逻辑节点信息				
Mod	INC	Mode	M	模式
Beh	INS	Behaviour	M	行为
Health	INS	Health	M	健康状态
Namplt	LPL	Name	M	逻辑节点铭牌
状态信息				
EEHealth	ENS	External equipment health	O	外部健康信息
测量信息				
PosPctSv	SAV	Position given as percentage of full movement [%]	C	占整个行程的百分比（%）
定值				
SmpRte	ING	Sampling rate setting	O	采样率设置
条件 C：如果数据对象通过通信连接传输，此数据对象就是必需的，对外可视				

23. 压力逻辑节点 TPRS（表 3-1-7-23）

此逻辑节点表示介质的绝对压力，介质可以是压力需要监测的空气、水、油、蒸汽或

其他物质。

表 3-1-7-23　　压力逻辑节点 TPRS

TPRS 节点类				
对象名称	CDC 类型	中文语义	M/O/C/E	英文语义
数据对象				
公用逻辑节点信息				
Mod	INC	Mode	M	模式
Beh	INS	Behaviour	M	行为
Health	INS	Health	M	健康状态
Namplt	LPL	Name	M	逻辑节点铭牌
状态信息				
EEHealth	ENS	External equipment health	O	外部健康信息
测量信息				
PresSv	SAV	Pressure of media [Pa]	C	媒介的压力（Pa）
定值				
SmpRte	ING	Sampling rate setting	O	采样率设置
条件 C：如果数据对象通过通信连接传输，此数据对象就是必需的，对外可视				

24. 转动逻辑节点 TRTN（表 3-1-7-24）

此逻辑节点用于表示旋转设备的旋转速度。可采用不同的测量原理，但结果应是相同的。

表 3-1-7-24　　转动逻辑节点 TRTN

TRTN 节点类				
对象名称	CDC 类型	中文语义	M/O/C/E	英文语义
数据对象				
公用逻辑节点信息				
Mod	INC	Mode	M	模式
Beh	INS	Behaviour	M	行为
Health	INS	Health	M	健康状态
Namplt	LPL	Name	M	逻辑节点铭牌
状态信息				
EEHealth	ENS	External equipment health	O	外部健康信息
测量信息				
RotSpdSv	SAV	Rotational speed	C	转速
定值				
SmpRte	ING	Sampling rate setting	O	采样率设置
条件 C：如果数据对象通过通信连接传输，此数据对象就是必需的，对外可视				

25. 声压逻辑节点 TSND（表 3-1-7-25）

此逻辑节点用于表示声压。

表 3-1-7-25　　声压逻辑节点 TSND

TSND 节点类				
对象名称	CDC 类型	中文语义	M/O/C/E	英文语义
数据对象				
公用逻辑节点信息				
Mod	INC	Mode	M	模式
Beh	INS	Behaviour	M	行为
Health	INS	Health	M	健康状态
Namplt	LPL	Name	M	逻辑节点铭牌
状态信息				
EEHealth	ENS	External equipment health	O	外部健康信息
测量信息				
SndSv	SAV	Sound pressure level [dB]	C	声压（dB）
定值				
SmpRte	ING	Sampling rate setting	O	采样率设置
条件 C：如果数据对象通过通信连接传输，此数据对象就是必需的，对外可视				

26. 温度传感器逻辑节点 TTMP（表 3-1-7-26）

此逻辑节点表示单个温度测量结果。

表 3-1-7-26　　温度传感器逻辑节点 TTMP

TTMP 节点类				
对象名称	CDC 类型	中文语义	M/O/C/E	英文语义
数据对象				
公用逻辑节点信息				
Mod	INC	Mode	M	模式
Beh	INS	Behaviour	M	行为
Health	INS	Health	M	健康状态
Namplt	LPL	Name	M	逻辑节点铭牌
状态信息				
EEHealth	ENS	External equipment health	O	外部健康信息
测量信息				
TmpSv	SAC	Temperature [℃]	C	温度（℃）
定值				
SmpRte	ING	Sampling rate setting	O	采样率设置
条件 C：如果数据对象通过通信连接传输，此数据对象就是必需的，对外可视				

27. 机械压力逻辑节点 TTNS（表 3－1－7－27）

此逻辑节点表示机械压力。

表 3－1－7－27　　　　　　　　机械压力逻辑节点 TTNS

TTNS 节点类				
对象名称	CDC 类型	中文语义	M/O/C/E	英文语义
数据对象				
公用逻辑节点信息				
Nod	INC	Mode	M	模式
Beh	INS	Behaviour	M	行为
Health	INS	Health	M	健康状态
Namplt	LPL	Name	M	逻辑节点铭牌
状态信息				
EEHealth	ENS	External equipment health	O	外部健康信息
测量信息				
TnsSv	SAV	Mechanical stress [N]	C	机械压力（N）
定值				
SmpRte	ING	Sampling rate setting	O	采样率设置
条件 C：如果数据对象通过通信连接传输，此数据对象就是必需的，对外可视				

28. 振动传感器逻辑节点 TVBR（表 3－1－7－28）

此逻辑节点表示振动水平。在振动以频率定义的场合，可使用 TFRQ 替代该逻辑节点。

表 3－1－7－28　　　　　　　　振动传感器逻辑节点 TVBR

TVBR 节点类				
对象名称	CDC 类型	中文语义	M/O/C/E	英文语义
数据对象				
公用逻辑节点信息				
Mod	INC	Mode	M	模式
Beh	INS	Behaviour	M	行为
Health	INS	Health	M	健康状态
Namplt	LPL	Name	M	逻辑节点铭牌
状态信息				
EEHealth	ENS	External equipment health	O	外部健康信息
测量信息				
VbrSv	SAV	Vibration [mm/s]	C	振动（mm/s）
定值				
SmpRte	ING	Sampling rate setting	O	采样率设置
条件 C：如果数据对象通过通信连接传输，此数据对象就是必需的，对外可视				

29. 套管逻辑节点 ZBSH（表 3-1-7-29）

此逻辑节点用于套管监测。

表 3-1-7-29　　套管逻辑节点 ZBSH

ZBSH 节点类				
对象名称	CDC 类型	英文含义	M/O/C/E	中文含义
数据对象				
公用逻辑节点信息				
Mod	INC	Mode	M	模式
Beh	INS	Behaviour	M	行为
Health	INS	Health	M	健康状态
Namplt	LPL	Name	M	逻辑节点铭牌
状态信息				
EEHealth	ENS	External equipment health	O	外部设备健康状态
OpTmh	INS	Operation time	O	运行时间
测量信息				
React	MV	Relative capacitance of bushing	C	套管相对电容
AbsReact	MV	Online capacitance，absolute value	O	在线电容，绝对值
LosFact	MV	Loss Factor（tan delta）	O	介质损耗系数（tanδ）
Vol	MV	Voltage of bushing measuring tap	O	套管电压
DisplA	MV	Displacement current：apparent current at measuring tap	O	置换电流：套管表观电流
LeakA	MV	Leakage current：active current at measuring tap	O	泄漏电流：套管有源电流
RefPhs	MV	Reference phase	E	参考相角
定值				
RefReact	ASG	Reference capacitance for bushing at commissioning	O	投运时套管参考电容
RefPF	ASG	Reference power factor for bushing at commissioning	O	投运时套管参考功率因数
RefV	ASG	Reference voltage for bushing at commissioning	O	投运时套管参考电压

30. 避雷器逻辑节点 ZSAR（表 3-1-7-30）

此逻辑节点用于避雷器监测。

表 3-1-7-30　　避雷器逻辑节点 ZSAR

ZSAR 节点类				
对象名称	CDC 类型	英文含义	M/O/C/E	中文含义
数据对象				
公用逻辑节点信息				
Mod	INC	Mode	M	模式
Beh	INS	Behaviour	M	行为
Health	INS	Health	M	健康状态
Namplt	LPL	Name	M	逻辑节点铭牌
状态信息				
EEHealth	ENS	External equipment health	O	外部设备健康状态
OpCnt	INS	Operation counter	O	动作计数
OpSar	SPS	Operation of surge arrestor	O	避雷器运行
测量信息				
TotA	WYE	Total current	E	全电流
RisA	WYE	Resistive current	E	阻性电流
RefPhs	MV	Reference phase	E	参考相角

31. 电容器逻辑节点 ZCAP（表 3-1-7-31）

此逻辑节点用于电容器监测。

表 3-1-7-31　　电容器逻辑节点 ZCAP

ZCAP 节点类				
对象名称	CDC 类型	英文含义	M/O/C/E	中文含义
数据对象				
公用逻辑节点信息				
Mod	INC	Mode	M	模式
Beh	INS	Behaviour	M	行为
Health	INS	Health	M	健康状态
Namplt	LPL	Name	M	逻辑节点铭牌
状态信息				
EEHealth	ENS	External equipment health	O	外部设备健康状态
OpTmh	INS	Operation time	O	运行时间
DschBlk	SPS	Blocked due to discharge	M	充电闭锁
测量信息				
ALeak	WYE	Leakage current	E	泄漏电流
DieLoss	WYE	Dielectric loss	E	介损
Capac	WYE	Capacitance	E	电容

续表

ZCAP 节点类				
对象名称	CDC 类型	英文含义	M/O/C/E	中文含义
测量信息				
DicLosAna	WYE	Relative dielectric loss	E	相对介损
RefPhs	MV	Reference phase	E	参考相角
PwrNetVol	WYE	Power - net voltage	E	系统电压
FndmVol	WYE	Fundamental voltage	E	基波电压
ThdHarVol	WYE	Third harmonic voltage	E	三次谐波电压
FfthHarVol	WYE	Fifth harmonic voltage	E	五次谐波电压
SvnthHarVol	WYE	Seventh harmonic voltage	E	七次谐波电压
NnthHarVol	WYE	ninth harmonic voltage	E	九次谐波电压
控制				
CapDS	SPC	Capacitor bank device status	O	电容器组放电闭锁

32. 气象信息逻辑节点 MMET（表 3-1-7-32）

此逻辑节点用于气象状况的监测。

表 3-1-7-32　　气象信息逻辑节点 MMET

MMET 节点类				
对象名称	CDC 类型	英文含义	M/O/C/E	中文含义
数据对象				
公用逻辑节点信息				
Mod	INC	Mode	M	模式
Beh	INS	Behaviour	M	行为
Health	INS	Health	M	健康状态
Namplt	LPL	Name	M	逻辑节点铭牌
测量信息				
EnvTmp	MV	Ambient temperature	O	环境温度
EnvHum	MV	Humidity	O	湿度
DctInsol	MV	Direct normal insolation	O	直射辐射强度
HorWdDir	MV	Horizontal wind direction	O	水平风向
HorWdSpd	MV	Average horizontal wind speed	O	平均水平风速
VerWdDir	MV	Vertical wind direction	O	垂直风向
VerWdSpd	MV	Average vertical wind speed	O	平均垂直风速
RnFllInMin	MV	Rainfall in minute	O	分钟雨量
RnFllInHour	MV	Rainfall in minute in hour	O	小时雨量
CntmCrrnt	MV	Contamination current	E	污秽电流

33. 断路器逻辑节点 XCBR（表 3-1-7-33）

此逻辑节点用于为具有切断短路电流能力的开关建模。有时可能还需要额外逻辑节点配合完成断路器的建模，如 SIMS 逻辑节点。若应用 CSWI 或 CPOW，应从逻辑节点 CSWI 或 CPOW 处取得分合命令。如果在 CSWI 或 CPOW 和 XCBR 之间无“时间激活控制”服务，则用 GSE 报文完成分合命令传输（参见 IEC 61850-7-2）。

表 3-1-7-33　　断路器逻辑节点 XCBR

XCBR 节点类				
对象名称	CDC 类型	英文含义	M/O/C/E	中文含义
数据对象				
公用逻辑节点信息				
Mod	INC	Mode	M	模式
Beh	INS	Behaviour	M	行为
Health	INS	Health	M	健康状态
Namplt	LPL	Name	M	逻辑节点铭牌
状态信息				
EEHealth	ENS	External equipment health	O	外部设备健康状况
LocKey	SPS	Local or remote key (local means without substation automation communication, hardwired direct control)	O	当地或远方控制模式
Loc	SPS	Local control behaviour	M	当地控制行为
OpCnt	INS	Operation counter	M	操作计数器
CBOpCap	INS	Circuit breaker operating capability	O	断路器操作能力
POWCap	ENS	Pont on wave switching capability	O	过零点操作能力
MaxOpCap	INS	Circuit breaker operating capability when fully charged	O	完全储能状况下断路器操作能力
Dsc	SPS	Discrepancy	O	差异
ClsCnt	INS	Close operation times	E	合闸操作次数
OpnCnt	INS	Open operation times	E	分闸操作次数
EngyActTms	INS	Times action of energy storage motor	E	储能电机动作次数
EngyStrgeMtrTm	INS	Single storage time of energy storage motor	E	储能电机单次储能时间
测量信息				
SumSwARs	BCR	Sum of switched amperes	O	累计开断电流值
A	WYE	Three-phase current	E	三相电流

续表

XCBR 节点类				
对象名称	CDC 类型	英文含义	M/O/C/E	中文含义
控制				
LocSta	SPC	Switching authority at station level	O	站控层操作授权
Pos	DPC	Switch position	M	断路器位置
BlkOpn	SPC	Block opening	M	分闭锁
BlkCls	SPC	Block closing	M	合闭锁
ChaMotEna	SPC	Charger motor enabled	O	允许储能电机工作
定值				
CBTmms	ING	Closing Time of breaker	O	断路器合时间

34. 开关逻辑节点 XSWI（表 3-1-7-34）

此逻辑节点用于不具备切断短路电流能力的开关建模，如刀闸、空气开关、接地开关等。有时可能还需要额外逻辑节点，如 SIMS 逻辑节点。应从逻辑节点 CSWI 处取得分合命令。如果在 CSWI 和 XSWI 之间无“时间激活控制”服务，则用 GSE 报文完成分合命令传输（参见 IEC 61850-7-2）。

表 3-1-7-34　　　开关逻辑节点 XSWI

XSWI 节点类				
对象名称	CDC 类型	英文含义	M/O/C/E	中文含义
数据对象				
公用逻辑节点信息				
Mod	INC	Mode	M	模式
Beh	INS	Behaviour	M	行为
Health	INS	Health	M	健康状态
Namplt	LPL	Name	M	逻辑节点铭牌
状态信息				
EEHealth	ENS	External equipment health	O	外部设备健康状况
LocKey	SPS	Local or remote key (local means without substation automation communication, hardwired direct control)	O	当地或远方控制模式
Loc	SPS	Local Control Behaviour	M	当地控制行为
OpCnt	INS	Operation counter	M	操作计数器
SwTyp	ENS	Switch type	M	刀闸类型
SwOpCap	ENS	Switch operating capability		刀闸操作能力
MaxOpCap	INS	Circuit switch operating capability when fully charged		完全储能状况下刀闸操作能力
Dsc	SPS	Discrepancy	O	差异

续表

XSWI 节点类				
对象名称	CDC 类型	英文含义	M/O/C/E	中文含义
控制				
LocSta	SPC	Switching authority at station level	O	站控层操作授权
Pos	DPC	Switch position	M	刀闸位置
BlkOpn	SPC	Block opening	M	分闭锁
BlkCls	SPC	Block closing	M	合闭锁
ChaMotEna	SPC	Charger motor enabled	O	允许储能电机工作
定值				
CBTmms	ING	Closing Time of breaker	O	断路器合时间

二、在线监测设备建模原则

变电设备在线监测功能逻辑节点定义及监测设备模型的创建应按照上述有关定义和要求进行。当表中定义的逻辑节点无法满足需求时，应根据实际应用功能，按照 DL/T 1146《DL/T 860 实施技术规范》中的相关规定进行扩展。

1. 物理设备建模原则

（1）一个监测功能物理设备，应建模为一个 IED 对象。该对象是一个容器，包含服务器对象，服务器对象中至少包含一个 LD 对象，每个 LD 对象中至少包含 3 个 LN 对象：LLN0、LPHD 和其他应用逻辑节点。

（2）装置 ICD 文件中 IED 名应为“TEMPLATE”。实际系统中的 IED 名由系统配置工具统一配置。

2. 服务器建模原则

服务器描述了一个设备外部可见（可访问）的行为，每个服务器至少应有一个访问点（ AccessPoint）。访问点应在同一个 ICD 文件中体现。

3. 逻辑设备建模原则

逻辑设备建模原则，应把具有公用特性的逻辑节点组合成一个逻辑设备。逻辑设备不宜划分过多，各个监测功能 IED 相关监测功能宜采用一个逻辑设备。SGCB 控制的数据对象不应跨逻辑设备，数据集包含的数据对象不应跨逻辑设备。

逻辑设备的划分宜依据功能进行，按以下几种类型进行划分：

（1）公用 LD，inst 名为“LD0”。

（2）监测功能 LD，ins 名为“MONT”。

4. 逻辑节点建模原则

需要通信的每个最小功能单元建模为一个逻辑节点对象，属于同一功能对象的数据和数据属性应放在同一个逻辑节点对象中。逻辑节点类的数据对象统一扩充。统一扩充的逻辑节点类，见本节的“一”。

(1) DL/T 860 标准和本节“一”中已经定义的逻辑节点类而且是 IED 自身完成的最小功能单元，应按照 DL/T 860 标准和本节“一”建立逻辑节点模型。

(2) DL/T 860 标准和本节“一”中均已定义的逻辑节点类，应优先选用本节“一”中的定义。

(3) 其他没有定义或不是 IED 自身完成的最小功能单元应选用通用逻辑节点模型(GGIO 或 GAPC)，或按照 Q/GDW 534—2010 的原则扩充。

5. 逻辑节点类型定义

(1) 统一的逻辑节点类，见表 3-1-7-1～表 3-1-7-34。

(2) 各制造厂商根据监测装置实际功能，实例化逻辑节点类型。

6. 数据对象类型定义

(1) 统一使用 DL/T 860.73 所定义的公用数据类。

(2) 统一扩展的公用数据类，见表 3-1-7-35 和表 3-1-7-36。

表 3-1-7-35 和表 3-1-7-36 只列举统一扩充的公用数据类，其他公用数据类应符合 DL/T 860.73 的要求，不得扩充。

1) 字符整定 (STG)。扩充命名空间为“CNCMD：2010”，见表 3-1-7-35。

表 3-1-7-35 字符整定 (STG)

属性名	属性类型	功能约束	触发条件	值/范围	M/O/C
DataName	Inherited from Data Class (see IEC 61850-7-2)				
数据属性					
Setting					
setVal	UNICODE STRNG255	SP			AC_NSG_M
setVal	UNICODE STRING255	SG，SE			AC_SG_M
configuration，description and extension					
D	VISIBLE STRING255	DC		Text	O
dU	UNICODE STRING255	DC			O
cdcNs	VISIBLE STRING255	EX			AC_DLNDA_M
cdcName	VISIBLE STRING255	EX			AC_DLNDA_M
dataNs	VISIBLE STRING255	EX			AC_DLN_M

2) 枚举型状态值 (ENS) 见表 3-1-7-36。

表 3-1-7-36 枚举型状态值 (ENS)

属性名	属性类型	功能约束	触发条件	值/范围	M/O/C
DataName	Inherited from Data Class (see IEC 61850-7-2)				
数据属性					
Stuts					
stVal	ENUMERATED	ST	dchg，dupd		M
q	Quality	ST	qupd		M
t	TimeStamp	ST			M

续表

属性名	属性类型	功能约束	触发条件	值/范围	M/O/C
Substitution and blocked					
subEna	BOOLEAN	SV			PICS _ SUBST
subVal	ENUMERATED	SV			PICS _ SUBST
subQ	Quality				PICS _ SUBST
subID	VISIBLE STRING64				PICS _ SUBST
blkEna	BOOLEAN	BL			O
Configuration，description and extension					
d	VISIBLE STRING255	DC		Text	O
dU	UNICODE STRING255	DC			O
cdcNs	VISIBLE STRING255	EX			AC _ DLNDA _ M
cdcName	VISIBLE STRING255	EX			AC _ DLNDA _ M
dataNs	VISIBLE STRING255	EX			AC _ DLN _ M

（3）装置使用的数据对象类型应按表 3－1－7－1～表 3－1－7－34 统一定义。

7. 数据属性类型定义

（1）公用数据属性类型通常不应扩充。

（2）如需扩充，则需报请有关机构批准。

8. 取代模型

装置模型中的所有支持输出的数据对象如状态量、模拟量等，应支持取代模型和服务。

（1）数据对象中应包含数据属性 subEna、subVal、subQ、subID。

（2）当数据对象处于取代状态时，送出的该数据对象 q 的取代位应置 1。

9. 模型的描述

所建立的模型需要使用 DL/T 860.6 所定义的变电站配置语言（SCL）进行描述。设备供应商需要保证其所提供的模型文件符合 DL/T 860.6 的语法，能够通过检查。

三、LN 实例建模

1. LN 实例建模原则

（1）分相断路器应分相建不同的实例。

（2）标准已定义的报警使用模型中的信号，其他的统一在 GGIO 中扩充；告警信号用 GGIO 的 Alm 上送，普通遥信信号用 GGIO 的 Ind 上送。

2. 定值建模

（1）定值应按面向逻辑节点对象分散放置，一些多个逻辑节点公用的定值放在 LN0 下。

（2）监测设备的定值单采用装置 ICD 文件中定义固定名称的定值数据集的方式。装置参数数据集名称为 dsParameter，装置参数不受 SGCB 控制；装置定值数据集名称为

dsSetting。客户端根据这两个数据集获得装置定值单进行显示和整定。参数数据集 dsParameter 和定值数据集 dsSetting 由制造厂商根据定值单顺序自行在 ICD 文件中给出。

（3）当前定值区号按标准从 1 开始，编辑定值区号按标准从 0 开始，0 区表示当前处于没有修改定值的正常运行状态。

3. 逻辑节点实例化建模要求

（1）一个逻辑节点中的 DO 如果需要重复使用时，应按加阿拉伯数字后缀的方式扩充。

（2）GGIO 和 GAPC 是通用输入/输出逻辑节点，扩充 DO 应按 Ind1、Ind2、Ind3，Alm1、Alm2、Alm3，SPCSO1、SPCSO2、SPCSO3 等标准方式实现。

（3）监测评价结果信息，建模在 LLN0 中，数据对象名称为 EvlRslt，公共数据类采用 ENS，数据属性采用枚举类型，使用者根据需传送的信息自定义枚举内容。

4. 录波与录波报告模型

（1）录波应使用逻辑节点 RDRE 进行建模。每个逻辑设备只包含一个 RDRE 实例。

（2）录波逻辑节点 RDRE 中的数据录波开始（RcdStr）和录波完成（RcdMade），应配置到录波数据集中，通过报告服务通知客户端。

（3）监测装置录波文件存储于 \ COMTRADE 文件目录中，文件名称为：IED 名 _ 逻辑设备名 _ 录波时间，其中逻辑设备名不包含 IED 名，录波时间格式为年月日 _ 时分秒 _ 毫秒，如 20070531 _ 172305 _ 456；录波头文件格式参见数据记录有关规范。

（4）监测装置完成录波后，通过报告上送录波完成信号 RcdMade；客户端应同时支持二进制和 ASCII 两种格式的录波文件。

5. 开关在线监测信息模型

开关在线监测包括局部放电监测、机械特性监测、SF_6 气体在线监测等功能，涉及的逻辑节点见表 3-1-7-37。表 3-1-7-37～表 3-1-7-43 中标注“M”为必选，标注“O”为根据设备功能选择。

表 3-1-7-37　　开关在线监测逻辑节点

功能类	逻辑节点	逻辑节点类	M/O	备注	LD
基本逻辑节点	管理逻辑节点	LLN0	M		MONT
	物理设备逻辑节点	LPHD	M		
局部放电监测	局部放电监测逻辑节点	SPDC	O		
机械特性监测	断路器逻辑节点	XCBR	O		
	断路器监测逻辑节点	SCBR	O	行程	
	刀闸逻辑节点	XSWI	O		
	刀闸监测逻辑节点	SSWI	O		
	操作机构监测逻辑节点	SOPM	O	储能	
SF_6 气体在线监测	气体绝缘介质监测逻辑节点	SIMG	O		
录波	录波逻辑节点	RDRE	O		

注　生产制造商可能采用集中方式或者分布方式实现高压开关监测功能，对于具体的高压开关监测装置可根据实现的功能在本表中选择合适的逻辑节点进行建模，如果开关为分相断路器，则上述逻辑节点全部需要分相建模。

6. 变压器在线监测信息模型

交压器监测功能组包括局部放电监测、油中溶解气体监测、绕组热点温度测量、铁芯接地电流等，涉及的逻辑节点见表 3-1-7-38。

表 3-1-7-38　变压器在线监测逻辑节点

<table>
<tr><th>功能类</th><th>逻辑节点</th><th>逻辑节点类</th><th>M/O</th><th>备注</th><th>LD</th></tr>
<tr><td rowspan="2">基本逻辑节点</td><td>管理逻辑节点</td><td>LLN0</td><td>M</td><td></td><td rowspan="15">MONT</td></tr>
<tr><td>物理设备逻辑节点</td><td>LPHD</td><td>M</td><td></td></tr>
<tr><td>局部放电监测</td><td>局放监测逻辑节点</td><td>SPDC</td><td>O</td><td></td></tr>
<tr><td>油中溶解气体监测</td><td>液体绝缘介质监测逻辑节点</td><td>SIML</td><td>O</td><td></td></tr>
<tr><td>顶层油温</td><td>温度监测逻辑节点</td><td>STMP</td><td>O</td><td></td></tr>
<tr><td rowspan="2">绕组热点温度测量</td><td>温度监测逻辑节点</td><td>STMP</td><td>O</td><td>光纤直接测量</td></tr>
<tr><td>变压器监测逻辑节点</td><td>SPTR</td><td>O</td><td>间接计算测量</td></tr>
<tr><td>铁芯接地电流</td><td>无相别相关测量</td><td>MMXN</td><td>O</td><td></td></tr>
<tr><td>夹件接地电流</td><td>无相别相关测量</td><td>MMXN</td><td>O</td><td></td></tr>
<tr><td rowspan="2">中性点接地电流</td><td>无相别相关测量</td><td>MMXN</td><td>O</td><td>接地交流电流</td></tr>
<tr><td>直流相关测量</td><td>MMDC</td><td>O</td><td>接地直流电流</td></tr>
<tr><td>变压器有载调压分接开关监测</td><td>有载调压分接头监测逻辑节点</td><td>SLTC</td><td>O</td><td></td></tr>
<tr><td>录波</td><td>录波逻辑节点</td><td>RDRE</td><td>O</td><td></td></tr>
</table>

注　生产制造商可能采用集中方式或者分布方式实现变压器监测功能，对于具体的变压器监测装置可根据实现的功能在本表中选择合适的逻辑节点进行建模。

7. 套管监测信息模型

套管监测功能涉及的逻辑节点见表 3-1-7-39。

表 3-1-7-39　套管监测逻辑节点

<table>
<tr><th>功能类</th><th>逻辑节点</th><th>逻辑节点类</th><th>M/O</th><th>备注</th><th>LD</th></tr>
<tr><td rowspan="2">基本逻辑节点</td><td>管理逻辑节点</td><td>LLN0</td><td>M</td><td></td><td rowspan="5">MONT</td></tr>
<tr><td>物理设备逻辑节点</td><td>LPHD</td><td>M</td><td></td></tr>
<tr><td>套管监测</td><td>套管逻辑节点</td><td>ZBSH</td><td>M</td><td></td></tr>
<tr><td>电压监测</td><td>电压互感器逻辑节点</td><td>TVTR</td><td>O</td><td></td></tr>
<tr><td>录波</td><td>录波逻辑节点</td><td>RDRE</td><td>O</td><td></td></tr>
</table>

8. 避雷器监测信息模型

避雷器监测功能涉及的逻辑节点见表 3-1-7-40。

表 3-1-7-40　　避雷器监测逻辑节点

功能类	逻辑节点	逻辑节点类	M/O	备注	LD
基本逻辑节点	管理逻辑节点	LLN0	M		MONT
	物理设备逻辑节点	LPHD	M		
避雷器监测	避雷器逻辑节点	ZSAR	M		
电压监测	电压互感器逻辑节点	TVTR	O		
录波	录波逻辑节点	RDRE	O		

9. 电容型设备监测信息模型

电容型设备监测功能涉及的逻辑节点见表 3-1-7-41。

表 3-1-7-41　　电容型设备监测逻辑节点

功能类	逻辑节点	逻辑节点类	M/O	备注	LD
基本逻辑节点	管理逻辑节点	LLN0	M		MONT
	物理设备逻辑节点	LPHD	M		
电容型设备监测	电容器逻辑节点	ZCAP	M		
电压监测	电容器逻辑节点	ZCAP	M		
录波	录波逻辑节点	RDRE	O		

10. 变电站环境监测信息模型

变电站环境监测功能涉及的逻辑节点见表 3-1-7-42。

表 3-1-7-42　　变电站环境监测逻辑节点

功能类	逻辑节点	逻辑节点类	M/O	备注	LD
基本逻辑节点	管理逻辑节点	LLN0	M		MONT
	物理设备逻辑节点	LPHD	M		
环境监测	气象信息逻辑节点	MMET	M		

11. 绝缘子监测信息模型

绝缘子监测功能涉及的逻辑节点见表 3-1-7-43。

表 3-1-7-43　　绝缘子监测逻辑节点

功能类	逻辑节点	逻辑节点类	M/O	备注	LD
基本逻辑节点	管理逻辑节点	LLN0	M		MONT
	物理设备逻辑节点	LPHD	M		
绝缘子监测	绝缘子逻辑节点	SINS	M		
录波	录波逻辑节点	RDRE	O		

12. 其他变电设备在线监测功能模型

变电设备在线监测还包括电弧监测、振动监测、侵入波监测等监测功能，具体的监测装置可根据实现的功能在表 3-1-7-1～表 3-1-7-34 中选择合适的逻辑节点进行建模。

四、数据记录

数据以文件形式记录，格式以 COMTRADE 文件为基础，扩展了适用于二维和三维曲线数据的内容，具体格式规范如下。

1. 总体

整体框架以 COMTRADE 文件为基础，配置文件采用 XML 格式。

2. 数据表示

数据作为一系列二进制的位存储在文件中。每个位可以是 1 或 0。位被组织在一个由 8 个位构成的字节中。当计算机读取一个文件的数据时，它把数据作为一系列的字节来读取。

(1) 二进制数据。一个字节中的 8 个位可以被组成 256 个不同的组合。因而，它们可以用于表示从 0 到 255 的数字。如果需要较大数字，可以使用几个字节来表示一个单个数字。比如，2 个字节（16 位）可以表示从 0 到 65535 的数字。当字节以这种方式被解释时，可得知它们为二进制数据。几个不同的格式被同时用于以二进制形式存储数字数据。

(2) ASCⅡ。它作为一个表示 0 到 255 的数字的替换物，可以用于表示 255 个不同的符号。美国国家信息交换标准代码（ASCⅡ）是一个列出等于 8 个二进制位的 127 种组合的符号的标准。比如，字节 01000001 表示大写字母“A”，而 01100001 表示小写字母“a”。它可以用 127 个不同的组合来表示键盘上所有的键以及许多其他特殊符号。从 8 位格式得到的 256 个组合的剩余部分用于绘图和其他特殊应用字符。为了表示 ASCⅡ格式的一个数字，该数的每一位要求一个字节。

3. 数据记录文件定义

每个曲线记录有一组两个配置（.XML）和数据（.DAT）信息文件。每一组中的所有文件必须有相同的文件名，其区别只在于说明文件类型的扩展名。

(1) 配置文件（.XML）。配置文件是应由计算机程序阅读的 XML 文件，代替 COMTRADE 格式中的配置文件（CFG 文件）。配置文件包含着计算机程序为了正确解读数据（.DAT）文件而需要的信息。

配置文件基于 XML1.0 格式，编码为 UTF-8，为对人或计算机程序提供必要的信息，以便阅读和解释相关数据文件中的数据值。配置文件具有预定的标准化的格式，故无需为每个配置文件改写计算机程序。

总体上配置文件定义包括：①曲线信息定义，如曲线名称、曲线描述、曲线维数、数据个数、曲线数据文件类型等；②曲线数据定义，数据名称、数据描述、数据类型、单位、长度、乘数、偏移加数等信息。

1) 配置文件总体定义：

a. 曲线名称 name：必选。

b. 曲线描述 desc：可选。

c. 曲线维数 dimension：必选。

d. 数据个数 number：必选。

e. 曲线数据文件类型：ASCⅡ或 ascii，BINARY 或 binary（同 COMTRADE）。

2）配置文件曲线数据定义。根据曲线总体定义的曲线维数，定义每一维数据。

a. 数据名称 name：必选，在曲线坐标轴名称。

b. 数据描述 desc：可选，说明。

c. 数据类型 dataType：必选（参考 COMTRADE）。

d. 单位 unit：必选（参考 COMTRADE）。

e. 长度 length：必选数据长度（参考 COMTRADE）。

f. 通道乘数 a：必选（参考 COMTRADE）。

g. 通道偏移加数 b：必选（参考 COMTRADE）。

h. 通道号 Chn：可选，多条两位曲线需要表达在一个图中时，每条曲线占用一个通道号，从 0 开始（参考 COMTRADE）。

注意：通道数据转换是 ax+b，文件中的存储数据值 x 与上面规定的单位（unit）中的（ax+b）的抽样值相对应。

（2）曲线数据文件（.DAT）。数据文件包含着表示被采样的暂态数据的数据值。数据必须完全符合配置文件所定义的格式，以便供计算机程序阅读。

配置文件所定义的数据文件类型规定了文件类型。对于二进制数据文件组为 BINARY；对于 ASCⅡ数据文件组为 ASCⅡ。

在 ASCII 数据文件中，一个参数点中的每个数据通过一个逗号与下一个数据分开。它通常被称作“逗号分界格式”。序列数据之间用<CR/LF>分开。

在 BINARY 文件中，一个参数点中的每个通数据之间没有分隔符。在数据文件中没有其他信息。

存储数据可能是零基或有一个零点漂移。零基数据从一负数扩展至正数（比如－2000～2000）。零点漂移数值全是正的，其中选出一个正数代表零（比如 0～4000，用 2000 代表零）。配置文件中的转换系数规定如何将数据值转换为工程单位。

数据文件对于文件中的每个采样，包含着采样数量、时间标记（或频率标记）和每个通道的数据值。数据文件的所有数据的格式都是整数。

数据文件名有一个“.DAT”扩展名，以便与同一组中的头标、配置和信息文件相区分并作为易于记忆和识别的惯例。对于头标、配置、数据和信息文件，文件名本身是同样的，以便联系所有文件。

五、数据文件示例

1. 时域曲线示例

以分合闸电流为例，说明两维曲线。

配置文件（.XML）：

```
<? xml version=" 1.0" encoding= " UTF-8"? >
<CurveInfo name=" Crv1" desc=" 分合闸电流" dimension=" 2" number=" 100" >
```

```
    <XVal name=" t" desc=" 采样时间" dataType=" INT" unit=" ms" LONGTH=" 2" />
    <YVal name=" Io" desc=" 分闸电流" dataType=" Float" unit=" A" LONGTH=" 2" chn-1/>
    <YVal name=" Ic" desc=" 分闸电流" dataType=" Float" unit=" A" LONGTH=" 2" chn=2/>
    </CurveInfo>
```

数据文件（.DAT）：

则按照以上定义，DAT 文件数据存储顺序为：

1、t1、Io1、Ic1、

2、t2、Io2、Ic2、

3、t3、Io3、Ic3、

……

100、t100、Io100、Ic100

2. 频域曲线示例

配置文件（.XML）：

```
<? xml version=" 1.0" encoding=" UTF-8"? >
<CurveInfo name=" Crv1" desc=" 频域两维测试" dimension=" 2" number=" 25" >
    <XVal name=" f" desc=" 频率" dataType=" INT" unit=" MHz" LONGTH=" 2" />
    <YVal name=" mag" desc=" 幅值" dataType=" Float" unit=" Unitl" LONGTH=" 2" />
    <CurveInfo>
```

数据文件（.DAT）：

则按照以上定义，“.DAT”文件数据存储顺序为：

1、f1、mag1、

2、f2、mag2、

3、f3、mag3、

……

25、f25、mag25

3. 三维曲线族示例

以时域、频域混合分析曲线振动曲线为例，下面表示定义在每个 t 时刻的幅频特性曲线组成的曲线族。X 轴为频率，Y 轴为时间，Z 轴为幅值。

配置文件（.XML）：

```
<? xml version=" 1.0" encoding=" UTF-8"? >
<CurveInfo name=" Crv1" desc=" 时域频域三维测试 1" dimension=" 3" number=" 2500" >
  < YVal name=" t" desc= “采样时间" unit=" ms" dataType=" INT" number=" 100" >
    < XVal name=" f" desc=" 频率" unit = " MHz" dataType=" INT" number=" 25" />
    </YVal>
    <ZVal name=" I" desc=" 幅值" dataType=" Float" unit=" UnitX" LONGTH=" 2" />
    </CurveInfo>

<CurveInfo name=" Crv1" desc=" 时域频域三维测试 1" dimension=" 3" number=2500" >
```

```
<YVal name=" t" desc=" 采样时间" unit=" ms" dataType=" INT" number=" 100" >
  <XVal name=" f" desc=" 频率" unit=" MHz" dataType=" INT" number=" 25" />
  < YVal/>
  <ZVal name=" I" desc=" 幅值" dataType=" Float" unit=" UnitX" LONETH=" 2" />
  </CurveInfo>
```

数据文件（. DAT）：

以参数 t 时间为第一个基准，参数 f 频率为第二基准，数据文件如下：

1、t1

2、f1、I [t1、f1]、

3、f2、I [t1，f2]、

4、f3、I [t1，f3]、

……

25、f25、I [t1，f25]

2、t2

1、f1、I [t2，f1]、

2、f2、I [t2，f2]、

3、f3、I [t2，f3]、

……

25、f25、I [t1，f25]

……

100、t100

1、f1、I [t100，f1]、

2、f2、I [t100，f2]、

3、f3、I [t100，f3]、

……

25、f25、I [t100，f25]

六、服务

1. 关联服务

（1）使用关联（Associate）、异常中止（Abort）和释放（Release）服务。

（2）应支持同时与不少于 4 个客户端建立连接。

（3）当装置与客户端的通信意外中断时，装置通信故障的检出时间应不大于 1min。

（4）客户端应能检测服务器端应用层软件运行是否正常，通信故障客户端检出时间不大于 1min。

2. 数据读写服务

（1）使用读服务器目录（GetServerDirectory）、读逻辑设备目录（GetLogicalDeviceDirectory）、读逻辑节点目录（GetLogicalNodeDirectory）、读数据目录（GetDataDirectory）、读数据定义（GetDataDefinition）、读数据值（GetDataValues）、设置数据值（Set-

DataValues)、读数据集定义（GetDataSetDirectory）和读数据集值（GetDataSetValues）服务。

(2) 所有数据和控制块都应支持读数据目录（GetDataDirectory）、读数据定义（GetDataDefinition）和读数据值（GetDataValues）服务。

(3) 只允许可操作数据使用设置数据值（SetDataValues）服务。可操作数据包括控制块、遥控、修改定值、取代数据等。

3. 报告服务

(1) 报告服务包含：报告（Report）、读缓存报告控制块值（GetBRCBValues）、设置缓存报告控制块值（SetBRCBValues）、读非缓存报告控制块值（GetURCBValues）、设置非缓存报告控制块值（SetURCBValues）服务。

(2) 报告触发方式应支持数据变化（dchg）、品质变化（qchg）、完整性周期（IntgPd）和总召（GI）。

(3) 应支持客户端在线设置 OptFlds 和 TrgOp。

(4) 各个客户端使用的报告实例号应使用预先分配的方式。

(5) ICD 文件中报告控制块的 rptID 应唯一。

4. 数据集

装置 ICD 文件中应预先定义数据集，并由装置制造厂商预先配置集中的数据，可在 SCD 文件中进行增减，不要求数据集动态创建和修改。

5. 报告

BRCB 和 URCB 均采用多个实例可视方式。装置 ICD 文件应预先配置与预定义的数据集相对应的报告控制块，报告控制块的名称应统一，各装置制造厂商应预先正确配置报告控制块中的参数。遥测类报告控制块使用无缓冲报告控制块类型，报告控制块名称以 urcb 开头；遥信、告警类报告控制块为有缓冲报告控制块类型，报告控制块名称以 brcb 开头。

6. 控制服务

(1) 使用带值的选择（selectWithValue）、取消（Cancel）和操作（Operate）服务。

(2) 装置复归使用加强型直控（Direct control with enhenced security）方式。

(3) 其他控制采用加强型 SBO（SBO - with - enhenced security）方式。

(4) 装置应初始化遥控相关参数（ctlModel、SBOTimeout 等）。

(5) SBOw、Oper 和 Cancel 数据应支持读数据目录（GetDataDirectory）、读数据定义（GetDataDefinition）和读数据值（GetDataValues）服务。

7. 取代服务

(1) 使用写数据值（setDataValues）服务将 subEna 置为 True 时，SubVal、subQ 应被赋值到相应的数据属性 Val、q，其品质的第 10 位（0 开始）应该置 1，表明取代状态。

(2) 当 subEna 置为 True 时，改变 subVal、subQ 应直接改变相应的数据属性 Val、q，无须再次使用 subEna。

（3）当取代的数据配置在数据集中，subEna 置为 True 时，取代的状态值和实际状态值不同，应上送报告，上送的数据值为取代后的数值，原因码同时置数据变化和品质变化位。

（4）客户端除了设置取代值，还应设置 subID。当某个数据对象处于取代状态时，服务器端应禁止 subID 不一致的客户端改变取代相关的属性。

8. 定值服务

（1）使用选择激活定值组（SelectActiveSG）、选择编辑定值组（SelectEditSG）、设置定值组值（SetSGValues）、确认编辑定值组值（confirmEditSGValues）、读定值组值（GetSGValues）和读定值组控制块值（GetSGCBValues）服务。

（2）单个装置的 IED 可以有多个 LD 和 SGCB，每个 LD 只能有一个 SGCB 实例。

（3）装置参数（其功能约束为 SP），宜采用读数据值（GetDataValues）和设置数据值（SetDataValues）服务对其进行读写操作。

9. 文件服务

（1）使用读文件（GetFile）和读文件属性值（GetFileAttributeValues）服务。

（2）文件服务的参数应按 DL/T 860.81 中的规定执行。

（3）文件名称（FileData）参数不应为空。

（4）文件数据（FileData）参数应包含被传输的数据，文件数据（file－data）的类型为 8 位位组串。

（5）读文件目录时，参数为目录名，不可使用“*.*”参数。

10. 日志服务

（1）使用读日志控制块值（GetLCBValues）、设置日志控制块值（SetLCBValues）、按时间查询日志（QueryLogByTime）、查询某条目以后的日志（QueryLogAfter）和读日志状态值（GetLogStatusValues）服务。

（2）装置上电运行时，LogEna 属性值应缺省为 True。

（3）日志条目的数据索引（DataRef）和值（Value）参数分别填充日志数据集成员的引用名和数值，类似 URCB 和 BRCB 的处理，需要区分日志数据集成员是 FCD 还是 FCDA。

（4）日志触发方式应支持数据变化（dchg）、品质变化（qchg）、完整性周期（IntgPd）。

11. 其他

上述未涉及的服务，使用时应遵循 DL/T 860 标准。

七、配置

1. 总体要求

配置工具、配置文件、配置流程应符合 DL/T 1146《DL/T 860 实施技术规范》。

2. 配置流程

（1）监测装置制造厂商应向系统集成方提供符合本标准的监测装置 ICD 模型文件。

（2）在线监测装置的系统集成方提供系统配置工具，实现所有监测装置的系统集成并完成 SCD 文件的创建。

（3）监测装置制造厂商使用装置配置工具，根据 SCD 文件中特定 IED 的相关信息，自动导出生成监测装置的 CID 文件。

变电设备在线监测装置通信配置流程如图 3-1-7-1 所示。

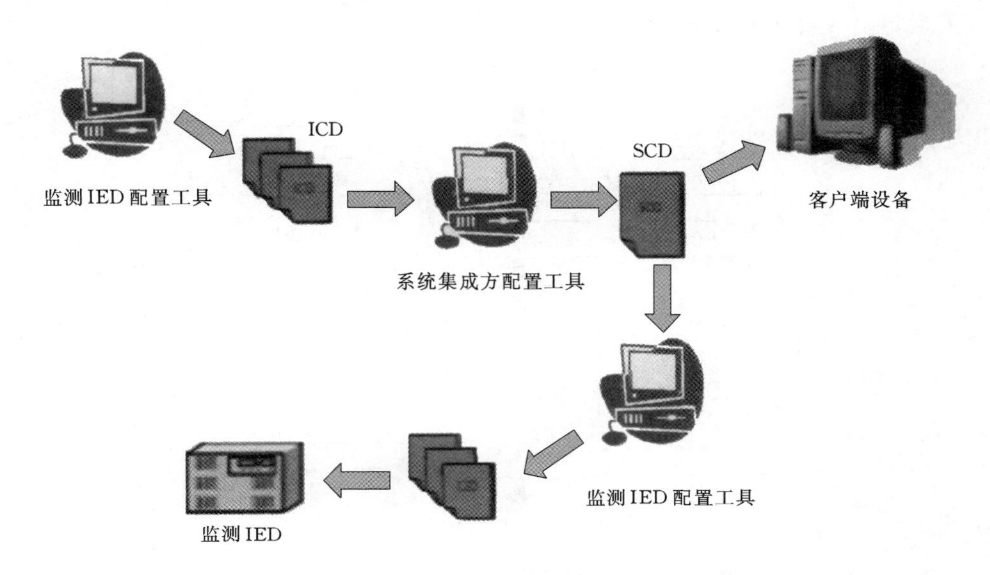

图 3-1-7-1　变电设备在线监测装置通信配置流程图

八、测试

1. 测试要求

监测装置在投入使用之前，应通过国内具备电力工业检测资质机构的 DL/T 860 通信一致性测试。测试按照 DL/T 860.10 规定的测试流程和测试案例进行，制造商应提交以下内容：

（1）被测设备。

（2）协议实现一致性陈述（PICS）。应提供标准的 PICS，也称为 PICS 表格（见 DL/T 860.72 附录 A）。

（3）协议实现额外信息（PIXIT，测试用）。

（4）模型实现一致性陈述（MICS）。

（5）设备安装和操作的详细指导手册。

2. 一致性测试分类

（1）一致性测试的要求分为以下两类：

1）静态一致性要求（定义应实现的要求）。

2）动态一致性要求（定义由协议用于特定实现引起的要求）。

（2）静态和动态一致性要求应在协议实现一致性陈述（PICS）中规定。PICS 用于三种目的：

1）适当的测试组合的选择。

2）保证执行适合一致性要求的测试。

3）提供检查静态一致性的基础。

3. 一致性测试过程

一致性评价过程如图 3-1-7-2 所示，逐步进行静态测试、选择和参数化以及动态测试，最后得出一致性测试结果。

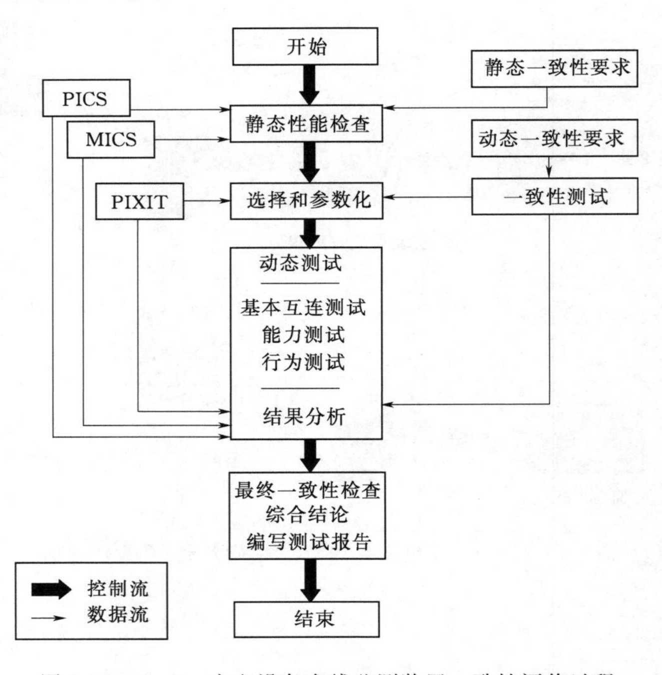

图 3-1-7-2 变电设备在线监测装置一致性评价过程

第二章　智能变电站缺陷管理和检修管理

第一节　智能变电站缺陷管理

一、智能设备缺陷管理

（1）根据变电站智能设备的功能及技术特点，制定智能设备缺陷定性和分级，使运行人员及专业维护人员了解设备缺陷危急程度，便于缺陷管理。

（2）智能设备的缺陷管理应纳入变电站设备缺陷统一管理，按照变电站常规设备缺陷管理相关规定执行。

二、智能设备缺陷分级

智能设备的缺陷分级参照变电站常规设备，缺陷分为危急、严重和一般缺陷。

1．智能设备主要危急缺陷

（1）电子互感器故障（含采集器及其电源）。

（2）保护装置、保护测控装置故障或异常，影响设备安全运行的。

（3）纵联保护装置通道故障或异常。

（4）合并单元故障。

（5）智能终端故障。

（6）GOOSE 断链、SV 通道异常报警，可能造成保护不正确动作的。

（7）过程层交换机故障。

（8）其他直接威胁安全运行的缺陷。

2．智能设备严重缺陷

（1）GOOSE 断链、SV 通道异常报警，不会造成保护不正确动作的。

（2）对时系统异常。

（3）智能控制柜内温控装置故障，影响保护装置正常运行的。

（4）监控系统主机（工作站）、站控层交换机故障或异常。

（5）一体化电源系统监控模块故障或通信故障。

（6）远动设备与上级通信中断。

（7）装置液晶显示屏异常。

（8）其他不直接威胁安全运行的缺陷。

3．智能设备一般缺陷

（1）智能控制柜内温控装置故障，不影响保护装置正常运行的。

（2）在线监测系统异常、故障或通信异常。

（3）网络记录仪故障。

（4）辅助系统故障或通信中断。

（5）一体化电源系统冗余配置的单块充电模块故障。

（6）其他不危及安全运行的缺陷。

三、发现缺陷

智能变电站所发生的缺陷，大都具有隐蔽性、瞬时性，处理缺陷的关键是能不能及时发现这些缺陷，从而采取消缺措施。

发现缺陷的主要方法如下。

1. 不放过任何异常报文

必须要心细，善于观察。保护调试或巡视期间不放过任何异常报文，即使与自己本身工作无关。如后台机报“1号主变压器低压侧越限”“220kV母差B套越限”“110kV间隔送电拉合隔离开关”时，合并单元瞬时报“FT3采样中断”“220kV线路1启动失灵”试验时，在保护装置上发现“线路2失灵三跳开入”等报文，若保护人员疏忽，认为该报文无所谓或与自己工作无关，放过上述任何一条异常报文，都是一颗定时炸弹，造成的后果和影响不可想象。

2. 必须要熟悉设备、熟悉图纸

继电保护的核心依然是二次回路。二次回路或网络结构是怎样构成的，中间有哪些设备、装置，一个信号发出是否正常，熟知这个信号有哪几种情况可能发出，是发现缺陷的关键。要重视智能终端、合并单元该类常规变电站没有的新产品，该类产品的任何异常都值得关注。特别是“运行灯”熄灭，“通信异常告警”等。

3. 必须严格按调试规程执行

目前智能变电站处于一个不断发展、不断成熟的过程，任何产品都可能存在缺陷，包括保护装置。保护装置的缺陷一点都不比智能终端、合并单元这些新产品少。保护装置检修功能配合逻辑，往往是大家都认为不会出问题的地方，如“110kV母线合并单元TV并列功能试验均正常，但是却因为无法发出信号而更改配置”“110kV进线备自投装置定期检验时功能试验回路试验均正常，最后整组试验因为MU压板退出会造成保护误动作而更改程序”“1号主变压器保护装置功能试验时，全部功能校验完毕，最后阶段出现主变压器低压侧零序电压告警功能未设计完善，而更改装置逻辑”等情况。以上类似的情况还有很多，因此智能变电站的调试不能有任何偷项漏项。

4. 敢于坚持己见

智能变电站调试期间，发现有不合理的地方，要坚持自己的意见，不能单方面听从厂商的意见。如在某变电站调试期间，因为集成商SCD文件配置不完善，导致每个保护装置用数字化测试仪加交流量测试时，配置里面必须手动更改SVID方能加量，若简单认为能加量就了事，必将给今后的维护带来很多麻烦。

5. 要善于分析

往往一个装置的损坏或异常，可能不仅仅由一个缺陷引起，大多数情况下往往伴随着

多个缺陷同时出现。如×××220kV第二套母差保护，同一晚上上报后台报文有“交换机告警、装置失电”“遥测值越限”“定值校验错、CRC校验错”等几个报文，若不仔细分析，会认为装置可能就一个缺陷。装置损坏了，厂家人员若也不细致，会导致该装置带缺陷运行，因为上述报文均有随机性，可能一天报一次，可能一个星期报一次，所以对上述报文要认真分析，装置失电为电源问题，遥测值越限、定值校验错为软件缺陷。

6. 要重视智能变电站巡检工作

在安装调试期间，由于工作组较多或监视后台资源不够用，导致有些缺陷不能及时发现。通过定期巡视检查智能变电站设备运行情况，或在工程调试期间每天早上查看昨晚后台机是否存在异常报文，能有效发现缺陷与问题。

四、缺陷处理与防范

一个缺陷的处理是否合理、是否完善，会不会引发其他缺陷，是关系到智能变电站二次设备能否稳定运行的关键。

1. 电磁干扰造成采样中断类缺陷

针对此类缺陷，首先应仔细分析，通过网络分析仪、保护装置多方面确定缺陷出现是否属此类，若属实，厂家需要采取什么措施解决该问题，针对这类缺陷，厂家必须提供解决措施、方案。该类缺陷防范关键在于必须要求厂家提供各装置型式试验报告。

2. 针对通信中断类缺陷

该类缺陷多为合并单元、智能终端、电子互感器采集卡硬件故障造成，但不能形成定性思维，认为该类缺陷一定是上述原因引起的，怀疑上述硬件存在故障的前提是光纤回路检测正常，各装置配置文件正确，各光纤口衰耗测试属正常范围。若为硬件故障，处理时多为厂家技术人员处理，但是处理过程中保护人员要监护到位，防止合并单元、智能终端定值漏整定、配置下错等新缺陷出现，造成不必要的重复试验。

3. 异常报文类缺陷和GPS对时类缺陷

此类缺陷尤其要重视网络分析仪的使用，分析该时段网络分析仪报文是否存在同样异常，保护人员要能熟悉运用网络分析仪，能查看采样、品质位、检修位、断路器量等各类描述，便于准确确定故障原因。

4. 装置或回路功能类缺陷

发现和处理此类缺陷是一个细致的过程，但是该类缺陷在厂内联调时一般都具备处理条件，且在厂内联调时解决要比现场解决容易，因此针对该类缺陷，首先要求厂家加强技术研发，其次联调人员要认真细致，每个项目、每个信号调试到位。

5. 人为原因产生的缺陷

该类缺陷一部分是由厂家售后服务人员造成，另一部分是由保护调试人员造成，智能化改造工作要想顺利完成，必须要有一支技术过硬、责任心强的队伍，另外，厂家也需加强培训，提升厂家售后人员技术素质，更应重视厂家售后人员责任心和服务态度的培训。要彻底解决该类缺陷，还得有一套完善的管理流程与监控措施。

6. 设计方造成的缺陷

首先要重视图纸审查工作，工程开工前组织技术人员看图、审图，不走过场。设计人员要熟悉现场设计环境，装置功能。虚回路是设计的重点，设计方案不能流于形式，套用典型工程设计，应符合工程现场实际要求。

第二节 智能变电站检修管理

一、智能变电站设备分界

（1）电子互感器属一次设备。电子式互感器以其远端模块为界，远端模块以内（含远端模块）属一次设备，远端模块接口以外属二次设备。

（2）一次设备的在线监测设备（系统）的传感器、监测单元/分 IED、监控主机/主 IED、热交换器等属一次设备。以监控主机/主 IED 作为专业管理分界点。监控主机/主 IED 接口以外属二次设备。

（3）一体化电源系统以监测单元的输出接口为分界点。输出接口至站控层间的通信介质属二次设备，其他部分属直流设备。

（4）光伏发电系统属直流设备。

（5）继电保护、故障录波、TV 并列等公用设备及安全自动装置等属二次设备。

（6）测控装置（保护测控一体化装置）、监控后台、远动设备、工作站、前置机、时钟系统、合并器、智能终端等智能电子设备属二次设备。

（7）继电保护和自动化系统设备间的网络设备、连接件和通信介质属二次设备。

（8）智能控制柜、一体化平台等有专业交叉的设备之间的连接件及通信介质等公共部分属二次设备。

（9）与站外通信系统相连的通信设备，主要包括光端机、PCM、通信接口柜、配线架以及通信电源、调度交换机、行政电话等属通信设备。

（10）电度表、关口表、集抄设备等属计量设备，以计量屏内光缆终端盒作为专业管理的分界点，分界点至表计属计量设备：分界点以外属保护/自动化设备。电度表电源部分以空开为分界点，空开至表计部分属计量设备；空开及其以上部分属保护/自动化设备。

（11）通信通道采用专用光纤的差动保护，以保护光纤配线架为分界点，分界点至站内保护设备属保护设备，分界点以外属通信设备。

（12）通信通道采用复用光纤的纵联保护，应以保护设备的数字接口装置为分界点，分界点至站内保护属保护设备，分界点以外属通信设备。

（13）远动设备和通信设备以通信配线架为分界点，配线架端子至远动设备属远动设备，配线架至厂外通信属通信设备。

（14）辅助系统中图像监控系统、安防系统属二次设备。

（15）智能机器人巡检系统、一次及二次红外巡检设备、检测环境监测设备、消防系统、照明系统归运行部门维护。

（16）一次设备包含的智能电子设备，一次专业不具备检修维护能力的，可委托二次专业检修维护。

（17）监控系统、综合控制柜等二次系统中设备之间的公用部分、连接件及连接介质由保护/自动化专业负责，保护/自动化专业不具备检修能力的，可委托通信专业检修维护。

二、检修总体原则

（1）智能变电站设备的检修应充分发挥智能设备的技术优势，体现集约化管理、状态检修、工厂化检修/专业化检修等先进理念，遵循应修必修的原则，加强专业协同配合，促进相关设备的综合检修，提高变电站运维效率。

（2）智能变电站一次智能设备应充分利用智能在线监测功能，结合设备状态评估实行状态检修。二次智能设备应利用其完善的自检功能，开展状态检修。

三、综合检修

（1）二次系统设备检修应弱化二次设备专业界限，开展保护、自动化、通信等二次设备综合检修。

（2）电子互感器检修时应同时兼顾合并单元、交换机、测控装置、系统通信等相关二次系统设备的校验。

（3）继电保护设备检修时应兼顾合并器、智能终端、测控装置、后台监控、系统通信等相关二次系统设备的校验。

四、工厂化检修

（1）智能在线监测设备（系统）、交换机、站控层设备，宜实行状态检修、工厂化检修。

（2）顺序控制操作不满足现场运行时应采用工厂化检修，由原厂家进行相应程序的修改及功能的完善。

（3）自动化系统软件需修改或升级时，由原厂家进行相应程序的修改或升级。

（4）高级应用功能不能满足现场运行时，应由原厂家进行高级应用功能的修改、升级、扩容等。

（5）计量装置损坏时应进行工厂化检修或更换。

（6）智能机器人巡检、一次及二次红外巡检设备宜实行状态检修、工厂化检修。

五、检修一般要求

（1）智能综合柜内单一智能设备检修时，应做好柜内其他运行设备的安全防护措施，防止误碰。

（2）在线监测报警值由厂家负责制定和实施，报警值不应随意修改。

（3）在线监测设备检修时，应做好安全措施，不能影响主设备正常运行。

（4）不得随意退出或者停运监控软件，不得随意删除系统文件。不得在监控后台从事与运行维护或操作无关的工作。

（5）不得随意修改和删除自动化系统中的实时告警事件、历史事件、报表等设备运行的重要信息记录。

（6）停用的自动化系统所有服务器、工作站的软驱、光驱及所有未使用的USB接口，除系统管理员外禁止启用上述设备或接口。

第三章　智能变电站继电保护装置检修

第一节　检　修　机　制

一、检修机制特点

（1）常规变电站保护装置的检修硬压板投入时，仅屏蔽保护上送监控后台的信息。智能变电站与其不同，智能变电站通过判断保护装置、合并单元、智能终端各自检修硬压板的投退状态一致性，实现特有的检修机制。

（2）装置检修硬压板投入时，其发出的SV、GOOSE报文均带有检修品质标识，接收端设备将收到的报文检修品质标识与自身检修硬压板状态进行一致性比较判断，仅在两者检修状态一致时，对报文作有效处理。

二、检修机制中SV报文的处理方法

（1）当合并单元检修硬压板投入时，发送的SV报文中采样值数据的品质q的“Test位”置“1”。

（2）保护装置将接收的SV报文中的“Test位”与装置自身的检修硬压板状态进行比较，只有两者一致时才将该数据用于保护逻辑，否则不参与逻辑计算。SV检修机制示意见表3-3-1-1。

表3-3-1-1　　SV检修机制示意表

保护装置检修硬压板状态	合并单元检修硬压板状态	结　果
投入	投入	合并单元发送的采样值参与保护装置逻辑计算，但保护动作报文置检修标识
投入	退出	合并单元发送的采样值不参与保护装置逻辑计算
退出	投入	合并单元发送的采样值不参与保护装置逻辑计算
退出	退出	合并单元发送的采样值参与保护装置逻辑计算

三、检修机制中GOOSE报文的处理方法

（1）当装置检修硬压板投入时，装置发送的GOOSE报文中的“Test位”置“1”。

（2）装置将接收的GOOSE报文中的“Test位”与装置自身的检修硬压板状态进行比较，仅在两者一致时才将信号作为有效报文进行处理。GOOSE检修机制示意见表3-3-1-2。

表 3-3-1-2　　GOOSE 检修机制示意表

保护装置检修硬压板状态	合并单元检修硬压板状态	结　果
投入	投入	保护装置动作时，智能终端执行保护装置相关跳合闸指令
投入	退出	保护装置动作时，智能终端不执行保护装置相关跳合闸指令
退出	投入	保护装置动作时，智能终端不执行保护装置相关跳合闸指令
退出	退出	保护装置动作时，智能终端执行保护装置相关跳合闸指令

第二节　现场检修策略

一、GOOSE 和 SV 信号隔离机制

下面以 220kV××变电站线路第一套保测间隔整组回路图为例，说明智能变电站出口电缆及 GOOSE 二次回路，如图 3-3-2-1 和图 3-3-2-2 所示。PSL603 GOOSE 出口软压板表见表 3-3-2-1。

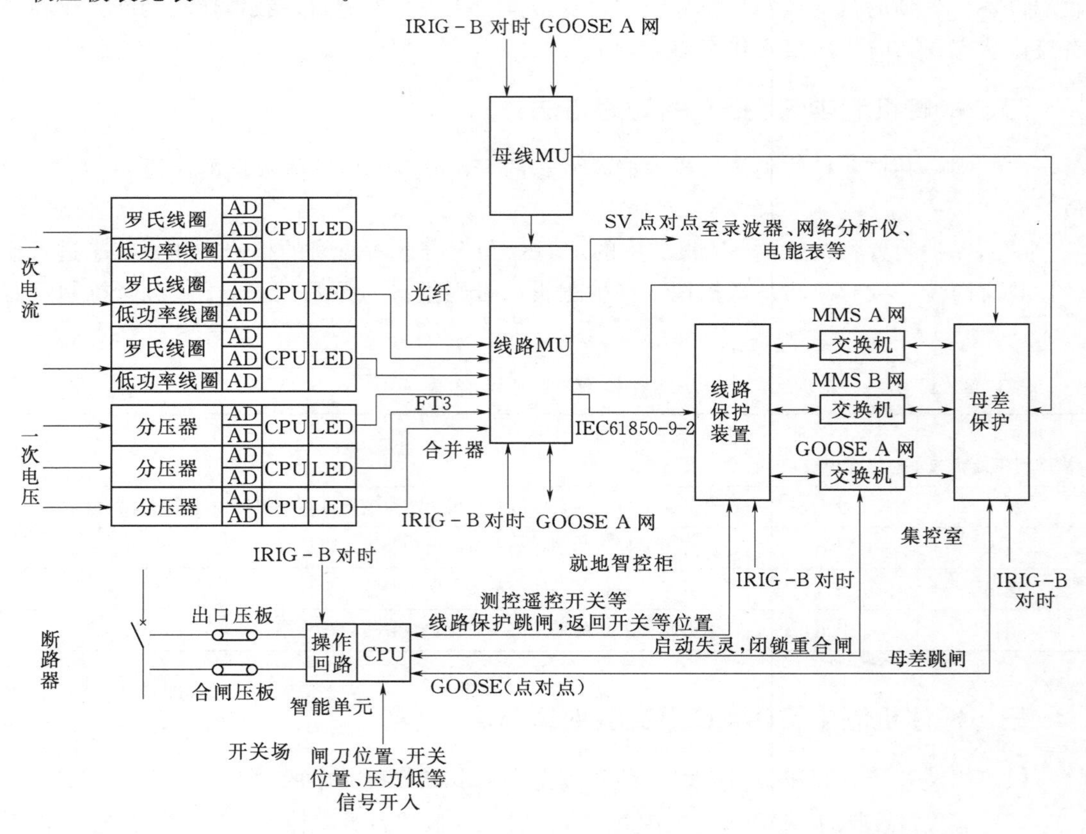

图 3-3-2-1　220kV××变电站线路第一套保测间隔整组回路图

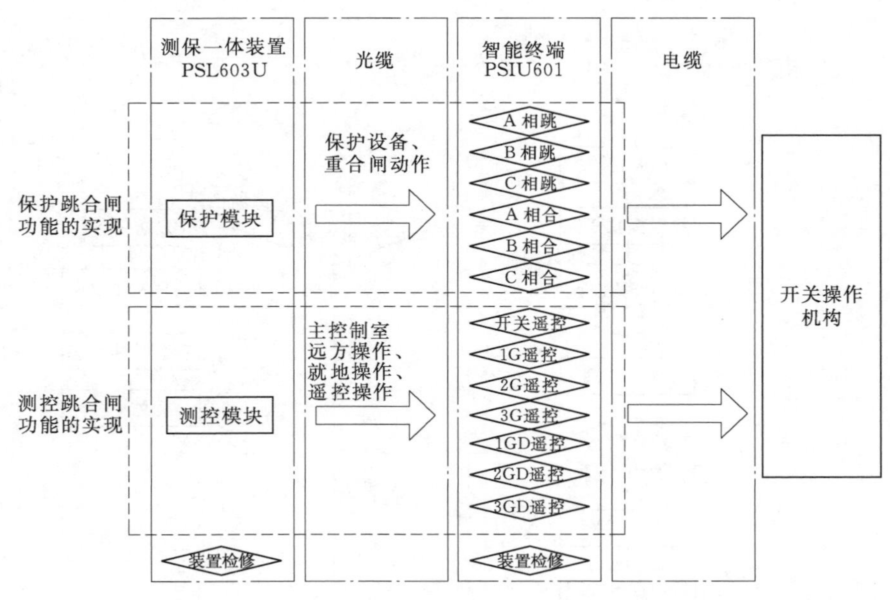

图 3-3-2-2　PSL603U 硬压板设置

表 3-3-2-1　　第一套 220kV 线路保护 PSL603 GOOSE 出口软压板表

GOOSE 跳闸出口软压板	GOOSE 跳闸出口 1 软压板，置“1”，允许跳闸出口
GOOSE 启动失灵软压板	GOOSE 启动失灵 1 压板，置“1”，允许启动失灵
GOOSE 重合闸出口软压板	GOOSE 重合出口软压板，置“1”，允许重合闸出口

注　测控功能未设置出口 GOOSE 软压板。

由图 3-3-2-1、图 3-3-2-2 及表 3-3-2-1 看出，与传统变电站不同的是，智能化变电站 GOOSE 出口回路上串行设置有四种隔离手段。

1. 检修压板

智能化保护装置及智能终端均设置了一块“保护检修状态”硬压板，该压板属于采用开入方式的功能投退压板。当该压板投入时，相应装置发出的所有 GOOSE 报文的 Test 位值为 TRUE，如图 3-3-2-3 和图 3-3-2-4 所示。

```
⊟ IEC 61850 GOOSE
    AppID*: 282
    PDU Length*: 150
    Reserved1*: 0x0000
    Reserved2*: 0x0000
  ⊟ PDU
      IEC GOOSE
      {
        Control Block Reference*:   PB5031BGOLD/LLN0$GO$gocb0
        Time Allowed to Live (msec):  10000
        DataSetReference*:   PB5031BGOLD/LLN0$dsGOOSE0
        GOOSEID*:   PB5031BGOLD/LLN0$GO$gocb0
        Event Timestamp:  2008-12-27 13:38.46.222997  Timequality: 0a
        StateNumber*:    2
        Sequence Number:  0
        Test*:     TRUE
        Config Revision*:    1
        Needs Commissioning*:     FALSE
        Number Dataset Entries:  8
        Data
        {
          BOOLEAN:  TRUE
          BOOLEAN:  FALSE
          BOOLEAN:  FALSE
```

图 3-3-2-3　GOOSE 报文的 Test 位值

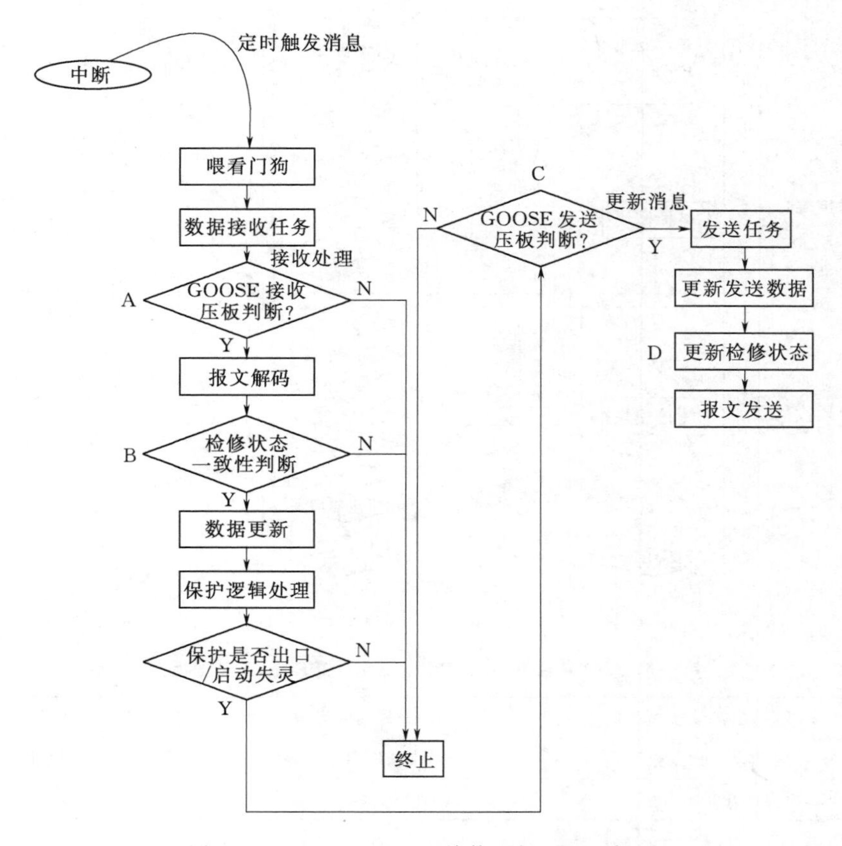

图 3-3-2-4　GOOSE 检修压板开入逻辑图

保护装置投入“保护检修状态”压板时，除了上送到监控系统的保护事件信息中带有检修状态提示信息，装置检修时测控闭锁本间隔遥控操作外，保护装置发出的 GOOSE 报文中也带检修位，智能终端不处理装置的开出。按照相关标准要求，IED 设备可以通过 APDU 中的“Test 位”来传输装置的检修状态，当装置检修压板投入时，其所发送的 SV、MMS、GOOSE 报文的“Test 位”均“置位”。

下一级设备接收的报文与本装置检修压板状态进行一致性比较判断，如果两侧装置检修状态一致，则对此报文信息作有效处理；如果两侧装置检修状态不一致，则对此报文信息作无效处理。

2. 保护装置本体上的 GOOSE 软压板

智能保护装置（包括保测一体装置）都设置有 GOOSE 软压板，在退出相应压板以后相应的 GOOSE 链路将中断，不再发送相应的 GOOSE 报文（包括心跳报文）。具体压板设置为：GOOSE 跳闸出口软压板，控制保护通过智能终端跳闸；GOOSE 启动失灵软压板，启动母差失灵功能；GOOSE 重合闸出口软压板，控制保护通过智能终端合闸。GOOSE 发送软压板用于控制 GOOSE 报文中发送的跳闸信号（包括其他信号）的有效性。

当发送软压板设置为 1 时，GOOSE 报文中发送的跳闸信号反映装置的实际状态。

当发送软压板为 0 时，GOOSE 报文中发送的跳闸信号始终为 0。

不论 GOOSE 发送软压板为 1 或者 0，保护装置均会按照 GOOSE 要求的时间间隔发送数据，不会导致接收方判断 GOOSE 断链。

3. 接收侧保护接收软压板

GOOSE 接收软压板用于控制 IED 设备接收 GOOSE 报文中的跳闸信号（包括其他信号）的有效性。如启动失灵、解除复压闭锁等，在 GOOSE 接收侧设置 GOOSE 接收软压板，作为双侧安全措施（以下可简称“安措”）以提高可靠性。

当 GOOSE 接收软压板为 1 时，保护装置按照 GOOSE 报文的实际内容进行处理。

当 GOOSE 接收软压板为 0 时，保护装置不再处理 GOOSE 报文的实际内容，而是根据接收信号的逻辑自动设置固定的值，例如装置将接收的启动失灵、失灵联跳信号清零，防止保护误动作。

此外，GOOSE 接收软压板为 0 时，保护装置不再监视对应的 GOOSE 链路，即使此时链路断开，装置也不再发出 GOOSE 断链报警信号。

SV 接收软压板用于控制 IED 设备接收 SV 报文中的跳闸信号（包括其他信号）的有效性。

当 SV 接收软压板为 1 时，保护装置按照 SV 报文的实际内容进行处理。

当 SV 接收软压板为 0 时，保护装置不再处理 SV 报文的实际内容，相关信息不再参与保护逻辑计算。

此外，SV 接收软压板为 0 时，保护装置不再监视对应的 SV 链路，即使此时链路断开，装置也不再发出 SV 断链报警信号。

4. 装置间的光纤

从物理上将保护与保护间或保护与智能终端之间的光纤隔断是最直接的隔离手段。从发送方断开发送数据的光纤链路，可靠隔离信号，将导致接收方判断为 GOOSE 或 SV 断链而告警，并影响接收方逻辑，接收方不再处理光纤传输的信息内容。

二、检修处理机制

智能变电站检修处理机制，包含三部分的内容：MMS 报文检修处理机制，GOOSE 报文检修处理机制，SV 报文检修处理机制。在《IEC 61850 工程继电保护应用模型》中，对检修处理机制作如下要求。

1. MMS 报文检修处理机制的要求

当装置投入“检修压板”时，上送报文中信号的品质 q 的 Test 位应置位，并将检修压板状态上送后台监控系统。检修时的报文内容应能存储，并可通过检修态报文窗口进行查询。

2. GOOSE 报文检修处理机制的要求

当装置投入“检修压板”时，装置发送的 GOOSE 报文中的 Test 应置位；GOOSE 接收端装置应将接收的 GOOSE 报文中的 Test 位与装置自身的检修压板状态进行比较，只有两者一致时才将信号作为有效进行处理或动作。

3. SV 报文检修处理机制的要求

当合并单元装置投入“检修压板”时，发送采样值报文中采样值数据的品质 q 的 Test 位应置位；SV 接收端装置应将接收的 SV 报文中的 Test 位与装置自身的检修压板状态进行比较，只有两者一致时才将该信号用于保护逻辑计算。对于不一致的信号，接收端装置仍应计算和显示其幅值。

目前 IEC 61850 第二版已经吸收了中国智能保护的检修处理机制的思想，如图 3-3-2-5 所示。不同之处在于其借助 GOOSE 报文数据品质 q 的 Test 位实现检修处理机制，而中国使用的是 GOOSE 报文中的 Test 位。

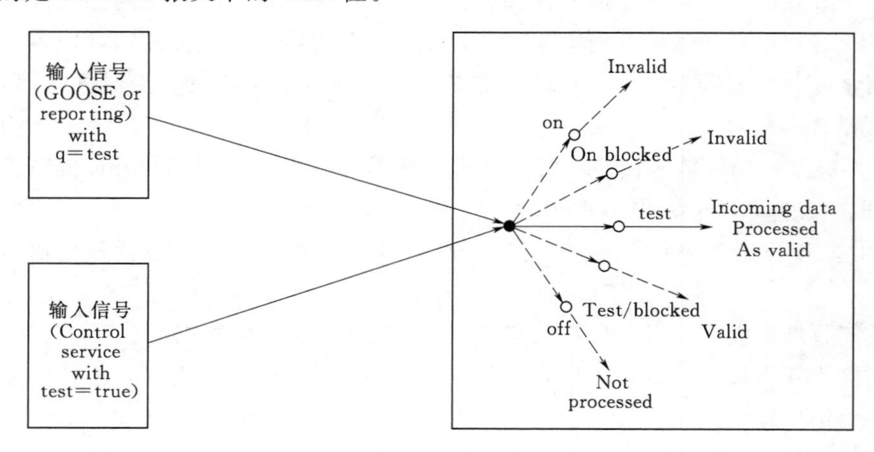

图 3-3-2-5　IEC 61850 第二版的检修处理机制

三、信号隔离方式对比

从以上分析可见，投检修态和发送软压板属于发送方的信号隔离措施，接收软压板属于接收方的信号隔离措施，断开光纤链路属于传输环节隔离措施，三者各有优缺点。

1. 投检修态和发送软压板

优点：操作简单，仅需要对被检修设备进行操作。

缺点：①当发送设备出现异常时，可能失效，无法实现信号的可靠隔离；②考虑到保护装置软件异常，仅依靠 GOOSE 发送/接收软压板投退可靠性不够。

2. 接收软压板

优点：可靠的信号隔离。

缺点：需要在没有检修的间隔操作，操作较为复杂。智能终端目前无接收软压板。

3. 断开光纤链路（图 3-3-2-6）

优点：明显的物理断开点，可靠的隔离信号。

缺点：①多次插拔可能导致设备损坏；②导致接收方报警干扰运行。

四、GOOSE 检修策略

1. 装置运行正常下的检修策略

在发送装置正常运行情况下，当设备检修时，将被检修设备的投检修态投入，装置可

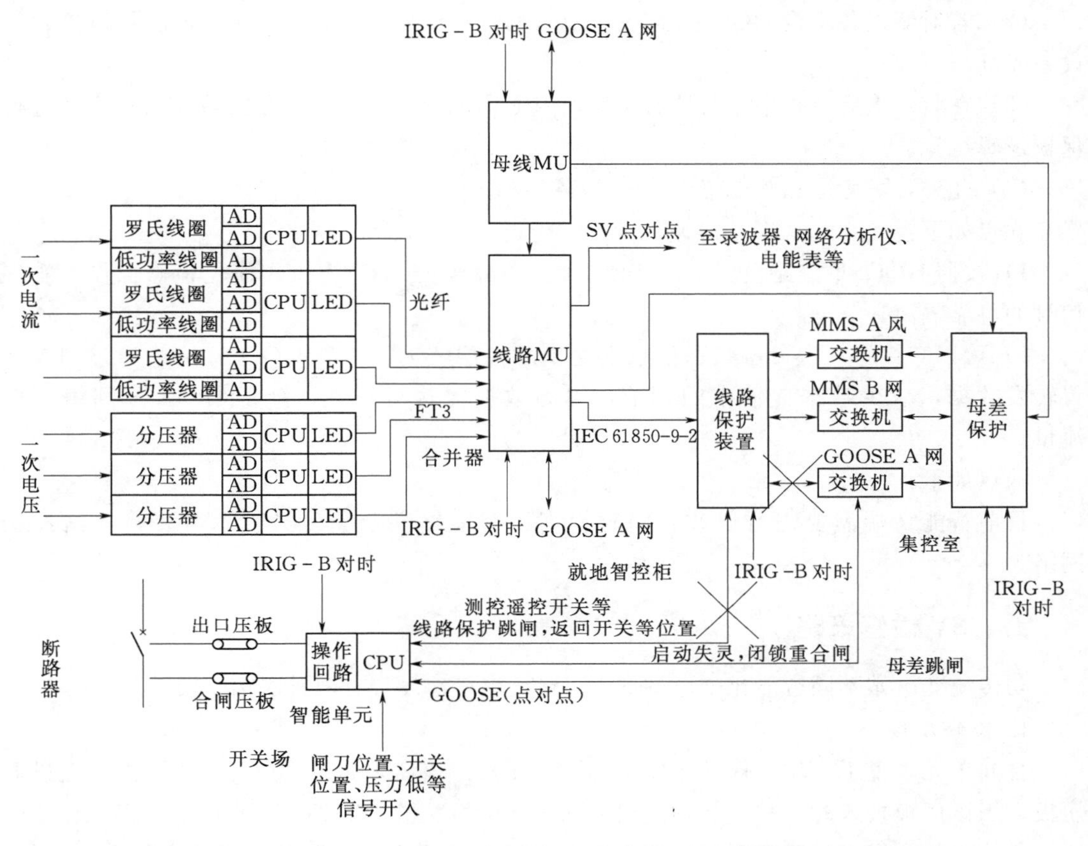

图 3－3－2－6　220kV 某变线路第一套保护装置光纤链路断开示意图

以正确地把自身的检修状态通过 GOOSE 报文发送出去，与其连接的其他运行设备的检修状态不投入，则其他运行设备不再处理被检修设备发送的信号，基于这个前提，可以采取以下安措：

考虑到运行人员仅在检修侧设置安措，仅退出检修侧 GOOSE 发送压板，同时投入检修压板。

在 GOOSE 接收侧装置上需按照 GOOSE 链路增加发送方检修状态指示功能：①若接受侧装置具有液晶显示功能，则需在菜单中增加各 GOOSE 链路检修状态指示；②若接受侧装置具无液晶显示功能，则需设置 LED 指示灯（建议 10 个）指示各 GOOSE 链路检修状态。

建议在智能终端侧按照 GOOSE 链路增加 GOOSE 接收硬压板，并设置相应 LED 指示灯，该指示灯用于指示 GOOSE 接收压板投入情况。

2．装置运行异常下的检修策略

待检修设备软件运行异常或软件不可靠时，装置可能不能正确的发出自身的投检修态，此时需要采取以下安措：

（1）若接收侧设备设有 GOOSE 接收压板，则退出接收侧装置 GOOSE 接收压板，同时投入本侧检修压板。

(2) 若对侧设备未设 GOOSE 接收压板(如智能终端),则断开待检修设备至接收侧设备光纤。

(3) 在装置重启过程中,装置必须待所有必需的模拟量和开关量接收正常后方能进行保护逻辑运算。

(4) 此外,可考虑在智能终端接入 MMS 网络。

优点如下:

1) 按照 GOOSE 链路设置 GOOSE 接收软压板,通过顺控操作简化检修操作,实现信号的可靠隔离。

2) 可以直接将一次设备状态信息上送到站控层,无需依靠 GOOSE 网络通过测控装置转发数据,减少数据传输中间环节,提高数据传输可靠性,降低 GOOSE 网络数据流量。

缺点如下:

目前智能终端需要进行修改,同时提高了智能终端装置复杂度,需要接入站控层网络。

五、SV 检修策略

与传统变电站不同智能化变电站 SV 回路上串行地设置有两种隔离手段。

1. 检修压板

合并单元设置了一块“保护检修状态”硬压板,该压板属于采用开入方式的功能投退压板。当该压板投入时,相应装置发出的所有 SV 报文的“TEST”置为 TRUE。当互感器需要检修的时候,需要把合并器的检修压板投上,这样合并器的报文就会带有检修位。当保护装置的检修状态和合并器的检修压板不一致时,装置会报“检修压板不一致”。

目前跨间隔保护对检修压板的配合关系处理如下:

(1) 当母差保护检修硬压板与 MU 间隔检修硬压板不一致的时候,闭锁母差保护。

(2) 若主变保护检修硬压板与 MU 间隔检修硬压板不一致,则差动保护退出,与主变保护检修状态不一致的各侧后备保护退出,如果与各侧 MU 检修压板都不一致,则差动及所有后备保护都退出。

具体配合关系见表 3-3-2-2。

表 3-3-2-2 保护装置的检修和合并器检修态的配合

采样数据测试状态	装置本地检修状态	通道数据有效标志	使用情况
测试态	检修态	有效	检修调试的情况下
非测试态	非检修态	有效	正常投入使用时
非测试态	检修态	无效	报“检修压板不一致”,装置告警,闭锁相关保护
测试态	非检修态	无效	

2. SV 接收压板

智能化保护装置均设置有 SV 接收软压板，当智能化保护装置退出某间隔的 SV 接收软压板，则对应间隔 MU 的模拟量及其状态（包括检修状态）都不计入保护，保护按无此支路处理。

(1) 跨间隔保护对 SV 接收压板的关系处理如下：

1) 对于母差保护，若某侧 SV 接收压板退出，差动保护不计算该侧。

2) 对于主变保护，若某侧 SV 接收压板退出，则该侧后备保护退出，差动保护不计算该侧。

(2) 实际工程中需根据一次设备停运情况，采取下列安全措施：

1) 对应一次设备停运时，可退出 SV 接收压板。

2) 对应一次设备运行时，单间隔保护可直接退出 SV 接收压板或装置功能压板，跨间隔保护需要退出与该 SV 链路相关的保护功能：母差保护需要退出母差功能，变压器保护需要退出差动保护和本侧后备保护。

六、检修策略可视化

现有的智能变电站信息流查看方式大多是采用专门的网络分析软件抓包用报文显示方式来分析，这种方式不能直观地体现信息流的互相协作关系。本方案提出主动获取保护装置、回路及压板信息，将多信息源进行智能分析后以更为直观的图形方式显示给继电保护运行和检修人员，使得继电保护管理及运行维护人员能够更加迅速、准确地掌控保护系统的运行和动作状况，从而提高智能变电站的运维水平，降低检修风险。

1. 智能变电站继电保护状态实时监测与可视化系统架构

继电保护状态实时监测与可视化系统基于变电站现有的网络，如图 3-3-2-7 所示，其功能由故障录波装置和综合应用服务器实现。

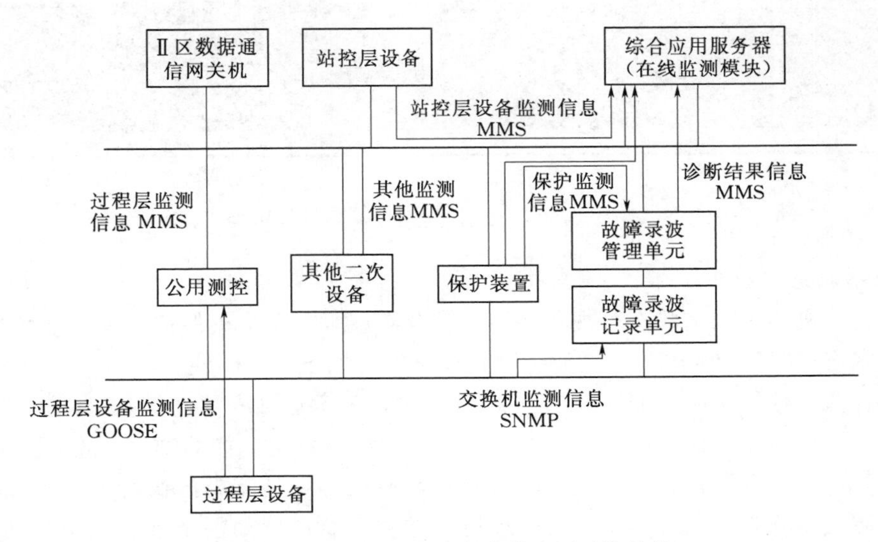

图 3-3-2-7　二次设备在线监测系统结构

动态记录装置实现对保护装置、过程层交换机状态信息的接收、存储、分类、诊断等功能，并将诊断结果报送至综合应用服务器。

综合应用服务器接收、存储、管理全站所有二次设备状态监测信息，并对除保护装置以外设备的状态信息进行分析、诊断；过程层设备监测的状态信息通过公用测控报送至综合应用服务器；过程层网络交换机的网络状态信息通过 SNMP 或 GOOSE 报送至动态记录装置。

2. 保护动作逻辑可视化

通过图形画面展示保护动作信息、录波信息、保护中间节点信息，如图 3-3-2-8 所示。实现从保护装置读取保护动作的逻辑图，根据保护上送的中间节点信息动态显示逻辑图中不同时刻的逻辑状态，达到故障回放的要求。

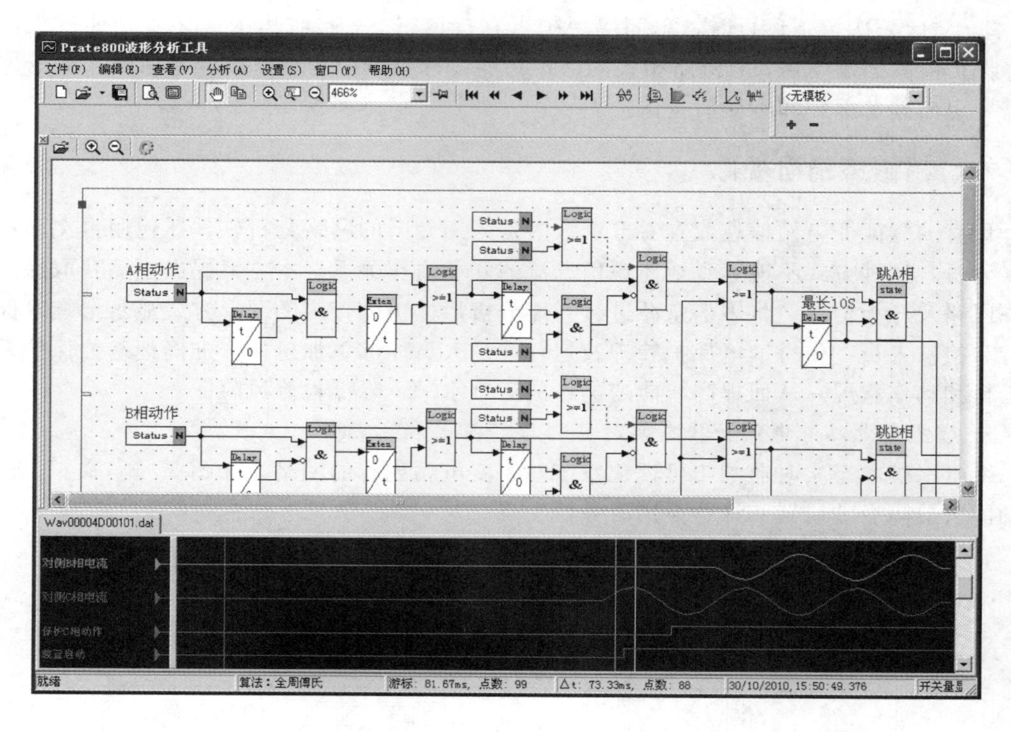

图 3-3-2-8　保护动作信息可视化

3. 网络状态可视化

由监控主机实现网络状态可视化功能，综合应该服务器采集保护装置、过程层设备的逻辑通道状态（SV/GOOSE），例如接收到线路保护的 SV 控制块 1 中断，经分析得出结论：线路合并单数据中断，如图 3-3-2-9 所示，提示运维人员进行处理。

通过上述可视化界面，可直接查看二次系统的回路状况，如 GOOSE 通道、SV 通道、品质信息等，并将有异常状态的回路醒目展示，使运行人员能简洁快速地发现异常信息。另外，可通过监测画面直观地观察到物理链路的通信状况，如网络节点状态、网络拥塞、网络流量以及网络负载等信息。

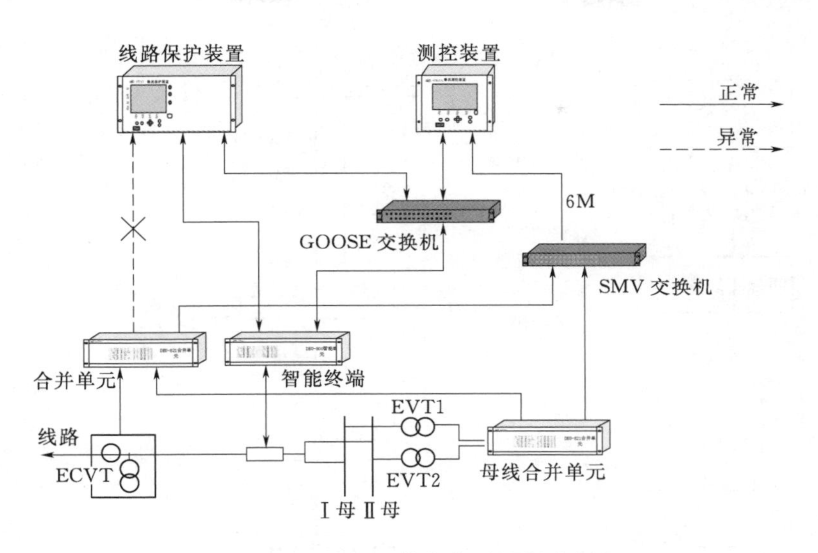

图 3-3-2-9　网络状态可视化示意图

4. 虚端子可视化

由监控主机实现全站二次设备之间的虚端子可视化功能，接收保护及过程层设备的通道信息。具体实现步骤如下：

首先，监控系统导入过程层 SCD 虚端子配置，监控系统建立全站设备之间的数据连接关系；异常发生时，应根据装置不同通道的异常告警信息定位到数据发送端设备名称和数据类型；最后实现告警结果的显示并在画面做展示。数据类型尽可能的详细到达能指导运维人员处理故障，例如：断路器位置信息、跳闸信息、告警信息、保护电流等，如图 3-3-2-10所示。

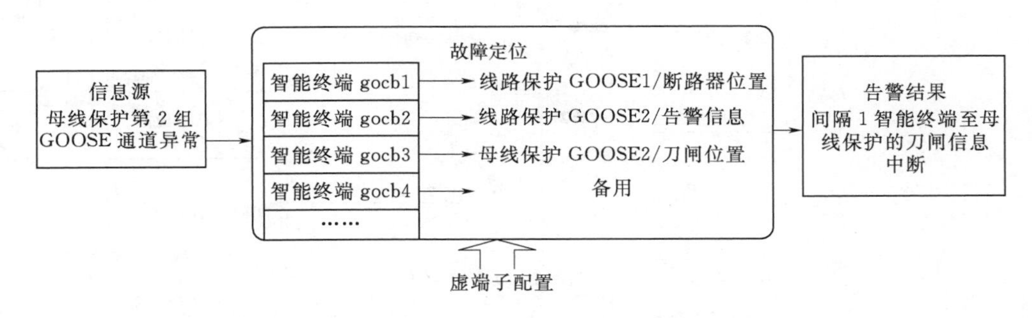

图 3-3-2-10　虚端子可视化处理过程

虚端子可视化实现了装置控制回路的可视化，使得继电保护管理及运维人员能够迅速、准确地掌控保护系统的运行和动作状况，如图 3-3-2-11 所示。

5. 压板状态可视化

由监控主机实现压板可视化功能，如图 3-3-2-12 所示。监控主机汇总装置的压板状态并结合虚端子连接信息进行综合展示。压板可视化使继电保护运维人员能够准确掌握整站的设备运行状况，从而有效地提高保护系统校验工作的可靠性与安全性。

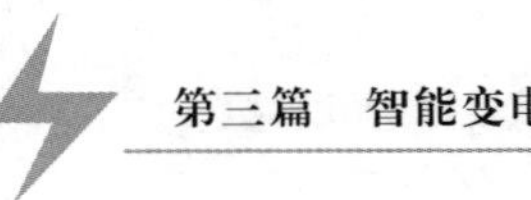

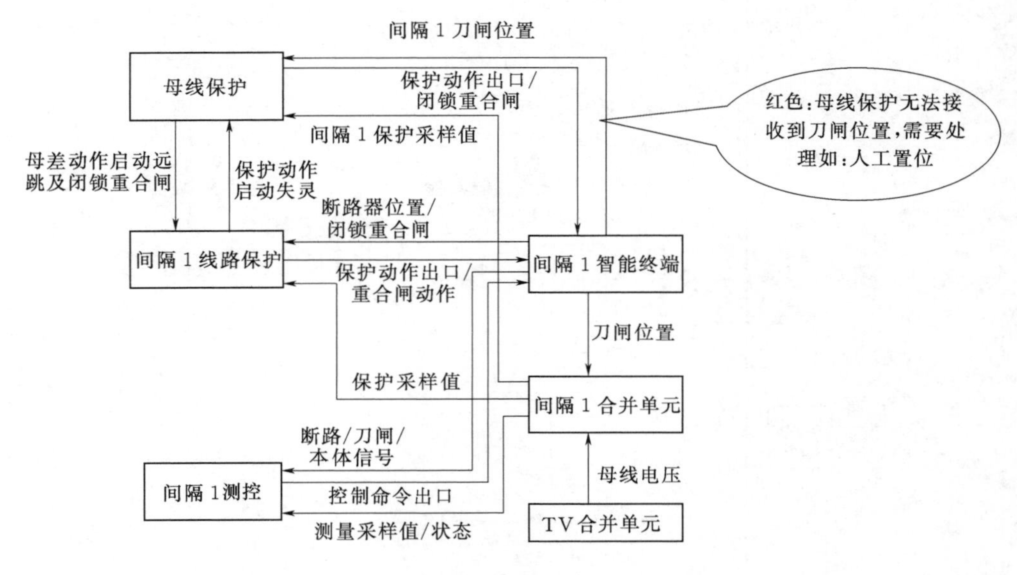

图 3-3-2-11　虚端子可视化展示图

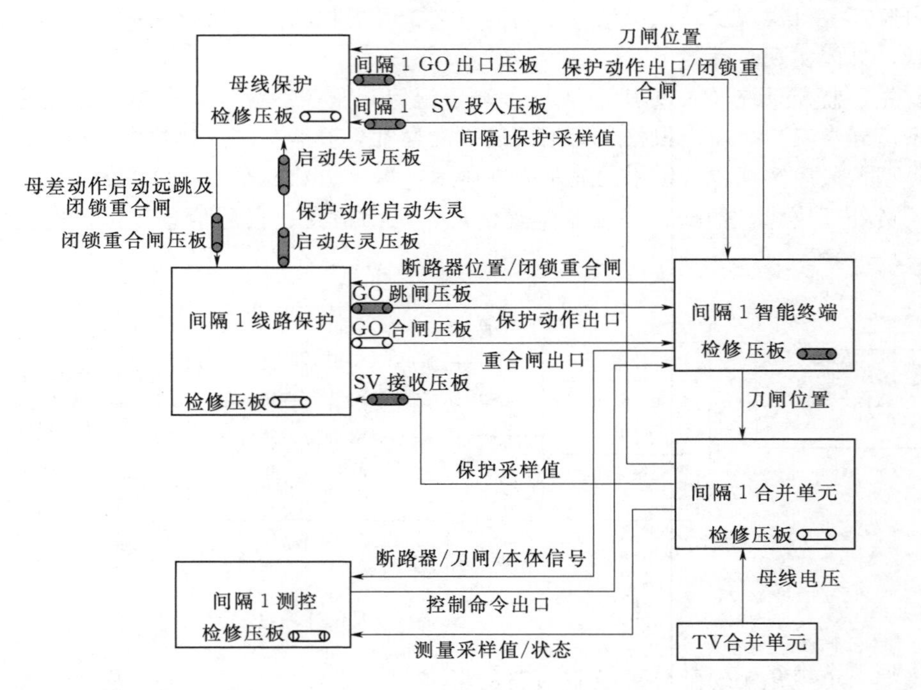

图 3-3-2-12　压板状态可视化展示图

第三节　二次设备检修标准化作业

下面以国家电网公司×××换流站750kV高抗二次设备检修作业为例进行介绍。

一、基本情况

1. 范围

此作业适用于×××换流站750kV高抗二次设备年度检修工作，具体内容如下：

(1) 750kV 5号继电器室。7521断路器保护柜、7520断路器保护柜、750kV 1号高压电抗器保护柜1、750kV 1号高压电抗器保护柜2、TFR71 750kV线路故障录波器柜1的保护定检、整组传动。

(2) 750kV交流场。高抗冷却器控制柜及端子箱，7521、7520开关汇控柜，7521、7520断路器端子箱，75211、75212、75201、7501DK隔离开关机构箱，752127、752017、752167、7501DK7接地刀闸机构箱的检修、消缺。

2. 指导文件

(1) GB/T 7261《继电保护和安全处动装置基本试验方法》。

(2) GB/T 22384《电力系统安全稳定控制系统检验规范》。

(3) Q/GDW 411《继电保护试验装置校准规范》。

(4) DL/T 1087《±800kV特高压直流换流站二次设备抗扰度要求》。

(5) Q/GDW 118《直流换流站二次电气设备交接试验规程》。

(6) 国家电网公司运行分公司《直流换流站设备检修、例行试验工艺和质量标准》。

二、检修前的准备

1. 准备工作安排

准备工作安排见表3-3-3-1。

表3-3-3-1　　准备工作安排

序号	内　　容	标　　准	负责人	备注
1	根据安全性评价、安全大检查和运行设备缺陷在检修前15天做好设备的摸底工作，根据年度、月度检修计划申请规定提前提交相关设备停役申请	摸底工作包括检查设备状况，反措计划的执行情况及设备的缺陷		
2	检修开工前2个月，向有关部门上报本次工作的材料计划			
3	根据本次校验的项目，组织作业人员学习作业指导书、安全，使全体作业人员熟悉作业内容、进度要求、作业标准、安全注意事项	要求所有工作人员都明确本次校验工作的作业内容、进度要求、作业标准、安全注意事项		
4	开工前3天，准备好施工所需仪器仪表、工器具、最新整定单、相关材料、相关图纸、上次试验报告、本次需要改进的项目及相关技术资料	仪器仪表、工器具应试验合格，满足本次施工的要求，材料应齐全，图纸及资料应符合现场实际情况		
5	填写第一种工作票，在开工前一天交值班员	工作票应填写正确，并按《电业安全工作规程》相关部分执行		

2. 作业人员要求

作业人员要求见表3-3-3-2。

表 3-3-3-2　　作业人员要求

序号	内　　容	责任人	备注
1	现场工作人员应身体健康、精神状态良好		
2	作业辅助人员（外来）必须经负责施教的人员，对其进行安全措施、作业范围、安全注意事项等方面施教后方可参加工作		
3	特殊工种（吊车司机）必须持有效证件上岗		
4	作业人员必须具备必要的电气知识，掌握本专业作业技能及电业安全工作规程的相关知识，并考试合格		
5	作业负责人必须经管理处批准		

3. 备品备件

备品备件见表 3-3-3-3。

表 3-3-3-3　　备　品　备　件

序号	名　　称	型　　号	单位	备注
1				
2				
⋮				

4. 工器具

工器具见表 3-3-3-4。

表 3-3-3-4　　工　器　具

序号	名　　称	规格/编号	单位	数量	备注
1	三相继电保护测试仪	继保之星 1600	台	2	
2	单相继电保护测试仪	SVERKER750	台	1	
3	数字万用表	福禄克 15B	块	5	
4	指针式万用表	MF10	块	2	
5	绝缘电阻表	福禄克 1508	块	3	
6	试验线	—	根	32	
7	专用工具（一字起、尖嘴钳、斜口钳）	—	套	2	
8	扎带枪	—	把	2	
9	毛刷	—	把	1	
10	静电吸尘器	飞利浦	台	1	
11	抹布	—	条	2	

5. 材料

材料见表 3-3-3-5。

表 3-3-3-5　　材　　料

序号	名　　称	规格	单位	数量
1	绝缘胶带	红	卷	1
2	抹布	—	条	5
3	扎带	—	袋	1
4	连片	—	包	10
5	螺丝	—	包	10

6. 定置图及围图

定置图及围图如图 3-3-3-1 所示。

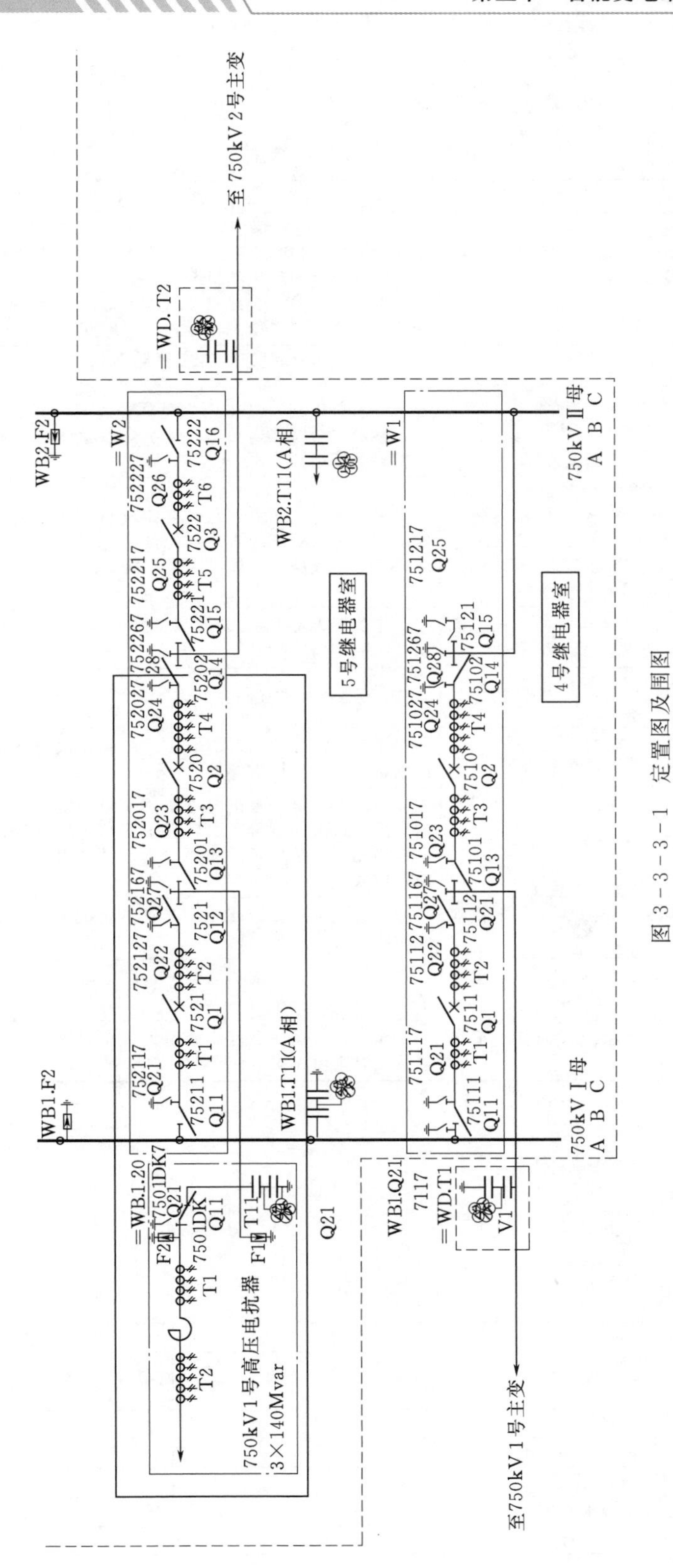

图 3-3-3-1　定置图及围图

7. 危险点分析及防范措施

危险点分析及防范措施见表3-3-3-6。

表3-3-3-6　危险点分析及防范措施

序号	危险点	预控措施
1	TA二次回路反注流、TV二次回路反加压，一次设备上有人工作时高压造成人身伤害	根据附件“继电保护安全措施卡”，封严TA二次回路并断开与盘内的连接（作为安措的连接片要与回路中的固有连接片区别开，对安措连接片用红色颜料涂抹标记）。加试验电流、电压时，在端子排盘内侧加量。完成试验接线后，工作负责人检查、核对、确认后，下令可以开始工作后，工作班方可开始工作
2	开关设备有人工作，造成人员高空坠落	保护定检时严禁投入7521断路器保护柜、7520断路器保护柜、750kV 1号高压电抗器保护柜1、750kV 1号高压电抗器保护柜2上所有出口压板，具体内容见作业指导书附录3（保护定检结束后，整组试验时，通知运行人员后投退压板，严禁投入用红色胶布粘封的压板）
3	防止7521开关失灵保护启动750kV Ⅰ母线母差保护；防止7520开关失灵保护启动750kV 2号主变保护；防止7520开关失灵保护启动7522断路器保护、启动750kV 2号主变保护	退出保护屏上相应压板，并用红色胶布粘封，同时将压板对应的出口端子上外部线拆除，用红色绝缘胶布粘贴，做出明显标记防止误短、误碰，具体见附录二次工作安全措施票
4	工作中将继电保护试验仪的电压电流引到运行设备，造成运行设备误动	工作负责人检查、核对待测继电保护设备与其他运行设备已完全二次隔离
5	检查TA二次回路时导致带电保护装置误动	TA检查严格按照4进行，不得检查未列入表中的端子
6	工作中误短接端子造成运行设备误动	工作时必须仔细核对端子，严防误短误碰端子，尤其注意不得误碰误短有红色标记的端子
7	跳闸出口接点粘连引起保护误出口	试验前，测量所有出口端子两端对地电位，并做好记录；试验结束后，再次测量所有出口端子两端对地电位，并与试验前测量电位相比较，结果必须相同。测量时采用指针式电压表，严禁使用万用表
8	工作中恢复接线错误造成设备不正常工作	施工过程中拆接回路线，要有书面记录，恢复接线正确，严禁改动回路接线
9	工作中误短端子造成运行设备误跳闸或工作异常	短接端子时应仔细核对屏号、端子号，严禁在有红色标记的端子上进行任何工作
10	工作中恢复定值错误造成设备不正常工作	工作前核对保护定值与最新定值单相符，工作完成后再次与定值单核对定值无误

8. 安全措施

详见工作票TS-D相关内容。

9. 人员分工

人员分工见表3-3-3-7。

表3-3-3-7　人员分工

序号	作业项目	负责人	作业人员
1	高抗电量保护定检		
2	高抗非电量保护定检		
3	断路器失灵保护定检		
4	高抗非电量整组传动试验		
5	TA、TV二次回路检查		
6	就地控制柜检查		
7	机构箱、端子箱检查		

三、作业流程

作业流程如图 3－3－3－2 所示。

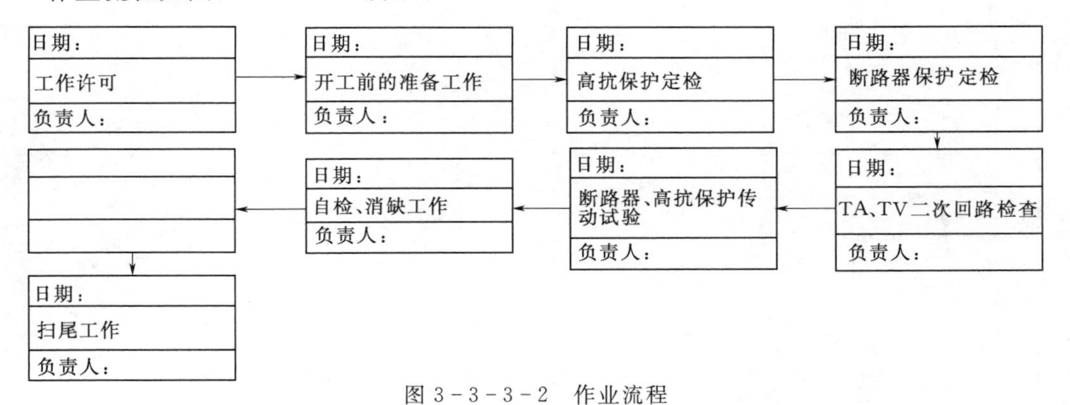

图 3－3－3－2　作业流程

四、作业程序和作业标准

1. 开工程序

开工程序见表 3－3－3－8。

表 3－3－3－8　　开　工　程　序

序号	内　　容	到位人员签字
1	工作票负责人会同工作票许可人检查工作票上所列安全措施是否正确完备，经现场核查无误后，与工作票许可人办理工作票许可手续	
2	开工前工作负责人检查所有工作人员是否正确使用劳保用品，并由工作负责人带领进入作业现场，并在工作现场向所有工作人员详细交代作业任务、安全措施和安全注意事项、设备状态及人员分工，全体人员应明确作业范围、进度要求等内容，并在到位人员签字栏内分别签名	

2. 检修电源使用

检修电源使用见表 3－3－3－9。

表 3－3－3－9　　检 修 电 源 使 用

序号	内　　容	标　　准	责任人签字
1	检修电源接取位置	从最近的检修电源箱上接取	
2	检修电源的配置	电源必须是三相四线并有漏电保安器	
3	接取电源时注意事项	必须由检修专业人员接取，接取时严禁单人操作 接取电源应先验电，用万用表确认电源电压等级和电源类型无误后，从检修电源箱内出线闸刀下引出	
4	检修电源线要求	2.5mm^2 及以上	

3. 检修内容和工艺标准

（1）高抗电气量保护 PRS747S、SGR751 检修内容、工艺和标准见表 3－3－3－10。

（2）高抗非电量保护 PRS761B 检修工艺、检修标准见表 3－3－3－11。

（3）断路器失灵保护 PSL632U 检修工艺、检修标准见表 3－3－3－12。

表 3-3-3-10　　高抗电气量保护 PRS747S、SGR751 检修内容、工艺和标准

序号	检修内容	检修工艺	质量标准	注意事项	责任人签字
1	外观检查	(1) 屏柜内端子及接线检查。 (2) 屏柜内标识检查，核对保护屏配置的端子号、回路标注等。 (3) 转换开关、按钮检查。 (4) 装置外观检查：保护装置的各部件固定良好，无松动现象，装置外形完好，无明显损坏及变形现象，检查保护装置的背板接线无断线、短路和焊接不良等现象，并检查背板上抗干扰元件的焊接、连线和元器件外观	(1) 屏柜运行声音正常，无异常杂声。 (2) 屏柜及其内部所有元件无锈蚀或碰擦损伤。 (3) 接线整齐美观，端子压接紧固可靠，线端标号和电缆标牌完整清晰。 (4) 屏柜转换开关、按钮外观完好		
2	屏柜及装置清扫	屏柜内端子排、装置外壳清扫	屏内外清洁、无杂物，防火封堵完好，内部无凝水		
3	接地检查	(1) 屏柜内接地铜排应用截面不小于 $50mm^2$ 的铜缆与保护室内的等电位接地网可靠相连。 (2) 屏柜内电缆屏蔽层应使用截面不小于 $4mm^2$ 多股铜质软导线可靠连接到等电位接地铜排上。 (3) 屏柜内设备的金属外壳应可靠接地，屏柜的门等活动部分应使用不小于 $4mm^2$ 多股铜质软导线与屏柜体良好连接			
4	压板检查	(1) 跳闸连接片的开口端应装在上方，接至断路器的跳闸回路。 (2) 跳闸连接片在落下的过程中必须和相邻跳闸连接片有足够的距离，以保证在操作跳闸连接片时不会碰到相邻的跳闸连接片。 (3) 检查并确证跳闸连接片在拧紧螺栓后能可靠地接通回路，且不会接地。 (4) 穿过保护屏的跳闸连接片导电杆必须有绝缘套，并距屏孔有明显距离	防止直流回路短路、接地		

续表

序号	检修内容	检修工艺	质量标准	注意事项	责任人签字
5	绝缘检查				
5.1	摇测交流电流回路对地的绝缘电阻	（1）分组回路绝缘检查：采用1000V摇表测各组回路间及各组对地的绝缘电阻，在测量某一组回路对地绝缘电阻时，应将其他各组回路都接地。 （2）整个二次回路的绝缘耐压检验：在保护屏端子排处将所有电流、电压及直流回路的端子连接在一起，并将电流回路的接地点拆开，用1000V摇表测	用1000V摇表测，要求大于1MΩ，跳闸回路要求大于10MΩ	（1）测量前应通知有关人员暂时停止在回路上的一切工作。 （2）断开保护直流电源，拆开回路接地点，将所测端子解开，确保对模块无任何影响。 （3）应断开交流电压空气开关防止PT二次反充电	
5.2	摇测交流电压回路对地的绝缘电阻				
5.3	摇测直流回路对地的绝缘电阻				
5.4	摇测交、直流回路之间的绝缘电阻				
5.5	摇测跳合闸回路的绝缘电阻				
6	保护装置直流电源测试				
6.1	检验装置直流电源输入电压值及稳定性测试	直流电源分别调至80%、100%、110%额定电压值，模拟保护动作，保护装置应能正确工作		（1）断开保护装置跳闸出口连接片。 （2）试验用的直流电源应经专用双极闸刀，并从保护屏端子排上的端子接入。屏上其他装置的直流电源开关处于断开状态	

续表

序号	检修内容	检 修 工 艺	质 量 标 准	注 意 事 项	责任人签字
6.2	装置自启动电压测试	(1) 直流电源缓慢上升时的自启动性能检验，不低于80%额定电压值装置正常启动。 (2) 拉合直流电源时的自启动性能检验，80%额定电压时拉合三次直流电源，装置均正常启动		保护装置仅插入逆变电源插件	
6.3	直流电源拉合试验	拉合三次直流工作电源，保护装置应不误动和误发保护动作信号			
7	通电初步检查	(1) 定值核对、定值区切换检查。 (2) 保护装置键盘操作检查和软件版本号检查。 (3) 保护装置键盘操作及密码检查。 (4) 保护装置软件版本号检查。 (5) 时钟整定与校核	(1) 能正确输入和修改定值，定值区切换正常，直流电源失电后定值不变。 (2) 保护装置键盘操作应灵活正确，保护密码应正确，并有记录。 (3) 软件版本号应和原记录一致。 (4) 应能正确对时，失电后时钟不应丢失和变化		
8	模拟量输入特性检验				
8.1	零漂检查	(1) 进行本项目检验时要求保护装置不输入交流量。 (2) 在液晶显示中点击查看CPU和DSP采样值。 (3) 检验零漂时，要求在一段时间内（几分钟）零漂值稳定在规定范围内	要求零漂值均在0.01I_n（或0.05V）以内		
8.2	线性度测试	将电流端子、电压端子与试验仪器接好，加入电流和电压，设置大小和相位，检查电流和电压采样是否正确，回路的极性是否正确，相位是否正确	在三相电流回路中加入对称正序额定电流值和电压值，要求保护装置的电流采样值与实测的误差应不大于5%，电压采样值与实测的误差应不大于5%		
9	开关量输入回路检验	(1) 投入功能压板，应有开关量输入的显示。 (2) 按下打印按钮，应打印。 (3) 短接GPS对时接点，检查对时功能正常。 (4) 短接接点，在菜单中查看，应有A相跳位开入的显示；短接对应接点应出现B相和C相的跳位开入	(1) 在80%额定直流电源下，各接点应能可靠动作。 (2) 会导致装置直接跳闸的光隔输入，其动作电压范围为50%～70%额定电压	防止直流回路短路、接地	

续表

序号	检修内容	检　修　工　艺	质 量 标 准	注 意 事 项	责任人签字
10	保护定值和功能校验				
10.1	纵差保护、纵差差动速断	（1）投入“保护投入”压板（功能压板）。 （2）在“整定值修改”子菜单中将“速断保护投退”“纵差保护投退”状态字置1。 （3）接好试验接线，在引线电流端子排A相加入电流，故障电流为速断电流定值的1.05倍，模拟速断保护动作。 （4）点击试验仪器上的开始按钮后，保护应正确动作，保护装置上“跳闸”指示灯点亮，保护屏上有相应的事件产生，“速断”软件LED灯应点亮，动作时间应不大于25ms。 （5）复归告警。 （6）在引线电流端子排A相加入电流，故障电流为速断电流定值的0.95倍，模拟速断保护动作。 （7）点击试验仪器上的开始按钮后，保护不应动作。 （8）复归告警		防止直流回路短路、接地	
10.2	分侧差动保护及零序差动保护	变压器分侧差动及零序差动保护一般用于反应自耦变压器高压侧、中压侧开关到公共绕组之间的各种相间故障、接地故障，其保护原理同纵差保护原理，当差流达到保护动作值时出口跳闸			
10.3	高压侧电流速断保护	变压器电流速断保护原理同过流保护原理，均是电流超过定值后才动作，但速断保护定值大于过流，电流速断分带时限和不带时限两种。电流速断保护用于保护变压器引线短路故障以及绕组严重匝间短路故障			
10.4	低压侧限时速断保护				

续表

序号	检修内容	检修工艺	质量标准	注意事项	责任人签字
10.5	过激磁保护	(1) 定时限过励磁定值。 1) 保护总控制字"过励磁保护投入"置1。 2) 投入过励磁保护压板（功能压板）。 3) 按需要投入软压板"过激磁保护安装侧"，整定"定时限过激磁跳闸投入""定时限过激磁报警投入"为1。 (2) 反时限过励磁定值。 1) 保护总控制字"过励磁保护投入"置1。 2) 投入过励磁保护压板（功能压板）。 3) 按需要投入软压板"过激磁保护安装侧"，整定"反时限过激磁跳闸投入" "反时限过激磁报警投入"为1			
10.6	复合电压闭锁方向过流保护	(1) 变压器相间阻抗保护取变压器高压侧相间电压、相间电流，电流方向流入变压器为正方向，阻抗方向指向变压器，灵敏角固定为75°。 (2) TV断线时闭锁阻抗保护			
10.7	开关量输出检查	(1) 关闭装置电源，装置异常和装置闭锁接点闭合。 (2) 装置正常运行时，装置异常和装置闭锁接点断开。 (3) 模拟差动保护跳闸，所有跳闸接点应闭合，失灵启动接点闭合。 (4) 将运行电源空开断开时，"运行电源消失，操作电源消失"信号端子导通，将操作电源空开断开时，"操作电源消失"信号端子导通	在80%额定直流电源下，开关量输出各接点应能可靠动作		
11	回路检查				
11.1	直流电源回路检查	接线正确，标号清晰且与竣工图纸相符	(1) 接线正确，无接地点。 (2) 无寄生回路		

续表

序号	检修内容	检　修　工　艺	质 量 标 准	注 意 事 项	责任人签字
11.2	TA 回路查线	接线正确，标号清晰且与竣工图纸相符	（1）接线正确，端子排引线螺钉压接可靠。 （2）当测量仪表与保护装置共用一组电流互感器时，宜分别接于不同的二次绕组。 （3）CT 二次回路中同一电流回路中只允许存在一个接地点		
11.3	信号回路查线	接线正确，标号清晰且与竣工图纸相符	（1）接线正确、简单、可靠。 （2）信号回路由专用熔断器供电，不得与其他回路混用，对其电源熔断器应有监视		
11.4	跳闸出口回路查线	接线正确，标号清晰且与竣工图纸相符	（1）接线正确可靠。 （2）有两组跳闸线圈的断路器，每一跳闸回路应分别由专用的直流熔断器供电		
11.5	二次电压回路的接地点和回路中所用的熔断器、小开关检查	（1）接地点应可靠唯一。 （2）熔断器的熔断电流需合适，并定期更换熔断器。 （3）熔断器、小开关的装设地点合适			
12	整组联动及传动检验	（1）投入差动保护、断路器出口跳闸压板。控制室和开关场设专人监视，试验时检查断路器和保护的动作应一致，中央信号装置的动作及有关光、音信号指示正确。 （2）试验结束后，恢复所有接线，检查所有接线连接良好。复归信号，关闭直流电源 15s 后再打开，应无其他告警报告，运行灯亮	（1）应测量保护柜出口整组动作时间，整组动作时间应不大于 40ms。 （2）与其他保护配合功能应正确无误。 （3）各信号正确	（1）要求在 80% 额定直流工作电压下进行保护传动试验。 （2）在传动断路器之前，必须先通知检修班，在得到检修班负责人同意，并在断路器上挂上明显标识后，方可传动断路器。 （3）控制室、继电器室和现场均应有专人监视，并应具备良好的通信联络设备	

续表

序号	检修内容	检修工艺	质量标准	注意事项	责任人签字
13	带负荷试验	(1) 用钳形相位表从保护屏的端子排上依次测出各侧A相、B相、C相的幅值和相位(相位以母线或线路某相TV二次电压为基准),并记录。 (2) 可通过控制屏上的电流表、有功表和无功表,或后台监控显示器以及调度端的遥测数据,记录母线上各路电流、有功功率、无功功率的大小和流向	当二次接线正确时,各条线路的电流都应是正序排列	(1) 防止CT二次开路。 (2) 防止PT二次短路	
14	保护装置定值复核	将CPU运行区的定值打印出来,与定值单相同			

表3-3-3-11　　高抗非电量保护PRS761B检修工艺、检修标准

序号	检修内容	检修工艺	质量标准	注意事项	责任人签字
1	外观检查	(1) 屏柜内端子及接线检查。 (2) 屏柜内标识检查,核对保护屏配置的端子号、回路标注等。 (3) 转换开关、按钮检查。 (4) 装置外观检查:保护装置的各部件固定良好,无松动现象,装置外形完好,无明显损坏及变形现象,检查保护装置的背板接线无断线、短路和焊接不良等现象,并检查背板上抗干扰元件的焊接、连线和元器件外观	(1) 屏柜运行声音正常,无异常杂声。 (2) 屏柜及其内部所有元件无锈蚀或碰擦损伤。 (3) 接线整齐美观,端子压接紧固可靠,线端标号和电缆标牌完整清晰。 (4) 屏柜转换开关、按钮外观完好		
2	屏柜及装置清扫	屏柜内端子排、装置外壳清扫	屏内外清洁、无杂物,防火封堵完好,内部无凝水		

续表

序号	检修内容	检　修　工　艺	质 量 标 准	注 意 事 项	责任人签字
3	接地检查	（1）屏柜内接地铜排应用截面不小于 $50mm^2$ 的铜缆与保护室内的等电位接地网可靠相连。 （2）屏柜内电缆屏蔽层应使用截面不小于 $4mm^2$ 多股铜质软导线可靠连接到等电位接地铜排上。 （3）屏柜内设备的金属外壳应可靠接地，屏柜的门等活动部分应使用不小于 $4mm^2$ 多股铜质软导线与屏柜体良好连接			
4	压板检查	（1）跳闸连接片的开口端应装在上方，接至断路器的跳闸回路。 （2）跳闸连接片在落下的过程中必须和相邻跳闸连接片有足够的距离，以保证在操作跳闸连接片时不会碰到相邻的跳闸连接片。 （3）检查并确证跳闸连接片在拧紧螺栓后能可靠地接通回路，且不会接地。 （4）穿过保护屏的跳闸连接片导电杆必须有绝缘套，并距屏孔有明显距离	防止直流回路短路、接地		
5	绝缘检查				
5.1	摇测交流电流回路对地的绝缘电阻	（1）分组回路绝缘检查：采用1000V摇表测各组回路间及各组对地的绝缘电阻，在测量某一组回路对地绝缘电阻时，应将其他各组回路都接地。 （2）整个二次回路的绝缘耐压检验：在保护屏端子排处将所有电流、电压及直流回路的端子连接在一起，并将电流回路的接地点拆开，用1000V摇表测	用1000V摇表测，要求大于1MΩ，跳闸回路要求大于10MΩ	（1）测量前应通知有关人员暂时停止在回路上的一切工作。 （2）断开保护直流电源，拆开回路接地点，将所测端子解开，确保对模块无任何影响。 （3）应断开交流电压空气开关防止PT二次反充电	
5.2	摇测交流电压回路对地的绝缘电阻				
5.3	摇测直流回路对地的绝缘电阻				

续表

序号	检修内容	检 修 工 艺	质 量 标 准	注 意 事 项	责任人签字
5.4	摇测跳合闸回路的绝缘电阻				
6	保护装置直流电源测试				
6.1	检验装置直流电源输入电压值及稳定性测试	直流电源分别调至80%、100%、110%额定电压值，模拟保护动作，保护装置应能正确工作		(1) 断开保护装置跳闸出口连接片。 (2) 试验用的直流电源应经专用双极闸刀，并从保护屏端子排上的端子接入。屏上其他装置的直流电源开关处于断开状态	
6.2	装置自启动电压测试	(1) 直流电源缓慢上升时的自启动性能检验，不低于80%额定电压值装置正常启动。 (2) 拉合直流电源时的自启动性能检验，80%额定电压时拉合三次直流电源，装置均正常启动		保护装置仅插入逆变电源插件	
6.3	直流电源拉合试验	拉合三次直流工作电源，保护装置应不误动和误发保护动作信号			
7	通电初步检查	(1) 定值核对、定值区切换检查。 (2) 保护装置键盘操作检查和软件版本号检查。 (3) 保护装置键盘操作及密码检查。 (4) 保护装置软件版本号检查。 (5) 时钟整定与校核	(1) 能正确输入和修改定值，定值区切换正常，直流电源失电后定值不变。 (2) 保护装置键盘操作应灵活正确，保护密码应正确，并有记录。 (3) 软件版本号应和原记录一致。 (4) 应能正确对时，失电后时钟不应丢失和变化		
8	开关量输入回路检验	(1) 投入功能压板，应有开关量输入的显示。 (2) 按下打印按钮，应打印。 (3) 短接GPS对时接点，检查对时功能正常。 (4) 短接接点，在菜单中查看，应有A相跳位开入的显示；短接对应接点应出现B相和C相的跳位开入	(1) 在80%额定直流电源下，各接点应能可靠动作。 (2) 会导致装置直接跳闸的光隔输入，其动作电压范围为50%～70%额定电压	防止直流回路短路、接地	

续表

序号	检修内容	检修工艺	质量标准	注意事项	责任人签字
9	回路检查				
9.1	直流电源回路检查	接线正确，标号清晰且与竣工图纸相符	（1）接线正确，无接地点。 （2）无寄生回路		
9.2	信号回路查线	接线正确，标号清晰且与竣工图纸相符	（1）接线正确、简单、可靠。 （2）信号回路由专用熔断器供电，不得与其他回路混用，对其电源熔断器应有监视		
9.3	跳闸出口回路查线	接线正确，标号清晰且与竣工图纸相符	（1）接线正确可靠。 （2）有两组跳闸线圈的断路器，每一跳闸回路应分别由专用的直流熔断器供电		
9.4	二次电压回路的接地点和回路中所用的熔断器、小开关检查	（1）接地点应可靠唯一。 （2）熔断器的熔断电流需合适，并定期更换熔断器。 （3）熔断器、小开关的装设地点合适			
10	整组联动及传动检验	（1）投入非电量保护出口跳闸压板。控制室和开关场设专人监视，试验时检查断路器和保护的动作应一致，中央信号装置的动作及有关光、声信号指示正确。 （2）试验结束后，恢复所有接线，检查所有接线连接良好。复归信号，关闭直流电源15s后再打开，应无其他告警报告，运行灯亮	（1）应测量保护柜出口整组动作时间，整组动作时间应不大于40ms。 （2）与其他保护配合功能应正确无误。 （3）各信号正确	（1）要求在80%额定直流工作电压下进行保护传动试验。 （2）在传动断路器之前，必须先通知检修班，在得到检修班负责人同意，并在断路器上挂上明显标识后，方可传动断路器。 （3）控制室、继电器室和现场均应有专人监视，并应具备良好的通信联络设备	
11	保护装置定值复核	将CPU运行区的定值打印出来，与定值单相同			

表 3-3-3-12　断路器失灵保护 PSL632U 检修工艺、检修标准

序号	检修内容	检修工艺	质量标准	注意事项	责任人签字
1	外观检查	(1) 屏柜内端子及接线检查。 (2) 屏柜内标识检查，核对保护屏配置的端子号、回路标注。 (3) 转换开关、按钮检查。 (4) 装置外观检查：保护装置的各部件固定良好，无松动现象，装置外形完好，无明显损坏及变形现象，检查保护装置的背板接线无断线、短路和焊接不良等现象，并检查背板上抗干扰元件的焊接、连线和元器件外观	(1) 屏柜运行声音正常，无异常杂声。 (2) 屏柜及其内部所有元件无锈蚀或碰擦损伤。 (3) 接线整齐美观，端子压接紧固可靠，线端标号和电缆标牌完整清晰。 (4) 屏柜转换开关、按钮外观完好		
2	屏柜及装置清扫	屏柜内端子排、装置外壳清扫	屏内外清洁、无杂物，防火封堵完好，内部无凝水		
3	接地检查	(1) 屏柜内接地铜排应用截面不小于 $50mm^2$ 的铜缆与保护室内的等电位接地网可靠相连。 (2) 屏柜内电缆屏蔽层应使用截面不小于 $4mm^2$ 多股铜质软导线可靠连接到等电位接地铜排上。 (3) 屏柜内设备的金属外壳应可靠接地，屏柜的门等活动部分应使用不小于 $4mm^2$ 多股铜质软导线与屏柜体良好连接			
4	压板检查	(1) 跳闸连接片的开口端应装在上方，接至断路器的跳闸回路。 (2) 跳闸连接片在落下的过程中必须和相邻跳闸连接片有足够的距离，以保证在操作跳闸连接片时不会碰到相邻的跳闸连接片。 (3) 检查并确证跳闸连接片在拧紧螺栓后能可靠地接通回路，且不会接地。 (4) 穿过保护屏的跳闸连接片导电杆必须有绝缘套，并距屏孔有明显距离	防止直流回路短路、接地		

续表

序号	检修内容	检修工艺	质量标准	注意事项	责任人签字
5	绝缘检查				
5.1	摇测交流电流回路对地的绝缘电阻	（1）分组回路绝缘检查：采用1000V摇表测各组回路间及各组对地的绝缘电阻，在测量某一组回路对地绝缘电阻时，应将其他各组回路都接地。 （2）整个二次回路的绝缘耐压检验：在保护屏端子排处将所有电流、电压及直流回路的端子连接在一起，并将电流回路的接地点拆开，用1000V摇表测	用1000V摇表测，要求大于1MΩ，跳闸回路要求大于10MΩ	（1）测量前应通知有关人员暂时停止在回路上的一切工作。 （2）断开保护直流电源，拆开回路接地点，将所测端子解开，确保对模块无任何影响。 （3）应断开交流电压空气开关防止TV二次反充电	
5.2	摇测交流电压回路对地的绝缘电阻				
5.3	摇测直流回路对地的绝缘电阻				
5.4	摇测交、直流回路之间的绝缘电阻				
5.5	摇测跳合闸回路的绝缘电阻				
6	保护装置直流电源测试				
6.1	检验装置直流电源输入电压值及稳定性测试	直流电源分别调至80%、100%、110%额定电压值，模拟保护动作，保护装置应能正确工作		（1）断开保护装置跳闸出口连接片。 （2）试验用的直流电源应经专用双极闸刀，并从保护屏端子排上的端子接入，屏上其他装置的直流电源开关处于断开状态	
6.2	装置自启动电压测试	（1）直流电源缓慢上升时的自启动性能检验，不低于80%额定电压值装置正常启动。 （2）拉合直流电源时的自启动性能检验，80%额定电压时拉合三次直流电源，装置均正常启动		保护装置仅插入逆变电源插件	

续表

序号	检修内容	检修工艺	质量标准	注意事项	责任人签字
6.3	直流电源拉合试验	拉合三次直流工作电源，保护装置应不误动和误发保护动作信号			
7	通电初步检查	（1）定值核对、定值区切换检查。 （2）保护装置键盘操作检查和软件版本号检查。 （3）保护装置键盘操作及密码检查。 （4）保护装置软件版本号检查。 （5）时钟整定与校核	（1）能正确输入和修改定值，定值区切换正常，直流电源失电后定值不变 。 （2）保护装置键盘操作应灵活正确，保护密码应正确，并有记录。 （3）软件版本号应和原记录一致。 （4）应能正确对时，失电后时钟不应丢失和变化		
8	模拟量输入特性检验				
8.1	零漂检查	（1）进行本项目检验时要求保护装置不输入交流量。 （2）在液晶显示中查看 CPU 和 DSP 采样值。 （3）检验零漂时，要求在一段时间内（几分钟）零漂值稳定在规定范围内	要求零漂值均在标准规定值以内		
8.2	线性度测试	（1）从电流端子输入电流，设置大小和相位，在液晶显示中查看 CPU 和 DSP 采样值与所加量是否一致，检查电流极性是否正确，相位是否正确。 （2）将电流端子、电压端子与试验仪器接好，加入电流和电压，设置幅值和相位，检查电流和电压采样是否正确，回路的极性是否正确，相位是否正确	在三相电流回路中加入对称正序额定电流值和电压值，要求保护装置的电流采样值与实测值的误差应不大于 5%，电压采样值与实测值的误差应不大于 5%		
9	开关量输入回路检验	（1）投入功能压板，在菜单中检查，应有开关量变位信号或相关功能投入事件提示。 （2）按下打印按钮，应能正常打印。 （3）短接 GPS 对时接点，对时功能正常。 （4）短接接点，在菜单中查看，应有开关相关跳位开入的显示。 （5）按下复归按钮，相应报警信号复归	（1）在 80% 额定直流电源下，各接点应能可靠动作。 （2）会导致装置直接跳闸的光隔输入，其动作电压范围为 50%～70% 额定电压	防止直流回路短路、接地	
10	保护定值和功能校验				
10.1	PSL632U				

续表

序号	检修内容	检 修 工 艺	质 量 标 准	注 意 事 项	责任人签字
10.1.1	失灵保护校验	（1）在菜单里面将定值控制字“投失灵保护”置1，退出其他保护。 （2）接好试验仪器与电流端子的连线，仅加单相的电流，大小为1.05倍失灵高电流定值，同时短接相应相的外部跳闸输入接点或三相跳闸输入接点，此时，装置面板上相应跳闸灯亮，液晶上应显示“失灵跳本开关”及“失灵动作”。 （3）同2校验0.95倍失灵电流高定值，保护不应动作。 （4）同（1）～（3），做B相、C相故障，注意加故障量的时间应大于保护定值时间。 （5）在“整定定值”→“保护定值”里面将定值控制字“投失灵保护”“经零序发变失灵”置1，将定值“失灵电流高定值”整定成最大值（$I_n \times 5 = 5A$）。 （6）接好试验仪器与电流端子的连线，仅加单相的电流，大小为1.05倍失灵零序电流定值，同时短接外部单跳接点或三跳接点，此时，装置面板上相应跳闸灯亮，液晶上显示“失灵跳本开关”及“失灵动作”。 （7）同（6），加0.95倍的失灵保护零序电流定值，失灵保护不应动作。 （8）在菜单里面将定值控制字“投失灵保护”“经负序发变三跳”置1。 （9）接好试验仪器与电流端子的连线，加1.05倍负序过电流定值，试验时加入I_a一相电流，此时相当于加入了$\lvert I_a \rvert /3$的负序电流，同时短接外部三跳输入接点，此时失灵保护应可靠动作；装置面板上相应跳闸灯亮，液晶上显示“失灵跳本开关”及“失灵动作”。 （10）同（9），加0.95倍负序过电流定值，此时应不动作。 （11）在“整定定值”→“保护定值”里面将定值控制字“投失灵保护”“低cos发变失灵”置1。 （12）接好试验仪器与电压、电流端子的连线，加50V对称电压，加大小为1.05倍低功率因素过流定值的电流，相位关系为：电压超前电流的角度=低功率因素角定值（在整定定值中设定，如设为80°）+2°，同时短接发变三跳输入接点；此时，保护应动作，装置面板上相应跳闸灯亮，液晶上显示“失灵跳本开关”及“失灵动作”。 （13）同（12），做相位关系为：电压超前电流的角度=低功率因素角定值−2°，失灵保护应不动作。 （14）复归告警	1.05倍失灵电流高定值可靠动作，0.95倍失灵电流高定值可靠不动	防止直流回路短路、接地	

续表

序号	检修内容	检 修 工 艺	质 量 标 准	注 意 事 项	责任人签字
10.1.2	死区保护校验	（1）在菜单里面将定值控制字“投死区保护Ⅰ段”置1，退出其他保护。 （2）接好试验仪器与电流端子的连线，仅加单相的电流，大小为死区保护电流定值的1.05倍电流，同时短接外部三相跳闸接点与三相跳闸位置接点，此时死区保护应动作，装置面板上相应跳闸灯亮，液晶上显示“死区保护动作”。 （3）同（2），加0.95的电流时不应动作	1.05倍整定值可靠动作，0.95倍整定值时不应动作	防止直流回路短路、接地	
10.1.3	跟跳本开关检验	（1）在“整定定值”→“保护定值”里面将定值控制字“投跟跳本开关”置1，退出其他保护。 （2）接好试验仪器与电流端子的连线，在A相加入1.05倍的失灵电流高定值，同时短接A相的外部跳闸输入接点，此时液晶应显示A相跟跳。 （3）接好试验仪器与电流端子的连线，在A相加入0.95倍的失灵电流高定值，同时短接A相的外部跳闸输入接点，此时保护应不动作。 （4）按上述方法做B相、C相。 （5）在A相加1.05倍的失灵电流高定值，同时短接外部A、B两相跳闸输入接点，液晶应显示“两相联跳三相”。 （6）同（5），做其他相的两相联跳三相的试验。 （7）在任一相加1.05倍的失灵电流高定值，同时短接三跳接点，液晶应显示“三相跟跳”	0.95倍整定值可靠不动，1.05倍整定值可靠动作	防止直流回路短路、接地	
10.1.4	三相不一致保护校验	（1）在菜单里面将定值控制字中“投不一致保护”置1，退出其他保护。 （2）若断路器在跳位，则解开A相跳闸位置开入端子，装置面板上相应跳闸灯亮，液晶上显示“不一致动作”。 （3）若断路器在合位，则短接A相跳闸位置开入端子，装置面板上相应跳闸灯亮，液晶上显示“不一致动作”。 （4）在菜单里面将定值控制字“投不一致保护”“不一致经零负序”置1，退出其他保护。 （5）接好试验仪器与电流端子的连线，仅加单相的电流，大小为不一致零序过流的1.05倍零序电流定值，同时给上任一相跳闸位置开入，经过整定的延时，装置面板上相应跳闸灯亮，液晶上显示“不一致动作”。 （6）同（5），加0.95倍的电流时不应动作。 （7）接好试验仪器与电流端子的连线，仅加单相的电流，加不一致负序过流的1.05倍负序电流，同时断开任一相跳闸位置开入，此时不一致保护应动作。 （8）同（7），加0.95的电流时不应动作	1.05倍负序电流整定值可靠动作，0.95倍的电流时不应动作	防止直流回路短路、接地	

续表

序号	检修内容	检修工艺	质量标准	注意事项	责任人签字
10.1.5	充电保护校验	(1) 仅投充电保护压板(功能压板)。 (2) 在"整定定值"→"保护定值"里面将定值控制字"投充电保护Ⅰ段"置1，退出其他保护。 (3) 接好试验仪器与电流端子的连线，仅加单相的电流，在A相加充电保护电流定值的1.05倍电流，经过整定的延时，装置面板上相应跳闸灯亮，液晶上显示"充电保护Ⅰ段动作"。 (4) 同(3)，加充电保护电流定值的0.95倍电流，不应动作。 (5) 同上述方法校验Ⅱ段，Ⅱ段定值为0.25A	1.05倍电流整定值可靠动作，0.95倍电流整定值不应动作	防止直流回路短路、接地	
10.1.6	勾通三跳校验	(1) 在保护屏上，将重合闸把手切至"三重方式"，退出其他保护。 (2) 接好试验仪器与电流端子的连线，加上三相电流，其中一相的故障电流要保证零序或突变量启动元件动作，短接外部跳闸开入接点，装置面板上相应跳闸灯亮，液晶上显示"沟通三跳"。 (3) 在保护屏上，将重合闸把手切至"单重方式"，整定定值控制字中"投未充电沟三跳"置1，退出其他保护。 (4) 接好试验仪器与电流端子的连线，加上三相电流，其中一相的故障电流要保证零序或突变量启动元件动作，短接外部跳闸开入接点，装置面板上相应跳闸灯亮，液晶上显示"沟通三跳"	功能正常	防止直流回路短路、接地	
10.1.7	重合闸				
10.1.7.1	三重校验	(1) 在保护屏上，将重合闸把手切至"三重方式"，退出先合开入压板。 (2) 整定定值控制字中"投重合闸"置1，"投重合闸不检"置1。 (3) 将对应的线路开关合上，等保护充电完成后，"充电"灯亮。 (4) 短接线路三跳接点，并迅速返回。 (5) 经过三重的整定时间，三相应重合，重合闸放电，充电灯熄灭	功能正常	防止直流回路短路、接地	

续表

序号	检修内容	检 修 工 艺	质 量 标 准	注 意 事 项	责任人签字
10.1.7.2	单重校验	(1) 在保护屏上，将重合闸把手切至“单重方式”，退出先合开入压板。 (2) 整定值控制字中“投重合闸”置 1，“投重合闸不检”置 1。 (3) 将对应的线路开关合上，等保护充电完成后，“充电”灯亮。 (4) 短接任一跳闸开入接点，并迅速返回。 (5) 经过单重的整定时间，单相应重合，重合闸放电，充电灯熄灭	功能正常	防止直流回路短路、接地	
10.1.7.3	后合跳闸	(1) 在保护屏上，将重合闸把手切至“三重方式”，退出先合开入压板。 (2) 整定定值控制字中“后合检线路有压”置 1，“投重合闸”置 1，“投重合闸不检”置 1。 (3) 将对应的线路开关合上或短接三相的跳位接，等保护充电完成后，“充电”灯亮。 (4) 短接线路三跳接点，并迅速返回。 (5) 等待三相重合时间后，在保护整组复归前，利用试验仪器加上电流（不加电压），接线时注意构成电流回路。 (6) 装置面板上相应跳闸灯亮，液晶上应显示“后合跳闸”。 (7) 复归告警	功能正常	防止直流回路短路、接地	
10.1.8	TA 断线校验	(1) TA 断线定值校验。 1) 退出所有保护。 2) 接好试验接线，在 A 相加入电流，大小为 TA 断线定值的 1.05 倍。 3) 点击试验仪器上的开始按钮后，经过整定的延时发 CT 断线告警。 (2) TA 断线闭锁差动功能校验。 试验方法结合差动保护校验时进行	0.95 倍整定值可靠不动，1.05 倍整定值可靠动作		
10.1.9	开关量输出检查	(1) 关闭装置电源，装置异常和装置闭锁接点闭合；装置正常运行时，此接点断开。 (2) 在 A 相加入电流，模拟 TA 断线，当装置 TA 断线告警时，装置异常报警接点应闭合。 (3) 勾三接点：将重合闸把手切至三重方式，重合闸接点闭合。 (4) 跳闸接点：模拟任一保护动作后，跳闸接点应闭合。 (5) 模拟失灵保护跳闸：失灵接点应闭合。 (6) 模拟重合闸动作：合闸接点应闭合。 (7) 闭锁先合：模拟重合闸动作，动作时量接点，应闭合	在 80%额定直流电源下，开关量输出各接点应能可靠动作		

（4）TA、TV 二次回路检修内容、工艺和标准见表 3-3-3-13。

表 3-3-3-13　　TA、TV 二次回路检修内容、工艺和标准

序号	检修项目	检修工艺	质量标准	注意事项	责任人签字
1	外观检查	无	无异常颜色，无水迹		
2	绝缘检查	使用 1000V 电压测量	大于 10MΩ		
3	回路直阻测量	万用表测量	三相内、外直阻一致，且符合 TA 出厂要求		
4	端子紧固	使用螺丝刀对 TA、TV 端子紧固	无松动端子、连片		
5	设备清灰	使用	干净无灰尘		

（5）机构箱检查内容、工艺和标准见表 3-3-3-14。

表 3-3-3-14　　机构箱检查内容、工艺和标准

序号	检修项目	检修工艺	质量标准	注意事项	责任人签字
1	外观检查	无	箱内干净，无水迹		
2	绝缘检查	摇表测量	符合厂家技术要求		
3	防跳继电器校验	使用继电器测试仪检查	动作电压大于 50%U_n 小于 70%U_n 返回电压大于 15%U_n，返回系数大于 0.8		
4	三相不一致保护继电器校验		符合定值要求		
5	电源回路检查	万用表测量	80%额定电压下可正确工作		
6	操作回路检查	分合操作	分合闸操作可靠动作		
7	加热器检查	测量电阻	加热器电阻值与铭牌一致		
		功能试验、测量电流	达到温度时加热器自动投入		
8	功能试验	就地操作	打就地控制，就地分合闸操作正常		
		远方操作	打远方控制，远方分合闸操作正常		
9	操作闭锁试验	断路器本身异常情况下如 SF_6 压力低可靠闭锁电气操作回路			
10	端子紧固	使用螺丝刀对端子紧固	断路器本身异常情况下如 SF_6 压力低可靠闭锁电气操作回路		
11	设备清灰	无	干净无灰尘		

4. 缺陷消除

缺陷消除见表 3-3-3-15。

表 3-3-3-15　　缺　陷　消　除

序号	内　　容	完成情况	责任人签字
1	7521 A 相低温加热回路的 RHJ9 需检查，机构内另外 7 个加热器正常。C 相常规加热回路 KMX3 的 B 相需检查，机构内另外 6 个加热器正常		
2			
⋮			

5. 专项检查及特殊检修

专项检查及特殊检修见表 3-3-3-16。

表 3-3-3-16　　专项检查及特殊检修

序号	内　　容	标　　准	责任人签字
1	TA、TV 回路检查	见验收作业指导书	
2	非电量回路检查	见验收作业指导书	
3	断路器伴热带检查	见验收作业指导书	
4	刀闸、地刀电机绝缘检查（包括 750kV 高抗风扇、潜油泵）	见验收作业指导书	
5	保护定值核对	打印后检修负责人与监管人员核对签字	
6	整组传动	见附录原始记录	

6. 遗留问题

遗留问题见表 3-3-3-17。

表 3-3-3-17　　遗　留　问　题

序号	内　　容	待处理说明	责任人签字
1			
2			
3			
4			

7. 竣工

竣工见表 3-3-3-18。

表 3-3-3-18　　竣　　工

序号	内　　容	责任人
1	验收传动	
2	全部工作完毕，拆除所有试验接线（先拆电源侧）	
3	恢复安全措施，严格按现场安全技术措施中所做的安全技术措施恢复，恢复后经双方（工作人员及验收人员）核对无误	
4	全体工作人周密检查施工现场、整理现场，清点工具及回收材料	
5	状态检查，严防遗漏项目	
6	工作负责人在检修记录上详细记录本次工作所修项目、发现的问题、试验结果和存在的问题等	
7	经值班员验收合格，并在验收记录卡上各方签字后，办理工作票终结手续	

五、作业指导书执行情况评估

作业指导书执行情况评估见表 3-3-3-19。

表 3-3-3-19　作业指导书执行情况评估

评估内容	符合性	优		可操作项	
		良		不可操作项	
	可操作性	优		修改项	
		良		遗漏项	
存在问题					
改进意见					

六、原始记录

1. 保护检修记录（750kV 高压电抗器保护）

保护检修记录（750kV 高压电抗器保护）见表 3-3-3-20。

表 3-3-3-20　保护检修记录（750kV 高压电抗器保护）

序号	检查项目	检 修 内 容	1 号高压电抗器保护 1 PRS747S	1 号高压电抗器保护 2 SGR751	备注
1	外观检查	无			
2	绝缘检查	交流电流回路对地			
		开入接点对地			
		信号回路对地			
		跳闸回路对地			
		直流电源对地			
		出口接点对地			
3	通电检查	逆变稳压电源检查			
		通电自检查初步检查			
		定值整定校验，失电保护功能检验			
4	电气特性检查	开关量输入检查			
		输出触点和信号检查			
5	电流回路检查	零漂校验			
		精度校验			
6	保护功能检查	差动保护定值校验			
		TA 断线电流校验			
		后备保护校验			
		失灵联跳校验			
7	整组传动试验	保护动作，开关跳闸			

工作负责人（签字）：　　　　工作监管人（签字）：　　　　日期：

2. 整组传动

整组传动见表 3－3－3－21。

表 3－3－3－21　　　　整　组　传　动

序号	设备名称	保护设备名称	试验项目	试验方法	试验结果	正确
1	高压电抗器	750kV 1 号高压电抗器 SGR751 电抗器保护	电量故障	试验仪模拟单相故障。 投入高抗电气量保护 1 启动 7521 开关跳闸 1 压板 1CLP1、高抗电气量保护 1 启动 7522 开关跳闸 1 压板 1CLP2	7521、7522 断路器保护屏三相跳闸 1 信号灯亮，7521、7522 断路器三相跳闸	
		750kV 1 号高压电抗器 PRS761B 电抗器保护	电量故障	试验仪模拟单相故障。 投入高抗电气量保护 1 启动 7521 开关跳闸 2 压板 1CLP1、高抗电气量保护 1 启动 7522 开关跳闸 2 压板 1CLP2	7521、7522 断路器保护屏三相跳闸 2 信号灯亮，7521、7522 断路器三相跳闸	
2	高抗非电量	PRS－761B	非电量故障	投入 5CLP1、5CLP2、5CLP3 压板	按下 A 相重瓦斯跳闸按钮，延时跳开 7521、7522 开关	

工作负责人（签字）：　　　　工作监管人（签字）：　　　　日期：

3. TA/TV 二次回路检修记录

(1) 高抗汇控柜检修记录见表 3－3－3－22。

表 3－3－3－22　　　　高抗汇控柜检修记录

序号	TA 安装位置	TA 相别	TA 绕组	编号	位置 1 各相端子箱	电缆号	接地点检查	直阻/Ω	绝缘/GΩ	是否合格
1	750kV 高抗汇控柜（高压侧电流互感器）	A 相	T1：1S1	A411	X11：1	72713	高抗汇控柜 X11：6			
		B 相		B411	X11：2					
		C 相		C411	X11：3					
		A 相	T1：1S2	N411	X11：4					—
		B 相			X11：5					—
		C 相			X11：6					—
2	750kV 高抗汇控柜（高压侧电流互感器）	A 相	T1：3S1	A431	X11：13	72711	高抗汇控柜 X11：18			
		B 相		B431	X11：14					
		C 相		C431	X11：15					
		A 相	T1：3S2	N431	X11：16					—
		B 相			X11：17					—
		C 相			X11：18					—
3	750kV 高抗汇控柜（高压侧电流互感器）	A 相	T1：4S1	A441	X11：19	72712	高抗汇控柜 X11：24			
		B 相		B441	X11：20					
		C 相		C441	X11：21					
		A 相	T1：4S2	N441	X11：22					—
		B 相			X11：23					—
		C 相			X11：24					—

续表

序号	TA			编号	位置1	电缆号	接地点检查	直阻/Ω	绝缘/GΩ	是否合格
	安装位置	相别	绕组		各相端子箱					
4	750kV高抗汇控柜（中性点侧电流互感器）	A相	T2：1S1	N491	X11：25	72735	高抗汇控柜X11：25			—
		B相			X11：26					—
		C相			X11：27					—
		A相	T2：1S2	A491	X11：28					
		B相		B491	X11：29					
		C相		C491	X11：30					
5	750kV高抗汇控柜（中性点侧电流互感器）	A相	T2：2S1	N481	X11：31	72726	高抗汇控柜X11：31			—
		B相			X11：32					—
		C相			X11：33					—
		A相	T2：2S2	A481	X11：34					
		B相		B481	X11：35					
		C相		C481	X11：36					
6	750kV高抗汇控柜（中性点侧电流互感器）	A相	T2：3S1	N471	X11：37	72727	高抗汇控柜X11：31			—
		B相			X11：38					—
		C相			X11：40					—
		A相	T2：3S2	A471	X11：41					
		B相		B471	X11：42					
		C相		C471	X11：43					

工作负责人（签字）：　　　　　　　　工作监管人（签字）：　　　　　　　　日期：

（2）断路器汇控柜检修记录见表3-3-3-23。

表3-3-3-23　　　　断路器汇控柜检修记录

TA名称									
中文	编号	电缆号	端子号	盘柜名称	电缆号	端子号	绝缘/GΩ	接地点	直阻/Ω
W2Q1断路器汇控柜	I2LHa	A4721	X5-10	高抗保护柜A	72102	1ID-1			
	I2LHb	B4721	X5-11			1ID-2			
	I2LHc	C4721	X5-12			1ID-3			
	N4721	N4721	X5-16			1ID-4			
	I3LHa	A4731	X5-19	高抗保护柜B	72103	1ID-1			
	I3LHb	B4731	X5-20			1ID-2			
	I3LHc	C4731	X5-21			1ID-3			
	N4731	N4731	X5-25			1ID-4			

续表

TA名称									
中文	编号	电缆号	端子号	盘柜名称	电缆号	端子号	绝缘/GΩ	接地点	直阻/Ω
W2Q2断路器汇控柜	3LHa′	A′4731	X5－25	2号联络变保护柜A					
	3LHb′	B′4731	X5－26						
	3LHc′	C′4731	X5－27						
	N′4731	N′4731	X5－31						
	4LHa′	A′4741	X5－34	2号联络变保护柜B					
	4LHb′	B′4741	X5－35						
	4LHc′	C′4741	X5－36						
	N′4741	N′4741	X5－40						
	5LHa′	A′4751	X5－49						
	5LHb′	B′4751	X5－50						
	5LHc′	C′4751	X5－51						
	N′4751	N′4751	X5－43						
	6LHa′	A′4761	X5－58						
	6LHb′	B′4761	X5－59						
	6LHc′	C′4761	X5－60						
	N′4761	N′4761	X5－52						
	7LHa′	A′4771	X5－61	W2Q2断路器保护柜	72207	3ID－1			
	7LHa′	B′4771	X5－62			3ID－2			
	7LHa′	C′4771	X5－63			3ID－3			
	N′4771	N′4771	X5－67			3ID－4			
	8LHa′	A′4781	X5－70	第二串测控柜A	72208	X405－9			
	8LHb′	B′4781	X5－71			X405－10			
	8LHc′	C′4781	X5－72			X405－11			
	N′4781	N′4781	X5－79			X405－15			
	9LHa′	A′4791	X5－82		72209				
	9LHa′	B′4791	X5－83						
	9LHa′	C′4791	X5－84						
	NA4791	NA′4791	X5－91						
	NB4791	NB′4791	X5－92						
	NC4791	NC′4791	X5－93						

工作负责人（签字）：　　　　　　　　　　工作监管人（签字）：　　　　　　　　　　日期：

4．750kV高压电抗器非电量保护检修记录

750kV高压电抗器非电量保护检修记录见表3－3－3－24。

表 3-3-3-24　　750kV 高压电抗器非电量保护检修记录

序号	非电量保护名称	端子号	外观	紧固	绝缘/GΩ	信号
1	主电抗器重瓦斯	5FD：18-20				
2	主电抗器压力释放	5FD：21-23				
3	主电抗器绕组温度 1	5FD：24-26				
4	主电抗器油面温度 1	5FD：27-29				
5	主电抗器轻瓦斯	5FD：42-44				
6	主电抗器油位异常	5FD：45-47				
7	主电抗器油面温度 2	5FD：48-50				
8	主电抗器绕组温度 2	5FD：51-53				

工作负责人（签字）：　　　　工作监管人（签字）：　　　　日期：

5. 电机绝缘、端子箱端子紧固与清灰检查表

电机绝缘、端子箱端子紧固与清灰检查表见表 3-3-3-25。

表 3-3-3-25　　电机绝缘、端子箱端子紧固与清灰检查表

开关编号		试验方法	绝缘是否正常	端子紧固	端子箱清灰	备注
7501DK	A 相	使用 1000V 电压测量，大于 10MΩ				
	B 相					
	C 相					
7501DK7	A 相	使用 1000V 电压测量，大于 10MΩ				
	B 相					
	C 相					
高抗三相汇控柜	—	—	—			
本体接线盒	A 相	—	—			
	B 相	—	—			
	C 相	—	—			

工作负责人（签字）：　　　　工作监管人（签字）：　　　　日期：

第四节　保护装置检验标准化作业

以某公司 66kV 智能变电站主变及分段备自投设备保护装置检验为例介绍。

一、基本情况

1. 设备变更记录

设备变更记录见表 3-3-4-1。

2. 检验报告

数字备自投保护检验报告见表 3-3-4-2。

表 3-3-4-1　　　设备变更记录

变更内容			变更日期	执行人
装置变更	1			
	2			
程序升级	1			
	2			
	3			
	4			
SCD 配置文件变更	1			
	2			
	3			
	4			
	5			
TA 改变比	1			
	2			
	3			
其他	1			
	2			
	3			

表 3-3-4-2　　　×××型数字备自投保护检验报告

出厂日期		投运日期	
工作负责人			
检验人员			
检验性质	全部检验		
开始时间	年　月　日　时　分		
结束时间	年　月　日　时　分		
检验结论			
审核人签字		审核日期	

二、保护装置检验准备工作

(1) 认真了解检验装置的一次设备、二次设备运行情况，了解与运行设备相关的连线，制定安全技术措施见表 3-3-4-3。

表 3-3-4-3　　　了解事项

序号	了解事项	内容			
1	检验装置的一次设备运行情况	停电		不停电	
2	相邻的二次设备运行情况				
3	与运行设备相关的连线情况	详见安全措施票			
4	控制措施交待（工作票）	工作票编号		交待情况	
5	其他注意事项				

（2）所需工具材料见表 3－3－4－4（准备情况良好打√，存在问题加以说明）。

表 3－3－4－4　　所需工具材料

序　号	检验所需材料	准备情况	检查人
1	与实际状况一致的二次回路图纸、配置文件、设备技术说明书		
2	最新定值通知单		
3	LC/ST 尾纤和试验线		
4	上一次（新安装验收、全部检验）的检验报告		
5	继电保护二次工作保护压板及设备投切位置确认单	见表 3－3－4－5	
6	备品备件		

表 3－3－4－5　继电保护二次工作保护压板及设备切换把手投切位置确认单

被试设备名称			
工作负责人		工作时间	年　月　日　时　分—　年　月　日　时　分
工作内容			

包括应断开及恢复的空气开关（刀闸）、切换把手、保护压板（硬/软）、连接片、直流线、交流线、信号线、尾纤、联锁和联锁开关等

序号	硬（软）压板及切换把手名称	开工前状态				工作结束后状态			
		投入位置	退出位置	运行人员确认签字	继电保护人员签字	投入位置	退出位置	运行人员确认签字	继电保护人员签字
1									
2									
3									
4									
5									
6									
7									
8									
9									
10									
11									
12									
13									
14									
15									
16									
17									
18									
19									
20									
21									
22									
23									
	工作负责人在工作票结束前检查安全措施、保护定值区、保护区板紧固、TA 和 TV 接线等是否正常					工作负责人确认签字			

注　1. 在“投入位置”或“退出位置”栏内写“投”或“退”。

2. 本表附在保护记录中存档。

(3) 保护检验所使用的仪器仪表见表 3-3-4-6。

表 3-3-4-6　保护检验所使用的仪器仪表

序号	名　称	型号	编　号	数量
1	继电保护测试仪			
2	数字式万用表			
3	光功率计			
4	1000V 兆欧表			
5	数字式相位表			
6	合并单元测试仪			

三、二次回路绝缘测试

(一) 准备工作及注意事项

(1) 试验前，需要断开直流回路端子排外部全部二次电缆接线，并做好相应记录，且仅能对外部二次电缆测试绝缘，交流回路可正常进行测试。

(2) 应该拔出隔离的插件（如 CPU、开入插件等），防止绝缘试验时造成保护装置集成电路芯片损坏、插件上的电容击穿，影响设备运行。

(3) 每进行一项绝缘试验后，须将试验回路对地放电将二次电流回路的接地点断开。

(二) 检查结果

检查结果见表 3-3-4-7。

表 3-3-4-7　检　查　结　果

序　号	测试项目	实测值/MΩ	要求值
1	交流电流回路—地		使用 1000V 摇表 绝缘电阻大于 1MΩ
2	直流回路—地		
3	交流电流回路—直流回路		

四、屏柜及装置检验

保护装置、合并单元、智能终端、交换机、智能终端控制柜检验见表 3-3-4-8。

表 3-3-4-8　屏 柜 及 装 置 检 验

序号	检　查　内　容	结果
1	装置的配置、型号、额定参数、直流电源额定电压、交流额定电流、电压等是否与设计相一致	
2	保护屏、柜体的安装端正、牢固，插接良好，外壳封闭良好，屏体、柜体可靠接地。静态保护和控制装置的屏柜下部应设有截面积不小于 100mm² 的接地铜排，屏柜上装置的接地端子应用截面积不小于 4mm² 的多股铜线和接地铜排相连，接地铜排应用截面积不小于 50mm² 的铜缆与保护室内的等电位地网相连	
3	屏、柜上的连接片、压板、把手、按钮、尾纤、光缆、网线等各类标志应正确完整清晰，并与图纸和运行规程相符	

续表

序号	检　查　内　容	结果
4	检查装置配置的交、直流空气开关额定工作容量是否合格，与上级空气开关极差配置是否合理	
5	将保护屏、智能终端控制柜上不参与正常运行的连接片取下	
6	装置原理符合有关规程、反措要求，回路接线正确	
7	控制柜应具备温度、湿度的采集、调节功能，柜内温度控制在5～40℃、湿度保持在90%以下，并可通过智能终端GOOSE接口上送温度、湿度信息	
8	双重化的两套保护应采用两根独立的光缆，光缆不宜与动力电缆同槽敷设，并留有足够的备用芯	
9	装置内外部是否清洁无灰尘；清扫电路板及柜体内端子排上的灰尘	
10	检查各插件印刷电路板是否损伤、变形，连线是否连接好	
11	检查SV、GOOSE、时钟插件的光发、光收接口是否完好、清洁	
12	检查各插件上元件是否焊接良好，芯片是否插紧	
13	检查各插件上变换器、继电器是否固定好，有无松动	
14	检查端子排螺丝是否拧紧，后板配线连接是否良好	
15	按照装置的技术说明书描述方法，根据实际需要设定并检查装置插件内跳线的位置	
16	检查屏柜内是否有螺丝松动，是否有机械损伤，是否有烧伤现象；小开关、按钮是否良好；检修硬压板接触是否良好；显示屏是否清晰，文字清楚	
17	检查屏内的电缆是否排列整齐，是否避免交叉，是否固定牢固，不应使所接的端子排受到机械应力，标识是否正确齐全	
18	检查光纤是否连接正确、牢固，有无光纤损坏、弯折现象；检查光纤接头（含光纤配线架侧）完全旋进或插牢，无虚接现象；检查光纤标号是否正确，网线接口是否可靠	
19	控制柜应能满足GB/T 18663.3变电站户外防电磁干扰的要求	
20	屏内取消照明设备	
21	光纤纵联保护尾纤（保护装置、光纤接线盒、通信机房光纤配线架或接口装置）标识按规程执行	

五、保护单体设备调试

（一）配置文件检查

需要检查的装置基本信息见表3-3-4-9。

表3-3-4-9　　需要检查的装置基本信息

序号	项　目	内　容	备注
1	装置型号		
2	生产厂家		
3	设备唯一编码		
4	程序版本		
5	程序校验码		
6	程序生成时间		

续表

序号	项　目	内　　容	备注
7	CID 版本		
8	CID 校验码		
9	CID 生成时间		
10	SCD 版本		
11	SCD 校验码		
12	SCD 修订版本		
13	SCD 程序生成时间		
14	MMI 版本		
15	MMI 校验码		
16	MMI 生成时间		
17	SV 端口类型		
18	GOOSE 端口类型		
19	对时方式		

（二）光功率检验

光功率检验见表 3－3－4－10。

表 3－3－4－10　　　光功率检验

端口	端口定义	发光功率（TX）/dBm	接收光功（RX）/dBm	灵敏接收功率 /dBm	光功率裕度 /dBm	要　求
1						（1）检查通信接口种类和数量是否满足要求，检查光纤端口发送功率、接收功率、最小接收功率。 （2）光波长：1310nm；光纤发送功率：－20～－14dBm；光接收灵敏度：－31～－14dBm。 （3）光波长：850nm；光纤发送功率：－19～－10dBm；光接收灵敏度：－24～－10dBm。 （4）清洁光纤端口，并检查备用接口有无防尘帽。 （5）光纤连接器类型：ST 或 LC 接口。 （6）装置端口接收功率裕度不应低于 3dBm
2						
3						
4						
5						
6						
7						
8						
9						
10						

（三）SV 输入检查

（1）投入相应的 SV 通道软压板，加入数字电流、电压量观察保护装置显示情况，验

证压板功能正确性；验证设备的虚端子SV是否按照设计图纸正确配置。

（2）保护装置应正确处理SV报文的数据异常（无效、检修），及时准确提供告警信息并闭锁相关功能，不参与保护计算。

（3）在保护装置SV输入光口接入数字式继电保护测试仪：$U_n=57.7V$，$I_n=1/5A$；退出SV接收软压板，设备显示SV数值应为0，无零漂，见表3-3-4-11。

表3-3-4-11　SV 输 入 检 查

通道	相别	AD	施加量	显示值（软压板投入）	要　求
电压	A	AD1			电流不超过额定值的±2.5%或$0.02I_n$，电压不超过额定值的±2.5%或$0.01U_n$，角度误差不超过1°
		AD2			
	B	AD1			
		AD2			
电流	C	AD1			
		AD2			
	A	AD1			
		AD2			
电压	B	AD1			
		AD2			
	C	AD1			
		AD2			
电流	A	AD1			
		AD2			
	B	AD1			
		AD2			
	C	AD1			
		AD2			
	A	AD1			
		AD2			
	B	AD1			
		AD2			
	C	AD1			
		AD2			

（四）保护功能校验

1. 逻辑功能检查

（1）变压器备投方式：一台主变运行，另一台主变备用，充放电条件见表3-3-4-12。

（2）母联备自投方式：两台变压器运行，母联开关在分位，充放电条件见表3-3-4-13。

表 3-3-4-12　　充放电条件（变压器备投方式）

类型	条　件
充电	1. 1号变运行、2号变备用 （1）一主二次、二主二次均三相有压；二主一次有压（U_{x2}）。 （2）一主二次开关在合位；母联开关在合位；二主二次开关在分位。 2. 2号变运行、1号变备用 （1）一主二次、二主二次均三相有压；一主一次有压（U_{x1}）。 （2）二主二次开关在合位；母联开关在合位；一主二次开关在分位
放电	1. 1号变运行、2号变备用 （1）当1号线路电压检查控制字投入时，二主一次无压（U_{x2}），经15s延时放电。 （2）二主二次开关合上经短延时。 （3）本装置没有跳闸出口时，手跳一主二次开关或母联开关（即KKJ1或KKJ3变为0）。本条件可由用户退出，手跳不闭锁备自投控制字整定为1。 （4）引至“闭锁方式1自投”和“自投总闭锁”开入的外部闭锁信号。 （5）一主二次，二主二次，母联开关的TWJ异常。 （6）一主一次，一主二次，二主一次开关拒跳。 （7）整定控制字或软压板不允许2号主变自投。 2. 2号变运行、1号变备用 （1）当1号线路电压检查控制字投入时，一主一次无压（U_{x1}），经15s延时放电。 （2）一主二次开关合上经短延时。 （3）本装置没有跳闸出口时，手跳二主二次开关或母联开关（即KKJ1或KKJ3变为0）。本条件可由用户退出，手跳不闭锁备自投控制字整定为1。 （4）引至“闭锁方式1自投”和“自投总闭锁”开入的外部闭锁信号。 （5）一主二次，二主二次，母联开关的TWJ异常。 （6）二主一次，二主二次，一主一次开关拒跳。 （7）整定控制字或软压板不允许1号主变自投

表 3-3-4-13　　充放电条件（母联备自投方式）

类型	条　件
充电	（1）一主二次、二主二次均三相有压。 （2）一主二次，二主二次开关在合位，母联开关在分位
放电	（1）母联开关在合位经短延时。 （2）一主二次、二主二次均无压（三线电压均小于U_{wyqd}），延时15s。 （3）本装置没有跳闸出口时，手跳一主二次或二主二次（KKJ1或KKJ2变为0）；本条件可由用户退出，即“手跳不闭锁备自投”控制字整为1。 （4）其他外部闭锁信号有输入。 （5）一主二次，二主二次，母联开关TWJ异常；使用本装置的分段操作回路时，控制回路断线，弹簧未储能（合闸压力异常）。 （6）一主一次，一主二次或二次一次，二主二次开关拒跳。 （7）整定控制字或软压板不允许Ⅰ母失压分段自投或Ⅱ母失压分段自投

2. 备自投装置动作特性校验（定值均为临时定值）

（1）保护定值检验。设置好开入回路，满足充电的开入条件，调节充放电时间至最小，调节各路电压，观察备自投充电及放电状态，检验进线电压、母线有压及无压定值；主变无流定值。

（2）动作逻辑检查。

1）主变备自投方式。满足主变备自投充电条件后，分别模拟1号主变和2号主变故障，一主二次、二主二次均无压，主变无流，进线有压。检验主变备自投方式动作情况。动作情况如下：

a. 模拟1号主变无流、一主二次、二主二次同时失压、U_{x2}有压（JXY2投入时）；经延时T_{L1}，跳一主一次、一主二次开关及需要联切的开关。确认开关跳开后，且一主二次、二主二次均无压，二主一次有压，分别经T_{h1}、T_{h2}延时合二主一次，二主二次开关。

b. 模拟2号主变无流、一主二次、二主二次同时失压、U_{x1}有压（JXY1投入时）；经延时T_{L2}，跳二主一次、二主二次开关及需要联切的开关。确认开关跳开后，且一主二次、二主二次均无压，一主一次有压，分别经T_{h1}、T_{h2}延时合一主一次，一主二次开关。

c. 动作过程中，检查到某个开关无变位（即开关拒动）后，备自投动作逻辑不再继续向后执行，液晶将会报开关拒动或拒合信息。

动作时间测试如下：T_{L1}＝________；T_{L2}＝________；T_{h1}＝________；T_{h2}＝________。

2）分段备用方式。满足分段备用方式充电条件后，分别模拟1号主变和2号主变故障，Ⅰ母或Ⅱ母线无压，对应主变无流，对侧Ⅱ母或Ⅰ母线有压。检验分段备自投方式动作情况。动作过程如下：

a. 当1号主变无流、一主二次失压、二主二次有压；经T_{t3}延时后，跳一主一次、一主二次开关和一主二次所在母线需要联切的开关。确认开关跳开后，且一主二次无压，经T_{h34}延时合上母联开关。

b. 当2号主变无流、二主二次失压、一主二次有压；经T_{t4}延时后，跳二主一次、二主二次开关和二主二次所在母线需要联切的开关。确认开关跳开后，且二主二次无压，经T_{h34}延时合上母联开关。

c. 当备自投动作过程中，检查到某个开关无变位（即开关拒动）后，备自投动作逻辑不再继续向后执行，液晶将会报开关拒动或拒合信息检验结果应正确。

动作时间测试如下：T_{t3}＝______；T_{t4}＝______；T_{h34}＝________；T_{h2}＝________。

3. 后加速保护动作特性检验

（1）电流定值校验：分段过流定值________；主变保护过流定值________；三相电压为0V。

（2）电压定值校验：线电压U＝________；负序电压U_2＝________。

1）一主二次三相加故障电流，线电压加0.95U保护可靠动作；线电压加1.05U保护不动作；负序电压加1.05U_2保护可靠动作；负序电压加0.95U_2保护不动作。

2）二主二次三相加故障电流，线电压加0.95U保护可靠动作；线电压加1.05U保护不动作；负序电压加1.05U_2保护可靠动作；负序电压加0.95U_2保护不动作。

3）分段三相加故障电流，线电压加0.95U保护可靠动作；线电压加1.05U保护不动作；负序电压加1.05U_2保护可靠动作；负序电压加0.95U_2保护不动作。

4. 过负荷减载

过负荷减载控制字“方式12启动过负荷减载”“方式34启动过负荷减载”投入。

备自投合闸动作成功后10s内，若备用电源电流（I_1 或 I_2）大于过负荷减载电流定值，则减载功能投入，直到备用电源电流小于过负荷联切定值的95%或各轮减载均动作后，过负荷减载均退出，下次备自投动作后再次投入。

5. TV断线

（1）正序电压小于30V时，I_1 有流或1DL在跳位，3DL在合位 I_2 有流。

（2）负序电压大于8V。

满足以上任一条件延时10s报Ⅰ母TV断线，断线消失后延时2.5s返回。Ⅱ母PT断线判据与Ⅰ母类同。

6. 有流闭锁

（1）备自投充电正常后，模拟母线失压（运行主变二次有流且大于有流闭锁门槛值）。

（2）备自投不应动作，继续减小电流，使其小于有流闭锁门槛值，备自投正确动作。

六、保护带断路器试验

保护带断路器试验动作情况见表3-3-4-14。

表3-3-4-14　　保护带断路器试验动作情况

序号	备用方式	断路器位置	条　件	开关动作情况
1	1号变运行 2号变备用	一主一次开关合位 一主二次开关合位 母联开关合位 二主一次开关跳位 二主二次开关跳位	一主二次、二主二次均无压，U_{x2}有压，I_1无流	一主一次开关：合→分 一主二次开关：合→分 二主一次开关：分→合 二主二次开关：分→合
2	2号变运行 1号变备用	一主一次开关跳位 一主二次开关跳位 母联开关合位 二主一次开关合位 二主二次开关合位	一主二次、二主二次均无压，U_{x1}有压，I_2无流	二主一次开关：合→分 二主二次开关：合→分 一主一次开关：分→合 一主二次开关：分→合
3	分段备用1	一主一次开关合位 一主二次开关合位 二主一次开关合位 二主二次开关合位 母联开关跳位	一主二次无压，I_1无流 二主二次有压	一主二次开关：合→分 母联开关：分→合
4	分段备用2	一主一次开关合位 一主二次开关后位 二主一次开关合位 二主二次开关合位 母联开关跳位	二主二次无压，I_2无流 一主二次有压	二主二次开关：合→分 母联开关：分→合
5	1号变后加速	一主二次开关由分→合；同时输入主变后加速电流，后加速保护动作跳一主二次开关正确		
6	2号变后加速	二主二次开关由分→合；同时输入主变后加速电流，后加速保护动作跳二主二次开关正确		
7	分段后加速	母联开关由分→合；同时输入分段后加速电流，后加速保护动作跳母联开关正确		

七、现场遗留问题

无。

第五节　变压器成套保护装置调试

一、变压器保护

变压器的纵差动保护用于防御变压器绕组和引出线多相短路故障、大接地电流系统侧绕组和引出线的单相接地短路故障及绕组匝间短路故障。目前国内的微机型差动保护，主要由分相差动元件和涌流判别元件两部分构成。对用于大型变压器的差动保护，还有5次谐波制动元件，以防止变压器过激磁时差动保护误动。

为防止在较高的短路电流水平时，由于电流互感器饱和造成高次谐波量增加，产生极大的制动力矩而使差动元件拒动，故在谐波制动的变压器差动保护中还设置了差动速断元件，当短路电流达到4～10倍额定电流时，速断元件快速动作出口。

二、试验接线与参数配置

1. 试验接线

继电保护测试仪的试验接线如图3-3-5-1所示，其中的测试仪为广东昂立电气自动化有限公司的ONLLY-F0810A型继电保护测试仪。

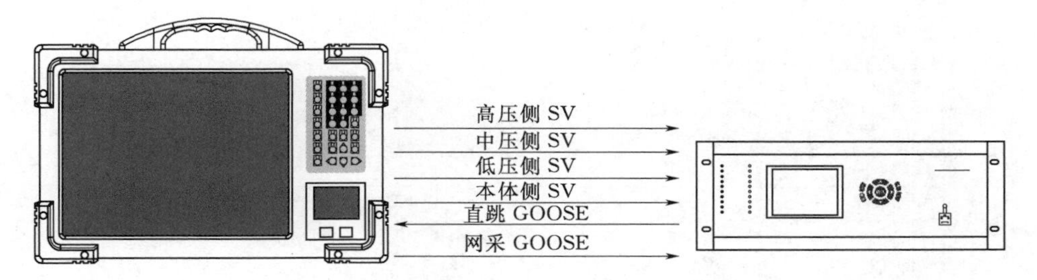

图3-3-5-1　继电保护测试仪的试验接线

继电保护测试仪模拟高、中、低压侧合并单元发送采样数据，并模拟高、中、低压侧智能终端监视保护装置出口动作信息。测试仪A1、A2、A3和A4光纤接口分别与保护装置高压侧、中压侧、低压侧和本体侧SV光纤接口相连接，B1和B2光纤接口与保护装置GOOSE直跳接口和GOOSE组网接口连接。注意测试仪侧光纤端口TX接保护装置侧光纤端口RX，测试仪侧光纤端口RX接保护装置侧光纤端口TX。测试仪光口指示灯常亮，表示光纤线收发接线正确；指示灯闪烁，表示通道数据交换。

2. IEC 61850参数设置步骤

第一步：打开测试软件主界面，点击“光数字测试”模块，打开“IEC 61850配置(SMV-GOOSE)”菜单，如图3-3-5-2、图3-3-5-3所示。

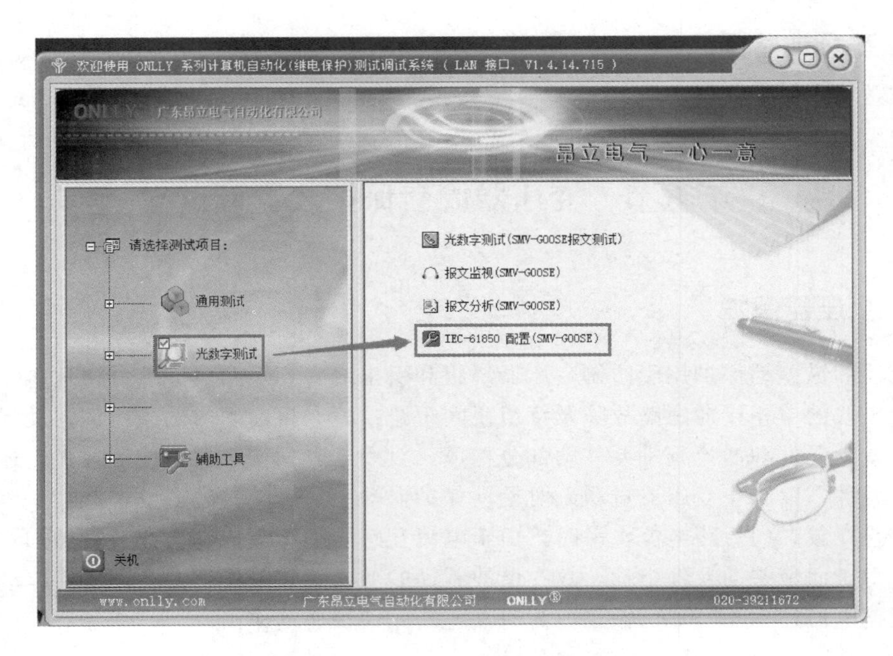

图 3－3－5－2　测试软件主界面

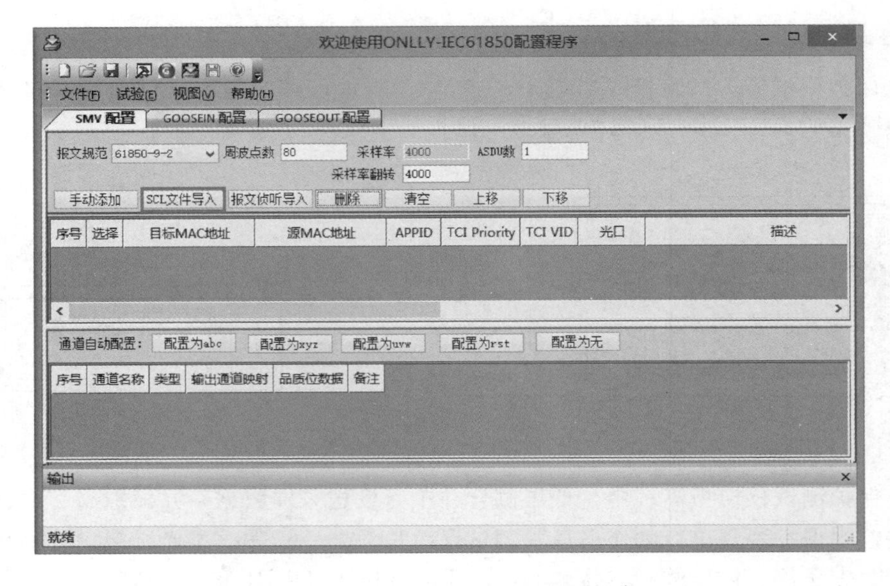

图 3－3－5－3　IEC 61850 配置程序

第二步：点击“SCL 文件导入”，打开“ONLLY SCL 文件导入”菜单，导入智能变电站 SCD 文件“dxb. scd”，如图 3－3－5－4 所示。

第三步：左框区域显示整站设备，找到“1 号主变保护 A”装置，如图 3－3－5－5 所示。

选中“1 号主变保护 A”装置目录下的“SMV 输入”文件夹，右上框显示“1 号主变保护 A”装置所有的 SMV 控制块，分别为“220kV 侧采样”“110kV 侧采样”“35kV 侧

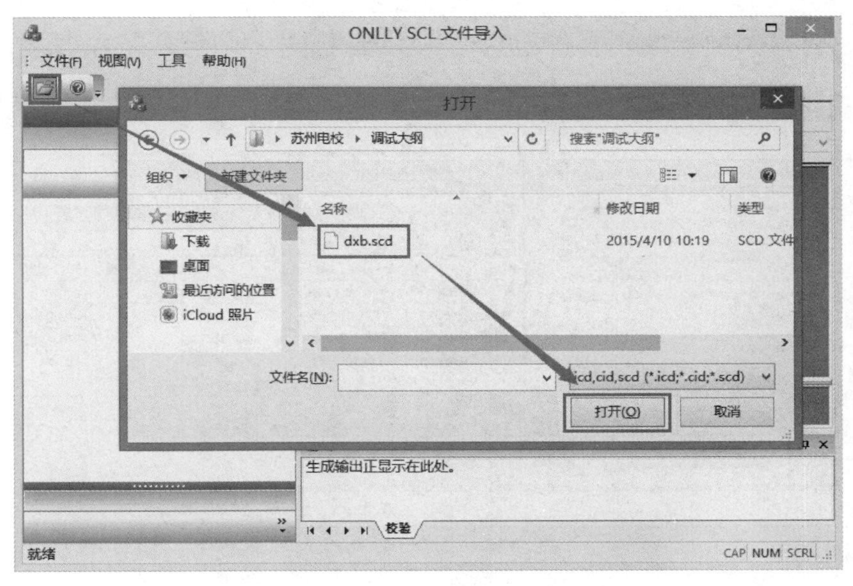

图 3-3-5-4　IEC 61850 参数设置（一）

采样”“本体采样”。选中“220kV 侧采样”“110kV 侧采样”“35kV 侧采样”“本体采样”四个控制块，点击“添加至 SMV”，注意报文规范选择“61850-9-2”。

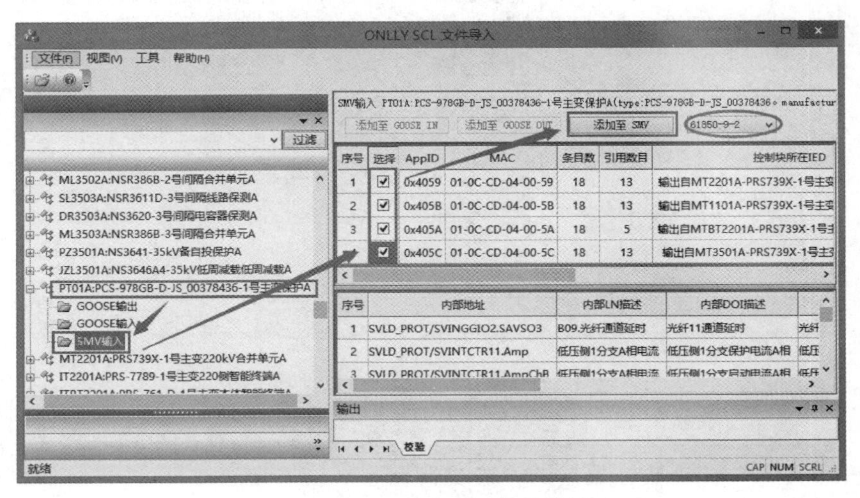

图 3-3-5-5　IEC 61850 参数设置（二）

第四步：选中“1 号主变保护 A”装置目录下的“GOOSE 输出”文件夹，右上框显示“1 号主变保护 A”装置所有的 GOOSE 输出控制块，右下框为控制块虚端子详细内容。选中右上框中 GOOSE 输出控制块，点击“添加至 GOOSE IN”，如图 3-3-5-6 所示。

第五步：选中“1 号主变保护 A”装置目录下的“GOOSE 输入”文件夹，右上框显示“1 号主变保护 A”装置所有的 GOOSE 输入控制块，右下框为控制块引用的虚端子详细内容，如图 3-3-5-7 所示。选中右上框中 GOOSE 输入控制块，点击“添加至 GOOSE OUT”。导入 SCD 文件完成，关闭“ONLLY SCL 文件导入”菜单。

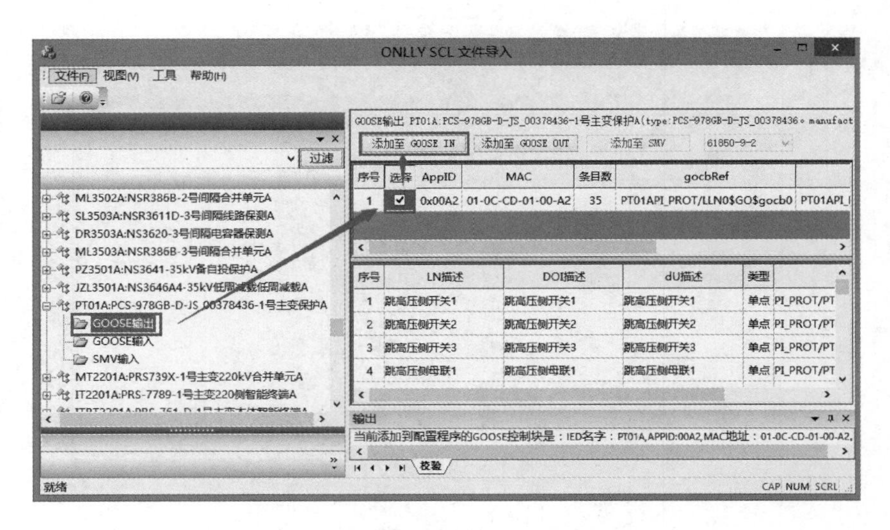

图 3－3－5－6　IEC 61850 参数设置（三）

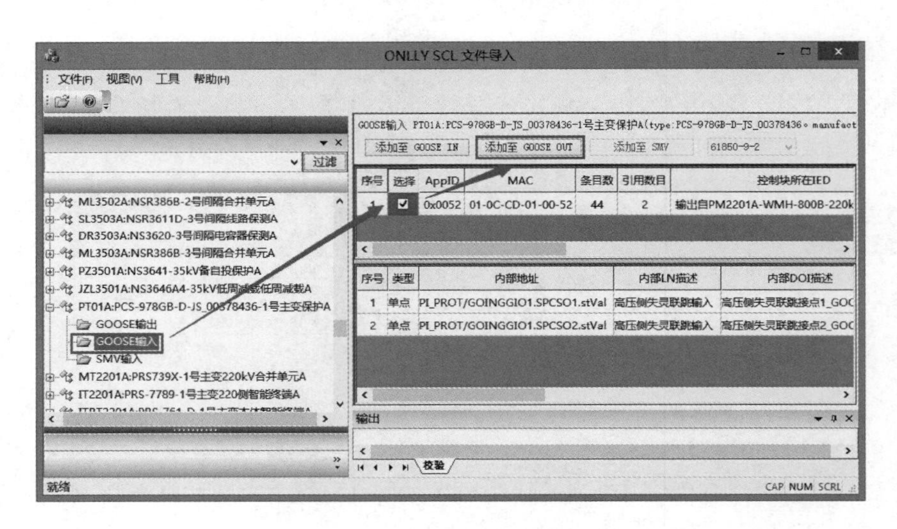

图 3－3－5－7　IEC 61850 参数设置（四）

第六步：返回“IEC 61850 配置”菜单，设置“SMV 配置”页面。选中“1 号主变 220kV 合并单元 A”控制块，根据试验接线选择测试仪“光网口”，并且将测试仪电压电流 a、b、c 相与保护装置 220kV 侧电压电流 a、b、c 相对应映射，如图 3－3－5－8 所示。

注意：虚端子映射时，确认控制块为“1 号主变 220kV 合并单元 A”。

第七步：110kV 侧、35kV 侧和本体侧设置方法参照 220kV 侧方法配置。

110kV 侧光口根据试验接线选择“光网口 A2”，将测试仪电压电流 x、y、z 相与保护装置 110kV 侧电压电流 a、b、c 相对应映射。35kV 侧光口根据试验接线选择“光网口 A3”，将测试仪电压电流 u、v、w 相与保护装置 35kV 侧电压电流 a、b、c 相对应映射。本体侧根据试验接线选择“光网口 A4”，将测试仪电压电流 r、s 相与保护装置高压侧零序电流、中压侧零序电流对应映射，如图 3－3－5－9～图 3－3－5－11 所示。

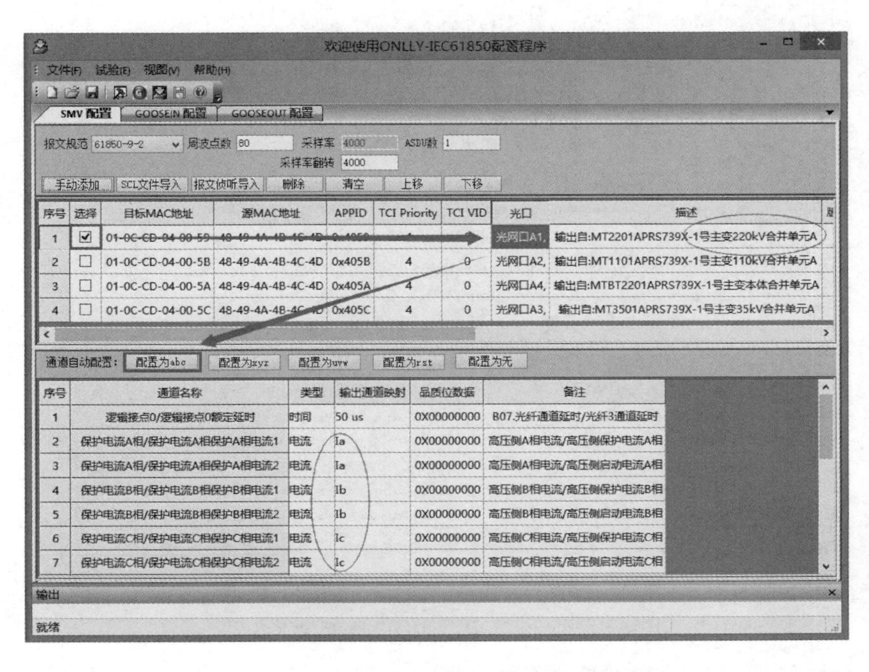

图 3-3-5-8 IEC 61850 参数设置（五）

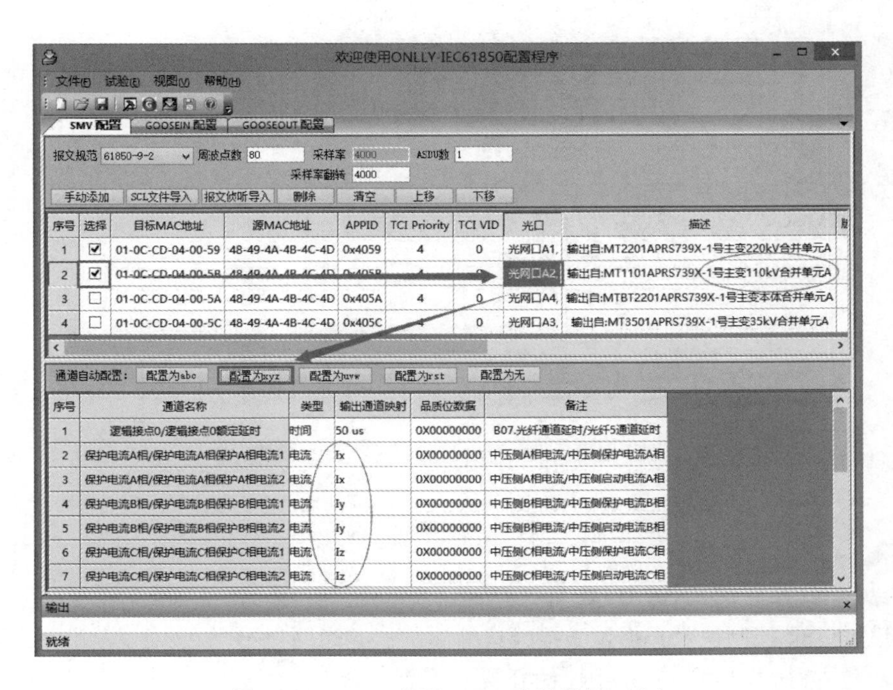

图 3-3-5-9 IEC 61850 参数设置（六）

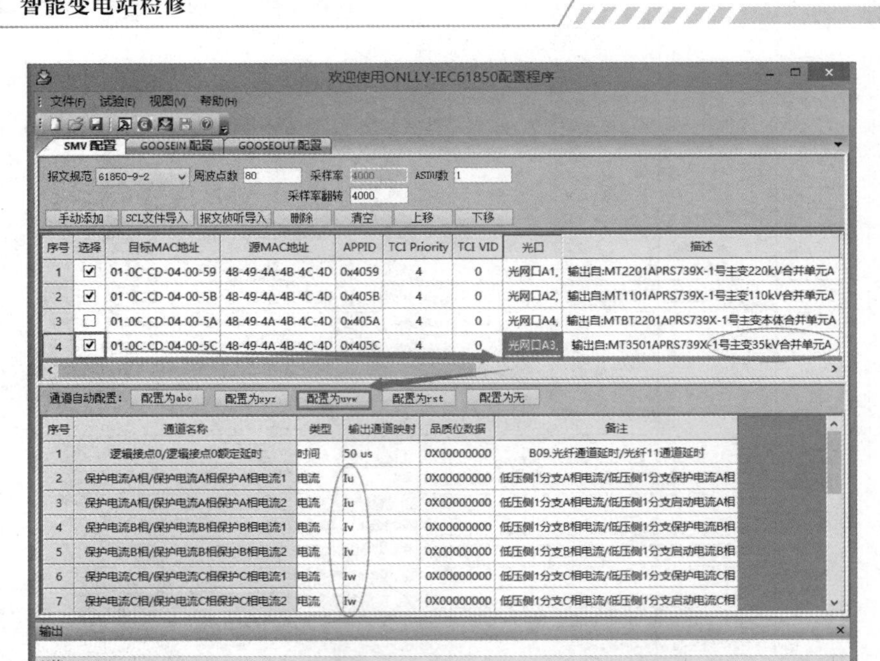

图 3-3-5-10 IEC 61850 参数设置（七）

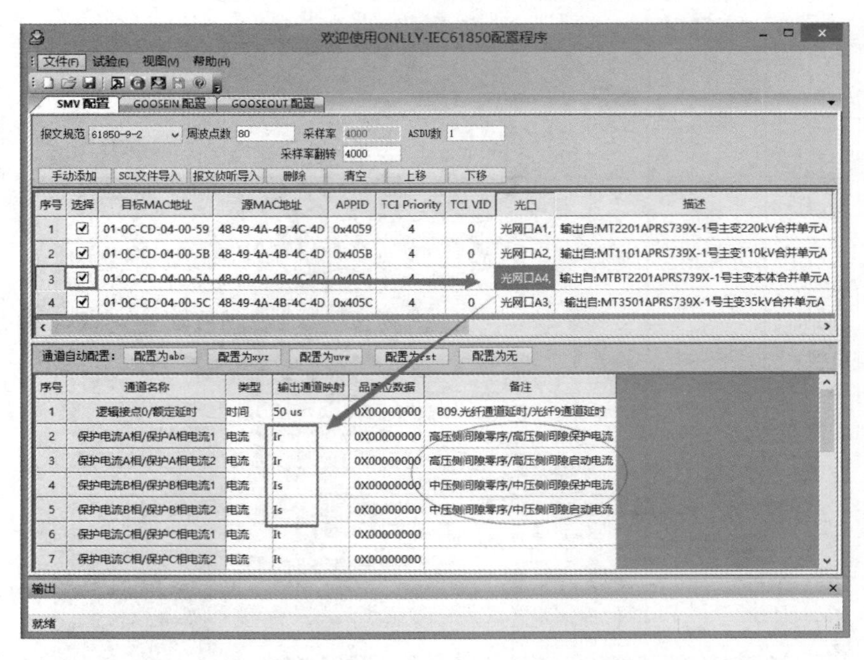

图 3-3-5-11 IEC 61850 参数设置（八）

第八步：设置“GOOSE IN 配置”页面。

选中 GOOSE 控制块，根据试验接线选择测试仪“光网口 B1”，并且将测试仪开入节点 A、B、C 与跳高压侧开关 1、跳中压侧开关、跳低压侧 1 分支对应映射，如图 3-3-5-12 所示。

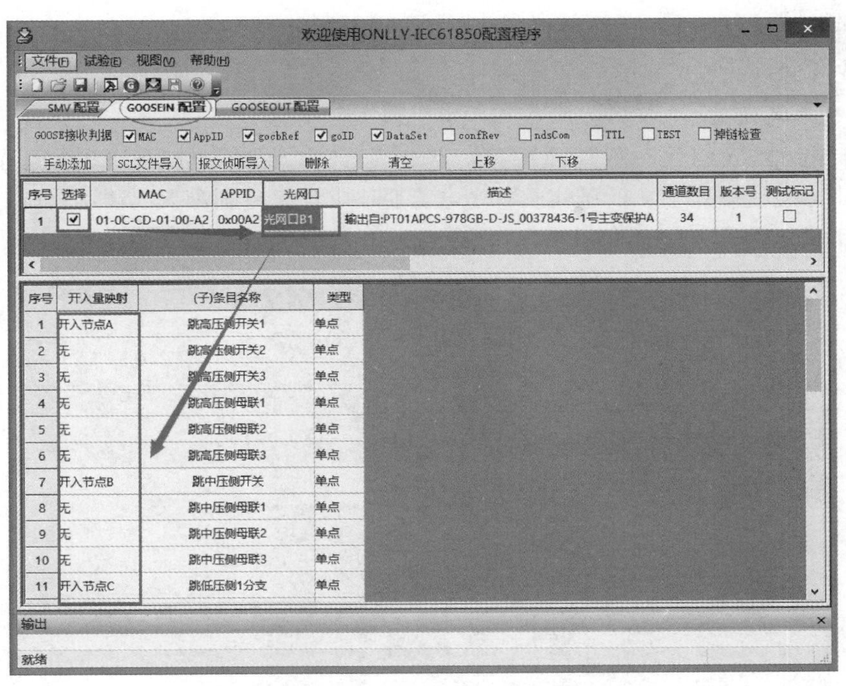

图 3－3－5－12　IEC 61850 参数设置（九）

第九步：设置“GOOSE OUT 配置”页面。

选中 GOOSE 控制块，根据试验接线选择测试仪“光网口 B1”，并且将测试仪开出节点 1 与间隔 14 跳闸出口主变 3 联跳出口映射，如图 3－3－5－13 所示。

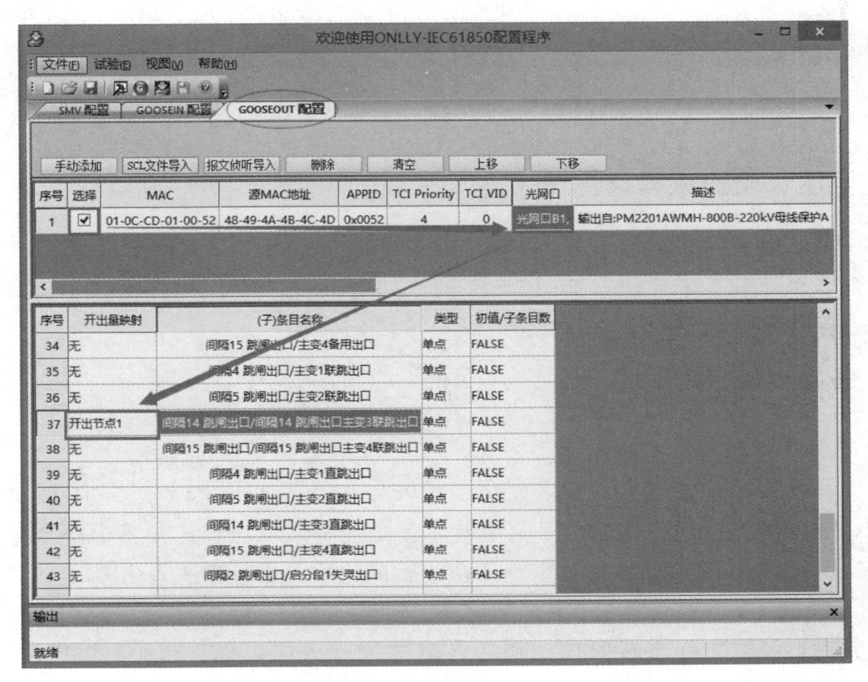

图 3－3－5－13　IEC 61850 参数设置（十）

第十步：点击工具栏“下载配置”，输出窗口提示“启动 MU 及 GOOSE 成功”，关闭“IEC 61850 配置”。

3. 系统参数设置

打开“电压电流（手动测试）”菜单，点击工具栏“设置”，打开“系统配置”。

根据 1 号主变高、中、低压侧及零序电流变比，设置系统参数。测试仪所有通道类型选择“数字量（9－1、9－2、FT3）”，保存退出，如图 3－3－5－14 所示。

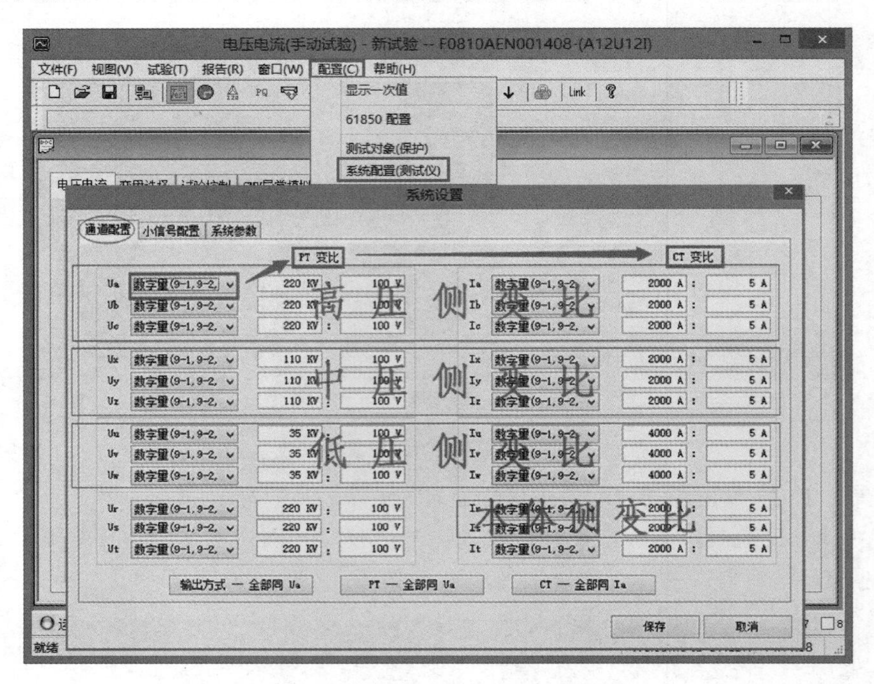

图 3－3－5－14　系统参数设置

三、电压、电流采样值测试

打开“电压电流（手动测试）”菜单，输入高、中、低压侧电压电流及高、中压侧零序电流，查看保护装置采样值，如图 3－3－5－15 所示。检查保护装置有无链路中断告警信息，查看保护测量值是否正确。

四、主保护调试

1. 速断动作值测试

第一步：设置 I_a 相幅值为变量，变化步长为 0.01A，如图 3－3－5－16 所示。

提示：“电压电流（手动试验）”菜单共有三个变量，可任意选择其中一个变量测试。

第二步：设置 I_a 相初始电流为 9.30A，开始试验后，逐渐增大 I_a 相幅值，如图 3－3－5－17 所示。

第三步：当保护装置速断保护动作后，测试仪开入接点 A、B、C 点亮，停止试验，如图 3－3－5－18 所示。

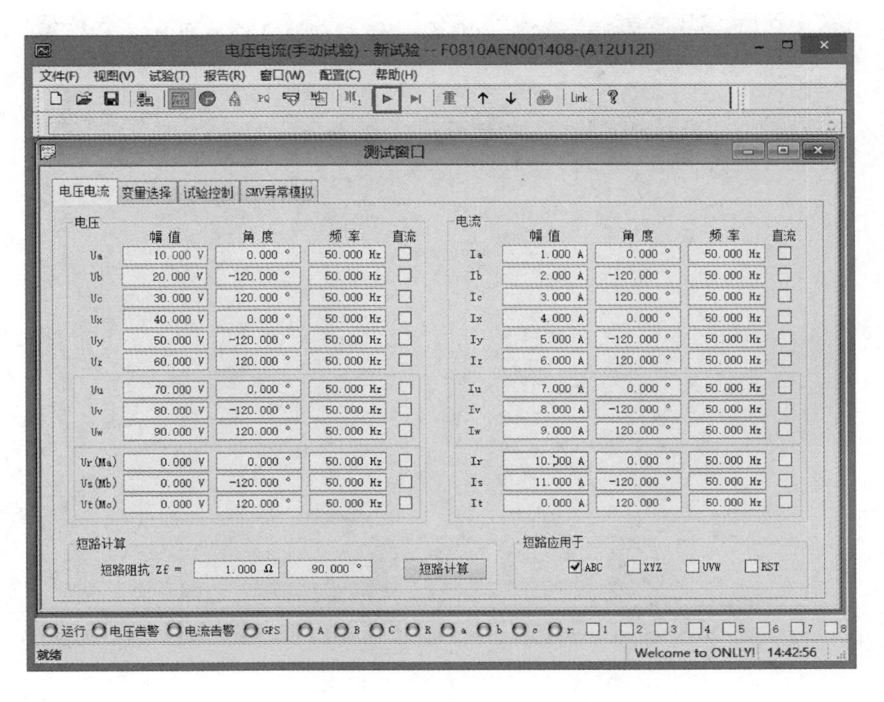

图 3-3-5-15　电压、电流采样值

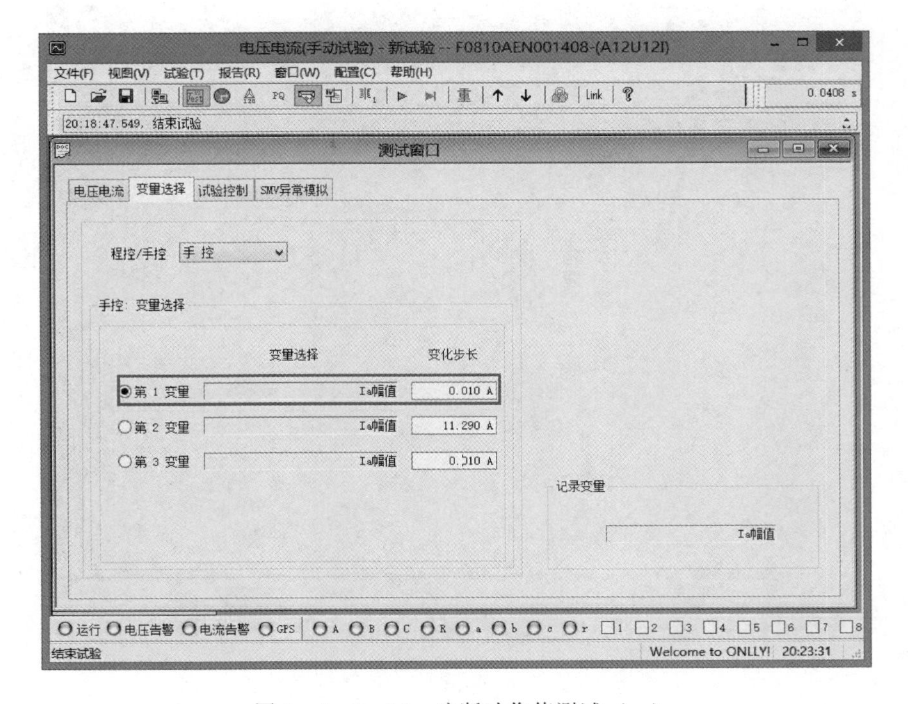

图 3-3-5-16　速断动作值测试（一）

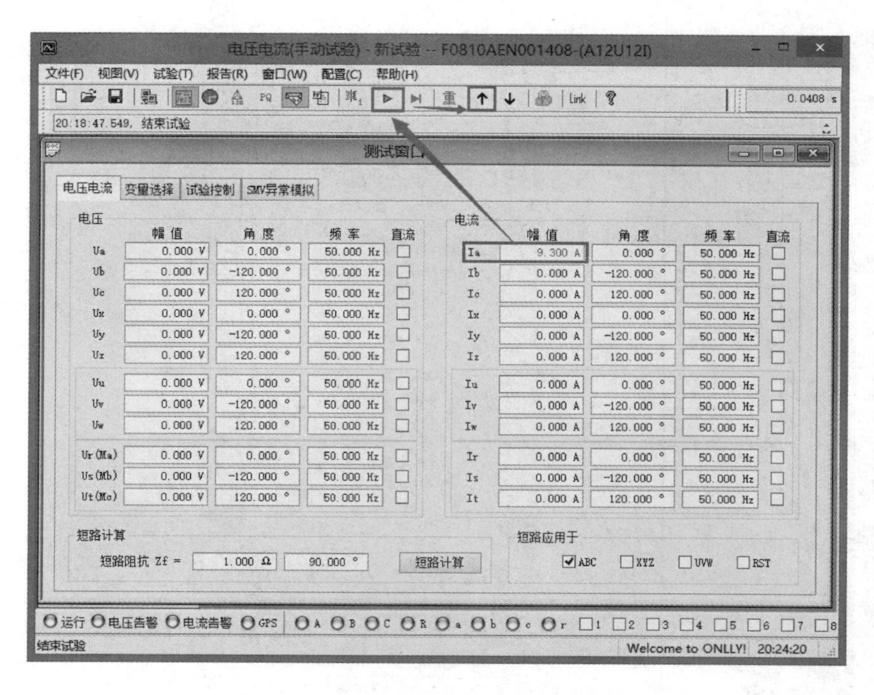

图 3－3－5－17　速断动作值测试（二）

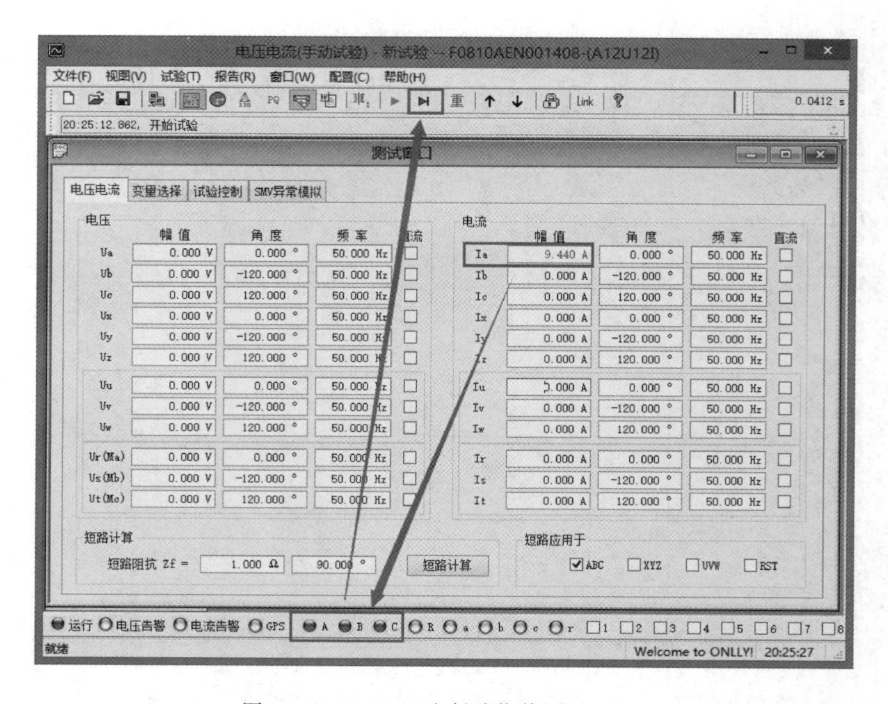

图 3－3－5－18　速断动作值测试（三）

第四步：记录动作结果，差动速断动作电流为 9.44A，如图 3－3－5－19 所示。

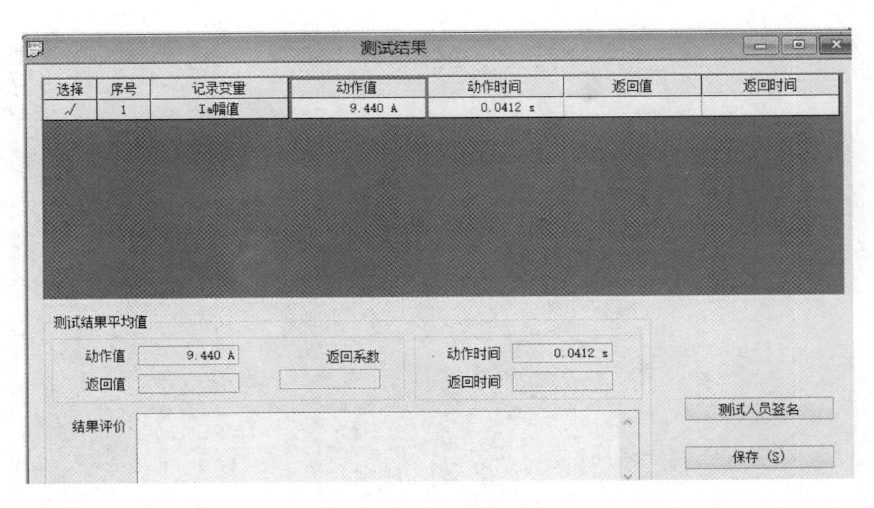

图 3-3-5-19　速断动作值测试（四）

2. 跳闸时间测试

第一步：设置I_a相幅值为变量，变化步长为 11.29A，如图 3-3-5-20 所示。

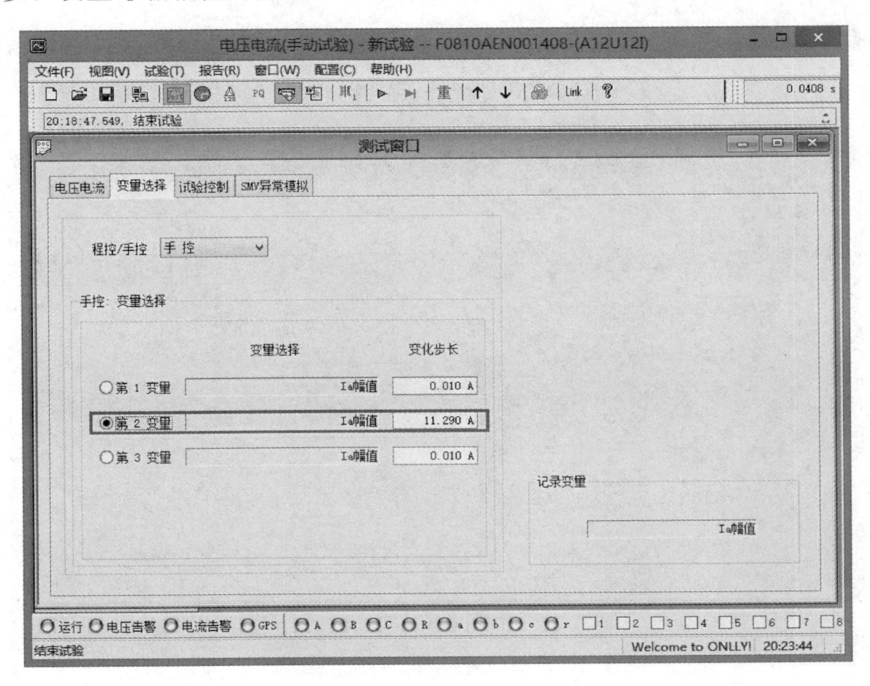

图 3-3-5-20　跳闸时间测试（一）

第二步：设置初始状态 I_a 相电流为 0A，开始试验后，调节 I_a 相电流至 11.29A，如图 3-3-5-21 所示。

第三步：当保护装置差动速断保护动作时，测试仪开入接点 A、B、C 点亮，停止试验，如图 3-3-5-22 所示。

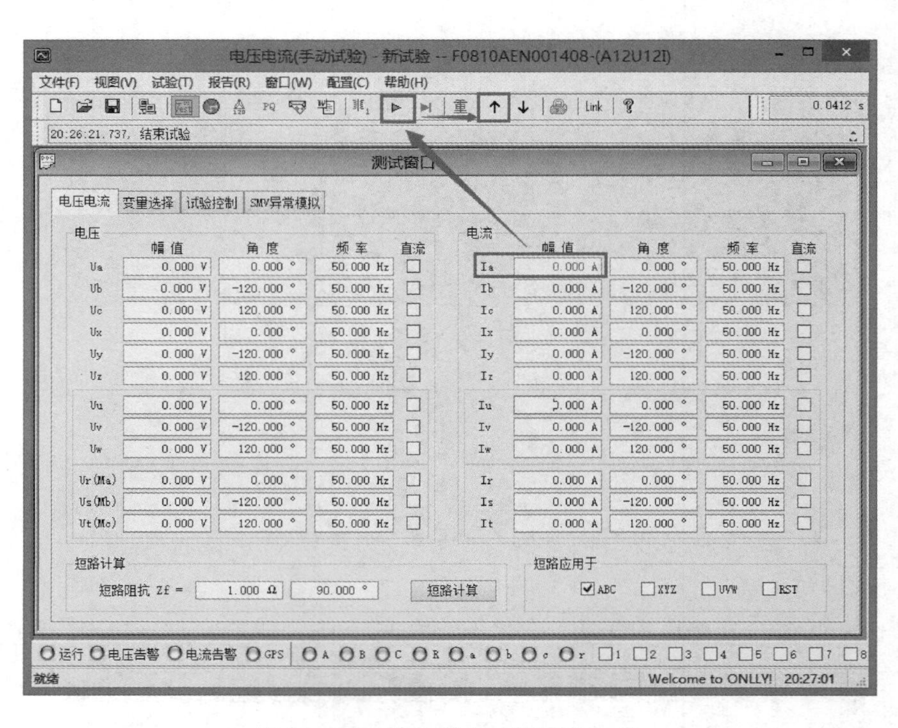

图 3-3-5-21　跳闸时间测试（二）

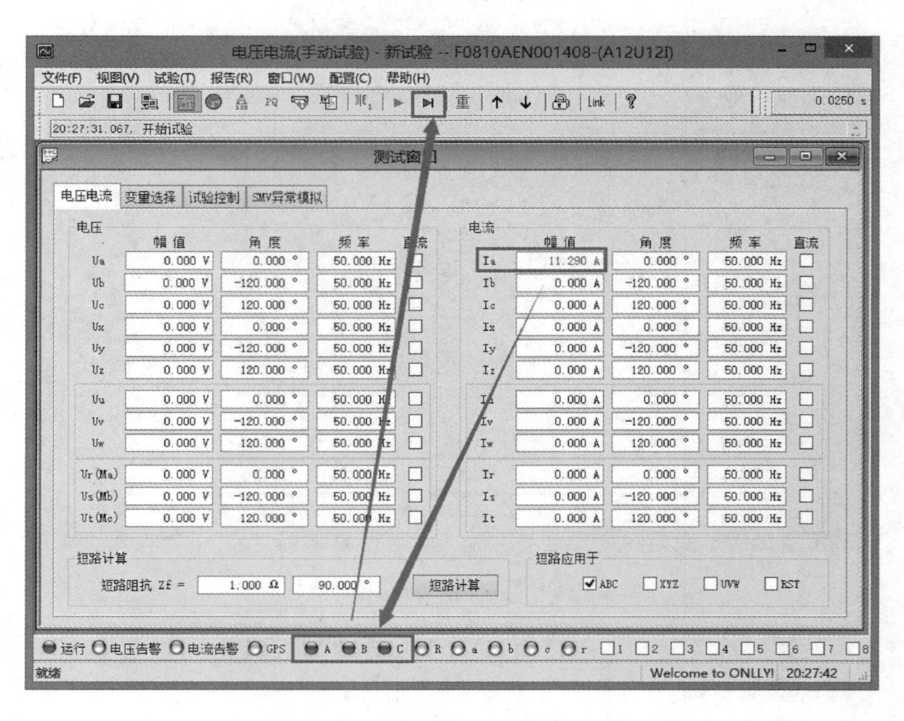

图 3-3-5-22　跳闸时间测试（三）

第四步：记录动作结果，差动速断动作时间为 0.0250s，如图 3-3-5-23 所示。

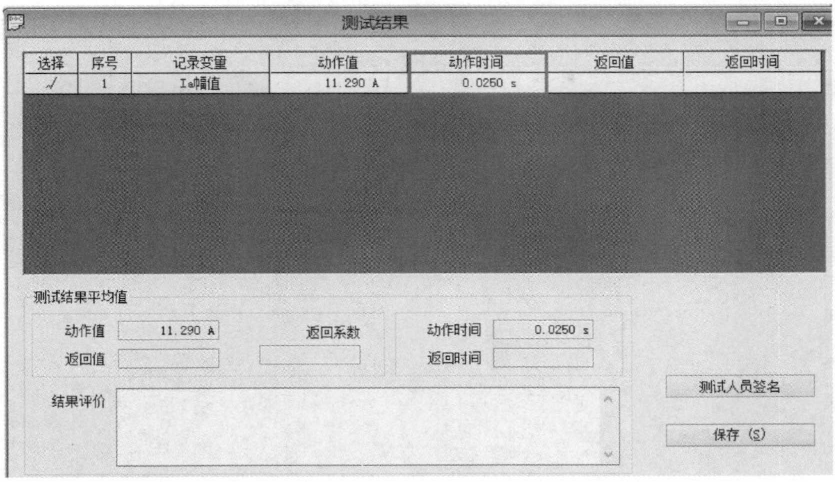

测试结果

选择	序号	记录变量	动作值	动作时间	返回值	返回时间
√	1	Ia幅值	11.290 A	0.0250 s		

测试结果平均值

动作值 11.290 A　返回系数　动作时间 0.0250 s

返回值　返回时间

结果评价　测试人员签名　保存（S）

图 3-3-5-23　跳闸时间测试（四）

3. 稳态比率差动保护调试

调试采用“电压电流（手动试验）”菜单的方法。

第一步：设置I_a相幅值为变量，变化步长为 0.01A，如图 3-3-5-24 所示。

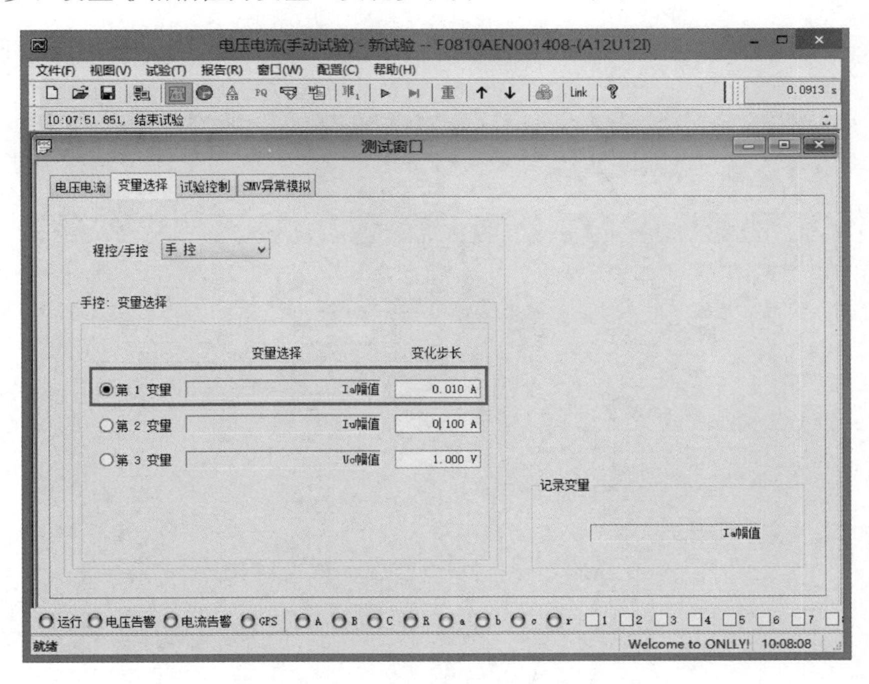

图 3-3-5-24　稳态比率差动保护调试（一）

第二步：设置I_a相电流初始状态为 1.20A，开始试验后，逐渐增大I_a相电流，如图 3-3-5-25所示。

第三步：当保护装置差动保护动作时，测试仪开入接点 A、B、C 点亮，手动停止输

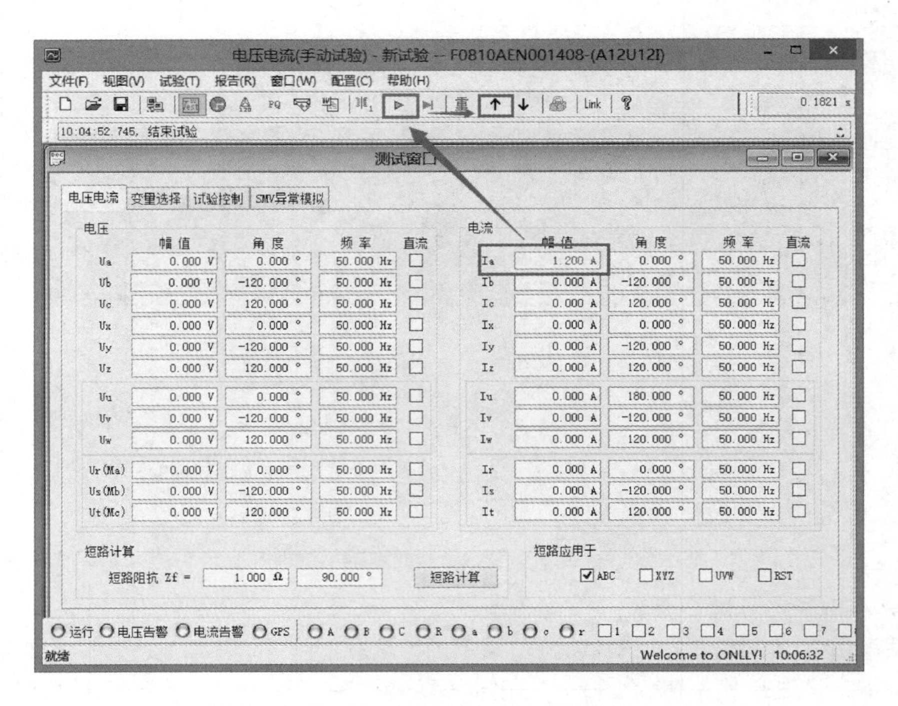

图 3-3-5-25 稳态比率差动保护调试（二）

出，如图 3-3-5-26 所示。

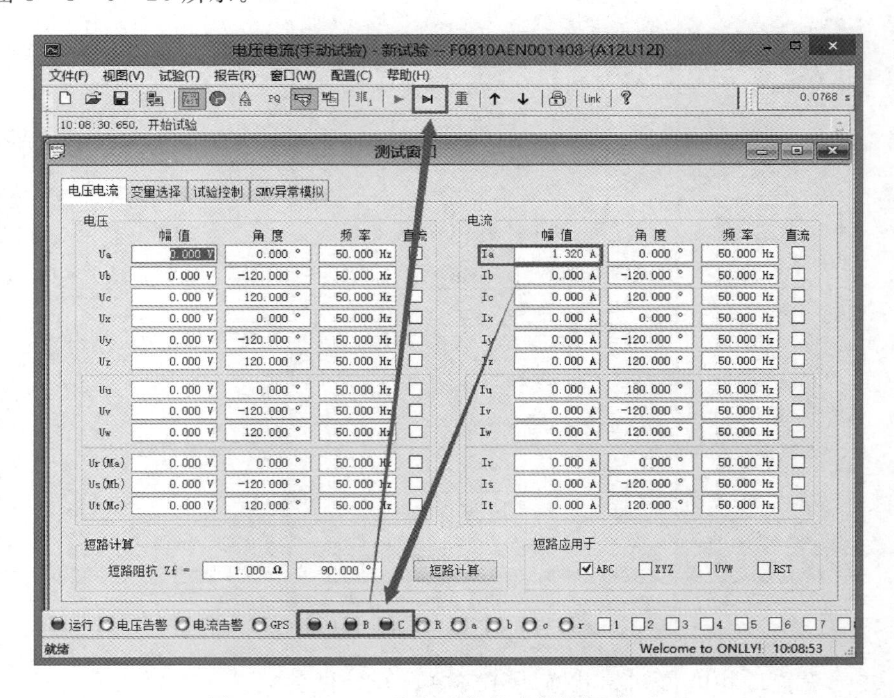

图 3-3-5-26 稳态比率差动保护调试（三）

第四步：记录测试结果，差动保护启动电流为 1.32A，如图 3-3-5-27 所示。

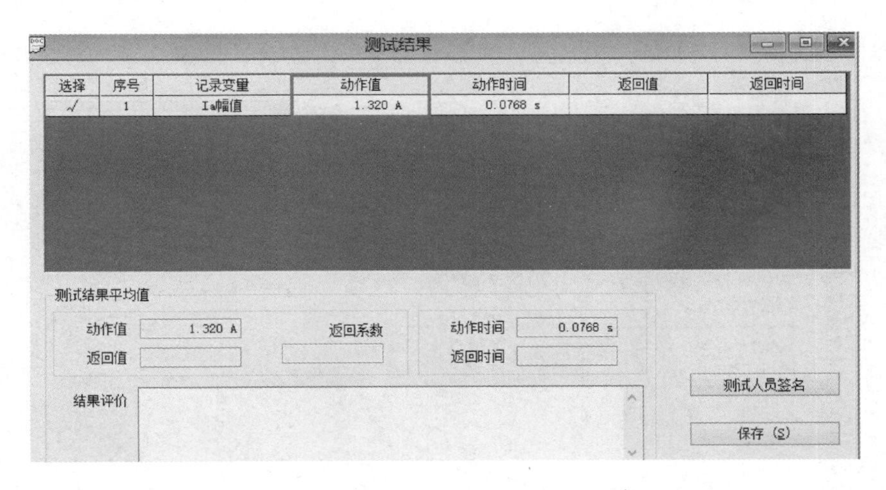

图 3-3-5-27　稳态比率差动保护调试（四）

4. 二次谐波制动调试

第一步：选择“谐波试验”菜单，设置 I_a 相二次谐波为变量，变化步长为 0.01A，记录变量为 I_a 相二次谐波，如图 3-3-5-28 所示。

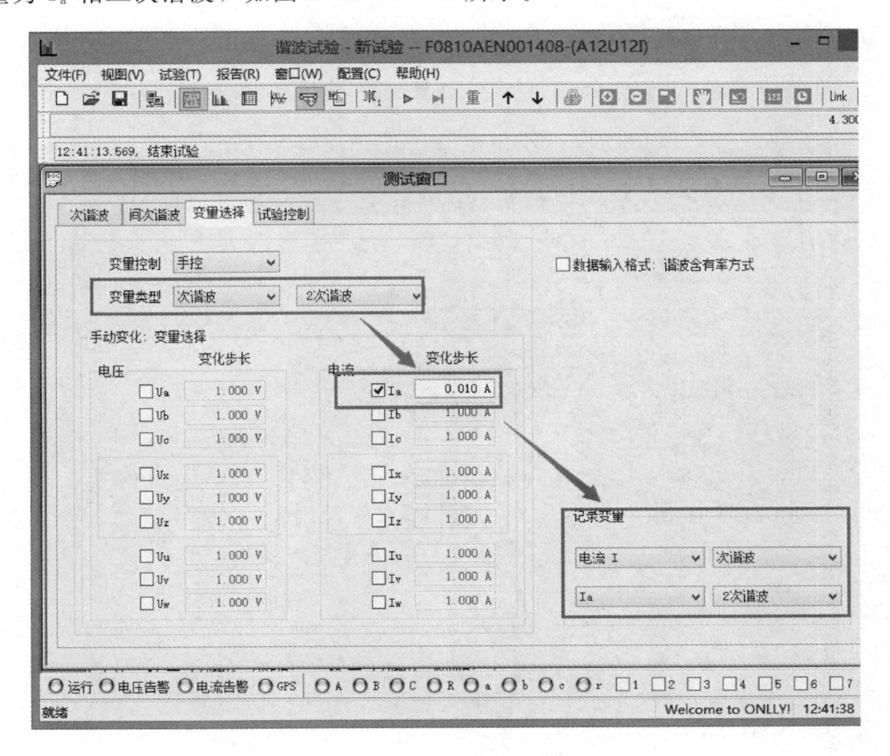

图 3-3-5-28　二次谐波制动调试（一）

第二步：加入 $2I_e$ 差动电流，$I_a=2\times1.569\div\frac{2}{3}=4.705(A)$，叠加 20% 两次谐波，开始试验后，逐渐减少 I_a 相二次谐波含量，如图 3-3-5-29 所示。

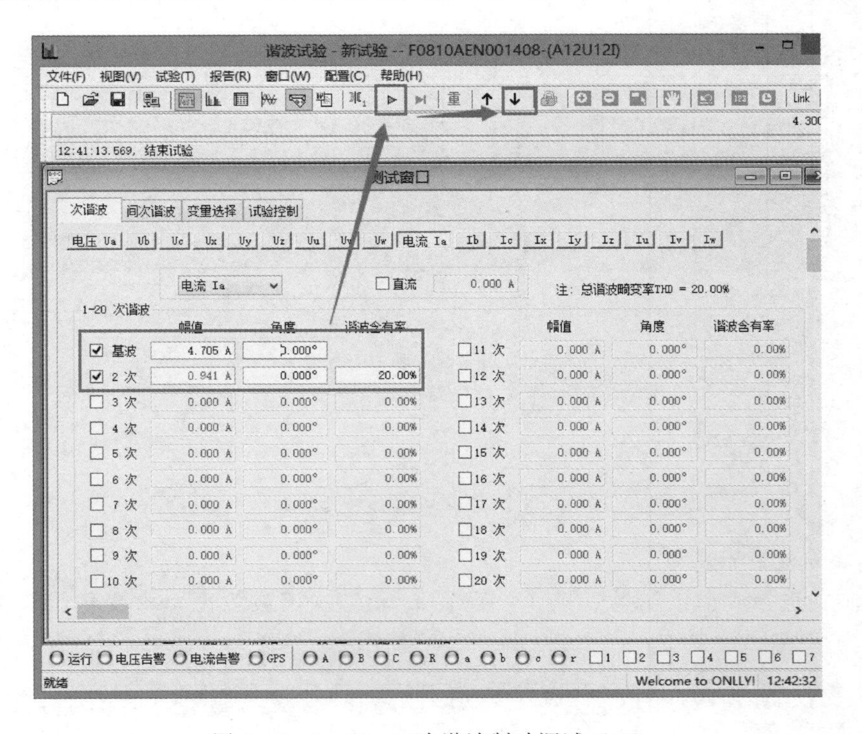

图 3－3－5－29　二次谐波制动调试（二）

第三步：当稳态差动保护动作，停止试验，记录动作结果，如图 3－3－5－30 所示。

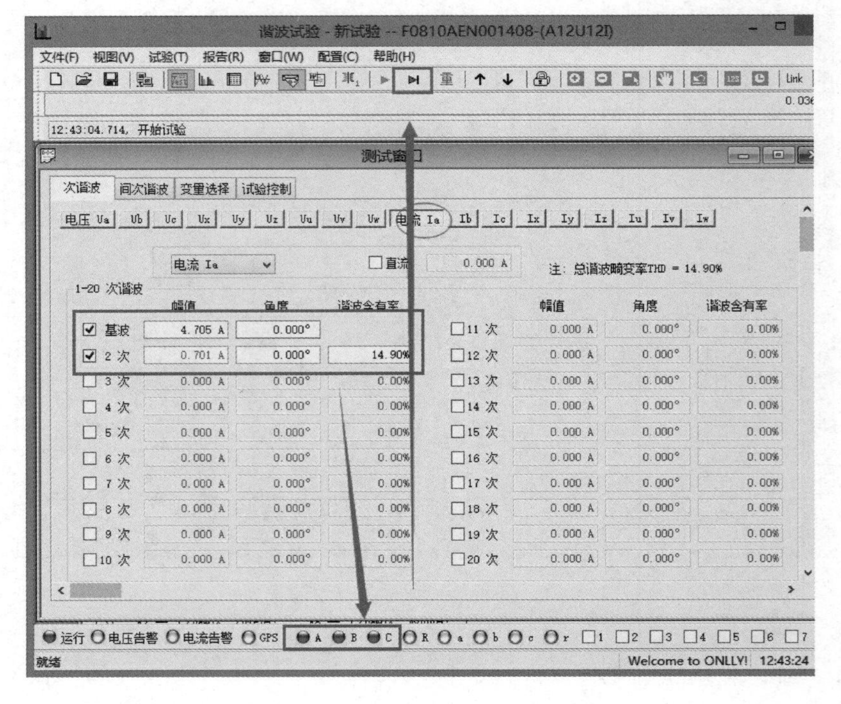

图 3－3－5－30　二次谐波制动调试（三）

五、复合电压闭锁方向过流保护调试

1. 过流保护动作值测试

第一步：设置 I_a 相幅值为变量，变化步长为 0.1A，如图 3－3－5－31 所示。

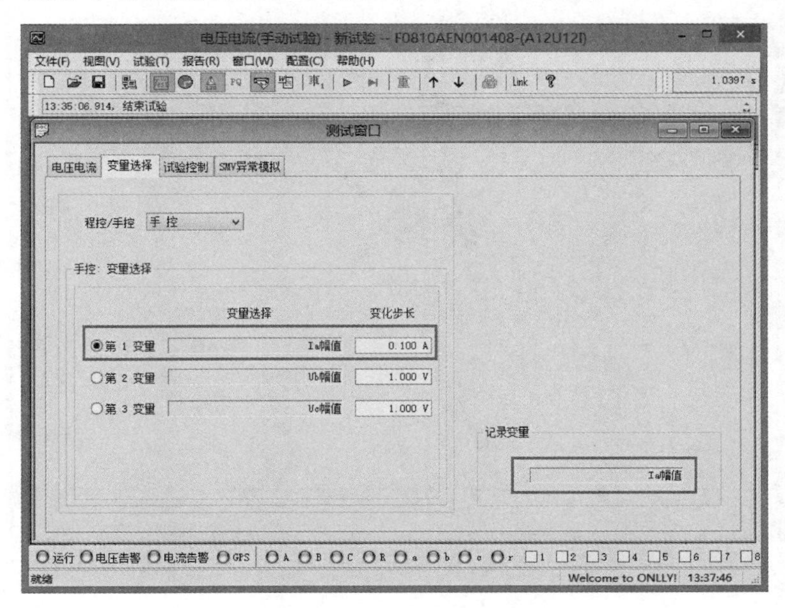

图 3－3－5－31　过流保护动作值测试（一）

第二步：设置三相正序电压 30V，A 相电流（3A、－45°）。开始试验后，逐渐加大 A 相电流幅值，如图 3－3－5－32 所示。

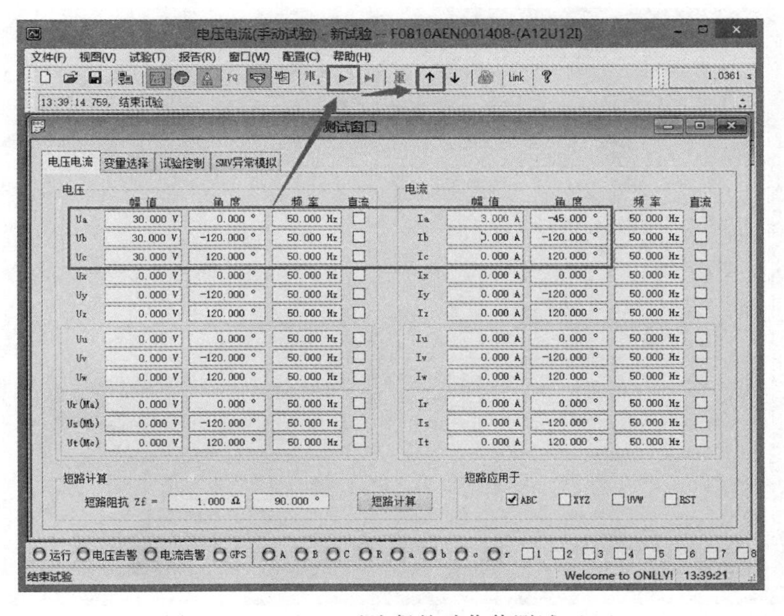

图 3－3－5－32　过流保护动作值测试（二）

注意：每步等待时间需大于过流动作时间。

第三步：当过流保护动作，停止试验，记录试验数据，如图 3-3-5-33 所示。

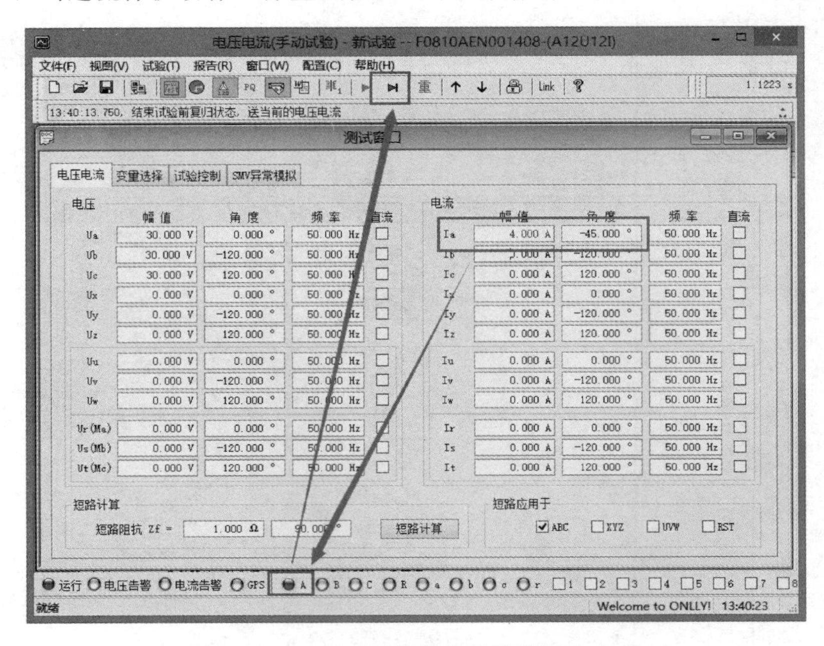

图 3-3-5-33　过流保护动作值测试（三）

2. 过流保护动作时间测试

第一步：设置I_a相幅值为变量，变化步长为 4.8A（1.2 倍整定值），如图 3-3-5-34 所示。

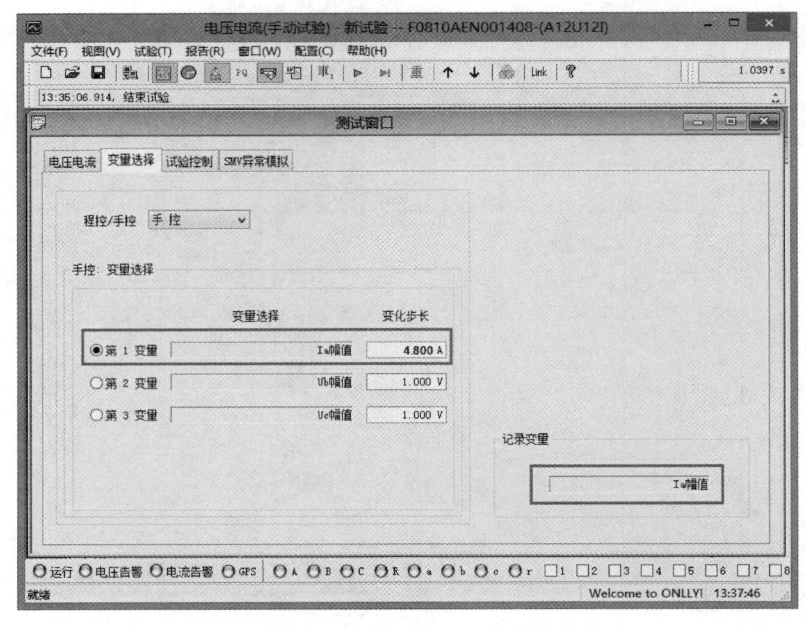

图 3-3-5-34　过流保护动作时间测试（一）

第二步：设置三相正序电压 30V，A 相电流（0A、−45°）。开始试验后，A 相电流幅值增加到 4.8A，如图 3－3－5－35 所示。

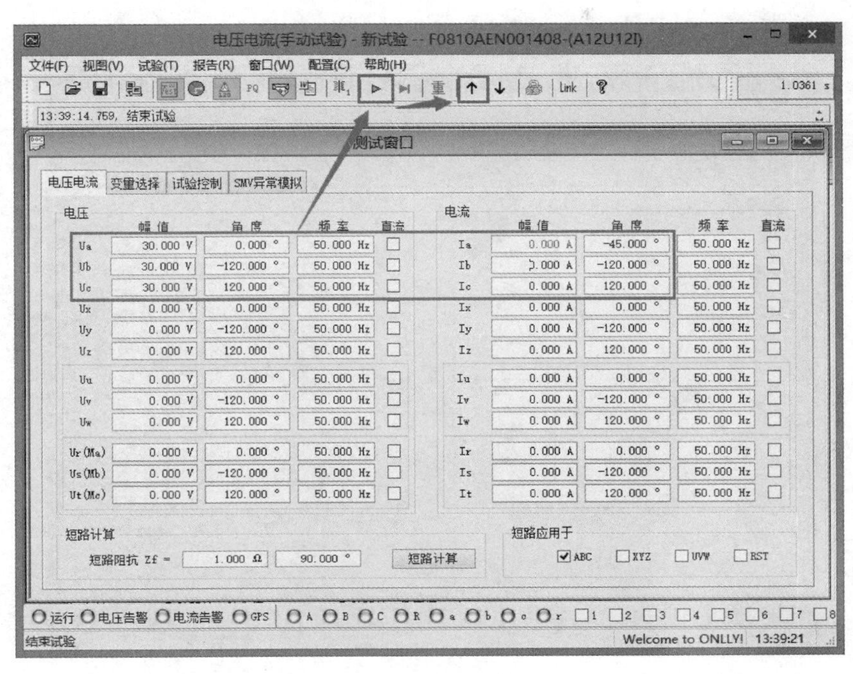

图 3－3－5－35　过流保护动作时间测试（二）

第三步：当过流保护动作，停止试验，记录试验数据，如图 3－3－5－36 所示。

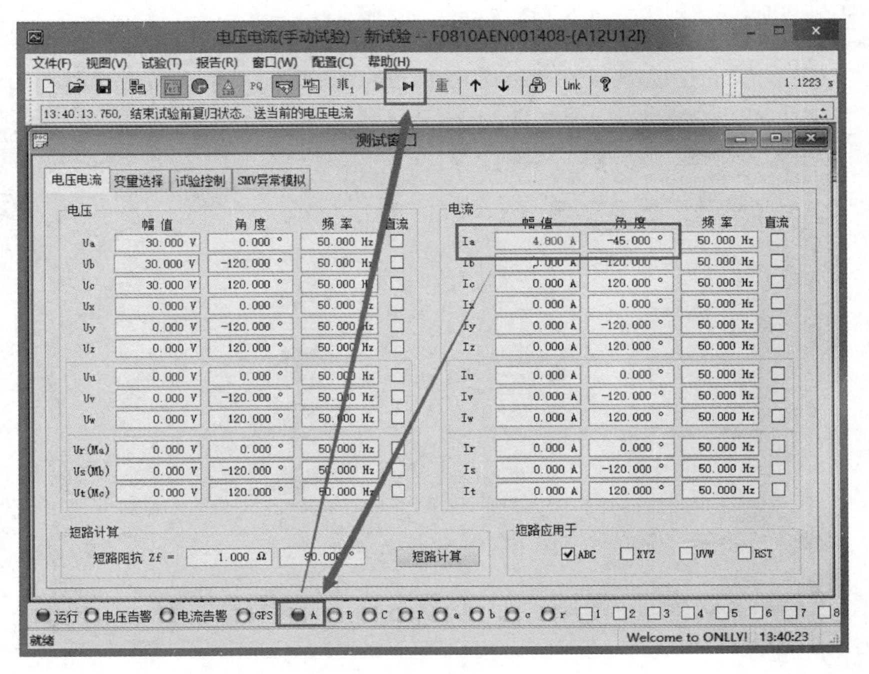

图 3－3－5－36　过流保护动作时间测试（三）

3. 低电压闭锁值测试

第一步：设置 U_a、U_b、U_c 幅值为变量，变化步长为 0.2V，记录线电压 U_{ab} 幅值，如图 3-3-5-37 所示。

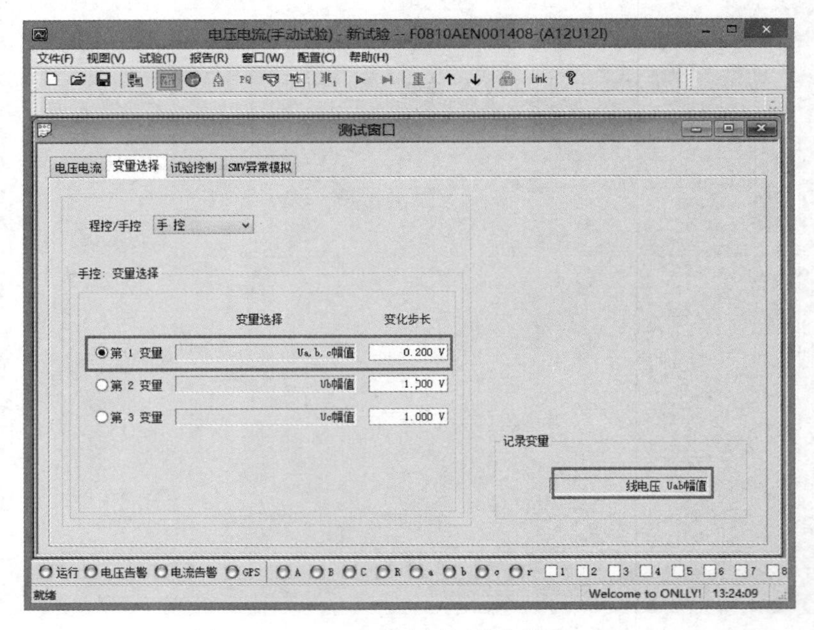

图 3-3-5-37　低电压闭锁值测试（一）

第二步：设置试验前复归状态，复归时间为 12s（大于 TV 断线复归时间），如图 3-3-5-38 所示。

图 3-3-5-38　低电压闭锁值测试（二）

复归状态如图 3－3－5－39 所示。

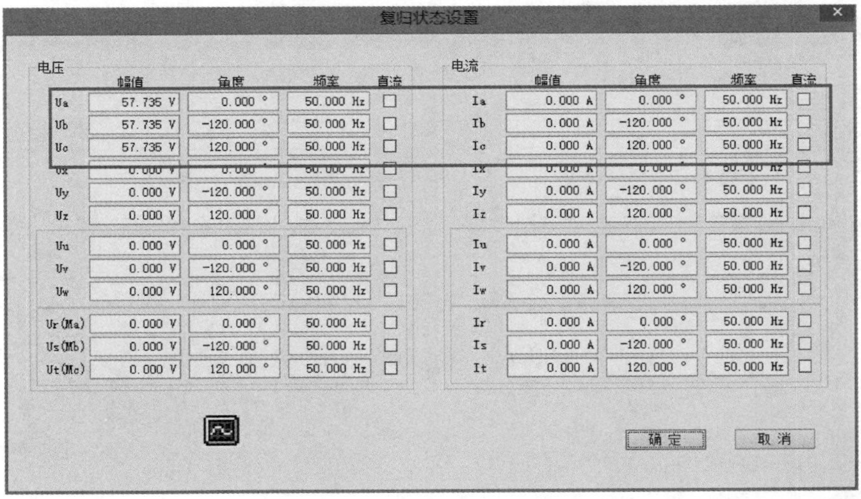

复归状态设置

电压	幅值	角度	频率	直流	电流	幅值	角度	频率	直流
Ua	57.735 V	0.000 °	50.000 Hz	□	Ia	0.000 A	0.000 °	50.000 Hz	□
Ub	57.735 V	−120.000 °	50.000 Hz	□	Ib	0.000 A	−120.000 °	50.000 Hz	□
Uc	57.735 V	120.000 °	50.000 Hz	□	Ic	0.000 A	120.000 °	50.000 Hz	□
Ux	0.000 V	0.000 °	50.000 Hz	□	Ix	0.000 A	0.000 °	50.000 Hz	□
Uy	0.000 V	−120.000 °	50.000 Hz	□	Iy	0.000 A	−120.000 °	50.000 Hz	□
Uz	0.000 V	120.000 °	50.000 Hz	□	Iz	0.000 A	120.000 °	50.000 Hz	□
Uu	0.000 V	0.000 °	50.000 Hz	□	Iu	0.000 A	0.000 °	50.000 Hz	□
Uv	0.000 V	−120.000 °	50.000 Hz	□	Iv	0.000 A	−120.000 °	50.000 Hz	□
Uw	0.000 V	120.000 °	50.000 Hz	□	Iw	0.000 A	120.000 °	50.000 Hz	□
Ur(Ma)	0.000 V	0.000 °	50.000 Hz	□	Ir	0.000 A	0.000 °	50.000 Hz	□
Us(Mb)	0.000 V	−120.000 °	50.000 Hz	□	Is	0.000 A	−120.000 °	50.000 Hz	□
Ut(Mc)	0.000 V	120.000 °	50.000 Hz	□	It	0.000 A	120.000 °	50.000 Hz	□

确 定　　取 消

图 3－3－5－39　低电压闭锁值测试（三）

第三步：设置故障状态、额定电压、A 相电流（4.8A、－45°）。开始试验，等待复归状态结束后，调节变量使 U_{ab}减少，如图 3－3－5－40 所示。

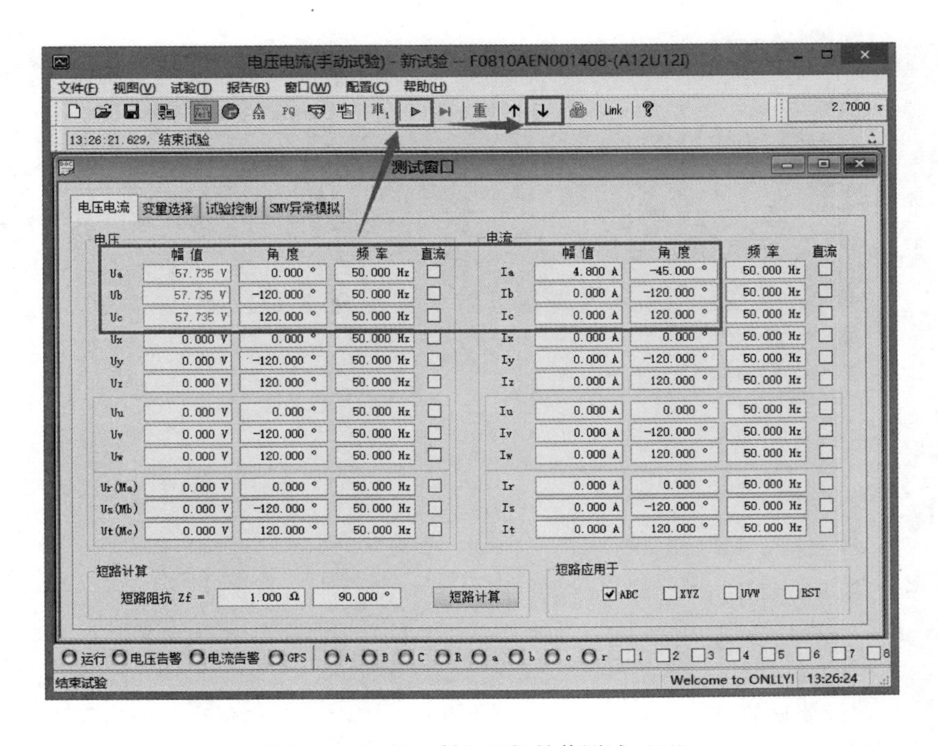

图 3－3－5－40　低电压闭锁值测试（四）

提示：试验开始前，可在工具栏调出“线序分量”窗口，查看电压 U_{ab} 幅值。

第四步：过流保护动作，停止试验，记录数据，如图 3-3-5-41、图 3-3-5-42 所示。

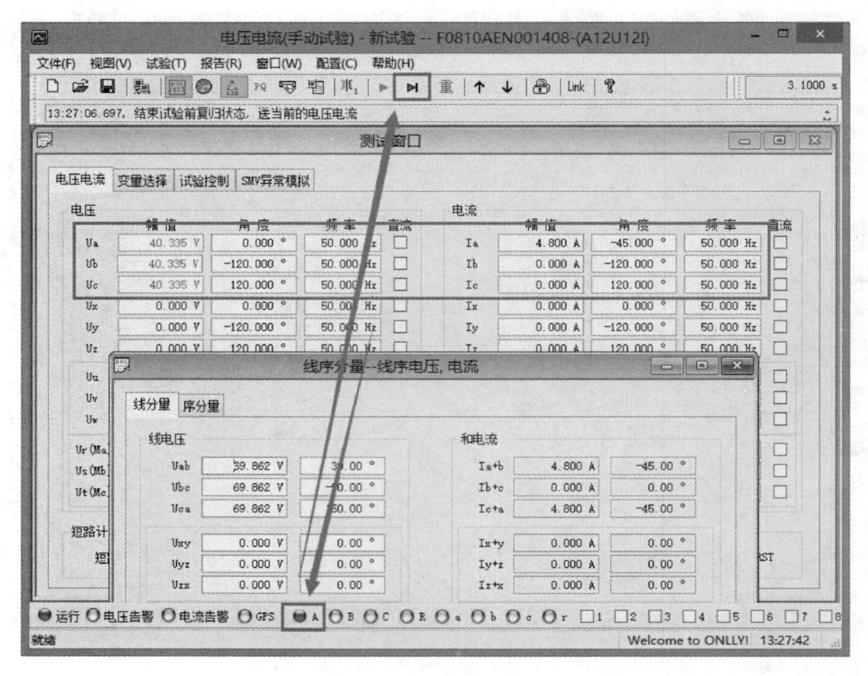

图 3-3-5-41　低电压闭锁值测试（五）

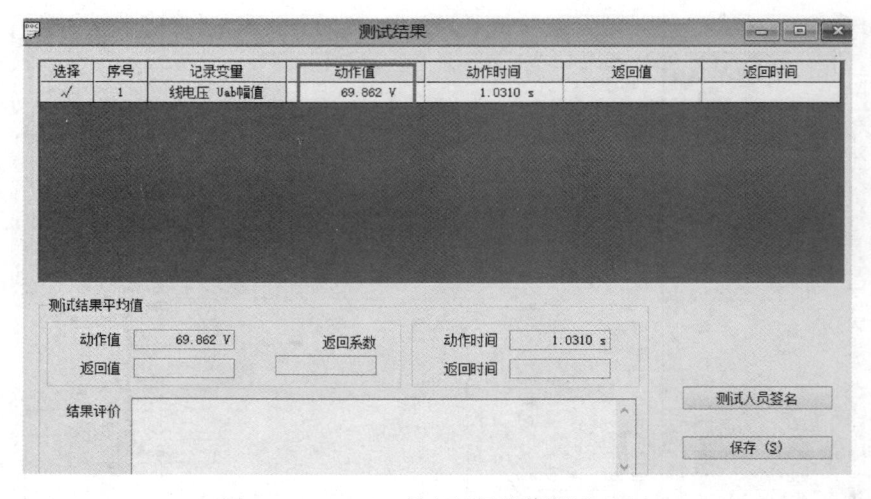

图 3-3-5-42　低电压闭锁值测试（六）

4. 负序电压闭锁值测试

第一步：设置 U_a 幅值为变量，变化步长为 0.2V，记录负序电压 U_{a2} 幅值，如图 3-3-5-43 所示。

第二步：设置试验前复归状态，复归时间为 12s（大于 TV 断线复归时间），如图 3-3-5-44 所示。

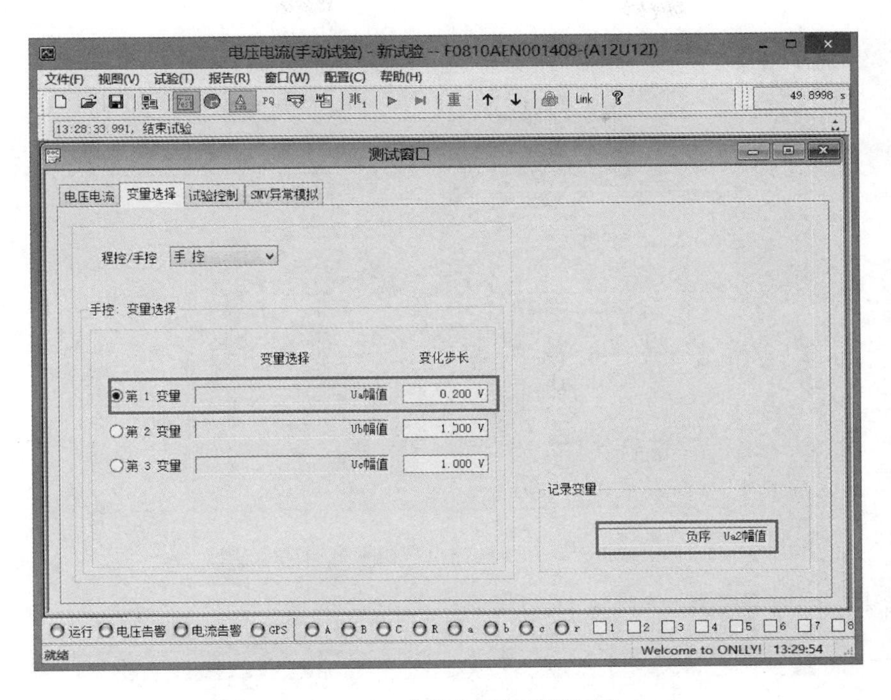

图 3-3-5-43　负序电压闭锁值测试（一）

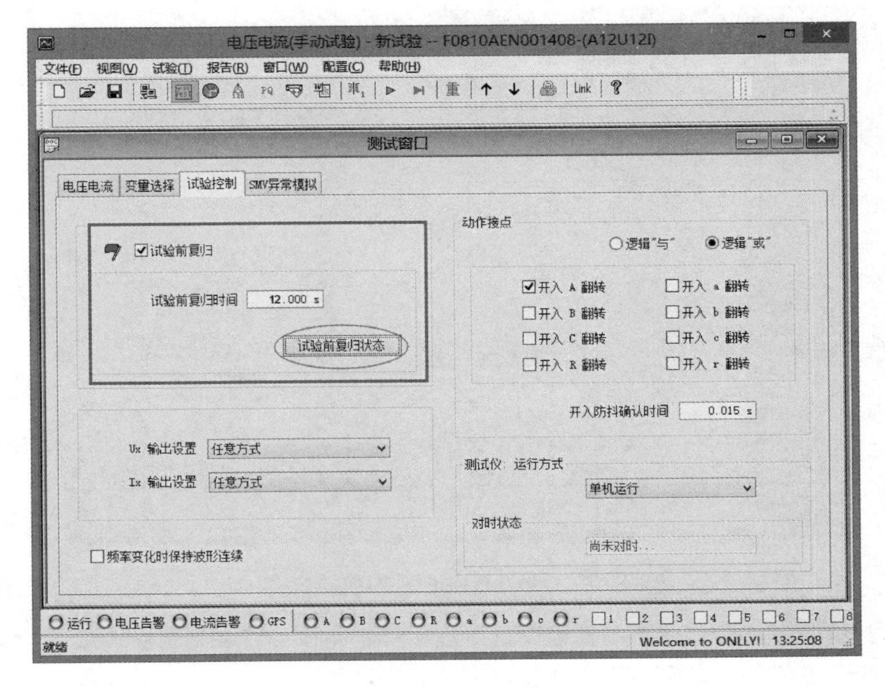

图 3-3-5-44　负序电压闭锁值测试（二）

复归状态如图 3-3-5-45 所示。

第三步：设置故障状态、额定电压、A 相电流（4.8A、-45°）。开始试验，等待复

复归状态设置

电压	幅值	角度	频率	直流	电流	幅值	角度	频率	直流
Ua	57.735 V	0.000 °	50.000 Hz	☐	Ia	0.000 A	0.000 °	50.000 Hz	☐
Ub	57.735 V	-120.000 °	50.000 Hz	☐	Ib	0.000 A	-120.000 °	50.000 Hz	☐
Uc	57.735 V	120.000 °	50.000 Hz	☐	Ic	0.000 A	120.000 °	50.000 Hz	☐
Ux	0.000 V	0.000 °	50.000 Hz	☐	Ix	0.000 A	0.000 °	50.000 Hz	☐
Uy	0.000 V	-120.000 °	50.000 Hz	☐	Iy	0.000 A	-120.000 °	50.000 Hz	☐
Uz	0.000 V	120.000 °	50.000 Hz	☐	Iz	0.000 A	120.000 °	50.000 Hz	☐
Uu	0.000 V	0.000 °	50.000 Hz	☐	Iu	0.000 A	0.000 °	50.000 Hz	☐
Uv	0.000 V	-120.000 °	50.000 Hz	☐	Iv	0.000 A	-120.000 °	50.000 Hz	☐
Uw	0.000 V	120.000 °	50.000 Hz	☐	Iw	0.000 A	120.000 °	50.000 Hz	☐
Ur(Ma)	0.000 V	0.000 °	50.000 Hz	☐	Ir	0.000 A	0.000 °	50.000 Hz	☐
Us(Mb)	0.000 V	-120.000 °	50.000 Hz	☐	Is	0.000 A	-120.000 °	50.000 Hz	☐
Ut(Mc)	0.000 V	120.000 °	50.000 Hz	☐	It	0.000 A	120.000 °	50.000 Hz	☐

确定　取消

图 3-3-5-45　负序电压闭锁值测试（三）

归状态结束后，调节变量使 U_a 减少，如图 3-3-5-46 所示。

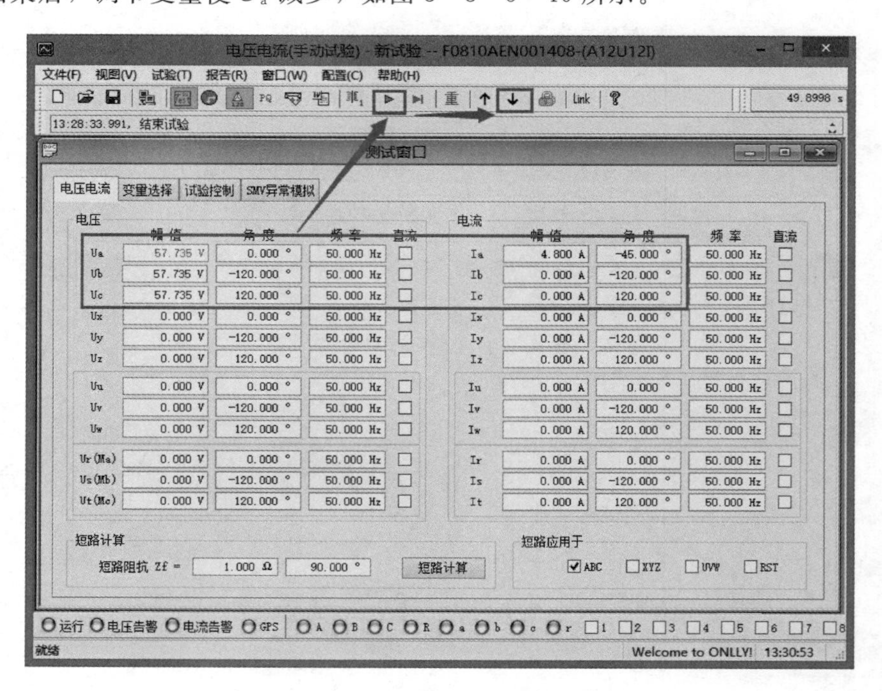

图 3-3-5-46　负序电压闭锁值测试（四）

提示：试验开始前，可在工具栏调出“线序分量”窗口，查看负序电压 U_{a2} 幅值。

第四步：过流保护动作，停止试验，记录数据，如图 3-3-5-47 所示。

5. 过流动作边界测试

第一步：设置 I_a 角度为变量，变化步长为 1°，记录 I_a 角度，如图 3-3-5-48 所示。

第二步：设置三相正序电压 30V，A 相电流（4.8A，−140°）。开始试验后，调节变

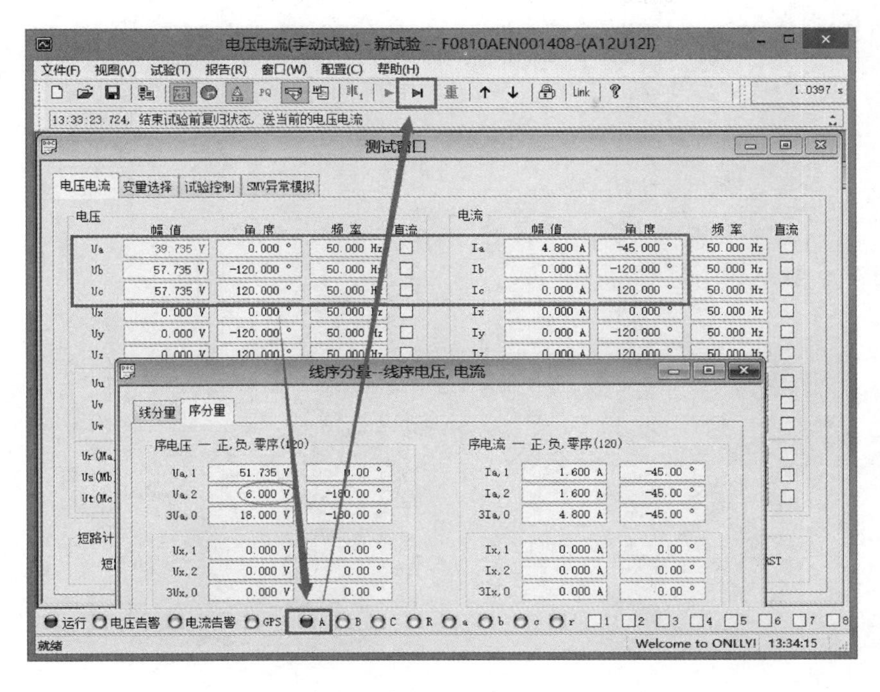

图 3-3-5-47　过流动作边界测试（一）

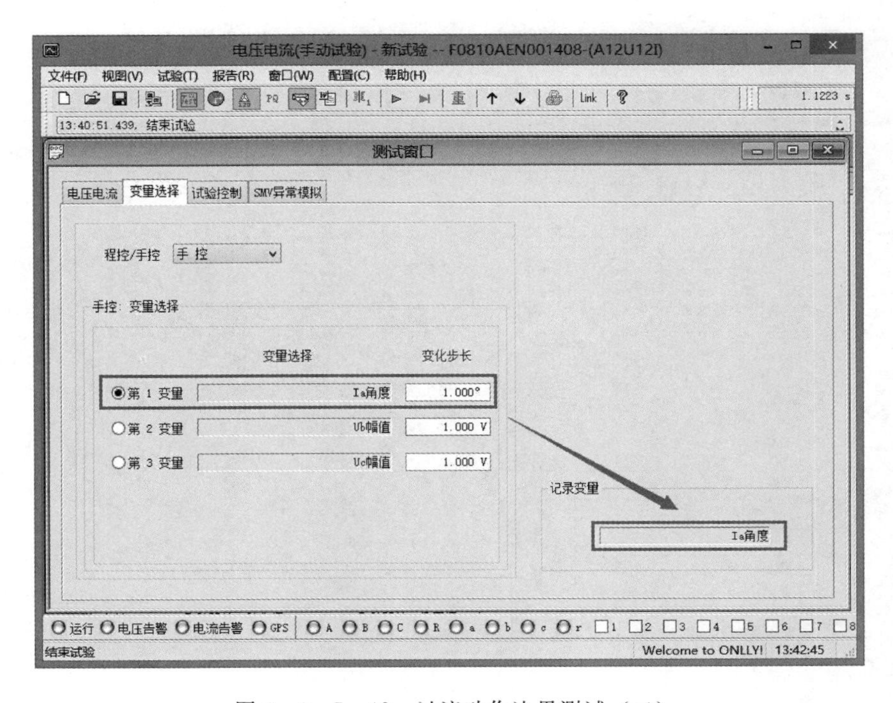

图 3-3-5-48　过流动作边界测试（二）

量使 I_a 角度增大，如图 3-3-5-49 所示。

第三步：直至过流保护动作，记录动作边界，如图 3-3-5-50 所示。

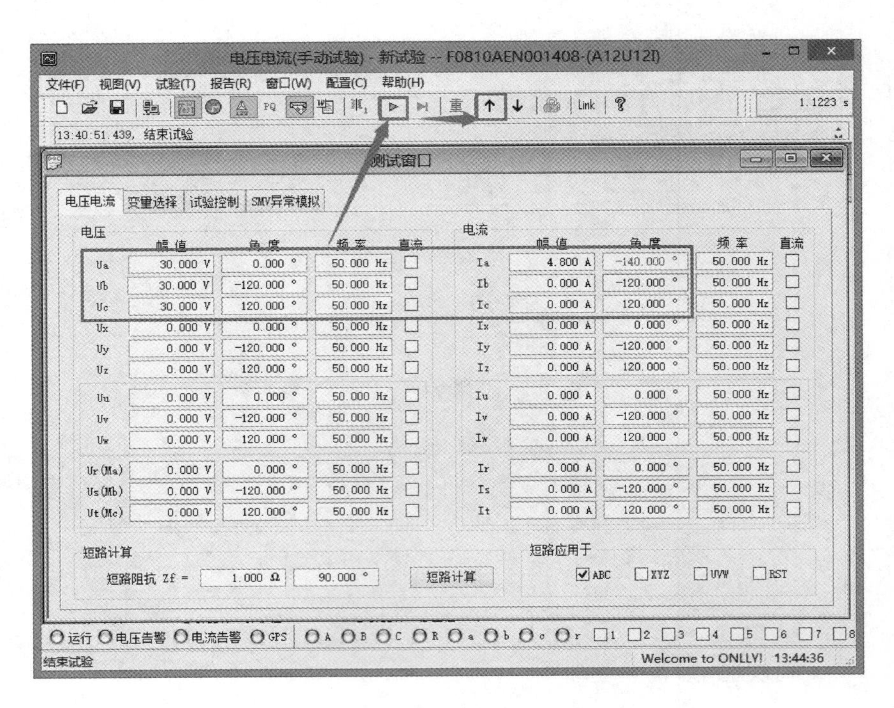

图 3-3-5-49　过流动作边界测试（三）

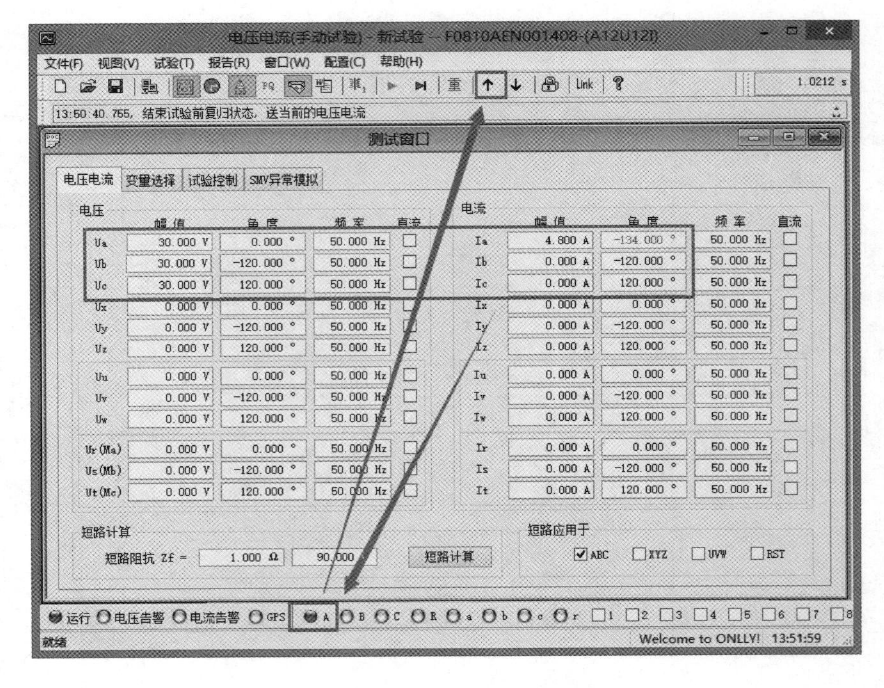

图 3-3-5-50　过流动作边界测试（四）

第四步：继续增加 I_a 角度，直至过流保护返回，如图 3-3-5-51 所示。

提示：过流保护动作后，在不停止输出的情况下，直接修改 I_a 角度为 40°，再使用变

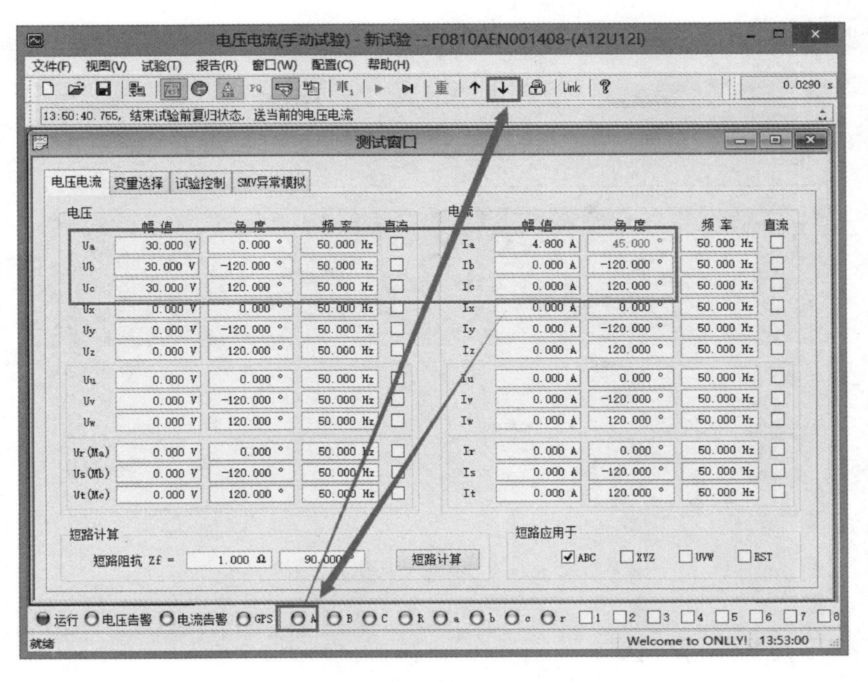

图 3-3-5-51　过流动作边界测试（五）

量调节，可提高工作效率。

第五步：再减少 I_a 角度，直至过流保护再次动作，停止记录，记录边界，如图 3-3-5-52 所示。

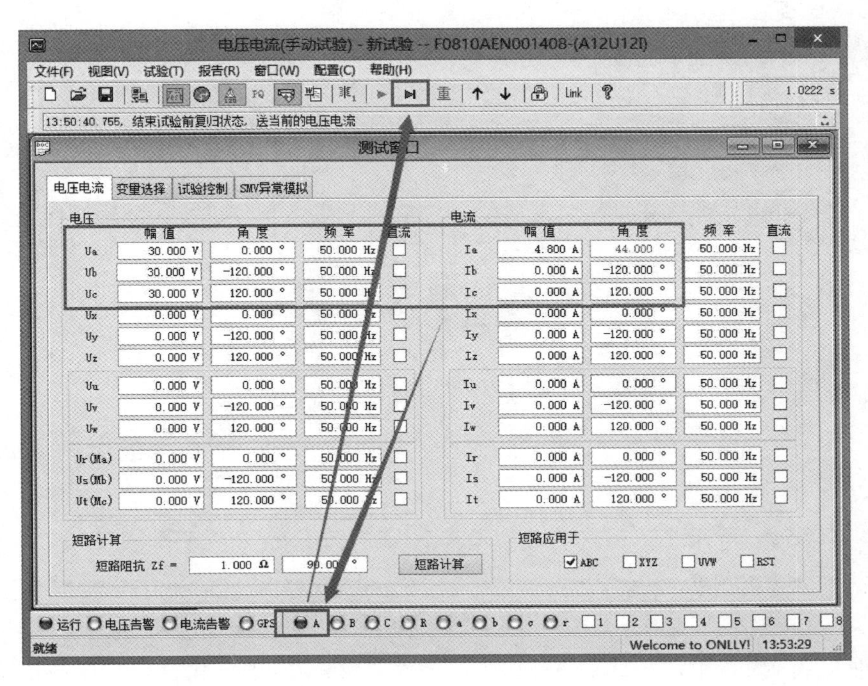

图 3-3-5-52　过流动作边界测试（六）

第六步：试验结果，如图 3-3-5-53 所示。

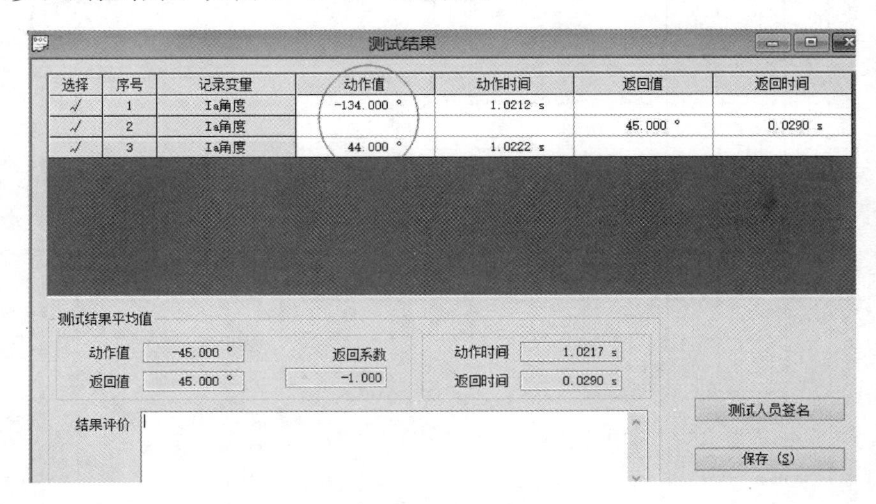

图 3-3-5-53 过流动作边界测试（七）

六、零序过流保护调试

1. 零序过流动作值测试

第一步：设置I_a相幅值为变量，变化步长为 0.1A，如图 3-3-5-54 所示。

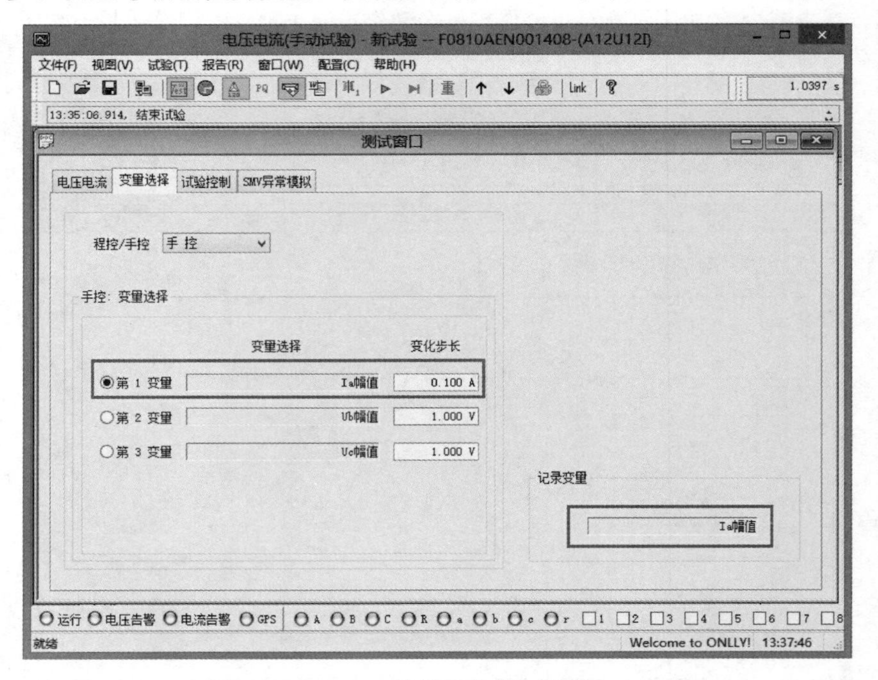

图 3-3-5-54 零序过流动作值测试（一）

第二步：设置U_a电压 40V，A 相电流（3A、105°）。开始试验后，逐渐加大 A 相电流幅值，如图 3-3-5-55 所示。

注意：每步等待时间需大于零序过流动作时间。

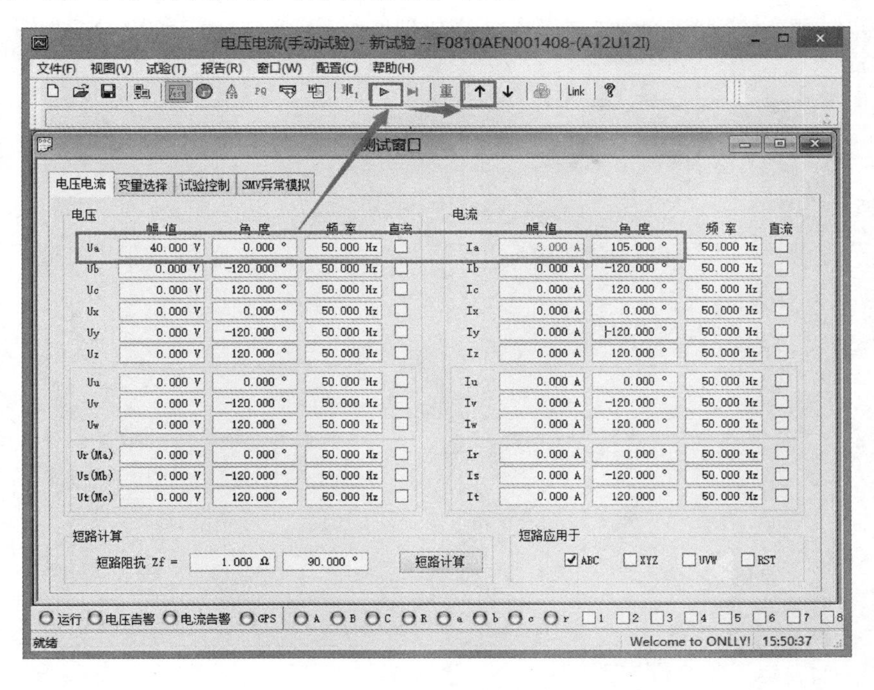

图 3-3-5-55　零序过流动作值测试（二）

第三步：当零序过流保护动作，停止试验，记录试验数据，如图 3-3-5-56 所示。

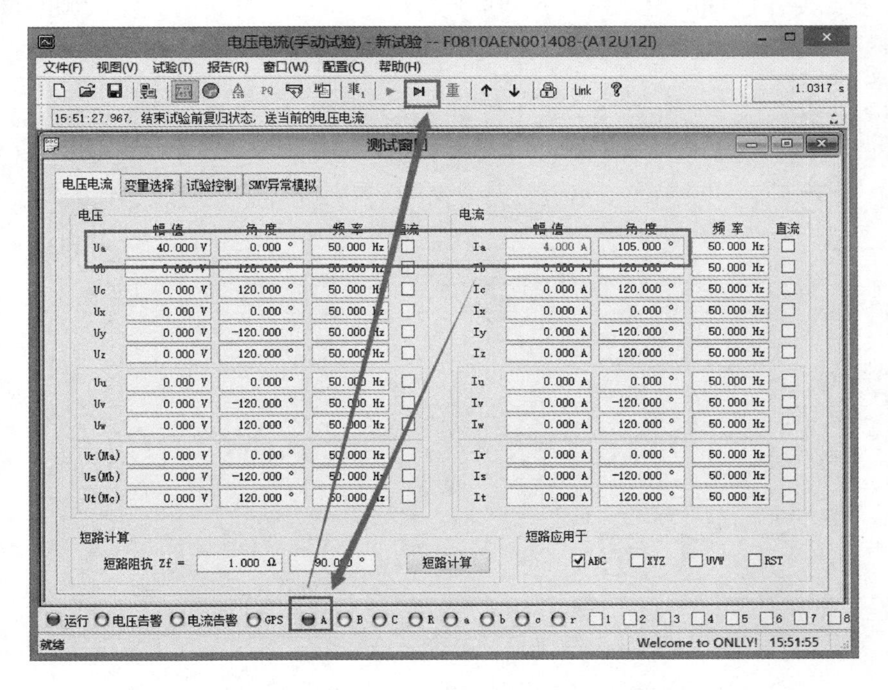

图 3-3-5-56　零序过流动作值测试（三）

2. 零序过流保护动作时间测试

第一步：测试仪设置I_a相幅值为变量，变化步长为4.8A（1.2倍整定值），如图3-3-5-57所示。

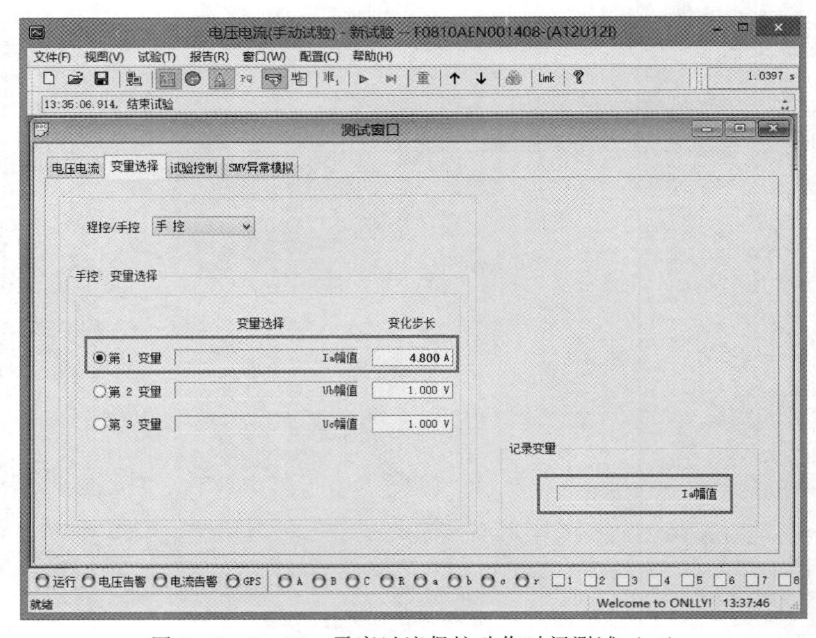

图3-3-5-57　零序过流保护动作时间测试（一）

第二步：设置U_a相电压40V，A相电流（0A、105°），开始试验后，A相电流幅值增加到4.8A，如图3-3-5-58所示。

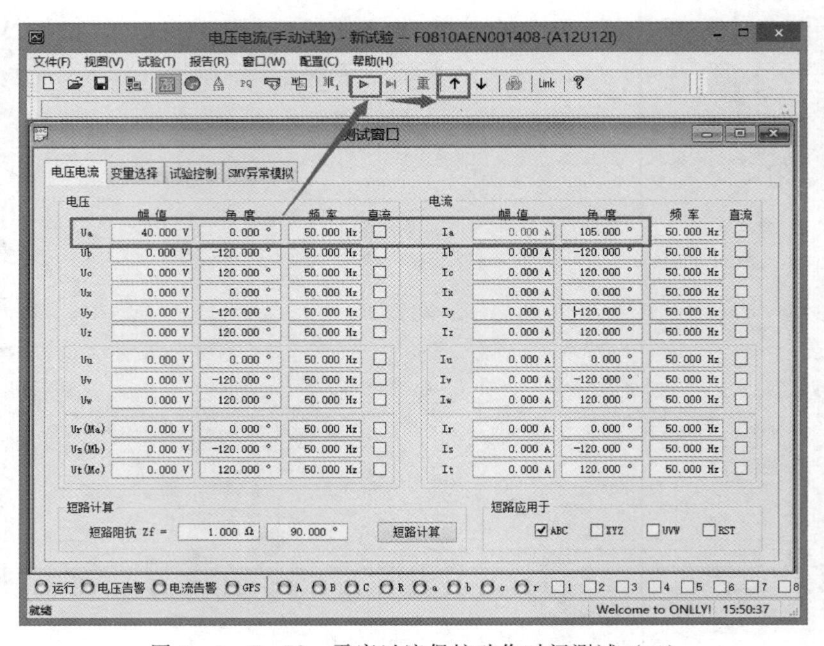

图3-3-5-58　零序过流保护动作时间测试（二）

第三步：当零序过流保护动作，停止试验，记录试验数据，如图 3-3-5-59 所示。

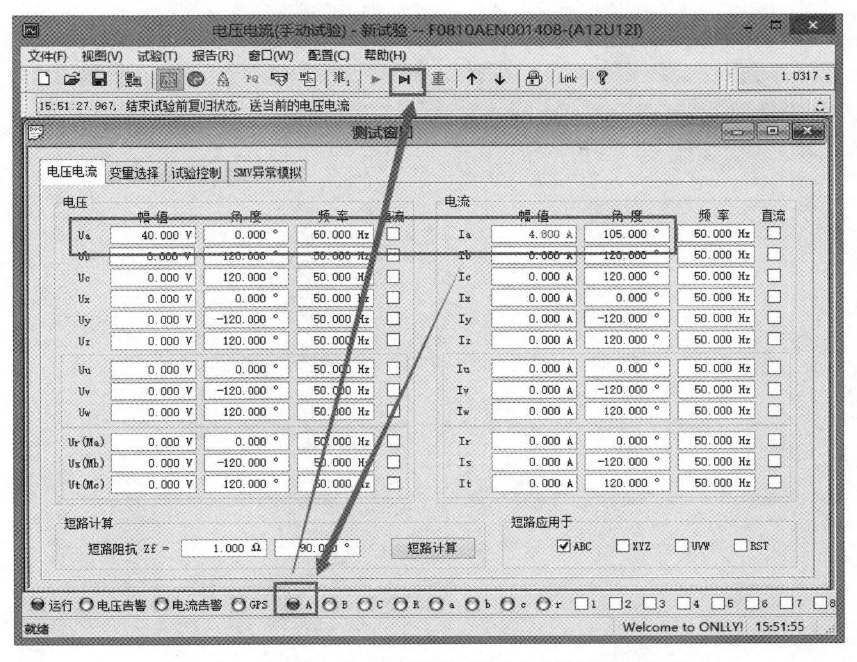

图 3-3-5-59　零序过流保护动作时间测试（三）

3. 零序过流动作边界测试

第一步：设置 I_a 角度为变量，变化步长为 1°，记录 I_a 角度，如图 3-3-5-60 所示。

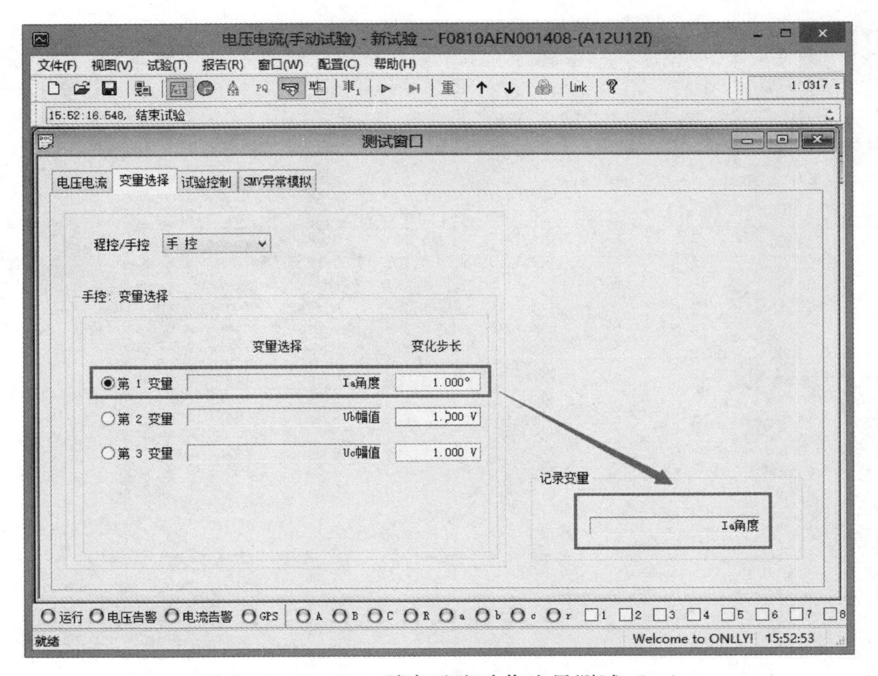

图 3-3-5-60　零序过流动作边界测试（一）

第二步：设置 U_a 相电压 40V，A 相电流（5A，200°）。开始试验后，调节变量使 I_a 角度减少，如图 3－3－5－61 所示。

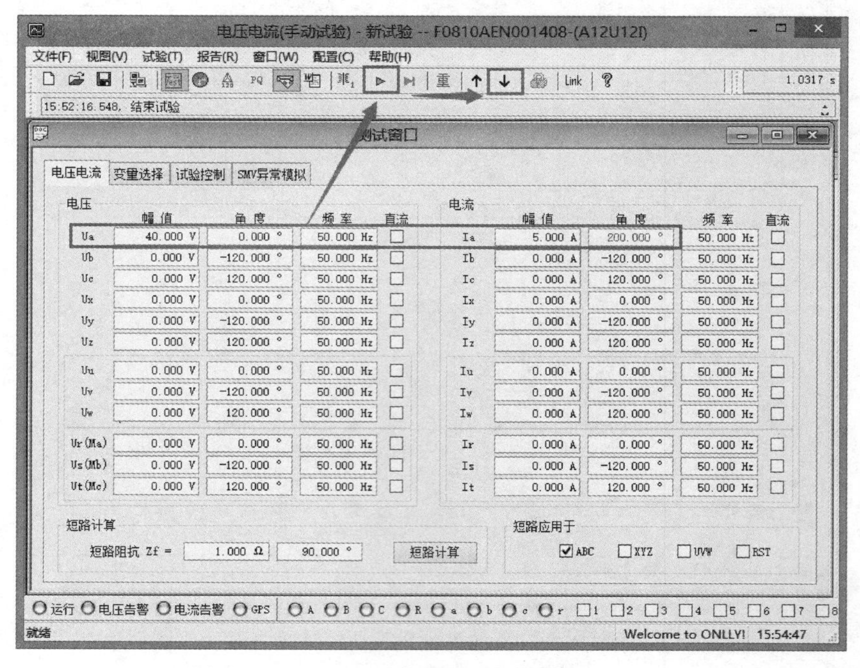

图 3－3－5－61　零序过流动作边界测试（二）

第三步：直至过流保护动作，记录动作边界，如图 3－3－5－62 所示。

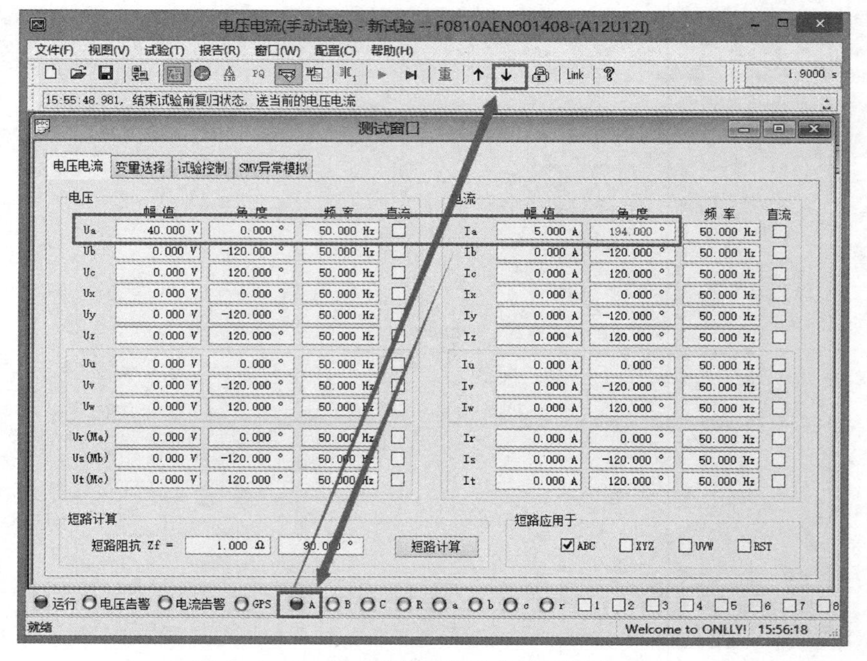

图 3－3－5－62　零序过流动作边界测试（三）

第四步：继续减少 I_a 角度，直至过流保护返回，如图 3－3－5－63 所示。

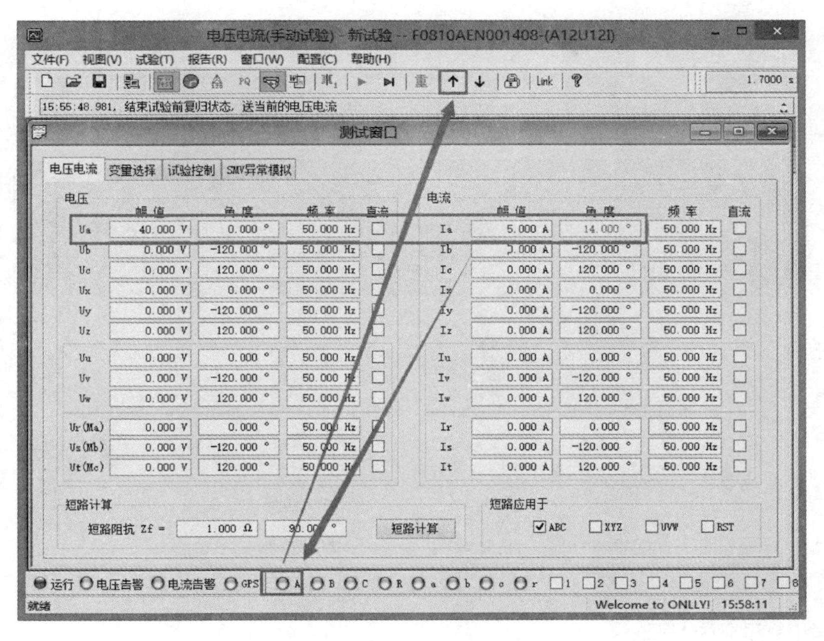

图 3－3－5－63　零序过流动作边界测试（四）

提示：过流保护动作后，在不停止输出的情况下，直接修改 I_a 角度为 20°，再使用变量调节，可提高工作效率。

第五步：再增大 I_a 角度，直至过流保护再次动作，停止记录，记录边界，如图 3－3－5－64 所示。

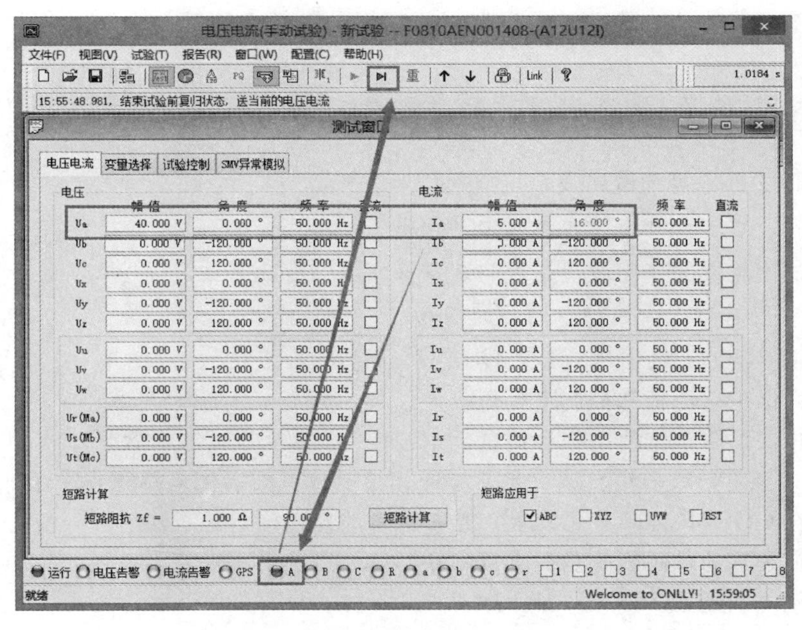

图 3－3－5－64　零序过流动作边界测试（五）

第六步：试验结果，如图 3－3－5－65 所示。

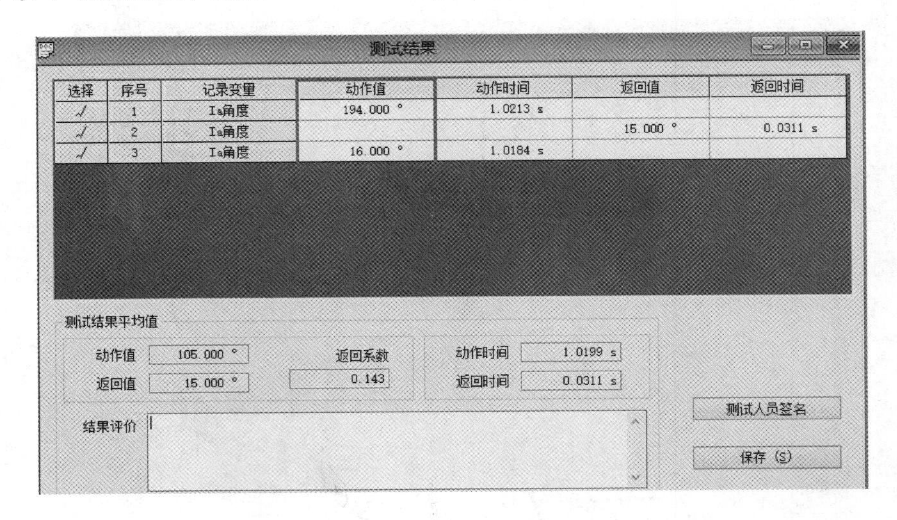

图 3－3－5－65　零序过流动作边界测试（六）

七、常见问题说明

1．保护装置 SV 采样加不上的问题

（1）检查测试仪是否有输出，测试仪所接光口是否闪烁（指示灯亮表示仪器和装置接线正确，指示灯闪烁表示仪器和保护装置有数据交换）。

（2）检查保护装置的 SV 接收压板是否投入。

（3）检查仪器软件的 SCD 文件间隔是否有导入错误（A 套或 B 套），电压电流虚端子是否映射正确。

（4）检查测试仪软件主菜单-配置-系统配置（测试仪）-通道配置是否为数字量输出方式。

（5）SCD 文件本身配置错误，可抓包比对分析。

2．测试仪 SV 可以加上、值不对应的问题

检查测试仪软件的变比设置是否与装置该间隔的变比一致。

3．保护装置有输入、保护不动作的问题

（1）检查 GOOSE 输出压板是否投入。

（2）检查保护软压板和控制字是否投入。

（3）检查保护整定定值是否和调试大纲定值一致。

4．保护装置有 SV 采样、保护装置有动作指示灯、测试仪无 GOOSE 订阅的问题

（1）检查 GOOSE 订阅有无设置，光口是否选择正确，是否映射开入量。

（2）检查装置的跳闸矩阵是否有投入和 GOOSE 输出压板是否投入。

5．测试仪与计算机软件联不上机的问题

（1）计算机的 IP 地址应与测试仪同网段，IP 地址为“192.168.253.100”。

（2）在计算机的“命令指示符”窗口使用 ping 指令，如果无法 ping 通 IP，可以关掉计算机的杀毒软件和防火墙后重启测试仪。

（3）联机成功，在软件右下角会显示“Welcome to ONLLY”；联机不成功，在软件右下角会显示“IP=(127.0.0.1)”。

第四章　智能变电站现场检修安全措施

第一节　总体要求和管控措施

一、总体要求

变电站自动化系统主要包括：测控装置、保护信息管理机、PMU系统、后台监控系统、远动装置、调度数据网设备、图形网关机、同步时钟系统等。主要涉及的工作为：通信状态维护、新增或者更换设备进行数据库修改、远动转发表修改、自动化设备异常检查处理等。

随着“大运行”体系的不断建设和完善，站端自动化工作日益增多，对自动化专业人员技能要求愈发严格，因此，规范变电站自动化系统工作流程，强化自动化工作现场管控，杜绝因工作失误造成自动化系统运行异常的事件发生，很有必要。

自动化系统在开展消缺、升级、改扩建工作时，工作前应准备好相应工作的作业风险管控卡、升级方案、操作流程步骤等作业指导书，并在工作过程中认真执行。工作结束后运维、检修按专业划分，分别执行后台监控系统检查卡。

1. 基本工作要求

（1）在工作前，检修人员需编制好本次工作的作业指导书、作业风险管控卡并经领导审核批准。

（2）提前通知相关厂家人员，厂家技术人员根据本次工作内容，提前编写工作方案（含工作步骤、修改设备、修改内容及危险点等），并经检修公司本次检修工作负责人审核。

（3）厂家技术人员在工作开始前，需通过检修公司外协人员安全规程考试合格，认真阅读《外单位人员接入公司生产控制区网络安全保密协议》并签字。

（4）自动化系统在开展远动、PMU、测控等涉及主站端数据的工作时，站端工作负责人必须提前与主站端相关负责人沟通、确认，同意后方可开始现场工作。

2. 现场工作要求

（1）现场工作中，厂家技术人员应在检修人员监护下工作，不得单人单独工作。

（2）厂家技术人员在工作中对设备配置参数、数据库、画面、报表等进行新增或者修改时，应逐条做好记录，履行签字确认手续，并经现场检修工作负责人检查确认后方可发布。

（3）当日工作完结但全部工作未结束时，在检修人员及厂家技术人员离开工作现场前，应对当日工作内容及完成情况向运维人员作简要交代。运维人员应对本次工作涉及的

设备或系统进行检查，确保其他运行设备或系统处于正常运行状态。

(4) 检修工作结束后，检修工作负责人应对全部工作内容进行全面检查，确认对原有系统无影响并完成了本次工作内容。如有涉及调度主站端数据工作，应与相应调度负责人联系并进行数据核对确认。

(5) 检修工作负责人在工作结束后需向运维人员交代全部工作内容及完成情况。运维人员应安排验收人员进行验收，合格后方可终结本次工作。

(6) 检修及运行工作负责人对本次工作所执行的作业指导书、作业风险管控卡、厂家执行作业内容卡、验收卡等材料进行复核并留存。

二、管控措施

变电站开展后台监控系统、远动装置、测控装置等设备升级、消缺、数据库修改应执行固定工作流程，对危险点进行分析，在工作中严格执行危险点管控措施。

变电站自动化系统典型工作危险点及控制措施如下。

1. 后台监控系统修改

变电站有改扩建工程、保护换型、线路破口等工作时，需对后台监控系统数据库、画面、报表等进行新增或者修改，应防范以下危险点并制定控制措施。

(1) 厂家技术服务人员现场因技术水平及对安措的理解不同造成的数据库错误等。控制措施如下：

1) 对现场技术服务人员的水平进行摸底，通过相关考试后方可进行工作。

2) 工作开始前由厂家提供相应的工作方案，并得到现场工作负责人认可。

3) 在工作期间需严格按照相关的步骤进行操作。

(2) 未核实间隔名称，误修改其他间隔数据、使用错误备份数据库或变比设定错误造成运行设备数据误修改。控制措施如下：

1) 改前做好数据库、工程文件、画面、报表备份。

2) 在现场最新备份的基础上进行数据、画面、报表修改。

3) 数据改动需设专人监护，得到负责人同意方可工作，修改后经负责人检查方可生效发布。

4) 工作结束后及时进行数据库备份并留存，并对修改部分进行版本说明。

5) 自动化人员确认完毕后需运维人员进行复核，确认无误。

(3) 后台数据库遥控点配置有误遥控操作，造成误遥运行设备。控制措施如下：

1) 遥控操作前确认所有在运测控装置、智能终端的远方就地把手打至就地，测控装置断路器、刀闸遥控压板退出，智能终端刀闸遥控压板退出，智能保护（测控）装置允许远方控制（遥控）压板退出。

2) 间隔首次遥控测试时，遥控出口压板逐个测试，并进行五防有效性测试。

3) 遥控操作要有监护及调度编号验证。

4) 后台监控系统升级工作，需对全站设备进行遥控预置时，自动化专业人员要逐一复核运维人员所做的安全措施无误后，逐个间隔开展。

5) 自动化人员确认完毕后需运维人员进行复核，确认无误。

2. 保护管理机数据修改

非智能变电站未采用61850通信规约，外厂家保护装置与后台监控系统通信采用保护管理机进行规约转换、数据上送。新增保护装置接入保护管理机或保护管理机异常处理时，应防范以下危险点并制定控制措施。

(1) 厂家技术服务人员现场因技术水平及对安措的理解不同造成的数据库错误等。控制措施如下：

1) 对现场技术服务人员的水平进行摸底，通过相关考试后方可进行工作。

2) 工作开始前需由厂家提供相应的工作步骤说明，并得到现场工作负责人认可。

3) 在工作期间需严格按照相关的步骤进行操作。

(2) 未备份最新配置文件，数据修改错误后无法恢复。控制措施如下：

1) 工作开始前做好配置文件备份，并妥善保存。

2) 在修改完毕，确认数据无误后，再次备份，两份备份应通过文件名加以区分。

(3) 调试保护管理机造成运行间隔保护装置通信中断，或保护装置信息上送异常。控制措施如下：

1) 调试工作中需重启管理机时，应告知运维人员产生的影响。

2) 启动正常后应检查所有接入间隔保护装置通信恢复，上送信息正确。

3. 远动装置配置修改

(1) 厂家技术服务人员现场因技术水平及对安措的理解不同造成的数据库错误等。控制措施如下：

1) 对现场技术服务人员的水平进行摸底，通过相关考试后方可进行工作。

2) 工作开始前需由厂家提供相应的工作步骤说明，并得到现场工作负责人认可。

3) 在工作期间需严格按照相关的步骤进行操作。

(2) 远动装置配置修改后，数据异常未及时发现。控制措施如下：

1) 远动装置与后台监控系统避免同时进行配置修改。

2) 远动数据修改完毕后，应测试两套远动装置与调度侧通信正常，数据上送无误。

3) 工作结束后由运维人员与调度端值班人员确认监控无异常信息。

(3) 在一套远动装置上工作前，未确认另一套远动装置运行状态，造成调度侧通信中断、数据异常。控制措施如下：

远动装置工作前，应确认另一套远动装置运行正常，与调度侧通信、数据业务正常。

(4) 远动转发表修改后未认真检查、核对，造成“四遥”信息错误，导致调度侧遥信、遥测指示异常，影响监控指标。控制措施如下：

1) 转发表修改前进行备份，并比对修改前后转发表点号内容，确认修改点号内容正确。

2) 认真执行“四遥”信息三方核对表，确认远动信息修改后核对、验证无误。

3) 将远动转发表导出后，上下机进行对比。

4) 工作结束后由运维人员进行上下机切换并与调度端值班人员进行确认无异常信息。

4. 同步相量测量采集装置（PMU）配置修改

（1）厂家技术服务人员现场因技术水平及对安措的理解不同造成的数据库错误等。控制措施如下：

1）对现场技术服务人员的水平进行摸底，通过相关考试后方可进行工作。

2）工作开始前需由厂家提供相应的工作步骤说明，并得到现场工作负责人认可。

3）在工作期间需严格按照相关的步骤进行操作。

（2）未备份最新配置文件，数据修改错误后无法恢复。控制措施如下：

1）工作开始前做好配置文件备份，并妥善保存。

2）在修改完毕，数据无误后，再次备份，两份备份应通过文件名加以区分。

（3）调试过程三相电流、电压相序定义错误，造成上送的功率异常。控制措施如下：

在进行调试时，要求三相电压、电流加不同值进行核对，并与后台监控系统送行数据比较，保证 PMU 系统与后台监控系统数据一致。

5. 测控装置升级、异常消缺处理

测控装置作为自动化系统采集数据的最前端设备，直接采集一次设备、二次设备开关量信息、告警信息及遥测数据，在进行升级、异常处理过程中应防范以下危险点并制定控制措施。

（1）厂家技术服务人员现场因技术水平及对安措的理解不同造成的数据库错误等。控制措施如下：

1）对现场技术服务人员的水平进行摸底，通过相关考试后方可进行工作。

2）工作开始前需由厂家提供相应的工作步骤说明，并得到现场工作负责人认可。

3）在工作期间需严格按照相关的步骤进行操作。

（2）测控装置升级工作，未备份定值、厂家内部参数，造成升级工作结束后，装置异常或同期功能异常。控制措施如下：

1）工作开始前做好配置文件备份，无法直接备份的内容通过拍照等方式记录，并妥善保存。

2）工作结束后，再次备份，两份备份应通过文件名加以区分。

3）升级工作涉及装置功能时，应该制定详细升级方案，对相关功能进行验证。

（3）测控装置异常处理时，误碰电压、电流、遥控等回路，造成设备跳闸或回路异常。控制措施如下：

1）认真执行二次工作安全措施票，对电压、电流回路、遥控回路进行硬质隔离防止误碰。

2）执行二次安全措施时应正确使用绝缘工具。

3）测试工作应先检查仪表档位使用正确。

（4）“五防”闭锁逻辑未逐一验证，导致间隔五防功能错误。控制措施如下：

根据公司审核下发的五防闭锁逻辑，由运维人员对测控装置间隔五防功能进行逐项验证。

（5）装置同期定值整定错误，造成测控装置同期合闸失败。控制措施如下：

根据公司审核下发的同期定值进行整定，并进行同期实验，送电前再次逐项对同期定值进行核对。

6. 保护装置遥信对点工作

保护软信号核对往往需要使用保护装置内遥信对点功能，采用该功能时存在以下风险。

(1) 参数设置修改后未恢复，造成保护装置与后台通信异常。防范措施如下：

1) 开展此类工作时，详细记录保护装置内参数设置情况，逐项实施逐项恢复。

2) 工作结束前，对装置进行送电前检查，并确认装置参数设置正常。

(2) 遥信对点后，后台相关信号未复归。防范措施如下：

遥信对点结束后，全面检查后台光字及数据库保护遥信信息状态，确定与实际一致后方可恢复装置运行。

7. 调度数据网设备问题处理

(1) 厂家技术服务人员现场因技术水平及对安措的理解不同造成的数据库错误等。控制措施如下：

1) 对现场技术服务人员的水平进行摸底，通过相关考试后方可进行工作。

2) 工作开始前需由厂家提供相应的工作步骤说明，并得到现场工作负责人认可。

3) 在工作期间需严格按照相关的步骤进行操作。

(2) 路由器、交换机、纵向加密装置配置修改后，未及时发现设备异常。控制措施如下：

1) 避免同时进行网调数据网设备与省调数据网设备配置同时修改。

2) 工作开始前做好配置文件备份，并妥善保存。在修改完毕，数据无误后，再次备份，两份备份应通过文件名加以区分。

3) 设备问题处理完毕后，应测试相应设备所接业务与调度主站侧通信是否正常，数据上送无误。

(3) 纵向加密装置问题处理后旁路运行，导致相应业务数据传输失去加密。控制措施如下：

1) 纵向加密装置问题处理后认真检查加密/旁路状态处于加密状态。

2) 与相应调度主站侧纵向加密负责人确认该装置所接业务均处于加密状态、业务数据运行正常。

8. 同步时钟系统异常消缺处理

(1) 双套时钟同时失去授时，造成全站设备失去对时。控制措施如下：

1) 避免两套同步时钟主时钟同时进行消缺工作。

2) 禁止同时断开两套同步时钟主时钟电源。

3) 工作结束后检查各时钟是否要告警，并查看现场的二次设备是否存在对时异常信息。

(2) 扩展时钟失去授时。控制措施如下：

1) 认真检查扩展时钟对时光纤，确保两路对时光纤来自两套不同主时钟。

2) 对 1 路对时异常问题进行处理前，确保另 1 路对时链路完好，对时正常。

三、现场工作安全措施示例

1. 外单位人员接入本公司生产控制区网络安全保密协议

外单位人员接入本公司生产控制区网络安全保密协议如图 3－4－1－1 所示。

外单位人员接入本公司生产控制区网络安全保密协议

甲方：______________________　　乙方：______________________

为贯彻“安全第一、预防为主、综合治理”的安全生产方针，明确双方的安全责任，提高信息安全管理水平，确保遵守国家及省公司关于网络安全相关规定，结合甲乙双方工作特点，双方经协商一致，签订本协议。

一、项目

（一）工作内容：______________________

（二）工作地点：______________________

（三）起始时间：______________________

二、协议内容

（一）安全目标

1. 不发生严重影响甲方信息安全类事件。

2. 不发生因接入甲方网络造成甲方网络故障事件。

3. 达到甲方提出的信息安全要求。

（二）双方安全责任和义务

乙方：______________

1. 严格遵守甲方提出的各项信息安全管理要求及保密规定，严禁进行任何与工作无关的操作。

2. 在工作过程中如需使用机房内电源，须事先征得甲方工作负责人同意，严禁随意使用线缆连接插座。

3. 乙方人员所用调试计算机安装甲方要求的防病毒软件，接入前进行全盘扫描，确认计算机未携带病毒或木马等影响甲方信息安全要求数据。

4. 乙方人员接入信息内网进行调试前，经甲方负责人确认安全后，使用甲方统一分配的 IP 地址，严禁私自更改、盗用甲方 IP 地址。

5. 乙方人员所用调试计算机注册桌面终端系统客户端后，严禁开启无线网络，严禁接入无线网卡或具有上网功能设备（手机、平板电脑等），禁止使用无线键盘、无线鼠标等无线设备。

6. 严禁将注册有桌面终端客户端的调试计算机在信息内、外网上交叉使用。

7. 严禁通过远程拨号方式接入甲方信息网络。

8. 严禁通过甲方信息网络处理、发送涉密文件。严禁安装非法软件。

9. 由乙方人员原因造成设备、系统故障或中断运行，给甲方造成的损失由乙方承担。

甲方：______________

1. 告知乙方工作人员公司信息安全管理要求及安全违规要求。

2. 做好现场安全管控，检查确认甲方调试计算机未携带病毒、木马等影响甲方信息安全要求数据。

3. 检查乙方计算机未使用无线设备、开启无线网络等。

4. 根据乙方调试需求，提供公司内网 IP 地址，并进行安全管控。

三、责任条款

该协议由责任工区审核后，由安全生产管理部负责签订，报备至上级部门。对于现场发生的信息安全违规事件，依照本协议划分责任。

四、附则

本协议一式两份，甲乙双方各执一份。

甲方签字：　　　　　　　　　　　　　　　　　　乙方签字：

年　月　日　　　　　　　　　　　　　　　　　　年　月　日

图 3-4-1-1　外单位人员接入本公司生产控制区网络安全保密协议

2. 750kV 智能变电站监控系统升级安全管控卡

750kV 智能变电站监控系统升级安全管控卡如图 3-4-1-2 所示。

3. 厂家人员执行内容卡

厂家人员执行内容卡如图 3-4-1-3 所示。

作业项目	________750kV 智能变电站监控系统升级安全管控卡		
单位		适用班组	
工作流程	监控系统升级工作准备→工作许可→工器具、设备、备品备件就位→后台监控系统升级→工作组自检→运维人员验收→工作终结		
序号	危险点分析	危险点控制措施	执行（√）
1	质量管控	详见________750kV 智能变电站后台监控系统及远动装置升级方案	
2	计算机病毒入侵	禁止在监控系统的计算机上运行未经检测和许可的软件	
		禁止将未经检测的计算机设备接入监控系统网络	
3	防触电	当工作内容涉及计算机硬件部分时，应至少有两个工作人员，一人操作一人监护	
		工作中应使用绝缘工具并戴手套，插拔故障板卡时应戴好防静电手环	
4	数据配置错误	检查软件版本号	
		配置数据前认真核对数据配置资料，确认数据配置的正确性，并做好变更记录	
		每次在升级工作开始前做好备份，工作结束后也要做好备份，并注明时间及作业人员，保证备份的正确性，且工作站备份要异地存储，保持更新	
		系统升级后要运行观察，发现异常立即恢复原系统备份	
5	防误操作	防止误出口或测试时误碰，造成运行设备跳闸，进行遥控功能测试前，做好全站遥控安全措施后方可进行遥控预置	
		工作中需全程进行监护，防止误操作	
		操作前先确认操作顺序，按照升级方案逐项进行	
6	设备损坏	升级前准备好备用服务器，防止现运行服务器在升级过程中发生硬件故障无法运行	
7	数据中断	在进行远动升级前，提前通知省、网调相关负责人，得到许可后方可进行	
		监控系统升级采用全程离线安装模式，杜绝因升级过程对监控系统的信号监视影响	
8	信号上送有误	做遥信正确性核对前，提前通知省调监控人员，并加强后台监视	
9	误遥控出口	在备用服务器上不进行遥控预置测试时，闭锁备用服务器遥控功能，可修改通信配置文件 NTengine. ini，设置参数“disableykexe－1”后，重启通信程序使设置生效，然后将备用服务器接入站控层网络	
		在备用服务器上进行遥控预置时，开放备用服务器遥控功能，但在遥控预置前需申请退出全站遥控压板，远方就地把手切至就地，所有保护装置允许远方操作软压板退出，做好防止遥控出口安全隔离措施	
		在备用服务器上遥控预置结束后，及时闭锁备用服务器遥控功能	
		后台监控机升级结束后进行遥控预置时，同样需申请退出全站遥控压板，远方就地把手切至就地，所有保护装置允许远方操作软压板退出，做好防止遥控出口安全隔离措施	
		所有遥控预置过程中均需要加强监护，不得单人进行操作	
10	运维人员无法监盘	若后台监控服务器（远动装置、图形网关机）升级时出现故障，立即暂停正在运行的升级工作，现场监盘应使用图形网关机（后台监控服务器），要求运维人员加强现场巡视。并尽快查明问题，如短时间无法解决的，应立即恢复原运行环境	
		升级中应至少保证一台服务器处于正常运行状态，用于运维人员监盘	

图 3－4－1－2（一） 750kV 智能变电站监控系统升级安全管控卡

<table>
<tr><td>序号</td><td>危险点分析</td><td colspan="3">危险点控制措施</td><td>执行（√）</td></tr>
<tr><td>11</td><td>站内事故时
影响应急处理</td><td colspan="3">在调试过程中出现事故，停止现场工作，启动事故预案，如为某保护动作跳闸，立即恢复该间隔遥控把手及压板，按调度令操作</td><td></td></tr>
<tr><td>12</td><td>擅自变更
现场安全措施</td><td colspan="3">不得随意变更现场安全措施。特殊情况下需要变更安全措施时，必须征得工作许可人的同意，完成后及时恢复原安全措施</td><td></td></tr>
<tr><td>负责人</td><td></td><td>现场监督人</td><td></td><td>日期</td><td></td></tr>
<tr><td>负责人</td><td></td><td>现场监督人</td><td></td><td>日期</td><td></td></tr>
<tr><td>备注</td><td colspan="5"></td></tr>
</table>

图 3-4-1-2（二）　750kV 智能变电站监控系统升级安全管控卡

<table>
<tr><td colspan="5">厂家人员执行内容卡</td></tr>
<tr><td colspan="2">变电站名称</td><td colspan="3"></td></tr>
<tr><td colspan="2">计划工作时间</td><td></td><td colspan="2">工作票编号：</td></tr>
<tr><td colspan="2">工作内容</td><td colspan="3"></td></tr>
<tr><td colspan="2">厂家单位</td><td></td><td>厂家技术人员签名</td><td></td></tr>
<tr><td>序号</td><td>执行时间</td><td colspan="2">执　行　内　容</td><td>执行</td></tr>
<tr><td></td><td></td><td colspan="2"></td><td></td></tr>
</table>

图 3-4-1-3　厂家人员执行内容卡

第二节　保护装置检修安全措施及压板投退原则

一、总体原则

1. 保护装置检修措施安全边界条件

考虑智能化保护设备发展和实际运维现状，保护装置检修安全措施的安全边界条件应尽量扩大，随着智能化保护设备运维经验和水平的不断完善和提高，可根据实际情况，逐渐缩小安全边界，逐步优化保护装置检修安全措施的实施原则。

2. 与其他规程、规定的关系

本原则主要针对智能化保护装置检修安全措施有关特殊要求而制定，遵循智能变电站有关技术导则、规范，严格执行上级部门已颁布的各类标准和规范。

3. 运行、检修人员保护压板投退职责划分

（1）除二次智能设备“检修状态”硬压板原则上由检修人员操作外，其他软、硬压板全部由运行人员进行投退。“检修状态”硬压板在保护装置故障和保护定值切区时，应由

运行人员投退。

（2）对于保证正常检修需要投退的保护压板，在检修工作开始前应由运行人员按操作票完成操作，检修人员在《二次安全措施票》中作为检查项进行逐项核对。

（3）检修人员在执行安全措施时必须保证检修保护装置与运行设备之间的隔离至少采用双重安全措施，检修设备必须投入装置检修硬压板。

（4）在检修工作范围内，由于保护试验传动过程中需投退的压板，在确保安全的前提下，由检修人员操作，应做好变动记录，在检修工作结束后恢复。

4. 投退整套保护装置时压板的投退顺序

运行人员投退整套保护装置时，不对装置电源空开、电压空开进行操作。整装置退出，压板退出操作顺序为：先退出各类出口软压板（如××GOOSE发送软压板、GOOSE跳××断路器软压板），再退出保护功能软压板。整装置投入，压板投入操作的顺序与退出顺序相反，在执行投入各类出口软压板前，应确认装置无异常。

整装置投退，运行人员无需操作SV接收软压板、GOOSE接收软压板。

5. 保护装置检修时安全措施执行顺序

检修人员在执行检修保护装置安全隔离措施时，遵循以下顺序：先检查运行设备内与检修保护装置相关的压板均已退出（SV接收、间隔投入、GOOSE接收等压板）；再检查检修保护装置相关压板均已退出；第三投入相关检修保护装置“装置检修硬压板”；第四断开检修保护装置与运行设备之间的光纤链路；第五断开检修保护设备网线、告警公共端，确保检修信息不上送至省调监控；最后核对检修保护装置、相关运行设备、后台监控系统上送信息正确，所做安全措施正确无误。

6. 保护装置检修与一次设备运行状态的关系

（1）单套配置合并单元、智能终端及保护装置的一次设备、二次设备异常处理时，申请停运一次设备。

（2）双套配置合并单元、智能终端及保护装置的一次设备、二次设备异常处理时直接退出相关异常设备，不需停运一次设备。在需要停运一次设备配合验证时申请停运相关一次设备。

二、一次设备在运行状态下现场检修安全措施及压板投退原则

（一）一次设备有工作时

除变压器类设备补油、放油、排气等工作时，按照变压器类设备运行管理规定投退相应保护压板之外，其他一次设备上的工作，无需对保护软硬压板进行投退及做任何安全措施。

（二）二次设备有工作时

1. 合并单元设备缺陷处理

（1）合并单元装置故障不能正常工作时，安全措施实施原则如下：

1）运维人员将与该合并单元相关联所有运行的保护及安自装置整套退出，即将与该合并单元相关联所有运行的保护及安自装置所有出口及功能软压板退出；相关运行装置的“SV接收压板”无需退出。

2）检修人员处理合并单元异常前，首先检查确认与该合并单元相关联所有运行的保护及安自装置已退出，然后投入检修合并单元“装置检修”硬压板并用红色绝缘胶布封住。在处理完毕后，确认与之相关联保护及安自装置采样正常后，恢复安全措施，申请投入相关保护及安自装置。注意：如果合并单元交流采样插件异常，需要更换时，拔出插件前应将接入该合并单元的所有电流绕组在外部封住，防止电流回路开路。

（2）合并单元SV链路中断时，安全措施实施原则如下：

1）合并单元SV链路中断只影响无法采样的保护及安自装置运行，此时运维人员只需将发出采样链路中断告警的保护及安自装置整套退出，其“SV接收压板”无需退出。注意：其他与该合并单元有关的运行正常的保护或安自装置无需退出。

2）检修人员处理合并单元断链时，首先确认采样中断保护及安自装置确已退出，待采样链路处理完毕，检查受影响保护及安自装置采样正常后申请将其投入。注意：此时合并单元正常运行，严禁投入“装置检修”硬压板！

3）若断链是由于合并单元输出光口异常造成，需要退出合并单元进行处理，按照合并单元装置故障处理施行安全措施。

（3）合并单元模拟量输入侧TV或TA二次回路故障时，安全措施实施原则如下：

1）运维人员应将受影响的保护或安自装置整套退出。

2）检修人员应检查受影响的保护装置或保护装置有关功能已退出，处理TV或TA二次回路故障过程中，防止误碰其他正常运行回路或造成电压短路、电流回路开路。

2. 智能终端设备缺陷处理

（1）智能终端装置故障不能正常工作时，安全措施实施原则如下：

1）运维人员应立即退出该套智能终端对应的所有跳、合闸出口硬压板、遥控出口硬压板。

2）检修人员进行消缺处理时，投入智能终端检修压板前，应确认智能终端出口压板已退出，并根据需要退出线路重合闸功能，投入母线保护刀闸强制软压板（双母线接线形式情况下）。注意：在处理过程中，若造成断路器位置输出不正确，可能会影响到该线路重合闸及远跳保护逻辑判断，需退出相关联的整套线路保护及重合闸装置。若造成220kV母线隔离开关位置输出不正确，应在220kV母差保护装置处进行强制对位。

（2）智能终端GOOSE链路中断，安全措施实施原则。运维及检修人员不对智能终端进行任何操作。如果是智能终端装置内部故障，应执行智能终端装置故障检修安全措施实施原则。

（3）智能终端外部二次开入回路异常，安全措施实施原则。运维人员不对智能终端压板进行操作。检修人员在开入回路检查处理过程中，做好防止误碰跳闸及遥控回路的措施，同时防止直流接地或者短路。

3. 继电保护及安自装置缺陷处理

（1）继电保护或安自装置故障时，安全措施实施原则：

1）运维人员退出整套保护或安自装置。退出与故障保护装置关联的保护及安自装置中对应支路的GOOSE接收软压板。

2）检修人员首先确认与异常保护相关联的运行保护中有关接收压板已退出，异常保护装置已整套退出，然后投入异常继电保护或安自装置“装置检修”硬压板；第二断开其与运行设备之间的GOOSE链路尾纤；第三断开检修保护设备网线、告警公共端，确保检修信息不上送至省调监控。异常处理完毕后，根据处理情况对装置进行相关试验，试验合格后恢复安全措施，申请将装置投入运行。

（2）继电保护及安自装置SV链路中断，安全措施实施原则：

1）运维人员将发出采样链路中断的保护或安自装置整套退出。其“SV接收压板”无需退出。

2）检修人员处理保护及安自装置SV断链时，首先确认采样中断保护及安自装置确已退出，然后投入异常装置的“装置检修硬压板”，待采样链路处理完毕，检查装置采样正常后申请将其投入。

3）若断链是由于保护及安自装置采样接收板件异常造成，按照保护或安自装置故障处理施行安全措施。

（3）继电保护及安自装置GOOSE链路中断，安全措施实施原则。不对保护或安自装置软压板进行操作，不做任何安全措施。如果是保护或安自装置内部故障，应执行保护或安自装置故障的安全措施实施原则。

4. 继电保护及安自装置更改定值工作保护投退原则

退出整套继电保护或安自装置，并将该保护装置“检修压板”投入，完成定值更改并核对所有定值项、定值区正确无误后，退出“检修压板”，并投入整套保护装置。

5. 定值区切换工作

当调度下令切换保护定值区时，可先投入该保护装置就地检修压板（硬压板），在继电保护装置面板确认检修压板投入提示信息，确认定值区切换无误后，再退出检修压板。

三、一次设备在停电状态下现场检修安全措施及压板投退原则

1. 一次设备在检修状态仅有一次设备上的工作时保护投退及安措实施原则

（1）当一次设备检修工作涉及电压互感器加压，测试回路电阻可能会给电流互感器一次绕组通流时，运维人员应先退出相关运行保护及安自装置中至试验间隔合并单元的“SV接收压板”，然后投入该合并单元的“装置检修”硬压板。

注意：退出顺序必须为先退有关运行设备的SV接收压板（或间隔投入压板），后投合并单元“装置检修”硬压板；投入顺序相反。

（2）其他一次设备上的工作，不对相关保护装置进行压板投退、实施安全措施。

2. 一次设备转为冷备用或检修状态保护或安自装置进行正常定检消缺时保护投退及安措实施原则

（1）运维人员先退出停电一次设备相应整套保护装置及智能终端，再退出运行保护及安自装置中与检修间隔相关联的SV接收及GOOSE接收软压板。所有一次设备、二次设备操作完毕，根据调度要求，将一次设备转为相应状态，许可现场工作。

（2）检修人员在工作许可之后，必须执行二次安全措施，先检查运行设备内与检修保护装置相关的压板均已退出（SV接收、间隔投入、GOOSE接收等压板）；检查检修保护装

置相关压板均已退出；投入相关检修保护装置“装置检修”硬压板；断开检修保护装置与运行设备之间的光线链路；断开检修保护设备网线、告警公共端；核对检修保护装置、相关运行设备、后台监控系统上送信息正确，所做安全措施正确无误。

四、其他状态下现场检修安全措施及压板投退原则

1. 无需对站内保护装置软硬压板进行投退情况

除遥控、失步解列以及非电量保护压板执行遥控运行管理规定和变压器运行管理规定外，一次设备不论在任何状态，当变电站一次设备、二次设备无任何工作时，无需对站内保护装置软硬压板送行投退。

2. 退出变电站全站遥控安全措施实施原则

为了确保新设备接入后遥控或调度端遥控工作安全进行，现将退出变电站全站遥控安全措施实施原则确定如下：

（1）防止误遥控断路器的措施采取双重安全措施的原则，并且遥控回路应该有明显断开点。

（2）常规变电站。常规变电站遥控功能集合与测控装置内，测控装置上有“远方/就地”把手，刀闸及断路器遥控出口压板。因此常规变电站退出全站遥控功能措施为：将测控装置上“远方/就地”把手由“远方”切至“就地”；退出测控装置上所有断路器及刀闸遥控功能。

（3）智能变电站：

1）二次设备压板退出遥控。智能变电站较常规变电站不同，其保护装置软压板在后台也可以遥控，为了防止误遥控保护装置内软压板，在遥控工作开始前，应在就地将运行保护装置内“允许远方操作”或“远方控制”软压板退出。如果是“六统一”保护装置，则只需采取退出“允许远方操作”硬压板的措施即可。

2）一次设备退出遥控。智能变电站测控装置一部分功能被户外智能终端取代，因此智能变电站一次设备退出遥控措施原则如下：将测控装置上“远方/就地”由“远方”切至“就地”或者退出“允许远方操作”硬压板；将户外智能终端柜内“远方/就地”由“远方”切至“就地”，退出所有刀闸遥控硬压板。

第三节　保护装置现场检修安全技术措施

一、基本要求

（1）为规范现场人员作业行为，防止发生人身伤亡、设备损坏和继电保护“三误”（误碰、误接线、误整定）事故，保证电力系统一次设备、二次设备的安全运行，必须制订安全技术措施。

（2）凡是在现场接触到运行的继电保护、电网安全自动装置及其二次回路的运行维护、科研试验、安装调试或其他（如仪表等）人员，均应遵守本标准，还应遵守国家电网公司电力安全工作规程（变电站和发电厂电气部分）。

（3）相关部门领导和管理人员应熟悉本标准，并监督本标准的贯彻执行。

（4）现场工作应遵守工作负责人制度，工作负责人应经本单位领导书面批准，对现场工作安全、检验质量、进度工期以及工作结束交接负责。

（5）继电保护现场工作至少应有二人参加。现场工作人员应熟悉继电保护、电网安全自动装置和相关二次回路，并经培训、考试合格。

（6）外单位参与工作的人员应具备专业工作资质，但不应担当工作负责人。工作前，应了解现场电气设备接线情况、危险点和安全注意事项。

（7）工作人员在现场工作过程中，遇到异常情况（如直流系统接地等）或断路器跳闸，应立即停止工作，保持现状，待查明原因，确定与本工作无关并得到运行人员许可后，方可继续工作。若异常情况或断路器跳闸是本身工作引起，应保留现场，立即通知运行人员，以便及时处理。

（8）任何人发现违反本标准的情况，应立即制止，经纠正后才能恢复作业。继电保护人员有权拒绝违章指挥和强令冒险作业；在发现直接危及人身、电网和设备安全的紧急情况时，有权停止作业或在采取可能的紧急措施后撤离作业场所，并立即报告。

（9）设备运行维护单位负责继电保护和电网安全自动装置定期检验工作，若特殊情况需委托有资质的单位进行定期检验工作时，双方应签订安全协议，并明确双方职责。

（10）改建、扩建工程的继电保护施工或检验工作，设备运行维护单位应与施工调试单位签订相关安全协议，明确双方安全职责，并由设备运行维护单位按规定向本单位安全监管部门备案。

（11）现场工作应遵循现场标准化作业和风险辨识相关要求。

（12）现场工作应遵守工作票和继电保护安全措施票的规定。

二、工作前准备

1. 基本准备工作

（1）了解工作地点、工作范围、一次设备和二次设备运行情况，与本工作有联系的运行设备，如失灵保护、远方跳闸、电网安全自动装置、联跳回路、重合闸、故障录波器、变电站自动化系统、继电保护及故障信息管理系统等，需要与其他班组配合的工作。

（2）拟订工作重点项目、准备处理的缺陷和薄弱环节。

（3）应具备与实际状况一致的图纸、上次检验报告、最新整定通知单、检验规程、标准化作业指导书、保护装置说明书、现场运行规程，合格的仪器、仪表、工具、连接导线和备品备件。确认微机继电保护和电网安全自动装置的软件版本符合要求，试验仪器使用的电源正确。

（4）工作人员应分工明确，熟悉图纸和检验规程等有关资料。

2. 继电保护安全措施票

（1）对重要和复杂保护装置，如母线保护、失灵保护、主变保护、远方跳闸、有联跳回路的保护装置、电网安全自动装置和备自投装置等的现场检验工作，应编制经技术负责人审批的检验方案和继电保护安全措施票，继电保护安全措施票格式见表3－4－3－1。

表 3-4-3-1　　　　继电保护安全措施票

单位____________　　　　　　　　　　　　　　　　编号____________

<table>
<tr><td colspan="2">被检验设备名称</td><td colspan="4"></td></tr>
<tr><td>工作负责人</td><td></td><td>工作时间</td><td>月　日</td><td>签发人</td><td></td></tr>
<tr><td colspan="6">工作内容：</td></tr>
<tr><td colspan="6">安全措施：包括应打开和恢复的压板、直流线、交流线、信号线、连锁线和连锁开关等，按工作顺序填写安全措施</td></tr>
</table>

序号	执行	安全措施内容	恢复

执行人：　　　　　　监护人：　　　　　　恢复人：　　　　　　监护人：

(2) 现场工作中遇有下列情况应填写继电保护安全措施票。

1) 在运行设备的二次回路上进行拆、接线工作。

2) 在对检修设备执行隔离措施时，需断开、短路和恢复同运行设备有联系的二次回路工作。

(3) 继电保护安全措施票由工作负责人填写，由技术员、班长或技术负责人审核并签发。

(4) 监护人应由较高技术水平和有经验的人担任，执行人、恢复人由工作班成员担任，按继电保护安全措施票逐项进行继电保护作业。

(5) 调试单位负责编写的检验方案，应经本单位技术负责人审批签字，并经设备运行维护单位继电保护技术负责人审核和签发。

(6) 继电保护安全措施票的“工作时间”为工作票起始时间。在得到工作许可并做好安全措施后，方可开始检验工作。

(7) 应按要求认真填写继电保护安全措施票，被试设备名称和工作内容应与工作票一致。

(8) 继电保护安全措施票中“安全措施内容”应按实施的先后顺序逐项填写，按照被断开端子的“保护柜（屏）（或现场端子箱）名称、电缆号、端子号、回路号、功能和安全措施”格式填写。

（9）开工前工作负责人应组织工作班人员核对安全措施票内容和现场接线，确保图纸与实物相符。

3．其他工作

（1）在继电保护柜（屏）的前面和后面，以及现场端子箱的前面应有明显的设备名称。若一面柜（屏）上有两个及以上保护设备时，在柜（屏）上应有明显的区分标志。

（2）若高压试验、通信、仪表、自动化等专业人员作业影响继电保护和电网安全自动装置的正常运行，应经相关调度批准，停用相关保护。作业前应填写工作票，工作票中应注明需要停用的保护。在做好安全措施后，方可进行工作。

三、现场检修作业进行中的安全技术措施

1．工作前

（1）工作负责人应逐条核对运行人员做的安全措施（如压板、二次熔丝和二次空气开关的位置等），确保符合要求。运行人员应在工作柜（屏）的正面和后面设置“在此工作”标志。

（2）若工作的柜（屏）上有运行设备，应有明显标志，并采取隔离措施，以便与检验设备分开。相邻的运行柜（屏）前后应有“运行中”的明显标志（如红布帘、遮栏等）。工作人员在工作前应确认设备名称与位置，防止走错间隔。

（3）若不同保护对象组合在一面柜（屏）时，应对运行设备及其端子排采取防护措施，如对运行设备的压板、端子排用绝缘胶布贴住或用塑料扣板扣住端子。

2．工作期间

（1）工作期间，工作负责人若因故暂时离开工作现场时，应指定能胜任的人员临时代替，离开前应将工作现场交代清楚，并告知工作班成员。原工作负责人返回工作现场时，也应履行同样的交接手续。若工作负责人需要长期离开工作的现场时，应由原工作票签发人变更工作负责人，履行变更手续，并告知全体工作人员及工作许可人。原工作负责人和现工作负责人应做好交接工作。

（2）运行中的一次设备、二次设备均应由运行人员操作。如操作断路器和隔离开关，投退继电保护和电网安全自动装置，投退继电保护装置熔丝和二次空气开关，以及复归信号等。运行中的继电保护和电网安全自动装置需要检验时，应先断开相关跳闸和合闸压板，再断开装置的工作电源。在保护工作结束，恢复运行时，应先检查相关跳闸和合闸压板在断开位置。投入工作电源后，检查装置正常，用高内阻的电压表检验压板的每一端对地电位都正确后，才能投入相应跳闸和合闸压板。

（3）在检验继电保护和电网安全自动装置时，凡与其他运行设备二次回路相连的压板和接线应有明显标记，应按安全措施票断开或短路有关回路，并做好记录。

1）试验前，已经执行继电保护安全措施票中的安全措施内容。

2）执行和恢复安全措施时，需要两人工作。一人负责操作，工作负责人担任监护人，并逐项记录执行和恢复内容。

3）断开二次回路的外部电缆后，应立即用红色绝缘胶布包扎好电缆芯线头。

4）红色绝缘胶布只作为执行继电保护安全措施票安全措施的标识，未征得工作负责人同意前不应拆除。对于非安全措施票内容的其他电缆头应用其他颜色绝缘胶布包扎。

（4）在一次设备运行而停运部分继电保护装置时，应特别注意断开不经压板的跳闸回路（包括远跳回路）、合闸回路以及与运行设备安全有关的连线。

1）除特殊情况外，一般不安排这种运行方式检验。

2）现场工作时，对于这些不经压板的跳闸回路（包括远跳回路）、合闸回路和与运行设备安全有关的连线，应列入继电保护安全措施票。

（5）更换继电保护和电网安全自动装置柜（屏）或拆除旧柜（屏）前，应在有关回路对侧柜（屏）做好安全措施。

（6）对于和电流构成的保护，如变压器差动保护、母线差动保护和3/2接线的线路保护等，若某一断路器或电流互感器作业影响保护的和电流回路，作业前应将电流互感器的二次回路与保护装置断开，防止保护装置侧电流回路短路或电流回路两点接地，同时断开该保护跳此断路器的跳闸压板。

（7）不应在运行的继电保护、电网安全自动装置柜（屏）上进行与正常运行操作、停运消缺无关的其他工作。若在运行的继电保护、电网安全自动装置柜（屏）附近工作，有可能影响运行设备安全时，应采取防止运行设备误动作的措施，必要时经相关调度同意将保护暂时停用。

（8）在现场进行带电工作（包括做安全措施）时，作业人员应使用带绝缘把手的工具（其外露导电部分不应过长，否则应包扎绝缘带）。若在带电的电流互感器二次回路上工作时，还应站在绝缘垫上，以保证人身安全。同时将邻近的带电部分和导体用绝缘器材隔离，防止造成短路或接地。

（9）在进行试验接线前，应了解试验电源的容量和接线方式。被检验装置和试验仪器不应从运行设备上取试验电源，取试验电源要使用隔离刀闸或空气开关，隔离刀闸应有熔丝并带罩，防止总电源熔丝越级熔断。核实试验电源的电压值符合要求，试验接线应经第二人复查并告知相关作业人员后方可通电。被检验保护装置的直流电源宜取试验直流电源。

（10）现场工作应以图纸为依据，工作中若发现图纸与实际接线不符，应查线核对。如涉及修改图纸，应在图纸上标明修改原因和修改日期，修改人和审核人应在图纸上签字。

（11）改变二次回路接线时，事先应经过审核，拆动接线前要与原图核对，改变接线后要与新图核对，及时修改底图，修改运行人员和有关各级继电保护人员用的图纸。

（12）改变保护装置接线时，应防止产生寄生回路。

（13）改变直流二次回路后，应进行相应的传动试验。必要时还应模拟各种故障，并进行整组试验。

（14）对交流二次电压回路通电时，应可靠断开至电压互感器二次侧的回路，防止反充电。

（15）电流互感器和电压互感器的二次绕组应有一点接地且仅有一点永久性的接地。

（16）在运行的电压互感器二次回路上工作时，应采取下列安全措施：

1）不应将电压互感器二次回路短路、接地和断线。必要时，工作前申请停用有关继电保护或电网安全自动装置。

2）接临时负载，应装有专用的隔离开关（刀闸）和熔断器。

3）不应将回路的永久接地点断开。

（17）在运行的电流互感器二次回路上工作时，应采取下列安全措施。

1）不应将电流互感器二次侧开路。必要时，工作前申请停用有关继电保护或电网安全自动装置。

2）短路电流互感器二次绕组，应用短路片或导线压接短路。

3）工作中不应将回路的永久接地点断开。

（18）对于被检验保护装置与其他保护装置共用电流互感器绕组的特殊情况，应采取以下措施防止其他保护装置误启动：

1）核实电流互感器二次回路的使用情况和连接顺序。

2）若在被检验保护装置电流回路后串接有其他运行的保护装置，原则上应停运其他运行的保护装置。如确无法停运，在短接被检验保护装置电流回路前、后，应监测运行的保护装置电流与实际相符。若在被检验保护电流回路前串接其他运行的保护装置，短接被检验保护装置电流回路后，监测到被检验保护装置电流接近于零时，方可断开被检验保护装置电流回路。

（19）按照先检查外观，后检查电气量的原则，检验继电保护和电网安全自动装置，进行电气量检查之后不应再拔、插插件。

（20）应根据最新定值通知单整定保护装置定值，确认定值通知单与实际设备相符（包括互感器的接线、变比等），已执行的定值通知单应有执行人签字。

（21）所有交流继电器的最后定值试验应在保护柜（屏）的端子排上通电进行，定值试验结果应与定值单要求相符。

（22）进行现场工作时，应防止交流和直流回路混线。继电保护或电网安全自动装置定检后，以及二次回路改造后，应测量交、直流回路之间的绝缘电阻，并做好记录；在合上交流（直流）电源前，应测量负荷侧是否有直流（交流）电位。

（23）进行保护装置整组检验时，不宜用将继电器触点短接的办法进行。传动或整组试验后不应再在二次回路上进行任何工作，否则应做相应的检验。

（24）用继电保护和电网安全自动装置传动断路器前，应告知运行值班人员和相关人员本次试验的内容，以及可能涉及的一次设备、二次设备。派专人到相应地点确认一次设备、二次设备正常后，方可开始试验。试验时，继电保护人员和运行值班人员应共同监视断路器动作行为。

（25）带方向性的保护和差动保护新投入运行时，一次设备或交流二次回路改变后，应用负荷电流和工作电压检验其电流、电压回路接线的正确性。

（26）对于母线保护装置的备用间隔电流互感器二次回路应在母线保护柜（屏）端子排外侧断开，端子排内侧不应短路。

（27）在导引电缆及与其直接相连的设备上工作时，按带电设备工作的要求做好安全措施后，方可进行工作。

（28）在运行中的高频通道上进行工作时，应核实耦合电容器低压侧可靠接地后，才能进行工作。

（29）应特别注意电子仪表的接地方式，避免损坏仪表和保护装置中的插件。

（30）在微机保护装置上进行工作时，应有防止静电感应的措施，避免损坏设备。

四、工作结束

（1）工作结束前，工作负责人应会同工作人员检查检验记录。确认检验无漏试项目，试验数据完整，检验结论正确后，才能拆除试验接线。

1）整组带断路器传动试验前，应紧固端子排螺丝（包括接地端子），确保接线接触可靠。

2）按照继电保护安全措施票“恢复”栏内容，一人操作，工作负责人担任监护人，并逐项记录。原则上安全措施票执行人和恢复人应为同一个人。工作负责人应按照继电保护安全措施票，按端子排号再进行一次全面核对，确保接线正确。

（2）复查临时接线全部拆除，断开的接线全部恢复，图纸与实际接线相符，标志正确。

（3）工作结束，全都设备和回路应恢复到工作开始前状态。清理完现场后，工作负责人应向运行人员详细进行现场交代，填写继电保护工作记录簿。主要内容有检验工作内容、整定值变更情况、二次接线变化情况、已经解决问题、设备存在的缺陷、运行注意事项和设备能否投入运行等。经运行人员检查无误后，双方应在继电保护工作记录簿上签字。

（4）工作结束前，应将微机保护装置打印或显示的整定值与最新定值通知单进行逐项核对。

（5）工作票结束后不应再进行任何工作。

第五章　智能变电站监控系统检修

第一节　智能变电站监控系统检修文件范本

一、施工方案范本

智能变电站监控系统检修作业施工方案范本如图 3-5-1-1 所示。

施工方案编号

智能变电站监控系统检修作业
施工方案

批　准：
审　核：
校　核：
编　制：

施工单位：××××××
时间：××××××

施工方案编号

目　录

第 2 页共 10 页

施工方案编号

一、概况
1. 主要介绍检修作业的概况、目的、效果等

二、编制依据
1. 相关的作业规范、施工标准、验收规范等

三、组织分工
项目负责人＿＿＿＿＿＿
项目协调人＿＿＿＿＿＿
电气二次施工（安全）负责人＿＿＿＿＿＿
技术负责人＿＿＿＿＿＿
现场施工班组：
外协单位：

四、计划安排

	日期	停电范围	工作内容	备注
1				
2				

第 3 页共 10 页

图 3-5-1-1　智能变电站监控系统检修作业施工方案范本

二、工作票范本

变电站（发电厂）工作票范本如图 3－5－1－2 所示。

已执行　　变电站(发电厂)第一种工作票　　合格/不合格

单位：________变电站：××变　编号：________
1. 工作负责人(监护人)：____________班组：____________
2. 工作班人员(不包括工作负责人)：____________________________ 共____人
3. 工作内容和工作地点：____________________________

4. 简图：

5. 计划工作时间：自___年___月___日___时___分至___年___月___日___时___分
6. 安全措施(下列除注明的，均由工作票签发人填写，地线编号由许可人填写，工作许可人和工作负责人共同确认后，已执行标"√")

序号	应拉断路器(开关)和隔离开关(闸刀)(注明设备双重名称)	已执行
1		
2		
3		
4		
序号	应装接地线或合接地开关(注明地点、名称和接地线编号)	已执行
1		
2		
序号	应设遮栏和应挂标示牌及防止二次回路误碰等措施	已执行
1		
2		
3		
4		
5		
6		
7		

序号	工作地点保留带电部分和注意事项(签发人填写)	补充工作地点保留带电部分和安全措施(许可人填写)
1		
2		
3		

工作票签发人签名：________　签发日期：___年__月__日__时__分
7. 收到工作票时间：____年__月__日____时__分　运行值班人员签名：________
8. 确认本工作票 1 至 7 项
工作负责人签名：________ 工作许可人签名：________
许可开始工作时间：______年____月____日____时____分
9. 确认工作负责人布置的工作任务和安全措施，工作班人员签名：

10. 工作负责人变动：原工作负责人____离去，变更____为工作负责人。
工作标签发人：______　____年____月____日____时____分
11. 工作人员变动情况(变动人员姓名、日期及时间)：____________
工作负责人签名：____________
12. 工作票延期：有效期延长到______年____月____日____时____分
工作负责人签名：________　工作许可人签名：________　____年__月__日__时__分
13. 每日开工和收工时间(使用一天的工作票不必填用，可附页)

收工时间				工作负责人	工作许可人	开工时间				工作许可人	工作负责人
月	日	时	分			月	日	时	分		

14. 工作终结：全部工作于______年____月____日____时____分结束。设备及安全措施已恢复至开工前状态，工作人员已全部撤离，材料工具已清理完毕，工作已终结。
工作负责人签名：______　工作许可人签名：______
15. 工作票终结：临时遮栏、标示票拆除，常设遮栏已恢复。
接地线编号：____等共____级、接地开关(小车)共____副(台)已拆除或拉开。
保留接地线编号：____等共____组、接地开关(小车)共____副(台)未拆除或未拉开。
已汇报调度员____值班负责人签名：______　____年____月____日____时____分
16. 备注：
(1)指定专职监护人__________，负责监护____________
(人员、地点及具体工作)
(2)其他事项(可附页)：____________

(a) 第一种工作票

已执行　　变电站(发电厂)第二种工作票　　合格/不合格

单位：________变电站：________ 编号：________
1. 工作负责人(监护人)：____________班组：____________
2. 工作班人员(不包括工作负责人)：
____________________________ 共__1__人
3. 工作内容和工作地点：
配合杭调 D5000 系统接入，远动机双主改造，三遥信息核对

4. 计划工作时间：自___年___月___日___时___分至___年___月___日___时___分
5. 工作条件(停电或不停电，或临近带电及保留带电设备名称不停电

6. 注意事项(安全措施)：

序号	注意事项(安全措施)
1	变电所内所有间隔设备均在运行中，在工作中要加强监护，与带电设备保持足够安全距离，防止误碰误动，防止走错间隔，严禁电压二次回路短路

工作票签发人签名：________　签发日期：____年__月__日__时__分
7. 补充安全措施(工作许可人填写)

序号	补充安全措施

8. 确认本工作票 1 至 7 项：
许可开始工作时间：____年__月__日__时__分
工作许可人签名：________　工作负责人签名：________
9. 确认工作负责人布置的工作任务和安全措施：
工作班人员签名：____________________

10. 工作负责人变动情况：原工作负责：________离去，变更________为工作负责人
工作票签发人________　____年__月__日__时__分
11. 工作人员变动情况(增添人员姓名、变更日期及时间)

共__2__页　第__1__页

变电站(发电厂)第二种工作票

单位：________变电站：________ 编号：________

工作负责人签名：________
12. 工作票延期：有效期延长到____年__月__日__时__分
工作许可人签名________　____年__月__日__时__分
13. 每日开工和收工时间(使用一天的工作票不必填用)

收工时间				工作负责人	工作许可人	开工时间				工作许可人	工作负责人
月	日	时	分			月	日	时	分		

14. 工作终结：全部工作于______年____月____日____时____分结束，工作人员已全部撤离，材料工具已清理完毕。工作负责人签名：________工作许可人签名：________
15. 备注：
(1)指定专职监护人________　负责监护____________
(人员、地点及具体工作)
(2)其他事项(可附页)：____________

共__2__页　第__2__页

(b) 第二种工作票

图 3－5－1－2　变电站（发电厂）工作票范本

三、安全措施执行卡范本

智能变电站监控系统安全措施执行卡范本如图 3－5－1－3 所示。

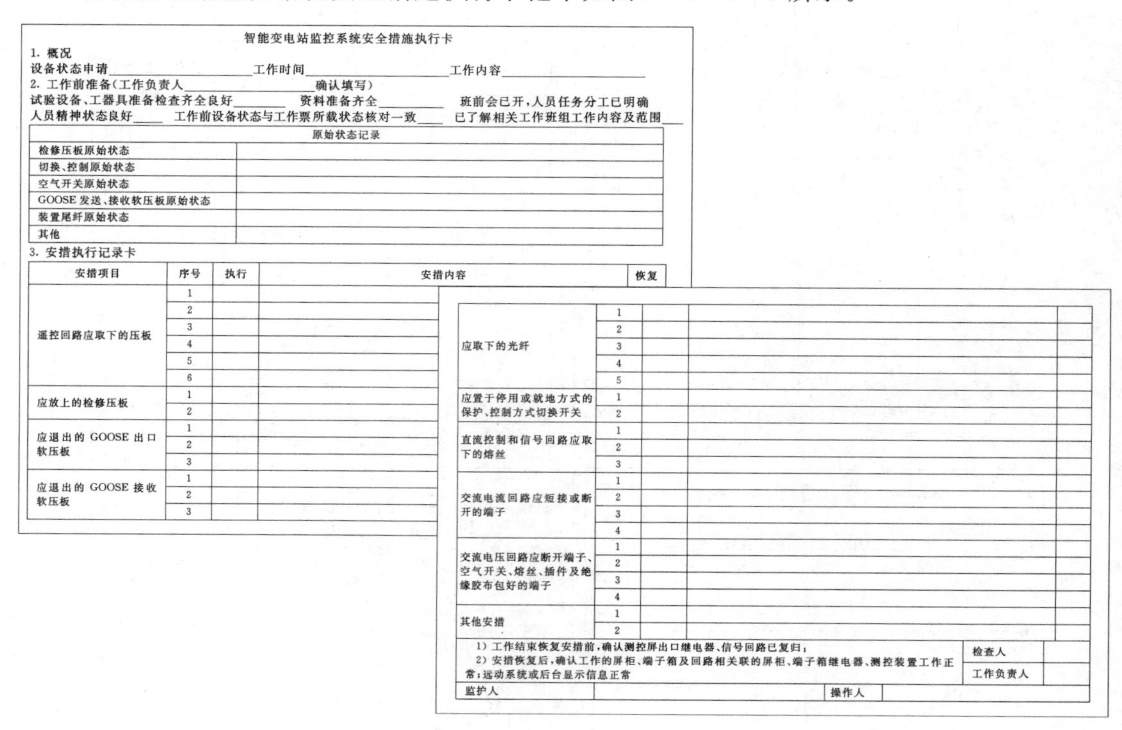

智能变电站监控系统安全措施执行卡

1. 概况

设备状态申请____________ 工作时间____________ 工作内容____________

2. 工作前准备(工作负责人____________ 确认填写)

试验设备、工器具准备检查齐全良好______ 资料准备齐全______ 班前会已开，人员任务分工已明确

人员精神状态良好____ 工作前设备状态与工作票所载状态核对一致____ 已了解相关工作班组工作内容及范围____

原始状态记录	
检修压板原始状态	
切换、控制原始状态	
空气开关原始状态	
GOOSE 发送、接收软压板原始状态	
装置尾纤原始状态	
其他	

3. 安措执行记录卡

安措项目	序号	执行	安措内容	恢复
遥控回路应取下的压板	1			
	2			
	3			
	4			
	5			
	6			
应放上的检修压板	1			
	2			
应退出的 GOOSE 出口软压板	1			
	2			
	3			
应退出的 GOOSE 接收软压板	1			
	2			
	3			
应取下的光纤	1			
	2			
	3			
	4			
	5			
应置于停用或就地方式的保护、控制方式切换开关	1			
	2			
直流控制和信号回路应取下的熔丝	1			
	2			
	3			
交流电流回路应短接或断开的端子	1			
	2			
	3			
	4			
交流电压回路应断开端子、空气开关、熔丝、插件及绝缘胶布包好的端子	1			
	2			
	3			
	4			
其他安措	1			
	2			

1）工作结束恢复安措前，确认测控屏出口继电器、信号回路已复归； 2）安措恢复后，确认工作的屏柜、端子箱及回路相关联的屏柜、端子箱继电器、测控装置工作正常；远动系统或后台显示信息正常	检查人	
	工作负责人	

监护人		操作人	

图 3－5－1－3　智能变电站监控系统安全措施执行卡范本

四、事故应急抢修单范本

智能变电站事故应急抢修单范本如图 3－5－1－4 所示。

智能变电站事故应急抢修单

抢修单位______ 智能变电站______ 编号______

1. 抢修工作负责人(监护人)________ 班组______

2. 抢修班人员(不包括抢修工作负责人)：

____

__________________________________共____人。

3. 抢修任务(抢修地点和抢修内容)：________________________

4. 安全措施：________________________________

5. 抢修地点保留带电部分或注意事项：________________________

6. 上述 1 至 5 项由抢修工作负责人______ 根据抢修任务布置人______ 的布置填写。

7. 经现场勘察需补充下列安全措施：________________________

8. 许可抢修时间：_____年___月___日___时___分；抢修工作负责人_____，许可人(调度/运行人员)______

9. 抢修结束汇报：本抢修工作于_____年___月___日___时___分结束。现场设备已恢复至许可状态。抢修班人员已全部撤离，材料工具已清理完毕，事故应急抢修单已终结。

抢修工作负责人_____ 许可人(调度/运行人员)_____

图 3－5－1－4　智能变电站事故应急抢修单范本

第二节 遥控选择返校错误

一、故障现象

某监控主站在对220kV××变电站××××线路断路器进行正常遥控合闸操作时，当遥控选择命令发出后，操作界面上报“遥控选择返校错误”，连续三次操作情况均相同，后由运行值班员在此变电站的当地后台监控上完成××××线路断路器合闸操作。

二、故障原因诊断

由于运行值班员在变电站当地后台上能对××××线路断路器进行正常的合闸操作，且主站遥测/遥信信号反应正确，初步说明测控装置至操作箱（智能终端）和开关机构等设备回路均正常，故障范围大致可确定在数据通信网关机或测控装置上。

三、危险点分析及安全措施

根据故障原因的初步诊断，检修范围大致可确定在线路测控装置和数据通信网关机上，应从表3-5-2-1所示方面控制作业安全风险，并采取相应安全措施。

表3-5-2-1　危险点分析、安措要点及注意事项

序号	危险点分析	安措要点及注意事项
1	防止误控运行设备	（1）工作过程中，防止误碰其他运行设备
		（2）退出××××线路测控装置的所有遥控出口压板
		（3）遥控回路中的所有远方/就地转换开关均切到就地位置
		（4）检查被控设备的操作电源是否拉开
		（5）工作过程中要特别注意与远方监控人员或调度自动化人员的联系工作，工作人员至少必须向远方监控人员或调度自动化人员通报以下内容：①进行操作的变电站名称；②进行操作的目的或作用；③变电站内部已采取的安全措施和手段；④待遥控操作设备的对象名称（按双重命名要求）和遥控对象号
2	防止上送跳变数据	停用设备前，及时做好与各级调度自动化值班人员的联系告知工作，做好数据封锁；工作结束前及时告知各级调度自动化值班人员，做好数据的解封

四、检修方法及策略

（1）首先检查数据通信网关机发出的遥控返校报文是否正确，根据遥控返校报文的实际情况及原因分析，再确定后续的检查步骤和方法。试验操作由主站操作人员采用“同态操作”方式进行，即如果操作对象的设备位置为“合”位置状态，则主站遥控操作采用发“合闸命令”，反之则主站遥控操作采用发“分闸命令”。遥控报文记录及分析工作在主站端或数据通信网关机上均可进行。

本次故障检查发现遥控返校报文中的传送原因代码错误。正常情况下主站发遥控选择报文，选择报文中传送原因代码为06（激活），返校报文中传送原因代码为07（激活确认），本次故障的遥控返校报文中的传送原因代码为47（未知的信息对象地址）。

（2）检查数据通信网关机的遥控配置文件。利用数据通信网关机的配置工具上载数据通信网关机的配置文件，检查配置表中的遥控配置，发现配置中对应此断路器的关联错误。更改原数据通信网关机的配置文件。

（3）因需对数据通信网关机更改后的配置文件下装和重启，在下装工作开始前及时告知各级调度自动化值班人员，做好数据封锁。

（4）对数据通信网关机重新下载更改后的配置文件，重启数据通信网关机，待数据通信网关机重启正常后由远方监控操作人员重新进行遥控选择操作测试，验证远方监控操作选择——返校流程反应是否正确，经主站连续三次选择操作测试均正常，确定本缺陷已消除。

（5）告知各级调度自动化值班人员，做好数据解锁，并进行相关数据核对，确保重启后数据通信网关机上送各级调度数据的正确性。

（6）做好数据通信网关机的数据备份，结束工作。

第三节　遥控操作失败

一、故障现象

监控主站对220kV××变电站××××线路断路器进行正常遥控合闸操作时，当遥控执行命令发出后，约30s操作界面上报“遥控操作失败”，连续三次操作情况均相同，后由运行值班员在此变电站的当地后台监控上进行××××线路断路器合闸操作也不成功，操作情况与主站基本相同。

二、故障原因诊断

由于值班员在变电站当地后台能对××××线路断路器进行正常的遥控选择操作，且遥控返校正确，说明测控装置的站控层通信功能正常，同时变电站又无此断路器的“控制回路断线”信号发出，因此，故障范围大致可确定在测控装置、操作箱（智能终端）或测控装置和操作箱（智能终端）之间的连接回路上或操作箱（智能终端）到一次设备之间的二次回路上。

三、危险点分析及安全措施

根据故障原因的初步诊断，检修范围大致可确定在测控装置、操作箱（智能终端）或测控装置和操作箱（智能终端）之间的连接回路上或操作箱（智能终端）到一次设备之间的二次回路上，应从表3-5-3-1所示几方面控制作业安全风险，并采取相应安全措施。

表 3-5-3-1　　危险点分析、安措要点及注意事项

序号	危险点分析	安措要点及注意事项
1	防止误控本间隔的运行设备	（1）工作过程中、防止误碰其他运行设备
		（2）退出××××线路测控装置的所有遥控出口压板
		（3）遥控回路中的所有远方/就地转换开关均切到就地位置
		（4）断开本间隔所有可控隔离开关和接地开关的操作电源
2	防止直流回路短路或接地	控制回路上工作防止直流回路短路或接地
3	防止上送跳变数据	停用测控装置前，及时做好与各级调度自动化值班人员的联系告知工作，做好数据封锁，工作结束前及时告知各级调度自动化值班人员，做好数据的解封

四、检修方法及策略

（1）先检查测控装置上的操作记录是否正确，如果测控装置有遥控执行操作记录，说明测控装置的开关遥控出口回路有问题；如果测控装置无遥控执行操作记录，则说明测控装置没有收到遥控执行报文或收到错误的遥控执行报文。本次故障检查测控装置上有正确的遥控执行操作记录，可以确定故障在测控装置的开关遥控出口及相关回路上。

（2）检查测控装置的开关遥控出口及相关回路是否存在接线松动或接触不良，经检查无明显的接线松动或接触不良现象存在。

（3）在后台或测控装置上做此断路器的遥控合闸操作测试，用万用表检查测控装置开关遥控合闸出口接点是否导通。经检查发现测控装置的开关遥控合闸接点在“遥控执行命令”动作时未导通，说明测控装置的开关遥控出口继电器有故障。断电重启测控装置，用前述的方法进行重复测试，测控装置的开关遥控合闸接点在“遥控执行命令”动作时仍未导通，说明测控装置的遥控出口插件上的开关对应的遥控出口继电器损坏，须进行遥控出口插件更换处理。

（4）记录或备份测控装置的相关参数和配置。

（5）测控装置断电停运，拔出遥控出口插件，检查新遥控出口插件上各种跳线或拨码开关设置与原遥控出口插件设置是否一致，如不一致需做好相应调整，经检查无误后插上新遥控出口插件。

（6）测控装置上电运行，重新设置相关参数或下装原配置，确保测控装置的参数设置与原先一致，参数设置后重启测控装置。

（7）对测控装置上该遥控出口插件所涉及的所有遥控对象进行逐一分/合操作测试，确保遥控出口插件上的所有遥控分/合出口继电器动作正确。

（8）遥控测试正常后告知各级调度主站解除遥测、遥信数据封锁，核对遥测，遥信数据正确。

（9）恢复测控装置的相关遥控出口回路。

（10）工作结束。

第四节　线路潮流数据偏差较大

一、故障现象

某监控主站发现220kV ××变电站的××××线路潮流（有功/无功）数据与对侧变电站的潮流数据显示偏差较大，但对侧变电站的潮流数据正确，现场核对后台机显示的数据与主站基本一致，且数据正常刷新。

二、故障原因诊断

根据故障现象，初步说明测控装置的遥测精度存在问题，须对测控装置进行遥测精度校验测试。

三、危险点分析及安全措施

根据故障原因的初步诊断，检修范围大致可确定在测控装置上，应从表3-5-4-1所示几方面控制作业安全风险，并采取相应安全措施。

表3-5-4-1　　危险点分析、安措要点及注意事项

序号	危险点分析	安措要点及注意事项
1	防止误动本间隔的一次运行设备	（1）工作过程中，防止误碰其他运行设备
		（2）退出××××线路测控装置的所有遥控出口压板
		（3）遥控回路中的所有远方/就地转换开关均切到就地位置
		（4）断开本间隔所有可控隔离开关和接地开关的操作电源
2	防止二次回路TA开路、TV短路	二次交流回路上工作，做好防止二次回路TA开路、TV短路的安全措施
3	防止试验信号倒送二次运行回路	试验仪器的测试信号接入点应做好防止试验信号倒送二次运行回路的安全措施
4	防止上送跳变数据	停用测控装置前，及时做好与各级调度自动化值班人员的联系告知工作，做好数据封锁，工作结束前及时告知各级调度自动化值班人员，做好数据的解封

四、检修方法及策略

（1）先用万用表和钳形电流表测试测控装置的交流输入值与测控装置的交流采样显示值是否基本一致，初步判断测控装置的交流采样功能及回路输入信号是否正常，经测试发现，测控装置B相和C相电压显示值比实际输入值偏小，需对测控装置进行交流量精度检测。

（2）做好测控装置交流输入的回路隔离，工作过程中应做好监护，防止电压回路短路、电流回路开路。电流回路短接过程中，应特别注意回路中是否串接有其他负载、电能表、PMU等设备。

(3) 接入标准试验装置进行精度测试，试验信号线接入过程中，接入点选择应合适，接线连接牢固可靠，防止接线脱落碰触二次运行回路，接线经核对无误后方可进行加量检测。

(4) 按照 Q/GDW 140—2006《交流采样测量装置运行检验管理规程》要求进行检验，并做好记录。本次检验结果为测控装置 B 相和 C 相电压偏差较大，因测控装置无偏差调节手段，故需对测控装置的交流插件进行更换处理。

(5) 记录或备份测控装置的相关参数和配置。

(6) 测控装置断电停运，拆下故障的交流插件，并对拆下的线头做好记录。

(7) 用万用表检查新交流插件上 TA 回路有否开路、TV 回路有否短路或开路；检查各种跳线或拨码开关设置与拆下的原交流插件设置是否一致。

(8) 换上新的交流插件，恢复接线，并做好接线复查核对，确保接线正确无误。

(9) 测控装置上电运行，重新设置相关参数或下装原配置，确保测控装置的参数设置与原先一致，参数设置后重启测控装置。

(10) 按照上述 (4) 的方法对测控装置重新进行加量精度检验，测量精度检验结果应符合指标要求，并与后台进行数据核对，检查测控装置数据传输是否正常。

(11) 同期遥控功能测试。在后台进行“同期合闸”遥控测试，检测测控装置的同期功能是否正常。

(12) 拆除标准试验装置的信号接线。

(13) 逐步恢复测控装置外部二次交流回路，用万用表和钳形电流表测试测控装置的交流输入与测控装置的显示是否基本一致，确保二次回路运行正常。

(14) 检查测控装置显示数据正常后告知各级调度主站解除遥测、遥信数据封锁，核对遥测、遥信数据正确。

(15) 工作结束。

第五节 线路潮流数据为零

一、故障现象

某监控主站在对 220kV××变电站的××××线路断路器进行远方分闸遥控操作后，发现操作界面上未收到该断路器的位置变位信号，但画面上的对应潮流数据（有功/无功/电流）操作后均变为零值，后经现场检查，发现后台机接线图上对应的该断路器位置显示为“不定态”状态，对应的有功、无功和三相电流显示的数据均为零值，与主站显示一致，检查现场一次断路器已在分闸状态。

二、故障原因诊断

根据故障现象，初步说明测控装置与各站控层设备的通信正常，初步说明测控装置的遥信采集模板或信号回路存在问题，须对测控装置的遥信采集功能和信号回路进行检查测试。

三、危险点分析及安全措施

根据故障原因的初步诊断，检修范围大致可确定在测控装置、测控装置和开关机构的信号连接回路上，应从表 3－5－5－1 所示几方面控制作业安全风险，并采取相应安全措施。

表 3－5－5－1　　危险点分析、安措要点及注意事项

序号	危险点分析	安措要点及注意事项
1	防止误控本间隔的运行设备	（1）工作过程中，防止误碰其他运行设备
		（2）退出××××线路测控装置的所有遥控出口压板
		（3）遥控回路中的所有远方/就地转换开关均切到就地位置
		（4）断开本间隔所有可控隔离开关和接地开关的操作电源
2	防止直流回路短路或接地	信号模拟试验工作过程中防止直流回路短路或接地
3	防止上送跳变数据	停用测控装置前，及时做好与各级调度自动化值班人员的联系告知工作，做好数据封锁，工作结束前及时告知各级调度自动化值班人员，做好数据的解封

四、检修方法及策略

（1）先检查后台机实时库中对应的断路器双位置状态，发现该开关对应合、分双位置均为“1”状态。

（2）检查测控装置上该断路器双位置信号对应的遥信开入状态，发现对应合、分双位置开入状态均为“1”状态。

（3）用万用表检查对应的遥信回路端子排上该断路器双位置信号对应的辅助接点状态，发现输入状态正常，即合位接点为“断开”状态，分位接点为“导通”状态，说明断路器位置信号回路正常，问题在测控装置内部。

（4）断开端子排内侧上该断路器对应的合位信号输入线，检查测控装置上对应的遥信开入状态，发现仍为“1”状态。

（5）断电重启测控装置，待测控装置重启运行正常后，检查测控装置上对应的遥信开入状态，发现仍为“1”状态。可以确定测控装置对应该断路器位置信号的信号开入模板故障，从而引起断路器位置状态异常，恢复端子排内侧上该断路器的合位信号输入线。

（6）记录或备份测控装置的相关参数和配置。

（7）测控装置断电停运，拆下故障的开入插件。

（8）检查新开入模板插件上各种跳线或拨码开关设置与拆下的原开入插件设置是否一致。

（9）换上新的开入插件，恢复接线，并做好接线复查核对，确保接线正确无误。

（10）测控装置上电运行，重新设置相关参数或下装原配置，确保测控装置的参数设置与原先一致，参数设置后重启测控装置，待测控装置重启运行正常后，检查测控装置该

断路器的合位信号状态为“0”状态，信号反应正常，后台机主接线图上该断路器状态变为“分闸”状态。

（11）逐一模拟测试新的开入模板所对应的全部开入分/合变化信号，在测控装置上核对是否一一对应，且分/合变化正确，确保新换上的开入模件工作正常。

（12）检查测控装置显示数据正常后告知各级调度主站解除遥测、遥信数据封锁，核对遥测、遥信数据正确。

（13）工作结束。

第六节　三相电流正常但有功/无功均为零值

一、故障现象

某监控主站发现220kV××变电站的××××线路断路器三相电流正常刷新但有功/无功均为零值。后经现场检查，发现后台机监控画面上对应的该断路器有功、无功和三相电流显示与主站一致，该间隔三相电压数据显示为零，其他同电压等级线路间隔及母线电压互感器间隔分图中各相电压正常。

二、故障原因诊断

根据故障现象，初步说明测控装置与本间隔过程层合并单元通信正常。由于三相电流正常、电压异常，故障范围大致确定在母线合并单元与线路间隔合并单元的级联通信上。

三、危险点分析及安全措施

根据故障原因的初步诊断，检修范围大致可确定在线路合并单元、母线合并单元及本线路测控装置等设备上，应从表3-5-6-1提出的几个方面来控制作业安全风险，并采取相应措施。

表3-5-6-1　危险点分析、安措要点及注意事项

序号	危险点分析	安措要点及注意事项
1	防止误碰汇控柜中智能终端等其他运行设备	工作过程中，防止误碰其他运行设备
2	防止损伤光纤接头或尾纤	插拔光纤时，应规范操作防止光纤损坏
3	防止误拔合并单元其他设备级联通信尾纤	明确合并单元各尾纤的用途，拔插尾纤前做好标识核对，严禁误拔插至线路保护、母差保护或其他设备组网的级联尾纤
4	防止上送跳变数据	拔插级联尾纤前，及时做好与各级调度自动化值班人员的联系告知工作，做好数据封锁，工作结束前及时告知各级调度自动化值班人员，解封数据

四、检修方法及策略

（1）检查后台机监控画面GOOSE/SV二维表分图中本间隔链路接收状况，发现合并

单元收母线电压断链光字牌动作。

（2）检查测控装置运行情况，发现测控装置报警指示灯亮，画面显示遥测数据不可信或数据无效等信息；查看网络分析仪上合并单元的GOOSE输出信息，进一步验证本间隔合并单元收母线合并单元电压断链。

（3）查看变电站设备光纤接口用途记录表或者通过合并单元背部的尾纤标识核实线路合并单元与母线合并单元级联光口及母线合并单元的输出光口。

（4）轻拔线路间隔合并单元的母线电压接收尾纤；用手持式数字实验仪器核实级联光纤中的母线电压传输信息；经验证光纤中无SV报文信息，说明母线合并单元的输出光口或者级联尾纤异常。

（5）用手持式数字试验仪检查母线合并单元的对应光口输出，检查后发现，光口对外输出正常；光束验证母线合并单元与线路合并单元的级联尾纤，检查后确认光纤异常。

（6）查找母线电压级联光纤备用芯并更换；更换后检验线路间隔汇控柜级联光纤中的SV信息传输是否正常；若正常，尾纤轻插至级联光口。

（7）网络分析仪中检查合并单元的组网GOOSE输出；检查测控装置的电压、有功、无功是否正常；检查监控后台的断链告警是否复归，核实线路间隔的电压及功率数据是否正常。

（8）做好尾纤更换记录备案的更改工作。

（9）通知各级调度主站解除遥测、遥信数据封锁，核对遥测、遥信数据正确。

（10）工作结束。

第七节　合位状态时三相电流及功率数据为零

一、故障现象

某监控主站发现220kV××变电站的××××线路断路器及隔离开关为合位状态，但三相电流及功率数据均为零。后经现场检查，发现一次设备为运行状态，后台机监控画面该断路器有功、无功和三相电流显示与主站一致；第一套合并单元GPS失步光字牌亮起，二维表中无断链告警信息。

二、故障原因诊断

根据故障现象，初步说明测控装置与本间隔过程层合并单元SV通信正常，因线路保护及母差保护电流采样正常，故障范围大致可确定在线路间隔合并单元与对时装置的对时功能上。

三、危险点分析及安全措施

根据故障原因的初步诊断，检修范围大致可确定在线路合并单元、过程层对时装置及本线路测控等设备上，应从表3-5-7-1所示几方面控制作业安全风险，并采取相应的安全措施。

表 3-5-7-1　　危险点分析、安措要点及注意事项

序号	危险点分析	安措要点及注意事项
1	防止误碰汇控柜中智能终端等其他运行设备	工作过程中，防止误碰其他运行设备
2	防止硬拔插尾纤，损伤光纤接头或尾纤	插拔光纤时，应规范操作，防止损坏光纤接头或尾纤
3	防止误拔合并单元其他设备级联通信尾纤	明确合并单元各尾纤的用途，拔插尾纤前做好标识核对，严禁误拔插至线路保护、母差保护或其他设备组网的级联尾纤
4	防止上送跳变数据	拔插级联尾纤前，及时做好与各级调度自动化值班人员的联系告知工作，做好数据封锁，工作结束前及时告知各级调度自动化值班人员，做好数据的解封

四、检修方法及策略

(1) 检查后台机监控画面 COOSE/SV 二维表分图中本间隔链路接收状况，测控、保护装置均无断链告警信息。

(2) 检查测控装置运行情况，测控装置遥测数据为 0，测控装置液晶显示 SV 接收告警。

(3) 网络分析仪上查看合并单元电压电流通道信息，电压、电流数据正常有效，但报文头中同步标志为“0”；检查合并单元的 GOOSE 输出，GPS 失步状态为“1”。由于测控装置与合并单元的采样获取采用组网方式，至此确认合并单元失步导致测控采样为“0”。

(4) 查看变电站设备光纤接口用途记录表或者通过合并单元背部的尾纤标识，确认对时尾纤的接入位置。

(5) 轻拔对时尾纤，用光纤测试仪检测光纤损耗是否正常，检验发现光损耗偏大；用酒精棉擦拭光纤接口后再次检测光损耗，处于合理区间；恢复尾纤原接入位置。

(6) 网络分析仪中检查合并单元的 GOOSE 输出，GPS 失步信号由“1”变“0”；查看 SV 报文，报文头中的同步标志已变为“1”；查看测控装置的电流、电压、功率正常；查看监控后台告警信息，第一套合并单元 GPS 失步光字牌恢复正常，核实电流、电压及功率数据正常。

(7) 通知各级调度主站解除遥测、遥信数据封锁，核对遥测、遥信数据正确。

(8) 工作结束。

第八节　远方分闸遥控操作

一、故障现象

某监控主站在对 22kV××变电站的××××线路断路器进行远方分闸遥控操作后，发现操作界面上收到该断路器的位置为分闸，同时线路隔离开关位置也为分闸，后经现场检查，发现后台机接线图上对应的该断路器位置为分闸，线路隔离开关位置为分闸，检查现场一次断路器已在分闸状态，线路隔离开关位置在合闸状态。

二、故障原因诊断

根据故障现象，测控装置通信功能正常，遥控功能正常，遥信功能正常，可能是智能终端到测控的虚端子连线发生错误。

三、危险点分析及安全措施

根据故障原因的初步诊断，检修范围大致可确定在测控装置及智能终端上，应从表3-5-8-1所示几方面控制作业安全风险，并采取相应安全措施。

表3-5-8-1　危险点分析、安全措施要点及注意事项

序号	危险点分析	安全措施要点及注意事项
1	防止误控本间隔的运行设备	（1）工作过程中，防止误碰其他运行设备
		（2）退出智能终端的所有遥控出口压板
		（3）遥控回路中的所有远方/就地转换开关均切到就地位置
		（4）断开本间隔所有可控隔离开关和接地开关的操作电源
2	防止直流回路短路或接地	信号模拟试验工作过程中防止直流回路短路或接地
3	防止上送跳变数据	停用测控装置前，及时做好与各级调度自动化值班人员的联系告知工作，做好数据封锁，工作结束前及时告知各级调度自动化值班人员，做好数据的解封

四、检修方法及策略

（1）先检查后台机实时库中对应的线路隔离开关位置状态，发现该线路隔离开关对应合、分双位置为“1”状态。

（2）测控装置上检查该线路隔离开关双位置信号对应的遥信开入状态，发现对应合、分双位置开入状态均为“1”状态。

（3）用万用表检查智能终端对应的遥信回路端子排上该线路隔离开关双位置信号的对应的辅助触点状态，发现输入状态正常，即合位接点为“导通”状态，分位接点为“断开”状态，说明线路隔离开关位置信号回路正常，问题在测控装置或者智能终端内部。

（4）在测控装置侧用手持式数字试验仪检测智能终端送给测控装置的GOOSE信息，发现智能终端送给测控装置的该线路隔离开关位置信息正确。

（5）检查智能终端到测控装置开入量虚端子连线配置文件，发现将线路隔离开关位置合、分双位置的虚端子联线关联到智能终端的断路器合、分双位置。

（6）修改测控开入虚端子连线配置文件。

（7）下载记录或备份测控装置的相关参数和配置。

（8）检查和比对测控装置的新配置，确保测控装置的其他参数设置与原先一致，下载测控装置的新配置，下载后重启测控装置，待测控装置重启运行正常后，检查测控装置该

隔离开关的信号状态为“1”状态，信号反应正常，后台机主接线图上该隔离开关状态变为“合闸”状态。

(9) 用手持式数字试验仪逐一模拟测试全部开入分/合变化信号，在测控装置上核对是否一一对应，且分/合变化正确，确保新配置文件的开入虚端子连接正确。

(10) 检查测控装置显示数据正常后告知各级调度主站解除遥测、遥信数据封锁，核对遥测、遥信数据正确。

(11) 工作结束。

第九节　保护装置异常

一、故障现象

2013 年 7 月 6 日 11 时 10 分，220kV 铁海线 B 套保护装置装置异常，220kV 母差保护装置 B 套保护装置异常。

当天×××地区天气晴朗，气温 24～33℃，南风 3～4 级。×××220kV 变电站异常前现场运行方式如下：

(1) 220kV 伏宁铁线、王牵一线、一号主一次在 220kV Ⅰ母线运行。

(2) 220kV 铁海线、王牵二线、二号主一次在 220kV Ⅱ母线运行。

(3) 220kV 母联开关在合位。

现场异常情况报告如下：

1) 11 时 10 分 37 秒 548 毫秒 220kV 控保 B 屏线路装置Ⅰ装置故障动作。

2) 11 时 10 分 37 秒 548 毫秒铁海线保护装置告警。

3) 11 时 10 分 40 秒 208 毫秒 220kV 母差保护母差 TA 异常（B 屏）。

4) 11 时 10 分 40 秒 208 毫秒 220kV 母差保护告警（B 屏）。

5) 11 时 10 分 41 秒 273 毫秒 220kV 母差保护交流断线（B 屏）。

6) 11 时 10 分 41 秒 273 毫秒 220kV 母差保护 TA 断线（B 屏）。

二、故障原因诊断

7 月 6 日 11 时 50 分，继电保护人员到现场，鉴于以上报告做下列检查：

(1) 首先检查铁海线 B 套线路保护所在的 PCS901 集中式保护测控装置（包括王牵一线、铁海线、220kV 母联），发现 PCS901 集中式保护运行灯熄灭，异常灯点亮。经过排查确认为铁海线保护引起，其报告如下：

1) 动作报告：铁海线启动采样异常录波。

2) 自检报告：铁海线启动板采样异常。

3) 变位报告：同一时间段没有报告。

查看保护采样发现：C 相保护电流几乎为零，其他两相电流正常，三相电压正常。测量电流和电压都正常。

(2) 查看母差保护装置（B 套）。其报告如下：

1）动作报告：同一时间段没有报告。

2）自检报告：母差 TA 异常、母差 TA 断线。

3）变位报告：同一时间段没有报告。

查看保护采样发现：C 相保护电流几乎为零，其他两相电流正常，三相电压正常。

（3）鉴于以上检查，确定为保护的采样出现问题。检查铁海线 B 套合并单元，采样中 C 相保护电流几乎为零，其他两相电流正常，三相电压正常，测量电流和电压都正常。查看合并单元与 TA 链接的光纤通道状态，电平强度大于 1000，属于正常值。检查合并单元统计信息，未出现丢帧等异常情况。

（4）基于以上检查（与厂家沟通），确定为合并单元之前出现问题。由于同相的电压与电流走的是同一路光纤和远端模块，所以确认故障出现在远端模块与 TA 内部连接之间，这一位置是一根同轴信号线，怀疑是这根连接线出现问题。厂家建议更换信号线，且为严谨考虑，同时更换远端模块。

三、检修方法与策略

7 月 6 日 12 点 36 分汇报调度，退出 220kV 母差保护（B 套），以及 220kV 铁海线、220kV 王牵一线、220kV 母联 B 套保护。

7 月 7 日 7 点 30 分，调度下令停 220kV 铁海线。继电保护与厂家人员更换了 C 相远端模块和同轴信号线。

附录 智能变电站相关技术标准

序号	技术标准名称	对应文件
	智能变电站建设相关技术规范及要求	
1	变电设备在线监测系统技术导则	国网科〔2011〕601号
2	变电设备在线监测装置通用技术规范	
3	变压器油中溶解气体在线监测装置技术规范	
4	电容型设备及金属氧化物避雷器绝缘在线监测装置技术规范	
5	《变电站智能化改造技术规范》及编制说明	国网科〔2011〕1119号
6	油浸式电力变压器智能化技术条件（试行）	智能二〔2010〕1号
7	高压开关设备智能化技术条件（试行）	
8	《高压设备智能化技术导则》及编制说明	国网科〔2010〕180号
9	《地区智能电网调度技术支持系统应用功能规范》及编制说明	国网科〔2010〕652号
10	输电线路状态监测系统建设原则	生输电〔2010〕13号
11	输电线路状态监测系统技术规范	
12	输电线路在线监测装置技术规范	
13	《输电线路状态监测装置通用技术规范》及编制说明	国网科〔2010〕1738号
14	《输电线路气象监测装置技术规范》及编制说明	
15	《输电线路线温度监测装置技术规范》及编制说明	
16	《输电线路微风振动监测装置技术规范》及编制说明	
17	《输电线路等值覆冰厚度监测装置技术规范》及编制说明	
18	《输电线路导线舞动监测装置技术规范》及编制说明	
19	《输电线路导线弧垂监测装置技术规范》及编制说明	
20	《输电线路风偏监测装置技术规范》及编制说明	
21	《输电线路现场污秽度监测装置技术规范》及编制说明	
22	《输电线路杆塔倾斜监测装置技术规范》及编制说明	
23	《输电线路图像视频监控装置技术规范》及编制说明	
24	《输变电设备状态监测系统技术导则》及编制说明	
25	《输变电状态监测主站系统数据通信协议（输电部分）》及编制说明	
26	《输电线路状态监测代理技术规范》及编制说明	
27	智能变电站继电保护技术原则	调继〔2010〕21号
28	输变电设备状态监测主站系统（变电部分）I1接口网络通信规范	生变电〔2011〕238号
29	输变电设备状态监测主站系统《变电部分》I2接口网络通信规范	

续表

序号	技术标准名称	对应文件
30	《智能变电站继电保护技术规范》及编制说明	国网科〔2010〕530号
31	《配电自动化技术导则》及编制说明	国网科〔2009〕1535号
32	《智能变电站技术导则》及编制说明	
33	智能变电站220kV～750kV保护测控一体化装置技术规范（征求意见稿）	基建设计〔2011〕312号
34	智能变电站110kV保护测控一体化装置技术规范（征求意见稿）	
35	智能变电站35kV及以下保护测控计量多功能装置技术规范（征求意见稿）	
36	智能电力变压器技术条件　第一部分：智能组件通用技术条件（征求意见稿）	科智函〔2012〕1号
37	智能电力变压器技术条件　第三部分：有载分接开关控制IED技术条件（征求意见稿）	
38	智能电力变压器技术条件　第四部分：冷却装置控制IED技术条件（征求意见稿）	
39	智能电力变压器技术条件　第九部分：非电量保护IED技术条件（征求意见稿）	
40	智能高压开关设备技术条件　第一部分：智能组件通用技术条件（征求意见稿）	
41	智能高压设备组件柜技术条件（征求意见稿）	
42	智能变电站自动化体系规范（征求意见稿）	
43	《智能变电站一体化监控系统功能规范》及编制说明	国网科〔2012〕143号
44	《智能变电站一体化监控系统建设技术规范》及编制说明	
45	《电子式电流互感器技术规范》及编制说明	国网科〔2010〕369号
46	《电子式电压互感器技术规范》及编制说明	
47	《智能变电站合并单元技术规范》及编制说明	
48	《智能交电站测控单元技术规范》及编制说明	
49	《智能变电站智能终端技术规范》及编制说明	
50	《智能变电站网络交换机技术规范》及编制说明	
51	《智能变电站智能控制柜技术规范》及编制说明	
52	基于DL/T 860标准的变电设备在线监测装置应用规范	国网科〔2011〕560号
	智能变电站设计相关技术标准	
53	10(66)kV变电站智能化改造工程标准化设计规范	国网科〔2011〕1298号
54	220kV变电站智能化改造工程标准化设计规范	
55	330kV～750kV变电站智能化改造工程标准化设计规范	
56	110(66)kV～220kV智能变电站设计规范	国网科〔2010〕229号
57	330kV～750kV智能变电站设计规范	
58	城市区域智能电网典型配置方案（试行）	智能〔2010〕67号

续表

序号	技术标准名称	对应文件
59	国家电网公司2011年新建变电站设计补充规定	国家电网基建〔2011〕58号
60	智能变电站优化集成设计建设指导意见	国家电网基建〔2011〕539号
61	750kV变电站通用设计智能化补充模块技术导则（征求意见稿）	基建设计函〔2011〕14号
62	500kV变电站通用设计智能化补充模块技术导则（征求意见稿）	
63	330kV变电站通用设计智能化补充模块技术导则（征求意见稿）	
64	220kV变电站通用设计智能化补充模块技术导则（征求意见稿）	
65	110kV变电站通用设计智能化补充模块技术导则（征求意见稿）	
66	66kV变电站通用设计智能化补充模块技术导则（征求意见稿）	
	智能变电站验收、试验相关技术标准	
67	《变电站智能化改造工程验收规范》及编制说明	国网科〔2011〕487号
68	智能变电站二次设备技术性能及试验要求	国家电网基建〔2012〕418号
69	电网视频监控系统及接口第3部分工程验收	信息函〔2011〕139号
70	智能设备交接验收规范　第一部分：一次设备状态监测（征求意见稿）	生变电函〔2011〕173号
71	智能设备交接验收规范　第二部分：电子式互感器（征求意见稿）	
72	智能设备交接验收规范　第三部分：智能巡视（征求意见稿）	
73	智能设备交接验收规范　第四部分：一体化电源（征求意见稿）	
74	《智能变电站自动化系统现场调试导则》及编制说明	国网科〔2010〕369号
	智能变电站运行维护相关技术标准	
75	变电站运行管理规范（征求意见稿）	生变电函〔2011〕173号
76	智能变电站设备运行维护导则（征求意见稿）	
77	变电站智能巡视技术规范（征求意见稿）	
	智能变电站其他相关标准	
78	DL/T 1092　电力系统安全稳定控制系统通用技术条件	
79	DL 755　电力系统安全稳定导则	
80	GB/T 14285　继电保护和安全自动装置技术规程	
81	DL/T 769　电力系统微机继电保护技术	
82	DL/T 478　继电保护和安全自动装置通用技术条件	
83	GB/T 13729　远动终端设备	
84	DL/T 5149　220kV～500kV变电所计算机监控系统设计技术规程	
85	DL/T 448　电能计量装置技术管理规程	
86	DL/T 782　110kV及以上送变电工程启动及竣工验收规程	
87	DL/T 995　继电保护和电网安全自动装置检验规程	
88	GB 50150　电气装置安装工程电气设备交接试验标准	
89	Q/GDW 213　变电站计算机监控系统工厂验收管理规程	
90	Q/GDW 214　变电站计算机监控系统现场验收管理规程	

续表

序号	技术标准名称	对应文件
91	GB/T 7261　继电保护和安全自动装置基本试验方法	
92	GB/T 19520　电子设备机械结构	
93	GB/T 1207　电磁式电压互感器	
94	GB/T 1208　电流互感器	
95	GB/T 20840.7　互感器　第7部分：电子式电压互感器	
96	GB/T 20840.8　互感器　第8部分：电子式电压互感器	
97	DL/T 620　交流电气装置的过电压保护和绝缘配合	
98	DL/T 621　交流电气装置的接地	
99	DL/T 5136　火力发电厂、变电站二次接线设计技术规程	
100	DL/T 5149　220kV～500kV变电所计算机监控系统设计	
101	DL/T 5003　电力系统调度自动化设计技术规程	
102	DL/T 5002　地质电网调度自动化设计技术规程	
103	DL/T 664　带电设备红外诊断应用规范	
104	DL/T 5222　导体和电器选择设计技术规定	
105	GB 50065　交流电气装置的接地设计规范	
106	GB 50016　建筑设计防火规范	
107	DL/T 1146　DL/T 860实施技术规范	
108	DL/T 890　能量管理系统应用程序接口	
109	GB 50217　电力工程电缆设计规范	
110	GB 50011　建筑抗震设计规范	
111	GB 17945　消防应急照明和疏散指示系统	
112	GB 50034　建筑照明设计标准	
113	GB 50054　低压配电设计规范	
114	DL/T 5390　发电厂和变电所照明设计技术规定	
115	GJB 599A　耐环境快速分离高密度小圆形连接器总规范	
116	GJB 1217A　电连接器试验方法	
117	GB/T 9771.1　通信用单模光纤　第1部分：非色散位移模光纤特性	
118	GB/T 15972.1　光纤总规范　第1部分：总则	
119	GB/T 12357.1　通信用多模光纤　第1部分：A1类多模光纤特性	
120	GB/T 4724　印制电路用覆铜箔环氧纸层压板	
121	YD/T 901　层绞式通信用室外光缆	
122	GB 2951　电线电缆通用实验方法	
123	GB/T 2952　电缆外护层	
124	GB/T 3048　电线电缆电性能试验方法	
125	GB/T 19666　阻燃和耐火电线电缆	

续表

序号	技术标准名称	对应文件
126	GB/T 9330　塑料绝缘控制电缆	
127	GB/T 2900.15　电工术语　变压器、互感器、调压器和电抗器	
128	GB/T 2900.50　电工术语　发电、输电及配电　通用术语	
129	GB/T 2900.57　电工术语　发电、输电和配电　运行	
130	GB/T 14285　继电保护和安全自动装置技术规程	
131	DL/T 448　电能计量装置技术管理规程	
132	DL/T 478　静态继电保护及安全自动装置通用技术条件	
133	DL/T 663　220kV～500kV 电力系统故障动态记录装置检测要求	
134	DUT 723　电力系统安全稳定控制技术导则	
135	DL 755　电力系统安全稳定导则	
136	DL/T 769　电力系统微机继电保护技术导则	
137	DL/T 782　110kV 及以上送变电工程启动及竣工验收规程	
138	DL/T 860　变电站通信网络和系统	
139	DL/T 995　继电保护和电网安全自动装置检验规程	
140	DL/T 1075　数字式保护测控装置通用技术条件	
141	DL/T 1092　电力系统安全稳定控制系统通用技术条件	
142	DL/T 5149　220kV～500kV 变电所计算机监控系统设计技术规程	
143	JJG 313　测量用电流互感器检定规程	
144	JJG 314　测量用电压互感器检定规程	
145	JJG 1021　电力互感器检定规程	
146	Q/GDW 157　750kV 电力设备交接试验标准	
147	Q/GDW 168　输变电设备状态检修试验规程	
148	Q/GDW 213　变电站计算机监控系统工厂验收管理规程	
149	Q/GDW 214　变电站计算机监控系统现场验收管理规程	
150	IEC 61499　Function blocks for embedded and distributed control systems design	
151	IEC 61588　Precision clock synchronization protocol for networked measurement and control systems	
152	GB/T 13730—2002　地区电网调度自动化系统	
153	GB/T 14285　继电保护和安自装置技术规程	
154	GB 50171　电气装置安装工程　盘、柜及二次回路结线施工及验收规范	
155	GB 50312　综合布线工程验收规范	
156	DL/T 621　交流电气装置的接地	
157	DL/T 624　继电保护微机型试验装置技术条件	
158	DL/T 698　电能信息采集与管理系统	

续表

序号	技术标准名称	对应文件
159	DL/T 860　变电站通信网络和系统	
160	DL/T 995　继电保护和电网安自装置检验规程	
161	DL/T 1100.1　电力系统的时间同步系统　第1部分：技术规范	
162	Q/GDW 131　电力系统实时动态监测系统技术规范	
163	Q/GDW 161　线路保护及辅助装置标准化设计规范	
164	Q/GDW 175　变压器、高压并联电抗器、母线保护及辅助装置标准化设计规范	
165	Q/GDW 214　变电站计算机监控系统现场验收管理规程	
166	Q/GDW 383　智能变电站技术导则	
167	Q/GDW 410　高压设备智能化技术导则	
168	QGDW 431　智能变电站自动化系统现场调试导则	
169	Q/GDW 441　智能变电站继电保护技术规范	
170	Q/GDW 534　变电设备在线监测系统技术导则	
171	Q/GDW 576　站用交直流一体化电源系统技术规范	
172	Q/GDW 652　继电保护试验装置检验规程	
173	Q/GDIY 678　智能变电站一体化监控系统功能规范	
174	Q/GDW 688　智能变电站辅助控制系统设计规范	
175	Q/GDW 689　智能变电站调试规范	
176	Q/GDW 690　电子式互感器现场校验规范	
177	Q/GDW 691　智能变电站合并单元测试规范	
178	Q/GDW 766　10kV～110(66)kV线路保护及辅助装置标准化设计规范	
179	Q/GDW 767　10kV～110(66)kV元件保护及辅助装置标准化设计规范	
180	Q/GDW 1396　IEC 61850工程继电保护应用模型	
181	Q/GDW 10393　110(66)kV～220kV智能变电站设计规范	
182	Q/GDW 10394　330kV～750kV智能变电站设计规范	
183	Q/GDW 11398　变电站设备监控信息技术规范	
184	GB/T 2900.15　电工术语　变压器、互感器、调压器和电抗器	
185	GB/T 2900.50　电工术语　发电、输电及配电　通用术语	
186	GB/T 2900.57　电工术语　发电、输电和配电运行	
187	GB 14285　继电保护和自动装置技术规程	
188	GB 20840.2　互感器　第2部分：电流互感器的补充技术要求	
189	GB 20840.3　互感器　第3部分：电磁式电压互感器的补充技术要求	
190	GB/T 20840.7　互感器　第7部分：电子式电压互感器	
191	GB/T 20840.8　互感器　第8部分：电子式电流互感器	
192	GB/T 30155　智能变电站技术导则	

续表

序号	技术标准名称	对应文件
193	GB/T 50065　交流电气装置的接地设计规范	
194	GB 50217　电力工程电缆设计规范	
195	GB 50345　屋面工程技术规范	
196	GB/T 51072　110(66)kV～220kV 智能变电站设计规范	
197	DL/T 860 （所有部分） 变电站通信网络和系统	
198	DL/T 866　电流互感器和电压互感器选择及计算导则	
199	DL/T 5002　地区电网调度自动化设计技术规程	
200	DL/T 5003　电力系统调度自动化设计技术规程	
201	DL/T 5044　电力工程直流电源系统设计技术规程	
202	DL/T 5056　变电所总布置设计技术规程	
203	DL/T 5136　火力发电厂、变电站二次接线设计技术规程	
204	DL/T 5149　220kV～500kV 变电所计算机监控系统设计技术规程	
205	DL/T 5202　电能量计量系统设计技术规程	
206	DL/T 5218　220kV～750kV 变电站设计技术规程	
207	DL/T 5491　电力工程交流不间断电源系统设计技术规程	
208	Q/GDW 383　智能变电站技术导则	
209	Q/GDW 441　智能变电站继电保护技术规范	
210	Q/GDW 534　变电设备在线监测系统技术导则	
211	Q/GDW 678　智能变电站一体化监控系统功能规范	
212	Q/GDW 679　智能变电站一体化监控系统建设技术规范	
213	Q/GDW 1131　电力系统实时动态监测系统技术规范	
214	Q/GDW 11152　智能变电站模块化建设技术导则	
215	电力监控系统安全防护规定	国家发改委 2014 年第 14 号令
216	IEC 61588　网络测量和控制系统的精密时钟同步协议	

参 考 文 献

[1] 刘振亚. 智能电网技术 [M]. 北京：中国电力出版社，2010.
[2] 刘振亚. 智能电网读本 [M]. 北京：中国电力出版社，2010.
[3] 冯军. 智能变电站原理及测试技术 [M]. 北京：中国电力出版社，2011.
[4] 高翔. 数字化变电站应用技术 [M]. 北京：中国电力出版社，2008.
[5] 高新华. 数字化变电站技术丛书：测试分册 [M]. 北京：中国电力出版社，2010.
[6] 方丽华. 数字化变电站技术丛书：运行维护分册 [M]. 北京：中国电力出版社，2010.
[7] 廖小君. 智能变电站调试及应用培训教材 [M]. 北京：中国电力出版社，2016.
[8] 孙鹏，张大国，汪发明，等. 智能变电站调试与运行维护 [M]. 北京：中国电力出版社，2015.
[9] 林冶. 智能变电站二次系统原理与现场实用技术 [M]. 北京：中国电力出版社，2016.
[10] 重庆市送变电工程有限公司. 智能变电站工程管理与安装调试 [M]. 北京：中国电力出版社，2016.
[11] 国网浙江省电力公司. 智能变电站技术及运行维护 [M]. 北京：中国电力出版社，2012.
[12] 宁夏电力公司教育培训中心. 智能变电站运行与维护 [M]. 北京：中国电力出版社，2012.
[13] 石光. 智能变电站实用技术问答丛书：智能变电站试验与调试 [M]. 北京：中国电力出版社，2015.
[14] 国网江苏省电力公司，国网江苏省电力公司检修分公司. 特高压交流变电站设备安装调试质量工艺监督手册 [M]. 北京：中国电力出版社，2016.
[15] 宋庭会. 智能变电站继电保护现场调试技术 [M]. 北京：中国电力出版社，2015.
[16] 何建军. 智能变电站系统测试技术 [M]. 北京：中国电力出版社，2011.
[17] 国家电网公司基建部. 智能变电站建设技术 [M]. 北京：中国电力出版社，2012.
[18] 刘延冰，李红斌，余春雨，等. 电子互感器原理 技术及应用 [M]. 北京：中国电力出版社，2009.
[19] 河南省电力公司. 智能变电站建设管理与工程实践 [M]. 北京：中国电力出版社，2012.
[20] 耿建风. 智能变电站设计与应用 [M]. 北京：中国电力出版社，2012.
[21] 胡刚. 智能变电站实用知识问答 [M]. 北京：电子工业出版社，2013.
[22] 路文梅. 智能变电站技术与应用 [M]. 北京：机械工业出版社，2014.
[23] 国家电网公司. 智能变电站自动化系统现场调试导则 [S]. 北京：中国电力出版社，2010.
[24] 黄新波. 智能变电站原理与应用 [M]. 北京：中国电力出版社，2013.
[25] 国网浙江省电力公司. 智能变电站监控系统检修 [M]. 北京：中国电力出版社，2016.
[26] 宋庭会. 智能变电站运行与维护 [M]. 北京：中国电力出版社，2013.
[27] 刘宏新. 智能变电站二次系统运行与维护 [M]. 北京：中国电力出版社，2016.
[28] 翟健帆. 智能变电站建设与改造 [M]. 北京：中国电力出版社，2014.
[29] 国网福建省电力公司. 变电站运行与维护（一次设备篇）[M]. 北京：中国电力出版社，2013.
[30] 周鹏，曹大寅. 智能变电站保护运行与维护题库 [M]. 北京：中国电力出版社，2016.
[31] 《智能变电站试验与调试实用技术》编委会. 智能变电站试验与调试实用技术 [M]. 北京：中国水利水电出版社，2017.
[32] 王丽华，江涛，盛晓红，等. 基于 IEC 61850 标准的保护功能建模分析 [J]. 电力系统自动化，2007，31 (2)：55－59.

[33] 何卫，唐成虹，张祥文，等. 基于IEC 61850的IED数据结构设计 [J]. 电力系统自动化，2007，31 (1)：57-60.

[34] 王天锷，潘丽丽. 智能变电站二次系统调试技术 [M]. 北京：中国电力出版社，2014.

[35] 曹团结，黄国方. 智能变电站继电保护技术及应用 [M]. 北京：中国电力出版社，2013.

[36] 国家电力调度通信中心. 国家电网公司继电保护培训教材 [M]. 北京：中国电力出版社，2009.

[37] 张保会，尹项根. 电力系统继电保护 [M]. 北京：中国电力出版社，2005.

[38] 陈安伟. 智能变电站继电保护技术问答 [M]. 北京：中国电力出版社，2014.

[39] 郑玉平. 智能变电站二次设备与技术 [M]. 北京：中国电力出版社，2014.

[40] 黄新波. 智能变电站原理与应用 [M]. 北京：中国电力出版社，2013.

[41] 曹团结，尹项根，张哲，等. 通过插值实现光纤差动保护数据同步的研究 [J]. 继电器，2006，34 (18)：4-8.

[42] 王文龙，杨贵，刘明慧. 智能变电站过程层用交换机的研制 [J]. 电力系统自动化，2011，35 (18)：72-76.

[43] 黎连业，王安，向东明. 交换机及其应用技术 [M]. 北京：清华大学出版社，2004.

[44] 张劲松，俞建育. 网络分析仪在智能化变电站中的应用 [J]. 华东电力，2011，39 (4)：665-668.